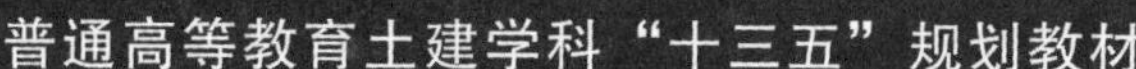

理论力学

LILUN LIXUE

主　编　苏振超

副主编　薛艳霞　陈臻林　童小龙
　　　　杨友全　张春玲　李淑一
　　　　张巧巧

華中科技大學出版社
http://www.hustp.com
中国·武汉

内 容 简 介

本书结合作者长期从事理论力学教学与改革的经验与体会，按照教育部高等学校力学教学指导委员会制定的最新版《理论力学课程教学基本要求》(A类)，形成了有一定特色的理论力学知识体系。该教材在理论力学教学内容的系统性、逻辑性、完整性以及在一些概念的阐述等方面都作了新的探索和改革。

本书共三篇，即运动学篇、静力学篇和动力学篇。运动学篇包括运动学基础、点的合成运动、刚体的平面运动三章；静力学篇包括静力学基础及物体的受力分析、力系的简化、平衡方程及其应用、摩擦、分析静力学五章；动力学篇包括质点动力学、达朗贝尔原理、动量定理、动量矩定理、动能定理、分析动力学基础六章。书后附有关于基础知识及简单均质几何体的重心和转动惯量的两个附录和习题答案。书中包含较多的例题、思考题及习题，为控制篇幅，个别例题以二维码形式给出，并对部分习题给出其解答的二维码。另外，为了帮助读者了解学习效果，以二维码的形式给出几套模拟试题及答案。

为了方便教学，本书还配有电子课件等教学资源包，任课教师和学生可以登录“我们爱读书”网(www.ibook4us.com)免费注册并浏览，或者发邮件至 husttujian@163.com 索取。

本书可用作高等学校土木水利类、机械类、地质矿产类等专业的理论力学课程教材或考研复习用书，也可供高职高专相关专业的师生及工程技术人员学习参考。

图书在版编目(CIP)数据

理论力学/苏振超主编. —武汉：华中科技大学出版社，2018.8
普通高等教育土建学科“十三五”规划教材
ISBN 978-7-5680-4184-3

Ⅰ.①理… Ⅱ.①苏… Ⅲ.①理论力学-高等学校-教材 Ⅳ.①O31

中国版本图书馆 CIP 数据核字(2018)第 200140 号

理论力学
Lilun Lixue

苏振超 主编

策划编辑：康 序
责任编辑：狄宝珠
封面设计：孢 子
责任监印：朱 玢
出版发行：华中科技大学出版社(中国·武汉) 电话：(027)81321913
武汉市东湖新技术开发区华工科技园 邮编：430223
录 排：武汉正风天下文化发展有限公司
印 刷：武汉科源印刷设计有限公司
开 本：787mm×1092mm 1/16
印 张：20
字 数：536 千字
版 次：2018 年 8 月第 1 版第 1 次印刷
定 价：48.00 元

Introduction

主编简介

苏振超

副教授
厦门大学硕士研究生导师

长期从事理论力学、材料力学等基础力学课程的教学与研究工作。发表教学与研究论文20多篇，其中中文核心期刊以及国外EI期刊论文10多篇。作为第一主编，出版《理论力学》《材料力学》《工程力学》《结构力学》《建筑力学》等相关力学教材10部，第二主编或参编出版教材6部。教学研究曾获校级教学成果二等奖，校级教学质量一等奖等。曾获省级信息技术教育优秀成果二等奖。主持省级科研项目两项，主持市级科研项目及横向课题多项。参与国家自然科学基金项目两项。

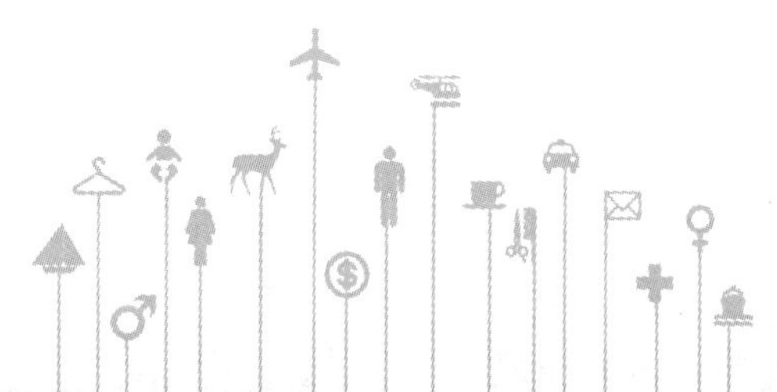

本书是华中科技大学出版社组织编写的土木工程专业系列规划教材之一。

作者结合长期从事理论力学课程教学的经验与体会，按照教育部高等学校力学教学指导委员会制定的最新版《理论力学课程教学基本要求》(A类)，参照国内外理论力学及工程力学的经典教材组织编写了这本理论力学教材。该教材具有如下一些特点：

(1) 对理论力学知识体系的讲授顺序进行调整，将原来的第一篇由静力学改为运动学，这样安排主要是为了更系统地讲授静力学。例如，可以在讨论滚动摩擦时将滚子不同状态下的运动条件与摩擦力服从的规律讲清楚，并可以将分析静力学(即虚位移原理)一并在静力学篇中讨论，更有利于学生全面深入理解好静力学。

(2) 将约束、自由度、广义坐标等概念置于教材的开端，作为统领整部教材的基本概念，既满足了运动学的需要，也满足了静力学和动力学的需要，同时对今后结构力学课程的学习打下基础。

(3) 相比传统的教学体系，本书将静力学分析静力学与矢量静力学一起安排在静力学篇，不仅仅考虑到静力学知识体系的完整性，同时也是考虑到虚位移原理的重要性以及开始学习时的困难，为学生在学习过程中深入理解该原理留有更多与教师讨论的时间，分散这一教学难点。

(4) 将动力学的达朗贝尔原理置于动力学三大定理之前。这样安排主要是考虑到达朗贝尔原理对于学生而言有一定的新鲜感，原理简单、实用性和通用性较好，又是很多专业课程或工程实际中处理动力学问题的首选方法，但能够灵活运用并不容易，也是教学中的一个重点和难点。所以将之置于动力学三大定理之前目的是给学生留出时间消化吸收。而动力学三大定理主要是通过动量、动量矩及动能等物理量，来建立作用量(力、力偶等)与运动量(速度、加速度等)之间的关系，这些内容学生已经在中学及大学物理课程中有了初步了解，深入学习的难度相对较低。达朗贝尔原理的前移有利于活跃学生的思维，使学生对动量定理和动量矩定理有更深入的认识，对各类动力学问题可以一题多解，从而提高学生解决问题的能力。

(5) 考虑到目前很多高校理论力学实际授课课时比较紧张，没有将振动基础及碰撞的内容单独成章安排，而是分别在质点动力学和动量矩定理中介绍。

(6) 将教育部高等学校力学教学指导委员会制定的理论力学课程教学基本要求(A类)专题中的部分理论内容集中在一起，作为分析动力学基础一章，这样内容紧凑，前后联系密切，便于按逻辑思维展开。

(7) 引用了作者的一些教学研究成果。例如对摩擦力、摩擦角概念的引入，复杂摩擦问题的求解，复杂虚位移之间关系的建立，无功约束的概念等。

(8) 为控制篇幅，并为读者提供更多学习材料，本书大量采用二维码技术，将习题参考答案、一些例题和习题的解答过程利用二维码的方式提供给读者，在使用时建议先独自完成，再扫码核对。

(9) 提供六套模拟试题及其解答过程，以便于读者了解自己的学习程度，供读者学习参考。

本书在编写过程中，坚持以学生为中心的理念，以有效教学、激发学生的积极思维为导向，文中引用了大量典型例题，并在正文中及例题后通过【说明】、【评注】、【思考】等环节，加强学生思维能力、以及提出和分析问题能力的培养，力求做到使学生的知识与能力协调发展，理论与实际相结合。作者相信，学生只有不断提出新的问题，才能激发学习兴趣，才能学好理论力学。

本书由厦门大学嘉庚学院苏振超主编，厦门大学嘉庚学院薛艳霞、成都理工大学陈臻林、湖南理工学院童小龙、湖北理工学院杨友全、大连海洋大学应用技术学院张春玲，湖北文理学院理工学院李淑一和张巧巧任副主编。全书由苏振超负责规划、组织并统稿。在教材编写中，作者们参考了很多国内外优秀理论力学或工程力学教材，在此向这些教材的作者们致以谢意！本书作者对所在学校的领导和同事给予的指导和帮助表示感谢。本教材引用的一些材料部分来自福建省教育科学“十三五”规划课题(重点资助)(FJJKCGZ16－152)的成果，对福建省教育厅的部分经费资助表示感谢。

为了方便教学，本书还配有电子课件等教学资源包，任课教师和学生可以登录“我们爱读书”网(www. ibook4us. com)免费注册并浏览，或者发邮件至 husttujian@163. com 索取。

限于作者的水平，书中定有疏漏或错误之处，敬请读者批评指正。

作　者
2018. 8. 1

目
录
CONTENTS

第2篇　静　力　学

第3篇 动 力 学

绪　论

0.1 理论力学的内容和任务

一、理论力学的内容

理论力学是研究物体机械运动一般规律的一门学科。

机械运动是物体在空间的位置随时间的变化;是所有运动形式中最简单的一种。例如建筑物的振动、机器的运转、河水的流动、车辆的行驶等等,都是机械运动。平衡作为机械运动的一种特殊情况,也是理论力学的研究内容之一。

理论力学研究的内容是远小于光速的宏观物体的机械运动,以牛顿基本定律为基础,属于经典力学的范畴。用经典力学来解决相关问题,不仅方便,而且能够保证足够的精确性,所以经典力学仍有很大的实用意义,并且随着新问题的不断出现还在不断地发展着。

研究物体机械运动的普遍规律有两种基本方法,并以此形成了理论力学的两大体系:一是用矢量的方法研究物体机械运动的普遍规律,称为矢量力学;二是用数学分析的方法进行研究,称为分析力学。本书对这两种研究方法按照问题的性质并行介绍,希望使读者尽早接触分析力学的概念,提高读者利用分析力学的方法解决力学问题的能力。

本书内容包括运动学篇、静力学篇、动力学篇三篇。

二、理论力学的任务

理论力学是一门理论性较强的技术基础课,学习理论力学有下述任务:

(1) 土木、机械、水利、航空、船舶等工程专业一般都会涉及机械运动的问题。有些工程实际问题可以直接应用理论力学的基本理论去解决,如土木、水利工程中的平衡问题;传动机械的运动学分析;振动问题和动反力问题等。而一些比较复杂的工程实际问题,则需要应用理论力学的理论和其他专门知识共同解决,如土木工程中结构物对动荷载的响应分析及建筑物的抗震设计、机械工程中机构的动力响应等。理论力学中虽然不讨论这些专门问题,但其思想和方法却是研究这些问题的基础。由此可见,掌握理论力学知识十分重要。

(2) 理论力学的研究对象是力学中最普遍、最基本的规律。很多工程专业的课程,如材料力学、结构动力学、振动力学、机械原理等,都要用到理论力学的知识,所以理论力学是学习一系列后续课程的基础。同时,在日常生活和生产中,理论力学的基本概念和理论也在指导着人们的实践活动，所以理论力学的基本知识对提高公民素质也具有一定的作用。

(3) 理论力学知识是许多新兴学科的研究基础。理论力学的研究内容已渗透到很多科学领域，形成了一些新兴学科。例如：非线性动力学、机器人动力学、卫星姿态动力学等等。总之，为了探索新的科学领域，必须打下坚实的理论力学基础。

(4) 理论力学的理论来源于实践又服务于实践，既抽象又紧密结合实际，研究的问题涉及面广，而且系统性和逻辑性强。学习理论力学，对培养辩证唯物主义的分析方法，培养逻辑思维和分析问题解决问题的能力都具有重要作用。

0.2 理论力学的研究方法

一、工程实际问题的简化

在工程实际问题中，我们所考察的物体复杂多样，即使是同一类型的问题，其受力状况也不尽相同。为便于研究，需将工程实际问题进行简化，以得到合理的力学模型，在此基础上做进一步的分析和计算。将一个实际问题抽象为合理的力学模型并不容易，需要一定的工程经验和理论素养。一般来说，工程问题可从三方面加以简化：物体的几何尺寸、受到的约束和承受的荷载(力)。

简化过程因为略去一些次要因素，自然存在着近似性。例如，在微小面积上的力可视为集中力，接触面很光滑或经过充分润滑时可不计摩擦等等。究竟哪些因素可以视为次要因素而略去，与研究问题的性质及其精确度有关。例如，在研究一般抛射运动时，将抛射体作为质点看待，且只计重力而不计空气阻力，得到的结果是可用的；但在研究远射程炮弹的运动时，再这样假设，炮弹可能偏离射击目标。另一方面，如将对实际存在的一些因素全部计入，看似符合实际，但结果可能使问题无法求解，或者虽能求解，但困难极大，费时费力，而工作中并不需要这样高的精确度。所以，对一个具体问题，在抽象成为力学模型时，可作哪些近似假设，可忽略哪些因素，必须深入分析，力求合理，既要满足实际要求，又必须在数学计算上方便可行。

有关工程实际问题的简化方法将在本书有关章节中进一步叙述，下面介绍由实际问题抽象而得到的质点、质点系、刚体和、刚体系几种力学模型。

(1) 质点。如果一个物体的大小和形状对所讨论的问题而言可以忽略不计，而只需考虑其质量时，即可将该物体视为只有质量而没有大小的一个点，称为质点。

(2) 质点系。质点系是相互间有一定联系的有限或无限多个质点的总称。

(3) 刚体。刚体是指在任何外力作用下都不变形的物体。所以刚体中任意两个质点之间的距离始终保持不变，或者刚体可视为由无限多个质点组成的不变形的质点系。

(4) 刚体系。刚体系统是指按照一定的连接方式将单个刚体连接起来，形成的具有一定功能的物体系统。对刚体系统的分析往往以单个刚体为基础，并按确定的连接方式将刚体之间的相关力学量联系起来。

上述几种理想的力学模型，都是客观存在的实际物体的科学抽象，它们并不特指某些具体物体，而是概括了各种物体。

二、理论力学的研究方法

科学研究的过程，就是认识客观世界的过程，任何正确的科学研究方法，一定要符合辩证唯物主义的认识论。理论力学的研究和发展也必然遵循这个正确的认识规律。

(1) 通过观察生活和生产实践中的各种现象，进行无数次的科学实验，经过分析、综合和归纳，总结出力学最基本的概念和规律。如力和力矩的概念，加速度的概念等。

(2) 在对事物观察和实验的基础上，通过抽象建立力学模型。客观事物总是复杂多样的，当我们得到大量来自实践的资料之后，必须根据所研究的问题的性质，抓住主要的、起决定性作用的因素，略去次要、偶然的因素，深入事物的本质，了解其内部联系，这就是力学中普遍采用的抽象化方法。例如，一个物体究竟应当作为质点还是作为刚体看待，主要决定于所讨论问题的性质，而不决定于物体本身的大小和形状。即使同一个物体，在不同的问题里，随着问题性质的不同，有时应作为质点，有时则应作为刚体。例如地球半径约为 6 370 km，当研究其在绕太阳公转的轨道上的运行规律时，可以看作质点，当考察其自转时，就需看作刚体，而研究地震波的传播时，就必须将其视为变形体。

(3) 在建立力学模型的基础上，从基本定律出发，用数学演绎和逻辑推理的方法，得出正确的具有物理意义和实用价值的定理和结论，并应用它们指导实践，推动生产力的发展。

从实践到理论，再由理论回到实践，通过实践进一步补充和发展理论，然后再回到实践，如此循环往复，每一个循环都在原来的基础上提高一步。与所有的科学一样，理论力学也是沿着这条道路不断向前发展的。

0.3 理论力学的学习方法

在工科院校的许多专业中，理论力学是一门理论性较强的专业基础课，与工程技术的联系比较密切。但理论力学的学习有它自身的一些特点，特别是其逻辑严密，知识点多，题目变化多样，一题多解等，是构成不少同学学习理论力学的障碍。所以为了更好地学习理论力学，需掌握一定的学习方法。

第一，要不断培养学习兴趣。理论力学中的很多问题都来自实践，要努力看透问题的物理实质，并将实际的问题翻译成力学问题，不断增加学习力学课程的源动力。

第二，应注意理论力学的研究方法。即对每一章讨论的问题，应搞清楚问题的含义、解决问题的思路及关键环节，将章与章之间、节与节之间的知识点系统化。对于处理各种问题的方法，例如分析法、几何法、叠加法等，初学者应细心体会总结。

第三，对于具体的学习内容，应理解概念，记住结论，掌握方法，灵活解题。理论力学中的多数习题，应做到举一反三，触类旁通，灵活应用，一题多解，以最少的计算过程获得正确的解答，掌握各定理的适用条件及其之间的联系，培养解决问题的能力。

第四，要用系统的观点看待理论力学问题。学习理论力学，要注意系统的方法。例如，力系，物体系统等均为一个系统。一个系统应有这个系统所独有的特征及其范围。例如，一个力系有该力系的不变量；一个物体系统或一个物体的子系统，其内力和外力具有相对性；一些物理量与系统内力的无关性等等，需要在学习过程中仔细揣摩。

总之，只要学习目的明确，学习方法正确，上课认真听讲，课下及时复习，独立完成作业，坚持不懈，自强不息，就一定能学好理论力学。

第1篇 运动学

Part 1 kinematics

第1篇 运动学

运动是指物体在空间中的位置随时间的变化，运动学则是用几何学的方法来研究物体随时间的运动。在运动学中，只分析物体的运动形态及其描述方法，而不涉及影响物体运动的受力、质量等有关物理因素或其他非物理因素。

一个物体在空间中的位置和运动总是相对于别的物体的位置和运动而言，因此，在描述物体位置和运动时，必须首先选取另一个物体作为参照体或参考体，然后在参考体上建立**参考坐标系**。参考坐标系固连于参考体上，但可以在空间中无限延展。通常选取地球或相对于地球静止或作匀速直线运动的物体作为参考体，如地面上的建筑物、机构的支座等。

同一物体在不同的参考坐标系中会表现出不同的运动形式，这就是**运动的相对性**。

在运动的描述中，度量时间要涉及“瞬时”和“时间间隔”两个概念。瞬时是指某个确定的时刻，抽象为时间坐标轴上的一个点，用 t 表示；时间间隔是指两个瞬时之间的一段时间，是时间坐标轴上的一个区间 $[t_1, t_2]$，用 Δt 表示，即 $\Delta t = t_2 - t_1$。

在运动学中，通常把物体抽象为点和刚体。点是指不考虑物体的大小和质量，在空间占有确定位置的几何点；刚体是指物体内任意两点间距离保持不变的无数点的集合。

学习运动学的目的，首先是为学习静力学和动力学打好基础，因为运动分析不仅是分析静力学的基础，更是动力学分析的基础，并且还往往是问题的难点和关键所在；其次，运动学在机构的运动分析等工程实际中有其独立的作用；同时，运动学知识还将为学习机械原理、结构动力学等其他相关课程奠定必要的理论基础。

Chapter 1

第 1 章 运动学基础

1.1 约束及约束方程

当一个物体受到另一个物体的阻碍而使它的运动受到一定限制时，则说该物体受到了约束。换言之，**约束**就是限制物体任意运动的条件。当一个质点或质点系统中的某些质点，受到某些给定的限制条件，这些条件称为质点或质点系的约束。不受约束可以任意运动的质点系称为**自由质点系**，与此相反，受有约束而不能任意运动的质点系则称为**非自由质点系**。

确定一个质点在空间的位置需要三个独立参数，这些参数或代表长度或代表角度，统称**坐标**。对于由 n 个质点组成的自由质点系，则需要 $3n$ 个独立坐标，这 $3n$ 个的坐标集合称为质点系的**位形**。约束可以通过由坐标（位置）、坐标对时间的导数（速度）以及时间 t 之间的方程加以描述，这些方程称为**约束方程**。约束方程是约束的数字表达形式。

如果限制运动的条件是几何性质的，即约束方程不含速度分量，这种约束则称为**几何约束**。如果速度也受到一定条件的限制，即约束方程包含速度分量则称为**运动约束**，或**微分约束**。

此外当约束方程中都不包含时间时，这种约束称为**定常约束**，若约束方程中显含时间，这种约束就称为**非定常约束**。对于运动约束而言，方程中不仅含有时间与坐标，同时还含有坐标对时间的导数。

只限制质点系中各质点的几何位置，或虽能限制质点系中各质点的速度，但能积分成坐标的有限形式的约束称为**完整约束**。换而言之，完整约束是用有限形式的方程而不是用微分方程来确定的。若运动约束允许作积分，它还是属于完整约束。完整约束是时刻 t 加在系统可能位置上的约束。约束方程总是以微分形式表示，不可能积分成有限的形式的约束称为**非完整约束**。非完整约束是对点的速度所施加的限制。理论力学中讨论的约束几乎都是完整约束。通常将仅受到完整约束的系统，称为**完整系统**，而将包含非完整约束的系统称为**非完整系统**。

按构成约束的形式，约束又可分为**单面约束**和**双面约束**。由不等式表示的约束方程称为单面约束。这种约束方程只能限制物体某些方向的运动，而不能限制相反方向的运动，而由等式表示的约束则称为双面约束。

按照上述有关约束的定义，对 n 个质点组成的系统来说，双面约束方程的一般数学形式为

$$f_j(x_1,y_1,z_1,\cdots,x_n,y_n,z_n,\dot{x}_1,\dot{y}_1,\dot{z}_1,\cdots,\dot{x}_n,\dot{y}_n,\dot{z}_n,t)=0 \quad j=1,2,\cdots,s \tag{1.1.1}$$

式中，s 为系统中的约束数目。

【说明】 为了方便，在力学中常常在字母上方加“·”表示该量对时间 t 的一阶导数，例如 $\dot{x}$

表示 x 对时间 t 的一阶导数；加"··"表示该量对时间 t 的二阶导数，如 $\ddot{x}$ 表示 x 对时间 t 的二阶导数。但对其他变量（非时间变量）的导数不能这样表示。

几何约束方程的一般形式为

$$f_j(x_1,y_1,z_1,\cdots,x_n,y_n,z_n,t)=0 \quad j=1,2,\cdots,s \tag{1.1.2}$$

定常几何约束方程的一般形式为

$$f_j(x_1,y_1,z_1,\cdots,x_n,y_n,z_n)=0 \quad j=1,2,\cdots,s \tag{1.1.3}$$

对于静力学问题，约束不随时间而改变，故其中的约束都是定常几何约束。

对 n 个质点组成的系统来说，单面约束方程的一般形式如下

$$f_j(x_1,y_1,z_1,\cdots,x_n,y_n,z_n,\dot{x}_1,\dot{y}_1,\dot{z}_1,\cdots,\dot{x}_n,\dot{y}_n,\dot{z}_n,t)\geqslant 0 \quad j=1,2,\cdots,s \tag{1.1.4}$$

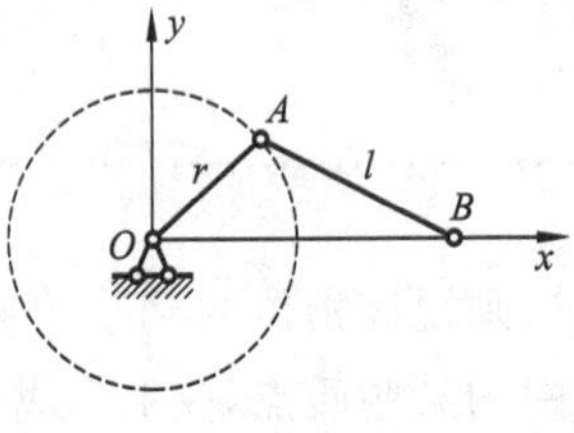

如图 1.1.1 所示，在 Oxy 平面内，质点 A 在半径为 r 的圆周上运动，B 在直线 x 轴上运动，两质点的距离 l 保持不变（也可以将 OA 和 AB 视为不变形（即**刚性**）的杆件，两杆以 A 点相互连接，可以相互转动，但在 A 点不能相互移动，这种机构称为**平面曲柄链杆机构**），则该系统的约束方程为：$z_1=0$，$x_1^2+y_1^2=r^2$，$z_2=0$，$y_2=0$，$(x_1-x_2)^2+y_1^2=l^2$。

图 1.1.1

从图 1.1.1 的约束方程可以看出，该系统的约束均为定常完整的双面约束，这些约束方程联系了各质点的坐标。而对于具有运动约束的系统，在约束方程式中可能还包含质点的速度。

如图 1.1.2 所示在 Oxy 平面内、摆长 l 随时间变化的单摆，是非定常约束的一个例子。若假设摆绳不可伸长且原长为 l_0，拉动绳子的速度 v_0 为常数，则其约束方程，除 $z=0$ 这一定常完整约束之外，还有非定常的几何约束方程：$x^2+y^2=(l_0-v_0t)^2=l^2(t)$。

若在图 1.1.2 中，绳索不被拉动，即绳长保持不变，忽略小球的体积，即为常见**单摆**，则借助于不可伸长的绳索可使质点 M 作圆周运动，或将绳索换为在 O 处铰支的刚杆也可使质点 M 作圆周运动。但绳索只能限制质点 M 向圆周外运动，而不能限制向内运动，约束为单面约束，其约束方程应写为

$$x^2+y^2\leqslant l^2$$

而刚杆却使质点 M 只能作圆周运动，约束为双面约束，其约束方程为：$x^2+y^2=l^2$。

图 1.1.3 表示半径为 r 的圆轮在铅垂平面内沿直线轨道作**纯滚动**（滚动而不滑动），假设轮心 A 的坐标为 (x_A,y_A)，则圆轮除了受几何约束 $y_A=r$ 外，还受到作纯滚动的运动学条件的限制，可写为：$\dot{x}_A-r\dot{\varphi}=0$，它包含线速度与角速度的关系（在后面章节会详细说明）。上例中的约束方程 $\dot{x}_A-r\dot{\varphi}=0$ 是可以积分的，故虽然方程中包含速度项，但仍属完整约束。

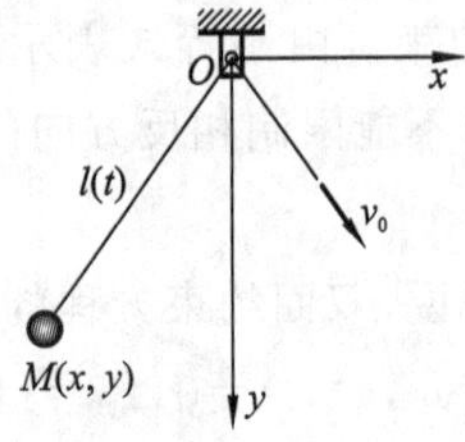

图 1.1.2

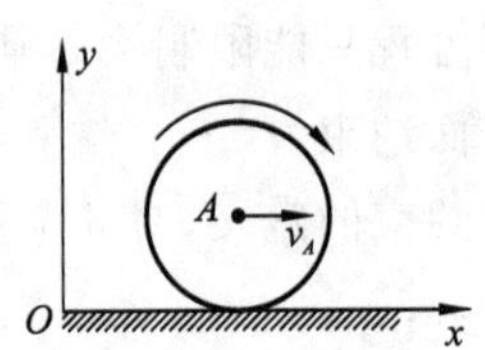

图 1.1.3

1.2 自由度和广义坐标

质点及质点系统的自由度与广义坐标是与系统的约束有联系的两个基本概念。首先考虑一个质点的情况。在欧氏空间中，一个自由质点可以在空间的三个独立方向任意运动，因此我们说，它具有三个自由度。在三维直角坐标系中，这个自由质点的位置还可以通过其坐标 x,y,z 用三个独立的参变量描述。对于一个受约束的质点而言，它的自由度因受到约束的限制而减少；其次，它的坐标由于必须满足一个或两个约束方程，描述其在位形空间中位置的独立参变量的个数会减少。例如当一个质点在球面上运动时，x,y,z 必须满足约束方程：$x^2+y^2+z^2=l^2$。因此，x,y,z 中，只有两个是独立的。总之，一个质点的自由度数与决定它位置的独立参变量数相一致，即等于 3 减去完整约束的数目。显然，平面自由质点有两个自由度。

一般来说，由受有 s 个完整约束的 n 个质点组成的质点系在空间的位置，用 $3n$ 个坐标来描述，其约束方程可表示为

$$f_j(x_1,y_1,z_1;\cdots;x_n,y_n,z_n;t)=0 \quad j=1,2,\cdots,s \tag{1.2.1}$$

则系统的 $3n$ 个坐标中只有 $k=3n-s$ 个是独立的。即确定系统的位置只需要 k 个独立坐标就够了，称系统具有 k 个自由度。也就是说，确定受完整约束的质点系的位置所需的独立参数的数目称为该质点系的自由度。

如图 1.2.1 所示的平面双锤摆。在图示平面直角坐标系中的位置需用 x_A, y_A 和 x_B, y_B 四个坐标来确定，但系统又需满足如下两个完整约束方程

$$\begin{cases} x_A^2+y_A^2=l_1^2 \\ (x_B-x_A)^2+(y_B-y_A)^2=l_2^2 \end{cases}$$

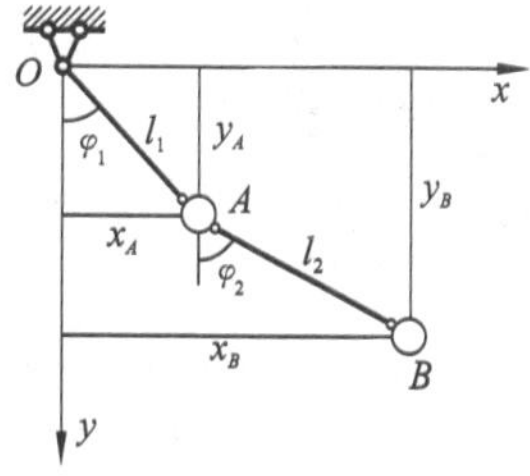

图 1.2.1

所以确定该系统位置的独立坐标只有两个，即系统的自由度为 2。

通常，对于具有 n 个质点、k 个自由度的非自由质点系，用 k 个独立变量来确定其空间位置，往往要比用 $3n$ 个直角坐标和 s 个约束方程来确定方便得多。

例如图 1.1.1 中的平面曲柄链杆机构，如选 OA 对 x 轴的转角 φ 为独立变量，则可很方便且唯一地确定系统的位置，A、B 两点的直角坐标可表示为

$$x_A=r\cos\varphi, y_A=r\sin\varphi; \quad x_B=r\cos\varphi+\sqrt{l^2-r^2\sin^2\varphi}, y_B=0$$

又如图 1.2.1 所示的平面双锤摆，可取 φ_1,φ_2 为两个独立变量，这时 A 点和 B 点的直角坐标可表示为

$$\begin{cases} x_A=l_1\sin\varphi_1 \\ y_A=l_1\cos\varphi_1 \\ x_B=l_1\sin\varphi_1+l_2\sin\varphi_2 \\ y_B=l_1\cos\varphi_1+l_2\cos\varphi_2 \end{cases}$$

【例 1.2.1】 四连杆机构问题。

【解】 如图 1.2.2 所示，为确定系统的位置，可选两铰链（即两杆连接时在该处可以相对转动，但不能脱离，其构造详见本书 4.4 节）的直角坐标 $A(x_1,y_1)$，$B(x_2,y_2)$，但有 3 个约束方程

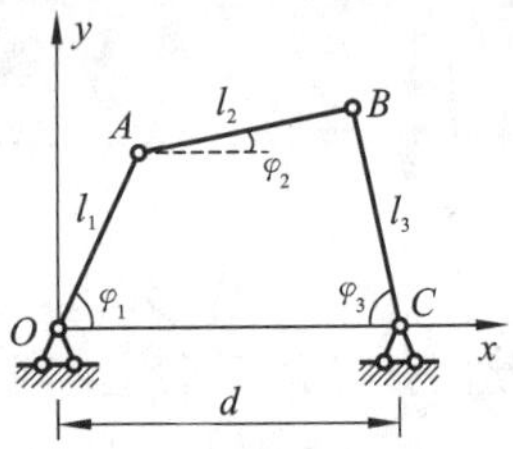

图 1.2.2

$$\begin{cases} x_1^2+y_1^2=l_1^2 \\ (x_2-x_1)^2+(y_2-y_1)^2=l_2^2 \\ (d-x_2)^2+y_2^2=l_3^2 \end{cases} \tag{a}$$

如果选 3 个角 $\varphi_1,\varphi_2,\varphi_3$ 为坐标，则有两个约束方程

$$\begin{cases} l_1\cos\varphi_1+l_2\cos\varphi_2+l_3\cos\varphi_3=d \\ l_1\sin\varphi_1+l_2\sin\varphi_2-l_3\sin\varphi_3=0 \end{cases} \tag{b}$$

如果选 φ_1 为坐标，则 φ_2,φ_3 可借助方程(b)表示出来。但是，最后表示出 $x_1=x_1(\varphi_1),y_1=y_1(\varphi_1),x_2=x_2(\varphi_1),y_2=y_2(\varphi_1)$ 将是非常麻烦的。

此例中仅用一个参数 φ_1 便可确定系统的位置，但为方便起见，宁可选 3 个参数 $\varphi_1,\varphi_2,\varphi_3$ 而带两个约束方程(b)。此时称 φ_2,φ_3 为**多余坐标**。

由以上分析可见，如果用独立变量来描述质点系的位置，有时问题就要简便得多。凡可借以确定质点系位置的任何独立参数，称为该质点系的**广义坐标**。

例如在确定地球表面上一个点的位置时，我们经常用该点的经度 θ 与纬度 φ 来表示。θ 与 φ 就是决定地球表面上一个质点位置的广义坐标。由此可见，广义坐标可以是长度，也可以是角度。但广义坐标并不限于长度和角度，物理坐标、机电耦合系统的电压、电流等均可作为广义坐标。一般来说，用物理坐标来描述系统的运动虽然直观，但未必有利于问题的处理；利用适当的广义坐标则往往能使对系统的描述简化。例如，若选取模态坐标（物理坐标的组合）作为广义坐标，不仅可以使系统的运动解耦，分析得以简化，甚至能更深刻地揭示系统的内在特性。

【说明】 广义坐标的选取并不是唯一的，可根据具体情况，选取合适的独立参数作为广义坐标。对于完整约束条件下的质点系，其广义坐标数目等于自由度数。

一般来说，设有由 n 个质点组成的非自由质点系，受到 s 个完整、双面和定常约束，有 $k=3n-s$ 个自由度。可用 k 个广义坐标 $q_1,q_2,\cdots,q_k$ 确定质点系的位置。对任一质点 M_i，在选定的直角坐标系中的矢径 $\boldsymbol{r}_i$ 可表示为广义坐标的函数

$$\boldsymbol{r}_i=\boldsymbol{r}_i(q_1,q_2,\cdots,q_k)\quad i=1,\cdots,n \tag{1.2.2}$$

或写成笛卡儿坐标投影式

$$\left.\begin{aligned} x_i=x_i(q_1,q_2,\cdots,q_k) \\ y_i=y_i(q_1,q_2,\cdots,q_k) \\ z_i=z_i(q_1,q_2,\cdots,q_k) \end{aligned}\right\}\quad i=1,2,\cdots,k \tag{1.2.3}$$

式(1.2.2)或式(1.2.3)即为用广义坐标表示的系统各质点位置的一般表达式，方程中隐含了约束条件。

广义坐标的选择是人为的，可能有无穷多种方式，建立物体系统力学模型时用的物理坐标只是其中一组。若任意选择的两组广义坐标，均可以客观描述系统的运动，则所选的两组广义坐标必能相互转换，即两组广义坐标可以相互表示。譬如自由度为 k 的系统，作为广义坐标的物理坐标 $u=[u_1,u_2,\cdots,u_k]^{\mathrm{T}}$ 与另一组广义坐标 $q=[q_1,q_2,\cdots,q_k]^{\mathrm{T}}$ 之间应有相互可逆的联系

$$u_i=u_i(q_1,q_2,\cdots,q_k)\quad i=1,\cdots,k \tag{1.2.4}$$

并且

$$q_i=q_i(u_1,u_2,\cdots,u_k)\quad i=1,\cdots,k \tag{1.2.5}$$

即：可以用物理坐标 $u=[u_1,u_2,\cdots,u_k]^{\mathrm{T}}$ 唯一表示广义坐标 $q=[q_1,q_2,\cdots,q_k]^{\mathrm{T}}$ 中任一坐标，同时又可以用广义坐标 $u=[u_1,u_2,\cdots,u_k]^{\mathrm{T}}$ 唯一表示 $q=[q_1,q_2,\cdots,q_k]^{\mathrm{T}}$ 中的任一

坐标。

【说明】 (1)在求解一个具体问题时，广义坐标的选取非常重要，往往对问题的解答有很大的影响。(2)非完整约束系统的自由度并不等于独立广义坐标的数目，而是等于独立广义坐标的数目与非完整约束方程的数目之差。

1.3 点的运动学

本节研究作为点的物体的运动规律。在研究点的运动时，首先要确定点在所选坐标系中的位置随时间变化的规律，进而研究点在每一瞬时的运动状态(轨迹、速度、加速度)。按照描述点的运动的方式分别讨论。

1.3.1 矢量法

选取空间中某确定点 O 为坐标原点，如图 1.3.1(a)所示。自点 O 向动点 M 作矢量 $\boldsymbol{r}$，称 $\boldsymbol{r}$ 为点 M 相对原点 O 的位置矢量，简称**矢径**。当动点 M 运动时，矢径 $\boldsymbol{r}$ 随时间而变化，并且是时间的单值连续函数，即

$$\boldsymbol{r}=\boldsymbol{r}(t) \tag{1.3.1}$$

上式称为用矢量表示的点的**运动方程**。动点 M 在运动过程中，其矢径 $\boldsymbol{r}$ 的末端描绘出一条连续曲线，称为**矢端曲线**。显然，矢径 $\boldsymbol{r}$ 的矢端曲线就是动点 M 的运动轨迹。

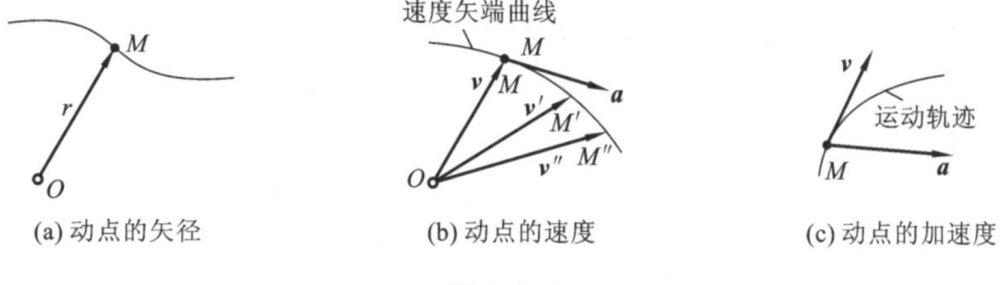

(a) 动点的矢径　(b) 动点的速度　(c) 动点的加速度

图 1.3.1

动点的**速度**矢量 $\boldsymbol{v}$，等于其矢径 $\boldsymbol{r}$ 对时间的一阶导数，即

$$\boldsymbol{v}=\frac{\mathrm{d}\boldsymbol{r}(t)}{\mathrm{d}t} \tag{1.3.2}$$

动点的速度矢沿着矢径 $\boldsymbol{r}$ 的矢端曲线的切线，即沿动点运动轨迹的切线，并与此点运动的方向一致，如图 1.3.1(b)所示。速度的大小，即速度矢的模，表明点运动的快慢，在国际单位制中，速度常用的国际单位为 m/s。

动点的速度矢对时间的变化率称为动点的**加速度**。点的加速度也是矢量，它表征了速度大小和方向随时间的变化。动点的加速度等于速度矢对时间的一阶导数，或者矢径 $\boldsymbol{r}$ 对时间的二阶导数，即

$$\boldsymbol{a}=\frac{\mathrm{d}\boldsymbol{v}(t)}{\mathrm{d}t}=\frac{\mathrm{d}^2\boldsymbol{r}(t)}{\mathrm{d}t^2} \tag{1.3.3}$$

式(1.3.2)、式(1.3.3)也可简记为

$$\boldsymbol{v}=\dot{\boldsymbol{r}} \quad \boldsymbol{a}=\ddot{\boldsymbol{r}} \tag{1.3.4}$$

在国际单位制中，加速度 $\boldsymbol{a}$ 的单位为 $\mathrm{m/s^2}$。

如在空间任意取一点 O，把动点 M 在连续不同瞬时的速度矢 $\boldsymbol{v}, \boldsymbol{v}', \boldsymbol{v}'', \cdots$，都平行地移到点

O,连接各矢量的端点 $M, M', M'', \cdots$,就构成了矢量 $\boldsymbol{v}$ 端点的连续曲线,称为**速度矢端曲线**,如图 1.3.1(b)所示。动点的加速度矢 $\boldsymbol{a}$ 的方向与速度矢端曲线在相应点 M 的切线相平行,如图 1.3.1(c)所示。

用矢量法描述点的运动,形式简单,一般在推导公式中常用。

1.3.2 直角坐标法

在图 1.3.2 所示的固定直角坐标系 $Oxyz$ 中,动点 M 的自由度为 3,在任意瞬时的空间位置既可以用它相对于坐标原点 O 的矢径 $\boldsymbol{r}$ 表示,也可以用它的三个直角坐标 x,y,z 表示。

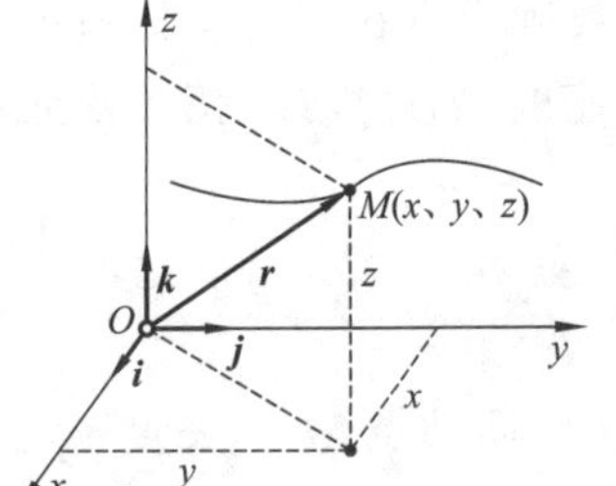

图 1.3.2 点的直角坐标

由于矢径的原点与直角坐标系的原点重合,因此有如下关系

$$\boldsymbol{r}(t)=x(t)\boldsymbol{i}+y(t)\boldsymbol{j}+z(t)\boldsymbol{k} \tag{1.3.5}$$

式中 $\boldsymbol{i},\boldsymbol{j},\boldsymbol{k}$ 分别为沿三个固定坐标轴的单位矢量,如图 1.3.2 所示。由于 $\boldsymbol{r}$ 是时间的单值连续函数,因此 x,y,z 也是时间的单值连续函数。利用式(1.3.5),动点的位置可写为:

$$x=x(t), \quad y=y(t), \quad z=z(t) \tag{1.3.6}$$

方程式(1.3.6)称为点的运动方程。

方程式(1.3.6)实际上也是点运动轨迹的参数方程,只要给定时间 t 的不同数值,依次得出点的坐标 x,y,z 的相应数值,根据这些数值就可以描出动点的轨迹。将运动方程中的时间 t 消去,即可求得点的**轨迹方程**。

将式(1.3.5)两边对时间求导数,则可得点 M 的速度为

$$\boldsymbol{v}(t)=\dot{\boldsymbol{r}}=\dot{x}(t)\boldsymbol{i}+\dot{y}(t)\boldsymbol{j}+\dot{z}(t)\boldsymbol{k} \tag{1.3.7}$$

即,动点 M 的速度矢 $\boldsymbol{v}$ 在直角坐标轴上的投影 v_x,v_y,v_z 分别为

$$v_x=\dot{x}(t), \quad v_y=\dot{y}(t), \quad v_z=\dot{z}(t) \tag{1.3.8}$$

如果按照式(1.3.8)求得 v_x,v_y,v_z 之后,则速度 $\boldsymbol{v}$ 的大小和方向就可由它的这三个投影完全确定如下。

$$\begin{cases} v=|\boldsymbol{v}|=\sqrt{v_x^2+v_y^2+v_z^2} \\ \cos(\boldsymbol{v},\boldsymbol{i})=\dfrac{v_x}{v}, \ \cos(\boldsymbol{v},\boldsymbol{j})=\dfrac{v_y}{v}, \ \cos(\boldsymbol{v},\boldsymbol{k})=\dfrac{v_z}{v} \end{cases} \tag{1.3.9}$$

同理,可得

$$\boldsymbol{a}(t)=\ddot{\boldsymbol{r}}=a_x\boldsymbol{i}+a_y\boldsymbol{j}+a_z\boldsymbol{k} \tag{1.3.10}$$

则有

$$a_x=\dot{v}_x=\ddot{x}(t), \quad a_y=\dot{v}_y=\ddot{y}(t), \quad a_z=\dot{v}_z=\ddot{z}(t) \tag{1.3.11}$$

加速度 $\boldsymbol{a}$ 的大小和方向可由它的三个投影 a_x、a_y 和 a_z 完全确定。

$$\begin{cases} a=|\boldsymbol{a}|=\sqrt{a_x^2+a_y^2+a_z^2} \\ \cos(\boldsymbol{a},\boldsymbol{i})=\dfrac{a_x}{a}, \ \cos(\boldsymbol{a},\boldsymbol{j})=\dfrac{a_y}{a}, \ \cos(\boldsymbol{a},\boldsymbol{k})=\dfrac{a_z}{a} \end{cases} \tag{1.3.12}$$

【说明】 (1)直角坐标法可以对所有点的运动进行分析,具有很强的普适性。(2)有关矢量的运算规则以及标准单位矢量 $\boldsymbol{i},\boldsymbol{j},\boldsymbol{k}$ 的关系,请见附录 A。

【例 1.3.1】 已知图 1.3.3(a)所示的动点 M 的运动方程为 $x=r\cos\omega t$,$y=r\sin\omega t$,$z=ut$,式中,r,u,ω 是常数。试求点 M 的运动轨迹、速度和加速度。

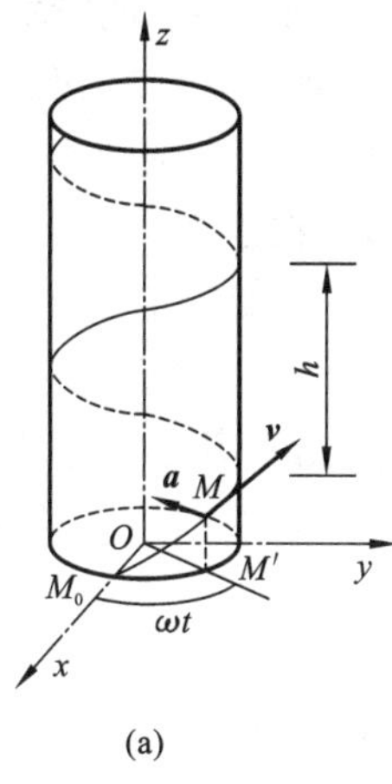

(a)

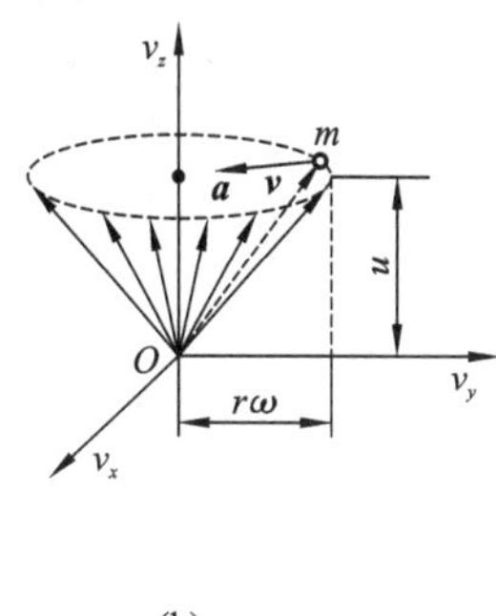

(b)

图 1.3.3

【解】 (1) 求点 M 的运动轨迹。在运动方程的第一、二式中消去时间 t，得

$$x^2+y^2=r^2 \tag{a}$$

式(a)表示点 M 在半径为 r、母线与 z 轴平行的圆柱面上运动。在 $t=0$ 时，有 $x=r,y=0,z=0$，点 M 在圆柱与轴 x 的交点 M_0 处。在任一时刻 t，点 M 在 Oxy 平面上投影为点 M'。当点 M' 绕点 O 一周时，点 M 坐标 x,y 值恢复原值，而 z 值却增加一常数 $h=\dfrac{2\pi u}{\omega}$。由此可见，点 M 轨迹是一条螺距为 h 的螺旋线。

(2) 点 M 的速度。将运动方程对时间求一阶导数，并综合成速度 $\boldsymbol{v}$ 的解析式，得

$$\boldsymbol{v}=-r\omega\sin\omega t\boldsymbol{i}+r\omega\cos\omega t\boldsymbol{j}+u\boldsymbol{k} \tag{b}$$

由式(b)可以求得速度的大小和方向余弦分别为

$$v=\sqrt{v_x^2+v_y^2+v_z^2}=\sqrt{(-r\omega\sin\omega t)^2+(r\omega\cos\omega t)^2+u^2}=\sqrt{r^2\omega^2+u^2}$$

$$\cos(\boldsymbol{v},\boldsymbol{i})=\frac{v_x}{v}=\frac{-r\omega\sin\omega t}{\sqrt{r^2\omega^2+u^2}},\cos(\boldsymbol{v},\boldsymbol{j})=\frac{v_y}{v}=\frac{r\omega\cos\omega t}{\sqrt{r^2\omega^2+u^2}},$$

$$\cos(\boldsymbol{v},\boldsymbol{k})=\frac{v_z}{v}=\frac{u}{\sqrt{r^2\omega^2+u^2}}。$$

由此可见，点 M 的速度的大小为一常量，其方向沿着轨迹的切线，并与轴 z 的夹角保持不变，由式(b)可得

$$v_x^2+v_y^2=r^2\omega^2,\quad v_z=u \tag{c}$$

因此，若从点 O' 作出各瞬时的速度矢量，可以得出速度矢端曲线是一个半径等于 $r\omega$ 的圆周，该圆周平面是一个水平面，距点 O' 的高度为 u，而速度矢量本身将组成一圆锥面(见图 1.3.3(b))。

(3) 求点 M 的加速度。将式(b)对时间求一阶导数，得

$$\boldsymbol{a}=-r\omega^2\cos\omega t\boldsymbol{i}-r\omega^2\sin\omega t\boldsymbol{j}=-x\omega^2\boldsymbol{i}-y\omega^2\boldsymbol{j} \tag{d}$$

由式(d)求得加速度的大小和方向余弦为

$$a=\sqrt{a_x^2+a_y^2+a_z^2}=\sqrt{(-r\omega^2\cos\omega t)^2+(-r\omega^2\sin\omega t)^2}=r\omega^2$$

$$\cos(\boldsymbol{a},\boldsymbol{i})=\frac{a_x}{a}=\frac{-r\omega^2\cos\omega t}{a}=-\frac{x}{r},\cos(\boldsymbol{a},\boldsymbol{j})=\frac{a_y}{a}=\frac{-r\omega^2\sin\omega t}{a}=-\frac{y}{r},$$

$$\cos(\boldsymbol{a},\boldsymbol{k})=\frac{a_z}{a}=0。$$

由此结果可知，点 M 的加速度大小为一常量，方向与轴 z 垂直并指向该轴，见图 1.3.3(b)。

【例 1.3.2】 半径为 r 的车轮在固定直线轨道上滚动而不滑动，如图 1.3.4 所示。设车轮在铅垂面内运动，且轮心 C 的速度 $\boldsymbol{u}(t)$ 为常矢量。试求轮缘上点 M 的轨迹、速度、加速度。

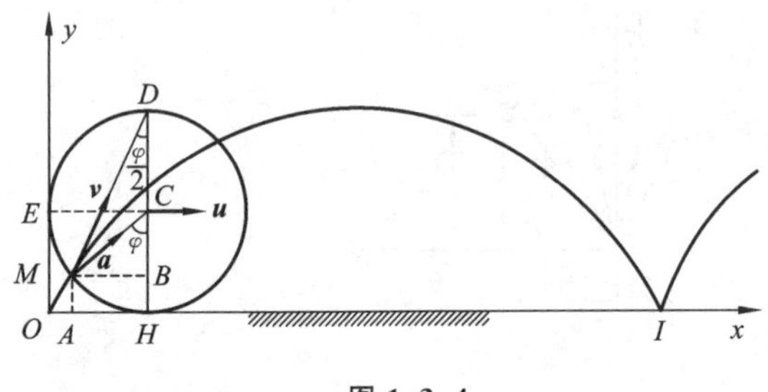

图 1.3.4

【解】 在点 M 的运动平面内取图示坐标系 Oxy。设开始的瞬时（$t=0$）轮心在 Oy 轴上，M 点与坐标原点 O 重合。

(1)求运动方程。把动点 M 放在图示任意位置。由于滚动而不滑动，所以有

$$\overline{OH}=\overset{\frown}{MH}=\overline{CE}=ut,\quad \varphi=\frac{\overset{\frown}{MH}}{r}=\frac{ut}{r}$$

点 M 的坐标为：

$$x=\overline{OA}=\overline{OH}-\overline{AH}=\overset{\frown}{MH}-\overline{MB}=ut-r\sin\varphi$$
$$y=\overline{AM}=\overline{HB}=\overline{CH}-\overline{CB}=r-r\cos\varphi$$

因此 M 点的运动方程为

$$x=ut-r\sin\left(\frac{ut}{r}\right),\quad y=r-r\cos\left(\frac{ut}{r}\right)\tag{a}$$

从式(a)中消去时间 t 可得点 M 的轨迹方程，此轨迹为旋轮线（或摆线）。

(2) 求速度。将方程式(a)对时间 t 求一阶导数，得

$$v_x=u\left[1-\cos\left(\frac{ut}{r}\right)\right],\quad v_y=u\cos\left(\frac{ut}{r}\right)\tag{b}$$

由此得速度大小为

$$v=\sqrt{v_x^2+v_y^2}=2u\sin\left(\frac{ut}{2r}\right)\tag{c}$$

方向余弦为

$$\begin{cases}\cos(\boldsymbol{v},\boldsymbol{i})=\dfrac{v_x}{v}=\sin\left(\dfrac{ut}{2r}\right)=\sin\left(\dfrac{\varphi}{2}\right)=\dfrac{\overline{MB}}{\overline{MD}}\\ \cos(\boldsymbol{v},\boldsymbol{j})=\dfrac{v_y}{v}=\cos\left(\dfrac{ut}{2r}\right)=\cos\left(\dfrac{\varphi}{2}\right)=\dfrac{\overline{BD}}{\overline{MD}}\end{cases}$$

可见，速度 $\boldsymbol{v}$ 恒通过车轮的最高点 D。

(3) 求加速度。将式(b)对时间 t 求一阶导数，得：

$$a_x=\frac{u^2}{r}\sin\left(\frac{ut}{r}\right),\quad a_y=\frac{u^2}{r}\cos\left(\frac{ut}{r}\right)$$

从而求得加速度的大小为

$$a=\sqrt{a_x^2+a_y^2}=\frac{u^2}{r}=\text{常数}\tag{d}$$

方向余弦为

$$\begin{cases}\cos(a,i)=\dfrac{a_x}{a}=\sin\left(\dfrac{ut}{r}\right)=\sin(\varphi)=\dfrac{\overline{MB}}{\overline{MC}}\\ \cos(a,j)=\dfrac{a_y}{a}=\cos\left(\dfrac{ut}{r}\right)=\cos(\varphi)=\dfrac{\overline{BC}}{\overline{MC}}\end{cases}$$

可见，加速度 $\boldsymbol{a}$ 恒通过轮心 C。

【说明】 (1) 由上式可知，当 $ut=0$ 或 $ut=2k\pi r(k=1,2,\cdots)$（即点 M 刚好与水平直线轨道

接触，例如运动轨迹上的 I 点）时，由式(c)可知速度为零，而由式(d)可知加速度并不为零，而是指向轮心 C。这一重要结论表明：圆轮在固定轨道上作纯滚动时，圆轮上与地面接触点的速度等于零，而其加速度并不等于零。该结论将在第 3 章继续论述。

【思考】 (1)如何直观地理解当点 M 刚好与水平直线轨道接触时，点 M 的速度为零。(2)如何计算点 M 运动到轨迹的最高点时，点 M 的速度和加速度分别沿什么方向？大小分别为多少？(3)如果讨论的点是圆轮上任意一个确定（不妨假设距离圆心为 ρ，且 $\rho \leqslant r$）点 M，如何建立其运动方程？试按照 ρ 的不同讨论其轨迹。(4)若轮子的轮廓线不是圆形，而是椭圆形，而轮子中心的速度的大小为常数，如何描述轮子的运动？上述关于与地面接触点的速度和加速度的结论还成立吗？

1.3.3 自然坐标法

1. 弧坐标及点的运动方程

运动方程在许多工程实际问题中，动点的运动轨迹往往是已知的。例如火车和游乐场里的过山车等，运动的线路即为已知的轨迹。当点沿着固定轨迹运动时，则可以利用一个变量，即弧坐标作为广义坐标，来研究动点的运动，建立动点的运动方程及其速度和加速度的表达式。这种利用点的弧坐标及自然轴系，来描述和分析点的运动的方法称为**自然表示法**。

设动点 M 的轨迹为图 1.3.5 所示的曲线。在曲线上选定一点 O 为原点，从 O 点到动点 M 的位置量取弧长 s，并规定从 O 点向某一边量取的 s 为正值，向另一边量取的为负值，则动点的位置可以由 s 完全确定。代数值 s 称为动点 M 的**弧坐标**。点运动时，弧坐标 s 随时间 t 而变化，是时间 t 的单值连续函数，可表示为

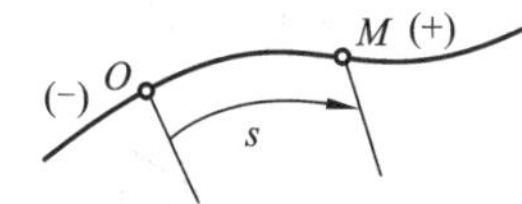

图 1.3.5 用弧坐标描述点的运动

$$s=s(t) \tag{1.3.13}$$

这就是用自然法表示的点的运动方程。

用弧坐标法分析点的速度、加速度与轨迹曲线的几何性质有密切的关系。因此，需引入自然轴系的概念。

2. 自然轴系

用自然法研究动点的速度和加速度，将采用自然轴系。下面介绍空间曲线上任一点 M 处的自然轴系。

如图 1.3.6 所示，设在 t 瞬时动点在轨迹曲线上 M 点，在 $t+\Delta t$ 瞬时动点在轨迹曲线上 M' 点，M 点的切线为 MT，M' 点的切线为 $M'T'$，一般情况下这两条切线并不在同一平面上。过 M 点作与切线 $M'T'$ 平行的直线 MT_1，则 MT 和 MT_1 可确定一平面 P。

当 Δt 逐渐趋近于零时，点 M' 逐渐趋近于 M 点，$M'T$ 逐渐趋近于 MT，MT_1 随 $M'T'$ 而变化，由 MT 和 MT_1 确定的平面 P 绕切线 MT 旋转，并逐渐趋近于一极限位置 P_0。该极限位置平面称为曲线在点 M 处的**密切面**。过 M 点作垂直于切线 MT 的平面，该平面称为曲线在 M 点的**法平面**。法平面与密切面的交线称为**主法线**，法平面内过 M 点与主法线垂直的线称为**副法线**。

以 M 为原点，以曲线在 M 点的切线 τ、主法线 n 和副法线 b 为轴而组成的正交轴系称为曲线在 M 点的**自然轴系**。对自然轴系上的各轴向单位矢量作以下规定：

切线轴的单位矢量用 $\boldsymbol{\tau}$ 表示，沿轨迹切线，其正向与规定弧坐标的正向一致；主法线轴的单位矢量用 $\boldsymbol{n}$ 表示，沿主法线，其正向指向曲线凹的一侧，即指向曲率中心；副法线轴的单位矢量用

$\boldsymbol{b}$ 表示，且 $\boldsymbol{b}=\boldsymbol{\tau}\times\boldsymbol{n}$。

【注意】 随着点 M 在轨迹上运动，自然坐标系的各轴方位均不断改变，如图 1.3.7 所示，故自然轴系是随点位置变化的随动坐标系。其单位矢量 $\boldsymbol{\tau}$、$\boldsymbol{n}$、$\boldsymbol{b}$ 均为变矢量。这一点与前面固定的直角坐标系有很大区别。

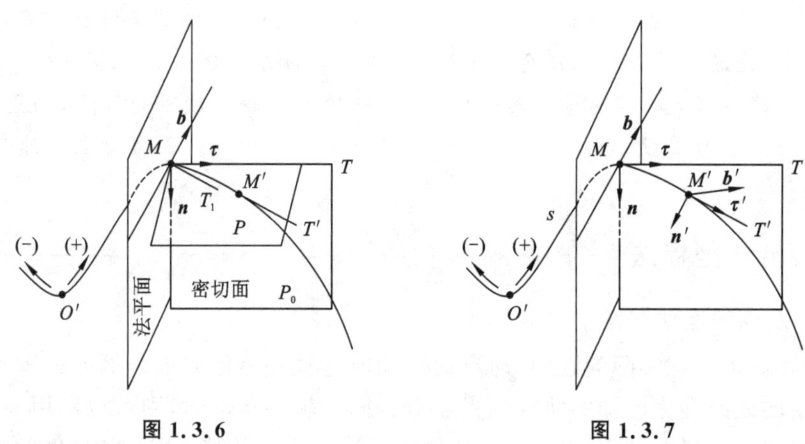

图 1.3.6　　图 1.3.7

3. 动点的速度

如图 1.3.8 所示，设动点沿已知轨迹曲线运动，点沿轨迹由 M 到 M'，经过时间 Δt 以后，其位移为 $\Delta\boldsymbol{r}$，弧坐标改变量为 Δs。

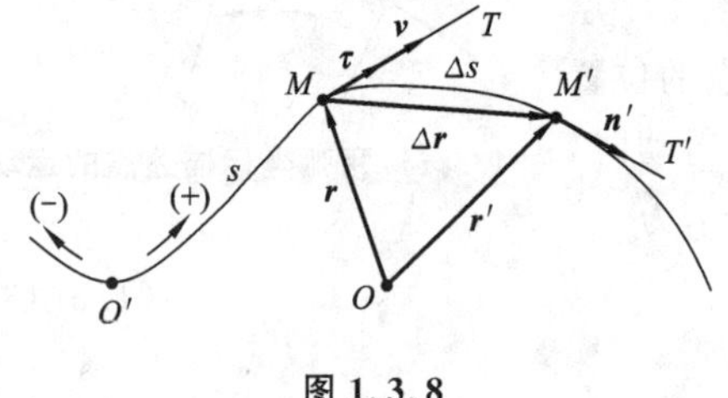

图 1.3.8

当 $\Delta t\to 0$ 时，$|\Delta\boldsymbol{r}|\to|\Delta s|$，故有

$$\frac{\mathrm{d}\boldsymbol{r}}{\mathrm{d}s}=\lim_{\Delta t\to 0}\frac{\Delta\boldsymbol{r}}{\Delta s}=\boldsymbol{\tau}$$

其中 $\boldsymbol{\tau}$ 为切线轴正向单位矢量。

$$\boldsymbol{v}=\frac{\mathrm{d}\boldsymbol{r}}{\mathrm{d}t}=\frac{\mathrm{d}s}{\mathrm{d}t}\frac{\mathrm{d}\boldsymbol{r}}{\mathrm{d}s}=\frac{\mathrm{d}s}{\mathrm{d}t}\boldsymbol{\tau}\tag{1.3.14}$$

令

$$v=\frac{\mathrm{d}s}{\mathrm{d}t}=\dot{s}\tag{1.3.15}$$

v 为速度矢 $\boldsymbol{v}$ 在切线轴上的投影，等于弧坐标对时间 t 的一阶导数。所以**速度矢**又可写为

$$\boldsymbol{v}=v\boldsymbol{\tau}\tag{1.3.16}$$

速度的大小为 $|\boldsymbol{v}|=|v|=\left|\frac{\mathrm{d}s}{\mathrm{d}t}\right|$，即速度的大小等于动点的弧坐标对时间的一阶导数的绝对值。若 $v>0$，则 $\boldsymbol{v}$ 与 $\boldsymbol{\tau}$ 的方向一致，即动点沿轨迹正向运动；若 $v<0$，则 $\boldsymbol{v}$ 与 $\boldsymbol{\tau}$ 的方向相反，即动点沿轨迹负向运动。

4. 动点的加速度

将速度表达式(1.3.14)两边对时间 t 求一阶导数可得动点的加速度

$$\boldsymbol{a}=\frac{\mathrm{d}\boldsymbol{v}}{\mathrm{d}t}=\frac{\mathrm{d}}{\mathrm{d}t}(v\boldsymbol{\tau})=\frac{\mathrm{d}v}{\mathrm{d}t}\boldsymbol{\tau}+v\frac{\mathrm{d}\boldsymbol{\tau}}{\mathrm{d}t}\tag{1.3.17}$$

上式右端两项均为矢量，第一项是反映速度大小随时间变化的加速度，记为 $\boldsymbol{a}^{\mathrm{t}}$；第二项是反映速度方向随时间变化的加速度，记为 $\boldsymbol{a}^{\mathrm{n}}$。下面分别讨论它们的大小和方向。

(1) 切向加速度 $\boldsymbol{a}^{\mathrm{t}}$

令

$$\boldsymbol{a}^{\mathrm{t}}=\frac{\mathrm{d}v}{\mathrm{d}t}\boldsymbol{\tau} \tag{1.3.18}$$

则$\boldsymbol{a}^{\mathrm{t}}$为沿轨迹切线的矢量，反映速度大小随时间的变化，称为**切向加速度**。其大小等于速度的大小对时间的一阶导数或弧坐标对时间的二阶导数的绝对值，方向沿轨迹的切线方向。若$\frac{\mathrm{d}v}{\mathrm{d}t}>0$，则$\boldsymbol{a}^{\mathrm{t}}$的指向与$\boldsymbol{\tau}$的指向一致；若$\frac{\mathrm{d}v}{\mathrm{d}t}<0$，则$\boldsymbol{a}^{\mathrm{t}}$的指向与$\boldsymbol{\tau}$的指向相反。

（2）法向加速度$\boldsymbol{a}^{\mathrm{n}}$

令

$$\boldsymbol{a}^{\mathrm{n}}=v\frac{\mathrm{d}\boldsymbol{\tau}}{\mathrm{d}t} \tag{1.3.19}$$

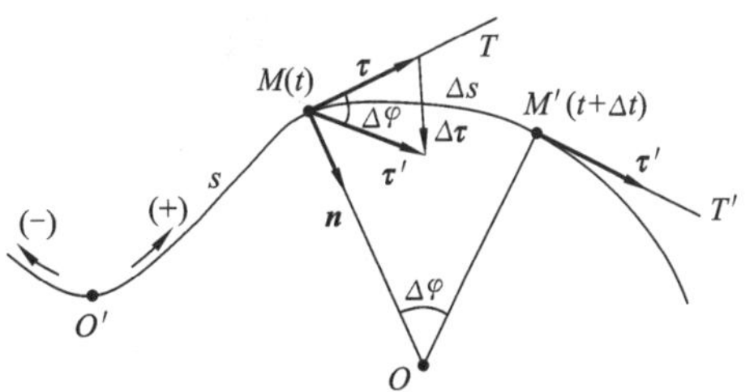

图 1.3.9

下面推导$\frac{\mathrm{d}\boldsymbol{\tau}}{\mathrm{d}t}$的表达式。

经时间Δt后，动点由M点沿轨迹运动到M'点，弧坐标改变量为Δs，如图1.3.9所示。

设点M处曲线切线单位矢量为$\boldsymbol{\tau}$，点M'处曲线切线单位矢量为$\boldsymbol{\tau}'$，单位矢量的增量为$\Delta\boldsymbol{\tau}=\boldsymbol{\tau}'-\boldsymbol{\tau}$，在$\Delta t$时间段内，单位矢量$\boldsymbol{\tau}$转过的角度为$\Delta\varphi$。则有

$$\frac{\mathrm{d}\boldsymbol{\tau}}{\mathrm{d}t}=\lim_{\Delta t\to 0}\frac{\Delta\boldsymbol{\tau}}{\Delta t}=\lim_{\Delta t\to 0}\frac{\Delta\varphi|\boldsymbol{\tau}|}{\Delta t}\cdot\frac{\Delta\boldsymbol{\tau}}{\Delta\varphi|\boldsymbol{\tau}|}\quad |\boldsymbol{\tau}|=1\quad \lim_{\Delta t\to 0}\frac{\Delta\boldsymbol{\tau}}{\Delta\varphi|\boldsymbol{\tau}|}=\boldsymbol{n}$$

从而可得

$$\frac{\mathrm{d}\boldsymbol{\tau}}{\mathrm{d}t}=\lim_{\Delta t\to 0}\frac{\Delta\varphi}{\Delta t}\cdot\boldsymbol{n}=\lim_{\Delta t\to 0}\frac{\Delta\varphi}{\Delta s}\cdot\lim_{\Delta t\to 0}\frac{\Delta s}{\Delta t}\cdot\boldsymbol{n}=\frac{1}{\rho}\cdot\frac{\mathrm{d}s}{\mathrm{d}t}\cdot\boldsymbol{n}=\frac{v}{\rho}\boldsymbol{n} \tag{1.3.20}$$

式中，$\frac{1}{\rho}=\lim_{\Delta s\to 0}\frac{\Delta\varphi}{\Delta s}$为轨迹曲线在$M$点处的**曲率**，$\rho$为轨迹曲线在$M$点处的**曲率半径**。

将式(1.3.20)代入式(1.3.19)可得

$$\boldsymbol{a}^{\mathrm{n}}=\frac{v^2}{\rho}\boldsymbol{n} \tag{1.3.21}$$

显然，$\boldsymbol{a}^{\mathrm{n}}$的方向与主法线轴正向一致，反映速度方向随时间的变化，$\boldsymbol{a}^{\mathrm{n}}$称为**法向加速度**。

将式(1.3.18)和式(1.3.21)代入式(1.3.17)，得全加速度$\boldsymbol{a}$的表达式

$$\boldsymbol{a}=\boldsymbol{a}^{\mathrm{t}}+\boldsymbol{a}^{\mathrm{n}}=\frac{\mathrm{d}v}{\mathrm{d}t}\boldsymbol{\tau}+\frac{v^2}{\rho}\boldsymbol{n} \tag{1.3.22}$$

若用a^{t}、a^{n}、a^{b}分别表示$\boldsymbol{a}$在切向轴、主法线轴和副法线轴上的投影。则将式(1.3.22)分别向自然轴系中的切向轴、主法线轴和副法线轴投影，得

$$a^{\mathrm{t}}=\frac{\mathrm{d}v}{\mathrm{d}t},\quad a^{\mathrm{n}}=\frac{v^2}{\rho},\quad a^{\mathrm{b}}=0 \tag{1.3.23}$$

即加速度在切线轴上的投影等于速度代数量对时间的一阶导数或弧坐标对时间的二阶导数；加速度在主法线轴上的投影等于速度大小的平方除以轨迹曲线在该点的曲率半径；加速度在副法线轴上的投影恒等于零。所以全加速度$\boldsymbol{a}$的表达式又可写成

$$\boldsymbol{a}=\boldsymbol{a}^{\mathrm{t}}+\boldsymbol{a}^{\mathrm{n}}=a^{\mathrm{t}}\boldsymbol{\tau}+a^{\mathrm{n}}\boldsymbol{n} \tag{1.3.24}$$

若已知a^{t}、a^{n}，则加速度的大小和方向由下式确定

$$a=\sqrt{(a^{\mathrm{t}})^2+(a^{\mathrm{n}})^2},\quad \cos(\boldsymbol{a},\boldsymbol{a}^{\mathrm{n}})=\cos\theta=\frac{a^{\mathrm{n}}}{a} \tag{1.3.25}$$

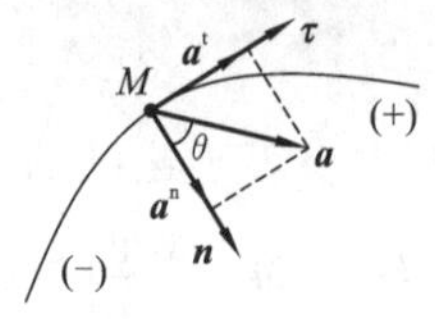

图 1.3.10

式中，θ 角为全加速度 $\boldsymbol{a}$ 与法向加速度 $\boldsymbol{a}^{n}$ 的锐夹角，如图 1.3.10 所示。

【说明】 (1)显然，全加速度 $\boldsymbol{a}$ 位于密切面内，且指向轨迹凹的一侧。(2)动点 M 在曲线运动中，当 v 与 $\boldsymbol{a}^{\tau}$ 同号时，点作加速运动；当 v 与 $\boldsymbol{a}^{\tau}$ 异号时，点作减速运动。

【例 1.3.3】 杆 AB 绕 A 点转动时，拨动套在固定环上的小环 M，如图 1.3.11 所示。已知固定圆环的半径为 R，$\varphi=\omega t$（ω 为常量）。试求 M 点的运动方程、速度和加速度。

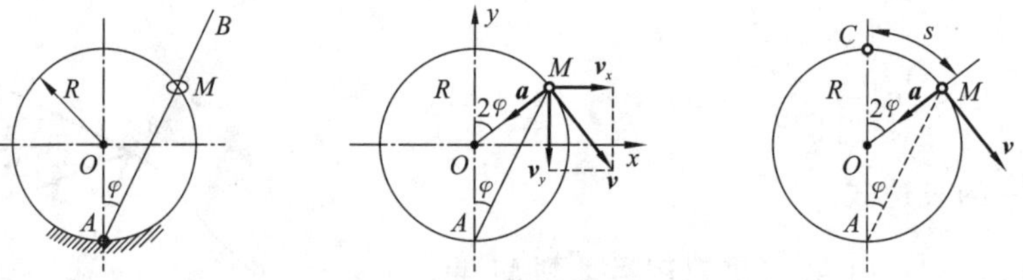

(a) (b) (c)

图 1.3.11

【解】 (1) 用直角坐标法求解。

取坐标系 Oxy，如图 1.3.11 所示。为了列出 M 点的运动方程，应当在任意瞬时 t 考察该点的情况，图中画出了 M 点在任意瞬时 t 的位置，其中 ΔAOM 是等腰三角形，把 M 点的坐标看作是矢径 $\boldsymbol{r}=\overrightarrow{OM}$ 在对应轴上的投影

$$x=\overline{OM}\times\cos(90^{\circ}-2\varphi)=R\sin(2\varphi),\quad y=\overline{OM}\times\cos(2\varphi)=R\cos(2\varphi)$$

由已知条件 $\varphi=\omega t$，得到 M 点的直角坐标形式的运动方程

$$x=R\sin(2\omega t),\quad y=R\cos(2\omega t) \tag{a}$$

先求速度：$v_x=\dot{x}=2R\omega\cos(2\omega t)$，$v_y=\dot{y}=-2R\omega\sin(2\omega t)$

故有：

$$v=\sqrt{v_x^2+v_y^2}=2R\omega \tag{b}$$

$$\cos(\boldsymbol{v},\boldsymbol{i})=\frac{v_x}{v}=\cos(2\varphi),\quad \cos(\boldsymbol{v},\boldsymbol{j})=\frac{v_y}{v}=-\sin(2\varphi)=\cos(90^{\circ}+2\varphi)$$

所以：

$$\angle(\boldsymbol{v},\boldsymbol{i})=2\varphi,\quad \angle(\boldsymbol{v},\boldsymbol{j})=90^{\circ}+2\varphi \tag{c}$$

可见，速度的大小为 $2R\omega$，方向与矢径 $\boldsymbol{r}$ 垂直。

再求加速度

$$a_x=\dot{v}_x=-4R\omega^2\sin(2\omega t)=-4\omega^2 x,\quad a_y=\dot{v}_y=-4R\omega^2\cos(2\omega t)=-4\omega^2 y$$

故有

$$a=\sqrt{a_x^2+a_y^2}=4R\omega^2 \tag{d}$$

且

$$\boldsymbol{a}=-4\omega^2 x\boldsymbol{i}-4\omega^2 y\boldsymbol{j}=-4\omega^2(x\boldsymbol{i}+y\boldsymbol{j})=-4\omega^2\boldsymbol{r} \tag{e}$$

可见，加速度的大小为 $4R\omega^2$，方向正好与矢径 $\boldsymbol{r}$ 相反，即由 M 点指向 O 点（曲率中心）。

(2) 用自然法求解。

已知动点的轨迹是半径为 R 的圆，取圆上的 C 点为起点量取弧坐标 s，并规定沿轨迹的顺时针方向为正向，如图 1.3.11(c)所示。动点沿轨迹的运动方程是

$$s=R(2\varphi)=2R\omega t \tag{f}$$

按式(1.3.15)求得速度

$$v=\dot{s}=2R\omega \tag{g}$$

再由式(1.3.23)求加速度

$$a^{t}=\dot{v}=0,\quad a^{n}=\frac{v^2}{\rho}=\frac{(2R\omega)^2}{R}=4R\omega^2 \tag{h}$$

$\boldsymbol{v}$,$\boldsymbol{a}$ 方向如图 1.3.11(c)所示。

【评述】 显然,两种方法求得的结果完全相同。解题时,若动点的轨迹未知,一般可采用直角坐标法。本题已知轨迹是圆,应用自然法更为方便。在点的运动轨迹已知的情况下,一般采用自然法会比较简便。

【思考】 (1)试建立例 1.3.3 求解过程中建立的两种坐标之间的关系。(2)如何求解动点相对于杆件 AB 的运动方程、速度方程和加速度方程?并比较与其绝对运动的上述方程之间的关系。

【例 1.3.4】 已知点在 xy 平面上的运动方程 $x=x(t)$,$y=y(t)$。试证明轨迹曲线的曲率半径为

$$\rho=\frac{(\dot{x}^2+\dot{y}^2)^{3/2}}{|\dot{x}\ddot{y}-\dot{y}\ddot{x}|} \tag{1.3.26}$$

【证明】 假设点的速度大小为 v,则有

$$v^2=\dot{x}^2+\dot{y}^2$$

将上式两端对时间 t 求导数,可得

$$2v\frac{\mathrm{d}v}{\mathrm{d}t}=2\dot{x}\ddot{x}+2\dot{y}\ddot{y}$$

由于 $\dot{v}=a^{t}$,故有法向加速度和切向加速度的大小分别为

$$a^{t}=\frac{\mathrm{d}v}{\mathrm{d}t}=\frac{\dot{x}\ddot{x}+\dot{y}\ddot{y}}{v}=\frac{\dot{x}\ddot{x}+\dot{y}\ddot{y}}{\sqrt{\dot{x}^2+\dot{y}^2}}$$

$$a^{n}=\sqrt{a^2-(a^{t})^2}=\sqrt{\ddot{x}^2+\ddot{y}^2-\frac{(\dot{x}\ddot{x}+\dot{y}\ddot{y})^2}{\dot{x}^2+\dot{y}^2}}=\frac{|\dot{x}\ddot{y}-\dot{y}\ddot{x}|}{\sqrt{\dot{x}^2+\dot{y}^2}}$$

可得轨迹曲线的曲率半径为

$$\rho=\frac{v^2}{a^{n}}=\frac{\dot{x}^2+\dot{y}^2}{\sqrt{\ddot{x}^2+\ddot{y}^2-\frac{(\dot{x}\ddot{x}+\dot{y}\ddot{y})^2}{\dot{x}^2+\dot{y}^2}}}=\frac{(\dot{x}^2+\dot{y}^2)\cdot\sqrt{\dot{x}^2+\dot{y}^2}}{\sqrt{(\dot{x}\ddot{y}-\dot{y}\ddot{x})^2}}=\frac{(\dot{x}^2+\dot{y}^2)^{3/2}}{|\dot{x}\ddot{y}-\dot{y}\ddot{x}|}$$

【说明】 式(1.3.26)是用运动学的方法求点的平面曲线运动轨迹曲率的计算公式,可以直接使用。

1.4 刚体的基本运动

刚体是包含无穷多几何点的物体,满足刚体上任意两点的距离在运动过程中保持不变,这一条件使得刚体上各点的运动存在着规律性的联系。在研究刚体的运动时,首先要了解刚体运动形式的特征和描述整个刚体运动的方法,然后再研究刚体上各点的运动。本节仅研究刚体的两种基本运动,即刚体的平行移动和绕固定轴的定轴转动,它们是研究刚体复杂运动的基础。

1.4.1 刚体的平行移动

在工程实际中,可观察到以下的物体运动:沿直线轨道行驶的车辆、筛砂机筛子的运动(如图1.4.1中的AB)、气缸内活塞的运动、车床上刀架的运动等,这些运动都有一个共同的特征,即刚体在运动过程中,刚体内任一直线段始终与它的最初位置保持平行,这种运动称为刚体的**平行移动**,简称**平移**或**平动**。

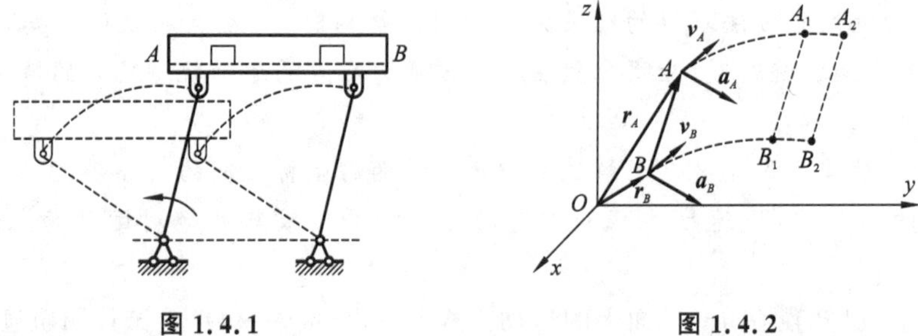

图 1.4.1　　　　图 1.4.2

刚体作平移时,若其上各点的轨迹是直线,则称为直线平移;若其上各点的轨迹是曲线,则称为曲线平移。根据刚体平移的特征,下面来研究平移刚体上各点的运动轨迹、速度与加速度之间的关系。

在平移刚体内任选两点A和B,以$\boldsymbol{r}_A$,$\boldsymbol{r}_B$分别表示A点和B点的矢径,则两条矢端曲线就是A点和B点的运动轨迹,由图1.4.2可知

$$\boldsymbol{r}_A=\boldsymbol{r}_B+\overrightarrow{BA} \tag{1.4.1}$$

刚体平移,线段BA的长度和方向都不改变,所以$\overrightarrow{BA}$是常矢量。因此只要把点B的轨迹沿$\overrightarrow{BA}$方向平行搬移一段距离BA,就能与点A的轨迹完全重合。因此,平移刚体上各点的轨迹形状完全相同。

将式(1.4.1)对时间求一阶和二阶导数,而常矢量$\overrightarrow{BA}$对时间的导数等于零,于是得

$$\frac{\mathrm{d}\,\boldsymbol{r}_A}{\mathrm{d}t}=\frac{\mathrm{d}\,\boldsymbol{r}_B}{\mathrm{d}t},\quad \boldsymbol{v}_A=\boldsymbol{v}_B \tag{1.4.2}$$

$$\frac{\mathrm{d}^2\,\boldsymbol{r}_A}{\mathrm{d}t^2}=\frac{\mathrm{d}^2\,\boldsymbol{r}_B}{\mathrm{d}t^2},\quad \boldsymbol{a}_A=\boldsymbol{a}_B \tag{1.4.3}$$

式中,$\boldsymbol{v}_A$和$\boldsymbol{v}_B$分别为点A和点B的速度,$\boldsymbol{a}_A$和$\boldsymbol{a}_B$分别为其加速度。

因为点A和点B是任意选择的,因此可得结论:当刚体平移时,其上各点的轨迹形状相同,且在任一瞬时,各点的速度相同,加速度也相同。

【评述】 只要知道平移刚体内任一点的运动,就等于知道整个刚体的运动,因此,研究刚体的平移,就可以归结为研究刚体内任一点的运动,即归结为前一节所研究的点的运动学问题。

1.4.2 刚体的定轴转动　体内各点的速度、加速度

在工程实际中,可观察到齿轮、机床的主轴、发电机的转子等的运动,它们都有一个共同的特点,即刚体运动时,其上或其扩展部分,至少有两点位置始终保持不变,这种运动称为刚体的**定轴转动**。这两点确定的固定不动的直线,称为刚体的**转轴**或**轴线**,简称**轴**。

显然,作定轴转动刚体的自由度为1。为确定转动刚体的位置,取其转轴为z轴,正向如图1.4.3所示。通过轴线z作一固定平面A,此外,通过轴线再作一动平面B与刚体固结。当刚体定轴转动时,可选取两个平面之间的夹角φ作为其广义坐标,称为刚体的**转角**,以弧度(rad)

表示。

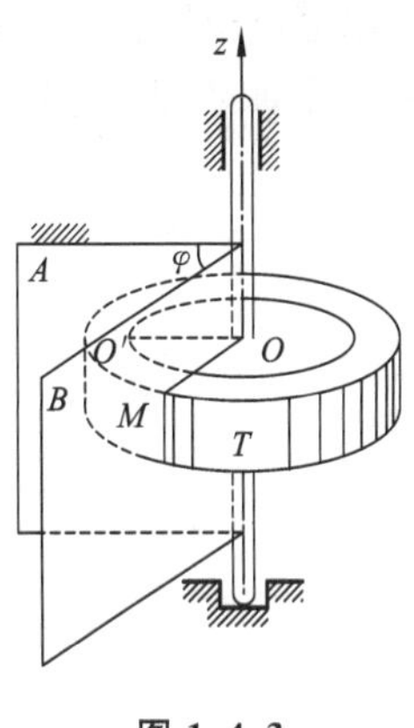

图 1.4.3

转角 φ 是一个代数量，它确定了刚体的位置，它的符号通常可根据右手螺旋法则确定。或自 z 轴的正端往负端看，从固定面起按逆时针转向计量的转角为正值，反之为负值。当刚体转动时，转角 φ 是时间 t 的单值连续函数，即

$$\varphi=f(t) \tag{1.4.4}$$

此方程称为刚体定轴转动的运动方程。定轴转动刚体的位置，只要用一个参变量(转角 φ)就可以确定。

为了描述刚体转动的快慢程度，引入角速度的概念。设在 Δt 时间内，刚体的转角由 φ 改变到 $\varphi+\Delta\varphi$，转角的增量 $\Delta\varphi$ 称为**角位移**。在 Δt 趋近于零时，比值 $\dfrac{\Delta\varphi}{\Delta t}$ 的极限称为刚体在瞬时 t 的**角速度**，以字母 ω 表示。

$$\omega=\lim_{\Delta t\to 0}\frac{\Delta\varphi}{\Delta t}=\frac{\mathrm{d}\varphi}{\mathrm{d}t}=\dot{\varphi} \tag{1.4.5}$$

角速度 ω 是代数量，其单位为 rad/s。角速度的大小表征刚体转动的快慢，其正、负号表示刚体转动的方向。从轴的正向往负向看，刚体逆时针转动时角速度为正值，反之为负值。在工程上，机器中的转动部件或零件，一般都在匀速转动情况下工作，即 ω 为常数。转动的快慢常用每分钟转数 n 来表示，称为**转速**，单位为转/分(r/min)。

角速度 ω 与转速 n 的关系为

$$\omega=\frac{2\pi n}{60}=\frac{\pi n}{30} \tag{1.4.6}$$

而为了描述角速度的变化，引入角加速度的概念。设在 Δt 时间内，刚体的角速度由 ω 改变到 $\omega+\Delta\omega$。角速度的增量为 $\Delta\omega$。在 Δt 趋近于零时，比值 $\dfrac{\Delta\omega}{\Delta t}$ 的极限称为刚体在瞬时 t 的**角加速度**，以字母 α 表示。

$$\alpha=\lim_{\Delta t\to 0}\frac{\Delta\omega}{\Delta t}=\frac{\mathrm{d}\omega}{\mathrm{d}t}=\dot{\omega}=\ddot{\varphi} \tag{1.4.7}$$

角加速度表征角速度变化的快慢。角加速度 α 也是代数量，其单位一般用 $\mathrm{rad/s^2}$。角加速度的正负号规定同角速度一致。如果 ω 与 α 同号，则为加速转动；如果 ω 与 α 异号，则为减速转动。

在前面，总是把角速度和角加速度定义为代数量。但在讨论某些复杂问题时，把角速度和角加速度视为矢量会比较方便。为了确定刚体定轴转动的角速度的全部性质，应该知道转动轴的位置、角速度的大小(转动的快慢)和转动方向这三个因素。这三个因素可用一个矢量表示出来，称为**角速度矢**，用 $\boldsymbol{\omega}$ 表示。为了表示转轴 Oz 的位置，让 $\boldsymbol{\omega}$ 与 Oz 共线，其长度表示角速度的大小，箭头的指向按右手螺旋规则确定刚体的转向，如图 1.4.4 所示。$\boldsymbol{\omega}$ 矢量可以从转轴上任一固定点画起，所以，角速度矢是滑动矢量。

设 $\boldsymbol{k}$ 为沿 z 轴正向的单位矢量，则

$$\boldsymbol{\omega}=\omega\boldsymbol{k} \tag{1.4.8}$$

同理，可以定义**角加速度矢**为

$$\boldsymbol{\alpha}=\frac{\mathrm{d}\boldsymbol{\omega}}{\mathrm{d}t}=\frac{\mathrm{d}\omega}{\mathrm{d}t}\boldsymbol{k}=\alpha\boldsymbol{k} \tag{1.4.9}$$

即 $\boldsymbol{\alpha}$ 也位于转轴上与 $\boldsymbol{\omega}$ 共线，也是滑动矢量，如图 1.4.5 所示。当刚体加速转动时 $\boldsymbol{\alpha}$ 与 $\boldsymbol{\omega}$ 同向；减速转动时，则反向。

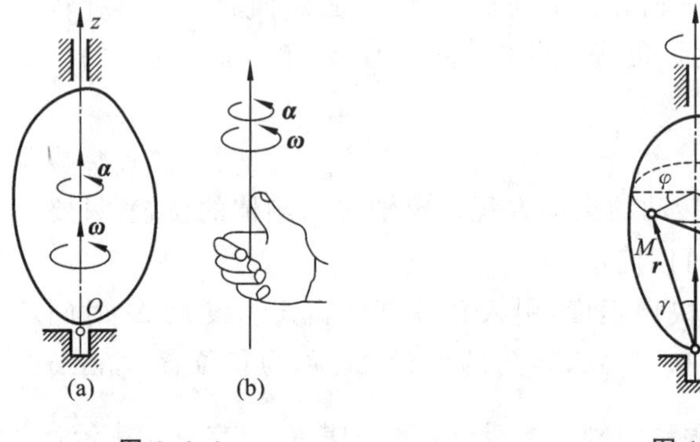

图 1.4.4　　图 1.4.5

由以上讨论可知，转角、角速度（角速度矢）和角加速度（角加速度矢）都是描述刚体整体运动的特征量。当转动刚体的运动确定后，就可以研究刚体内各点的速度和加速度。

刚体定轴转动时，除了转轴上的各点以外，刚体内任意一点都在垂直于转轴的平面内作圆周运动，圆心在该平面与转轴的交点上，该圆周轨迹的半径 R 称为点的转动半径，大小等于该点到转轴的垂直距离。对此，宜采用自然法研究各点的运动。

设刚体由定平面 A 位置绕定轴 O 转动任一角度 φ，到达 B 位置，其上任一点由 O' 运动到 M，如图 1.4.6 所示。以固定点 O' 为弧坐标 s 的原点，按 φ 角增加的方向规定为弧坐标 s 的正向，于是点 M 在任一瞬时的弧坐标 s 就可以表示成

$$s=R\varphi \tag{1.4.10}$$

上式就是用自然坐标法表示的点 M 的运动方程。

点 M 的速度在切线 τ 上的投影为

$$v=\dot{s}=R\dot{\varphi}=R\omega \tag{1.4.11}$$

由于 v 与 ω 具有相同的正负号，所以速度 $\boldsymbol{v}$ 沿圆周的切线，指向 ω 的转动方向（见图 1.4.7(a)）。

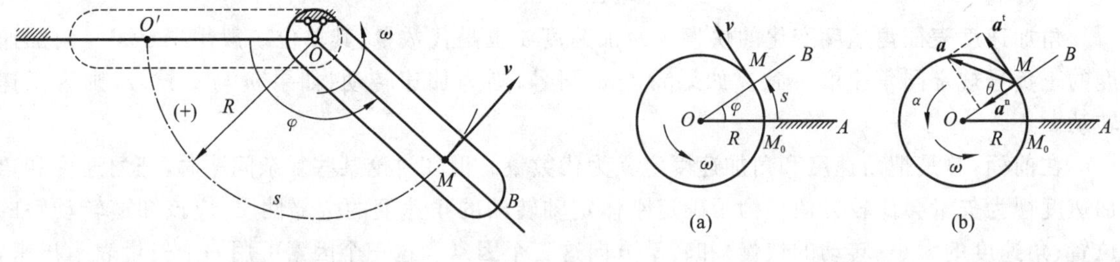

图 1.4.6　　图 1.4.7

点 M 的加速度在切线 τ 上的投影为

$$a^{\mathrm{t}}=\ddot{s}=\dot{v}=R\dot{\omega}=R\alpha \tag{1.4.12}$$

因为 a^{t} 与 α 具有相同的符号，所以切向加速度 a^{t} 沿圆周切线，指向 α 的转动方向。

点 M 的加速度在主法线 $\boldsymbol{n}$ 上的投影为

$$a^{\mathrm{n}}=\frac{v^2}{R}=R\omega^2 \tag{1.4.13}$$

法向加速度 $\boldsymbol{a}^{\mathrm{n}}$ 的方向总是指向轨迹的曲率中心，在图 1.4.7(b)所示情况下，$\boldsymbol{a}^{\mathrm{n}}$ 指向圆心，亦即指

向转轴 O。

点 M 的加速度的大小和方向分别为

$$|\boldsymbol{a}|=\sqrt{(a^{\mathrm{t}})^2+(a^{\mathrm{n}})^2}=R\sqrt{\omega^4+\alpha^2} \tag{1.4.14}$$

$$\tan\theta=\tan(\boldsymbol{a},\boldsymbol{a}^{\mathrm{n}})=\frac{a^{\mathrm{t}}}{a^{\mathrm{n}}}=\frac{R\alpha}{R\omega^2}=\frac{\alpha}{\omega^2} \tag{1.4.15}$$

【说明】 (1)由式(1.4.14)可知,在同一瞬时刚体上所有各点的速度及加速度的大小都与点到转轴的距离成正比。(2)由式(1.4.15)可知,所有各点的加速度与其法向加速度的夹角都相同,且与点到转轴的距离无关。(3)由式(1.4.11)可知,定轴转动刚体上各点的速度分布如图 1.4.8(a)所示,而加速度分布如图 1.4.8(b)所示。

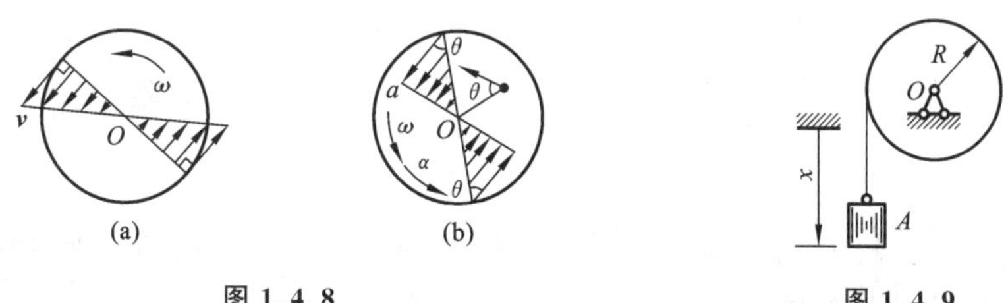

图 1.4.8　　　　图 1.4.9

【例 1.4.1】 一半径 $R=50$ cm 的圆盘绕定轴 O 的转动方程为 $\varphi=kt^3+\pi t^2$(其图中 k 为常数),圆盘上缠一不可伸长的细绳,绳下端吊一重物 A(见图 1.4.9)。若已知 $t=2$ s 时圆盘转了 8 转,求 $t=4$ s 时,重物 A 的速度和加速度。

【解】 由于 $t=2$ s 时,$\varphi=8\times2\pi=16\pi$,因此

$$16\pi=2^3k+2^2\pi$$

所以

$$k=\frac{3\pi}{2} \tag{a}$$

因而转动方程为

$$\varphi=\frac{3\pi}{2}t^3+\pi t^2 \tag{b}$$

又因为绳子不可伸长,因此在给定时间间隔内,轮缘上任一点走过的弧长等于重物 A 下落的距离,即

$$x=s=R\varphi=75\pi t^3+50\pi t^2 \tag{c}$$

上式就是重物 A 的运动方程。

将式(c)对时间求导,有

$$\dot{x}=225\pi t^2+100\pi t \tag{d}$$

$$\ddot{x}=450\pi t+100\pi \tag{e}$$

将 $t=4$ s 代入(d)、(e)两式,有

$$v=\dot{x}\,|_{t=4}=4\ 000\pi\ \mathrm{cm/s}=40\pi\ \mathrm{m/s}=125.66\ \mathrm{m/s}$$

$$a=\ddot{x}\,|_{t=4}=1\ 900\pi\ \mathrm{cm/s^2}=19\pi\ \mathrm{m/s^2}=59.69\ \mathrm{cm/s^2}$$

显然,$\boldsymbol{v}$、$\boldsymbol{a}$ 的方向都朝下。

【例 1.4.2】 圆柱齿轮传动是常用的轮系传动方式之一,可用来提高或降低转速和改变转向。如图 1.4.10(a)所示为**外啮合**情况,图 1.4.10(b)为**内啮合**情况。两齿轮外啮合时,它们的转向相反,而内啮合时则转向相同。设主动轮 A 和从动轮 B 的节圆半径分别为 r_1 和 r_2;齿数各

为 z_1 和 z_2。试求轮 A 的角速度 ω_1 与轮 B 的角速度 ω_2 之关系。

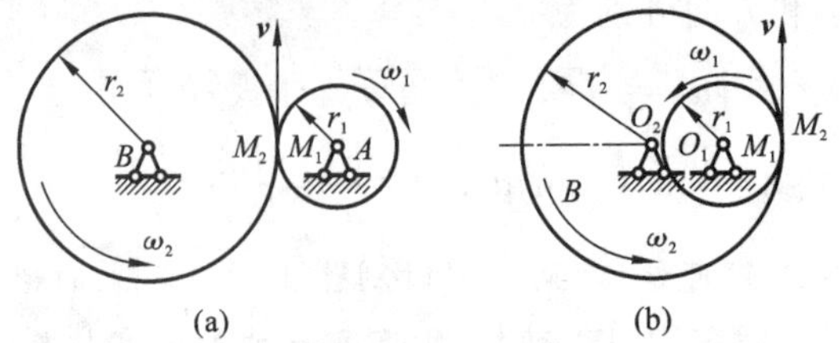

图 1.4.10

【解】 在齿轮传动中，因齿轮互相啮合，两齿轮的节圆接触点 M_1 和 M_2 无相对滑动，具有相同的速度 v，因而有：$v=r_1\omega_1=r_2\omega_2$。

由于啮合的两齿轮在节圆上的齿距相等，它们的齿数与半径成正比，于是得到

$$\frac{\omega_1}{\omega_2}=\frac{r_2}{r_1}=\frac{z_2}{z_1} \tag{1.4.16}$$

设轮 A 为主动轮，轮 B 为从动轮。机械工程中，常常把主动轮的角速度（或转速）与从动轮的角速度（或转速）之比称为**传速比**，设以 i_{12} 表示，则有

$$i_{12}=\frac{\omega_1}{\omega_2}=\frac{r_2}{r_1}=\frac{z_2}{z_1} \tag{1.4.17}$$

上式定义的传速比是两个角速度大小的比值，与转动方向无关，因此，不仅适用于圆柱齿轮传动，也适用于传动轴成任意角度的圆锥齿轮、摩擦轮传动等。

【说明】 (1)由式(1.4.16)可知，互相啮合的两齿轮的角速度（或转速）与两齿轮的齿数成反比（或与两齿轮的节圆半径成反比）。(2)在一些复式轮系（如变速箱）中包含有若干对齿轮，将每一对齿轮的传速比按照式(1.4.16)计算后，将它们连乘起来，即可得到总的传速比。(3)对于锥齿传动和皮带（链条）传动，式(1.4.16)和式(1.4.17)同样成立。

【思考】 变速自行车是如何实现变速的？

1.4.3 角速度矢、角加速度矢及转动刚体上点的速度和加速度矢量表示

引入角速度矢和角加速度矢后，转动刚体内任一点 M 的速度、切向和法向加速度的大小和方向，可以方便地用矢量的叉积表示出来。

若以 $\boldsymbol{r}$ 表示转动刚体内任一点 M 到转轴上某定点的矢径，以 $\boldsymbol{\omega}$ 表示此瞬时刚体的角速度矢量。M 点的速度可表示为

$$\boldsymbol{v}=\boldsymbol{\omega}\times\boldsymbol{r} \tag{1.4.18}$$

这是因为，叉积 $\boldsymbol{\omega}\times\boldsymbol{r}$ 的模与 M 点速度 $\boldsymbol{v}$ 的模相等。

$$|\boldsymbol{\omega}\times\boldsymbol{r}|=|\boldsymbol{\omega}|\cdot|\boldsymbol{r}|\cdot\sin\gamma=|\boldsymbol{\omega}|\cdot R=|\boldsymbol{v}|$$

而叉积 $\boldsymbol{\omega}\times\boldsymbol{r}$ 的方向，由右手螺旋规则决定，正好与 $\boldsymbol{v}$ 的方向相同。故有结论：定轴转动刚体内任一点的速度等于刚体的角速度矢量与该点矢径的叉积。

将式(1.4.18)对时间求一阶导数，得 M 点的加速度为

$$\boldsymbol{a}=\frac{\mathrm{d}\boldsymbol{v}}{\mathrm{d}t}=\frac{\mathrm{d}}{\mathrm{d}t}(\boldsymbol{\omega}\times\boldsymbol{r})=\frac{\mathrm{d}\boldsymbol{\omega}}{\mathrm{d}t}\times\boldsymbol{r}+\boldsymbol{\omega}\times\frac{\mathrm{d}\boldsymbol{r}}{\mathrm{d}t}$$

即：$\boldsymbol{a}=\boldsymbol{\alpha}\times\boldsymbol{r}+\boldsymbol{\omega}\times\boldsymbol{v}$。或

$$\boldsymbol{a}=\boldsymbol{\alpha}\times\boldsymbol{r}+\boldsymbol{\omega}\times(\boldsymbol{\omega}\times\boldsymbol{r}) \tag{1.4.19}$$

因为 $\boldsymbol{\alpha}\times\boldsymbol{r}$ 的模与$\boldsymbol{a}^{t}$ 的模相等,即

$$|\boldsymbol{\alpha}\times\boldsymbol{r}|=|\boldsymbol{\alpha}|\cdot|\boldsymbol{r}|\cdot\sin\gamma=|\boldsymbol{\alpha}|\cdot R=|\boldsymbol{a}^{t}|$$

$\boldsymbol{\alpha}\times\boldsymbol{r}$ 的方向又与$\boldsymbol{a}^{t}$ 的方向相同,如图 1.4.11(a)所示,故有

$$\boldsymbol{a}^{t}=\boldsymbol{\alpha}\times\boldsymbol{r} \tag{1.4.20}$$

又因 $\boldsymbol{\omega}\times\boldsymbol{v}$ 的模与$\boldsymbol{a}^{n}$ 的模相等,即

$$|\boldsymbol{\omega}\times\boldsymbol{v}|=|\boldsymbol{\omega}|\cdot|\boldsymbol{v}|\cdot\sin90^{\circ}=|\boldsymbol{\omega}|\cdot R\cdot|\boldsymbol{\omega}|=R\omega^{2}$$

$\boldsymbol{\omega}\times\boldsymbol{v}$ 的方向与$\boldsymbol{a}^{n}$ 的方向相同,如图 1.4.11(b)所示,则有

$$\boldsymbol{a}^{n}=\boldsymbol{\omega}\times\boldsymbol{v} \tag{1.4.21}$$

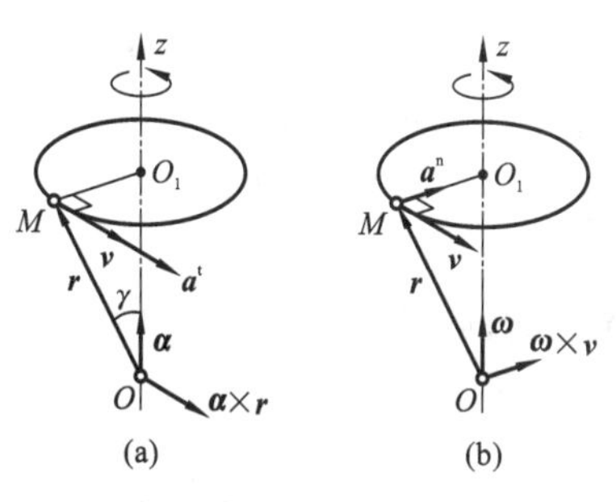

图 1.4.11

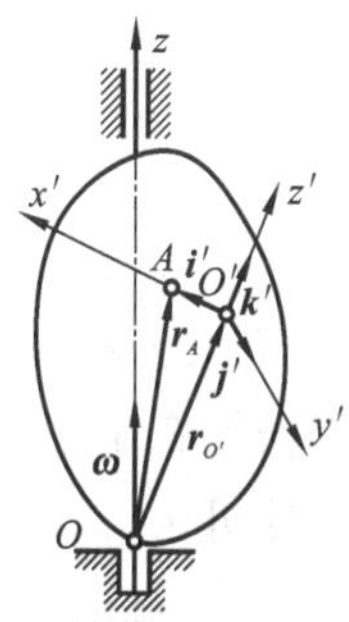

图 1.4.12

于是,得到结论:定轴转动刚体内任意点的切向加速度等于刚体的角加速度矢量与该点矢径的叉积;法向加速度等于刚体的角速度矢量与该点的速度的叉积。

【例 1.4.3】 设刚体以角速度 ω 绕固定轴 Oz 转动,坐标系 $O'x'y'z'$ 固连在刚体上,随刚体一起转动,如图 1.4.12 所示。试证明如下的**泊松公式**

$$\frac{\mathrm{d}\boldsymbol{i}'}{\mathrm{d}t}=\boldsymbol{\omega}\times\boldsymbol{i}',\quad \frac{\mathrm{d}\boldsymbol{j}'}{\mathrm{d}t}=\boldsymbol{\omega}\times\boldsymbol{j}',\quad \frac{\mathrm{d}\boldsymbol{k}'}{\mathrm{d}t}=\boldsymbol{\omega}\times\boldsymbol{k}' \tag{1.4.22}$$

其中 $\boldsymbol{i}'$、$\boldsymbol{j}'$、$\boldsymbol{k}'$ 为沿坐标轴 x'、y'、z' 正向的单位矢量。

【证明】 设单位矢量 $\boldsymbol{i}'$的端点为 A,以$\boldsymbol{r}_A$ 和$\boldsymbol{r}_{O'}$ 表示 A、O' 点的矢径。在图 1.4.12 的矢量三角形 $OO'A$ 中有:$\boldsymbol{i}'=\boldsymbol{r}_A-\boldsymbol{r}_{O'}$。对时间求一阶导数,可得

$$\frac{\mathrm{d}\boldsymbol{i}'}{\mathrm{d}t}=\frac{\mathrm{d}\,\boldsymbol{r}_A}{\mathrm{d}t}-\frac{\mathrm{d}\,\boldsymbol{r}_{O'}}{\mathrm{d}t}=\boldsymbol{v}_A-\boldsymbol{v}_{O'}$$

将式(1.4.18)代入上式,则有

$$\frac{\mathrm{d}\boldsymbol{i}'}{\mathrm{d}t}=\boldsymbol{\omega}\times\boldsymbol{r}_A-\boldsymbol{\omega}\times\boldsymbol{r}_{O'}=\boldsymbol{\omega}\times(\boldsymbol{r}_A-\boldsymbol{r}_{O'})=\boldsymbol{\omega}\times\boldsymbol{i}'$$

这是泊松公式(1.4.22)的第一式。同理,可以证明它的第二、第三式。

泊松公式表示转动刚体上任一连体矢量对时间的导数等于刚体的角速度矢与该矢量的叉积。若将刚体平动看作角速度和角加速度一直保持为零时转动的特殊情况,上式对平动刚体也成立。事实上,泊松公式不仅适用于动坐标系作定轴转动的情形,对于动坐标系作平行移动或平面一般运动的情形一样成立。

事实上,固结在作一般运动刚体上的任一矢量 $\boldsymbol{b}$(相对于刚体为常矢量),若刚体转动的角速度矢为 $\boldsymbol{\omega}$,则由式(1.4.22)易知:其对时间的导数均有

$$\frac{\mathrm{d}\boldsymbol{b}}{\mathrm{d}t}=\boldsymbol{\omega}\times\boldsymbol{b} \tag{1.4.23}$$

请读者自行证明。式(1.4.23)又称为**欧拉公式**。

思 考 题

1-1 如图所示，质点 A、B 分别由两根长为 a、b 的刚性杆铰接。若系统只在 xy 面内运动，试确定系统的自由度，并选取广义坐标，写出系统的约束方程。

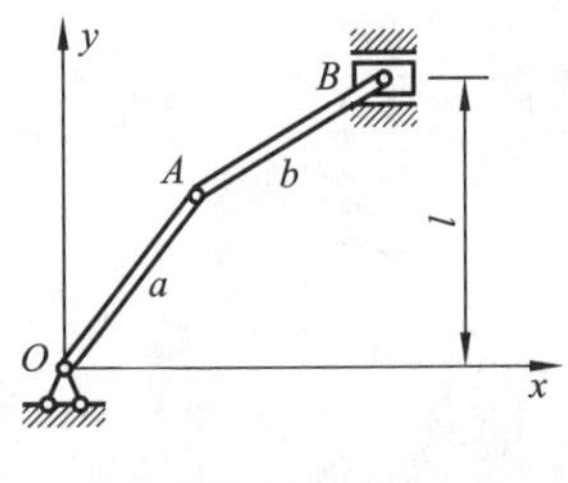

思考题 1-1 图

1-2 从不同的角度，常将约束分为哪些类型？

1-3 下述物体的约束属于几何约束还是运动约束？试写出约束方程。

(1) 如图(a)所示。绳长 l，两端固定于 A、B 点，$\overline{AB}=a$，动环 M 可在绳上任意滑动，但不许到达天花板 AB 上方，亦不可离开绳。A. 任何时刻绳索都绷紧；B. 绳索也可不绷紧。

(2) 放在水平地面上的物块 M，见图(b)。

(3) 轮沿斜面作纯滚动，见图(c)。

(4) 摇摆木马放在水平面上，且与水平面间无滑动，见图(d)。

(5) 曲柄连杆机构的连杆 AB，见图(e)。

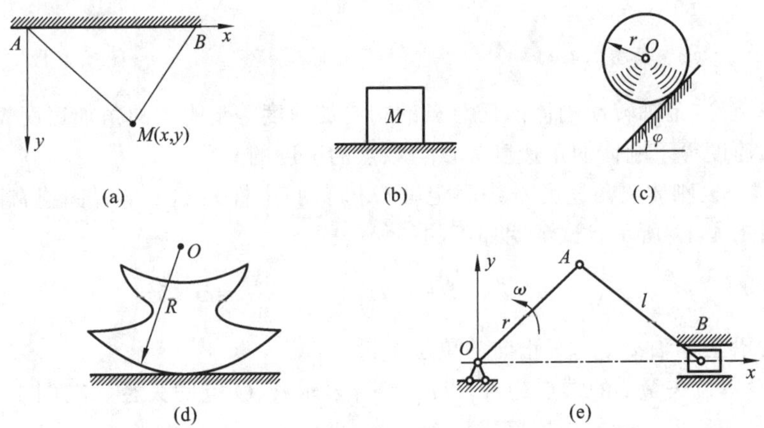

思考题 1-3 图

1-4 质点的约束方程与轨迹方程有何不同？并举例说明。

1-5 下述说法是否正确？

A. 凡几何约束都是完整约束　　B. 凡完整约束都是几何约束

C. 凡运动约束都是非完整约束　　D. 凡非完整约束都是运动约束

1-6 在以下约束方程中：①$x^2+y^2=6$；②$x^2+y^2\leqslant 10$；③$\dot{x}=r\dot{\varphi}$；④$x^2-y^2=5t$；⑤$\dfrac{\dot{y}_1+\dot{y}_2}{\dot{x}_1+\dot{x}_2}=\dfrac{y_1-y_2}{x_1-x_2}$。属于几何约束的是(　　)，属于运动约束的是(　　)；属于完整约束的是(　　)，属于非完整约束的是(　　)；属于定常约束的是(　　)，属于非定常约束的是(　　)。

1-7 指出下述各量分别代表什么物理意义：(1)$\dfrac{\mathrm{d}\boldsymbol{r}}{\mathrm{d}t}$，$\dfrac{\mathrm{d}s}{\mathrm{d}t}$，$\dfrac{\mathrm{d}x}{\mathrm{d}t}$；(2)$\dfrac{\mathrm{d}\boldsymbol{v}}{\mathrm{d}t}$，$\dfrac{\mathrm{d}v}{\mathrm{d}t}$，$\dfrac{\mathrm{d}v_x}{\mathrm{d}t}$。

1-8 点的运动方程和轨迹方程有何区别？一般情况下，能否根据点的运动方程求得轨迹方程？反之，能否由点的轨迹方程求得运动方程？

1-9 根据点的加速度 $\boldsymbol{a}=\boldsymbol{a}(t)$ 能否求出点的速度 $\boldsymbol{v}=\boldsymbol{v}(t)$ 及运动方程 $\boldsymbol{r}=\boldsymbol{r}(t)$？还需要知道哪些条件？

1-10 动点在平面内运动，已知其运动轨迹 $y=f(x)$ 及其速度在 x 轴方向的分量 $v_x=g(t)$。判断下述说法是否正确：(1)动点的速度 $\boldsymbol{v}$ 可完全确定。(2)动点的加速度在 x 轴方向的分量 a_x 可完全确定。(3)当 $v_x\neq 0$ 时，一定能确定动点的速度 $\boldsymbol{v}$、切向加速度 $\boldsymbol{a}^{\mathrm{t}}$、法向加速度 $\boldsymbol{a}^{\mathrm{n}}$ 及全加速度 $\boldsymbol{a}$。

1-11 点在下述情况中作何种运动？

(1) $\boldsymbol{a}^{\mathrm{t}}\equiv 0$，$\boldsymbol{a}^{\mathrm{n}}\equiv 0$；(2) $\boldsymbol{a}^{\mathrm{t}}\neq 0$，$\boldsymbol{a}^{\mathrm{n}}\equiv 0$；(3) $\boldsymbol{a}^{\mathrm{t}}\equiv 0$，$\boldsymbol{a}^{\mathrm{n}}\neq 0$；(4) $\boldsymbol{a}^{\mathrm{t}}\neq 0$，$\boldsymbol{a}^{\mathrm{n}}\neq 0$。

1-12 自然法中描述的点的运动方程 $s=f(t)$ 为已知，则任一瞬时点的速度、加速度即可确定，对吗？

1-12 判断下述说法是否正确：

A. 若 $\boldsymbol{v}=0$，则 $\boldsymbol{a}$ 必等于零；

B. 若 $\boldsymbol{a}=0$，则 $\boldsymbol{v}$ 必等于零；

C. 若 $\boldsymbol{v}$ 与 $\boldsymbol{a}$ 始终垂直，则 $\boldsymbol{v}$ 不变；

D. 若 $\boldsymbol{v}$ 与 $\boldsymbol{a}$ 平行，则点的轨迹必为直线。

1-13 点的下述运动是否可能？(判断正误。)

A. 加速度越来越大，而速度大小不变。

B. 加速度越来越小，而速度越来越大。

C. 加速度越来越大，而速度越来越小。

D. 加速度大小不变且不为零，速度大小也不变。

E. 速度大小不变，而加速度越来越小。

F. 某瞬时速度为零，而加速度不为零。

G. 点沿曲线运动，速度不为零，而 $\boldsymbol{a}^{\mathrm{t}}=\boldsymbol{a}$。

H. 速度越来越大，而全加速度大小为零。

I. 切向加速度越来越大，而全加速度大小不变。

J. 切向加速度越来越小，而法向加速度越来越大。

1-13 在某瞬时，若点的法向加速度等于零，切向加速度不等于零，则此点(　　)。

A. 必定作直线运动　　B. 必定作曲线运动

C. 可能作直线运动　　D. 可能作曲线运动

E. 可能静止不动

1-14 (1)对于平面曲线，可以选取极坐标 (r,θ) 作为广义坐标，这种方法称为**极坐标法**。试推导用极坐标表示的速度和加速度的表达式。(2)在极坐标中，$v_r=\dot{r}$，$v_\theta=r\dot{\theta}$ 分别代表在极径方向及与极径垂直方向(极角 θ 方向)的速度。但为什么沿这两个方向的加速度为：$a_r=\ddot{r}-r\dot{\theta}^2$，$a_\theta=r\ddot{\theta}-2\dot{r}\dot{\theta}$。试分析 a_r 中的 $-r\dot{\theta}^2$ 和 a_θ 中的 $\dot{r}\dot{\theta}$ 出现的原因和它们的几何意义。

1-15 在刚体运动过程中，若其上有一条直线始终平行于它的初始位置，是否一定可以确定刚体作平移？

1-16 刚体运动时，若其上两点的轨迹相同，则该刚体一定作平移？为什么？

1-17 刚体平移时，若刚体上某一点的运动已知，则其他各点的运动是否一定可以随之确定？

1-18 钻头在钻孔时，它的运动是定轴转动吗？为什么？

1-19 满足下述哪个条件的刚体运动一定是定轴转动？

A. 刚体上所有点都在垂直于某定轴的平面上运动，而且所有点的轨迹都是圆；

B. 刚体运动时，其上所有点到某定轴的距离保持不变；

C. 刚体运动时，其上或其扩展部分有两点固定不动。

1-20 试判断图中所示各刚体作何种形式的运动。

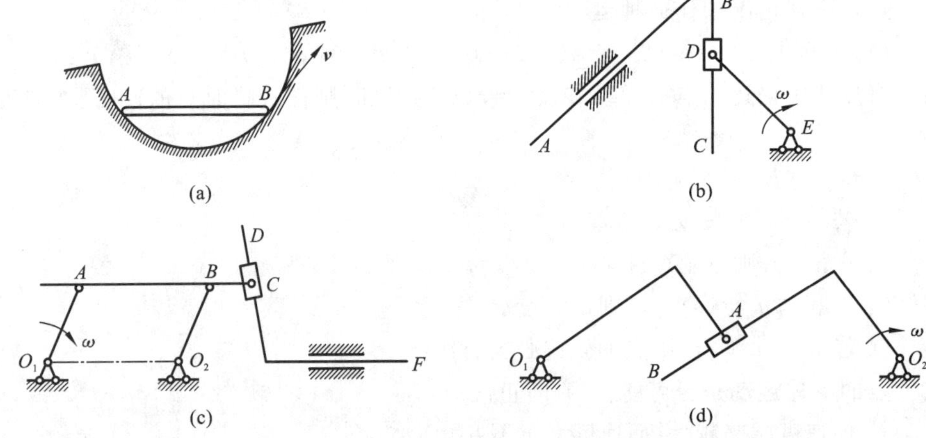

思考题 1-20 图

习　题

1-1 在图示平面内，质量为 m 的小球 A，用杆 OA 连接于支座 O 点，同时用弹簧连接另一质量为 m 的小球 B，试确定系统的自由度，并任意选择两组广义坐标，描述系统的位置，并找出这两组广义坐标之间的关系。

1-2 如图所示 AB 杆长 l，以等角速度 ω 绕 B 点转动，其转动方程为 $\varphi=\omega t$。而与杆连接的滑块 B 按规律 $s=a+b\sin\omega t$ 沿水平线运动，其中 a、b 均为常数。求 A 点的轨迹。

1-3 如图所示曲线规尺的杆长 $\overline{OA}=\overline{AB}=200\ \text{mm}$，而 $\overline{CD}=\overline{DE}=\overline{AC}=\overline{AE}=50\ \text{mm}$。若 $\dot{\varphi}=\omega=\frac{\pi}{5}\ \text{rad/s}$ 绕 O 轴转动，并且当运动开始时，$\varphi=0$。求尺上 D 点的运动方程和轨迹。

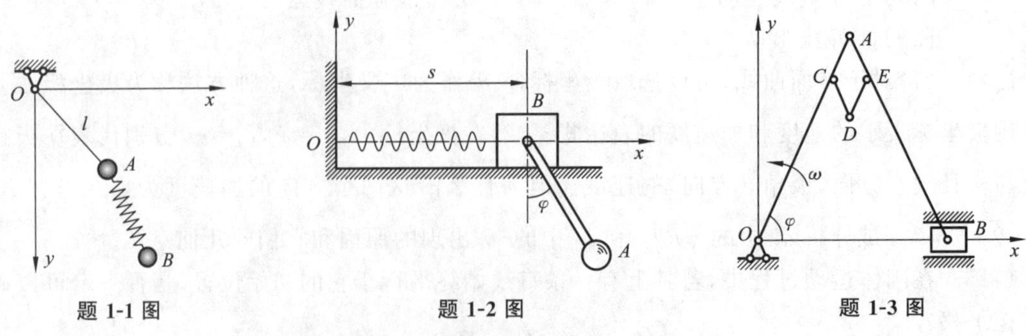

题 1-1 图　　题 1-2 图　　题 1-3 图

1-4 动点 A 和 B 在同一直角坐标系中的运动方程分别为

$$\begin{cases}x_A=t\\ y_A=2t^2\end{cases},\quad \begin{cases}x_B=t^2\\ y_B=2t^4\end{cases}$$

其中 x、y 以 mm 计，t 以 s 计。试求：(1)两点的运动轨迹；(2)两点相遇的时刻；(3)两点相遇时刻它们各自的速度；(4)两点相遇时刻它们各自的加速度。

1-5　如图所示，点 M 以匀速率 u 在直管 OA 内运动，直管 OA 又按 $\varphi=\omega t$ 规律绕 O 转动。当 $t=0$ 时，M 在 O 点，试求其在任一瞬时的速度及加速度的大小。

1-6　如图所示，一圆板在 Oxy 平面内运动。已知圆板中心 C 的运动方程为 $x_C=3-4t+2t^2$，$y_C=4+2t+t^2$，(其中 x_C、y_C 以 m 计，t 以 s 计)。板上一点 M 与 C 点的距离为 $l=0.4$ m，直线段 CM 与 x 轴的夹角 $\varphi=2t^2$(φ 以 rad 计，t 以 s 计)，试求 $t=1$ s 时点 M 的速度及加速度。

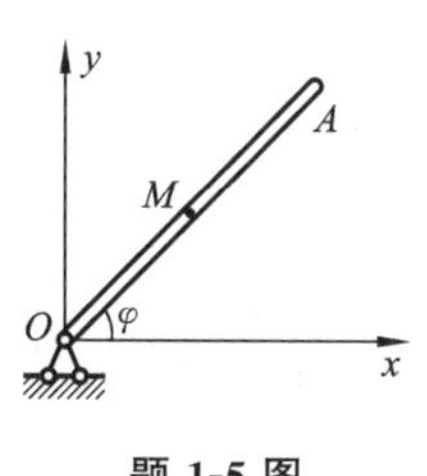

题 1-5 图

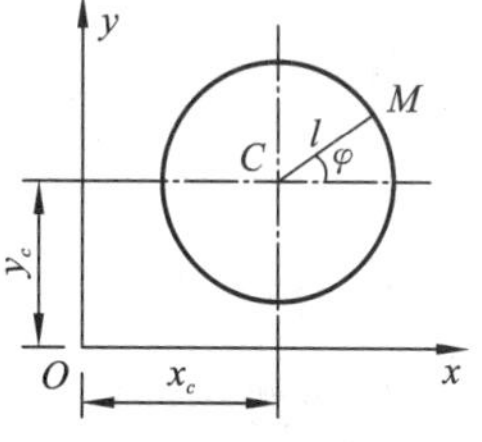

题 1-6 图

1-7　一点作平面曲线运动，其速度方程为：$v_x=3$，$v_y=2\pi\sin 4\pi t$，其中 v_x、v_y 以 m/s 计，t 以 s 计。已知在初瞬时该点在坐标原点，试求该点的运动方程和轨迹方程。

1-8　一动点的加速度在直角坐标轴上的投影为：$a_x=-160\cos 2t$，$a_y=-200\sin 2t$。已知当 $t=0$ 时，$x=40$，$y=50$，$v_x=0$，$v_y=100$(长度以 mm 计，时间以 s 计)，试求其运动方程和轨迹方程。

1-9　某点的运动方程为：$x=75\cos 4t^2$，$y=75\sin 4t^2$，长度以 mm 计，时间以 s 计。试求它的速度、切向加速度与法向加速度。

1-10　已知动点的运动方程为：$x=t^2-t$，$y=2t$，x 及 y 的单位为 m，t 的单位为 s。试求其轨迹及 $t=1$ s 时的速度、加速度。并分别求切向加速度、法向加速度与曲率半径。

1-11　如图所示半圆形凸轮以等速 $v_0=10$ mm/s 沿水平方向向左运动，从而使活塞杆 AB 沿铅垂方向运动。当运动开始时，活塞杆 A 端在凸轮的最高点上。如凸轮的半径 $R=80$ mm，$\overline{AB}=l$，求活塞 B 的运动方程和速度。

1-12　如图所示偏心轮，若 $\angle AOC=\omega t$(ω 为常数)，转轴 O 至轮心 C 的距离 $\overline{OC}=e$，轮的半径为 r，如图所示。求杆 AB 的运动规律和速度(表示成时间 t 的函数)。

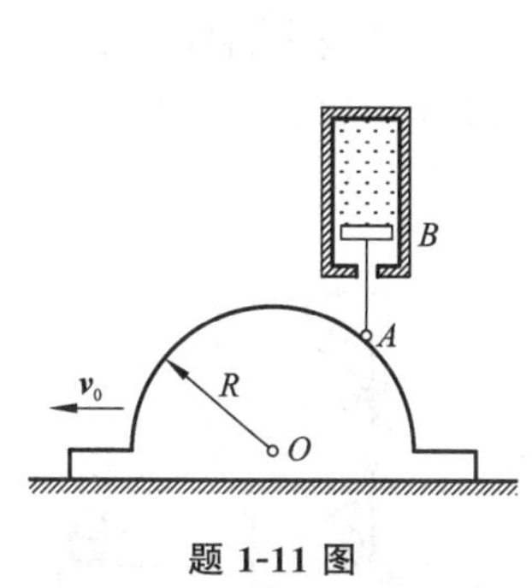

题 1-11 图

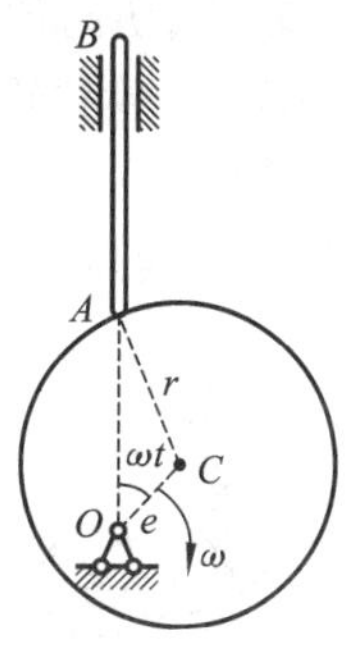

题 1-12 图

1-13　如图所示杆 AB 与铅垂线的夹角为 ωt(ω 为常数)，并带动套在水平杆 OC 上的小环 M 运动。运动开始时，杆 AB 在铅垂位置。设 $\overline{OA}=h$。求：(1)小环 M 沿杆 OC 滑动的速度；(2)小环 M 相对于杆 AB 运动的速度。

1-14　如图所示曲柄连杆机构的曲柄$\overline{OA}=r$，连杆$\overline{AB}=l$，连杆上 M 点到 A 点的距离为 b。若$\angle AOB=\omega t$（ω 为常数），并且当运动开始时，滑块 B 在最右端位置。求 M 点的运动方程和 $t=0$ 时的速度。

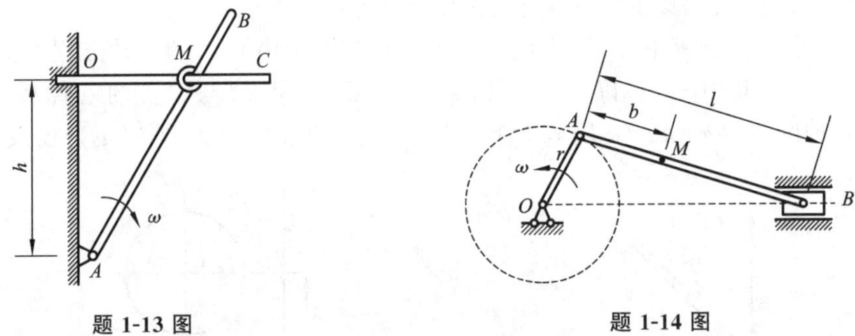

题 1-13 图　　　　题 1-14 图

1-15　梯子$\overline{AB}=l$，A 端靠在铅垂的墙壁上，使 B 以匀速 $\boldsymbol{u}$ 沿水平方向移动。求当 B 与墙距离 $b<l$ 时，梯子中点 C 的运动方程、轨迹、速度和加速度。

1-16　摇杆机构的滑杆 AB 在某段时间内以等速 $\boldsymbol{u}$ 向上运动，运动开始时，摇杆 OC 处于水平位置。已知$\overline{OC}=l$，$\overline{OD}=b$。求 C 点的运动方程、速度和加速度。

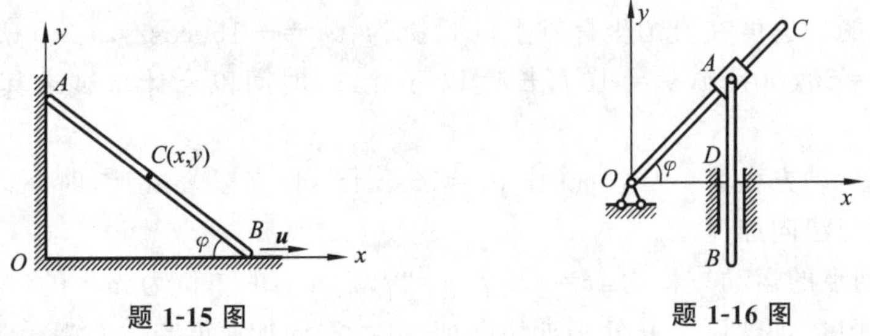

题 1-15 图　　　　题 1-16 图

1-17　点沿曲线 AOB 运动。曲线由 AO、OB 两圆弧组成，AO 段曲率半径 $R_1=18$ m，OB 段曲率半径 $R_2=24$ m，取圆弧交接处 O 为原点，规定正负方向如图所示。已知点的运动方程：$s=3+4t-t^2$，t 以 s 计，s 以 m 计。试求：(1)点由 $t=0$ 到 $t=5$ s 所经过的路程；(2)$t=5$ s 时的加速度。

1-18　一质点作平面曲线运动，其位置矢量为：$\boldsymbol{r}=a_0\cos\omega t\boldsymbol{i}+b_0\sin\omega t\boldsymbol{j}$，其中 a_0、b_0、ω 均为常量。求质点的运动轨迹、切向加速度和法向加速度。

1-19　托架 DBE 上放置重物 G，托架用长为 $r=20$ cm 的两平行曲柄 AB、CD 支承，已知某瞬时曲柄 AB 的角速度为 $\omega=4$ rad/s，角加速度 $\alpha=2$ rad/s^2，指出画 G 点运动轨迹的方法，并求此瞬时 G 点的速度和加速度。

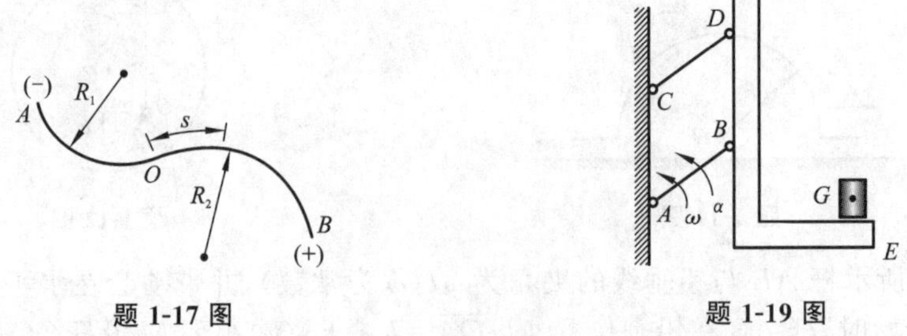

题 1-17 图　　　　题 1-19 图

1-20　轮Ⅰ半径为 $r_1=150$ mm，轮Ⅱ半径为 $r_2=200$ mm，两轮轮心用铰链与 AB 杆两端相

连，两轮一起放在半径为 $R=450$ mm 的柱面上，如图所示。在某瞬时，A 点的加速度 $a_A=1\ 200\ \text{mm/s}^2$，与 OA 夹角为 60°，试求此时 AB 杆的角速度和角加速度，再求 B 点的加速度。

1-21　滑块以等速 $\boldsymbol{v}_0$ 沿水平方向向右平移，通过滑块上销钉 B 带动摇杆 OA 绕 O 轴转动，如图所示。开始时，销钉在 B_0 处，且 $\overline{OB_0}=b$。求摇杆 OA 的转动方程及其角速度随时间的变化规律。

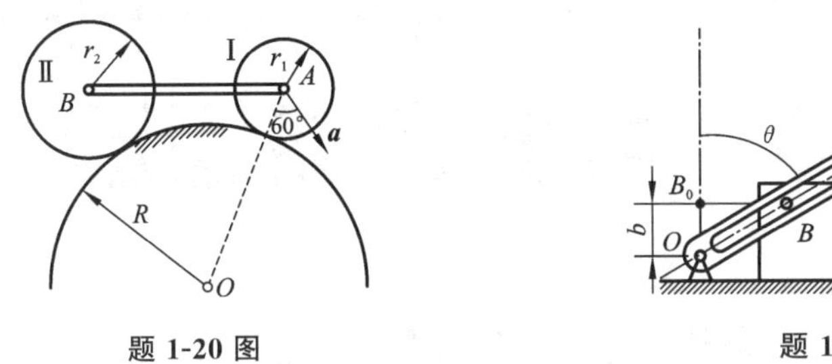

题 1-20 图　　题 1-21 图

1-22　两轮Ⅰ、Ⅱ，半径分别为 $r_1=100$ mm，$r_2=150$ mm，平板 AB 放置在两轮上，如图所示。已知轮Ⅰ在某瞬时的角速度 $\omega=2$ rad/s，角加速度 $\alpha=0.5\ \text{rad/s}^2$，试求此时平板移动的速度和加速度以及轮Ⅱ边缘上一点 C 的速度和加速度（设两轮与板接触处均无滑动）。

1-23　如图所示曲柄滑杆机构中，滑杆有一圆弧形滑道，其半径 $R=100$ mm，圆心 O_1 在导杆 BC 上。曲柄长 $\overline{OA}=100$ mm，以角速度 $\omega=4$ rad/s 绕 O 轴转动。试求导杆 BC 的运动规律以及当曲杆与水平线间的夹角 $\varphi=30°$ 时，导杆 BC 的速度和加速度。

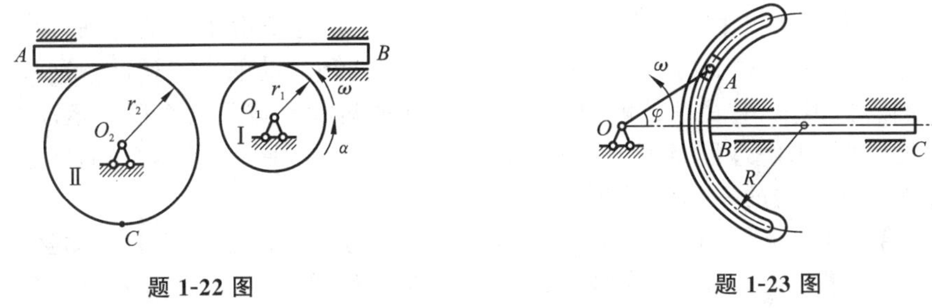

题 1-22 图　　题 1-23 图

1-24　如图所示机构中，齿轮 1 紧固在杆 AC 上，$\overline{AB}=\overline{O_1O_2}$，齿轮 1 和半径为 $2r$ 的齿轮 2 啮合，齿轮 2 可绕 O_2 轴转动且和曲柄 O_2B 没有联系。设 $\overline{O_1A}=\overline{O_2B}=l$，$\varphi=b\sin\omega t$，试确定 $t=\dfrac{\pi}{2\omega}$ 时，轮 2 的角速度和角加速度。

1-25　纸盘由厚度为 δ 的纸条卷成，如图所示，令纸盘的中心不动，今以等速 v 拉纸条，求纸盘的角加速度（以纸盘半径 r 的函数表示）。

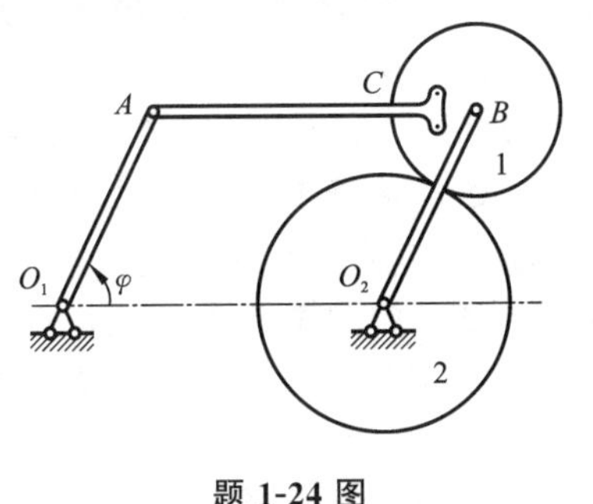

题 1-24 图

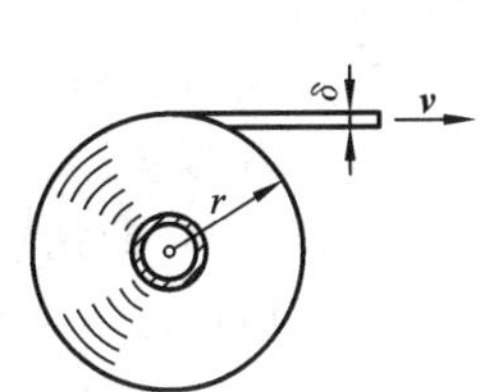

题 1-25 图

Chapter 2

第 2 章 点的合成运动

2.1 绝对运动、相对运动和牵连运动

在实际中，对于一个动点的复杂运动常常通过两套坐标系来进行研究(更复杂的情况可能还需要更多套坐标系)。例如人在航行中的船上走动，需要研究人相对于地球的运动，又要研究人相对于船的运动。这类问题的特点是：某物体 A(视为动点)相对于 B 有运动，物体 B 相对于物体 C 又有运动，需要确定物体 A 相对于物体 C 的运动。解决这类问题的方法有两种：一是直接建立 A 物体相对于物体 C 的运动方程式，然后，求出物体 A 相对于物体 C 的有关的运动量(如第 1 章点的运动学)。这种方法的道理比较简单，但是，应用起来有时比较麻烦；二是根据这类问题的特点，先分析研究物体 A 相对于物体 B 的运动、物体 B 相对于物体 C 的运动，然后，运用运动合成的概念，把物体 A 相对于物体 C 的运动看成是上述两种运动的合成运动。这种方法需要建立合成运动的概念，但是，它往往能够把一个比较复杂的运动看成是两个简单运动的合成运动，把比较复杂的运动的求解过程简单化。这种把复杂运动分解为两个(或多个)简单运动组合的方法，是运动学中分析问题的一个重要方法。

研究点的合成运动问题，总要涉及两个参考坐标系，为区别起见，一个称为**动坐标系**(简称为**动系**)，以 $O'x'y'z'$ 表示，另一个称为**静坐标系**或**定坐标系**(简称为**静系**或**定系**)，以 $Oxyz$ 表示(一般固结在地面或机器支座上)。

为便于分析说明，动点相对于静坐标系的运动称为**绝对运动**；动点相对于动坐标系的运动称为**相对运动**；动坐标系相对于静坐标系的运动称为**牵连运动**。例如，人在航行中的船上走动时，人则是被研究的**动点**。人相对于船的运动为相对运动；船相对于地面的运动为牵连运动；人相对于地面的运动为绝对运动。

【说明】 (1)动点的绝对运动和相对运动都是点的运动，它可能是直线运动，也可能是曲线运动；牵连运动则是动坐标系的运动，属于刚体的运动，有平行移动、定轴转动和其他形式的运动。(2)动坐标系作何种运动取决于与之固结的刚体的运动形式。

【说明】 (1)与第 1 章中点的运动学不同，本章讨论的点的合成运动是采用运动合成(或运动分解)的方法来讨论点的运动(例如速度、加速度等)，也就是将复杂的运动分解为简单运动的组合，并对简单运动求解后叠加得到复杂运动的解。(2)在对复杂运动问题分析时，一定要注意这里的“一点、二系、三运动”的选取，即：一个确定的点，静系和动系两个坐标系，绝对运动、牵连运动和相对运动这三种运动。(3)绝对运动、相对运动都是点的运动，而牵连运动本质上是刚体(将动系视为刚体)的运动。

【注意】 常常将动系固结在一个运动的物体上，但动系并不完全等同于与之固连的刚体。刚体会受到其特定的几何尺寸和形状的限制，而动系是指整个空间，不仅仅局限在与之固结的刚

体，而是随刚体一起运动的整个空间，动系的运动就是指整个空间（想象为一个无穷大的刚体）随着所固结的刚体一起的运动。

2.2 速度合成定理

2.2.1 绝对速度、相对速度和牵连速度

运动是相对的，在动坐标系与静坐标系中观察到的动点的速度是不同的。为方便起见，动点相对于静坐标系运动的速度称为**动点的绝对速度**，以 $\boldsymbol{v}_a$ 表示；动点相对于动坐标系运动的速度为动点的相对速度，以 $\boldsymbol{v}_r$ 表示。动坐标系是一个包含与之固连的刚体在内的运动空间，除动坐标系作平移外，动坐标系上各点的运动状态是不相同的。在任意瞬时，与动点相重合的动坐标系上的点，称为**动点的牵连点**。只有牵连点的运动能够给动点的运动施加直接的影响。为此，定义某瞬时，与动点相重合的动坐标系上的点（牵连点）相对于静坐标系运动的速度称为**动点的牵连速度**，以 $\boldsymbol{v}_e$ 表示。例如，直管 OA 以匀角速度 ω 绕定轴 O 转动，小球 M 以速度 $\boldsymbol{u}$ 在直管 OA 中作相对的匀速直线运动，如图 2.2.1 所示。将动坐标系 $Ox'y'$ 固结在 OA 管上，以小球 M 为动点。随着动点 M 的运动，牵连点在动坐标系中的位置在相应改变。设小球在 t_1、t_2 瞬时分别到达 M_1、M_2 位置，则动点的牵连速度分别为 $v_{e1}=\overline{OM_1}\cdot\omega$，方向垂直于 OM_1；$v_{e2}=\overline{OM_2}\cdot\omega$，方向垂直于 OM_2。而在 M_1、M_2 位置时的相对速度 $\boldsymbol{v}_{r1}$ 和 $\boldsymbol{v}_{r2}$，其大小均为 u，但方向并不一致，虽然都沿直管方向，但直管 OA 在不同瞬时的位置不同。

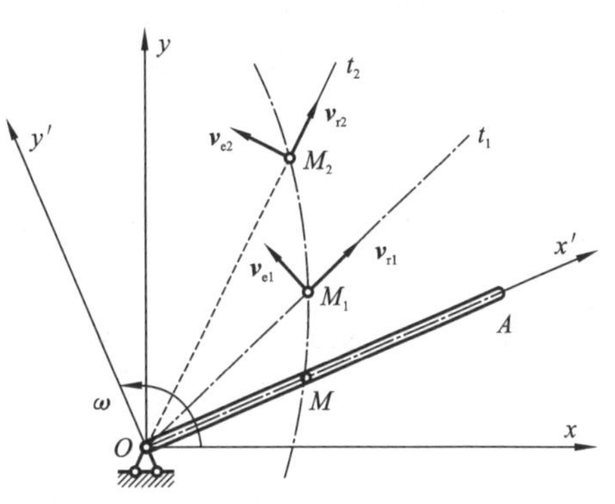

图 2.2.1

【说明】 (1)研究点的合成运动时，明确区分动点和它的牵连点非常重要。动点和牵连点是一对相伴的点，在运动的某一瞬时，它们是重合在一起的，但两者并不属于同一个物体，而是分属两个不同的物体。(2)动点是对动系有相对运动的点，而牵连点是动系上的几何点，在动系上观察不可能有任何运动。

【注意】 在本章中，牵连点是个核心概念，应注意理解其本质含义。在运动的不同瞬时，动点与动坐标系上不同的点重合，而这些点在不同瞬时的运动状态往往不同，即牵连点是一个瞬时概念，一个确定的动点在不同的瞬时有不同的牵连点。

2.2.2 速度合成定理

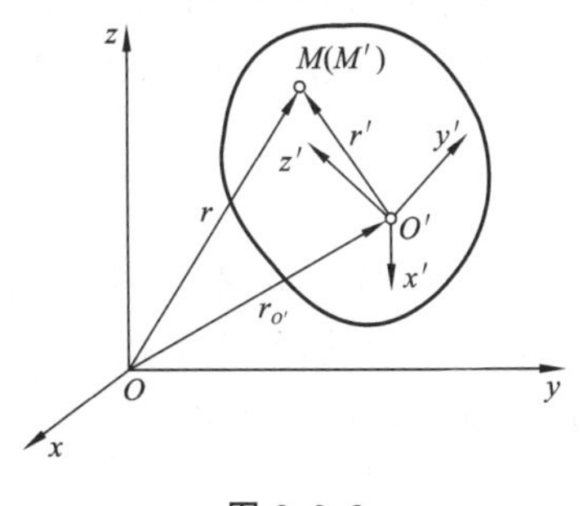

图 2.2.2

本小节将建立点的相对速度、牵连速度和绝对速度三者之间的关系。

若动点 M 相对于一物体运动，该物体相对于静系 $Oxyz$ 作任意平面运动，将动系 $O'x'y'z'$ 固结在该物体上（见图 2.2.2）。若以矢径 $\boldsymbol{r}$ 和 $\boldsymbol{r}'$ 表示动点 M 的绝对位置和相对位置，以矢径 $\boldsymbol{r}_{O'}$ 表示动系原点相对静系的位置，则有

$$\boldsymbol{r}=\boldsymbol{r}_{O'}+\boldsymbol{r}' \tag{a}$$

式中的各矢径均为时间 t 的单值连续的矢量函数，其中 $\boldsymbol{r}'$ 可表示为

$$\boldsymbol{r}'=x'\boldsymbol{i}'+y'\boldsymbol{j}'+z'\boldsymbol{k}' \tag{b}$$

先对式(b)两边对时间求导数，有

$$\begin{aligned}\frac{\mathrm{d}\boldsymbol{r}'}{\mathrm{d}t}&=\frac{\mathrm{d}}{\mathrm{d}t}(x'\boldsymbol{i}'+y'\boldsymbol{j}'+z'\boldsymbol{k}')=\left(\frac{\mathrm{d}x'}{\mathrm{d}t}\boldsymbol{i}'+\frac{\mathrm{d}y'}{\mathrm{d}t}\boldsymbol{j}'+\frac{\mathrm{d}z'}{\mathrm{d}t}\boldsymbol{k}'\right)+\left(x'\frac{\mathrm{d}\boldsymbol{i}'}{\mathrm{d}t}+y'\frac{\mathrm{d}\boldsymbol{j}'}{\mathrm{d}t}+z'\frac{\mathrm{d}\boldsymbol{k}'}{\mathrm{d}t}\right)\\&=\left(\frac{\mathrm{d}x'}{\mathrm{d}t}\boldsymbol{i}'+\frac{\mathrm{d}y'}{\mathrm{d}t}\boldsymbol{j}'+\frac{\mathrm{d}z'}{\mathrm{d}t}\boldsymbol{k}'\right)+(x'\boldsymbol{\omega}_{\mathrm{e}}\times\boldsymbol{i}'+y'\boldsymbol{\omega}_{\mathrm{e}}\times\boldsymbol{j}'+z'\boldsymbol{\omega}_{\mathrm{e}}\times\boldsymbol{k}')\\&=\left(\frac{\mathrm{d}x'}{\mathrm{d}t}\boldsymbol{i}'+\frac{\mathrm{d}y'}{\mathrm{d}t}\boldsymbol{j}'+\frac{\mathrm{d}z'}{\mathrm{d}t}\boldsymbol{k}'\right)+\boldsymbol{\omega}_{\mathrm{e}}\times(x'\boldsymbol{i}'+y'\boldsymbol{j}'+z'\boldsymbol{k}')\\&=\boldsymbol{v}_{\mathrm{r}}+\boldsymbol{\omega}_{\mathrm{e}}\times\boldsymbol{r}'\end{aligned} \tag{c}$$

其中，$\frac{\mathrm{d}x'}{\mathrm{d}t}\boldsymbol{i}'+\frac{\mathrm{d}y'}{\mathrm{d}t}\boldsymbol{j}'+\frac{\mathrm{d}z'}{\mathrm{d}t}\boldsymbol{k}'$为动点的相对速度$\boldsymbol{v}_{\mathrm{r}}$。

再对式(a)两边对时间求导数，有

$$\boldsymbol{v}_{\mathrm{a}}=\frac{\mathrm{d}\boldsymbol{r}}{\mathrm{d}t}=\frac{\mathrm{d}\,\boldsymbol{r}_{O'}}{\mathrm{d}t}+\frac{\mathrm{d}\boldsymbol{r}'}{\mathrm{d}t}=\boldsymbol{v}_{O'}+(\boldsymbol{v}_{\mathrm{r}}+\boldsymbol{\omega}_{\mathrm{e}}\times\boldsymbol{r}')=\boldsymbol{v}_{\mathrm{r}}+(\boldsymbol{v}_{O'}+\boldsymbol{\omega}_{\mathrm{e}}\times\boldsymbol{r}') \tag{d}$$

由于该瞬时动点 M 的牵连点 M' 的绝对位移(注意这里$\boldsymbol{r}_{O'M'}$为固结在动系上的矢量)

$$\boldsymbol{r}_{M'}=\boldsymbol{r}_{O'}+\boldsymbol{r}_{O'M'} \tag{e}$$

将上式(e)两边对时间求导，并考虑式(1.4.17)可得：

$$\frac{\mathrm{d}\,\boldsymbol{r}_{M'}}{\mathrm{d}t}=\frac{\mathrm{d}\,\boldsymbol{r}_{O'}}{\mathrm{d}t}+\frac{\mathrm{d}\,\boldsymbol{r}_{O'M'}}{\mathrm{d}t}=\boldsymbol{v}_{O'}+\boldsymbol{\omega}_{\mathrm{e}}\times\boldsymbol{r}_{O'M'}=\boldsymbol{v}_{O'}+\boldsymbol{\omega}_{\mathrm{e}}\times\boldsymbol{r}' \tag{f}$$

即式(d)中的$\boldsymbol{v}_{O'}+\boldsymbol{\omega}_{\mathrm{e}}\times\boldsymbol{r}'$为动系上与动点 M 相重合点 M' 的绝对速度，故为牵连速度$\boldsymbol{v}_{\mathrm{e}}$。因此可得

$$\boldsymbol{v}_{\mathrm{a}}=\boldsymbol{v}_{\mathrm{e}}+\boldsymbol{v}_{\mathrm{r}} \tag{2.2.1}$$

式(2.2.1)即为速度合成定理，它表明：在任一瞬时，动点的绝对速度等于其牵连速度与相对速度的矢量和。

【说明】 (1)在速度合成定理的推导中，对牵连运动未加任何限制，因此速度合成定理对任何形式的牵连运动都是适用的。(2)式(2.2.1)为矢量关系式，可以建立两个投影方程，由于每一个矢量有大小和指向两个未知量，共计有六个未知量，所以需要已知其中的四个才可以求解另外两个未知量。(3)如果式(2.2.1)中各速度矢量的方向已知，也可以利用矢量合成的方法，求解矢量三角形来确定各速度的大小。

【注意】 (1) 应用点的合成运动的方法求解点的速度及加速度时，如何选择动点、动系是解决问题的关键，因为静系一般(非绝对)可以固结在地面或支座上。(2) 一般来讲，由于合成运动方法上的要求，动点相对于动坐标系应有相对运动，因而动点与动坐标系不能选在同一刚体上，同时应使动点相对于动坐标系的相对运动轨迹易于判断或为已知(除非要求的量是相对速度)，这样即可在不能确定相对速度的大小时可以确定相对速度的方向，即沿相对运动轨迹的切线方向。由于速度的方向由运动轨迹的形状确定，所以在具体计算时，需要认真判断各种运动轨迹的形状。

【例 2.2.1】 刨床的急回机构简图如图 2.2.3(a)所示，曲柄 OA 的一端与滑块 A 用铰链连接。当曲柄 OA 以匀角速度 ω 绕定轴 O 转动时，滑块在摇杆 O_1B 的槽中滑动，并带动摇杆 O_1B 绕固定轴 O_1 来回摆动。设曲柄长$\overline{OA}=r$，两轴间距离$\overline{OO_1}=l$，求曲柄在水平位置的瞬时，摇杆 O_1B 绕 O_1 轴摆动的角速度 ω_1 及滑块 A 对于摇杆 O_1B 的相对速度。

【解】 该机构在运动过程中，滑块 A 与摇杆 O_1B 相对运动，且 A 相对于摇杆 O_1B 的直线运

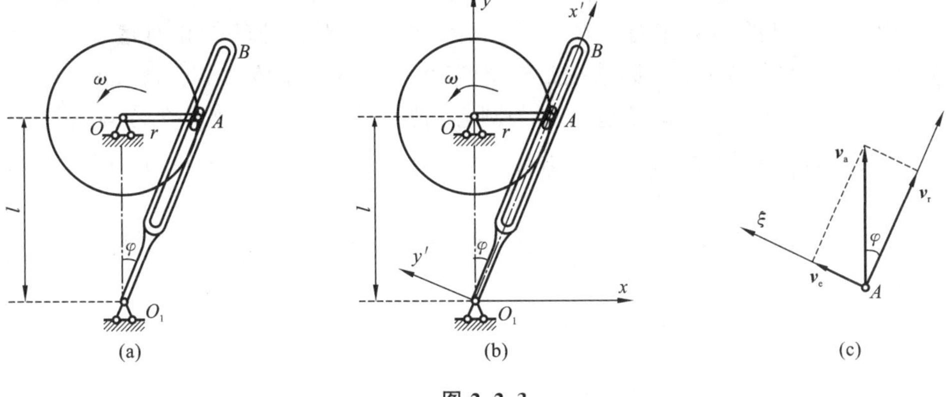

图 2.2.3

动轨迹为已知，因而，选滑块 A 与杆 OA 相对铰接的铰接点 A 为动点，动坐标系 $O_1x'y'$固结于摇杆 O_1B 上，静坐标系固连在地面上，如图 2.2.3(b)所示。

在此情况下，动点 A 的绝对运动是半径为 r 的圆周运动。$\boldsymbol{v}_a$ 的大小已知，即 $v_a=r\omega$，且$\boldsymbol{v}_a\perp OA$；相对运动是滑块沿滑槽的直线运动，$\boldsymbol{v}_r$ 的方向已知，沿摇杆 O_1B；牵连运动是摇杆绕 O_1 轴的转动，$\boldsymbol{v}_e$ 的方向已知，即$\boldsymbol{v}_e\perp O_1A$。

在式(2.2.1)中，$\boldsymbol{v}_a$、$\boldsymbol{v}_r$、$\boldsymbol{v}_e$ 大小、方向的六个量中，只有$\boldsymbol{v}_e$、$\boldsymbol{v}_r$ 的大小是未知的，因此可解。

图 2.2.3(c)是 A 点的速度矢量图，建立图示 $A\xi\eta$ 坐标轴，并将速度合成定理的矢量关系式分别向 ξ、η 轴上投影，得：$v_a\sin\varphi=v_e+0$，$v_a\cos\varphi=0+v_r$，其中：

$$\sin\varphi=\frac{\overline{OA}}{\overline{O_1A}}=\frac{r}{\sqrt{l^2+r^2}},\quad \cos\varphi=\frac{\overline{OO_1}}{\overline{O_1A}}=\frac{l}{\sqrt{l^2+r^2}},\quad v_a=r\omega$$

将它们代入上式，得：$v_e=\dfrac{r^2\omega}{\sqrt{l^2+r^2}}$，$v_r=\dfrac{rl\omega}{\sqrt{l^2+r^2}}$。

又因为 $v_e=O_1A\cdot\omega_1=\sqrt{l^2+r^2}\cdot\omega_1$，因此，摇杆在此瞬时的角速度为

$$\omega_1=\frac{r^2}{l^2+r^2}\omega\ (\circlearrowleft)$$

【比较】 (1)试用点的运动学的方法分别建立运动方程求解，并比较其结果。(2)如果已知摆杆的运动，如何确定圆盘的运动？

【例 2.2.2】 图 2.2.4 中，偏心圆凸轮的偏心距$\overline{OC}=e$，半径 $r=\sqrt{3}e$，设凸轮以匀角速度 ω 绕轴 O 转动，试求 OC 与 CA 垂直的瞬时，杆 AB 的速度。

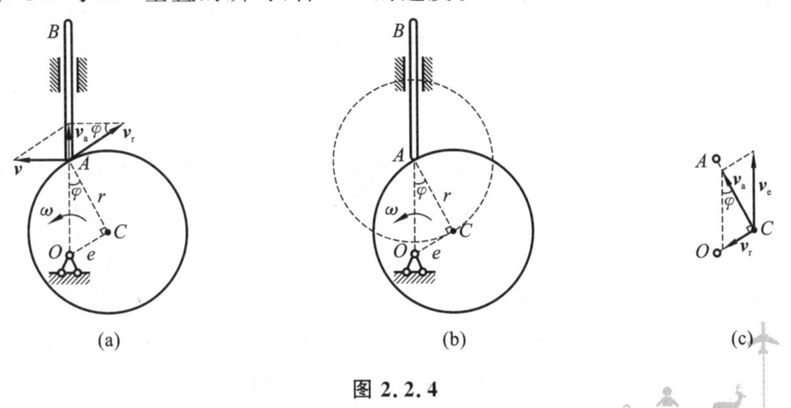

图 2.2.4

【解法一】 凸轮为定轴转动，AB 杆为直线平移，只要求出 A 点的速度就可以知道 AB 杆各点的速度。由于 AB 杆的 A 点始终与凸轮接触，因此，它相对于凸轮的相对运动轨迹为已知的圆。选 A 为动点，动坐标系 $Ox'y'$ 固结在凸轮上，静坐标系固结于地面上。则 A 点的绝对运动是直线运动，$\boldsymbol{v}_a$ 沿 AB 方向；相对运动是以 C 为圆心的圆周运动，$\boldsymbol{v}_r$ 为该圆在 A 点的切线方向；牵连运动是动坐标系绕 O 轴的定轴转动，$\boldsymbol{v}_e$ 沿 OA 的垂直方向，指向沿 ω_O 的转动方向，如图 2.2.4(a)所示。

由已知条件，$v_e=\overline{OA}\cdot\omega=2e\omega$，在速度合成定理式(2.2.1)中，$\boldsymbol{v}_e$ 的大小，方向和 $\boldsymbol{v}_a$、$\boldsymbol{v}_r$ 的方向已知，因而可求出 $\boldsymbol{v}_a$、$\boldsymbol{v}_r$ 的大小。

在图 2.2.4(a)的速度矢量图中，由其速度的三角形关系，得

$$\tan\varphi=\frac{\overline{OC}}{\overline{AC}}=\frac{v_a}{v_e},\quad \sin\varphi=\frac{\overline{OC}}{\overline{AC}}=\frac{v_a}{v_r}$$

其中，$\overline{OC}=e$，$\overline{AC}=r=\sqrt{3}e$，于是：$v_a=\dfrac{2}{\sqrt{3}}e\omega(\uparrow)$，$v_r=\dfrac{4}{\sqrt{3}}e\omega(\nearrow)$。

即 AB 杆在此瞬时的速度，方向向上。

【解法二】 若选择动系固结在 AB 杆上，以 C 点为动点，静坐标系固结于地面上。则 C 点的绝对运动是圆周运动，$\boldsymbol{v}_a$ 沿 OC 方向；又由于此时动点 C 到动系上一点 A 的距离始终为轮子的半径 r，故在动系中观察动点 C 的相对运动是以 A 为圆心的圆周(或圆弧)运动，如图 2.2.4(b)所示，故 $\boldsymbol{v}_r$ 的方向为该圆周在 C 点的切线方向；牵连运动是动坐标系随杆 AB 的上下平行移动，$\boldsymbol{v}_e$ 沿铅垂方向，如图 2.2.4(c)所示。

在图 2.2.4(c)的速度矢量图中，由其速度的三角形关系，得

$$\cos\varphi=\frac{v_a}{v_e},\quad \tan\varphi=\frac{v_r}{v_a}$$

其中：$v_a=e\omega$，$\varphi=30°$，于是有：$v_e=\dfrac{2}{\sqrt{3}}e\omega(\uparrow)$，$v_r=\dfrac{1}{\sqrt{3}}e\omega(\swarrow)$。

这时的牵连速度就是 AB 杆在此瞬时的速度，答案与解法一相同。

【说明】 由上述分析可以看到：(1)一个问题根据具体情况，可以有多种不同的动点、动系的选取方法，只要选取合理，分析正确，均可得出正确的结论。例如两种不同的解法得出的 AB 杆在此时的速度是相同的，但过程中的两个相对速度的大小并不相同，这是因为这两个相对速度的概念不同。(2)本题也可以利用点的运动学的方法计算，但用点的合成运动的方法计算更简便。(3)点的运动学方法是先建立一般的位移方程，然后求一阶导数(速度问题)或二阶导数(加速度问题)，得到速度或加速度的一般表达式，然后代入确定的时间(或位置)来计算动点的速度和加速度，所以需要较多的数学运算(但可以获得运动的一般规律)。(4)实际问题中，如果只需要计算几个特殊位置的运动量，应用点的合成运动的方法可能会更简洁，虽然需要考虑较多的力学量。

【评注】 为了进行运动分解，必须恰当地选好动点和动系。本题解法一中，选择 AB 杆的 A 点为动点，动系与凸轮固结。因此，三种运动，特别是相对运动轨迹十分明显、简单且为已知的圆，使问题得以顺利解决。本题解法二中，选择以轮子的中心 C 点为动点，动坐标系与 AB 杆固结，动坐标系作平动，而由于此时 C 点到 AB 杆的 A 点距离为常数，故相对运动轨迹也是容易判断的(绕 A 点的圆)，而其他运动比较明显，问题也可顺利解决。若选凸轮上的点(例如与 A 重合之点)为动点，而动坐标系应与 AB 杆固结，这样，相对运动轨迹不仅难以确定(可以列方程求出

相对运动轨迹，其在 A 点处的切线应与 AC 垂直，读者可以自己证明），而且其曲率半径未知，这将导致求解（特别是求加速度）变得复杂。需要注意的是，由于选择的动点是该特定时刻的凸轮上的 A_1 点（刚好与杆 AB 上的 A 点重合），显然该动点下一时刻就不再与杆 AB 上的 A 点重合，所以不能认为其相对运动轨迹为凸轮的边缘图形，需要求解方可确定。

【例 2.2.3】 如图 2.2.5(a)所示，偏心圆盘凸轮半径为 r，偏心矩为 e，以匀角速度 ω 绕 O 轴转动，推动平底顶杆沿铅垂导轨滑动。求在图示位置 θ 时平底顶杆的速度。

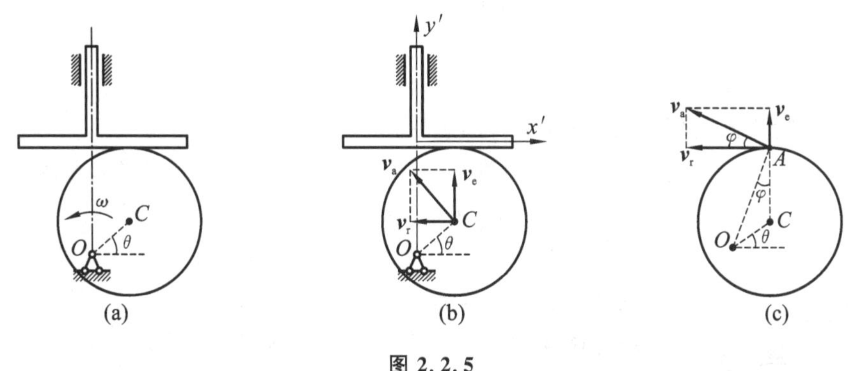

图 2.2.5

【解法一】

以偏心轮轮心 C 点为动点；动系固结在平底顶杆上，静系固结在地面或支座上。则动点的绝对运动为以 O 为圆心，OC 为半径的圆周运动，故绝对速度方向垂直于 AC，大小为 $v_a=e\omega$；相对运动由于在运动过程中，轮心 C 点到平底间的距离始终不变，故为沿水平方向的直线运动，故相对速度方向沿水平方向，大小未知；牵连运动为沿铅垂方向的平动，故牵连点的绝对运动为沿铅垂方向的直线运动，故牵连速度方向沿铅垂方向，大小就是所要求的平底顶杆在此时的速度。作速度平行四边形如图 2.2.5(b)所示，根据速度合成定理 $\boldsymbol{v}_a=\boldsymbol{v}_e+\boldsymbol{v}_r$，形成速度的平行四边形。

由速度平行四边形的几何关系，可求出图示位置牵连速度和相对速度分别为

$$v_e=v_a\cos\theta=e\omega\cos\theta$$

即在图示 θ 位置时平底顶杆的速度大小为 $e\omega\cos\theta$。

【解法二】

若取凸轮上与顶杆“接触点”为动点是否可行？（不少教材认为这种选取方法是错的），经过分析，作者认为也是可行的，只是相比解法一稍显复杂。分析如下：

以偏心轮上与顶杆“接触点”A 为动点；动系固结在平底顶杆上，静系固结在地面或支座上。则动点的绝对运动为以 O 为圆心，OA 为半径的圆周运动，故绝对速度方向垂直于 OA，大小为 $v_a=\overline{OA}\cdot\omega$；相对运动的轨迹不易确定（需要列出相对运动的参数方程求解），但是，在动系中观察 A 点的相对运动，由于平底顶杆固定不动而系统运转具有平滑连续性，动点 A 在运动到与平底接触时的速度不可能有垂直于平底的分量，其相对速度应与顶杆的平底相切，故其相对速度方向沿水平方向，大小未知；牵连运动为沿铅垂方向的平动，故牵连点的绝对运动为沿铅垂方向的直线运动，故牵连速度方向沿铅垂方向，大小就是所要求的平底顶杆在此时的速度。作速度平行四边形如图 2.2.5(c)所示，根据速度合成定理 $\boldsymbol{v}_a=\boldsymbol{v}_e+\boldsymbol{v}_r$，形成速度的平行四边形。

由速度平行四边形的几何关系，可求出图示位置牵连速度为

$$v_e=v_a\sin\varphi=\overline{OA}\cdot\omega\cdot\sin\varphi$$

分析三角形 OCA，由正弦定理知：

$$\frac{\overline{OA}}{\sin(90°+\theta)}=\frac{\overline{OC}}{\sin\varphi}$$

故有：

$$\overline{OA}\cdot\sin\varphi=\overline{OC}\cdot\cos\theta=e\cdot\cos\theta$$

即在图示 θ 位置时平底顶杆的速度大小为 $e\omega\cos\theta$。

所求结果与解法一一致。

由上面几个例题可总结出求解点的合成运动的速度问题的步骤如下。

(1) 选取动点、动系和静系。

(2) 分析点的三种运动和三种速度。

(3) 应用速度合成定理，作出速度平行四边形。

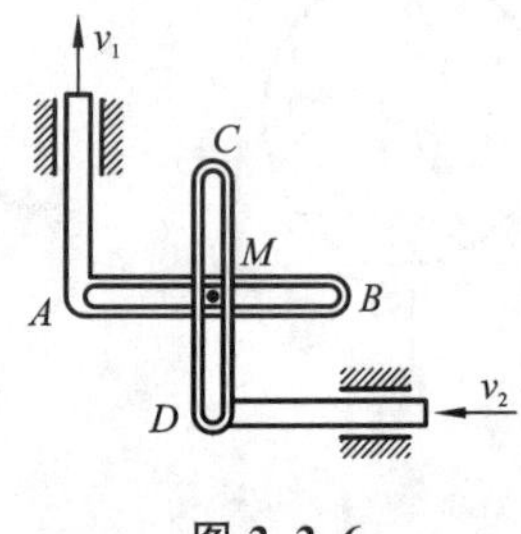

图 2.2.6

(4) 根据速度平行四边形中的几何关系求解未知速度参数。

【注意】 (1)动点、动系选取的基本原则是：动点应是唯一确定的点，动点相对于动系一般应有相对运动，且相对运动轨迹比较明确(或至少能确定此处相对运动轨迹的切线)，以便确定相对速度的方向。(2)每种速度都有大小和方向两个要素，共计六个要素，只有已知其中的四个要素时才能求出另外两个。(3)作图时应确保绝对速度为速度平行四边形的对角线，位于相对速度和牵连速度之间。

【例 2.2.4】 滑块 M 可同时在槽 AB 和 CD 中滑动，在图 2.2.6 所示瞬时，槽 AB、CD 的速度大小分别为 $v_1=0.8\ \text{m/s}$，$v_2=0.6\ \text{m/s}$。求该瞬时滑块 M 的速度。

2.3 加速度合成定理

2.3.1 牵连运动为定轴转动时的加速度合成定理

设动系以角速度 $\boldsymbol{\omega}_e$ 和角加速度 $\boldsymbol{\alpha}_e$ 相对静系作定轴转动。一般情况下，将定轴取为静系的 z 轴，动系坐标原点 O' 也在 z 轴上，如图 2.3.1 所示。设动点 M 沿相对轨迹 AB 运动，相对矢径、相对速度和相对加速度分别为：

$$\boldsymbol{r}'=x'\boldsymbol{i}'+y'\boldsymbol{j}'+z'\boldsymbol{k}',\quad \boldsymbol{v}_r=\dot{x}'\boldsymbol{i}'+\dot{y}'\boldsymbol{j}'+\dot{z}'\boldsymbol{k}',\quad \boldsymbol{a}_r=\ddot{x}'\boldsymbol{i}'+\ddot{y}'\boldsymbol{j}'+\ddot{z}'\boldsymbol{k}'$$

动点 M 的牵连速度和牵连加速度分别等于动系上在该瞬时与动点 M 相重合的点 M' 对于定系的速度和加速度，故由式(1.4.18)、式(1.4.19)可得

$$\boldsymbol{v}_e=\boldsymbol{v}_{M'}=\boldsymbol{\omega}_e\times\boldsymbol{r} \tag{a}$$

$$\boldsymbol{a}_e=\boldsymbol{a}_{M'}=\boldsymbol{\alpha}_e\times\boldsymbol{r}+\boldsymbol{\omega}_e\times\boldsymbol{v}_e \tag{b}$$

将式(2.2.1)两端对时间 t 求导可得动点 M 的加速度为

$$\boldsymbol{a}_a=\frac{d\boldsymbol{v}_a}{dt}=\frac{d\boldsymbol{v}_e}{dt}+\frac{d\boldsymbol{v}_r}{dt} \tag{c}$$

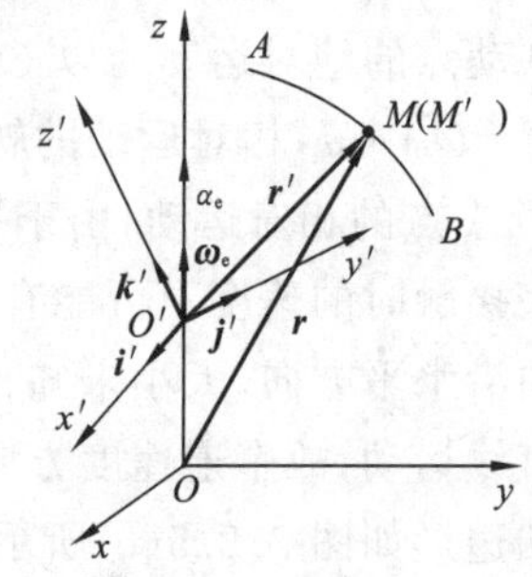

图 2.3.1

式(a)两边对时间求导，并考虑式(b)则有

$$\frac{d\boldsymbol{v}_e}{dt}=\frac{d\boldsymbol{\omega}_e}{dt}\times\boldsymbol{r}+\boldsymbol{\omega}_e\times\frac{d\boldsymbol{r}}{dt}=\boldsymbol{\alpha}_e\times\boldsymbol{r}+\boldsymbol{\omega}_e\times(\boldsymbol{v}_e+\boldsymbol{v}_r)$$

$$\frac{\mathrm{d}\boldsymbol{v}_e}{\mathrm{d}t}=\boldsymbol{\alpha}_e\times\boldsymbol{r}+\boldsymbol{\omega}_e\times\boldsymbol{v}_e+\boldsymbol{\omega}_e\times\boldsymbol{v}_r=\boldsymbol{a}_e+\boldsymbol{\omega}_e\times\boldsymbol{v}_r \tag{d}$$

又因为：

$$\begin{aligned}\frac{\mathrm{d}\boldsymbol{v}_r}{\mathrm{d}t}&=\frac{\mathrm{d}}{\mathrm{d}t}(\dot{x}'\boldsymbol{i}'+\dot{y}'\boldsymbol{j}'+\dot{z}'\boldsymbol{k}')=(\ddot{x}'\boldsymbol{i}'+\ddot{y}'\boldsymbol{j}'\ddot{z}'\boldsymbol{k}')+\dot{x}'\frac{\mathrm{d}\boldsymbol{i}'}{\mathrm{d}t}+\dot{y}'\frac{\mathrm{d}\boldsymbol{j}'}{\mathrm{d}t}+\dot{z}'\frac{\mathrm{d}\boldsymbol{k}'}{\mathrm{d}t}\\&=\boldsymbol{a}_r+(\dot{x}'\boldsymbol{\omega}_e\times\boldsymbol{i}'+\dot{y}'\boldsymbol{\omega}_e\times\boldsymbol{j}'+\dot{z}'\boldsymbol{\omega}_e\times\boldsymbol{k}')\\&=\boldsymbol{a}_r+\boldsymbol{\omega}_e\times(\dot{x}'\boldsymbol{i}'+\dot{y}'\boldsymbol{j}'+\dot{z}'\boldsymbol{k}')\end{aligned}$$

故有

$$\frac{\mathrm{d}\boldsymbol{v}_r}{\mathrm{d}t}=\boldsymbol{a}_r+\boldsymbol{\omega}_e\times\boldsymbol{v}_r$$

将以上推导结果代入式(c)，并令

$$\boldsymbol{a}_C=2\,\boldsymbol{\omega}_e\times\boldsymbol{v}_r \tag{2.3.1}$$

称为**科氏加速度**，是法国人科里奥利(Coriolis，G. G.，1792—1843)于1835年提出的。于是动点M的加速度为

$$\boldsymbol{a}_a=\boldsymbol{a}_e+\boldsymbol{a}_r+\boldsymbol{a}_C \tag{2.3.2}$$

式(2.3.2)表示：当牵连运动为定轴转动时，动点的绝对加速度等于其牵连加速度、相对加速度、科氏加速度的矢量和。这就是**加速度合成定理**。

可以证明：当牵连运动为平面一般运动时，式(2.3.2)表示的加速度合成定理一样成立。

【注意】 (1)由式(2.3.1)可知，若$\omega_e=0$(动系作平动)，或者$v_r=0$，或者$\boldsymbol{\omega}_e /\!/ \boldsymbol{v}_r$，则$a_C=0$。(2)式(2.3.2)中的$\boldsymbol{a}_a$、$\boldsymbol{a}_e$、$\boldsymbol{a}_r$所包含的加速度分量与对应点的运动轨迹形状有关，若为曲线，则一般应有两个分量，其切向加速度沿对应点的运动轨迹的切线方向，而法向加速度沿对应点的运动轨迹的主法线方向；若运动轨迹为直线，则对应的加速度只有一个分量。(3)若动点的绝对运动轨迹和相对运动轨迹以及牵连点的绝对运动轨迹均为曲线，则各法向加速度的大小均与对应的速度有关，方向沿对应曲线的主法线方向。$a_a^n=\frac{v_a^2}{\rho_a}$，$a_e^n=\frac{v_e^2}{\rho_e}$，$a_r^n=\frac{v_r^2}{\rho_r}$；其中，$\rho_a$、$\rho_r$分别为动点的绝对运动轨迹和相对运动轨迹在该点处的曲率半径；ρ_e为动参考系上与动点相重合的那一点的绝对轨迹在重合位置的曲率半径。(4)在加速度问题的计算中，一般都需要先分析速度问题，以便确定作曲线运动时的法向加速度及科氏加速度。(5)在加速度问题的计算中，动点、动系和静系不再重新选取，必须与速度计算中的一致，否则可能得出错误的结论。

2.3.2 牵连运动为平行移动时的加速度合成定理

当动系为平行移动时，可以认为$\boldsymbol{\omega}_e=0$，$\boldsymbol{\alpha}_e=0$，则由式(2.3.2)可知此时加速度合成定理中的科氏加速度：$\boldsymbol{a}_C=0$。故有牵连运动为平行移动时的加速度合成定理为：

$$\boldsymbol{a}_a=\boldsymbol{a}_e+\boldsymbol{a}_r \tag{2.3.3}$$

它是式(2.3.2)的一种特殊情况。读者也可根据平行移动时的运动特性推导上述结论。

2.3.3 科氏加速度的计算

下面来讨论科氏加速度的计算。设$\boldsymbol{\omega}_e$与$\boldsymbol{v}_r$间的夹角为θ，则由叉积的定义可知，科氏加速度的大小为

$$a_C=2\omega_e v_r\sin\theta \tag{2.3.4}$$

科氏加速度的方向垂直于$\boldsymbol{\omega}_e$与$\boldsymbol{v}_r$所决定的平面，至于它的指向可按右手法则决定(见图2.3.2)。

特殊情况下，当$\boldsymbol{\omega}_e$与$\boldsymbol{v}_r$平行时(夹角$\theta=0°$或$180°$)，$a_C=0$。

对于工程中常见的平面机构，$\boldsymbol{\omega}_e$是与$\boldsymbol{v}_r$垂直的，且垂直于机构所在平面，此时$a_C=2\omega_e v_r$；其方向是将$\boldsymbol{v}_r$按$\boldsymbol{\omega}_e$转向转过90°就是$\boldsymbol{a}_C$的指向。

在自然现象中科氏加速度也有表现。地球绕地轴转动，当地球上物体相对于地球运动时，就形成了牵连运动为转动的合成运动。地球自转角速度很小，一般情况下其自转的影响可略去不计；但是在长时间、大范围运动时，却必须给予考虑。例如，在北半球，河水向北流动时，河水的科氏加速度$\boldsymbol{a}_C$向西，即指向左侧，如图2.3.3所示。由动力学可知，有向左的加速度，河水必受到来自右岸向左的作用力。根据作用与反作用定律，河水必对右岸有反作用力。因此，北半球的江河，其右岸都受有较明显的冲刷。这是地理学中的一项规律。

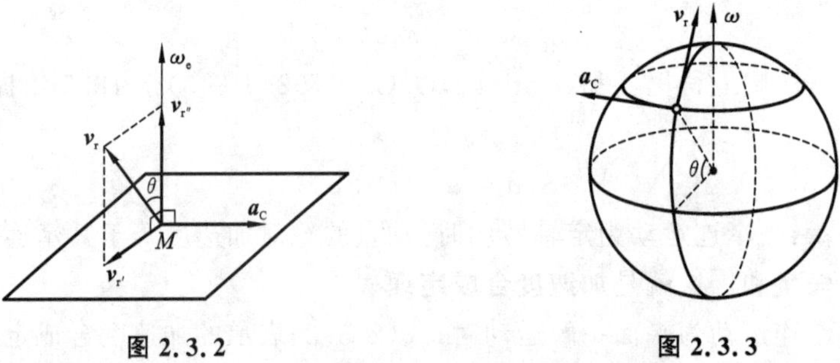

图 2.3.2　　图 2.3.3

【思考】 在北半球，火车由南向北行驶时，科氏加速度$\boldsymbol{a}_C$方向如何？哪一侧铁轨磨损严重？

【思考】 水池中的水在放水时水流会不会旋转？旋转的方向如何？为什么？

【例 2.3.1】 对于例2.2.2所示的系统，其他条件不变，试求OC与CA垂直的瞬时，杆AB的加速度。

【解】 分别按照例2.2.2中的解法给出两种不同的解法。

解法一 选择例2.2.2中解法一中的动点和动系，速度分析已经完成，各速度的方向如图2.3.4(a)所示。则动点A的加速度分析如图2.3.4(b)所示。由于动系作定轴转动，$v_r\neq0$，故存在科氏加速度，科氏加速度$\boldsymbol{a}_C$的方向由相对速度按ω的转向旋转90°确定，大小为：$a_C=2\omega v_r=2\omega\cdot\frac{4}{\sqrt{3}}e\omega=\frac{8}{\sqrt{3}}e\omega^2$；由于相对运动为圆周运动，其相对加速度$\boldsymbol{a}_r$一般有两个分量$\boldsymbol{a}_r^n$和$\boldsymbol{a}_r^t$，其中$\boldsymbol{a}_r^t$的方向沿相对运动轨迹的切线方向，其指向假定如图所示(假定的指向，其箭头以圆圈标注)，大小未知，$\boldsymbol{a}_r^n$的指向由$A\to C$，大小为$a_r^n=\frac{v_r^2}{\rho}=\frac{16}{3r}e^2\omega^2=\frac{16}{3\sqrt{3}}e\omega^2$。由于牵连点的运动为圆周运动，其牵连加速度$\boldsymbol{a}_e$一般有两个分量$\boldsymbol{a}_e^n$和$\boldsymbol{a}_e^t$，但由于是匀速圆周运动，$a_e^t=0$，$\boldsymbol{a}_e^n$的指向由$A\to O$，大小为$a_e^n=\overline{OA}\cdot\omega^2=2e\omega^2$。假定动点$A$的绝对加速度向上，如图2.3.4(b)所示。由加速度合成定理可知：

$$\boldsymbol{a}_a=\boldsymbol{a}_e+\boldsymbol{a}_r+\boldsymbol{a}_C=\boldsymbol{a}_e^n+\boldsymbol{a}_r^n+\boldsymbol{a}_r^t+\boldsymbol{a}_C$$

将上式中的各个加速度(如图2.3.4(b)所示)在ξ轴上投影，可得

$$a_a\cdot\cos\varphi=-a_e^n\cdot\cos\varphi-a_r^n+a_C$$

$$a_a=\frac{1}{\cos\varphi}(-a_e^n\cdot\cos\varphi-a_r^n+a_C)=\frac{2}{\sqrt{3}}\left(-\sqrt{3}e\omega^2-\frac{16}{3\sqrt{3}}e\omega^2+\frac{8}{\sqrt{3}}e\omega^2\right)$$

$$=-\frac{2}{9}e\omega^2(\downarrow)$$

a_a 为负值，说明$\boldsymbol{a}_a$ 的指向与图 2.3.4(b)所假设的指向相反。即在此瞬时，$\boldsymbol{a}_a$ 的实际方向铅垂向下。

解法二 选择例 2.2.2 中解法二中的动点和动系，速度分析已经完成，各速度的方向如图 2.3.4(c)所示。则动点 C 的加速度分析如图 2.3.4(d)所示。由于动系平动，故科氏加速度$a_C=0$；由于相对运动为圆周运动，其相对加速度$\boldsymbol{a}_r$ 一般有两个分量$\boldsymbol{a}_r^n$ 和$\boldsymbol{a}_r^t$，其中$\boldsymbol{a}_r^t$ 的方向沿相对运动轨迹的切线方向，其指向假定如图 2.3.4(d)所示，大小未知，$\boldsymbol{a}_r^n$ 的指向由 $C\to A$，大小为$a_r^n=\dfrac{v_r^2}{\rho}=\dfrac{1}{3r}e^2\omega^2=\dfrac{1}{3\sqrt{3}}e\omega^2$。由于牵连点的运动为直线运动，其牵连加速度$\boldsymbol{a}_e$ 沿铅垂方向，大小为即为所求的杆 AB 的加速度，也假定其指向向上，如图 2.3.4(d)所示。由加速度合成定理可知

$$\boldsymbol{a}_a=\boldsymbol{a}_a^n=\boldsymbol{a}_e+\boldsymbol{a}_r=\boldsymbol{a}_e+\boldsymbol{a}_r^n+\boldsymbol{a}_r^t$$

将上式中的各个加速度(如图 2.3.4(d)所示)在 η 轴上投影，可得：

$$0=a_e\cdot\cos\varphi+a_r^n$$

$$a_e=-\frac{a_r^n}{\cos\varphi}=-\frac{1}{3\sqrt{3}}e\omega^2\cdot\frac{2}{\sqrt{3}}=-\frac{2}{9}e\omega^2(\downarrow)$$

a_e 为负值，说明$\boldsymbol{a}_e$ 的指向与图 2.3.4(d)所假设的指向相反。即在此瞬时，杆 AB 的加速度的实际方向铅垂向下。结论与解法一一致。

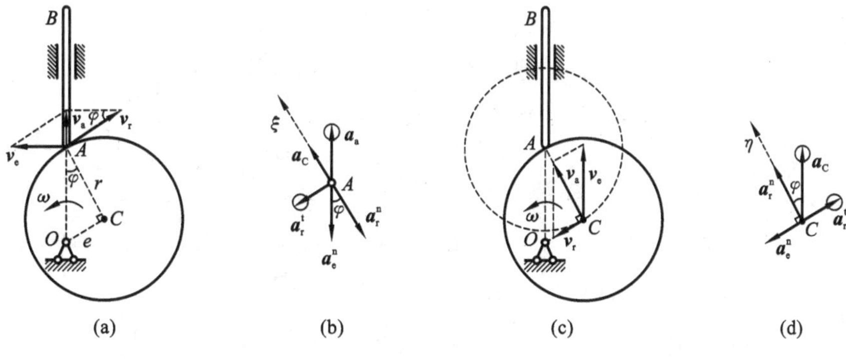

图 2.3.4

【比一比】 上述两种解题方法，哪一种简单？

【例 2.3.2】 滑块 M 与杆 O_1A 铰接，并可沿杆 O_2B 滑动(见图 2.3.5(a))。O_1O_2 的水平间距$l=0.5$ m。在图示 $\varphi=60°$瞬时，杆 O_1A 的角速度 $\omega_1=2$ rad/s，角加速度 $\alpha_1=1$ rad/s^2，转向如图 2.3.5(a)所示。试求此瞬时杆 O_2B 的角加速度 α_2 和滑块 M 相对杆 O_2B 的加速度。

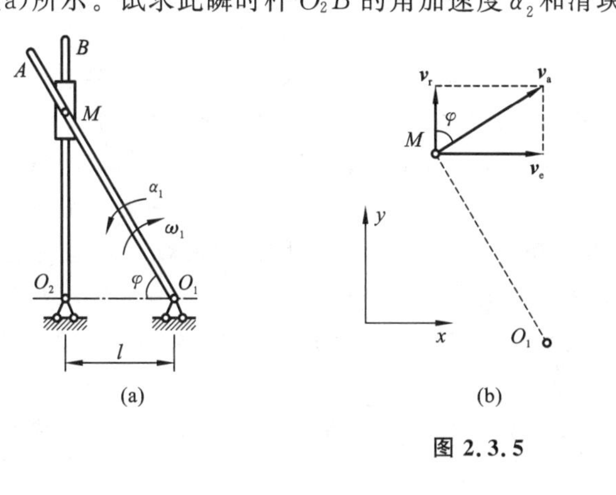

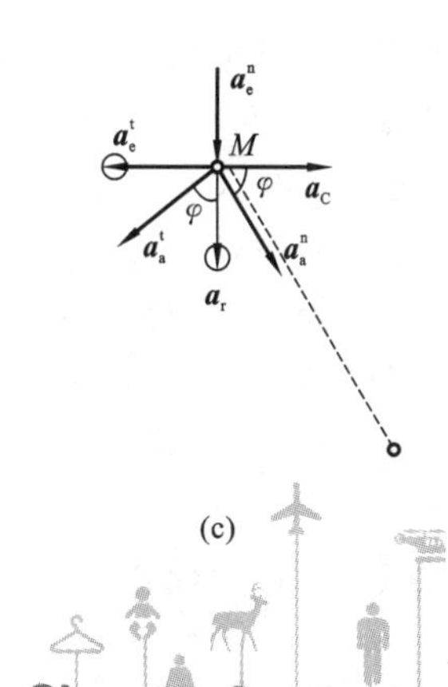

图 2.3.5

【解】 取滑块与杆 O_1A 铰接的铰接点 M 为动点，则动点的绝对运动为圆周运动；动系固结在杆 O_2B，作定轴转动，即牵连运动为定轴转动，故牵连点的运动为圆周运动；相对运动为动点沿杆 O_2B 的直线运动。由于涉及曲线运动时的法向加速度和科氏加速度，故需要首先计算速度。

画出速度矢量图(见图 2.3.5(b))，由速度的几何关系知

$$v_r = v_a\cos\varphi \tag{a}$$

其中，$v_a=\omega_1\cdot r_{O_1M}=\omega_1\cdot\dfrac{l}{\cos\varphi}=2l\omega_1$，代入上式得

$$v_r=v_a\cdot\cos60°=l\omega_1,\quad v_e=v_a\sin\varphi=\sqrt{3}l\omega_1$$

故有：

$$\omega_2=\frac{v_e}{r_{O_2M}}=\frac{v_e}{l\tan\varphi}=\frac{\sqrt{3}l\omega_1}{l\tan60°}=\omega_1(\circlearrowright)$$

再对加速度进行分析，画出加速度合成矢量图(见图 2.3.5(c))，根据前面的运动分析，可列写出矢量方程为

$$\boldsymbol{a}_a^n+\boldsymbol{a}_a^t=\boldsymbol{a}_e^n+\boldsymbol{a}_e^t+\boldsymbol{a}_r+\boldsymbol{a}_C \tag{b}$$

式中的已知量为

$$a_a^n=\omega_1^2\cdot r_{O_1M}=\omega_1^2\cdot\frac{l}{\cos\varphi}=2l\omega_1^2,\quad a_a^t=\alpha_1\cdot r_{O_1M}=2l\alpha_1$$

$$a_e^n=\omega_2^2\cdot r_{O_2M}=l\tan\varphi\cdot\omega_1^2=\sqrt{3}l\omega_1^2,\quad a_C=2\omega_2\cdot v_r=2l\omega_1^2$$

为求 a_e^t 和 a_r，将矢量关系式(b)分别投影到 x 轴和 y 轴，可列写出

$$a_a^n\cos\varphi-a_a^t\sin\varphi=-a_e^t+a_C$$

$$-a_a^n\sin\varphi-a_a^t\cos\varphi=-a_e^n-a_r$$

由此可得：

$$\begin{aligned}a_e^t&=-a_a^n\cos\varphi+a_a^t\sin\varphi+a_C=-2l\omega_1^2\cos\varphi+2l\alpha_1\sin\varphi+2l\omega_1^2=l\omega_1^2+\sqrt{3}l\alpha_1\\&=(0.5\times2^2+\sqrt{3}\times0.5\times1)\text{ m/s}^2=2.87\text{ m/s}^2\end{aligned}$$

$$\begin{aligned}a_r&=a_a^n\sin\varphi+a_a^t\cos\varphi-a_e^n=2l\omega_1^2\sin\varphi+2l\alpha_1\cos\varphi-\sqrt{3}l\omega_1^2\\&=(2\times0.5\times2^2\sin60°+2\times0.5\times1\times\cos60°-\sqrt{3}\times0.5\times2^2)\text{ m/s}^2=0.5\text{ m/s}^2\end{aligned}$$

因此，杆 O_2B 的角加速度大小为：

$$\alpha_2=\frac{a_e^t}{r_{O_2M}}=\frac{2.87}{0.5\times\tan60°}\text{ rad/s}^2=3.31\text{ rad/s}^2(\circlearrowleft)$$

【比较】 本题可否用第 1 章点的运动学中的方法求解？请比较计算结果是否与上述结果一致？哪种方法更有效？

【思考】 如果滑块 M 套在杆 O_1A 上，并与 O_2B 在图示位置铰接，如何求解？

【说明】 (1)在加速度问题的计算中，一般都需要先计算速度问题，以便确定作曲线运动时的法向加速度及科氏加速度。(2)在加速度问题的计算中，动点、动系和静系不再重新选取，必须与速度计算中的一致，否则可能得出错误的结论。(3)对加速度分析中，如果各加速度在同一平面内，所假定的加速度指向(对应的矢量在图中箭头处以加圆圈表示)的数目不能超过 2，否则也可能得出错误的结论。(4)由于加速度分析中变量较多，一般不再像速度合成定理那样形成速度合成的平行四边形，而是按照加速度合成定理，将等式两边在一个指定轴线上投影，列投影方程进行计算。

【注意】 加速度计算中所列的投影方程必须是加速度合成定理左边的绝对加速度在投影轴

上的投影等于右边各加速度在该投影轴上投影的代数和，而不是所有加速度在投影轴上的投影的代数和等于零。

【例 2.3.3】 图 2.3.6(a)所示凸轮半径为 r，在图示瞬时，O、C 在一条铅垂线上，θ、$\boldsymbol{v}$、$\boldsymbol{a}$ 已知。试求该瞬时杆 OA 的角速度和角加速度。

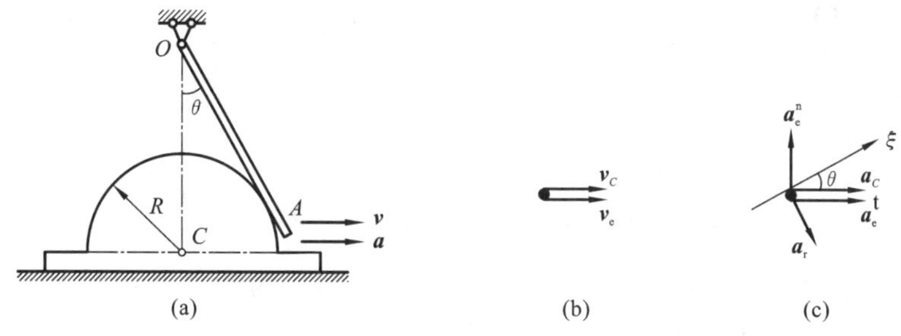

图 2.3.6

【解】 相接触的两个物体的接触点位置都随时间而变化，因此两物体的接触点都不宜选为动点，否则相对运动的分析就会很困难。取凸轮上 C 点为动点，动系固结于 OA 杆，静系固结于基座。

绝对运动：C 点水平向向的直线运动。

牵连运动：动系绕 O 点作定轴转动。

相对运动：由于 C 点相对 OA 杆的垂直距离始终保持为 R，故作直线运动。

根据 $\boldsymbol{v}_a=\boldsymbol{v}_e+\boldsymbol{v}_r$，作速度矢量图，见图 2.3.6(b)。

$$v_r=0,\quad v_e=v_C=v$$

$$\omega_{OA}=\frac{v_e}{OC}=\frac{v}{R/\sin\theta}=\frac{v}{R}\sin\theta\text{（逆时针）}$$

根据 $\boldsymbol{a}_a=\boldsymbol{a}_e+\boldsymbol{a}_r+\boldsymbol{a}_C$，作加速度矢量图，见图 2.3.6(c)。

$$a_e^n=\left(\frac{v}{R}\sin\theta\right)^2\frac{R}{\sin\theta}=\frac{v^2}{R}\sin\theta$$

$$a_C=2\omega v_r=0$$

向 ξ 轴投影

$$a\sin\theta=a_e^n\sin\theta+a_e^t\cos\theta$$

$$a_e^t=a-a_e^n\tan\theta$$

$$\alpha=\frac{a_e^t}{OC}=\frac{a-v^2\sin\theta/R}{R/\sin\theta}=\frac{a}{R}\sin\theta-\frac{v^2}{R^2}\sin^2\theta$$

$\alpha>0$，则为逆时针转向；$\alpha<0$，则为顺时针转向。

【例 2.3.4】 图 2.3.7 所示机构，销子 M 的运动受两个丁字形槽杆 A 和 B 运动的控制。在图示瞬时，槽杆 A 各点的速度 $v_A=0.3\ \text{m/s}$，加速度 $a_A=3\ \text{m/s}^2$，槽杆 B 各点的速度 $v_B=0.5\ \text{m/s}$，加速度 $a_B=2\ \text{m/s}^2$，方向如图所示。试求销子 M 的轨迹在图示位置的曲率半径 ρ 的大小。

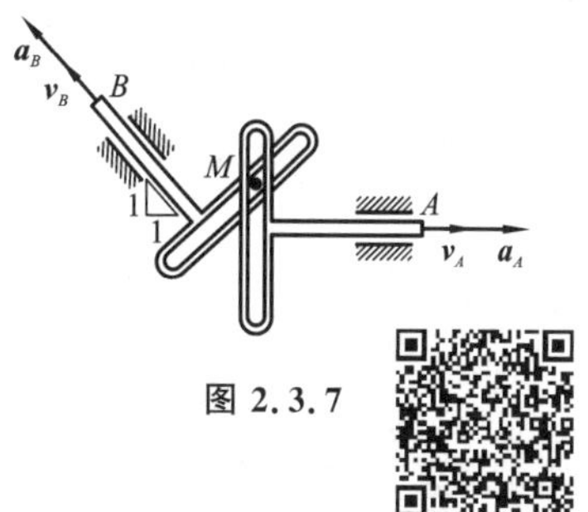

图 2.3.7

思 考 题

2-1 应用速度合成定理解题步骤有哪几步？在动坐标系作平移或转动时有没有区别？

2-2 应用速度合成定理，在选择动点、动系时，若动点是某刚体上的一点，而动系也固结于这个刚体上，是否可以？为什么？

2-3 什么是牵连速度和牵连加速度？是否动坐标系中任何一点的速度和加速度就是牵连速度和牵连加速度？

2-4 点的速度合成定理$\boldsymbol{v}_a=\boldsymbol{v}_e+\boldsymbol{v}_r$对牵连运动是平移或转动都成立，将其两端对时间求导，得：$\frac{d\boldsymbol{v}_a}{dt}=\frac{d\boldsymbol{v}_e}{dt}+\frac{d\boldsymbol{v}_r}{dt}$。从而有$\boldsymbol{a}_a=\boldsymbol{a}_e+\boldsymbol{a}_r$，因而此式对牵连运动是平移或转动都应该成立。试指出上面的推导错在哪里？

2-5 如下计算对吗？

$$a_n^t=\frac{d\boldsymbol{v}_a}{dt},\quad a_n^n=\frac{\boldsymbol{v}_a^2}{\rho_a},\quad a_e^t=\frac{d\boldsymbol{v}_e}{dt},\quad a_e^n=\frac{\boldsymbol{v}_e^2}{\rho_e},\quad a_r^t=\frac{d\boldsymbol{v}_r}{dt},\quad a_r^n=\frac{\boldsymbol{v}_r^2}{\rho_r}$$

式中：ρ_a，ρ_r分别是绝对轨迹、相对轨迹上某处的曲率半径；ρ_e为动参考系上与动点相重合的那一点的轨迹在重合位置的曲率半径。

2-6 按点的合成运动理论导出速度合成定理和加速度合成定理时，定系是固定不动的。如果定系本身也在运动(平移或转动)，对这类问题该如何求解？

2-7 速度合成定理和加速度合成定理的投影方程在形式上与静力学中的平衡方程有何不同？

2-8 产生科氏加速度的原因是什么？

2-9 当点的绝对运动轨迹、相对运动轨迹皆为曲线时，在下述三种情况中写出点的加速度合成定理的表达式：(1)牵连运动是直线平移；(2)牵连运动是曲线平移；(3)牵连运动为转动。

2-10 如果考虑地球自转，则在地球上的任何地方运动的物体(视为质点)，都有科氏加速度。对吗？

习　题

2-1 直杆AB以角速度ω在一固定平面内绕一固定点O匀速转动。当此直杆位于Ox的位置时，动点M开始从O点沿此直杆运动。如果要使M点的绝对速度的大小为常量，求：(1)M点应按何种规律沿此直杆运动？(2)M点的轨迹及加速度。

2-2 图示曲柄滑道机构中，曲柄长$\overline{OA}=r$，并以匀角速度ω绕O轴转动。装在水平杆上的滑槽DE与水平线成60°角。求当曲柄与水平的夹角分别为$\varphi=0°,30°,60°$时，杆BC的速度。

2-3 如图所示，小环M套在固定杆AB和摆动杆OD上，杆OD按规律$\varphi=\frac{\pi}{3}\sin\frac{\pi}{6}t$绕点$O$转动，$\overline{CO}=540$ mm。求$t=1$ s时小环的绝对速度和相对速度。

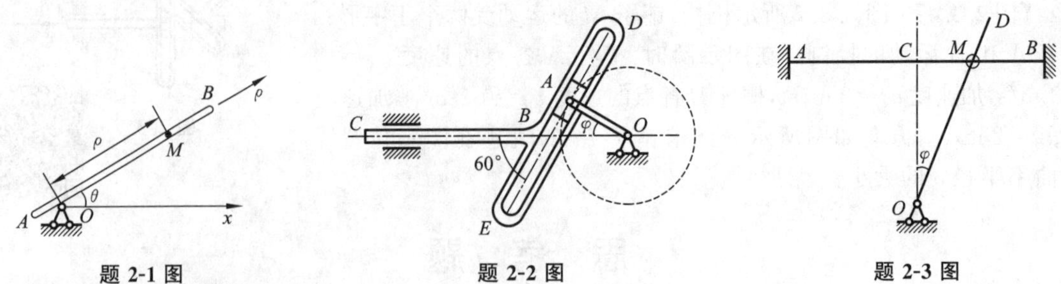

题2-1图　　题2-2图　　题2-3图

2-4 图示两种滑道摇杆机构中，两平行轴距离$\overline{OO_1}=200$ mm；在某瞬时，$\theta=20°$，$\omega_1=6$ rad/s，$\varphi=30°$。求两种机构中角速度ω_2的值。

2-5　设摇杆滑道机构的曲柄长$\overline{OA}=r$，以转速 n 绕 O 轴转动。在图示位置时，$\overline{O_1A}=\overline{AB}=2r$，$\angle OAO_1=\theta$，$\angle O_1BC=\beta$。求杆 BC 的速度。

2-6　图示曲柄滑道机构中，曲柄长$\overline{OA}=100$ mm，并绕 O 轴转动。在某瞬时，其角速度$\omega=1$ rad/s，角加速度 $\alpha=1$ rad/s^2，$\angle AOB=30°$。求导杆上 C 点的加速度和滑块 A 在滑道中的相对加速度。

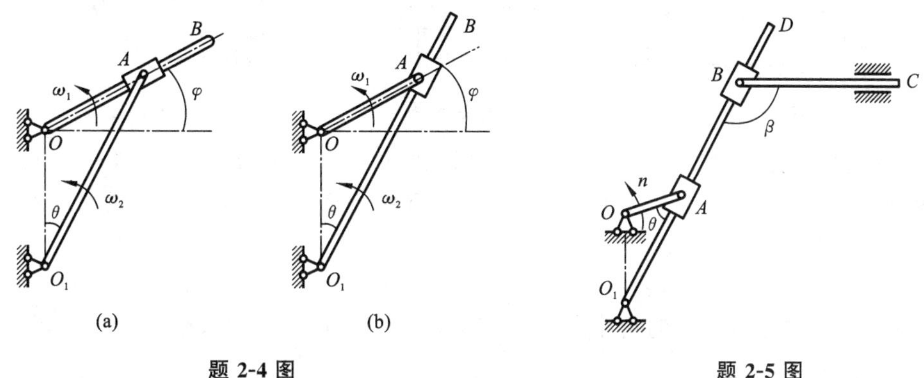

题 2-4 图　　　　题 2-5 图

2-7　图示曲柄滑杆机构中，滑杆上有圆弧形滑道，其半径 $R=100$ mm，圆心在导杆 BC 上。曲柄长$\overline{OA}=100$ mm，以角速度 $\omega=4t$（ω 以 rad/s 计，t 以 s 计）绕 O 轴转动。当 $t=1$ s 时，机构在图示位置，曲柄与水平线的夹角 $\varphi=30°$，求此时滑杆 AC 的速度和加速度。

2-8　图示倾角 $\varphi=30°$的尖劈以匀速 $v=200$ mm/s 沿水平面向右运动，使杆 OB 绕定轴 O 转动；$r=200\sqrt{3}$ mm。求当 $\theta=\varphi$ 时，杆 OB 的角速度和角加速度。

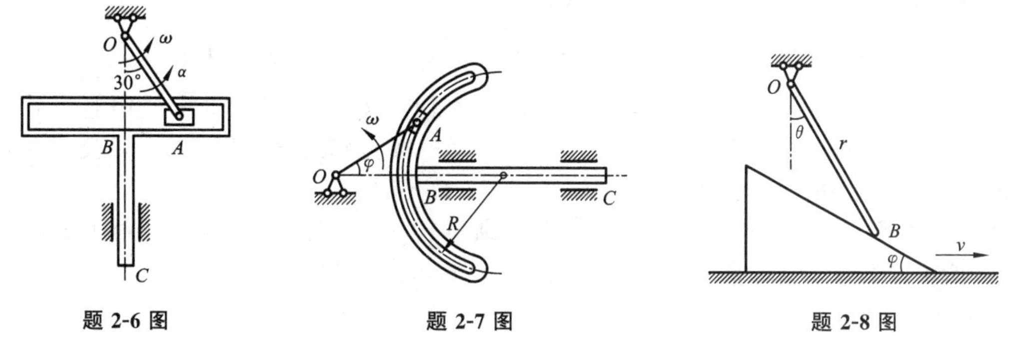

题 2-6 图　　　　题 2-7 图　　　　题 2-8 图

2-9　半径为 R 的半圆形凸轮 D 以等速$\boldsymbol{v}_0$ 沿水平线向右运动，带动从动杆 AB 沿铅垂方向上升，如图所示。求 $\varphi=30°$时，杆 AB 的速度和加速度。

2-10　在图示机构中，设杆 AB 以匀速 $\boldsymbol{v}$ 向上运动，O 点到 AB 的距离为 l。求当 $\varphi=\frac{\pi}{4}$时，摇杆 OC 的角速度和角加速度。

2-11　在平面 xOy 内，有一直径为 $OA=2R$ 的圆环以匀角速度 ω 绕点 O 旋转，如图所示。以这圆环的圆心 O'为原点取动系 $x'O'y'$，轴 $O'x'$沿直径 OA 方向。在初始时刻（$t=0$），A 点位于轴 Ox 上。设圆环上一 M 点，初始时与 A 点重合，线段 $O'M$ 以相同的角速度 ω 绕 O'转动。求在任意瞬时：(1)M 点的相对速度和相对加速度；(2)M 点的科氏加速度；(3)M 点的绝对速度和绝对加速度。

2-12　图示大圆环的半径 $R=200$ mm，在其自身平面内以匀角速度 $\omega=1$ rad/s 绕轴 O 顺时针方向转动。小圆环 A 套在固定立柱 BD 及大圆环上。当$\angle AOO_1=60°$时，半径 OO_1 与立柱 BD 平行，求此瞬时小圆环 A 的绝对速度和绝对加速度。

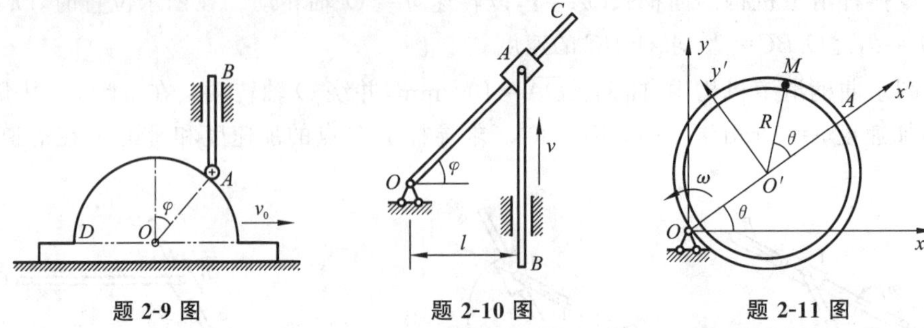

题 2-9 图　　题 2-10 图　　题 2-11 图

2-13　弯成直角的曲杆 OAB 以 ω＝常数绕 O 点作逆时针转动。在曲杆的 AB 段装有滑筒 C，滑筒又与铅垂杆 CD 铰接于 C，O 点与 CD 位于同一铅垂线上。设曲杆的 OA 段长为 r，求当 $\varphi=30°$ 时杆 CD 的速度和加速度。

2-14　曲杆 OBC 绕 O 轴转动，使套在其上的小环 M 沿固定直杆 OA 滑动。已知 $OB=100$ mm，OB 与 BC 垂直，曲杆的角速度 $\omega=0.5$ rad/s。求当 $\varphi=60°$ 时，小环 M 的速度和加速度。

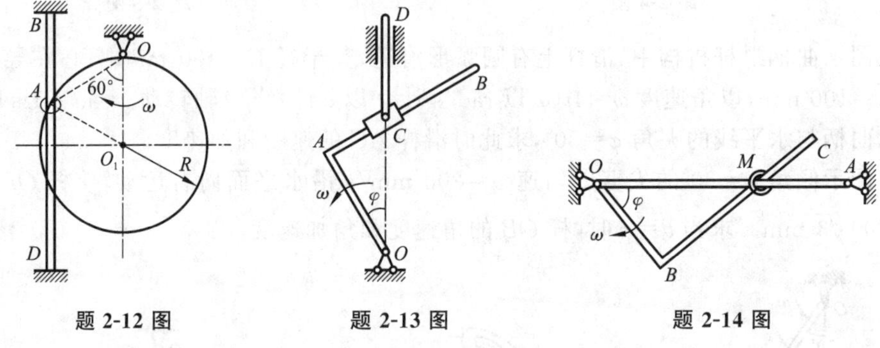

题 2-12 图　　题 2-13 图　　题 2-14 图

2-15　直杆 AOB 与一半径为 r 的圆环同在一平面内，圆环以匀角速度 ω 绕圆上的固定点 O 转动，圆环与直杆的另一交点为 M，如图所示。求：(1)M 点相对于直杆 AB 的速度和加速度；(2)M 点相对于圆环的速度和加速度。

2-16　半径为 r 的两圆环 O 与 O'，分别绕其圆环上一点 A 与 B 以相同的匀角速度 ω 反向转动，如图所示。当 A、O、O'、B 四点位于同一直线上时，求交点 M 的速度与加速度。

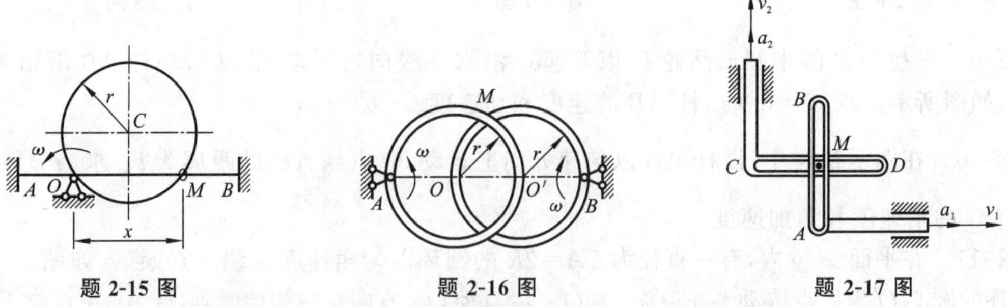

题 2-15 图　　题 2-16 图　　题 2-17 图

2-17　如图所示，销钉 M 可同时在槽 AB、CD 内滑动。已知某瞬时杆 AB 沿水平方向移动的速度 $v_1=0.8$ m/s，加速度 $a_1=0.01$ m/s^2；杆 CD 沿铅垂方向移动的速度 $v_2=0.6$ m/s，加速度 $a_2=0.02$ m/s^2。试求该瞬时销钉 M 的速度及加速度。

2-18　一半径 $r=200$ mm 的圆盘，绕通过 A 点垂直于图示平面的轴转动。物块 M 以匀速率 $v_r=0.4$ m/s 沿圆盘边缘运动。在图示位置，圆盘的角速度 $\omega=2$ rad/s，角加速度 $\alpha=4$ rad/s^2，试

求物块 M 的绝对速度和绝对加速度。

2-19 大圆环固定不动，其半径 $R=0.5\ \mathrm{m}$，小圆环 M 套在杆 AB 及大圆环上，如图所示。当 $\theta=30^\circ$ 时，AB 杆转动的角速度 $\omega=2\ \mathrm{rad/s}$，角加速度 $\alpha=2\ \mathrm{rad/s^2}$，试求该瞬时：(1) M 沿大圆环滑动的速度；(2) M 沿 AB 杆滑动的速度；(3) M 的绝对加速度。

2-20 曲柄 OA，长为 $2r$，绕固定轴 O 转动。圆盘半径为 r，绕 A 轴转动。已知 $r=100\ \mathrm{mm}$，在图示位置，曲柄 OA 的角速度 $\omega_1=4\ \mathrm{rad/s}$，角加速度 $\alpha_1=3\ \mathrm{rad/s^2}$，圆盘相对于 OA 的角速度 $\omega_2=6\ \mathrm{rad/s}$，角加速度 $\alpha_2=4\ \mathrm{rad/s^2}$。试求圆盘上 M 点和 N 点的绝对速度和绝对加速度。

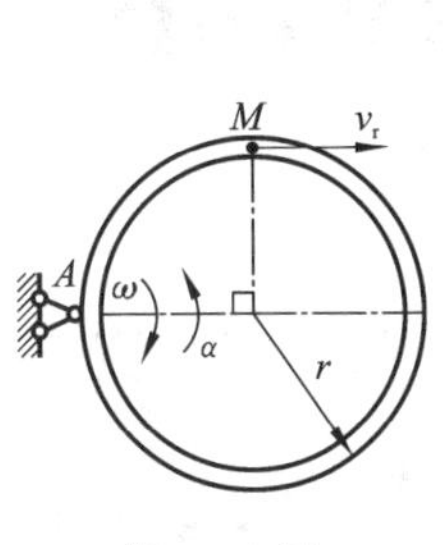

题 2-18 图

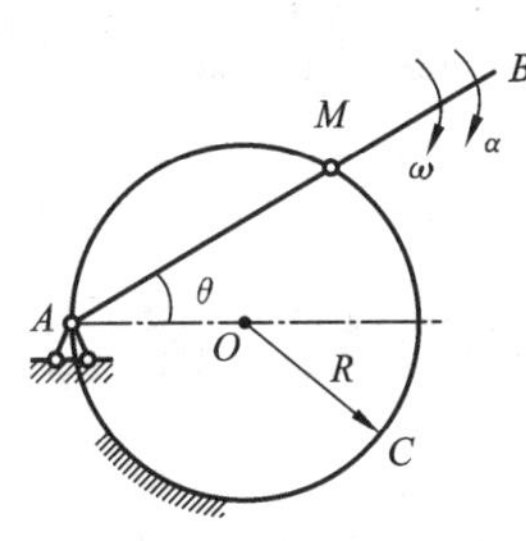

题 2-19 图

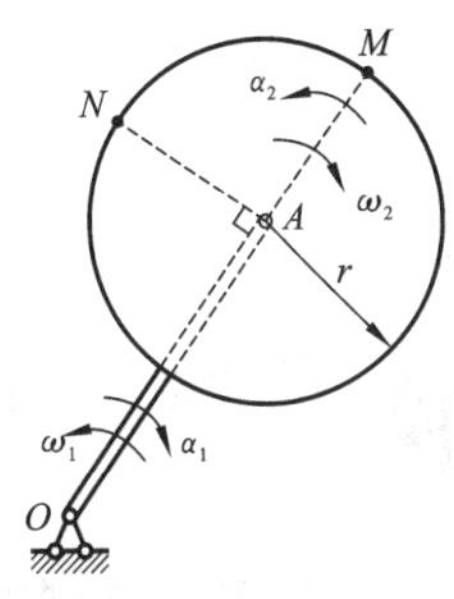

题 2-20 图

2-21 在图示机构中，已知 $\overline{AA'}=\overline{BB'}=r=0.25\ \mathrm{mm}$，且 $\overline{AB}=\overline{A'B'}$。连杆 AA' 以匀角速度 $\omega=2\ \mathrm{rad/s}$ 绕 A' 转动，当 $\theta=60^\circ$ 时，槽杆 CE 位置铅垂。试求此时槽杆 CE 的角速度及角加速度。

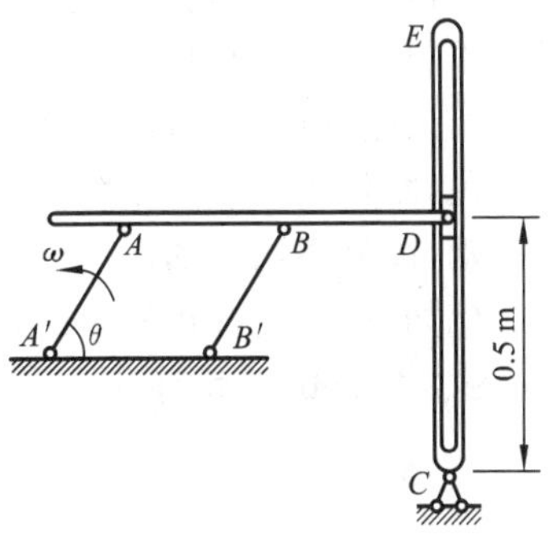

题 2-21 图

2-22 已知图示圆盘 C 半径 $r=2\sqrt{3}\ \mathrm{cm}$，角速度 $\omega=2\ \mathrm{rad/s}$，$\overline{AC}=2r$。试求 $\theta=30^\circ$ 时杆 AB 的角加速度。

2-23 如图所示，板 $ABCD$ 绕 z 轴以 $\omega=0.5t$（其中 ω 以 rad/s 计，t 以 s 计）的规律转动，小球 M 在半径 $r=100\ \mathrm{mm}$ 的圆弧槽内相对于板按规律 $s=\dfrac{50}{3}\pi t$（s 以 mm 计，t 以 s 计）运动，试求 $t=2\ \mathrm{s}$ 时，小球 M 的速度与加速度。

2-24 如图所示，套筒 M 套在杆 OA 上，以 $x'=30+200\sin\dfrac{\pi}{2}t$ 的规律沿杆轴线运动，x' 以 mm 计，t 以 s 计。杆 OA 绕 Oz 轴以 $n=60\ \mathrm{r/min}$ 的转速转动，并与 Oz 轴的夹角保持为 30°。试求 $t=1\ \mathrm{s}$ 时套筒 M 的速度及加速度。

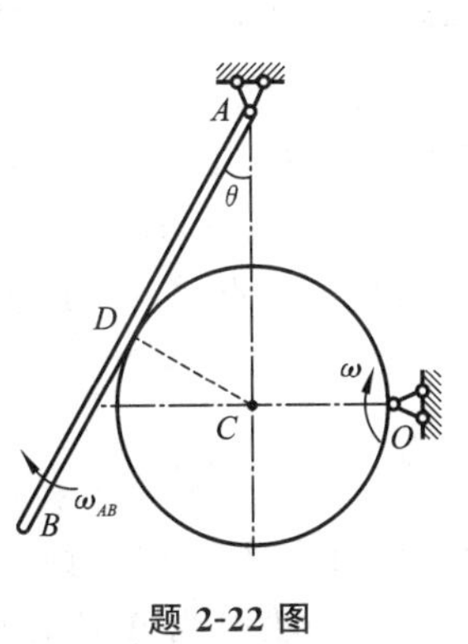

题 2-22 图

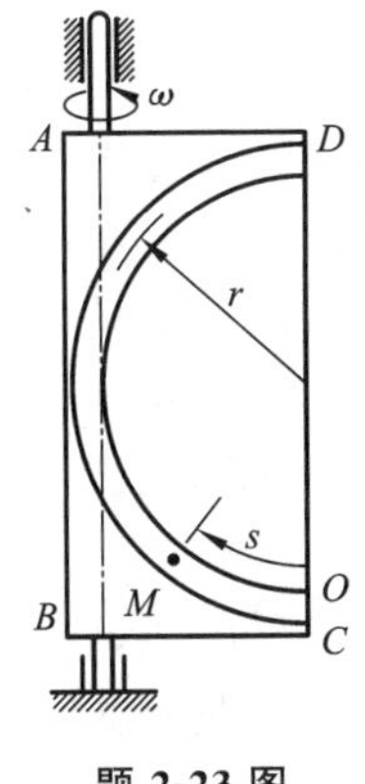

题 2-23 图

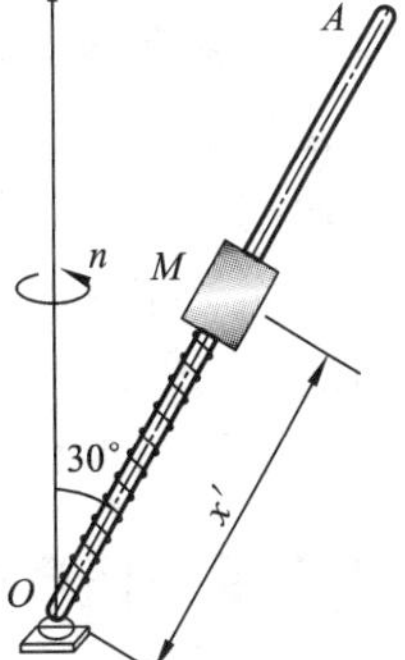

题 2-24 图

Chapter 3

第3章 刚体的平面运动

3.1 刚体的平面运动及其运动方程

3.1.1 平面运动的定义

刚体平面运动是工程中常见的、较为复杂的一种运动。平面运动的理论不仅对机构的研究具有重要意义，而且也是土建工程中对平面结构进行机动分析及结构计算的理论依据。

所谓刚体的平面运动，就是指刚体在运动时，其上各点离某一固定平面的距离始终不变。也就是说，刚体内任一点始终在与固定平面平行的某一平面内运动。刚体的这种运动，称为**平面平行运动**，简称**平面运动**。

例如，曲柄连杆机构中的连杆 AB 带动物体运动(见图 3.1.1(a))和车轮沿直线轨道的滚动(见图 3.1.1(b))，就符合上述对平面运动的定义。

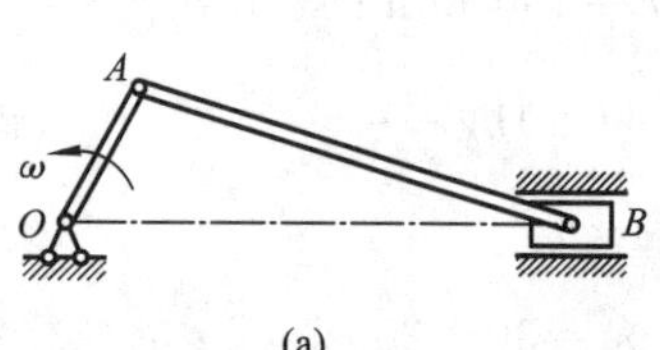

(a)

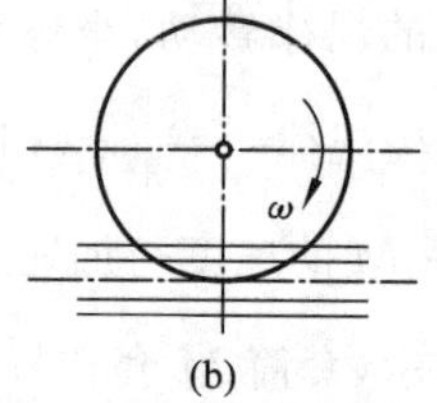

(b)

图 3.1.1

3.1.2 做平面运动刚体的简化

设一刚体作平面运动，体内每一点都处在与固定平面Ⅰ平行的平面内运动(见图 3.1.2)。若作一平面Ⅱ与平面Ⅰ平行，并与刚体相交，截出一平面图形 S，可见，平面图形 S 被限于在平面Ⅱ中运动。而刚体内垂直于平面 S 的任意一条直线 A_1A_2 则作平行移动。由于平行移动直线上各点的运动规律是相同的，所以直线 A_1A_2 的运动可用其与图形 S 的交点 A 的运动来代表。因此，只要知道平面图形 S 内各点的运动，就可以知道整个刚体的运动。由此可见，刚体的平面运动可以简化为平面图形在其自身平面内的运动。

3.1.3 平面图形的运动方程

设平面图形 S 在固定平面 Oxy 内运动(见图 3.1.3)，为了确定平面图形 S 在任意瞬时的位置，在平面图形 S 中任取点 A 作为**基点**，并通过基点在平面图形 S 内任作一段射线 AB(见图 3.1.3)，由于在平面图形 S 内，各点相对于 AB 的位置是固定的，所以，只要确定了 AB 的位置，平面图形 S 的位置也就被确定。即：对于在自身平面内运动的平面图形，其自由度为 3。

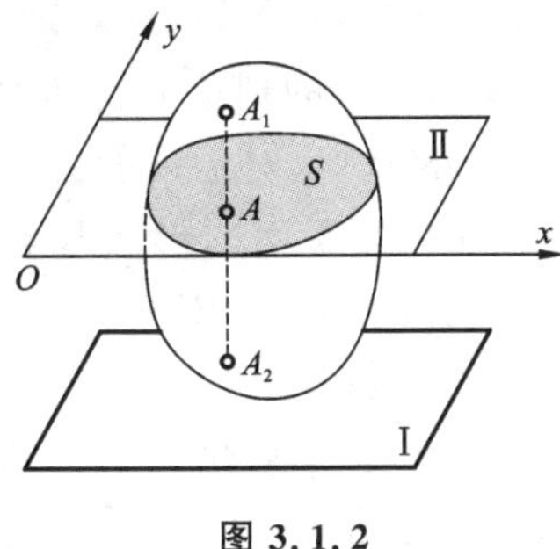

图 3.1.2

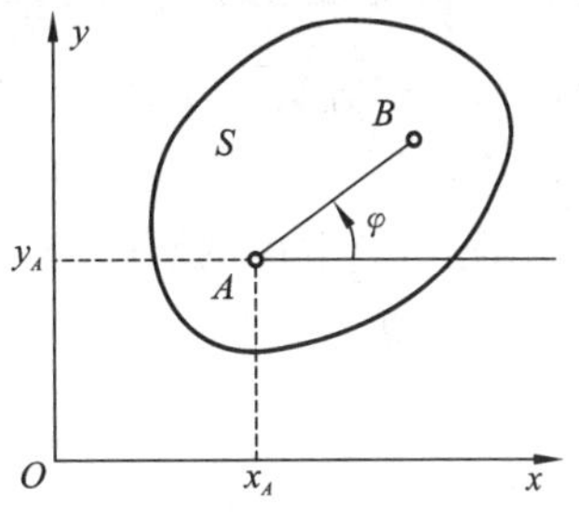

图 3.1.3

要确定 AB 的位置，可由点 A 的坐标 x_A，y_A 及 AB 与轴 x 的夹角 φ 这一组广义坐标来确定。当平面图形 S 运动时，x_A、y_A 与 φ 都随时间而变，是时间 t 的单值连续函数。因此可表示为

$$x_A = f_1(t), \quad y_A = f_2(t), \quad \varphi = f_3(t) \tag{3.1.1}$$

这是平面图形 S 的运动方程，也就是刚体平面运动的运动方程。式(3.1.1)可看成描述刚体平面运动的分析方法。多数情况下，函数 $f_1(t)$、$f_2(t)$、$f_3(t)$作为待定函数，可由动力学方程解出。

3.1.4 平面图形上任一点的运动

研究平面图形 S 上任一点 M，建立固定坐标系 Oxy，另以基点 A 为原点，建立与平面图形固结的动坐标系 $Ax'y'$，如图 3.1.4 所示。由图可知点 M 的坐标 (x, y)与(x', y')之间存在如下坐标变换关系

$$\begin{cases} x = x_A + x'\cos\varphi - y'\sin\varphi \\ y = y_A + x'\sin\varphi + y'\cos\varphi \end{cases} \tag{3.1.2}$$

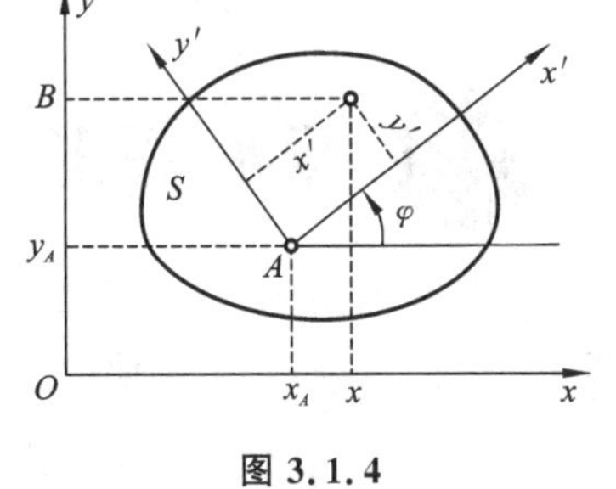

图 3.1.4

由于点 M 是平面图形 S 上的点，在运动过程中 x'、y'为常量。把式(3.1.1)代入式(3.1.2)中，即得平面图形任一点 M 的运动方程，求导可得点 M 任一瞬时的速度、加速度。

这种分析方法虽然足以承担描述平面图形及图形上任一点的运动，并在建立动力学方程时被引用，但对运动的物理意义揭示尚不充分。下面借助一个平动坐标系，可以从另一个观点研究平面图形的运动，这对于理解一些动力学定理是十分重要的。

3.1.5 平面运动的分解

在平面图形 S 上任取一点 A 作为基点，以基点 A 为原点假想一动系 $Ax'y'$，Ax'轴、Ay'轴(与图 3.1.4 中的不同)的方向分别始终平行于静系坐标轴 Ox 和 Oy，如图 3.1.5 所示。则动系 $Ax'y'$作平动，由平动刚体的运动学性质可知，动系 $Ax'y'$的运动可用基点 A 的运动 $x_A = f_1(t)$，$y_A = f_2(t)$描述；平面图形相对于平动坐标系作转动，用$\varphi = f_3(t)$描述。这样就赋予了式(3.1.1)更为直观的物理意义。

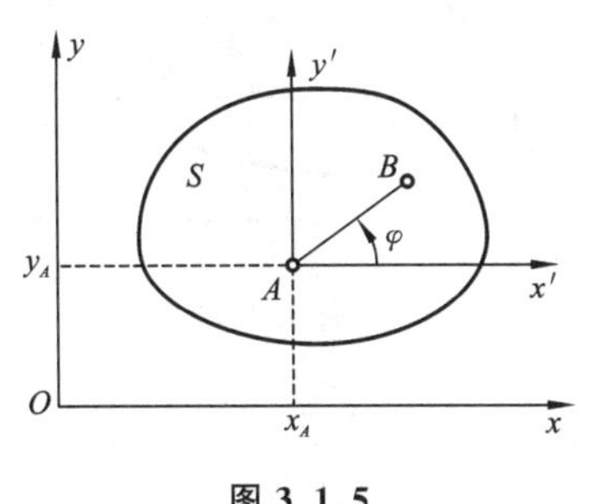

图 3.1.5

由式(3.1.1)可知，若 φ 保持不变，则刚体的运动为随 A 点的移动；若 x_A、y_A 保持不变，则刚体的运动为绕 A 点(过 A 点垂直于平面 S 的轴线)的定轴转动。按照合成运动的观点，刚

体的平面运动可以分解为随基点 A 的平动和绕基点 A 的转动。

3.1.6 转角 φ 与基点选择的无关性

上述平面运动的分解方法对于理解和应用运动学及动力学的理论分析和问题求解有非常重要的意义。应当注意，基点 A 是任意选取的，但选取不同的基点，对运动的分解是有影响的。一般而言选择不同的基点，分解后的随基点 A 的平动也不同，即平面图形随基点的平动部分与基点的选择有关。但绕基点 A 的转动部分却不随着基点选择的不同而不同。

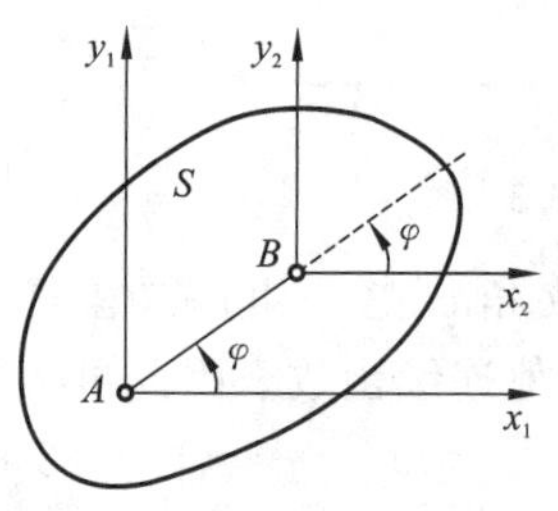

图 3.1.6 转角与基点选择的关系

现以平面图形 S 中任一直线 AB 的运动为例进行验证。如图 3.1.6 所示，在点 A 和点 B 分别建立平行移动坐标系 Ax_1y_1 和 Bx_2y_2，当平面图形 S 运动时，直线 AB 与两平行移动的坐标系之间的夹角无论大小与转向都是相同的。

【注意】 (1)在同一瞬时，图形绕任一基点的转动，不但其转角是相同的，而且角速度、角加速度也是相同的。因此相对基点的转动部分与基点的选择无关。(2)刚体作平面运动，用基点法可将运动分解为随基点的平动与绕基点的转动，其中转动角速度是刚体绕基点的相对角速度，也等于刚体的绝对角速度。(3)角速度与角加速度无须指明是相对于哪个基点而言，故称为刚体平面运动的角速度和角加速度，又称为绝对角速度和绝对角加速度，是对刚体的整体行为的描述。(4)图 3.1.5 所示的平面运动的分解方法——基点法，对于空间一般刚体的运动也是适用的，只是此时绕基点的转动为定点运动。

3.2 平面图形上各点的速度分析

50

分析平面图形上任意两点之间的速度关系，常用的方法有基点法、速度投影法、速度瞬心法。其中以基点法为基础，其他两种方法都是在基点法的基础上发展而来。

3.2.1 基点法(速度合成法)

如图 3.2.1 所示，设平面图形 S 在任一瞬时的角速度为 ω。在图形内任取一点 A 为基点，该瞬时的速度为 $\boldsymbol{v}_A$。由于平面图形相对于平动坐标系 $Ax'y'$ 的运动是绕基点 A 的转动，所以，平面图形上任一点 B 相对于平动坐标系的运动就是以 A 为圆心，AB 为半径的圆周运动。根据点的合成运动的速度合成定理，有

$$\boldsymbol{v}_a=\boldsymbol{v}_B=\boldsymbol{v}_e+\boldsymbol{v}_r$$

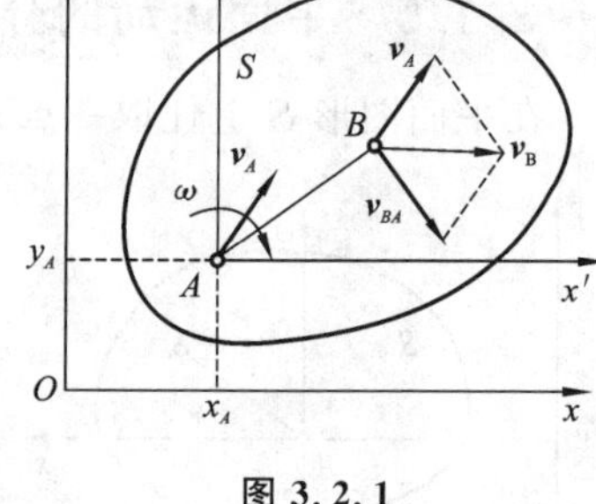

图 3.2.1

由于动坐标系作平动，所以有：$\boldsymbol{v}_e=\boldsymbol{v}_A$，$\boldsymbol{v}_r=\boldsymbol{v}_{BA}$。式中，$\boldsymbol{v}_{BA}$ 称为 B 点相对于基点 A 的速度，其方向与 AB 垂直，指向由 ω 的转向确定，大小为 $\overline{AB}\cdot\omega$。因此 B 点的速度可表示为

$$\boldsymbol{v}_B=\boldsymbol{v}_A+\boldsymbol{v}_{BA} \tag{3.2.1}$$

式(3.2.1)即说明平面图形上任一点的速度等于基点的速度与该点相对于基点(严格来讲，应该是相对于以基点为原点的平动坐标系)的速度的矢量和。这种方法即为**基点法**。

上式建立了平面图形上任意两点之间的速度关系，为一平面矢量关系式。根据此式可以求出式中包括大小或方向的两个未知量。

【说明】 由于基点的选择是任意的，若选 B 为基点来研究点 A，则速度之间的关系为 $\boldsymbol{v}_A=\boldsymbol{v}_B+\boldsymbol{v}_{AB}$。虽然 $\boldsymbol{v}_{AB}$ 的大小等于 $\boldsymbol{v}_{BA}$ 的大小，但其方向相差 180°，所以下标的次序不能交换。

【例 3.2.1】 曲柄滑块机构如图 3.2.2 所示。已知曲柄 $\overline{OA}=r$，以匀角速度 ω 转动，连杆 AB 长为 l。求图示位置滑块 B 的速度 v_B 及连杆 AB 的角速度 ω_{AB}。

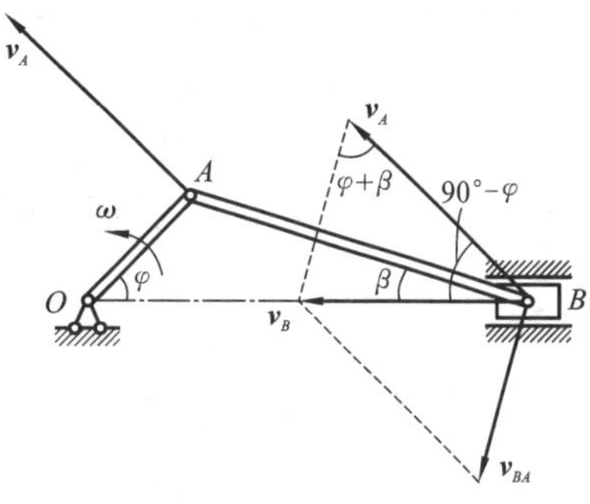

图 3.2.2

【解】 连杆 AB 作平面运动，曲柄 OA 作定轴转动，A 点运动已知，B 点作直线运动。

研究 AB 杆，取 A 点为基点，分析 B 点(即滑块)的速度，根据速度合成法有

$$\boldsymbol{v}_B=\boldsymbol{v}_A+\boldsymbol{v}_{BA}$$

式中，$\boldsymbol{v}_A$ 大小为 $v_A=r\omega$，方向垂直于 OA，指向如图 3.2.2 所示；$\boldsymbol{v}_B$ 大小未知，方向沿 OB 直线；$\boldsymbol{v}_{BA}$ 大小未知，方向垂直于 AB 杆；在 B 点作速度矢量平行四边形，使 $\boldsymbol{v}_B$ 位于对角线，由此定出 $\boldsymbol{v}_B$、$\boldsymbol{v}_A$ 的指向，如图 3.2.2所示。由几何关系可求得滑块 B 速度大小为

$$v_B=\frac{v_A\sin(\varphi+\beta)}{\cos\beta}=\frac{r\omega\sin(\varphi+\beta)}{\cos\beta}(\leftarrow)$$

滑块 B 相对于基点 A 的速度大小为：

$$v_{BA}=\frac{v_B\cos\varphi}{\cos\beta}=\frac{r\omega\cos\varphi}{\cos\beta}$$

因为 $v_{BA}=l\cdot\omega_{AB}$，所以，连杆 AB 的角速度 $\omega_{BA}=\dfrac{v_{BA}}{l}=\dfrac{r\omega\cos\varphi}{l\cos\beta}$(↻)。

由基点 A 的位置及 $\boldsymbol{v}_{BA}$ 的方向，可确定出杆 AB 的转向为顺时针方向。

【思考】 (1)能否选 B 点作为基点应用速度合成法进行分析求解？(2)求得 ω_{AB} 后，即可进一步求杆 AB 上其他点(如杆 AB 的中点 C)的速度。请读者自行分析、求解。(3)试分析当 $\varphi=$ 90°、0°瞬时位置，滑块 B 的速度及连杆 AB 的角速度。

3.2.2 速度投影法

将式(3.2.1)的两边分别投影到 A、B 两点的连线上，因 $\boldsymbol{v}_{BA}$ 垂直于 AB，故其在连线上的投影等于零，所以有

$$[\boldsymbol{v}_B]_{AB}=[\boldsymbol{v}_A]_{AB} \tag{3.2.2}$$

上式表明：平面图形上任意两点的速度，在该两点连线上的投影相等。这一公式亦称为**速度投影定理**。

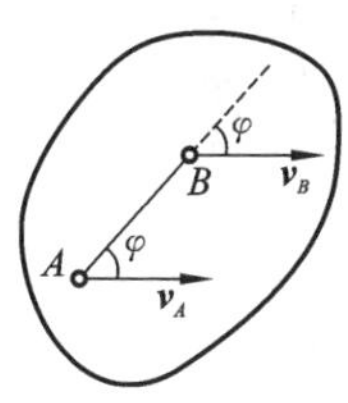

图 3.2.3

【注意】 (1)如果在式(3.2.2)两边同乘以 dt，可知在 dt 时间段内 A、B 在 AB 方向移动的位移相等，故速度投影定理反映了刚体形状不变(刚体的定义)的特性，适用于做任何运动的刚体。(2)速度投影方程不出现动点相对于基点的速度 $\boldsymbol{v}_{BA}$。故不能用此方法直接求解刚体平面运动的角速度。(3)当平面图形内两点的速度与其连线垂直时，速度投影方程为恒等式，该方法失效。(4)如图 3.2.3 所示，当平面图形内两点的速度平行、同向且与这两点的连线不垂直

时，由 $v_A \cdot \cos\varphi = v_B \cdot \cos\varphi$，得 $v_A = v_B$，$v_{BA}=0$。即该瞬时刚体运动的角速度等于零，刚体上各点速度相同，称刚体作**瞬时平动**。(5)速度投影定理也适用于空间一般运动的刚体。

3.2.3　速度瞬心法

在平面图形 S(见图 3.2.4)中若存在速度为零的点，并以此点为基点，则所研究点的速度就等于研究点相对于该基点的速度。

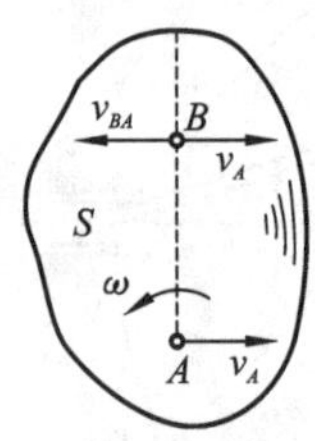

图 3.2.4

有没有速度为零的点存在？能不能很方便地找到这个点？我们从式(3.2.1)出发来找寻平面图形上速度为零的点。现令 B 点为速度等于零的点，即

$$\boldsymbol{v}_B = \boldsymbol{v}_A + \boldsymbol{v}_{BA} = 0$$

从上式可以看出，$\boldsymbol{v}_A$ 与 $\boldsymbol{v}_{BA}$ 两个矢量和为零，则两个矢量彼此必须等值反向；又因为 $v_{BA} = \overline{AB} \cdot \omega$，所以可以推断，速度为零的点在通过 A 点，并与 $\boldsymbol{v}_A$ 垂直的直线上，其位置为 $\overline{AB} = \dfrac{v_A}{\omega}$，如图 3.2.4 所示。

由此可见，一般情况下不难证明，平面图形在其自身所在平面内运动时，在平面图形或其延拓部分上，每一瞬时都唯一地存在一速度等于零的点。我们称该点为平面图形在此瞬时的**瞬时速度中心**，简称**速度瞬心**。

将速度瞬心记作 I，则任意一点(以点 A 为例)的速度大小可表示为 $v_A = \overline{IA} \cdot \omega$，方向与 $\overline{IA}$ 垂直，指向与 ω 的转向有关。

【说明】 (1)在不同的瞬时，平面图形具有不同的速度瞬心。即刚体平面运动可看作一系列绕每一瞬时速度瞬心的转动。(2)瞬时平动的速度瞬心可以视为在无穷远点，而不同方向的无穷远点是不同的点。

利用速度瞬心求解平面图形上任一点速度的方法，称为**速度瞬心法**。应用此法的关键是如何快速确定速度瞬心的位置。按不同的已知运动条件确定速度瞬心位置的常用方法有以下几种。

(1)已知某瞬时平面运动刚体上两点 A 和 B 的速度方向，且当它们互不平行时，$\boldsymbol{v}_A$ 与 $\boldsymbol{v}_B$ 垂线的交点则为该刚体的速度瞬心，如图 3.2.5 所示。

(2)若当平面图形上两点 A，B 速度方向互相平行时，且均垂直于 AB 的连线，则有：

① 两速度同指向，但速度大小不等，如图 3.2.6(a)所示，根据 AB 延长线上各点的速度呈线性分布，故此速度瞬心必位于 AB 延长线与 $\boldsymbol{v}_A$、$\boldsymbol{v}_B$ 两速度矢的终端连线的交点 I 上。

② 两速度反指向，如图 3.2.6(b)所示，速度瞬心必位于 A，B 两点之间，故 AB 连线与 $\boldsymbol{v}_A$、$\boldsymbol{v}_B$ 两速度矢的终端连线的交点即为速度瞬心 I。

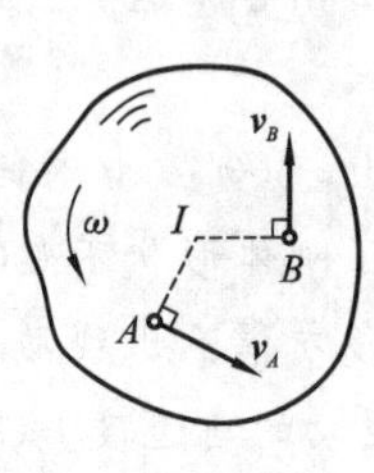

图 3.2.5

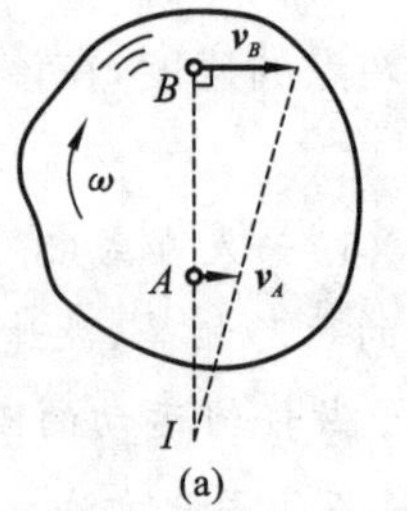
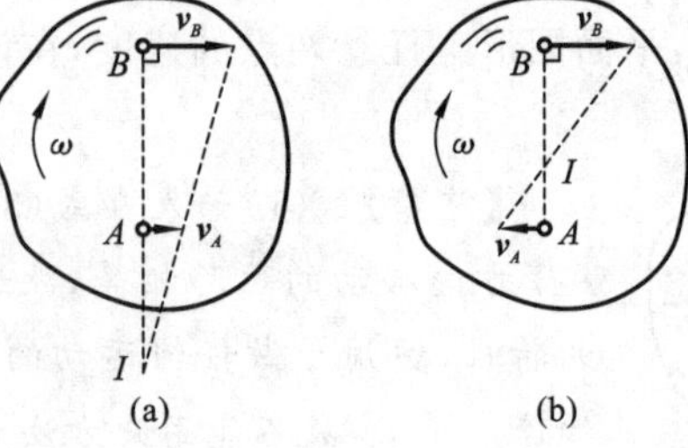

图 3.2.6

(3) 沿某一固定平面作只滚不滑运动的物体(又称作纯滚动)，如图 3.2.7 所示，则每一瞬时

图形上与固定面的接触点 I 即为该物体的速度瞬心。

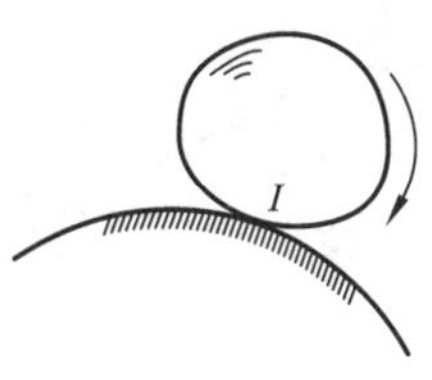

图 3.2.7

(4) 平面图形作瞬时平动，则速度瞬心在垂直于速度方向的无穷远处。此时图形的角速度为零、各点的速度均相等。

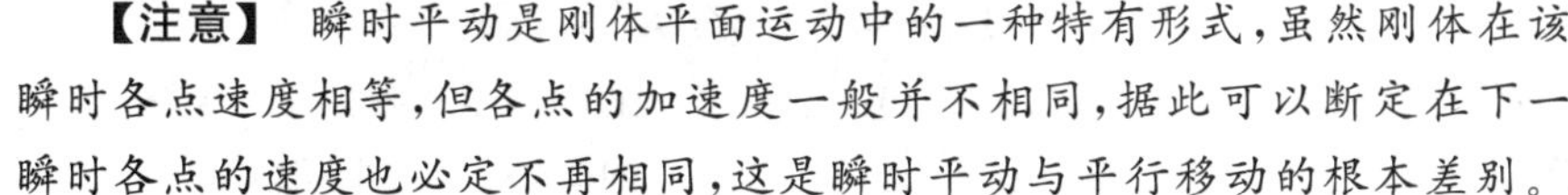

【注意】 瞬时平动是刚体平面运动中的一种特有形式，虽然刚体在该瞬时各点速度相等，但各点的加速度一般并不相同，据此可以断定在下一瞬时各点的速度也必定不再相同，这是瞬时平动与平行移动的根本差别。

【拍一拍】 用手机从侧面拍一个行进中的自行车车轮，观察车轮辐条的清晰度，并应用你所学的知识予以解释。

【例 3.2.2】 用瞬心法解求例 3.2.1 中连杆 AB 的角速度 ω_{AB} 及滑块 B 的速度 v_B。

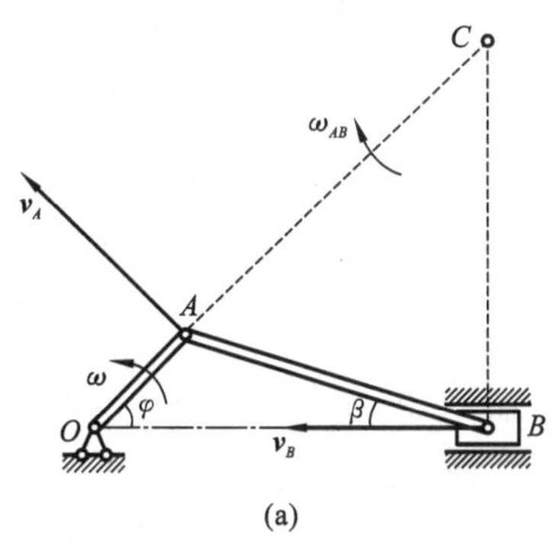

(a)

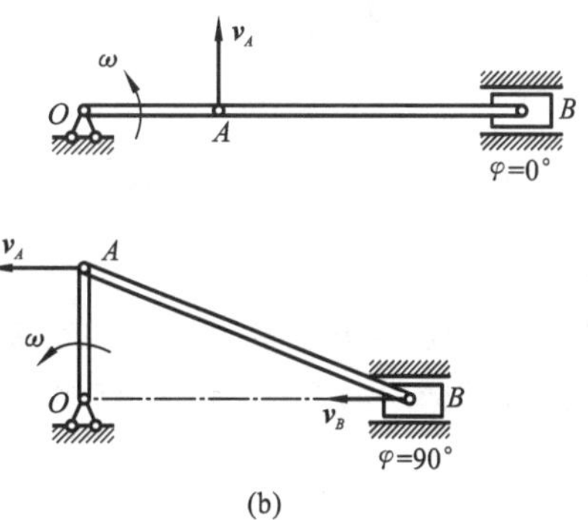

(b)

图 3.2.8

【解】 连杆 AB 作平面运动，曲柄 OA 作定轴转动。A 点的速度 $\boldsymbol{v}_A$ 的大小为 $r\omega$，方向垂直于曲柄 OA；B 点的速度方向沿 OB 直线。过 A、B 两点分别作其速度的垂线，相交的 C 点就是连杆 AB 在图示瞬时的速度瞬心，如图 3.2.8(a)所示。

连杆的角速度为

$$\omega_{AB}=\frac{v_A}{\overline{AC}}=\frac{r\omega}{\dfrac{l}{\sin(90^\circ-\varphi)}\cdot\sin(90^\circ-\beta)}=\frac{r\omega\cos\varphi}{l\cos\beta}(\circlearrowright)$$

杆上 B 点(即滑块 B)的速度为

$$v_B=\overline{BC}\cdot\omega_{AB}=\frac{l\sin(\varphi+\beta)}{\sin(90^\circ-\varphi)}\cdot\frac{r\omega\cos\varphi}{l\cos\beta}=\frac{r\omega\sin(\varphi+\beta)}{\cos\beta}(\leftarrow)$$

【说明】 (1)只要找到速度瞬心，应用瞬心法求解速度非常方便。所得结果与例 3.2.1 用基点法的结果一致。(2)若应用速度投影法只求滑块 B 的速度，显然由 A 点的速度可以方便求出。(3)如果机构处于图 3.2.8(b)所示位置。当 $\varphi=0^\circ$瞬时：连杆 AB 的速度瞬心恰好在 B 点，此时 $v_B=0$；连杆 AB 的角速度 $\omega_{AB}=\dfrac{v_A}{l}=\dfrac{r}{l}\omega$，转向为顺时针方向。当 $\varphi=90^\circ$瞬时：$v_A=v_B$，连杆 AB 作瞬时平动，$\omega_{AB}=0$。速度瞬心在∞处。由此可见，同一构件在不同瞬时的速度瞬心位置不同。

【例 3.2.3】 如图 3.2.9 所示平面机构。已知：曲柄$\overline{OA}=10$ cm，$\omega=4$ rad/s，$\overline{DE}=10$ cm，$\overline{EF}=10\sqrt{3}$ cm。在图示位置，曲柄 OA 与水平线 OB 垂直，B、D 和 F 在同一铅垂线上，$\overline{BD}=10$ cm，且 $DE\perp EF$。求该瞬时，杆 EF 的角速度和滑块 F 的速度。

【解】 连杆 AB、BC 和 EF 作平面运动；曲柄 OA、三角板 CDE 作定轴转动；滑块 B、F 作直线平动，曲柄 OA 运动已知。

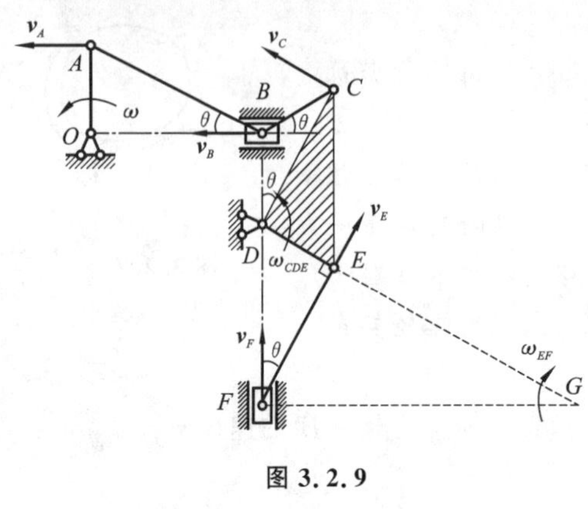

图 3.2.9

(1) 连杆 AB 上各点的速度分析。

连杆 AB 作平面运动，A 点速度大小和方向均已知。B 点速度方向已知且与 $\boldsymbol{v}_A$ 平行。连杆 AB 作瞬时平动，即 $\omega_{AB}=0$，于是 A 点速度大小为：

$$v_A=\overline{OA}\cdot\omega=10\ \text{cm}\times4\ \text{rad/s}=40\ \text{cm/s}(\leftarrow)$$

B 点速度大小方向与 $\boldsymbol{v}_A$ 相同，即：$v_B=v_A=40\ \text{cm/s}$。

(2) 连杆 BC 上各点的速度分析。

连杆 BC 作平面运动，B 点速度大小和方向已求出，C 点的速度方向可由板 CDE 确定，$\boldsymbol{v}_C$ 必垂直于 DC，作 $\boldsymbol{v}_B$、$\boldsymbol{v}_C$ 的垂线，可知 D 点恰好就是连杆 BC 的速度瞬心。于是，连杆 BC 的角速度为：$\omega_{BC}=\dfrac{v_B}{BD}=\dfrac{40\ \text{cm/s}}{10\ \text{cm}}=4\ \text{rad/s}(\circlearrowleft)$。$C$ 点的速度为：$v_C=\overline{CD}\cdot\omega_{BC}$。

(3) 三角板 CDE 上各点的速度分析。

三角板 CDE 作定轴转动，C 点的速度 $v_C=\overline{CD}\cdot\omega_{CDE}$，从而可得

$$\omega_{CDE}=\frac{v_C}{\overline{CD}}=\omega_{BC}=4\ \text{rad/s}(\circlearrowleft)$$

E 点速度方向垂直于杆 DE 并指向上，大小为

$$v_E=\overline{DE}\cdot\omega_{CDE}=10\ \text{cm}\times4\ \text{rad/s}=40(\text{cm/s})$$

(4) 连杆 EF 上各点的速度分析。

连杆 EF 作平面运动，E 点速度已求出，F 点速度方向由滑块 F 确定，沿铅垂线。由 E、F 点分别作速度的垂线，得交点 G，即为 EF 杆的速度瞬心。在图示位置由几何关系得：

$$\tan\theta=\frac{\overline{DE}}{\overline{EF}}=\frac{10\ \text{cm}}{10\sqrt{3}\ \text{cm}}=\frac{1}{\sqrt{3}},\theta=30^\circ$$

$$\overline{EG}=\overline{EF}\cdot\tan60^\circ=10\sqrt{3}\ \text{cm}\cdot\sqrt{3}=30\ \text{cm}$$

于是，杆 EF 的角速度为：$\omega_{EF}=\dfrac{v_E}{\overline{EG}}=\dfrac{40\ \text{cm/s}}{30\ \text{cm}}=1.33\ \text{rad/s}(\circlearrowright)$

杆 EF 上 F 点的速度即滑块的速度，且

$$v_F=\overline{FG}\cdot\omega_{EF}=\frac{\overline{EG}}{\sin60^\circ}\cdot\omega_{EF}=30\ \text{cm}\times\frac{2}{\sqrt{3}}\times1.33\ \text{rad/s}=46.18\ \text{cm/s}(\uparrow)。$$

【说明】 从本例可见，在同一瞬时，各平面运动刚体有各自的速度瞬心，不能混淆。

【思考】 能否直接依据 $\boldsymbol{v}_A$、$\boldsymbol{v}_F$ 的方向用瞬心法求 $\boldsymbol{v}_F$？

【例 3.2.4】 在图 3.2.10 所示的齿轮机械系统中，齿轮Ⅰ固定，齿轮Ⅱ通过杆连接两轮心在齿轮Ⅰ上转动。已知齿轮Ⅰ和齿轮Ⅱ的半径分别为 r_1 与 r_2，杆的转动角速度为 ω_0，试求齿轮Ⅱ的转动角速度以及其上边缘处 M 点与 N 点的速度。（这里，M 点在两轮心的连线延长线上，NO_1 垂直于该连线。）

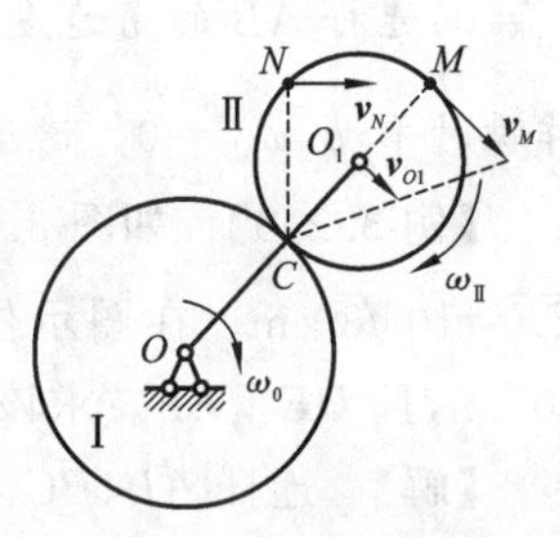

图 3.2.10

【解】 由题意可知，杆 OO_1 作定轴转动，齿轮Ⅱ作平面运动，且两齿轮的接触点 C 的速度为零。于是对于 O_1 点，它同时是杆与齿轮Ⅱ

上的点。

设齿轮Ⅱ的角速度为ω_{II},则有

$$(r_1+r_2)\omega_0=v_{O_1}=r_2\omega_{\text{II}} \tag{1}$$

从而得到

$$\omega_{\text{II}}=\left(\frac{r_1+r_2}{r_2}\right)\omega_0\text{(顺时针)} \tag{2}$$

取齿轮Ⅱ的速度瞬心C为基点,计算其上M点与N点的速度如下

$$v_M=\overline{CM}\cdot\omega_{\text{II}}=2r_2\cdot\omega_{\text{II}}=2(r_1+r_2)\omega_0\text{(方向垂直于}CM\text{)} \tag{3}$$

$$v_N=\overline{CN}\cdot\omega_{\text{II}}=\sqrt{2}r_2\cdot\omega_{\text{II}}=\sqrt{2}(r_1+r_2)\omega_0\text{(方向垂直于}CN\text{)} \tag{4}$$

3.3 平面图形上各点的加速度分析

设某瞬时,平面图形S的角速度为ω,角加速度为α,如图3.3.1所示。若已知图形S上任意一点的加速度,现讨论如何确定图形S的其他点的加速度。

若平面图形S内一点A的加速度为$\boldsymbol{a}_A$,以点A为基点,则平面图形内点B的运动,就可以视为随着以基点A为原点的平动坐标系的运动,与绕该平动系上点A作半径等于AB的圆周运动的合成。根据牵连运动为平动时的加速度合成定理$\boldsymbol{a}_a=\boldsymbol{a}_e+\boldsymbol{a}_r$,有:$\boldsymbol{a}_B=\boldsymbol{a}_A+\boldsymbol{a}_{BA}$。式中,$\boldsymbol{a}_{BA}$是$B$点相对于基点$A$的加速度;可分为切向加速度与法向加速度两项。切向加速度$\boldsymbol{a}_{BA}^{t}$的大小为$a_{BA}^{t}=\overline{AB}\cdot\alpha$,方向垂直于$AB$,指向由角加速度$\alpha$转向确定;法向加速度$\boldsymbol{a}_{BA}^{n}$的大小为$a_{BA}^{n}=\overline{AB}\cdot\omega^2$,指向沿$B$点→$A$点。于是,得到点$B$的加速度公式(基点法)

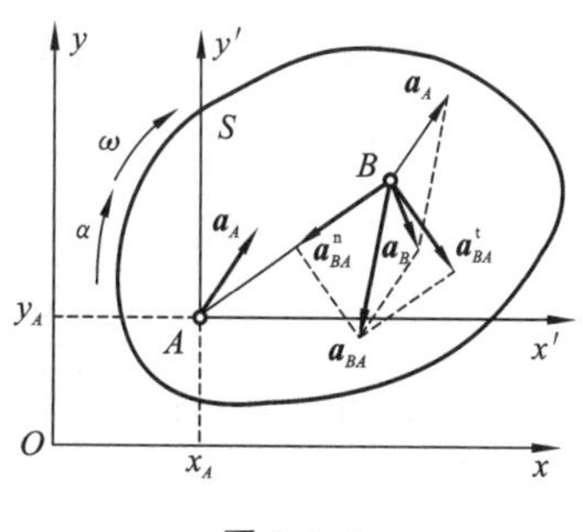

图 3.3.1

$$\boldsymbol{a}_B=\boldsymbol{a}_A+\boldsymbol{a}_{BA}^{t}+\boldsymbol{a}_{BA}^{n} \tag{3.3.1}$$

即:平面图形上任一点的加速度,等于基点的加速度与该点相对于基点的法向加速度和切向加速度的矢量和。

式(3.3.1)为平面内的矢量方程,矢量个数一般多于三个,故多用投影法。具体应用时,可将矢量方程式(3.3.1)向任选的两个坐标轴投影,得到两个代数方程,从而可求两个未知量。

由于$\boldsymbol{a}_{BA}^{n}$沿B→A方向,故一般没有像速度投影定理那样的加速度投影定理。但当$\omega=0$时,$a_{BA}^{n}=0$,将式(3.3.1)在BA方向投影可得

$$[\boldsymbol{a}_B]_{BA}=[\boldsymbol{a}_A]_{BA}\quad(\omega=0\text{ 时}) \tag{3.3.2}$$

与讨论速度瞬心的情况一样,可以证明,在平面图形的角加速度不等于零的任一瞬时,平面图形上必有一点的加速度等于零,这点称为**加速度瞬心**。若取加速度瞬心为基点,则可以简化加速度的计算。

【说明】 但在一般情况下,由于确定平面图形的加速度瞬心位置远不及确定速度瞬心那样直观,故所谓加速度瞬心法的实用性就受到了很大的限制,在此不作详细讨论。

【注意】 速度瞬心与加速度瞬心通常是不重合的。一般情况下,速度瞬心的加速度不为零,加速度瞬心的速度一般也不为零。例如,车轮沿直线轨道作匀速纯滚动时,车轮上与地面的接触点是速度瞬心;而轮心的加速度为零,轮心是加速度瞬心。显然,速度瞬心与加速度瞬心不是同

一点。应用基点法可求出速度瞬心的加速度。

【例 3.3.1】 半径为 R 的车轮沿直线轨迹只滚不滑作运动，如图 3.3.2(a)所示。已知某瞬时轮心的速度为 $\boldsymbol{v}_O$ 及加速度为 $\boldsymbol{a}_O$，试求该瞬时与地面接触的轮缘上 I 点的加速度。

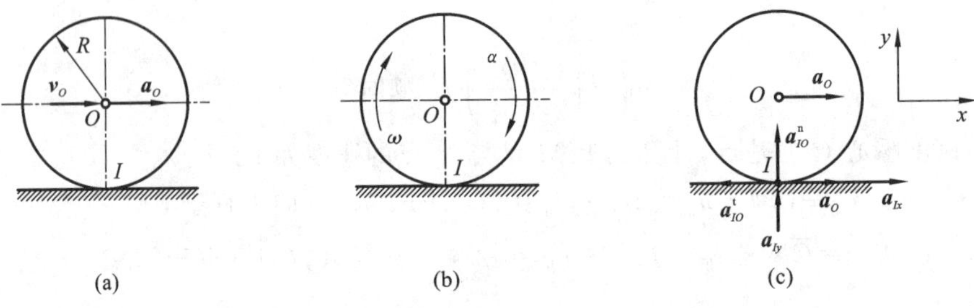

图 3.3.2

【解】 车轮作平面运动，点 I 为瞬心，即 $v_I=0$，因为 $\omega=\dfrac{v_O}{R}$ 在任何瞬时都成立，则

$$\alpha=\frac{\mathrm{d}\omega}{\mathrm{d}t}=\frac{1}{R}\cdot\frac{\mathrm{d}v_O}{\mathrm{d}t}=\frac{a_O}{R}$$

ω 与 α 的转向可由已知条件确定，如图 3.3.2(b)所示。

轮心 O 的加速度已知，以点 O 为基点研究点 I 加速度如下(见图 3.3.2(c))

$$\boldsymbol{a}_I=\boldsymbol{a}_O+\boldsymbol{a}_{IO}^{\mathrm{n}}+\boldsymbol{a}_{IO}^{\mathrm{t}}$$

式中，$a_{IO}^{\mathrm{n}}=\omega^2R=\dfrac{v_O^2}{R}$，$a_{IO}^{\mathrm{t}}=\alpha R=a_O$，因为 $\boldsymbol{a}_I$ 的大小和方向均未知，故用两个分量 a_{Ix}、a_{Iy} 表示，将这些矢量分别向 x、y 轴投影，有

$$a_{Ix}=a_O-a_{IO}^{\mathrm{t}}=0;\quad a_{Iy}=a_{IO}^{\mathrm{n}}=\frac{v_O^2}{R}$$

【说明】 可见，点 I 的加速度在 x 方向为零，但在 y 方向加速度不为零。因此，尽管点 I 的速度为零，但其加速度并不等于零。即：速度瞬心一般不是加速度瞬心。

【例 3.3.2】 曲柄 $OA=r$，以角速度 ω 绕定轴 O 转动。连杆 $AB=2r$，轮 B 半径为 r，在地面上滚动而不滑动，如图 3.3.3 所示。求曲柄在图示铅垂位置时，连杆 AB 及轮 B 的角加速度。

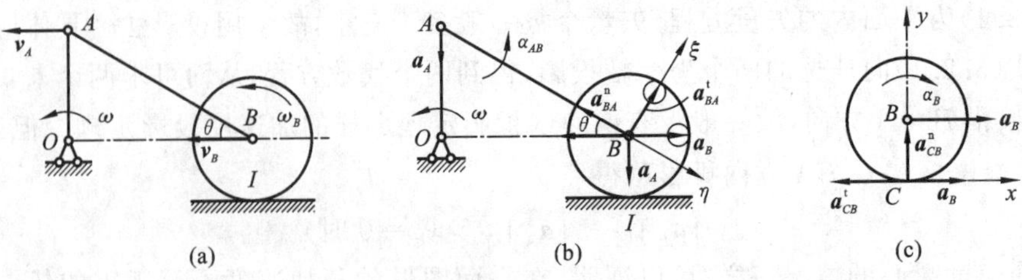

图 3.3.3

【解】 曲柄 OA 作定轴转动，连杆 AB 作平面运动，轮 B 也作平面运动。为了求解 α_{AB} 和 α_B 需先求出 ω_{AB} 和 ω_B。

(1) 速度分析。曲柄定轴转动，$v_A=r\omega$，方向垂直于 OA，指向顺着 ω 转向。连杆 AB 作平面运动，知其上一点 A 的速度 $\boldsymbol{v}_A$ 和另一点 B 的速度 $\boldsymbol{v}_B$ 的方向；此瞬时，$\boldsymbol{v}_A /\!/ \boldsymbol{v}_B$，而 AB 不垂直于 $\boldsymbol{v}_A$。于是，连杆 AB 作瞬时平动，其瞬心在无穷远处，故 $\omega_{AB}=0$。

$$v_B=v_A=r\omega(\leftarrow)$$

轮 B 作平面运动，轮与地面间无相对滑动，则接触点 C 为轮 B 的速度瞬心，因此

$$\omega_B=\frac{v_B}{r}=\omega(\circlearrowleft)$$

$\boldsymbol{v}_A$、$\boldsymbol{v}_B$、ω 的方向如图 3.3.3(a)所示。

(2) 加速度分析。在连杆 AB 中，$\boldsymbol{a}_A$ 已知，大小为 $a_A=r\omega^2$，方向铅垂向下。选点 A 为基点，则点 B 的加速度

$$\boldsymbol{a}_B=\boldsymbol{a}_A+\boldsymbol{a}_{BA}^{\mathrm{n}}+\boldsymbol{a}_{BA}^{\mathrm{t}} \tag{a}$$

如图 3.3.3(b)所示。其中，$\boldsymbol{a}_B$ 的大小未知，方向水平，设其指向向右；$\boldsymbol{a}_{BA}^{\mathrm{n}}$ 的大小为 $a_{BA}^{\mathrm{n}}=\overline{AB}\cdot\omega_{AB}^2=0$，$\boldsymbol{a}_{BA}^{\mathrm{t}}$ 的大小未知，可表示为 $a_{BA}^{\mathrm{t}}=\overline{AB}\cdot\alpha_{AB}$，方向垂直于 AB，其指向与 α_{AB} 所假设的转向一致。于是，在式(a)中，只有 $\boldsymbol{a}_B$、α_{AB} 的大小两个未知量。

将式(a)分别向 ξ、η 轴上投影，可得

$$\eta: a_B\cos\alpha=-a_{BA}^{\mathrm{n}}+a_A\sin\alpha \tag{b}$$

$$\xi: a_B\sin\alpha=a_{BA}^{\mathrm{t}}-a_A\cos\alpha \tag{c}$$

解出：$a_B=a_A\tan\alpha=\dfrac{\sqrt{3}}{3}r\omega^2$；$a_{BA}^{\mathrm{t}}=a_A\sec\alpha=\dfrac{2}{3}\sqrt{3}r\omega^2$，$\alpha_{AB}=\dfrac{a_{BA}^{\mathrm{t}}}{AB}=\dfrac{\sqrt{3}}{3}\omega^2(\circlearrowleft)$。

由此看出，AB 杆在图示位置作瞬时平动，其角速度等于零，但其角加速度并不等于零。B 点是轮心，距地面的距离始终为 r，因此可得：$\alpha_B=\dfrac{a_B}{r}=\dfrac{\sqrt{3}}{3}\omega^2(\circlearrowleft)$。

【思考】 如果与轮 B 接触的地面不是水平面，而是在位于半径为 R 的上顶面上作纯滚动，连杆 AB 及轮 B 的角加速度又应如何计算？

【总结】 (1)刚体系统的运动学问题，一般为已知主动构件的运动，求被动构件的运动学问题。需要注意各构件的连接方式和约束形式。(2)如何寻找杆 AB 的加速度瞬心？如何利用加速度瞬心计算例 3.3.2？

【例 3.3.3】 图 3.3.4 示平面机构，杆件 AB 以匀角速度 w 绕 A 点作定轴转动，杆件 BC 与杆件 AB 在 B 处铰接，且点 C 在水平面上运动。已知 $\overline{AB}=\overline{BC}=l$，当点 C 位于点 A 正下方时，杆件 AB 与铅垂线夹角 $\theta=60°$。求该瞬时点 C 的速度与加速度以及杆件 BC 的角加速度。

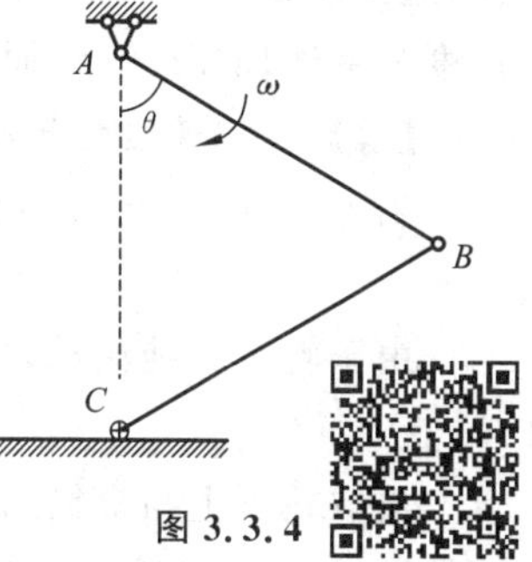

图 3.3.4

3.4 刚体平面运动与点的合成运动综合应用

到目前为止，已分别论述了点的运动学、点的合成运动，刚体的平动、定轴转动和平面一般运动等方面的运动学知识。在工程实际中，往往需要应用这些理论对平面运动机构进行运动分析；同一平面的几个刚体按照确定的方式相互联系，各刚体之间有一定的相对运动的装置称为平面机构。平面机构能够传递、转换运动或实现某种特定的运动，因而在工程中有着广泛的应用。对平面机构进行运动分析，首先要依据各刚体的运动特征，判断它们各自作什么运动，是平动、定轴转动还是平面运动；其次，刚体之间是靠约束连接来传递运动的，这就需要建立刚体之间连接点的运动学条件。例如，用铰链连接，则连接点的速度、加速度应分别相等。值得注意的是经常会遇到两刚体之间的连接点有相对运动的情况。例如，用滑块和滑槽来连接两个刚体时，连接点的

速度、加速度是不一定相等的，需要用点的合成运动理论去建立连接点的运动学条件。如果被连接的刚体中有作平面运动的情形，则需要综合应用点的合成运动和刚体平面运动的理论去求解。在求解时，一般应从具备已知条件的刚体开始，然后通过建立的运动学条件过渡到相邻的刚体，最终全部解出未知量。现举例说明如下。

【例 3.4.1】 半径 $r=1$ m 的轮子，沿水平固定轨道滚动而不滑动，轮心具有匀加速度 $a_O=0.5\ \mathrm{m/s^2}$，借助于铰接在轮缘 A 点上的滑块，带动杆 O_1B 绕垂直于图面的轴 O_1 转动，在初瞬时 ($t=0$) 轮处于静止状态，当 $t=3$ s 时机构的位置如图 3.4.1(a)所示。试求杆 O_1B 在此瞬时的角速度和角加速度。

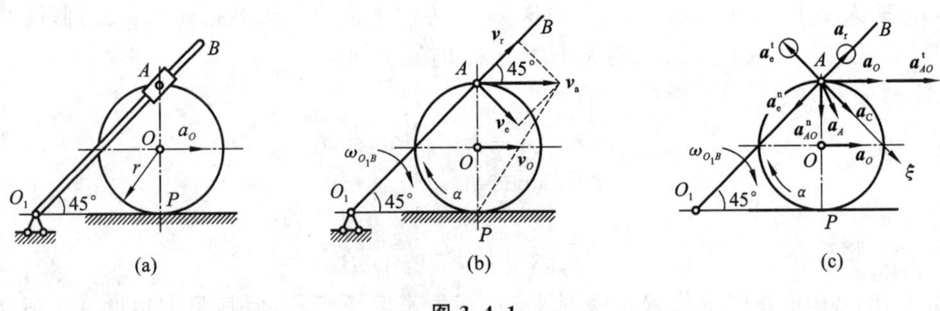

图 3.4.1

【分析】 本题是由轮子的运动(平面运动)带动套筒 A 运动，然后由套筒 A 的运动带动杆 O_1B 绕垂直于轴 O_1 转动，其中套筒 A 相对于杆 O_1B 有相对运动。故解题的过程应首先通过平面运动规律，分别求出轮子上与套筒 A 铰接点 A 处的速度和加速度，然后应用点的合成运动规律，选择动系固结在杆 O_1B 上，由轮子上与套筒 A 铰接点 A 处的速度和加速度(绝对)，求出牵连速度和牵连加速度。继而求出杆 O_1B 在此瞬时的角速度和角加速度。

58

【解】 (1)速度分析和计算(见图 3.4.1(b))

当 $t=3$ s 时，轮心 O 的速度：

$$v_O=a_Ot=0.5\ \mathrm{m/s^2}\times 3\ \mathrm{s}=1.5\ \mathrm{m/s}$$

由于轮子作纯滚动，故它与地面的接触点 P 为速度瞬心，由速度瞬心法可得

$$v_A=2v_O=3\ \mathrm{m/s}(\rightarrow)$$

再取轮子上与套筒 A 铰接点 A 点为动点，动参考系固连于 O_1B 杆上，则有动点的绝对运动为轮缘 A 点的滚轮线运动(速度已知)；相对运动为沿 O_1B 杆的直线运动，速度方向沿 O_1B，大小未知；牵连运动为随杆 O_1B 绕 O_1 轴的定轴转动，故牵连点的运动为圆周运动。根据点的速度合成定理，作出速度的平行四边形，如图 3.4.1(b)所示。则由 $\boldsymbol{v}_a=\boldsymbol{v}_e+\boldsymbol{v}_r$ 可得

$$v_a\cos45°=v_e=v_r,\quad v_e=v_r=\frac{3\sqrt{2}}{2}\ \mathrm{m/s}$$

于是，杆 O_1B 的角速度为：

$$\omega_{O_1B}=\frac{v_e}{\overline{O_1A}}=\frac{3\sqrt{2}}{2}\ \mathrm{m/s}\times\frac{1}{2\sqrt{2}m}=\frac{3}{4}\ \mathrm{rad/s}(\circlearrowright)$$

(2) 加速度分析和计算(见图 3.4.1(c))

取点 O 为基点，用基点法求 A 点的加速度，则有

$$\boldsymbol{a}_a=\boldsymbol{a}_O+\boldsymbol{a}_{AO}^t+\boldsymbol{a}_{AO}^n \tag{a}$$

式中，由于点 O 作直线运动，其加速度 $\boldsymbol{a}_O$ 只有一个分量，且加速度已知；$\boldsymbol{a}_a$ 大小和方向为未知；相

对的切向加速度$\boldsymbol{a}_{AO}^{t}$方向已知，大小为$a_{AO}^{t}=r\alpha=a_O$；法向加速度$\boldsymbol{a}_{AO}^{n}$方向已知，大小为$r\omega_O^2$，$\omega_O=\frac{v_O}{r}=\frac{1.5\ \mathrm{m/s}}{1\ \mathrm{m}}=1.5\ \mathrm{rad/s}$；故$\boldsymbol{a}_a$大小和方向可以确定下来，但由于题目所求的不是$\boldsymbol{a}_a$，故先不具体计算。

再根据前面所选择的动点和动系，由加速度合成定理，则动点A的绝对加速度可表示为

$$\boldsymbol{a}_a=\boldsymbol{a}_e^n+\boldsymbol{a}_e^t+\boldsymbol{a}_r+\boldsymbol{a}_C \tag{b}$$

式中，$\boldsymbol{a}_C$为科氏加速度，大小为$2\omega_{O_1B}v_r$，方向$\perp O_1B$；由于相对运动为直线运动，故相对加速度方向沿O_1B，大小未知；又由于牵连点的运动为圆周运动，故牵连加速度有两个分量，其中$\boldsymbol{a}_e^n$的大小为$\overline{O_1A}\times\omega_{O_1B}^2$，方向由$A\to O_1$，$\boldsymbol{a}_e^t$的大小为$\overline{O_1A}\times\alpha_{O_1B}$(因$\alpha_{O_1B}$为所求，故未知)，方向$\perp O_1B$。

由式(a)和式(b)，可得

$$\boldsymbol{a}_O+\boldsymbol{a}_{AO}^t+\boldsymbol{a}_{AO}^n=\boldsymbol{a}_e^n+\boldsymbol{a}_e^t+\boldsymbol{a}_r+\boldsymbol{a}_C \tag{c}$$

将上式投影到与不需计算的未知量$\boldsymbol{a}_r$相垂直的轴ξ上，得

$$(a_O+a_{AO}^t+a_{AO}^n)\sqrt{2}/2=-a_e^t+a_C$$

故有

$$\begin{aligned}a_e^t&=a_C-(a_O+a_{AO}^t+a_{AO}^n)\sqrt{2}/2\\&=2\omega_{O_1B}\cdot v_r-\frac{\sqrt{2}}{2}(a_O+a_O+r\omega_O^2)\\&=2\times\frac{3}{4}\ \mathrm{rad/s}\times\frac{3}{2}\sqrt{2}\ \mathrm{m/s}-\frac{\sqrt{2}}{2}\times[0.5\ \mathrm{m/s^2}\times2+1\ \mathrm{m}\times(1.5\ \mathrm{m/s})^2]\\&=0.88\ \mathrm{m/s^2}\end{aligned}$$

于是，杆OB的角加速度为

$$\alpha_{OB}=\frac{a_e^t}{\overline{O_1A}}=0.31\ \mathrm{rad/s^2}(\circlearrowleft)$$

【思考】 请用第1章点的运动学的知识求解此题(常称为分析法)，并与所得结果比较。

【例3.4.2】 在图3.4.2所示的平面机构中，AB长为l，滑块A可沿摇杆OC的长槽滑动。摇杆OC以匀角速度ω绕O轴转动，滑块B以匀速$v_B=\omega l$沿水平导轨滑动。图示瞬时OC铅垂，AB与水平线OB夹角为30°。求此瞬时AB杆的角速度及角加速度。

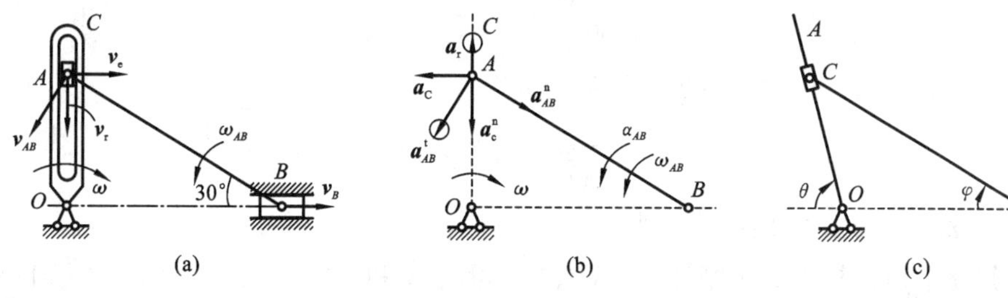

图3.4.2

【解】 **解法一** 基于点的合成运动与刚体的平面运动求解。

杆AB作平面运动，点A又在摇杆OC内有相对运动，这是具有两个自由度的系统，是含两个运动输入量ω和v的较复杂的机构运动问题。

(1)分析速度。杆AB作平面运动，以点B为基点，有

$$\boldsymbol{v}_A=\boldsymbol{v}_B+\boldsymbol{v}_{AB} \tag{a}$$

点 A 在杆 OC 内滑动，因此需用点的合成运动方法。取点 A 为动点，动坐标系固结在 OC 上，有

$$\boldsymbol{v}_{\mathrm{a}}=\boldsymbol{v}_{\mathrm{e}}+\boldsymbol{v}_{\mathrm{r}} \tag{b}$$

其中绝对速度 $\boldsymbol{v}_{\mathrm{a}}=\boldsymbol{v}_A$，大小、方向均未知，而牵连速度 $v_{\mathrm{e}}=\overline{OA}\times\omega=\dfrac{l\omega}{2}$，相对速度 $\boldsymbol{v}_{\mathrm{r}}$ 大小未知，各速度矢方向如图 3.4.2(a)所示。

由式(a)和式(b)得

$$\boldsymbol{v}_B+\boldsymbol{v}_{AB}=\boldsymbol{v}_{\mathrm{e}}+\boldsymbol{v}_{\mathrm{r}} \tag{c}$$

式中，$\boldsymbol{v}_B$ 为已知，$\boldsymbol{v}_{\mathrm{e}}$ 已求得，且 $\boldsymbol{v}_{AB}$ 和 $\boldsymbol{v}_{\mathrm{r}}$ 方向已知，仅有 $\boldsymbol{v}_{AB}$ 及 $\boldsymbol{v}_{\mathrm{r}}$ 两个量的大小未知，故可解。将此矢量方程沿 $\boldsymbol{v}_B$ 方向投影，得：$v_B-v_{AB}\sin30°=v_{\mathrm{e}}$。

故有 $v_{AB}=2(v_B-v_{\mathrm{e}})=l\omega$，从而杆 AB 的角速度方向如图 3.4.2(a)所示，大小为

$$\omega_{AB}=\frac{v_{AB}}{AB}=\omega(\circlearrowleft)$$

将式(c)沿 $\boldsymbol{v}_{\mathrm{r}}$ 方向投影，得：$v_{AB}\cos30°=v_{\mathrm{r}}$。故有：$v_{\mathrm{r}}=\dfrac{\sqrt{3}}{2}l\omega$。

(2) 分析加速度。以点 B 为基点，则点 A 的加速度

$$\boldsymbol{a}_A=\boldsymbol{a}_B+\boldsymbol{a}_{AB}^{\mathrm{t}}+\boldsymbol{a}_{AB}^{\mathrm{n}} \tag{d}$$

由于 $\boldsymbol{v}_B$ 为常量，所以 $\boldsymbol{a}_B=0$，而

$$\boldsymbol{a}_{AB}^{\mathrm{n}}=\overline{AB}\cdot\omega_{AB}^2=l\omega^2$$

仍以点 A 为动点，动坐标系固结于摇杆 OC 上，则有

$$\boldsymbol{a}_{\mathrm{a}}=\boldsymbol{a}_{\mathrm{e}}^{\mathrm{n}}+\boldsymbol{a}_{\mathrm{e}}^{\mathrm{t}}+\boldsymbol{a}_{\mathrm{r}}+\boldsymbol{a}_{\mathrm{C}} \tag{e}$$

式中，$a_{\mathrm{a}}=a_A$，$a_{\mathrm{e}}^{\mathrm{t}}=0$，$a_{\mathrm{e}}^{\mathrm{n}}=\overline{OA}\cdot\omega^2=\dfrac{l\omega^2}{2}$，$a_{\mathrm{C}}=2\omega v_{\mathrm{r}}=\sqrt{3}\omega^2 l$

由式(d)、(e)得

$$\boldsymbol{a}_{AB}^{\mathrm{t}}+\boldsymbol{a}_{AB}^{\mathrm{n}}=\boldsymbol{a}_{\mathrm{e}}^{\mathrm{n}}+\boldsymbol{a}_{\mathrm{r}}+\boldsymbol{a}_{\mathrm{C}} \tag{f}$$

其中各矢量方向已知，如图 3.4.2(b)所示，仅有两个未知量 $\boldsymbol{a}_{\mathrm{r}}$ 及 $\boldsymbol{a}_{AB}^{\mathrm{t}}$ 的大小待求。取投影轴垂直于 $\boldsymbol{a}_{\mathrm{r}}$，沿 $\boldsymbol{a}_{\mathrm{C}}$ 方向，将矢量方程式(f)在此轴上投影，得

$$a_{AB}^{\mathrm{t}}\sin30°-a_{AB}^{\mathrm{n}}\cos30°=a_{\mathrm{C}}$$

求解可得：$a_{AB}^{\mathrm{t}}=3\sqrt{3}\omega^2 l$。由此得 AB 杆的角加速度

$$\alpha_{AB}=\frac{a_{AB}^{\mathrm{t}}}{AB}=3\sqrt{3}\omega^2(\circlearrowleft)$$

解法二 基于点的运动学知识求解。

由题意知此平面机构由四个刚体：杆 AB、OC，滑块 A 和 C 组成，具有 O、A、B 三个平面圆柱铰链约束和套筒及滑块约束。这 5 种约束的约束数均为 2，因此，机构的总约束数为 10。由于一个作平面运动的刚体，其自由度为 3，故整个系统的自由度数为 3×4−10=2。

以图 3.4.2(c)中所示的角 θ、φ 为系统的广义坐标，则由于 $\overrightarrow{OA}+\overrightarrow{AB}=\overline{OB}\cdot\boldsymbol{i}+0\cdot\boldsymbol{j}$。故有：

$$l\cdot\cos\varphi-\overline{OA}\cdot\cos\theta=\overline{OB}=x_0+v_Bt \tag{g}$$

$$\overline{OA}\cdot\sin\theta-l\cdot\sin\varphi=0 \tag{h}$$

由式(h)求出 $\overline{OA}$，并代入式(g)可得

$$l\cdot\cos\varphi-l\cdot\frac{\sin\varphi}{\sin\theta}\cdot\cos\theta=x_0+v_Bt$$

求导可得

$$-l\cdot\sin\varphi\dot{\varphi}-l\cdot\cos\varphi\dot{\varphi}\cdot\cot\theta+l\cdot\sin\varphi(1+\cot^2\theta)\dot{\theta}=v_B \tag{i}$$

求解式(i),有

$$\dot{\varphi}=\frac{l\cdot\sin\varphi(1+\cot^2\theta)\dot{\theta}-v_B}{l\cdot\sin\varphi+l\cdot\cos\varphi\cdot\cot\theta}=\frac{\sin\varphi(1+\cot^2\theta)\dot{\theta}-\omega}{\sin\varphi+\cos\varphi\cdot\cot\theta}$$

有题意知,$\dot{\theta}=\omega$,在图 3.4.2(a)所示位置,有:$\theta=90°$,$\varphi=30°$。代入 $\dot{\varphi}$ 的表达式可得:$\dot{\varphi}=-\omega$(↺)。

再对式(i)求一次导数可得:

$$\begin{aligned}&-l\cdot\cos\varphi\dot{\varphi}^2-l\sin\varphi\cdot\ddot{\varphi}+l\sin\varphi\cdot\dot{\varphi}^2\cdot\cot\theta-l\cos\varphi\cdot\ddot{\varphi}\cdot\cot\theta+\\&2l\cos\varphi\dot{\varphi}(1+\cot^2\theta)\dot{\theta}-2l\sin\varphi\cot\theta(1+\cot^2\theta)\dot{\theta}^2+l\sin\varphi(1+\cot^2\theta)\ddot{\theta}=0\end{aligned} \tag{j}$$

求解可得:

$$\ddot{\varphi}=\frac{-1}{\sin\varphi+\cos\varphi\cdot\cot\theta}\times\begin{pmatrix}\cos\varphi\cdot\dot{\varphi}^2-\sin\varphi\cdot\dot{\varphi}^2\cdot\cot\theta-2\cos\varphi\dot{\varphi}\,\dot{\theta}-2\cos\varphi\cdot\dot{\varphi}\,\dot{\theta}\cdot\cot^2\theta+\\2\sin\varphi\cdot\cot\theta\cdot\dot{\theta}^2+2\sin\varphi\cdot\cot^3\theta\cdot\dot{\theta}^2\end{pmatrix}$$

将 $\theta=90°$,$\varphi=30°$,$\dot{\theta}=\omega$,$\dot{\varphi}=-\omega$,代入上式可得:$\ddot{\varphi}=-3\sqrt{3}\omega^2$(↺)。

【评注】 上述两种解法各有优缺点。解法一力学概念明确,不需要太多复杂计算;而解法二思路简单,结论可以适用于(或便于推广到)任意瞬时,但需要进行比较复杂的数学推导。

【例 3.4.3】 图 3.4.3 所示机构中,杆件①和杆件②分别以速度 $\boldsymbol{v}_1$ 和 $\boldsymbol{v}_2$ 运动,其位移分别以 x 和 y 表示,杆件②和杆件③的距离为 a。试求杆件③的速度和杆件④的角速度。

【例 3.4.4】 图 3.4.4 所示机构中,杆件 OA 以匀角速度 ω 绕 O 点作定轴转动,杆件 CD 在水平滑道内以匀速 v 向右移动,其上固定的销钉 M 可以在杆件 AB 的滑槽内运动,几何尺寸如图 3.4.4 所示。试求杆件 AB 的角速度与角加速度。

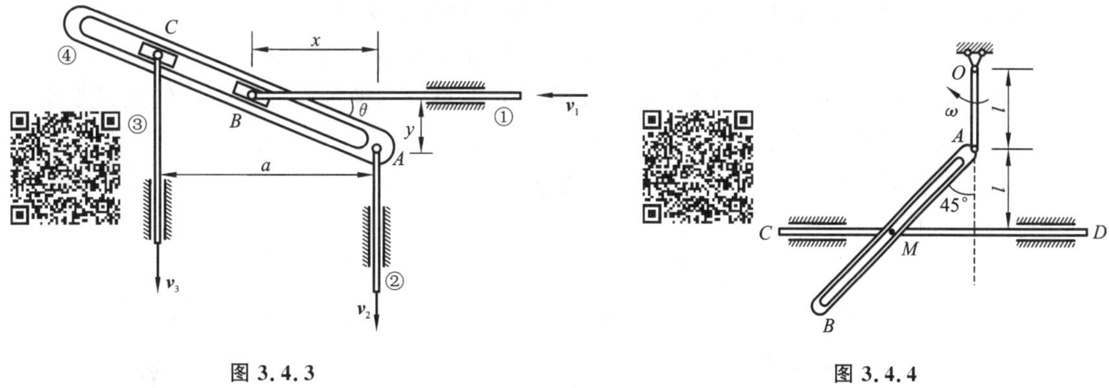

图 3.4.3　　图 3.4.4

思　考　题

3-1　刚体的平面运动与刚体的平动其相似之处是刚体上各点的运动轨迹都在同一平面内?

3-2　刚体的平面运动有何特点?平面运动与平移有何区别?

3-3　分析构件的平面运动时，为什么说基点的速度就是动点的牵连速度？

3-4　刚体作平面运动时，平面图形内两点的速度在任意轴上的投影相等，对否？为什么？

3-5　任意三角形板 ABC 作平面运动，证明某边中点的速度等于相邻两顶角的速度矢量和之半，即：$\boldsymbol{v}_D=(\boldsymbol{v}_A+\boldsymbol{v}_B)/2$。

3-6　试画出图示机构中作平面运动的刚体的速度瞬心位置，并画出杆 BC 中点 M 的速度的方向。

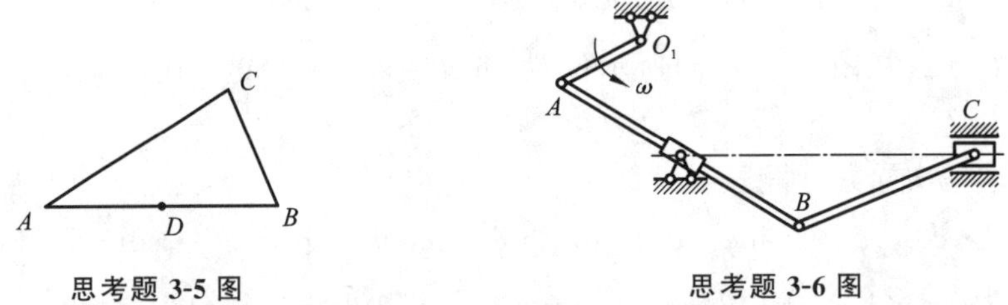

思考题 3-5 图　　思考题 3-6 图

3-7　平面图形作平面运动，下述说法正确的是(　　)。

A. 若其上有三点的速度方向相同，则此平面图形在该瞬时一定作平动或瞬时平动。

B. 若其上有不共线的三点，其速度大小相同，则此平面图形在该瞬时一定作平动或瞬时平动。

C. 若其上有两点的速度大小及方向相同，则此平面图形在该瞬时一定作平动或瞬时平动。

D. 若其上有不共线的三点，其速度方向相同，则该瞬时平面图形一定作平动或瞬时平动。

3-8　平面图形在其平面内运动，某瞬时其上有两点的加速度相等。判断下述说法是否正确：

A. 其上各点速度在该瞬时一定都相等。

B. 其上各点加速度在该瞬时一定都相等。

C. 该图形在此瞬时一定作平移。

D. 该平面图形在此瞬时角速度可能不为零，但角加速度一定为零。

E. 该平面图形在此瞬时的角加速度不一定为零，而角速度一定为零。

F. 在该瞬时，其上各点的速度不一定都相等，加速度也不一定都相等。

3-9　某一瞬时，作平面运动的平面图形内任意两点的加速度在此两点连线上投影相等，则可以断定该瞬时平面图形的(　　)，为什么？

A. 角速度 $\omega=0$　　B. 角加速度 $\alpha=0$

C. ω、α 同时为零　　D. ω、α 均不为零

3-10　如图所示，车轮沿曲面滚动。已知轮心 O 在某一瞬时的速度$\boldsymbol{v}_O$ 和加速度$\boldsymbol{a}_O$。问车轮的角加速度是否等于$a_O\cos\beta/R$？速度瞬心 C 的加速度大小和方向如何确定？

3-11　平面图形在其平面内运动，某瞬时其上有两点的加速度矢相同。试判断下述说法是否正确：(1)其上各点速度在该瞬时一定都相等。(2)其上各点加速度在该瞬时一定都相等。

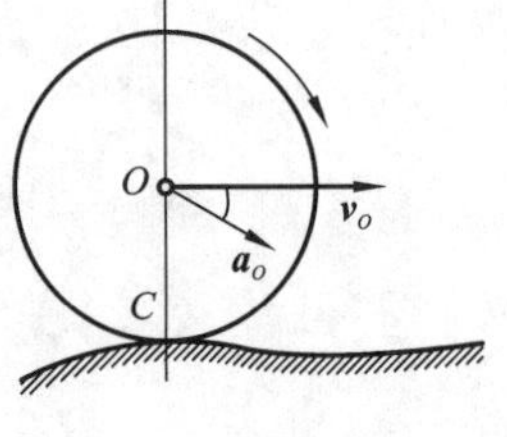

思考题 3-10 图

习　题

3-1　图示半径为 r 的齿轮由曲柄 OA 带动，沿半径为 R 的固定齿轮滚动。如曲柄 OA 以等角加速度 α 绕 O 轴转动，当运动开始时，角速度 $\omega_0=0$，转角 $\varphi_0=0$，求动齿轮以中心 A 为基点的平面运动方程。

3-2　滑块 A 以匀速 $\boldsymbol{v}_A$ 在固定水平杆 BC 上滑动，从而带动杆 AD 沿半径为 R 的固定圆盘滑动。求在图示位置时杆 AD 的角速度 ω_{AD}（用 v_A,R,θ 表示）。

3-3　图示车轮以匀速沿直线轨道作无滑动的滚动，已知轮心的速度 $\boldsymbol{v}_0$，车轮的大、小半径各为 R 和 r。求轮缘上 A,B,D,E 各点的速度。

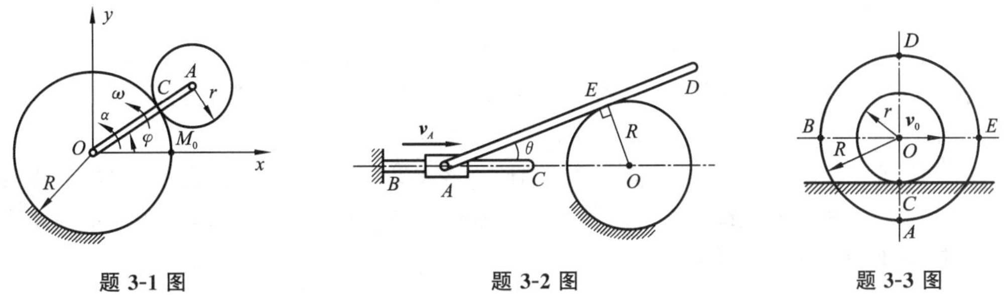

题 3-1 图　　题 3-2 图　　题 3-3 图

3-4　图示四连杆机构 $OABO_1$ 中，$\overline{OA}=\overline{O_1B}=\frac{1}{2}\overline{AB}$，曲柄 OA 的角速度 $\omega=3$ rad/s。求当 $\varphi=90°$ 而曲柄 O_1B 重合于 O_1O 的延长线上时，杆 AB 和曲柄 O_1B 的角速度。

3-5　图示平面机构中，A 和 B 轮各自沿水平和铅垂固定轨道作纯滚动，两轮的半径都是 R，$\overline{BC}=l$。在图示位置时，轮心 A 的速度为 $\boldsymbol{v}$，$\theta=60°$，AC 水平。求该瞬时轮心 B 的速度。

3-6　曲柄机构在其连杆 AB 的中点 C 上以铰链与 CD 连接。而 CD 杆又与 DE 杆相铰接，DE 杆可绕 E 点转动。已知 OAB 成一水平线，曲柄 OA 的角速度 $\omega=8$ rad/s，$\overline{OA}=0.25$ m，$\overline{DE}=1$ m，$\angle CDE=90°$。求曲柄机构在图示位置时，DE 杆的角速度。 63

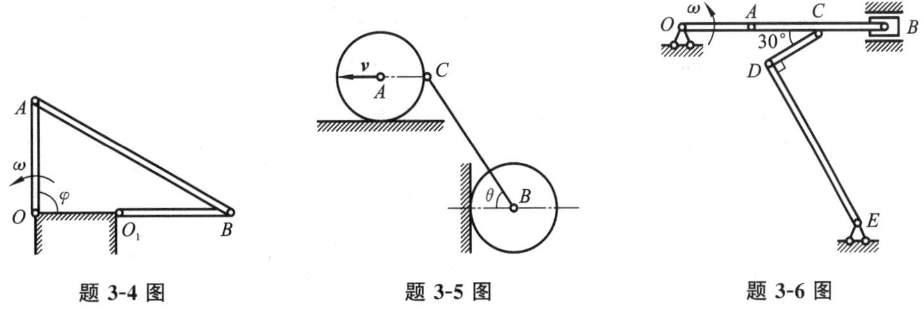

题 3-4 图　　题 3-5 图　　题 3-6 图

3-7　图示杆 OB 以 $\omega=2$ rad/s 的匀角速度绕 O 转动，并带动杆 AD；杆 AD 上的 A 点沿水平轴 Ox 运动，C 点沿铅垂轴 Oy 运动。已知 $\overline{AB}=\overline{OB}=\overline{BC}=\overline{DC}=120$ mm，试求当 $\varphi=45°$ 时杆上 D 点的速度。

3-8　图示一曲柄机构，曲柄 OA 可绕 O 轴转动，带动杆 AC 在套管 B 内滑动，套管 B 及与其刚连的 BD 杆又可绕通过 B 铰而与图示平面垂直的水平轴运动。已知：$\overline{OA}=\overline{BD}=300$ mm，$\overline{OB}=400$ mm，当 OA 转至铅垂位置时，其角速度 $\omega_0=2$ rad/s，试求 D 点的速度。

3-9　图示一传动机构，当 OA 往复摇摆时可使圆轮绕 O_1 轴转动。设 $\overline{OA}=150$ mm，$\overline{O_1B}=$

100 mm，在图示位置，$\omega=2$ rad/s，试求圆轮转动的角速度。

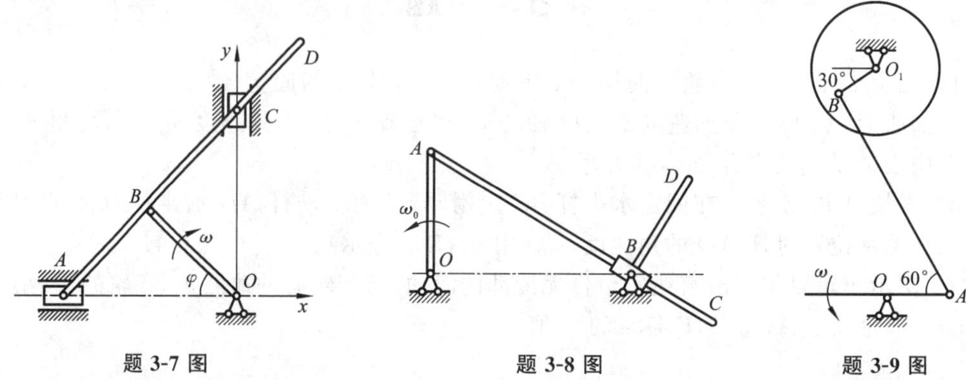

题 3-7 图　　题 3-8 图　　题 3-9 图

3-10　图示绕线轮沿水平面滚动而不滑动，轮的半径为 R。在轮上有圆柱部分，其半径为 r。将线绕于圆柱上，线的 B 端以速度 $\boldsymbol{v}$ 和加速度 $\boldsymbol{a}$ 沿水平方向运动。求绕线轮轴心 O 的速度和加速度。

3-11　图示滚压机构的滚子沿水平面滚动而不滑动，曲柄 OA 的半径为 $r=0.1$ m，以等转速 $n=30$ r/min 绕 O 轴转动。如滚子半径 $R=0.1$ m，连杆 AB 长为 0.173 m，求当曲柄与水平线夹角为 60°时，滚子的角速度和角加速度。

3-12　杆$\overline{AB}=l$，上端 B 靠在墙上，下端 A 以铰链和圆柱中心相连，如图所示。杆 AB 与水平面成 45°角时，圆柱中心 A 的速度为$\boldsymbol{v}_A$，加速度为$\boldsymbol{a}_A$。求此瞬时杆 AB 的角速度、角加速度和点 B 的速度、加速度。

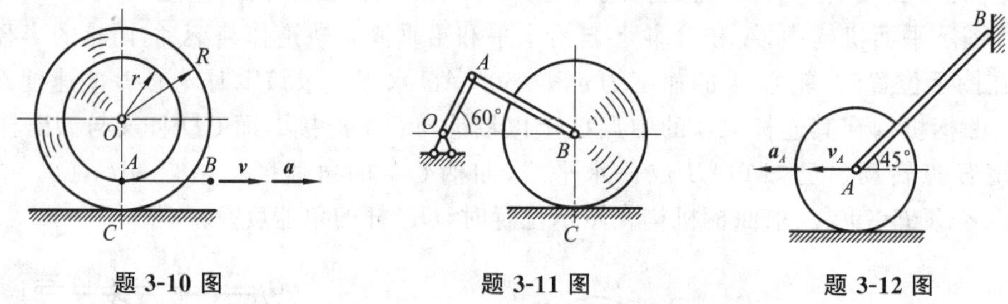

题 3-10 图　　题 3-11 图　　题 3-12 图

3-13　图示机构中，曲柄 OA 以等角速度 ω_0 绕 O 轴转动，且$\overline{OA}=\overline{O_1B}=r$。在图示位置时 $\angle AOO_1=90°$，$\angle BAO=\angle BO_1O=45°$，求此时 B 点加速度和 O_1B 杆的角加速度。

3-14　杆 AB 长 2 m，两端由销钉分别连接到在图示导槽内运动的两物块上。在 AB 杆水平时，点 B 的速度 $v_B=4$ m/s，加速度 $a_B=3$ m/s²。求该瞬时点 A 的加速度和 AB 杆的角加速度。

3-15　长 l 的两杆 AC 与 BC 铰接后，其两端 A 与 B 分别沿两直线以大小相等的速度 $v_1=v_2=v$ 匀速运动，如图所示。求当 $OACB$ 成平行四边形时，C 点的加速度。

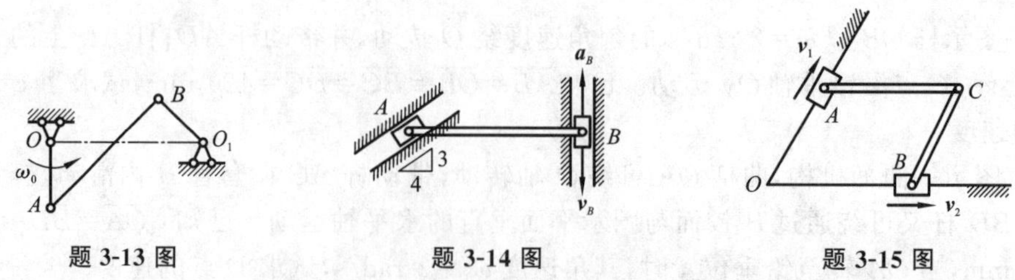

题 3-13 图　　题 3-14 图　　题 3-15 图

3-16　在图示机构中，曲柄 OA 长 l，以匀角速 ω_0 绕 O 转动，滑块 B 沿 x 轴滑动。已知$\overline{AB}=$

$\overline{AC}=2l$，在图示瞬时，OA 垂直于 x 轴，试求该瞬时 C 点的速度及加速度。

3-17　如图所示，等边三角板 ABC，边长 $l=400$ mm，在其所在平面内运动。已知某瞬时 A 点的速度 $v_A=0.8$ m/s，加速度 $a_A=3.2$ m/s^2，方向均沿 AC，B 点的速度大小 $v_B=0.4$ m/s，加速度大小 $a_B=0.8$ m/s^2。试求该瞬时 C 点的速度及加速度。

3-18　如图所示，反平行四边形机构中，$\overline{AB}=\overline{CD}=400$ mm，$\overline{BC}=\overline{AD}=200$ mm，曲柄 AB 以匀角速度 $\omega=3$ rad/s 绕 A 点转动，试求 CD 垂直于 AD 时 BC 杆的角速度及角加速度。

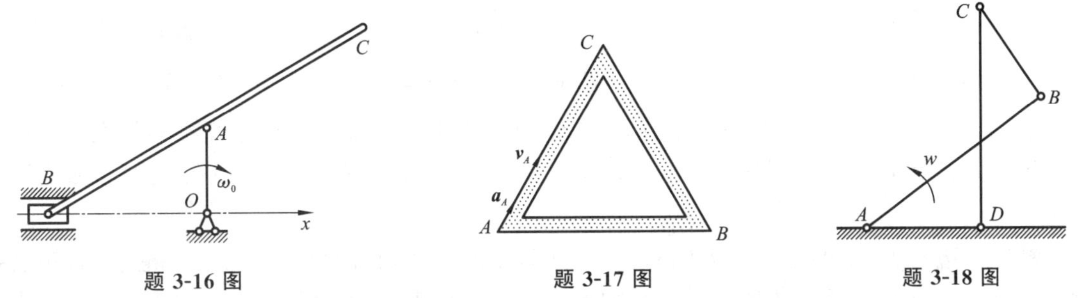

题 3-16 图　　题 3-17 图　　题 3-18 图

3-19　套筒 C 可沿杆 AB 滑动，且限制在半径 $R=0.2$ m 的固定圆槽内运动。在图示瞬时，杆 AB 的 A 端沿水平直线运动，速度 $v_A=0.8$ m/s，杆 AB 转动的角速度 $\omega=2$ rad/s，试求套筒在固定圆槽内运动的速度。

3-20　在图示配汽、气机构中，曲柄 OA 长为 r，以等角速度 ω_0 绕 O 轴转动。在某瞬时，$\varphi=60°$，$\gamma=90°$，$\overline{AB}=6r$，$\overline{BC}=3\sqrt{3}r$。求机构在图示位置时，滑块 C 的速度和加速度。

3-21　在图示曲柄连杆机构中，曲柄 OA 绕 O 轴转动，其角速度为 ω_0，角加速度为 α_0。在某瞬时，曲柄与水平线成 60°角，而连杆 AB 与曲柄 OA 垂直。滑块 B 在圆弧槽内滑动，此时 O_1B 半径与连杆成 30°角。如 $\overline{OA}=a$，$\overline{AB}=2\sqrt{3}a$，$\overline{O_1B}=2a$。求在该瞬时，滑块 B 的切向和法向加速度。

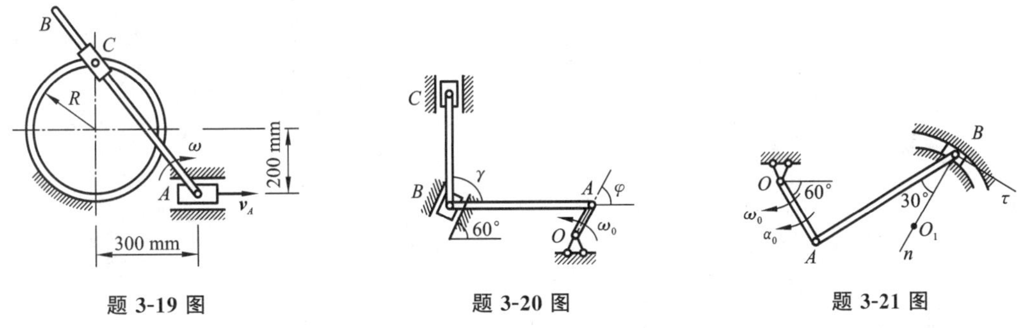

题 3-19 图　　题 3-20 图　　题 3-21 图

3-22　圆轮 O 在水平面上作纯滚动，轮心 O 的速度为 $v_0=100$ mm/s，$a_0=0$，圆轮半径 $R=200$ mm，连杆 BC 长 $l=200\sqrt{26}$ mm，其一端与轮缘 B 点铰接，另一端与滑块 C 铰接，试求在图示位置时，C 滑块的速度与加速度。

3-23　如图所示平面机构中 $\overline{AB}=\overline{CD}=l$，$\overline{OA}=\overline{O_1B}=r$，滚子半径为 R，沿水平直线作纯滚动。某瞬时，AB 在水平位置，OA 与 O_1B 分别在铅垂位置，这时 $\angle BCD=\varphi$，曲柄 OA 的角速度与角加速度为 ω_0 与 α_0。求该瞬时连杆 AB 中点 C 的速度、加速度以及滚子的角速度、角加速度。

3-24　图示滑块 A 用铰链固定在杆 AB 的一端，杆 AB 穿过可绕定轴 O 转动的套筒。设 $\overline{OE}=0.3$ m，滑块 A 的速度为 0.8 m/s，加速度为零。求当 $\theta=60°$时套筒的角速度和角加速度。

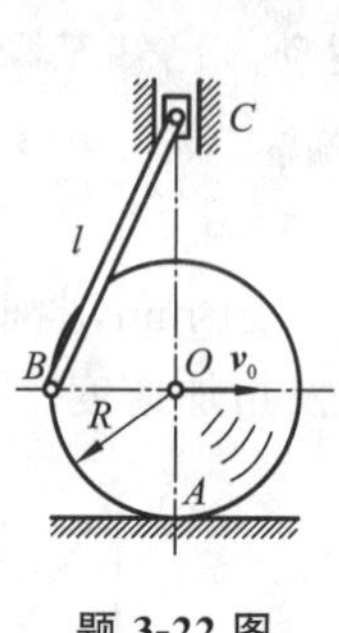

题 3-22 图

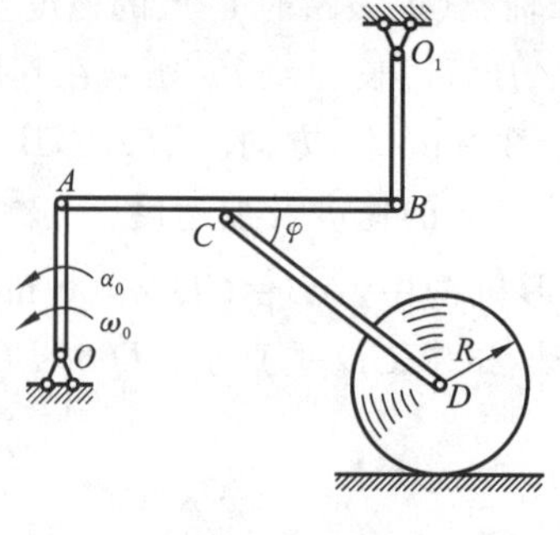

题 3-23 图

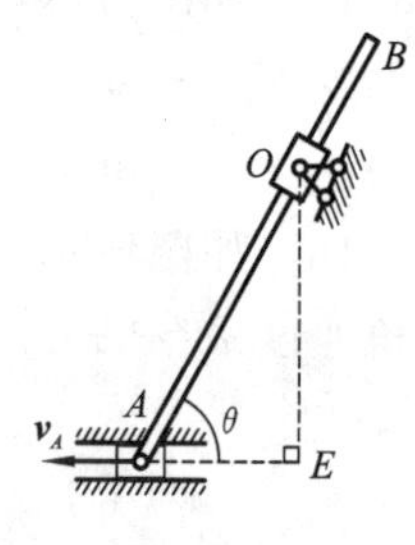

题 3-24 图

3-25　带有滑槽的杆 AB 绕水平轴 A 转动，通过固结于轮缘上的销钉 B 推动轮在水平面上作纯滚动。已知如图所示瞬时 $\omega=2\ \mathrm{rad/s}$，$\alpha=3\ \mathrm{rad/s^2}$。求该瞬时轮心 O 的速度和加速度的大小。

3-26　边长为$\sqrt{2}l$ 的正方形 $DEFG$ 在自身平面内运动，其两边始终与固定槽边 A，B 点接触，$\overline{AB}=l$。图示瞬时板的角速度 ω 和角加速度 α 均为已知，A 点处于 DG 边的中点。求板上 F 点的速度和加速度的大小。

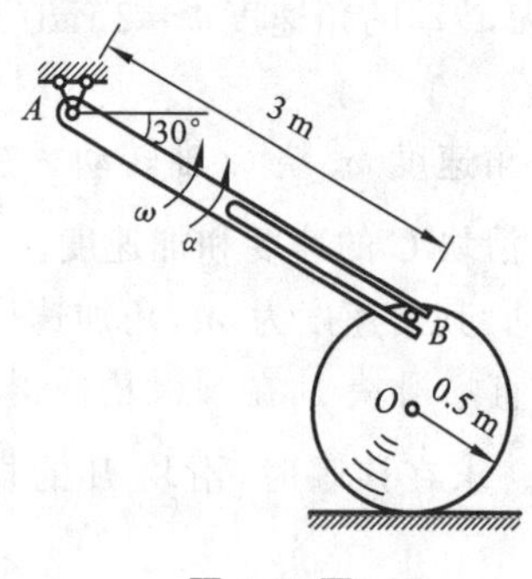

题 3-25 图

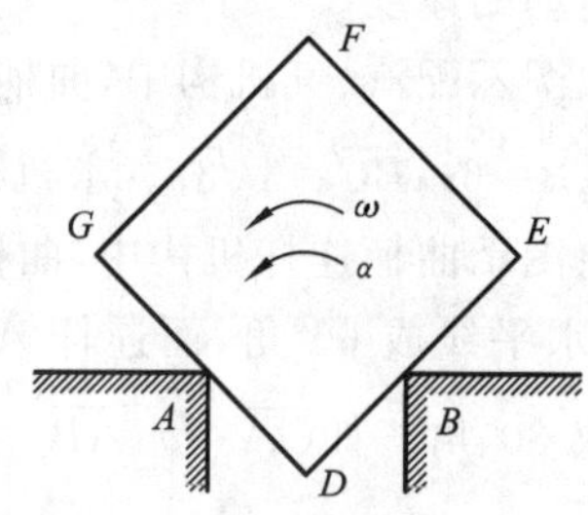

题 3-26 图

第2篇

Part 2 statics 静力学

第 2 篇 静力学

静力学的任务是研究力系的简化与平衡规律。

力系指作用在物体上的一组力，所谓简化是指用一组最简单的力系代替给定的力系，同时保持对物体的作用效果不变。或者说：用最简单的等效力系代替给定力系。

平衡规律这里指平衡条件，即物体平衡时作用于物体上的力系所应满足的条件。显然，力系简化是寻找力系平衡条件的简捷途径，但力系简化的应用不仅限于静力学，在动力学中，研究在给定力系作用下物体如何运动时，力系简化同样重要。力系平衡条件可用于计算结构物在载荷作用下的内力或所受的支承力，以便为结构的设计提供依据，因而在工程上应用得十分广泛。

物体静止或作匀速直线运动时称物体处于平衡状态。静止、运动都是相对某一参考坐标系而言的。在静力学中，通常将与地球相固结的坐标系取作参考坐标系；因为对一般工程而言，地球坐标系已是一个相当精确的惯性坐标系。物体平衡时，其上作用的力系应满足平衡条件，但反之却不一定。静力学主要研究作用在刚体上的力系简化与平衡问题，但并不是说对其他力学模型不适用。在考虑到其他模型的物理特性条件下，静力学中由刚体得出的结论也可以推广，因此静力学的适用范围十分广泛，并成为许多后续课程的基础。

静力学篇是演绎性很强的篇章，即从几条公理出发，可以推导出全部静力学理论。明确这一点是有益的，因为静力学处理的一些问题与日常生活比较接近，初学者往往容易凭借片面的感性知识处理问题；而静力学的演绎性强调理论证明，因而有助于增强应用正确理论的意识。

本篇中的前四章，主要基于力、力对点的矩矢、力偶矩矢等这些矢量的讨论，故称矢量静力学或几何静力学。后一章，即第 8 章的虚位移原理属于分析静力学，研究对象是一般的非自由质点系，使用数学分析方法，基于功的概念对系统的静力平衡及平衡位置的稳定性进行讨论。

Chapter 4

第 4 章　静力学基础及物体的受力分析

4.1 力及力系

4.1.1 力

1. 力的概念

力是物体间相互的机械作用，它使物体的机械运动状态发生改变和使物体产生变形。前者称为力的**运动效应**或**外效应**，后者称为力的**变形效应**或**内效应**。刚体静力学只限于研究刚体，不考虑物体的变形，只涉及力的外效应，而力的内效应将在后续各章变形体力学中研究。

力对物体的作用效应取决于力的大小、方向和作用点。这三者称为力的**三要素**。力的大小表示物体相互间机械作用的强弱程度。在国际单位制中，以"N"(牛顿)或"kN"(千牛)作为力的单位。力的方向表示物体间的相互机械作用具有方向性。它包含力的作用线在空间的方位和力沿其作用线的指向两个因素。力的作用点是抽象化的物体间相互机械作用位置。空际上物体相互作用的位置并不是一个点，而是物体的一部分面积或体积。如果这个作用面积或体积与物体的几何尺寸相比很小，可以忽略不计，则可将其抽象为一个点，称为力的作用点，作用于该点的力则称为**集中力**；反之，当力的作用面积或体积不能忽略时，则称该力为**分布力**。如重力、水压力等。分布力可视为在作用区域内无穷多个微小集中力的集合。

由力的三要素可知，力是矢量，而且是**定位矢量**(即该矢量的作用效果与作用点的位置有关)。在力学分析中，力矢量一般用有向线段和字符两种方式表达。如图 4.1.1 所示。有向线段$\overrightarrow{AB}$的长度按一定比例尺表示力的大小，线段的方位和箭头的指向表示力的方向，线段的起点 A 或终点 B 表示力的作用点。线段所在的直线称为力的作用线(如图 4.1.1 中虚线所示)。通常用黑体字母 $\boldsymbol{F}$ 表示力矢量，而普通字母 F 表示力的大小。

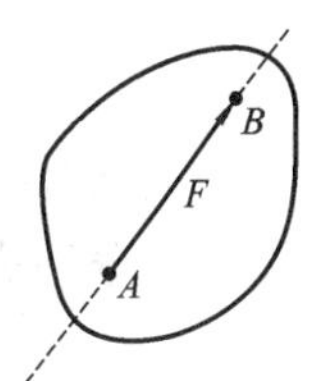

图 4.1.1

2. 力的投影计算

已知力 $\boldsymbol{F}$ 与 x 轴的夹角为 θ，如图 4.1.2 所示，则 $\boldsymbol{F}$ 在直角坐标轴 x，y 上的投影分别为

$$F_x=\boldsymbol{F}\cdot\boldsymbol{i}=F\cos\theta,\quad F_y=\boldsymbol{F}\cdot\boldsymbol{j}=F\sin\theta \tag{4.1.1}$$

力在一个轴上的投影是代数量。在图 4.1.2 所示直角坐标系下，力 $\boldsymbol{F}$ 的分力与其投影之间有下列关系：

$$\boldsymbol{F}_x = F_x \boldsymbol{i}, \quad \boldsymbol{F}_y = F_y \boldsymbol{j} \tag{4.1.2}$$

故力 $\boldsymbol{F}$ 的解析表达式可写为

$$\boldsymbol{F} = F_x \boldsymbol{i} + F_y \boldsymbol{j} \tag{4.1.3}$$

其中，$\boldsymbol{i}$，$\boldsymbol{j}$ 分别为 x，y 轴的单位矢量。

若力 $\boldsymbol{F}$ 在平面内两正交轴上的投影 F_x 和 F_y 已知，则由式(4.1.3)可求出力 $\boldsymbol{F}$ 的大小和方向余弦分别为

$$\begin{cases} F = \sqrt{F_x^2 + F_y^2} \\ \cos(\boldsymbol{F},\boldsymbol{i}) = \dfrac{F_x}{F}, \cos(\boldsymbol{F},\boldsymbol{j}) = \dfrac{F_y}{F} \end{cases} \tag{4.1.4}$$

一般而言，若坐标系不是直角坐标系，则上述公式不成立，分力与其投影之间的关系式(4.1.2)也不成立。

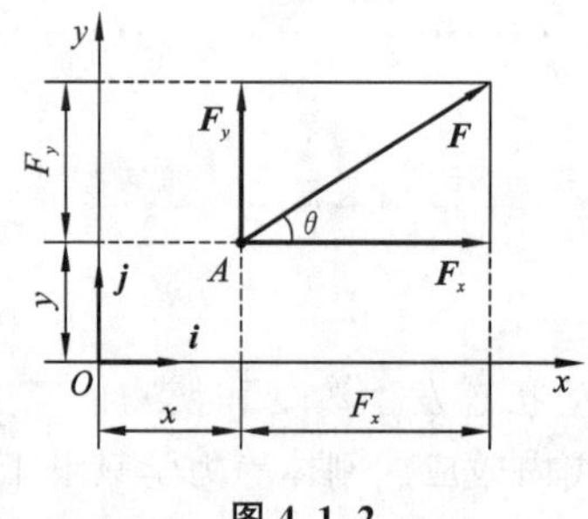

图 4.1.2

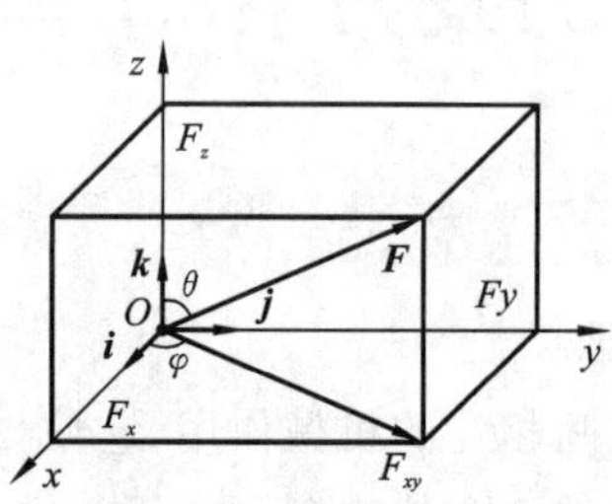

图 4.1.3

在空间问题中，往往需要计算力在三个正交直角坐标轴上的投影。若已知力 $\boldsymbol{F}$ 与直角坐标系 $Oxyz$ 三个坐标轴间的夹角分别为 α、β、γ，则力在三个坐标轴上的投影等于力 $\boldsymbol{F}$ 的大小乘以与各轴夹角的余弦，即

$$F_x = F\cos\alpha, \quad F_y = F\cos\beta, \quad F_z = \cos\gamma \tag{4.1.5}$$

当力 $\boldsymbol{F}$ 与坐标轴 Ox，Oy 间的夹角不易确定时，可把力 $\boldsymbol{F}$ 先投影到坐标平面 Oxy 上，得到力 $\boldsymbol{F}_{xy}$，然后再把这个力投影到 x，y 轴上。如在图 4.1.3 中，若已知角 θ 与 φ，则力 $\boldsymbol{F}$ 在三个坐标轴上的投影分别为

$$\begin{cases} F_x = F\sin\theta\cos\varphi \\ F_y = F\sin\theta\sin\varphi \\ F_z = F\cos\theta \end{cases} \tag{4.1.6}$$

这种投影方法称为**二次投影法**。若以 $\boldsymbol{F}_x$，$\boldsymbol{F}_y$，$\boldsymbol{F}_z$ 表示 $\boldsymbol{F}$ 沿直角坐标轴 x，y，z 的正交分量，以 $\boldsymbol{i}$，$\boldsymbol{j}$，$\boldsymbol{k}$ 分别表示沿 x，y，z 坐标轴方向的单位矢量，则

$$\boldsymbol{F} = \boldsymbol{F}_x + \boldsymbol{F}_y + \boldsymbol{F}_z = F_x \boldsymbol{i} + F_y \boldsymbol{j} + F_z \boldsymbol{k} \tag{4.1.7}$$

如果将 $\boldsymbol{F}$ 沿任意一轴 n 投影，假设轴 n 的单位矢量为 $\boldsymbol{n}$，则有

$$F_n = \boldsymbol{F} \cdot \boldsymbol{n} \tag{4.1.8}$$

有时已知力 $\boldsymbol{F}$ 在空间直角坐标系中沿 $A(x_1, y_1, z_1)$ 到 $B(x_2, y_2, z_2)$ 的方向，则力 $\boldsymbol{F}$ 的矢量表达式可表示为

$$\boldsymbol{F} = F \cdot \frac{(x_2 - x_1)\boldsymbol{i} + (y_2 - y_1)\boldsymbol{j} + (z_2 - z_1)\boldsymbol{k}}{\sqrt{(x_2 - x_1)^2 + (y_2 - y_1)^2 + (z_2 - z_1)^2}} \tag{4.1.9}$$

【说明】 (1)式(4.1.9)中的分式为方向 $A \to B$ 的单位矢量。(2)由式(4.1.9)可以简单求出空间的力 $\boldsymbol{F}$ 在三个坐标轴上的投影。(3)式(4.1.5)、式(4.1.6)和式(4.1.9)使用在不同的已知

条件下，需要根据实际情况选择应用。

【例 4.1.1】 在图 4.1.4 所示水平轮上的 A 点作用一力 $\boldsymbol{F}$，其作用线与过 A 点的切线成 60°角，且在过 A 点而与轮子相切的平面内。点 A 与圆心 O' 的连线与通过 O' 点平行于 y 轴的直线成 30°角。已知：$F=1\ 000$ N。试求力 $\boldsymbol{F}$ 在三个坐标轴的投影。

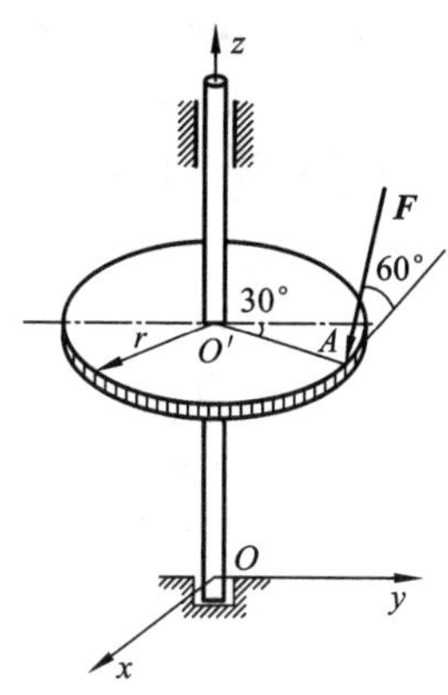

图 4.1.4

【解】 按照二次投影法，可得

$$F_x=F\cos60^\circ\cos30^\circ=1\ 000\times\frac{1}{2}\times\frac{\sqrt{3}}{2}\approx433\ \text{N};$$

$$F_y=-F\cos60^\circ\sin30^\circ=-1\ 000\times\frac{1}{2}\times\frac{1}{2}=-250\ \text{N};$$

$$F_z=-F\sin60^\circ=-1\ 000\times\frac{\sqrt{3}}{2}\approx-866\ \text{N}$$

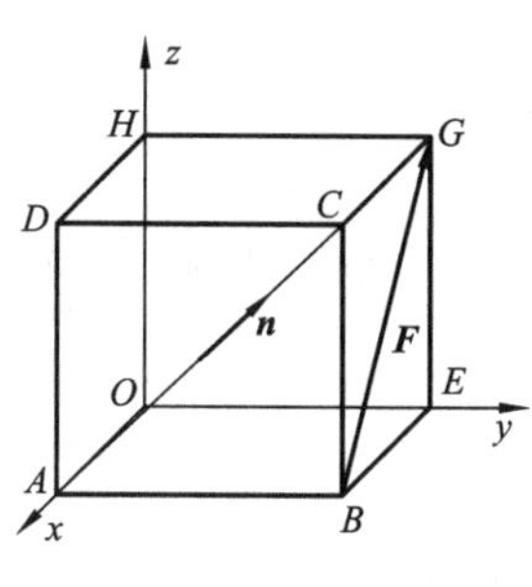

图 4.1.5

【例 4.1.2】 在图 4.1.5 所示边长为 a 的正方体的 B 点作用一力 $\boldsymbol{F}$，其大小为 F，作用线沿 BG 连线。试求该力 $\boldsymbol{F}$ 在 AC 上的投影。

【解】 先写出力 $\boldsymbol{F}$ 的表达式

$$\boldsymbol{F}=-F\cos45^\circ\boldsymbol{i}+F\sin45^\circ\boldsymbol{k}$$
$$=-\frac{\sqrt{2}}{2}F\boldsymbol{i}+\frac{\sqrt{2}}{2}F\boldsymbol{k}$$

再写出力在 AC 方向的单位矢量的表达式

$$\boldsymbol{n}=\cos45^\circ\boldsymbol{j}+\cos45^\circ\boldsymbol{k}=\frac{\sqrt{2}}{2}\boldsymbol{j}+\frac{\sqrt{2}}{2}\boldsymbol{k}$$

则该力 $\boldsymbol{F}$ 在 AC 上的投影为

$$F_n=\boldsymbol{F}\cdot\boldsymbol{n}$$
$$=\left(-\frac{\sqrt{2}}{2}F\boldsymbol{i}+\frac{\sqrt{2}}{2}F\boldsymbol{k}\right)\cdot\left(\frac{\sqrt{2}}{2}\boldsymbol{j}+\frac{\sqrt{2}}{2}\boldsymbol{k}\right)=\left(\frac{\sqrt{2}}{2}F\boldsymbol{k}\right)\cdot\left(\frac{\sqrt{2}}{2}\boldsymbol{k}\right)=\frac{1}{2}F$$

【想一想】 (1)对于例题 4.1.2 还有没有其他解法？各有什么优点？(2)如何计算例 4.1.2 中力 $\boldsymbol{F}$ 在 AE 上的投影？

【说明】 有关矢量的运算规则以及标准单位矢量之间的运算性质请见附录 A。

4.1.2 有关力系的相关概念

力系是一组力的总称。为了深入分析和讨论力系，常将力系按照力的作用线分布情况进行分类。

如果力系中所有力的作用线在同一平面内，这种力系称为平面力系。平面力系又可分为：

(1) **平面汇交力系**：指所有的力的作用线都在同一平面内且作用线汇交于一点的力系。

(2) **平面平行力系**：指由作用于同一平面内、力的作用线相互平行的力系。

(3) **平面一般力系**：指各力作用线位于同一平面内，但既不是汇交力系，也不是平面平行力系，又称**平面任意力系**。

若力系中所有力的作用线不全在同一平面内，则这种力系称为**空间力系**。与平面力系一样，也可以把空间力系分为**空间汇交力系**、**空间力偶系**、**空间一般(任意)力系**。

按照作用效果来说，若某两个力系分别作用于同一物体上，其效应相同，则这两个力系称为

等效力系。如果力系$\{\boldsymbol{F}_{11},\boldsymbol{F}_{12},\cdots,\boldsymbol{F}_{1m}\}$与$\{\boldsymbol{F}_{21},\boldsymbol{F}_{22},\cdots,\boldsymbol{F}_{2n}\}$等效,可记为$\{\boldsymbol{F}_{11},\boldsymbol{F}_{12},\cdots,\boldsymbol{F}_{1m}\}\Leftrightarrow\{\boldsymbol{F}_{21},\boldsymbol{F}_{22},\cdots,\boldsymbol{F}_{2n}\}$。若某力系作用在一物体上,并且该物体处于平衡状态,则该力系称为**平衡力系**。

【说明】 (1)等效力系中的效果,既包含力系的外效应,也包含力系的内效应。但理论力学中只讨论力系的外效应,即运动(包括静止)效应。(2)等效力系具有可传性。即:如果力系$\{\boldsymbol{F}_{11},\boldsymbol{F}_{11},\cdots,\boldsymbol{F}_{1m}\}$与力系$\{\boldsymbol{F}_{21},\boldsymbol{F}_{22},\cdots,\boldsymbol{F}_{2n}\}$等效,力系$\{\boldsymbol{F}_{21},\boldsymbol{F}_{22},\cdots,\boldsymbol{F}_{2n}\}$与力系$\{\boldsymbol{F}_{31},\boldsymbol{F}_{32},\cdots,\boldsymbol{F}_{3k}\}$等效,则力系$\{\boldsymbol{F}_{11},\boldsymbol{F}_{11},\cdots,\boldsymbol{F}_{1m}\}$与力系$\{\boldsymbol{F}_{31},\boldsymbol{F}_{32},\cdots,\boldsymbol{F}_{3k}\}$等效。等效力系的可传性是力系简化与分析的基础。

若某力系与另一个力等效,则此力称为该力系的**合力**,而力系中的那些力称为该合力的**分力**。

求合力的过程称为力的**合成**,反之,将一个力分成几个分力的过程称为力的**分解**。

4.2 刚体静力学的基本公理

公理是人们在生活和生产实践中长期积累的经验总结,又经过实践反复检验,被确认是符合客观实际的最普遍、最一般的规律。

公理一 力的平行四边形法则

作用于物体上同一点的两个力可以合成为作用于该点的一个合力,它的大小和方向由以这两个力为邻边所构成的平行四边形的对角线确定(见图 4.2.1(a))。或者说,合力矢等于这两个力矢的几何和,即

$$\boldsymbol{F}_{\mathrm{R}}=\boldsymbol{F}_1+\boldsymbol{F}_2 \tag{4.2.1}$$

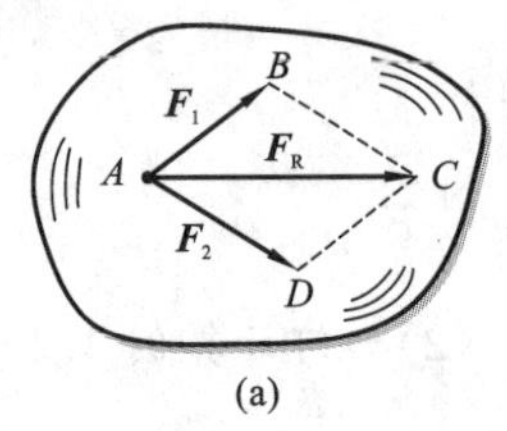

(a)

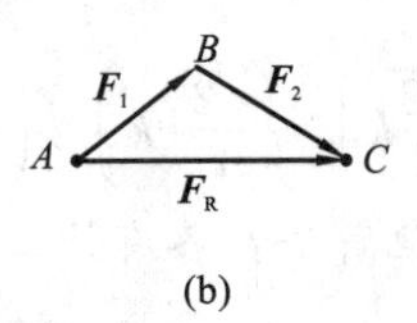

(b)

图 4.2.1

应用此法则求两共点力合力的大小和方向时,也可作一力三角形。直接将力矢$\boldsymbol{F}_2$平移到力矢$\boldsymbol{F}_1$的末端B,使力矢$\boldsymbol{F}_2$的起点与力矢$\boldsymbol{F}_1$的终点重合,连接A和C两点,如图 4.2.1(b)所示。显然,矢量$\overrightarrow{AC}$即表示合力矢$\boldsymbol{F}_{\mathrm{R}}$。这样作图的方法称为**力的三角形法则**。由于力三角形的边长和方位表示相应的力的大小和方向,所以可以利用求解三角形的正弦定理和余弦定理求解力的三角形,以确定未知力的大小和方向。

力的平行四边形法则是力系简化的基础。同时也是力分解的法则。根据它可将一个力分解为作用于同一点的两个分力。由于用同一对角线可作出无穷多个不同的平行四边形,所以若不附加任何条件,分解的结果将不确定。在具体问题中,通常要求将一个力分解为方向已知的两个分力,特别是分解为方向互相垂直的两个分力,这种分解称为**正交分解**,所得的两个分力称为**正交分力**。

公理二 二力平衡公理

作用在同一刚体上的两个力,使刚体平衡的充要条件是:两个力的大小相等、方向相反且在同一直线上(见图 4.2.2)。即

$$\boldsymbol{F}_1=-\boldsymbol{F}_2 \tag{4.2.2}$$

该公理指出了作用在刚体上最简单力系的平衡条件,是推证力系平衡条件的基础。需要指

出的是，该公理给出的条件仅是刚体平衡的充要条件，对变形体而言，这个条件不充分。如不计自重的软绳受两个大小相等、方向相反的拉力作用可以平衡，而受压力作用则不能平衡。

实际工程中，常遇到仅在两点受力作用并处于平衡的刚体，这类刚体称为**二力体**。在结构分析中又称为**二力构件**。若二力体为直杆，则称为**二力杆**。二力体无论其形状如何，所受二力必沿此二力作用点的连线，且等值、反向。如图 4.2.3(a)所示构件 BC，不计自重时，视为二力构件，受力如图 4.2.3(b)所示。

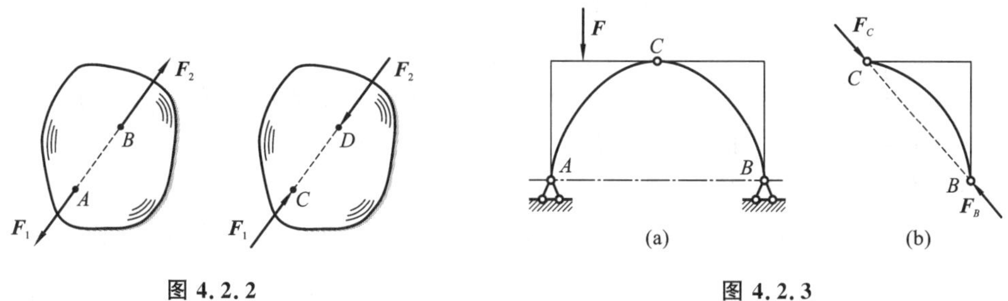

图 4.2.2　　　　图 4.2.3

公理三　加减平衡力系公理

在作用于刚体的任意力系上，加上或减去任意平衡力系，不改变原力系对刚体的作用效应。

该公理是研究力系等效替换及力系简化的重要理论依据。它同样只适用于刚体而不一定适用于变形体。

根据上述公理可导出下列推论：

推论 1　力的可传性

作用于刚体上某点的力可沿其作用线移动到刚体内的任一点，而不改变该力对刚体的作用效应。

【证明】 在刚体上的点 A 作用力 $\boldsymbol{F}$，如图 4.2.4(a)所示。根据加减平衡力系原理，可在力的作用线上任取一点 B，并加上两个互相平衡的力 $\boldsymbol{F}_1$ 和 $\boldsymbol{F}_2$，使 $\boldsymbol{F}=\boldsymbol{F}_2=-\boldsymbol{F}_1$，如图 4.2.4(b)所示。由于力 $\boldsymbol{F}$ 和 $\boldsymbol{F}_1$ 也是一个平衡力系，故可除去；这样只剩下一个力 $\boldsymbol{F}_2$，如图 4.2.4(c)所示。于是，原来的这个力 $\boldsymbol{F}$ 与力系$(\boldsymbol{F},\boldsymbol{F}_1,\boldsymbol{F}_2)$以及力 $\boldsymbol{F}_2$ 均等效，即原来的力 $\boldsymbol{F}$ 沿其作用线移到了点 B。

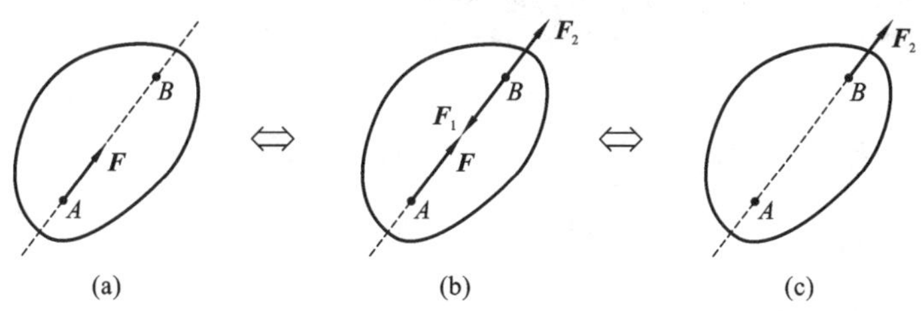

图 4.2.4

由此可见，对于刚体来说，力的作用点已不是决定力的作用效应的要素，它已为作用线所代替。因此，作用于刚体上的**力的三要素**是：力的大小、方向和作用线。像作用于刚体上的力可以沿力的作用线在刚体上移动而不会改变对刚体的作用效果，这种矢量称为**滑动矢量**。力的可传性不适用于变形体，也不适用于多个刚体组成的刚体系统，只适用于同一刚体，故不能将力沿其作用线由一个刚体移动到另一刚体上。

推论 2　三力平衡汇交定理

刚体在三个力作用下平衡，其中两个力的作用线汇交于一点，则第三个力的作用线必过此汇交点，且三力共面。

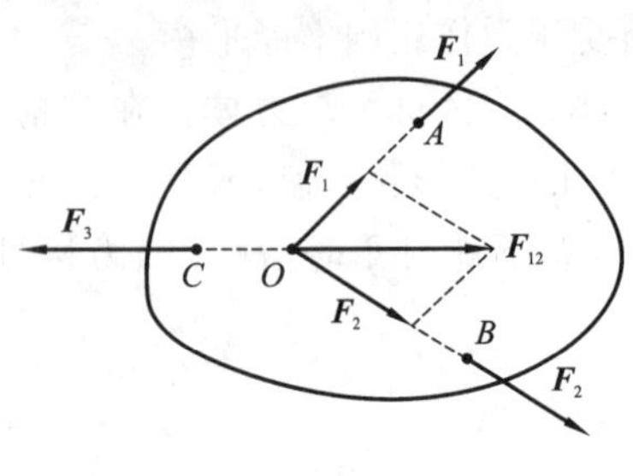

图 4.2.5

【证明】 如图 4.2.5 所示，在刚体的 A,B,C 三点上，分别作用三个相互平衡的力 $\boldsymbol{F}_1,\boldsymbol{F}_2,\boldsymbol{F}_3$。根据力的可传性，将力 $\boldsymbol{F}_1$ 和 $\boldsymbol{F}_2$ 移到汇交点 O，然后根据力的平行四边形法则，得合力 $\boldsymbol{F}_{12}$，则力 $\boldsymbol{F}_3$ 应与 $\boldsymbol{F}_{12}$ 平衡。由于两个力平衡必须共线，所以力 $\boldsymbol{F}_3$ 必定与力 $\boldsymbol{F}_1$ 和 $\boldsymbol{F}_2$ 共面，且通过力 $\boldsymbol{F}_1$ 和 $\boldsymbol{F}_2$ 的交点 O。于是定理得证。

三力平衡汇交定理只是不平行三力平衡的必要条件，而非充分条件。它常用来确定平衡刚体在不平行三力作用（其中两个力的作用线已知）下，未知力的作用线。

公理 4　作用与反作用定律

两物体间相互作用的力总是大小相等、方向相反、沿同一直线，同时分别作用在这两个物体上。

这个定律概括了物体间相互作用的关系，表明作用力和反作用力总是成对出现的。由于作用力与反作用力分别作用在两个物体上，因此，不能认为是平衡关系。

公理 5　刚化原理

变形体在某一力系作用下处于平衡，如将此变形体刚化为刚体，其平衡状态保持不变。

这个公理提供了把变形体看作为刚体模型的条件。如绳索在等值、反向、共线的两个拉力作用下处于平衡，如将绳索刚化为刚体，其平衡状态保持不变。反之就不一定成立。如刚体在两个等值反向的压力作用下平衡。若将它换成绳索就不能平衡了。

由此可见，刚体的平衡条件是变形体平衡的必要条件，而非充分条件。在刚体静力学的基础上，考虑变形体的特性，可进一步研究变形体的平衡问题。

静力学全部理论都可以由上述五个公理推证而得到，这既能保证理论体系的完整和严密性，又可以培养读者的逻辑思维能力。

4.3 力矩　力偶及力偶矩

4.3.1　力对点的矩

1. 平面力对点的矩

力对点的矩是度量力使刚体绕此点转动效应的物理量。

如图 4.3.1 所示，力 $\boldsymbol{F}$ 与点 O 在同一平面内，点 O 称为**矩心**，点 O 到力的作用线的垂直距离 h 称为**力臂**，在平面问题中力对点的矩的定义如下：力对点之矩是一个代数量，它的绝对值等于力的大小与力臂的乘积，它的正负可按下法确定：力使物体绕矩心逆时针转向转动时为正，反之为负。力 $\boldsymbol{F}$ 对于点 O 的矩以记号 $M_O(\boldsymbol{F})$ 表示，即

$$M_O(\boldsymbol{F}) = \pm Fh = \pm 2S_{\Delta OAB} \tag{4.3.1}$$

其中 $S_{\Delta OAB}$ 为三角形 OAB 的面积。

显然，力的作用线通过矩心，即力臂等于零时，它对矩心的力矩等于零。力矩的单位常用 N·m或 kN·m。

2. 空间力对点的矩矢

在空间情况下，力对点之矩的转动效应由以下三方面共同决定：力矩的大小，力矩的转向，力矩作用面的方位。这称为空间力对点之矩的三要素。这三要素用一个代数量不能完整表达，必须用力矩矢 $\boldsymbol{M}_O(\boldsymbol{F})$ 来描述。即

$$\boldsymbol{M}_O(\boldsymbol{F})=\boldsymbol{r}\times\boldsymbol{F} \tag{4.3.2}$$

如图 4.3.2 所示，$\boldsymbol{r}$ 表示力 $\boldsymbol{F}$ 作用点的矢径，矢积 $\boldsymbol{r}\times\boldsymbol{F}$ 的模等于力 $\boldsymbol{F}$ 的大小与力臂 h 的乘积(或三角形 OAB 面积的两倍)；其方位和力矩作用面的法线方向相同；矢量的指向按右手螺旋法则来确定。上式为力对点的矩的矢积表达式。

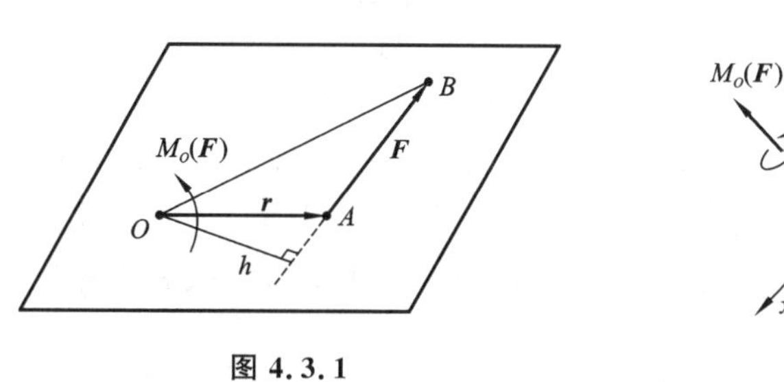

图 4.3.1

图 4.3.2

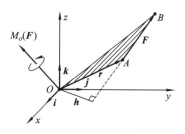

以矩心 O 为原点建立空间直角坐标系 $Oxyz$，如图 4.3.2 所示，以 $\boldsymbol{i},\boldsymbol{j},\boldsymbol{k}$ 表示坐标轴 x,y,z 的单位矢量。若力的作用点的坐标为 $A(x,y,z)$，力 $\boldsymbol{F}$ 在三个坐标轴上的投影分别为 F_x,F_y,F_z，则有

$$\boldsymbol{M}_O(\boldsymbol{F})=\boldsymbol{r}\times\boldsymbol{F}=(x\boldsymbol{i}+y\boldsymbol{j}+z\boldsymbol{k})\times(F_x\boldsymbol{i}+F_y\boldsymbol{j}+F_z\boldsymbol{k})=\begin{vmatrix}\boldsymbol{i} & \boldsymbol{j} & \boldsymbol{k}\\ x & y & z\\ F_x & F_y & F_z\end{vmatrix} \tag{4.3.3}$$

或者：

$$\boldsymbol{M}_O(\boldsymbol{F})=(yF_z-zF_y)\boldsymbol{i}+(zF_x-xF_z)\boldsymbol{j}+(xF_y-yF_x)\boldsymbol{k} \tag{4.3.4}$$

这称为力对点的矩的解析表达式。

若将力对点的矩矢向坐标轴投影，则其投影的表达式为

$$\begin{cases}[\boldsymbol{M}_O(\boldsymbol{F})]_x=yF_z-zF_y\\ [\boldsymbol{M}_O(\boldsymbol{F})]_y=zF_x-xF_z\\ [\boldsymbol{M}_O(\boldsymbol{F})]_z=xF_y-yF_x\end{cases} \tag{4.3.5}$$

【说明】 (1)平面力对点之矩是空间力对点之矩的特殊情况，其计算公式可由式(4.3.5)推出，读者可自行推导。(2)一个科学概念的定义由平面到空间(由特殊推广到一般)或由空间到平面(由一般简化到特殊)，必须协调。

力对点的矩矢在坐标轴 x、y、z 上的投影或在任意过坐标原点的轴 $\boldsymbol{n}$($\boldsymbol{n}$ 为单位矢量)上的投影也可用矢量混合积的形式表达。若用 $\boldsymbol{r}$ 表示自坐标原点 O 到力的作用点 A 形成的矢径，则力 $\boldsymbol{F}$ 对 x、y、z 轴以及 $\boldsymbol{n}$ 轴的矩分别为

$$\left.\begin{aligned}[\boldsymbol{M}_O(\boldsymbol{F})]_x&=(\boldsymbol{r}\times\boldsymbol{F})\cdot\boldsymbol{i}\\ [\boldsymbol{M}_O(\boldsymbol{F})]_y&=(\boldsymbol{r}\times\boldsymbol{F})\cdot\boldsymbol{j}\\ [\boldsymbol{M}_O(\boldsymbol{F})]_z&=(\boldsymbol{r}\times\boldsymbol{F})\cdot\boldsymbol{k}\end{aligned}\right\} \tag{4.3.6}$$

$$[\boldsymbol{M}_O(\boldsymbol{F})]_n=(\boldsymbol{r}\times\boldsymbol{F})\cdot\boldsymbol{n} \tag{4.3.7}$$

3. 空间力对轴的矩

在工程中，经常遇到刚体绕定轴转动的情形，为了度量力对绕定轴转动刚体的作用效果，必须了解力对轴的矩的概念。

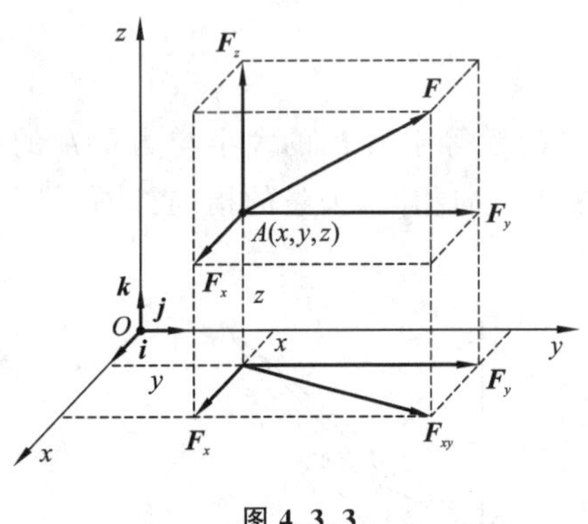

图 4.3.3

如图 4.3.3 所示，为求力 $\boldsymbol{F}$ 对固定轴 z 的矩，将 $\boldsymbol{F}$ 分解为 $\boldsymbol{F}_z$ 和 $\boldsymbol{F}_{xy}$（$\boldsymbol{F}_{xy}$ 称为力 $\boldsymbol{F}$ 在平面 Oxy 上的投影）。由经验可知，分力 $\boldsymbol{F}_z$ 对 z 轴的矩为零；只有分力 $\boldsymbol{F}_{xy}$ 对 z 轴有矩，大小等于力 $\boldsymbol{F}_{xy}$ 对平面 Oxy 与 z 轴的交点 O 的矩。现用符号 $M_z(\boldsymbol{F})$ 表示力 $\boldsymbol{F}$ 对 z 轴的矩，并定义用分力 $\boldsymbol{F}_{xy}$ 对 z 轴的矩来表示力 $\boldsymbol{F}$ 对 z 轴的矩。即

$$M_z(\boldsymbol{F})=M_O(\boldsymbol{F}_{xy}) \tag{4.3.8}$$

故，力对轴的矩的定义如下：力对轴的矩是力使刚体绕该轴转动效果的度量，是一个代数量，其绝对值等于该力在垂直于该轴的平面上的投影对于这个平面与该轴的交点的矩。其正负号可按右手螺旋规则确定，拇指指向与 z 轴一致为正，反之为负。

力对轴的矩等于零的情况：(1)当力与轴相交时；(2)当力与轴平行时。即当力与轴在同一平面时，力对该轴的矩等于零。

力对轴的矩的单位为 N · m。

力对轴的矩也可用解析表达式表示。如图 4.3.3 所示，以 x,y,z 和 F_x,F_y,F_z 分别表示力 $\boldsymbol{F}$ 的作用点 A 的坐标和力 $\boldsymbol{F}$ 在对应坐标轴上的投影。根据力对轴的矩的定义，可得

$$M_z(\boldsymbol{F})=M_O(\boldsymbol{F}_{xy})=M_O(\boldsymbol{F}_x)+M_O(\boldsymbol{F}_y)=xF_y-yF_x$$

力 $\boldsymbol{F}$ 对 x 轴和 y 轴之矩也可类似写出，则力对直角坐标轴的矩的解析表达式为

$$\left.\begin{aligned}M_x(\boldsymbol{F})&=yF_z-zF_y\\M_y(\boldsymbol{F})&=zF_x-xF_z\\M_z(\boldsymbol{F})&=xF_y-yF_x\end{aligned}\right\} \tag{4.3.9}$$

对比式(4.3.5)和式(4.3.9)，可得如下关系

$$\left.\begin{aligned}[\boldsymbol{M}_O(\boldsymbol{F})]_x&=M_x(\boldsymbol{F})=(\boldsymbol{r}\times\boldsymbol{F})\cdot\boldsymbol{i}\\[\boldsymbol{M}_O(\boldsymbol{F})]_y&=M_y(\boldsymbol{F})=(\boldsymbol{r}\times\boldsymbol{F})\cdot\boldsymbol{j}\\[\boldsymbol{M}_O(\boldsymbol{F})]_z&=M_z(\boldsymbol{F})=(\boldsymbol{r}\times\boldsymbol{F})\cdot\boldsymbol{k}\end{aligned}\right\} \tag{4.3.10}$$

即：力对点的矩矢在通过该点的某轴上的投影，等于力对该轴的矩。这就是力对点的矩矢与力对轴的矩之间的关系。

于是力对点的矩的解析表达式也可写为

$$\boldsymbol{M}_O(\boldsymbol{F})=M_x(\boldsymbol{F})\boldsymbol{i}+M_y(\boldsymbol{F})\boldsymbol{j}+M_z(\boldsymbol{F})\boldsymbol{k} \tag{4.3.11}$$

【说明】 若求一力对任意一轴(不一定经过坐标原点)的矩，可利用力对点的矩矢与力对轴的矩之间的关系，利用式(4.3.7)求得，将坐标原点 O 点改为轴上的一点 O'，$\boldsymbol{r}$ 为该 O' 点到力的作用点形成的矢径，求得力对点 O' 的矩矢后，将其在该轴上投影即可。

【例 4.3.1】 试分别求例 4.1.2 中力 $\boldsymbol{F}$ 对 z 轴和 AC 轴的矩(见图 4.3.4)。

【解】 由例 4.1.2 知：

$$\boldsymbol{F}=-\frac{\sqrt{2}}{2}F\boldsymbol{i}+\frac{\sqrt{2}}{2}F\boldsymbol{k}$$

(1) 先求力 $\boldsymbol{F}$ 对 z 轴的矩。

按力对轴的矩的定义可得

$$M_z(\boldsymbol{F})=F\cos45°\cdot a=\frac{\sqrt{2}}{2}Fa$$

或按公式(4.3.9)计算如下

$$M_z(\boldsymbol{F})=xF_y-yF_x=a\times0-a\times\left(-F\cdot\frac{\sqrt{2}}{2}\right)=\frac{\sqrt{2}}{2}Fa$$

图 4.3.4

或利用力对点的矩与力对过该点的轴的矩的关系计算

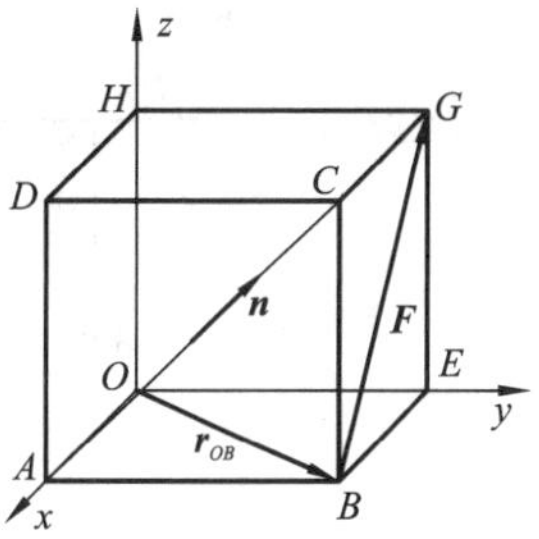

$$\boldsymbol{M}_O(\boldsymbol{F})=\begin{vmatrix}\boldsymbol{i} & \boldsymbol{j} & \boldsymbol{k}\\ a & a & 0\\ -\frac{\sqrt{2}}{2}F & 0 & \frac{\sqrt{2}}{2}F\end{vmatrix}=\frac{\sqrt{2}}{2}Fa(\boldsymbol{i}-\boldsymbol{j}+\boldsymbol{k})$$

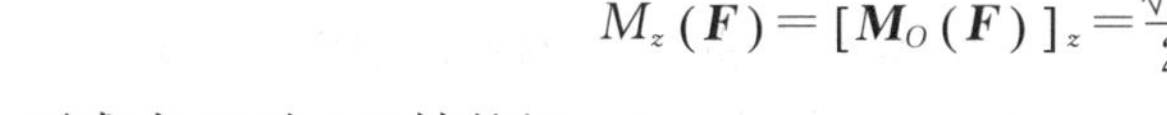

$$M_z(\boldsymbol{F})=[\boldsymbol{M}_O(\boldsymbol{F})]_z=\frac{\sqrt{2}}{2}Fa$$

(2) 再求力 $\boldsymbol{F}$ 对 AC 轴的矩。

AC 方向的单位矢量:$\boldsymbol{n}=\frac{\sqrt{2}}{2}\boldsymbol{j}+\frac{\sqrt{2}}{2}\boldsymbol{k}$。又:$\boldsymbol{r}_{AB}=a\boldsymbol{j}$。故

$$\begin{aligned}M_{AC}(\boldsymbol{F})&=(\boldsymbol{r}_{AB}\times\boldsymbol{F})\cdot\boldsymbol{n}=\left[a\boldsymbol{j}\times\left(-\frac{\sqrt{2}}{2}F\boldsymbol{i}+\frac{\sqrt{2}}{2}F\boldsymbol{k}\right)\right]\cdot\left(\frac{\sqrt{2}}{2}\boldsymbol{j}+\frac{\sqrt{2}}{2}\boldsymbol{k}\right)\\&=Fa\left(\frac{\sqrt{2}}{2}\boldsymbol{k}+\frac{\sqrt{2}}{2}\boldsymbol{i}\right)\cdot\left(\frac{\sqrt{2}}{2}\boldsymbol{j}+\frac{\sqrt{2}}{2}\boldsymbol{k}\right)=\frac{1}{2}Fa\end{aligned}$$

【说明】 力对非坐标轴的矩的计算用矢量的混合积的方法计算相对比较简便。

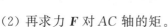

4.3.2 力偶及力偶矩

1. 平面力偶

大小相等,方向相反,作用线平行的两个力称为**力偶**。力偶是常见的一种特殊力系,例如图 4.3.5 所示的作用在汽车方向盘上的两个力。力偶只能使物体转动,它既不能合成为一个力,也不能与单个力平衡。由后面的力偶系的平衡条件可知,力偶只能与力偶平衡。力和力偶是静力学的两个基本要素。

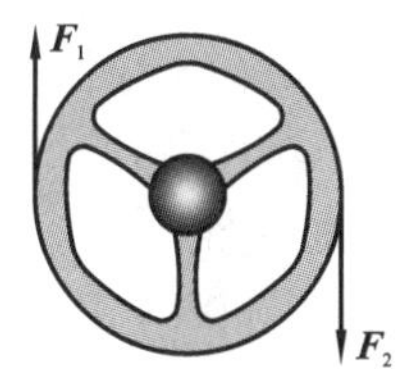

图 4.3.5

力偶对物体的转动效应用**力偶矩**度量。它等于力偶中力的大小与两个力之间的距离(力偶臂)的乘积,记为 $M(\boldsymbol{F},\boldsymbol{F}')$,简记为 M,如图 4.3.6 所示,有

$$M=\pm Fd \tag{4.3.12}$$

力偶矩是代数量。取逆时针转向为正,反之为负。力偶矩的单位与力矩相同,也是 N·m 或 kN·m。

如图 4.3.7 所示取任一点为矩心,则力偶对该点的矩为

$$M_O(\boldsymbol{F})+M_O(\boldsymbol{F}')=F\cdot\overline{DO}-F'\cdot\overline{EO}=F(\overline{DO}-\overline{EO})=Fd$$

由此可知,力偶对任一点的矩等于力偶矩而与矩心位置无关。

力偶在平面内的转向不同,其作用效应也不相同。因此,平面力偶对物体的作用效应,由以下两个因素决定:(1)力偶矩的大小;(2)力偶在作用平面内的转向。

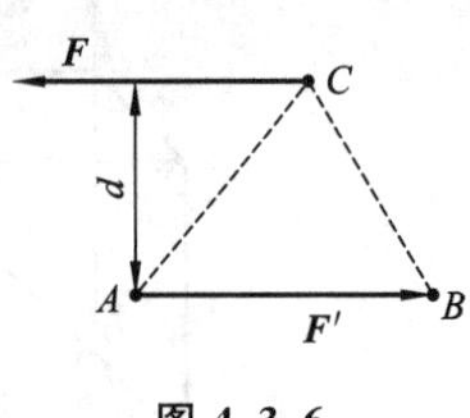

图 4.3.6

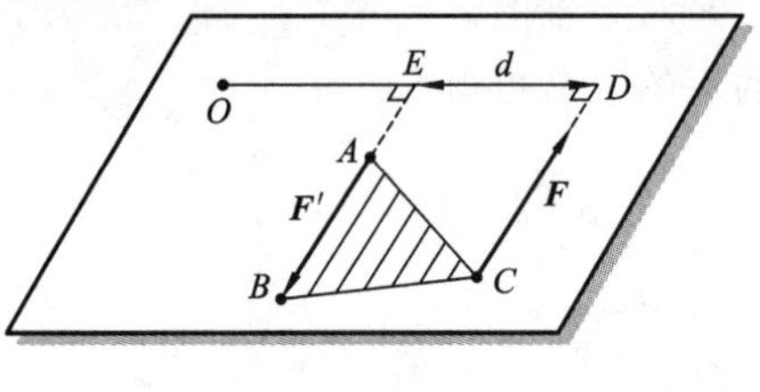

图 4.3.7

在同一平面内的两个力偶，如力偶矩相等，则两**力偶等效**。由此可得两个推论如下

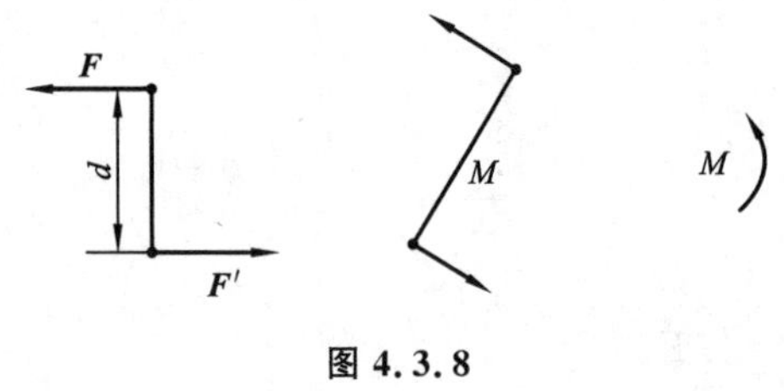

图 4.3.8

(1) 力偶可在其作用面内任意移转，而不改变它对物体的作用。

(2) 只要保持力偶矩不变，可任意改变力的大小和力偶臂的长短，而不改变力偶对物体的作用。

由此可见，力偶的臂和力的大小都不是力偶的特征量，只有力偶矩是力偶作用的唯一度量。今后常用图 4.3.8 所示的符号表示力偶，M 为力偶的矩。

2. 空间力偶

空间力偶对刚体的作用除了与力偶矩大小有关外，还与其作用面的方位及力偶的转向有关，如图 4.3.9 所示。假设作用在一平面内的力偶为 $(\boldsymbol{F},\ \boldsymbol{F}')$，则该力偶对空间任意一点 O 的矩之和为

$$\boldsymbol{M}_O(\boldsymbol{F},\ \boldsymbol{F}')=\boldsymbol{r}_A\times\boldsymbol{F}'+\boldsymbol{r}_B\times\boldsymbol{F}=-\boldsymbol{r}_A\times\boldsymbol{F}+(\boldsymbol{r}_A+\boldsymbol{r}_{AB})\times\boldsymbol{F}=\boldsymbol{r}_{AB}\times\boldsymbol{F}$$

上式表明，空间力偶对空间内任意一点的矩是矢量，并且与矩心位置无关。称 $\boldsymbol{r}_{AB}\times\boldsymbol{F}$ 为力偶 $(\boldsymbol{F},\ \boldsymbol{F}')$ 的力偶矩矢，记为：$\boldsymbol{M}(\boldsymbol{F},\ \boldsymbol{F}')$，简记为 $\boldsymbol{M}$。力偶对物体的转动效应完全取决于力偶矩矢。从而有

$$\boldsymbol{M}_O(\boldsymbol{F},\ \boldsymbol{F}')=\boldsymbol{M}=\boldsymbol{r}_{AB}\times\boldsymbol{F} \tag{4.3.13}$$

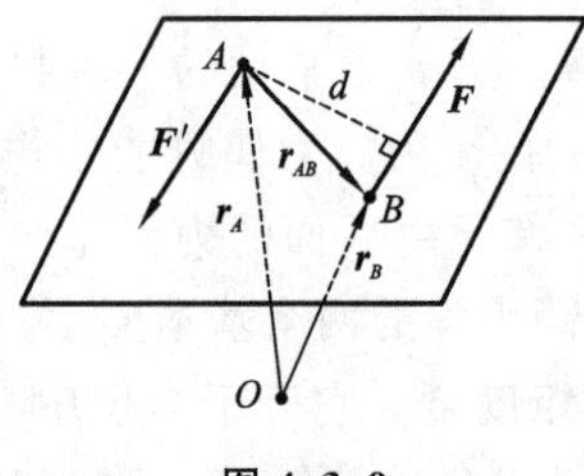

图 4.3.9

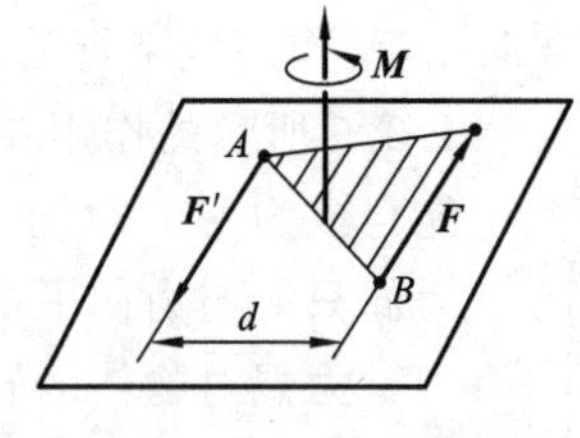

图 4.3.10

力偶矩矢 $\boldsymbol{M}$ 的模等于 Fd，即：等于力偶中力的大小与力偶臂的乘积。$\boldsymbol{M}$ 的方向垂直于力偶所在的平面，转向符合右手螺旋法则，如图 4.3.10 所示。

既然力偶没有合力，没有移动效应，而其转动效应又完全取决于力偶矩矢，那么可知：如果空间两个力偶的力偶矩矢相等，则它们彼此等效。

据此，还可推论出力偶的如下两个性质：

(1) 只要力偶矩矢保持不变，力偶可在刚体所占据的空间内任意移动而不改变其对刚体的效应。由此可见，只要不改变力偶矩矢 $\boldsymbol{M}$ 的模和方向，不论将 $\boldsymbol{M}$ 画在物体上的什么地方作用效果都一样，即力偶是**自由矢量**。

(2) 只要力偶矩矢保持不变，可将力偶的力和臂作相应的改变而不致改变其对刚体的效应。

既然力偶的力和臂可相应改变,在研究有关力偶的问题时,就只需考虑力偶的矩矢,而不必讨论其力的大小,力臂的长短。因此,在力学中和工程上常常在力偶所在的平面内以↺M 或↻M 来表示力偶,其中箭头表示力偶在平面内的转向,M 则表示力偶矩矢的大小。

4.4 约束及约束反力

位移不受限制的物体称为**自由体**。如飞行的飞机和火箭等,它们在空间的位移不受任何限制。与自由体相反,位移受到限制的物体称为**非自由体**。如机车受铁轨的限制,只能沿轨道运动;电机转子受轴承的限制,只能绕轴线转动。

在第 1 章曾介绍的约束及约束方程,是从运动学的角度来讨论约束的。对质点或刚体的运动加以限制的条件称为对质点或刚体的约束。在本篇,主要考虑力的作用,所以对研究对象的限制条件表现为周围物体对研究对象的作用力。

本篇将对非自由体的某些位移起限制作用的周围物体称为**约束**。例如,铁轨对于机车,轴承对于电机转子,都是约束。约束阻碍物体的位移。约束对物体的作用,实际上就是力,这种力称为**约束反力**(或**约束力**)。因此,约束反力就是约束的力学表现,约束反力的方向必与该约束所能够阻碍的位移方向相反。应用这个准则,可以确定约束反力的方向或作用线的位置。至于约束反力的大小一般是未知的,随主动力的大小及方向的改变而改变。在静力学问题中,约束反力和物体受的其他已知力(称**主动力**)组成平衡力系,因此可用平衡条件求出未知的约束反力。

下面介绍几种在工程中常见的约束类型和确定约束反力的方法。

4.4.1 柔索约束

细绳吊住重物,如图 4.4.1(a)所示。由于柔软的绳索本身只能承受拉力,所以它给物体的约束反力也只能是拉力(见图 4.4.1(b))。因此,绳索对物体的约束反力,作用在接触点,方向沿着绳索背离物体。通常用 $\boldsymbol{F}$ 或 $\boldsymbol{F}_{\mathrm{T}}$ 表示这类约束反力。

【注意】 链条或胶带也只能承受拉力。当它们绕在轮子上,对轮子的约束反力沿轮缘的切线方向。

4.4.2 光滑接触面约束

例如,支承物体的固定面(见图 4.4.2(a))、啮合齿轮的齿面、机床中的导轨等,当摩擦忽略不计时,都属于这类约束。

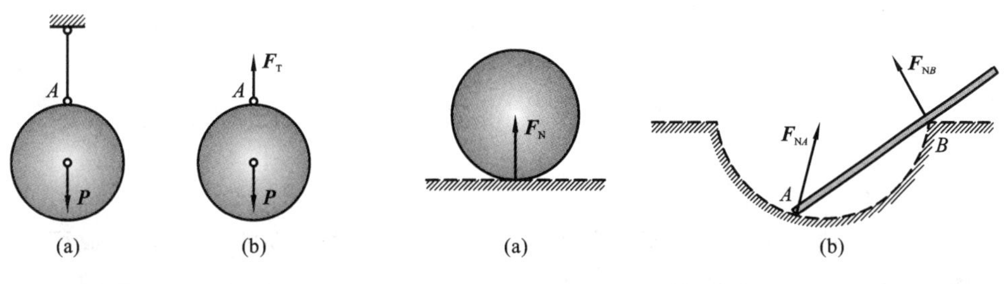

图 4.4.1　　图 4.4.2

这类约束不能限制物体沿约束表面切线方向的位移,只能阻碍物体沿接触表面法线方向并向约束内部的位移。因此,光滑支承面对物体的约束反力,作用在接触点处,方向沿接触表面的公法线，并指向受力物体。这种约束反力称为**法向约束反力**，通常用 $\boldsymbol{F}_{\mathrm{N}}$ 表示。如图 4.4.2(b)所示，一直杆放在光滑圆槽内，接触点 A,B 处的法向约束反力分别为 $\boldsymbol{F}_{\mathrm{NA}}$，$\boldsymbol{F}_{\mathrm{NB}}$。

【说明】 (1)约束力的方向与约束力的指向表示的意思不同，约束力的方向明确的是力的作用线，指向不明。例如水平方向的约束力表示该约束力的方向为水平方向，但是指向左或右没有明确。而约束力的指向则明确了约束力的指向，例如铅垂向下的重力。(2)一般而言，在分析前一般不能确定约束力的指向，只有计算完成后才能确定其指向。(3)为了方便，常常假设约束力的指向(可能与实际相符，也可能不符)，经过分析计算后，若求得该约束力的大小为正，则原假设成立；若求得该约束力的大小为负，则原假设不成立，即该约束力的真实指向与假设的指向相反。(4)以后除非柔索(约束力的指向为离开研究对象之外)，其他类型的约束力的指向均为假设指向。不再赘述。

4.4.3 铰支座与铰连接

1. 固定铰支座

工程上支座的作用是将一个构件支承于基础或另一静止的物体上。如将构件用圆柱形光滑销钉与固定支座连接，该支座就称为固定铰支座，简称铰支座。

如图 4.4.3(a)所示构件与支座连接示意图，销钉不能阻止构件转动，也不能阻止构件沿销钉轴线移动，而只能阻止构件在垂直于销钉轴线的平面内移动。当构件有运动趋势时，构件与销钉可沿任一母线(在图上为一点 A)接触。假设销钉是光滑圆柱形的，故可知约束力必作用于接触点 A 并通过销钉中心，如图 4.4.3(b)所示。但由于接触点 A 不能预先确定，所以 $\boldsymbol{F}_A$ 的方向实际是未知的。可见，铰支座的约束力在垂直于销钉轴线的平面内，通过销钉中心，方向不定。如图 4.4.3(c)、(d)所示是铰支座的常用简化表示法。铰支座的约束力可表示为一个未知方向和未知大小的力，见图 4.4.3(e)，但这种表示法在解析计算中不常采用。常用的方法是将约束力表示为两个互相垂直的力，如图 4.4.3(f)所示，这样只要确定了这两个分力的大小，就可以用式(4.1.4)确定约束力的大小和方向。

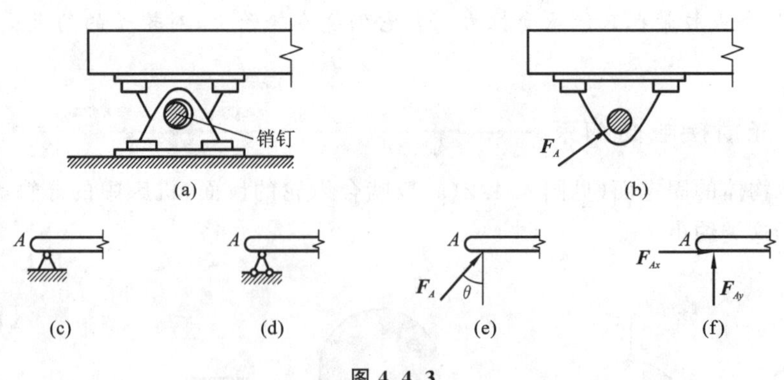

图 4.4.3

2. 可动铰支座

在固定铰支座的底座与支承物体之间安装几个可沿支承面滚动的辊轴，就构成**可动铰支座**，又称**辊轴支座**，如图 4.4.4(a)所示。其力学简图如图 4.4.4(b)、(c)、(d)所示。这种支座的约束特点是只能限制物体上与销钉连接处垂直于支承面方向的运动，而不能限制物体绕铰链轴转动和沿支承面运动。因此，可动铰支座的约束力通过铰链中心并垂直于支承面，可用符号 $\boldsymbol{F}_A$ 表示。

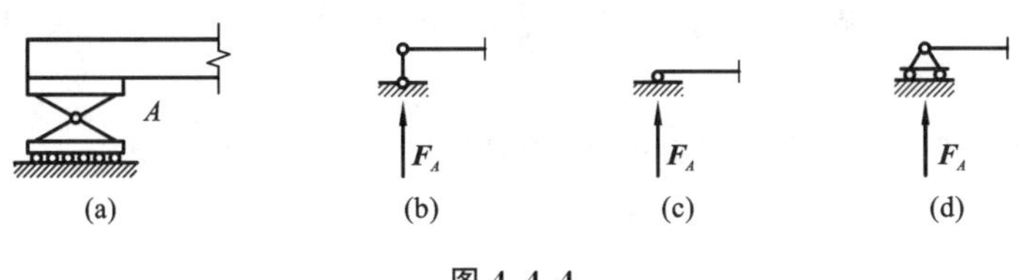

图 4.4.4

3. 球形铰支座

构件的一端做成球形，固定的支座做成一球窝，将构件的球形端置入支座的球窝内，则构成**球形铰支座**，简称**球铰**，如图 4.4.5(a)所示。如汽车变速箱的操纵杆就是用球形铰支座固定的，球形铰支座的简化表示法如图 4.4.5(b)、(c)所示。若接触面是光滑的，则球形铰支座可以限制构件离开球心的任何方向的运动，不能限制构件绕球心的转动。因此，球铰的约束力必通过球心，但可取空间任何方向。这种约束力可用三个相互垂直的分力来表示，如图 4.4.5(d)所示。

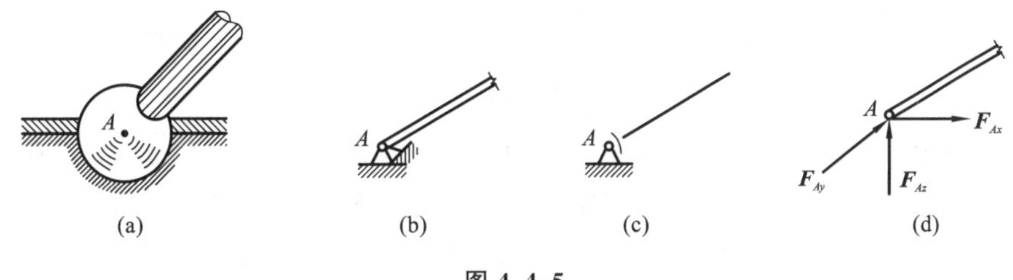

图 4.4.5

4. 铰连接

两个构件用圆柱形光滑销钉连接，这种约束称为**铰连接**，简称**铰接**，如图 4.4.6(a)所示，并把连接件(光滑销钉)称为**铰**，图 4.4.6(b)所示是铰连接的表示法。销钉对构件的约束与铰支座的销钉对构件的约束相同。因此，铰链的约束力作用在与销钉轴线垂直的平面内，并通过销钉中心，而方向待定(图 4.4.6(c)所示 $\boldsymbol{F}_A$)，通常可用其两个未知分反力 $\boldsymbol{F}_x$、$\boldsymbol{F}_y$ 表示(见图 4.4.6(d))。

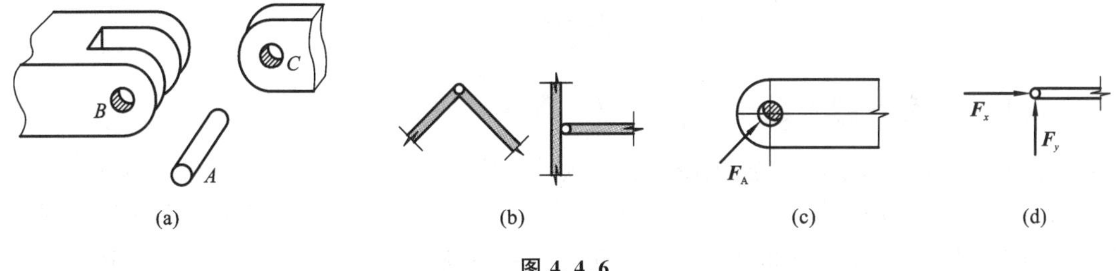

图 4.4.6

如图 4.4.6(a)所示的销钉 A，将两个物体连接在一起，这种铰称为**简单铰**，显然当不考虑销钉的质量时，由作用力与反作用力的关系可知，销钉对于两个连接物体的作用力大小相等，方向相反，所以在进行受力分析时，常常将销钉与任意连接物体视为一体考虑，而不再单独取出分析受力情况。故分析简单铰一般不用单独分析销钉，除非要讨论销钉的受力。

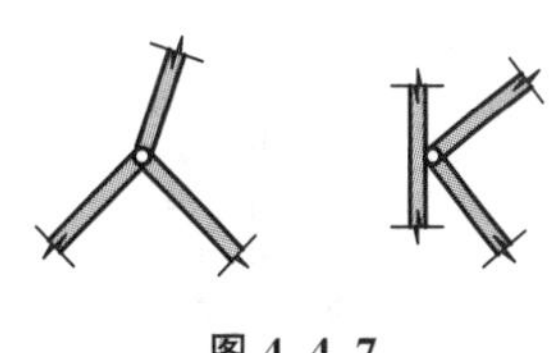

图 4.4.7

与简单铰不同，将连接三个及三个以上的铰称为**复杂铰**。如图 4.4.7所示。因为销钉连接了三个或三个以上的杆件，故会受到多个杆件对销钉的作用，这些力之间不再保持等值反向的关系。故分析复杂铰时，一般都要考虑销钉与各个连接物体之间的作用力。对于只连接两个物体的铰，如果还有外力作用在销钉上，则将外力的作用视为一个杆件的作用,应按复杂铰处理。复杂铰是静力学计算过程中容易出错的地方,后面第 6 章还有讨论。

【说明】 连接 $n(n>2)$ 个物体的复杂铰,相当于 $(n-1)$ 个简单铰。

4.4.4 轴承

向心轴承对轴的约束特点与固定铰支座的约束特点相似,如图 4.4.8(a)所示。故向心轴承对轴的约束力通过轴心且在与轴垂直的平面上,方向待定,通常用相互垂直的两个分力 $\boldsymbol{F}_{Ax}$、$\boldsymbol{F}_{Ay}$ 表示。其力学简图及反力如图 4.4.8(b)、(c)所示。向心轴承又称为**径向轴承**。

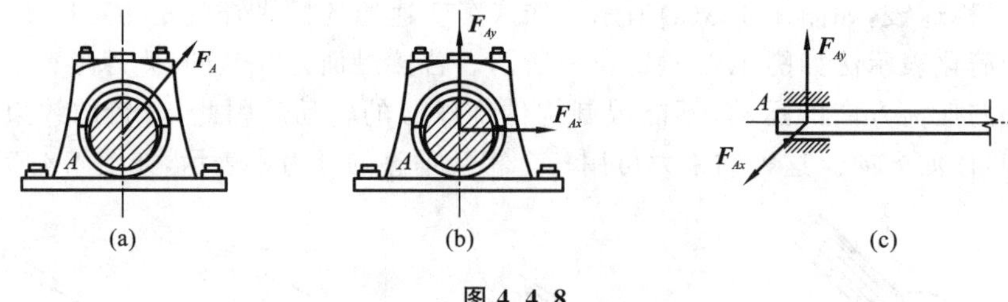

图 4.4.8

止推轴承可视为由一光滑面将向心轴承圆孔的一端封闭而成,如图 4.4.9(a)所示。它可用图4.4.9(b)所示力学简图表示。这种约束的特点是能同时限制轴的径向和轴向(推力方向)的移动,所以止推轴承的约束力常用垂直于轴向和沿轴向的三个分力 $\boldsymbol{F}_{Ax}$、$\boldsymbol{F}_{Ay}$、$\boldsymbol{F}_{Az}$ 表示。其力学简图及反力如图 4.4.9(b)、(c)所示。

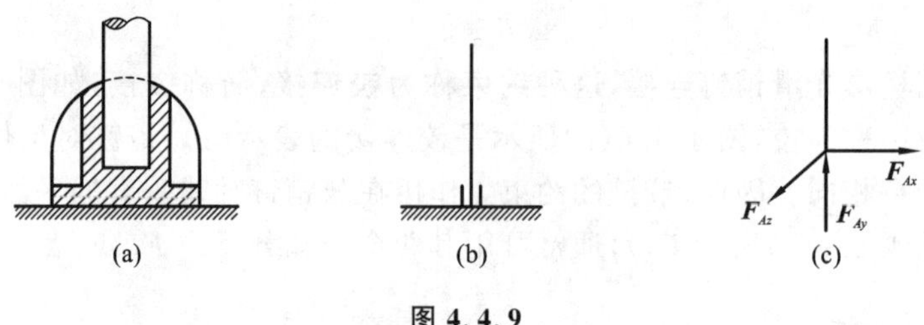

图 4.4.9

4.4.5 固定端约束

固定端约束在土木建筑工程、机械工程等领域中应用广泛。其作用是将构件与基础或其他构件固定在一起。如图 4.4.10(a)、(b)所示的构件 AB 在 A 处的约束就是地面或墙壁对杆件 AB 的固定端约束。固定端约束的作用效果就是使被连接的两个(或多个)物体在连接处既不能有相对的任意移动,也不能有相对的转动。假设作用在杆件上的主动力和约束力均在图示平面内,不能有相对的任意移动可用两个相互垂直的分力表示,而不能有相对的转动可用一集中力偶表示。图 4.4.10(a)、(b)中固定端 A 处的受力图分别如图 4.4.10(c)、(d)所示。

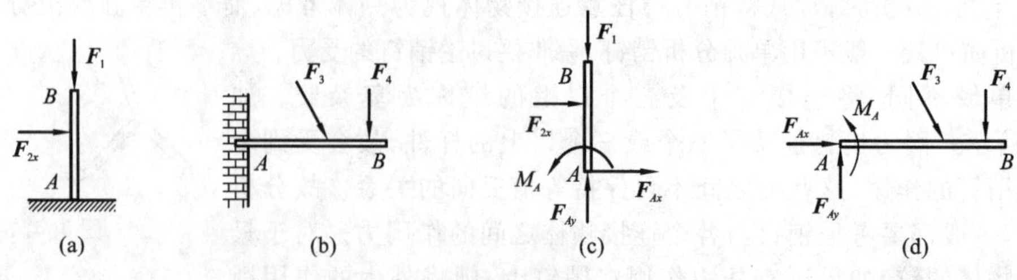

图 4.4.10

【说明】 (1)若作用在杆件上的外力为空间力系,一般情况下约束力也为空间力系。空间的固定端约束作用可用沿三个坐标轴的分力和绕三个坐标轴的力偶表示,除非证明某分量为零,一般情况下不能假设一分量为零。(2)在第 5 章还会根据力系的简化结果分析固定端约束。

4.5 物体的受力分析

在工程实际中,为了求出未知的约束反力,首先要确定构件受了几个力作用,每个力的作用位置和力的作用方向,这种分析过程称为物体的**受力分析**。

作用在物体上的力可分为两类:一类是主动力,例如:物体的重力、风力、气体压力等,一般是已知的;另一类是约束对于物体的约束反力,为未知的被动力。

为了清晰地表示物体的受力情况,把需要研究的物体(称为受力体)从周围的物体(称为施力体)中分离出来,这个步骤叫作选取**研究对象**或取**隔离体**(或**分离体**)。然后把施力物体对研究对象的作用力(包括主动力和约束反力)全部画出来。这种表示物体受力的简明图形,称为**受力图**。画物体受力图是解决静力学问题的一个重要步骤。

【例 4.5.1】 如图 4.5.1(a)所示,梁 AB 的一端用铰链,另一端用柔索固定在墙上,在 D 处挂一重物,其重量为 P,梁的自重不计。画出梁 AB 的受力图。

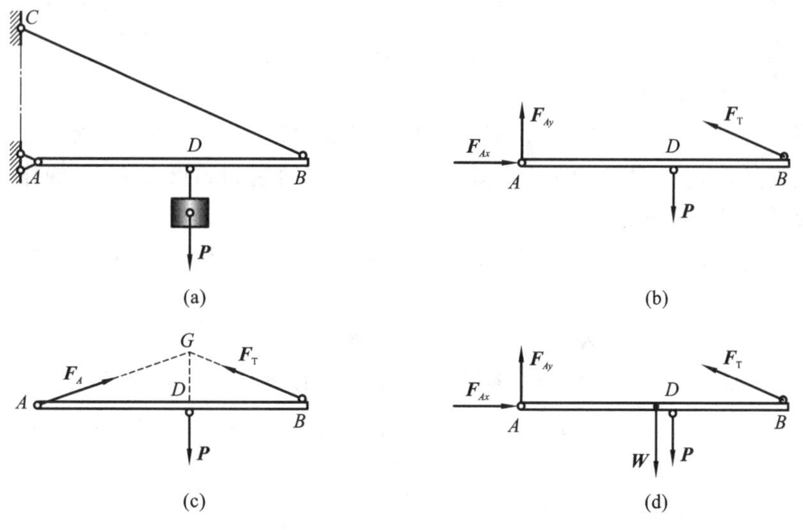

图 4.5.1

【解】 (1)取梁 AB 为研究对象。首先画出主动力 $\boldsymbol{P}$。梁在 A 处受固定铰支给它的约束反力作用,由于方向未知,可用两个大小未定的正交分力 $\boldsymbol{F}_{Ax}$ 和 $\boldsymbol{F}_{Ay}$ 表示;解除柔索的约束,代之以沿 BC 方向的拉力 $\boldsymbol{F}_{T}$。梁 AB 的受力图如图 4.5.1(b)所示。

(2)再进一步分析可知,由于梁 AB 在 $\boldsymbol{P}$,$\boldsymbol{F}_{T}$ 和 $\boldsymbol{F}_{A}$ 三个力作用下平衡,故可根据三力平衡汇交定理,确定铰链 A 处约束反力 $\boldsymbol{F}_{A}$ 的方向。点 G 为力 $\boldsymbol{P}$ 和 $\boldsymbol{F}_{T}$ 作用线的交点,当梁 AB 平衡时,约束反力 $\boldsymbol{F}_{A}$ 的作用线必通过点 G(见图 4.5.1(c));至于 $\boldsymbol{F}_{A}$ 的指向,暂且假定如图所示,以后由平衡条件确定。

(3)如果考虑梁的自重,则梁上有 4 个力作用,无法判断铰 A 处的约束反力方向,受力图如图 4.5.1(d)所示。因此,图 4.5.1(b)是画受力图时通常采用的方案。

【说明】（1)在对物体进行受力分析时，如果题目中没有说明物体的重量，一般认为物体的重量不计。(2)由于在求解之前不能确定力的大小和指向(求解平衡问题力的大小和指向将在第6章讨论)，故受力图一般假定一个指向，如果实际方向与假定方向相反，则求得结果为负。

【例 4.5.2】 如图 4.5.2(a)所示的三铰拱桥，由左、右两拱铰接而成。设各拱自重不计，在拱 AC 上作用有载荷 $\boldsymbol{F}$。试分别画出拱 AC 和 BC 的受力图。

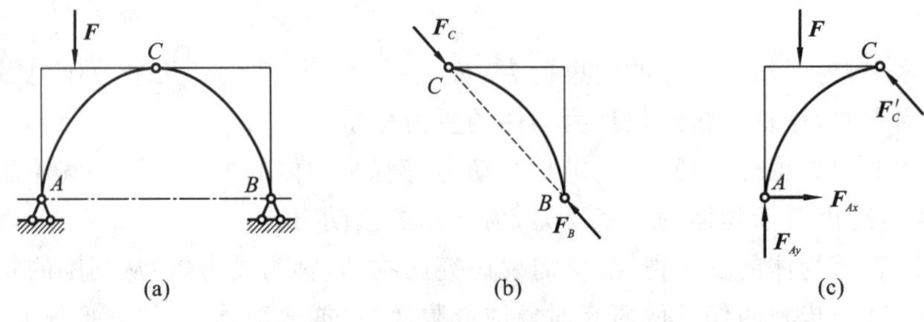

图 4.5.2

【解】 (1) 先分析拱 BC 的受力。

由于拱 BC 自重不计，且只在 B,C 两处受到铰链约束，拱 BC 只在 $\boldsymbol{F}_B$，$\boldsymbol{F}_C$二力作用下平衡，根据二力平衡公理，这两个力必定沿同一直线，且等值、反向。由此可确定 $\boldsymbol{F}_B$和 $\boldsymbol{F}_C$的作用线应沿铰链中心 B 与 C 的连线。BC 为二力构件，一般情况下，$\boldsymbol{F}_B$与 $\boldsymbol{F}_C$的指向不能预先判定，可先任意假设二力构件受拉力或压力。这两个力的方向如图 4.5.2(b)所示。

(2) 取拱 AC 为研究对象。

由于自重不计，因此主动力只有载荷 $\boldsymbol{F}$。拱 AC 在铰链 C 处受拱 BC 给它的约束反力，根据作用和反作用定律，$\boldsymbol{F}_C=-\boldsymbol{F}'_C$。拱在 A 处受固定铰支座给它的约束反力 $\boldsymbol{F}_A$的作用，可用两个大小未知的正交分力 $\boldsymbol{F}_{Ax}$ 和 $\boldsymbol{F}_{Ay}$ 代替。

拱 AC 的受力图如图 4.5.2(c)所示。也可根据三力平衡汇交定理确定支座 A 处反力的方向。

【思考】 *若左右两拱都计入自重时，各受力图有何不同？*

【例 4.5.3】 如图 4.5.3(a)所示，梯子的两部分 AB 和 AC 在点 A 铰接，又在 D,E 两点用水平绳连接。梯子放在光滑水平面上，若其自重不计，但在 AB 的 H 处作用一铅垂荷载 $\boldsymbol{F}$。试分别画出绳子 DE 和梯子的 AB,AC 部分以及整个系统的受力图。

【解】 (1) 绳子 DE 的受力分析。

绳子两端 D,E 分别受到梯子对它的拉力 $\boldsymbol{F}_D$、$\boldsymbol{F}_E$ 的作用(见图 4.5.3(b))。

(2) 梯子 AB 部分的受力分析。

在 H 处受荷载 $\boldsymbol{F}$ 的作用，在铰链 A 处受 AC 部分给它的约束反力 $\boldsymbol{F}_{Ax}$ 和 $\boldsymbol{F}_{Ay}$ 的作用。在点 D 受绳子对它的拉力 $\boldsymbol{F}'_D$(与 $\boldsymbol{F}_D$互为作用力和反作用力)作用。在点 B 受光滑地面对它的法向约束反力 $\boldsymbol{F}_B$的作用。

梯子 AB 部分的受力图如图 4.5.3(c)所示。

(3) 梯子 AC 部分的受力分析。

在铰链 A 处受 AB 部分对它的作用力 $\boldsymbol{F}'_{Ax}$ 和 $\boldsymbol{F}'_{Ay}$(分别与 $\boldsymbol{F}_{Ax}$ 和 $\boldsymbol{F}_{Ay}$ 互为作用力和反作用力)。在点 E 受绳子对它的拉力 $\boldsymbol{F}'_E$(与 $\boldsymbol{F}_E$互为作用力和反作用力)。在 C 处受光滑地面对它的法向约束反力 $\boldsymbol{F}_C$。

梯子 AC 部分的受力图如图 4.5.3(d)所示。

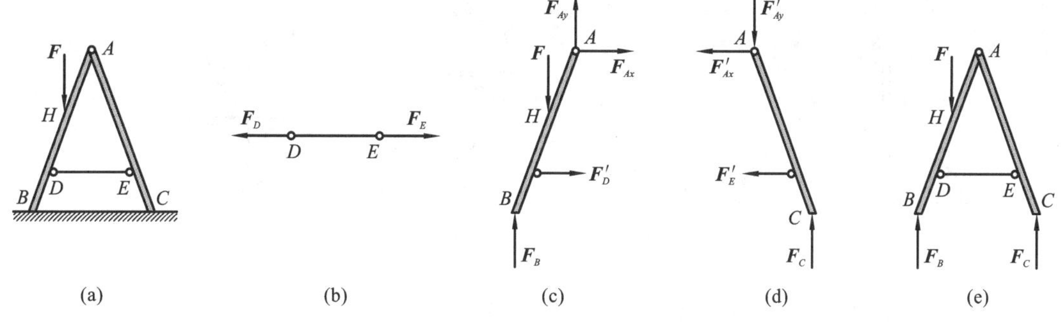

图 4.5.3

(4) 整个系统的受力分析。

当选整个系统为研究对象时，可把平衡的整个结构刚化为刚体。由于铰链 A 处所受的力互为作用力与反作用力关系，即 $\boldsymbol{F}_{Ax}=-\boldsymbol{F}'_{Ax}$，$\boldsymbol{F}_{Ay}=-\boldsymbol{F}'_{Ay}$，绳子与梯子连接点 D 和 E 所受的力也分别互为作用力与反作用力，即，$\boldsymbol{F}_D=-\boldsymbol{F}'_D$，$\boldsymbol{F}_E=-\boldsymbol{F}'_E$，这些力都成对地作用在整个系统内，称为**内力**。内力对系统的作用效应相互抵消，因此可以除去，并不影响整个系统的平衡，故内力在受力图上不必画出。在受力图上只需画出系统以外的物体给系统的作用力，这种力称为**外力**。这里，荷载 $\boldsymbol{F}$ 和约束力 $\boldsymbol{F}_B$、$\boldsymbol{F}_C$ 都是作用于整个系统的外力。

整个系统的受力图如图 4.5.3(e)所示。

【说明】 (1) 内力与外力的区分不是绝对的。例如，当我们把梯子的 AC 部分作为研究对象时，$\boldsymbol{F}'_{Ax}$、$\boldsymbol{F}'_{Ay}$ 和 $\boldsymbol{F}'_E$ 均属外力，但取整体为研究对象时，$\boldsymbol{F}'_{Ax}$、$\boldsymbol{F}'_{Ay}$ 和 $\boldsymbol{F}'_E$ 又成为内力。可见，内力与外力的区分，只有相对于某一确定的研究对象才有意义。(2)在绘制整体(或子系统)的受力图时，应保证整体和局部受力的对应，即一个力不能在局部的受力指向与整体(或子系统)受力时的指向相反；(3)一般而言，物体的受力分析图不是唯一的，同一个物体完全可以有不同的受力图。例如本题中，也可以先考虑杆件 AC 的受力，并根据三力平衡汇交定理，确定销钉 A 对杆件 AC 的作用力，然后再分析其他构件的受力，也是可行的。(4)同一物体可以有不同的受力图，但只是表现形式的不同，在本质上是一致的。

【例 4.5.4】 如图 4.5.4(a)所示平面结构，杆 DE 上作用有力偶 M，杆 BC 受到力 $\boldsymbol{F}_G$ 作用，力 $\boldsymbol{F}_C$ 作用于销钉 C，杆件的重量不计，所有接触处光滑。试分析各个杆件以及整体的受力，画出受力图。

【解】 杆 DE 与杆 AC 在点 D 光滑接触，所以杆 AC 对杆 DE 的作用力 $\boldsymbol{F}_D$ 垂直于杆 AC，杆 DE 还受到主动力偶 M 和铰支座 E 的作用，根据固定铰支座的约束反力的画法(见图 4.5.3(f))，支座反力 $\boldsymbol{F}_E$ 可以用两个分力 $\boldsymbol{F}_{Ex}$ 和 $\boldsymbol{F}_{Ey}$ 表示，如图 4.5.4(b)所示。杆 DE 的受力如图 4.5.4(b)所示。

销钉 C 上有主动力 $\boldsymbol{F}_C$ 作用，还受到杆 AC 和杆 BC 的作用，但作用力的方向无法判知，因此，销钉 C 的受力如图 4.5.4(c)所示。

杆 AC 受到杆 DE、销钉 C 和支座 A 的作用，其中只有杆 DE 的作用力方向已知，不能用三力平衡汇交定理；销钉 C 与杆 AC 互为作用力与反作用力。杆 AC 的受力如图 4.5.4(d)所示。

杆 BC 的受力分析与杆 AC 类似，如图 4.5.4(e)所示。

将 A、B、E 三个支座解除，就得到整体，支座反力已经由上面得到，因此整体的受力如图 4.5.4(f)所示。

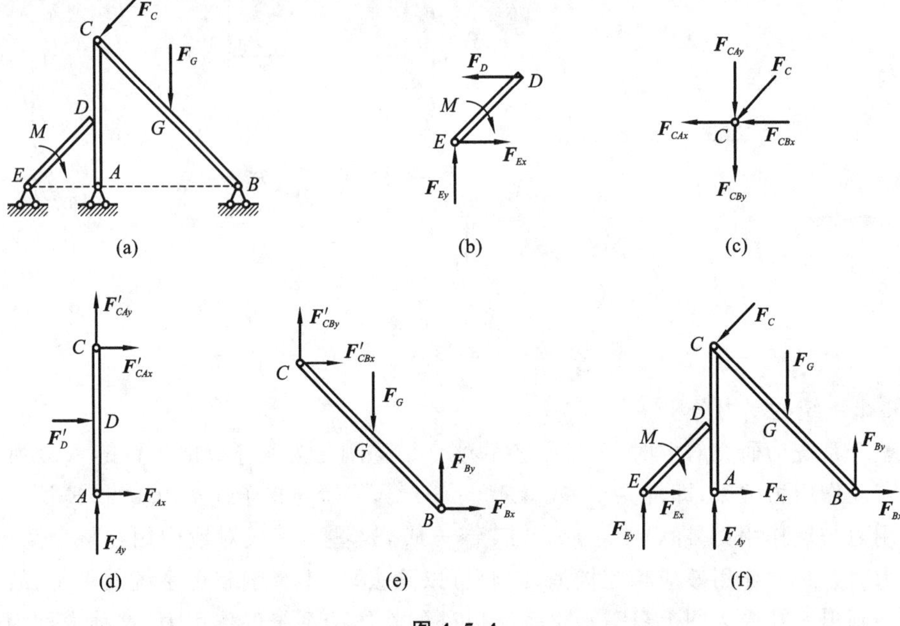

图 4.5.4

【说明】 杆 DE 也可根据力偶只能由力偶平衡及 D 处的受力判断出 E 处的约束反力只有水平分量。

【例 4.5.5】 已知图 4.5.5 所示物体系统处于平衡状态，试用物体的受力分析判断支座 C 处约束反力的方向。

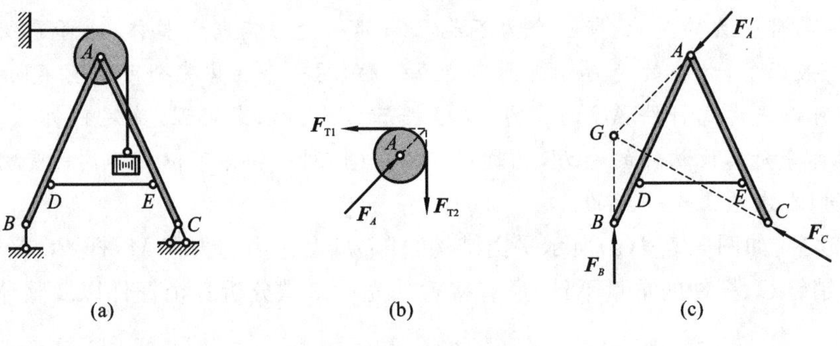

图 4.5.5

【解】 首先选取滑轮 A(不含销钉)为研究对象，由三力平衡汇交定理可以确定销钉对滑轮 A 的作用力 F_A 的方向，如图 4.5.5(b)所示。

再选取销钉 A、杆件 AB、AC 和绳子 DE 这一子系统为研究对象，并将其视为一个刚体，由于该子系统原来是平衡的，所以加上约束反力后也应该平衡。由约束的性质可以判断 B 处的约束反力的方向，而滑轮对销钉 A 的作用力与 F_A 的指向相反，再由三力平衡汇交定理可以确定支座 C 处约束反力的方向沿 CG 方向，如图 4.5.5(c)所示。

【说明】 图 4.5.5(a)中铰 A 为复杂铰，因为它连接杆件 AB 和 AC，同时又连接滑轮 A。分析简单铰一般不用单独分析销钉，除非要讨论销钉的受力。而分析复杂铰，一般都要将销钉与连接件分开，考虑销钉与各个物体之间的作用力。复杂铰是静力学计算过程中容易出错的地方，第 6 章还有讨论。

【例 4.5.6】 已知物体系统的受力如图 1.5.6(a)所示，试绘制各构件和整个物体系统的受力分析图。

【解】 该物体系统由三个构件 AD、DH 和 HK 组成。分别绘制构件 AD、DH 和 HK 的受力图如图 1.5.6(b)、(c)、(d)所示。整个物体系统的受力分析如图 1.5.6(e)所示。

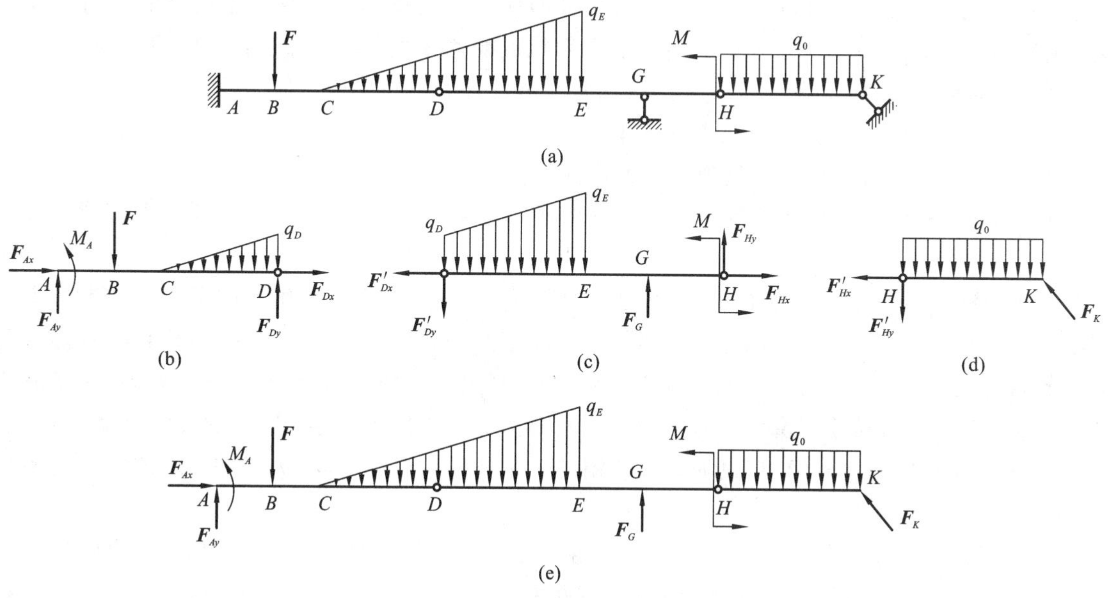

图 4.5.6

【注意】 (1)可以按照实际分布力的作用方式画出物体在分布力作用下的受力分析图，如图 4.5.6(b)、(c)所示。(2)跨物体作用的分布力，在绘制其中一部分物体的受力分析图时，不能按分布力简化的结果(见第 5 章)绘制，否则很可能出错。(3)集中力偶 M 作用在铰 H 的左侧截面上，不是作用在铰 H 上，也不是作用在铰 H 的右侧截面上，所以绘制构件 HK 的受力图时，没有集中力偶 M 的作用。

【例 4.5.7】 如图 4.5.7 所示的平面构架，由杆 AB、DE 及 DB 铰接而成。A 为活动铰支座，E 为固定铰链。钢绳一端拴在 K 处，另一端绕过定滑轮Ⅰ和动滑轮Ⅱ后拴在销钉 B 上。重物的重量为 P，各杆及滑轮的自重不计。①试分别画出各杆、各滑轮、销钉 B 以及整个系统的受力图；②画出销钉 B 与滑轮Ⅰ一起的受力图；③画出杆 AB、滑轮Ⅰ、Ⅱ、钢绳和重物作为一个系统时的受力图。

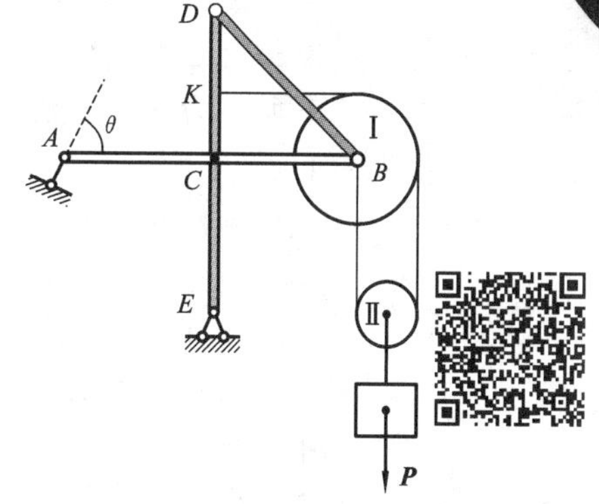

图 4.5.7

正确画出物体的受力图，是分析、解决力学问题的基础。画受力图时需注意如下几点。

(1) 必须明确研究对象并取出隔离体。根据求解需要，可以取单个物体为研究对象、取由几个物体组成的子系统为研究对象，也可以取整个物体系统为研究对象。不同的研究对象的受力图是不同的。在今后的学习中将会看到，选择合适的研究对象往往是快速求解问题的关键。

(2) 正确确定研究对象受力的数目。对每一个力都应明确它的施力物体，不能凭空产生。同时，也不可漏掉任何一个力。一般可先画已知的主动力，再画约束反力；凡是研究对象与外界接触的地方，都存在约束反力。作用在研究对象上的主动力（含集中力、分布力、集中力矩和分布力矩）直接施加在研究对象上，不必简化。

(3) 正确画出约束反力。一个物体往往同时受到几个约束的作用，这时应分别根据每个约束本身的性质来确定其约束反力的方向，而不能凭主观臆测。

(4) 当分析两物体间相互的作用力时，应遵循作用与反作用的关系。作用力的方向一经假定，则反作用力的方向应与之相反。当画整个系统的受力图时，由于内力成对出现，组成平衡力系，因此不必画出，只需画出全部外力。在画几个构件组成的子系统的受力图时，子系统之外的构件对子系统的作用视为外力，也必须画出。

(5) 存在二力构件时，一般先确定二力构件的受力情况。

(6) 对同一物体系统，随着受力分析时选取研究对象顺序的不同，可能得到的受力图在形式上是不同的，但本质上应一致。

(7) 对物体进行受力分析时，研究对象可以是一个构件、几个构件组成的子系统或者整个物体系统，但一般在理论力学中不将一个物体从中间切开分成两个物体。如果必须切开，则切开后的两个物体之间的作用力（这些由其他荷载引起的力常称为原构件在切开位置处的**内力**）一般会比较复杂，因为在切开处两边互为对方的固定端约束，可按固定端约束反力的方法绘制，除非能证明这些相互作用力比较简单（例如后面介绍的桁架杆件的内力）。有关构件内力的讨论主要在材料力学等课程中进行。

【说明】 *受力分析的方法不仅仅适用于静力学，也适用于动力学。区别在于静力学中研究对象上作用的力服从静力学的平衡规律，而动力学中研究对象上作用的力与运动量有关，服从动力学的相关规律。*

思 考 题

4-1 为什么说二力平衡条件、加减平衡力系原理和力的可传性都只能适用于刚体？

4-2 若物体受到两个等值、反向、共线的力的作用，此物体是否一定平衡？

4-3 力的可传性的适用范围是什么？

4-4 刚体上三力汇交于一点，但不共面，此刚体能平衡吗？

4-5 若两个力在同一轴上的投影相等，则这两个力是否一定相等？若两个力的大小相等，则它们在同一轴上的投影是否一定相等？

4-6 在何种情况下力在坐标轴上的投影和力沿坐标轴的分力大小相等？

4-7 一个力在任意轴上的投影大小一定小于或等于该力的模，而沿该轴的分力的大小可能大于该力的模，这种说法是否正确？

4-8 若将力沿两个不互相垂直的轴分解，则分力的大小是否一定与投影不等？

4-9 用叉积$\boldsymbol{r}_A \times \boldsymbol{F}$计算力$\boldsymbol{F}$对点$O$之矩，如果力沿其作用线移动，则力的作用点坐标将会改变，那么计算结果是否改变？为什么？

4-10 一个力对某点的力矩矢与某力偶的力偶矩矢相等，则这个力与这个力偶等效，对吗？

4-11 空间的两个力$\boldsymbol{F}_1$和$\boldsymbol{F}_2$对某固定点O的力矩矢相等，则这两个力必在同一平面上，这种说法是否正确？

4-12 对空间任意两个不共线的力，一定能找到一根轴，使这两个力对该轴的矩相等，且不为零，对吗？

4-13　光滑圆柱形铰链约束的约束力，一般可以用两个相互垂直的分力表示，该两个分力是否一定沿水平和铅垂方向？是否一定用两个相互垂直的分力表示？

4-14　对复杂物体系统进行受力分析时，应注意哪些问题？

习　题

4-1　试求各图中所示的力 $\boldsymbol{F}$ 对 A 点的矩。已知 $a=60$ cm，$b=20$ cm，$F=400$ N，其中(e)图中力 $\boldsymbol{F}$ 的作用线与内圆相切。

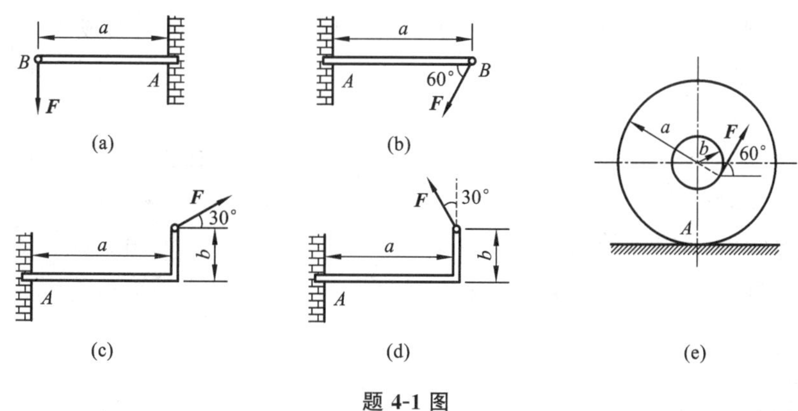

题 4-1 图

4-2　已知 $F_1=100$ N，$F_2=50$ N，$F_3=60$ N，$F_4=80$ N，各力方向如图所示，试分别求各个力在 x、y 轴上的投影。

4-3　试计算图中 $\boldsymbol{F}_1$、$\boldsymbol{F}_2$、$\boldsymbol{F}_3$ 三个力分别在 x、y、z 轴上的投影。已知 $F_1=2$ kN，$F_2=1$ kN，$F_3=3$ kN。

4-4　如图所示，已知力 $F_T=10$ kN，求 $\boldsymbol{F}_T$ 在三个直角坐标轴上的投影。

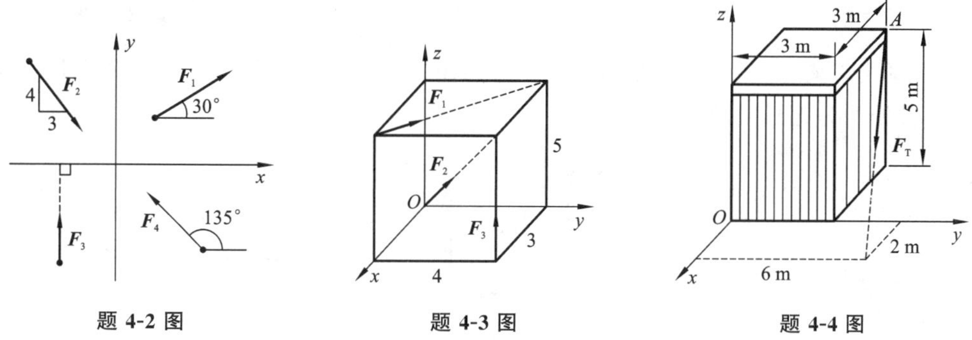

题 4-2 图　　题 4-3 图　　题 4-4 图

4-5　已知 $F=10$ N，其作用线通过 $A(4,2,0)$、$B(1,4,3)$ 两点。如图所示。试求力 $\boldsymbol{F}$ 在沿 CB 的 T 轴上的投影。

4-6　长方体三边长 $a=16$ cm，$b=15$ cm，$c=12$ cm，如图所示。已知力 $\boldsymbol{F}$ 大小为 100 N，方位角 $\alpha=\arctan(3/4)$，$\beta=\arctan(4/3)$，试写出力 $\boldsymbol{F}$ 的矢量表达式。

4-7　长方体三边长 $a=4$ cm，$b=5$ cm，$c=3$ cm，如图所示。已知力 $\boldsymbol{F}_1$ 的大小为 100 N，力 $\boldsymbol{F}_2$ 的大小为 50 N，(1)试求力 $\boldsymbol{F}_1$ 和 $\boldsymbol{F}_2$ 分别在坐标轴 x、y、z 上的投影。(2)试求力 $\boldsymbol{F}_1$ 和 $\boldsymbol{F}_2$ 分别对坐标轴 x、y、z 的矩。(3)试分别求力 $\boldsymbol{F}_1$ 和 $\boldsymbol{F}_2$ 对轴 AC 的矩。

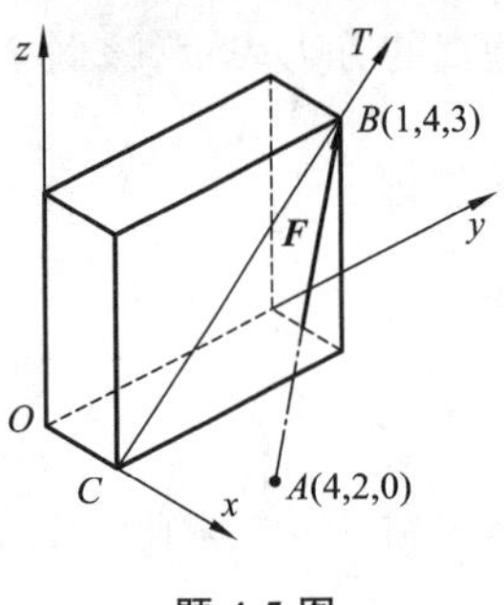

题 4-5 图

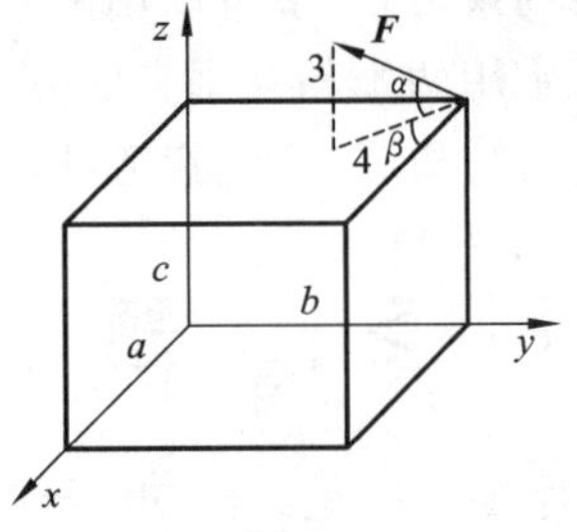

题 4-6 图

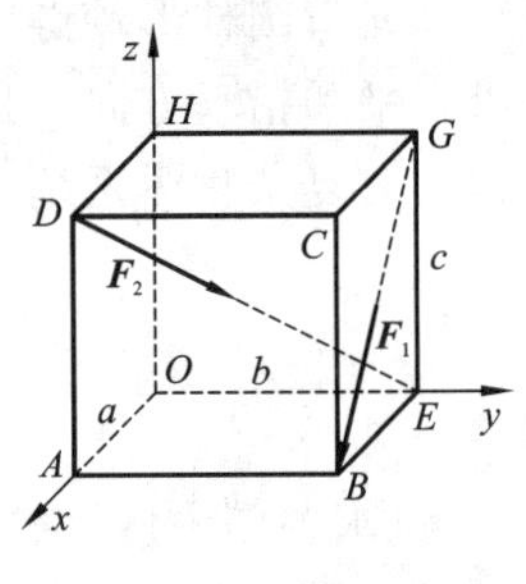

题 4-7 图

4-8　在图示水平轮上的 A 点作用一力 $\boldsymbol{F}$，其作用线与过 A 点的切线成 $60°$ 角，且在过 A 点而与轮子相切的平面内。点 A 与圆心 O' 的连线与通过 O' 点平行于 y 轴的直线成 $30°$ 角。已知：$F=1\ 000\ \mathrm{N}$，$a=2\ \mathrm{m}$，$r=1\ \mathrm{m}$。试求力 $\boldsymbol{F}$ 对三个坐标轴的矩。

4-9　试分别计算图中作用于 A 点的力 $\boldsymbol{F}_1$、$\boldsymbol{F}_2$、$\boldsymbol{F}_3$ 对各坐标轴之矩的和。其中 $F_1=10\ \mathrm{kN}$，$F_2=5\ \mathrm{kN}$，$F_3=20\ \mathrm{kN}$。尺寸如图所示。

4-10　如图所示，长方体的边长分别为 $a=b=0.2\ \mathrm{m}$，$c=0.1\ \mathrm{m}$，沿直线 AB 作用的力 $F=10\sqrt{6}\ \mathrm{N}$，求力 $\boldsymbol{F}$ 对轴 ξ 的矩。（A 为棱边的中点）

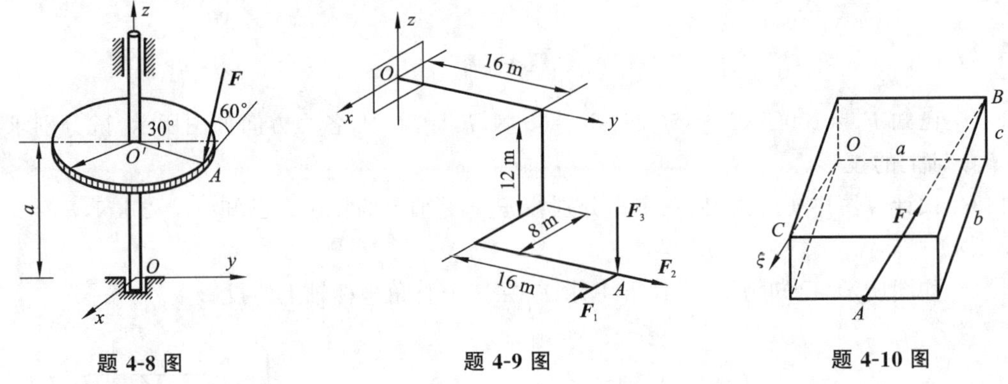

题 4-8 图　　题 4-9 图　　题 4-10 图

4-11　画出下列各图中物体 A、AB 或构件 ABC 的受力图。未画重力的各物体的自重不计，所有接触处均为光滑接触。

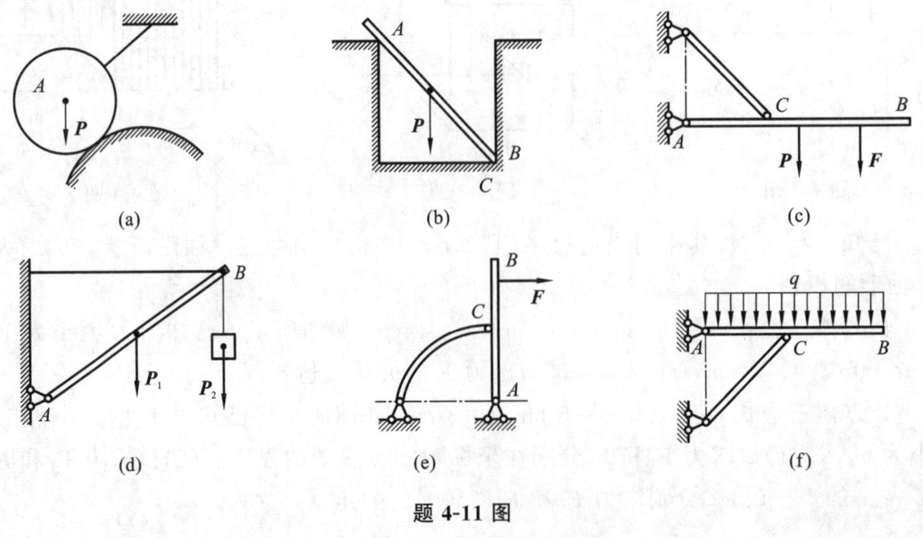

题 4-11 图

4-12　画出下列各图中各物体的受力图与物体整体系统的受力图。未画重力的各物体的自重不计，所有接触处均为光滑接触。

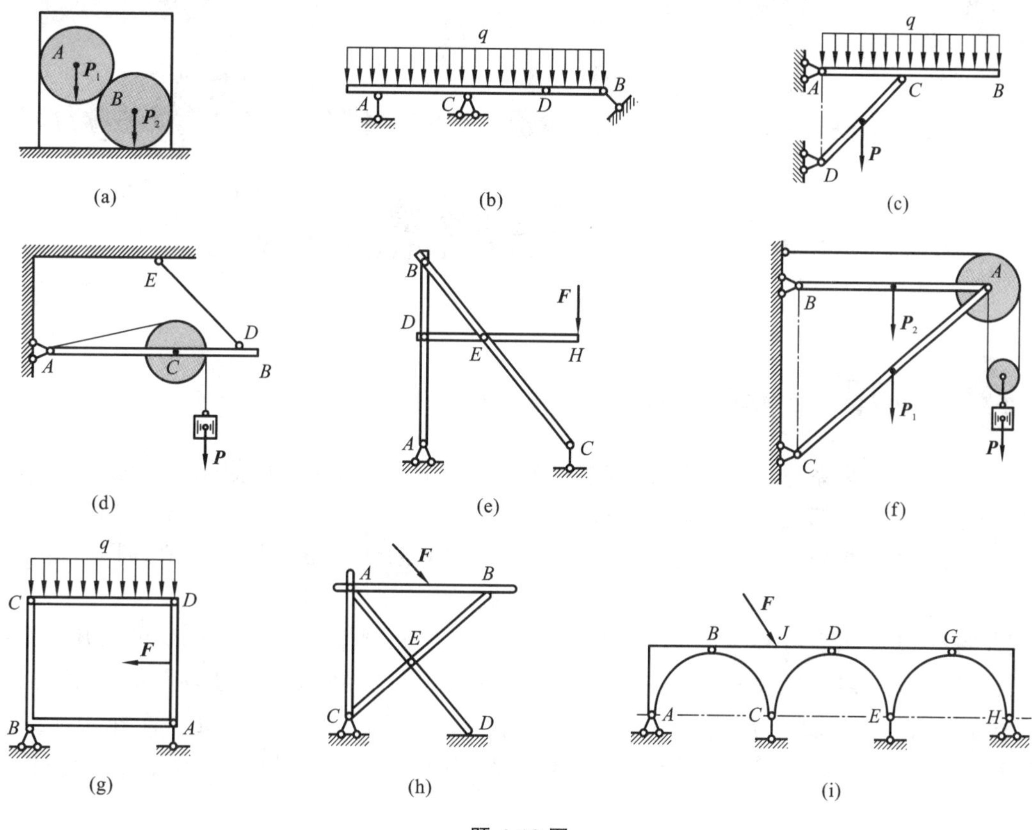

题 4-12 图

Chapter 5

第 5 章 力系的简化

5.1 力的平移定理

为了深入讨论力系所具有的性质，需要将力系进行简化。而力系的简化需要理论支持，力的平移定理就为力系的简化提供了理论支持。

【定理】 可以把作用在刚体上 A 点的力 $\boldsymbol{F}$ 平行移到刚体内任一点 B，但必须同时附加一个力偶，这个附加力偶的矩矢等于原来的力 $\boldsymbol{F}$ 对新的作用点 B 的矩矢。

【证明】 力 $\boldsymbol{F}$ 作用于刚体的点 A(见图 5.1.1(a))。在刚体上任取一点 B，在点 B 加上两个等值反向的力 $\boldsymbol{F}'$ 和 $\boldsymbol{F}''$，使它们与力 $\boldsymbol{F}$ 平行，且 $\boldsymbol{F}'=-\boldsymbol{F}''=\boldsymbol{F}$，如图 5.1.1(b)所示。对刚体而言，这三个力共同作用与原来的一个力 $\boldsymbol{F}$ 单独作用等效。这三个力又可看作是一个作用在点 B 的力 $\boldsymbol{F}'$ 和一个力偶$(\boldsymbol{F},\boldsymbol{F}'')$。这个力偶称为**附加力偶**，如图 5.1.1(c)所示。显然，附加力偶的矩矢为

$$\boldsymbol{M}=\boldsymbol{r}_{BA}\times\boldsymbol{F}=\boldsymbol{M}_B(\boldsymbol{F})$$

由此，定理得证。

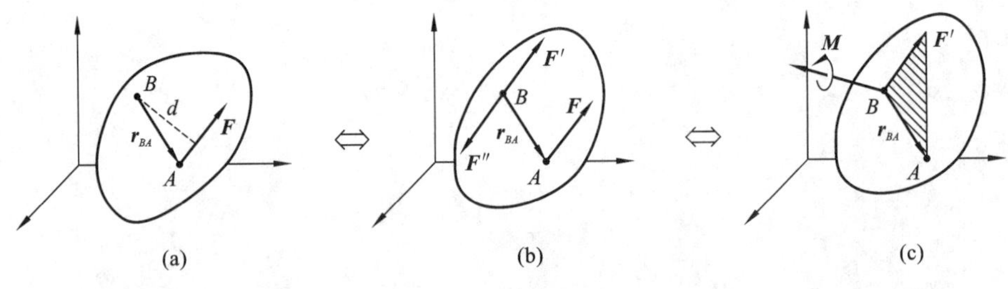

图 5.1.1

【说明】 对于平面问题，只要将附加力偶的矩矢改为附加力偶的矩即可，而该附加力偶的矩等于原来的力对新作用点的矩。

力的平移定理表明，作用在刚体上的一个力可等效于作用在同一个刚体上的一个力和一个力偶。反之，作用在刚体上的一个力和一个力偶，如果力与力偶的矩矢垂直，则可与作用在同一个刚体上的一个力等效。该定理对于平面力系而言，所添加的附加力偶为标量，作用在力 $\boldsymbol{F}$ 所在的平面内。

【注意】 (1)该定理应用的前提是刚体，一般对变形体不一定成立。(2)力的平移定理中移动的力限定在一个刚体的内部，而不能在多个刚体之间移动。(3)力的平移定理既是复杂力系简化的

理论依据，又是分析力对物体作用效应的重要方法，同时也可以应用于动力学问题的分析和解释。

例如，钳工单手攻丝时，不仅加工精度低，而且丝锥易折。钳工攻丝时，要求两手用力均匀，尽可能使扳手只受到力偶的作用。如用单手扳动锥绞杠（见图 5.1.2(a)），对丝锥来说，其效应就相当于一个力和一个力偶同时作用（平面问题）（见图 5.1.2(b)），力偶使丝锥转动，而力将丝锥弯曲，容易造成攻坏螺纹或折断丝锥的后果。人用球拍打乒乓球时，之所以能打出边前进边旋转的“旋”球，也可用力的平移定理解释。

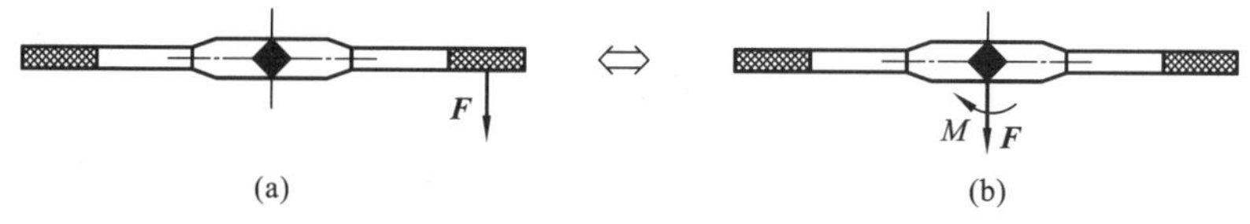

图 5.1.2

【思考】 利用力的平移定理可以将构件的复杂受力进行简化，转化为一些简单受力状态的叠加，但是需要注意的是，在研究变形固体的内力或变形问题时，力是不能随意移动的。如图 5.1.3 所示的悬臂梁 C 端受一集中力 $\boldsymbol{F}$ 作用，试想：若将 $\boldsymbol{F}$ 平行移动到 B 点成为 $\boldsymbol{F}'$，并附加一力偶 M，其变形效果与原来的力 $\boldsymbol{F}$ 作用等效吗？

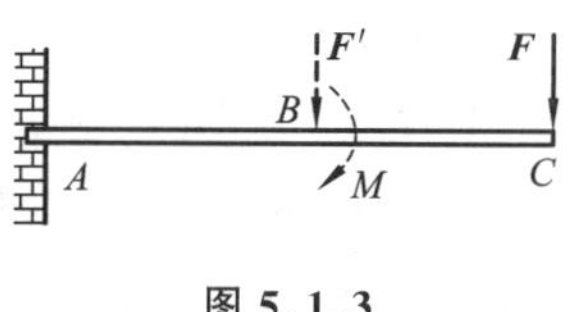

图 5.1.3

5.2 力系的简化

力系的简化是研究力系的整体性质的基础。如果没有一个切实可行的方法对力系简化，则现实中各种各样的力系很难讨论清楚。同时，工程中绝大部分力系是空间力系，计算相对复杂，但很多情况下可以将空间力系简化为平面力系。在合理的情况下，将空间力系简化为平面力系进行分析求解，不仅使分析的计算量减小，同时还可能会提高计算的精度。

5.2.1 汇交力系的简化

1. 平面汇交力系的简化

力的多边形法则 设一刚体受到平面汇交力系 $\boldsymbol{F}_1$、$\boldsymbol{F}_2$、$\boldsymbol{F}_3$、$\boldsymbol{F}_4$ 的作用，各力作用线汇交于点 O，根据刚体上力的可传性，可将各力沿其作用线移至汇交点 O，如图 5.2.1(a)所示。

根据力的平行四边形法则，可逐步两两合成各力，最后求得一个通过汇交点 O 的合力 $\boldsymbol{F}_R$；还可以用更简便的方法求此合力 $\boldsymbol{F}_R$ 的大小与方向。任取一点 a，将各分力的矢量依次首尾相连，由此组成一个不封闭的力多边形 $abcde$，如图 5.2.1(b)所示。此图中的 $\boldsymbol{F}_{R1}$ 为 $\boldsymbol{F}_1$ 与 $\boldsymbol{F}_2$ 的合力，$\boldsymbol{F}_{R2}$ 为 $\boldsymbol{F}_{R1}$ 与 $\boldsymbol{F}_3$ 的合力，在做力多边形时不必画出。实际上，只需将力矢按任意顺序首尾相接，连接第一个力矢的始点与最后一个力矢的终点的矢量大小和方向就是合力的矢量 $\boldsymbol{F}_R$ 的大小和方向，见图 5.2.1(c)。这是因为矢量满足加法交换律的原因，任意变换各分力矢的相加次序，其合力矢不变。封闭边矢量 $\overrightarrow{ae}$ 即表示此平面汇交力系合力 $\boldsymbol{F}_R$ 的大小与方向，而合力的作用线仍应通过原汇交点 O，如图 5.2.1(a)所示的 $\boldsymbol{F}_R$。

总之，平面汇交力系可简化为一合力，其合力的大小与方向等于各分力的矢量和，合力的作用线通过汇交点。设平面汇交力系包含 n 个力，以 $\boldsymbol{F}_R$ 表示它们的合力矢，则有

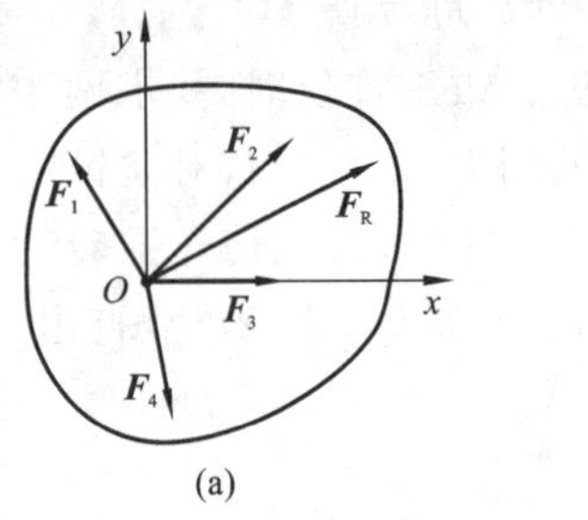

(a)

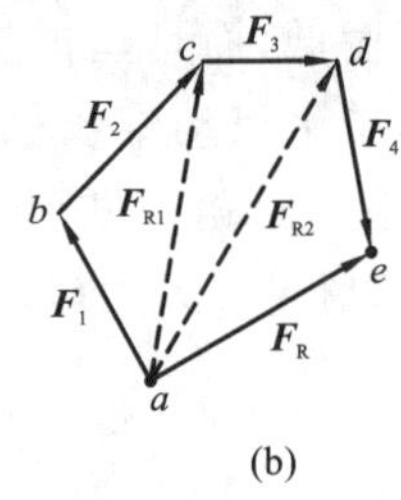

(b)

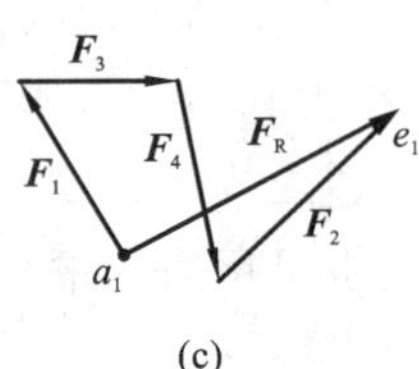

(c)

图 5.2.1

$$\boldsymbol{F}_{\mathrm{R}} = \boldsymbol{F}_1 + \boldsymbol{F}_2 + \cdots + \boldsymbol{F}_n = \sum_{i=1}^{n} \boldsymbol{F}_i \tag{5.2.1}$$

合力 $\boldsymbol{F}_{\mathrm{R}}$ 对刚体的作用与原力系对该刚体的作用等效。

以汇交点 O 作为坐标原点，建立直角坐标系 Oxy，如图 5.2.1(a) 所示。用解析法求平面汇交力系的合力。

将式(5.2.1) 向 x,y 轴投影，可得

$$\left.\begin{aligned} F_{\mathrm{R}x} &= F_{1x} + F_{2x} + \cdots + F_{nx} = \sum F_{ix} \\ F_{\mathrm{R}y} &= F_{1y} + F_{2y} + \cdots + F_{ny} = \sum F_{iy} \end{aligned}\right\} \tag{5.2.2}$$

其中 $F_{1x}, F_{2x}, \cdots, F_{nx}$ 和 $F_{1y}, F_{2y}, \cdots, F_{ny}$ 分别为各分力在 x 轴和 y 轴上的投影。

合矢量投影定理：合矢量在某一轴上的投影等于各分矢量在同一轴上投影的代数和。

事实上，该命题是显然的。因为若用 $\boldsymbol{n}$ 表示该轴的单位矢量，则

$$F_{\mathrm{R}n} = \boldsymbol{F}_{\mathrm{R}} \cdot \boldsymbol{n} = (\boldsymbol{F}_1 + \boldsymbol{F}_2 + \cdots + \boldsymbol{F}_n) \cdot \boldsymbol{n} = \sum_{i=1}^{n} (\boldsymbol{F}_i \cdot \boldsymbol{n}) = \sum_{i=1}^{n} F_{in}$$

若已经求得 $F_{\mathrm{R}x}$ 和 $F_{\mathrm{R}y}$，则可求得合力矢的大小和方向余弦为

$$\left.\begin{aligned} F_{\mathrm{R}} &= \sqrt{F_{\mathrm{R}x}^2 + F_{\mathrm{R}y}^2} = \sqrt{\left(\sum F_{ix}\right)^2 + \left(\sum F_{iy}\right)^2} \\ \cos(\boldsymbol{F}_{\mathrm{R}}, \boldsymbol{i}) &= \frac{F_{\mathrm{R}x}}{F_{\mathrm{R}}}, \quad \cos(\boldsymbol{F}_{\mathrm{R}}, \boldsymbol{j}) = \frac{F_{\mathrm{R}y}}{F_{\mathrm{R}}} \end{aligned}\right\} \tag{5.2.3}$$

【例 5.2.1】 求图 5.2.2 中平面共点力系的合力。已知：$F_1 = 200\ \mathrm{N}$，$F_2 = 300\ \mathrm{N}$，$F_3 = 100\ \mathrm{N}$，$F_4 = 250\ \mathrm{N}$。

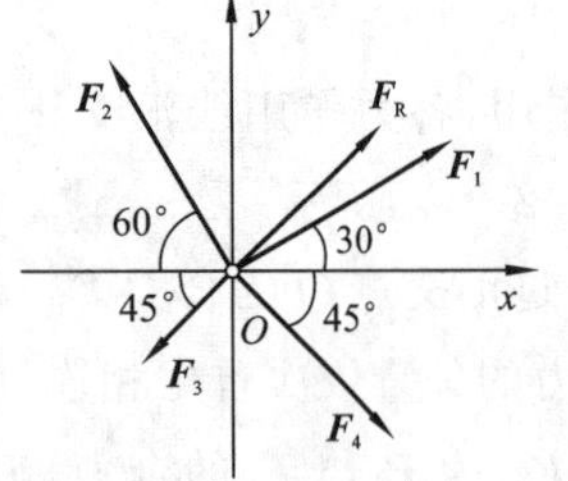

图 5.2.2

【解】 用式(5.2.2) 和式(5.2.3) 计算。

$$\begin{aligned} F_{\mathrm{R}x} &= \sum F_{ix} \\ &= F_1\cos30^\circ - F_2\cos60^\circ - F_3\cos45^\circ + F_4\cos45^\circ \\ &= 200\ \mathrm{N}\times\cos30^\circ - 300\ \mathrm{N}\times\cos60^\circ - 100\ \mathrm{N}\times\cos45^\circ + 250\ \mathrm{N}\times\cos45^\circ \\ &= 129.3\ \mathrm{N} \end{aligned}$$

$$\begin{aligned} F_{\mathrm{R}y} &= \sum F_{iy} = F_1\cos60^\circ + F_2\cos30^\circ - F_3\cos45^\circ - F_4\cos45^\circ \\ &= 200\ \mathrm{N}\times\cos60^\circ + 300\ \mathrm{N}\times\cos30^\circ - 100\ \mathrm{N}\times\cos45^\circ - 250\ \mathrm{N}\times\cos45^\circ \\ &= 112.3\ \mathrm{N} \end{aligned}$$

$$F_{\mathrm{R}} = \sqrt{F_{\mathrm{R}x}^2 + F_{\mathrm{R}y}^2} = \sqrt{(129.3\ \mathrm{N})^2 + (112.3\ \mathrm{N})^2} = 171.3\ \mathrm{N}$$

$$\cos\alpha = \frac{F_{\mathrm{R}x}}{F_{\mathrm{R}}} = \frac{129.3\ \mathrm{N}}{171.3\ \mathrm{N}} = 0.7548,\ \cos\beta = \frac{F_{\mathrm{R}y}}{F_{\mathrm{R}}} = \frac{112.3\ \mathrm{N}}{171.3\ \mathrm{N}} = 0.6556$$

则合力 $\boldsymbol{F}_R$ 与 x,y 轴的夹角分别为 $\alpha = 40.99°$,$\beta = 49.01°$,合力 $\boldsymbol{F}_R$ 的作用线通过汇交点 O。

2. 空间汇交力系的简化

将平面汇交力系的合成法则扩展到空间,可得:空间汇交力系的合力等于各分力的矢量和,合力的作用线通过汇交点。合力矢为

$$\boldsymbol{F}_R = \boldsymbol{F}_1 + \boldsymbol{F}_2 + \cdots + \boldsymbol{F}_n = \sum_{i=1}^{n} \boldsymbol{F}_i \tag{5.2.4}$$

由式(5.2.4)可得

$$\boldsymbol{F}_R = \sum F_{ix}\boldsymbol{i} + \sum F_{iy}\boldsymbol{j} + \sum F_{iz}\boldsymbol{k} \tag{5.2.5}$$

其中:$\sum F_{ix}$、$\sum F_{iy}$、$\sum F_{iz}$ 分别为合力 $\boldsymbol{F}_R$ 沿 x、y、z 轴的投影。由此可得合力的大小和方向余弦为

$$\left.\begin{aligned} &F_R = \sqrt{\left(\sum F_{ix}\right)^2 + \left(\sum F_{iy}\right)^2 + \left(\sum F_{iz}\right)^2} \\ &\cos(\boldsymbol{F}_R, i) = \frac{\sum F_{ix}}{F_R}, \quad \cos(\boldsymbol{F}_R, j) = \frac{\sum F_{iy}}{F_R}, \quad \cos(\boldsymbol{F}_R, k) = \frac{\sum F_{iz}}{F_R} \end{aligned}\right\} \tag{5.2.6}$$

5.2.2 力偶系的简化

1. 平面力偶系的简化

设在同一平面内有两个力偶($\boldsymbol{F}_1$,$\boldsymbol{F}'_1$)和($\boldsymbol{F}_2$,$\boldsymbol{F}'_2$),它们的力偶臂各为 d_1 和 d_2,如图 5.2.3(a)所示。这两个力偶的矩分别为 M_1 和 M_2,求它们的合成结果。

为此,在保持力偶矩不变的情况下,同时改变这两个力偶的力的大小和力偶臂的长短,使它们具有相同的臂长 d,并将它们在平面内移转,使力的作用线重合,如图 5.2.3(b)所示。于是得到与原力偶等效的两个新力偶($\boldsymbol{F}_3$,$\boldsymbol{F}'_3$)和($\boldsymbol{F}_4$,$\boldsymbol{F}'_4$),即:

$$M_1 = F_1 d_1 = F_3 d, M_2 = -F_2 d_2 = -F_4 d$$

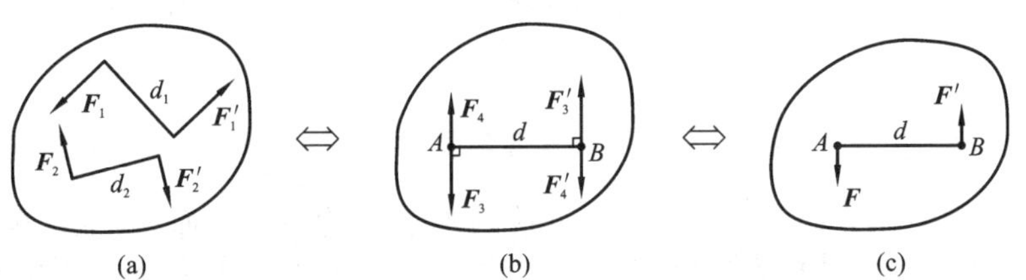

图 5.2.3

分别将作用在点 A 和 B 的力合成(设 $F_3 > F_4$),得:$F = F_3 - F_4$,$F' = F'_3 - F'_4$

由于 $\boldsymbol{F}$ 与 $\boldsymbol{F}'$ 的大小是相等的,所以构成了与原力偶系等效的合力偶($\boldsymbol{F}$,$\boldsymbol{F}'$),如图 5.2.3(c)所示,以 M 表示合力偶的矩,得

$$M = Fd = (F_3 - F_4)d = F_3 d - F_4 d = M_1 + M_2$$

如果有两个以上的力偶,可以按照上述方法简化。这就是说:在同一平面内的任意个力偶可合成为一个合力偶,合力偶矩等于各个力偶矩的代数和,可写为

$$M = \sum M_i \tag{5.2.7}$$

2. 空间力偶系的简化

由于力偶矩矢是自由矢量,故将组成空间力偶系的各分力偶矩矢向空间任一点平移时,也不必附加任何条件。利用矢量合成的多边形法则,空间力偶系最终简化为一个合力偶,合力偶矩矢

的大小及方向等于力系中各分力偶矩矢的矢量和，即

$$\boldsymbol{M} = \boldsymbol{M}_1 + \boldsymbol{M}_2 + \cdots + \boldsymbol{M}_n = \sum_{i=1}^{n} \boldsymbol{M}_i \tag{5.2.8}$$

若将每一个力偶矩矢在三个坐标轴上投影，由式(5.2.8) 可得

$$\boldsymbol{M} = \sum M_{ix}\boldsymbol{i} + \sum M_{iy}\boldsymbol{j} + \sum M_{iz}\boldsymbol{k} \tag{5.2.9}$$

其中：$\sum M_{ix}$、$\sum M_{iy}$、$\sum M_{iz}$ 分别为合力 $\boldsymbol{M}$ 沿 x、y、z 轴的投影。由此可得合力偶的大小和方向余弦为

$$\left.\begin{aligned} & M = \sqrt{\left(\sum M_{ix}\right)^2 + \left(\sum M_{iy}\right)^2 + \left(\sum M_{iz}\right)^2} \\ & \cos(\boldsymbol{M},\boldsymbol{i}) = \frac{\sum M_{ix}}{M}, \quad \cos(\boldsymbol{M},\boldsymbol{j}) = \frac{\sum M_{iy}}{M}, \quad \cos(\boldsymbol{M},\boldsymbol{k}) = \frac{\sum M_{iz}}{M} \end{aligned}\right\} \tag{5.2.10}$$

5.2.3 一般力系的简化

1. 平面一般力系的简化

刚体上作用有 n 个力 $\boldsymbol{F}_1,\boldsymbol{F}_2,\cdots,\boldsymbol{F}_n$ 组成的平面一般力系，如图 5.2.4(a) 所示。在平面内任取一点 O，称为简化中心；应用力的平移定理，把各力都平移到点 O。这样，得到作用于点 O 的力 $\boldsymbol{F}'_1$，$\boldsymbol{F}'_2,\cdots,\boldsymbol{F}'_n$ 以及相应的附加力偶，其矩分别为 $M_1,M_2,\cdots,M_n$，如图 5.2.4(b) 所示。这些附加力偶的矩分别为：$M_i = M_O(\boldsymbol{F}_i)$。

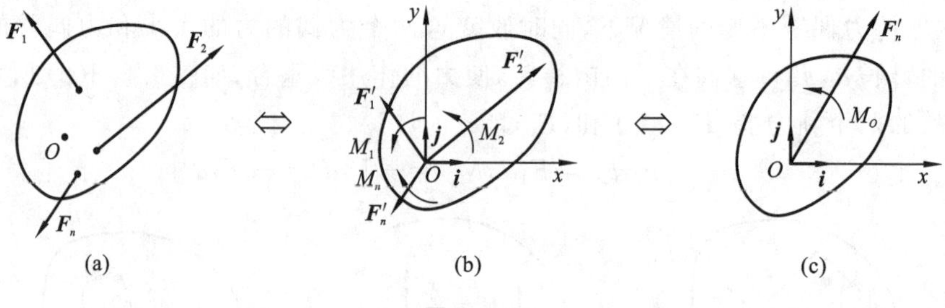

图 5.2.4

这样，平面任意力系分解成了两个简单力系：平面汇交力系和平面力偶系。然后，再分别合成这两个力系。需要注意，这里我们是在一个前提下推导的，即：两组力系共同作用对刚体产生的效果与每一组力系对同一刚体单独作用产生的效果的和相同。

平面汇交力系可合成为作用线通过点 O 的一个力 $\boldsymbol{F}'_{\mathrm{R}}$，如图 5.2.4(c) 所示。因为各力 $\boldsymbol{F}'_i = \boldsymbol{F}_i(i = 1,2,\cdots,n)$，所以

$$\boldsymbol{F}'_{\mathrm{R}} = \boldsymbol{F}'_1 + \boldsymbol{F}'_2 + \cdots + \boldsymbol{F}'_n = \sum_{i=1}^{n} \boldsymbol{F}_i \tag{5.2.11}$$

即力矢 $\boldsymbol{F}'_{\mathrm{R}}$ 等于原来各力的矢量和。

平面力偶系可合成为一个力偶，这个力偶的矩 M_O 等于各附加力偶的代数和，又等于原来各力对点 O 的矩的代数和。即

$$M_O = M_1 + M_2 + \cdots + M_n = \sum_{i=1}^{n} M_O(\boldsymbol{F}_i) \tag{5.2.12}$$

力系中所有各力的矢量和 $\boldsymbol{F}'_{\mathrm{R}}$，称为该力系的**主矢**；而这些力对于任选简化中心 O 的矩的代数和 M_O，称为该力系对于简化中心 O 的**主矩**。

【说明】 显然，主矢与简化中心的选择无关，而主矩一般与简化中心的选择有关，必须指明力系是对于哪一点的主矩。

【注意】 主矢与合力的概念不同，主矢是各力的矢量和，而合力是与各力组成的力系等效的一个力。

可见，在一般情形下，平面一般力系向作用面内任选一点 O 简化，可得一个力和一个力偶，这个力等于该力系的主矢，作用线通过简化中心 O。这个力偶的矩等于该力系对于点 O 的主矩。

取坐标系 Oxy，如图 5.2.4(c) 所示，$\boldsymbol{i},\boldsymbol{j}$ 为沿 x，y 轴的单位矢量，则力系的解析表达式为

$$\boldsymbol{F}'_{\mathrm{R}}=\boldsymbol{F}'_{\mathrm{R}x}+\boldsymbol{F}'_{\mathrm{R}y}=\left(\sum F_{ix}\right)\boldsymbol{i}+\left(\sum F_{iy}\right)\boldsymbol{j} \tag{5.2.13}$$

于是主矢$\boldsymbol{F}'_{\mathrm{R}}$的大小和方向余弦为

$$F'_{\mathrm{R}}=\sqrt{\left(\sum F_{ix}\right)^2+\left(\sum F_{iy}\right)^2},\quad \cos(\boldsymbol{F}'_{\mathrm{R}},\boldsymbol{i})=\frac{\sum F_{ix}}{F'_{\mathrm{R}}},\quad \cos(\boldsymbol{F}'_{\mathrm{R}},\boldsymbol{j})=\frac{\sum F_{iy}}{F'_{\mathrm{R}}}$$

力系对点 O 的主矩的解析表达式为

$$M_O=\sum M_O(\boldsymbol{F}_i)=\sum(x_iF_{iy}-y_iF_{ix}) \tag{5.2.14}$$

其中 x_i，y_i 为 $\boldsymbol{F}_i$ 作用点的坐标。

对于固定端约束处的受力，在绪论中已经通过对运动的限制进行了介绍。水平梁一端 A 固定地插入墙内，另一端悬空(见图 5.2.5(a))。这种梁称为**悬臂梁**，插入墙内的一端称为**插入端**或**固定端**，而悬空的一端称为**自由端**。

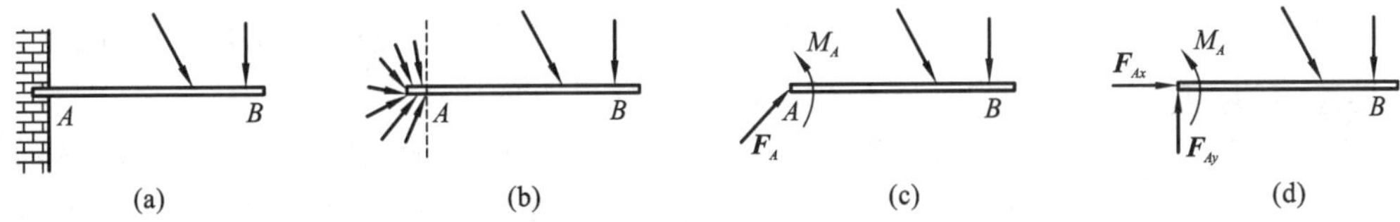

图 5.2.5

如果梁上的外力作用在梁的纵向对称面内，则在插入墙内的一段梁上，墙作用于梁的力实际上也是关于梁的纵向对称面对称，但呈不规则分布的(见图 5.2.5(b))。这样固定端处约束反力可以视为平面力系，但这些约束反力分布的确定比较困难。在讨论这个平面力系时，可将那些不规则分布的力视为很多微小的集中力，然后向点 A 简化，并按照上述平面力系简化的理论，将约束反力简化成在图 5.2.5(c) 中 A 处的一个力和一个力偶。这是符合该约束对梁运动的限制条件的：它既阻止了梁的移动，也阻止了梁的转动。因此，固定端约束反力由一个平面内未知方向的力和一个力偶组成。固定端的约束反力常画成如图 5.2.5(d) 所示，其中反力的指向和反力偶的转向都是假定的。

2. 平面一般力系的简化结果分析

平面一般力系向作用面内一点简化的结果，可能有四种情况，下面作进一步的分析讨论。

(1) $\boldsymbol{F}'_{\mathrm{R}}=0$，$M_O=0$，则原力系平衡。这种情形将在下一章详细讨论。

(2) $\boldsymbol{F}'_{\mathrm{R}}=0$，$M_O\neq0$，则原力系合成为合力偶，主矩 M_O 即为合力偶矩。因为力偶对于平面内任意一点的矩都相同，因此当力系合成为一个力偶时，主矩与简化中心的选择无关。

(3) $\boldsymbol{F}'_{\mathrm{R}}\neq0$，$M_O=0$，此时只有一个与原力系等效的力$\boldsymbol{F}'_{\mathrm{R}}$。显然，$\boldsymbol{F}'_{\mathrm{R}}$就是原力系的合力，而合力的作用线恰好通过选定的简化中心 O。

(4) $\boldsymbol{F}'_{\mathrm{R}}\neq0$，$M_O\neq0$，如图 5.2.6(a) 所示。现将力偶 M_O 用两个力 $\boldsymbol{F}_{\mathrm{R}}$ 和$\boldsymbol{F}''_{\mathrm{R}}$表示，并令$\boldsymbol{F}'_{\mathrm{R}}=-\boldsymbol{F}''_{\mathrm{R}}$(见图5.2.6(b))。再去掉平衡力系($\boldsymbol{F}'_{\mathrm{R}}$，$\boldsymbol{F}''_{\mathrm{R}}$)，于是就将作用于点 O 的力$\boldsymbol{F}'_{\mathrm{R}}$和力偶($\boldsymbol{F}_{\mathrm{R}}$，$\boldsymbol{F}''_{\mathrm{R}}$)

合成为一个作用在点 O' 的力 $\boldsymbol{F}_R$，如图 5.2.6(c) 所示。

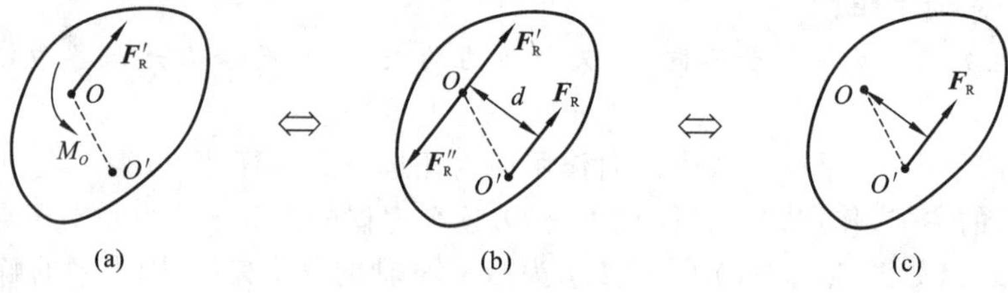

图 5.2.6

这个 $\boldsymbol{F}_R$ 就是原力系的合力。合力矢等于主矢，点 O 到合力作用线的距离可按下式算得：$d = \dfrac{M_O}{F'_R}$。

由图 5.2.6(b) 易见，合力 $\boldsymbol{F}_R$ 对点 O 的矩为：$M_O(\boldsymbol{F}_R) = F_R d = M_O$。

由式(5.2.8) 可得：$M_O = \sum M_O(\boldsymbol{F}_i)$。故有

$$M_O(\boldsymbol{F}_R) = \sum M_O(\boldsymbol{F}_i) \tag{5.2.15}$$

由于简化中心 O 是任意选取的，故上式有普遍意义，可叙述如下：若平面一般力系可以简化为一个合力，则该合力对作用面内任一点的矩等于力系中各力对同一点的矩的代数和。这就是**合力矩定理**。

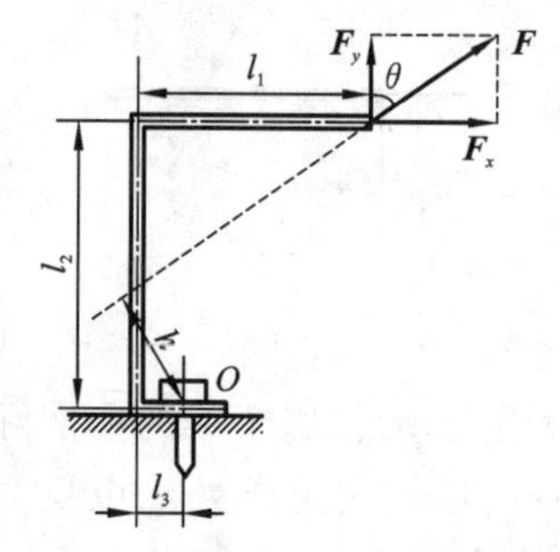

图 5.2.7

【例 5.2.2】 如图 5.2.7 所示的支架受力 $\boldsymbol{F}$ 作用，图中尺寸及 θ' 角已知。试计算力 $\boldsymbol{F}$ 对 O 点的力矩。

【解】 在图示情形下，若按力矩定义求解，确定矩心到力的作用线的距离 h 的过程比较麻烦。可先将力 $\boldsymbol{F}$ 分解为两个分力，再应用合力矩定理求解，则较为方便。这种方法后面经常用到。

$$\begin{aligned} M_O(\boldsymbol{F}) &= M_O(\boldsymbol{F}_x) + M_O(\boldsymbol{F}_y) \\ &= F\cos\theta \cdot (l_1 - l_3) - F\sin\theta \cdot l_2 \end{aligned}$$

【例 5.2.3】 试对图 5.2.8(a)、(b) 所示的两个平行力进行简化。已知：图 5.2.8(b) 中 $F_1 \neq F_2$。

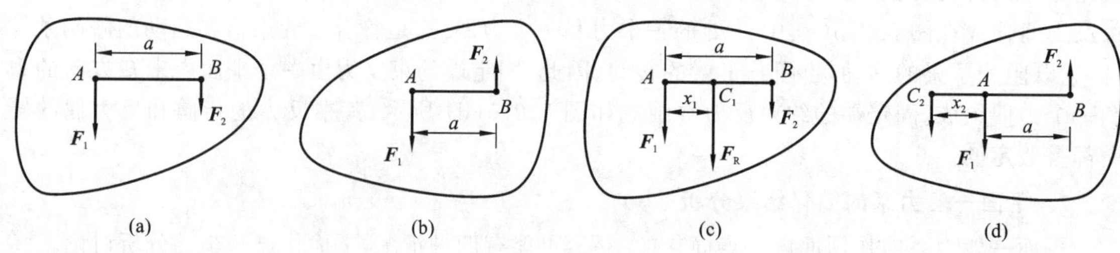

图 5.2.8

【解】 对于图 5.2.8(a)，根据合力投影定理，该力系的主矢 $\boldsymbol{F}_R$ 的大小等于 $F_1 + F_2$，方向与原力系平行。又根据平面力系简化结果的讨论可知，该力系最终可以简化为一个合力。不妨假设 AB 连线垂直于力的方向(如果不垂直，可以按照力的平移定理移动到该位置)，并且简化后的合力作用点在 AB 的连线上，如图 5.2.8(c) 所示。则由合力矩定理可得

$$M_A(\boldsymbol{F}_R) = M_A(\boldsymbol{F}_1) + M_A(\boldsymbol{F}_2), \quad -F_R \cdot x_1 = -F_2 \cdot a$$

$$x_1 = \frac{F_2}{F_1 + F_2} \cdot a \tag{a}$$

对于图 5.2.8(b)，依上述分析方法可知，该力系也可以简化为一合力，大小为 $F_1 - F_2$，方向与$\boldsymbol{F}_1$ 一致。假设合力作用位置如图 5.2.8(b) 所示，则由合力矩定理可得

$$M_A(\boldsymbol{F}_R) = M_A(\boldsymbol{F}_1) + M_A(\boldsymbol{F}_2), \quad F_R \cdot x_2 = F_2 \cdot a$$

$$x_2 = \frac{F_2}{F_1 - F_2} \cdot a \tag{b}$$

【说明】 (1) 由例 5.2.3 可知，平面平行力系可以合成为一个合力，合力的大小等于它们的代数和(同向)或差(反向)。(2) 由式(a) 可知两个同向平行的力合成为一合力时，合力的作用点为两个力作用点连线的内分点，且靠近其中更大的力一侧。(3) 由式(b) 可知两个反向平行的力合成为一合力时，合力的作用点为两个力作用点连线的外分点，且位于其中更大一力的外侧。(4) 由式(b) 可知两个反向平行的力大小相等时，$x_2 = \infty$，这说明两个等值、反向平行的力(力偶)不能合成为一个力，即力偶不能用一个力等效。

3. 空间一般力系的简化

空间一般力系的简化与平面一般力系的简化方法一样，如图 5.2.9(a) 所示的空间一般力系，应用力的平移定理，依次将作用于刚体上的每个力向简化中心 O 平移，同时附加一个相应的力偶矩矢。这样，原来的空间一般力系被空间汇交力系和空间力偶系两个简单力系等效替换，如图 5.2.9(b) 所示。其中

$$\boldsymbol{F}'_i = \boldsymbol{F}_i, \quad \boldsymbol{M}_i = \boldsymbol{M}_O(\boldsymbol{F}_i) \quad i = 1,2,\cdots,n$$

作用于点O的空间汇交力系可合成一力$\boldsymbol{F}'_R$(见图 5.2.9(c))，此力的作用线通过点O，其大小和方向等于力系的主矢，即

$$\boldsymbol{F}'_R = \sum_{i=1}^{n} \boldsymbol{F}'_i = \sum_{i=1}^{n} F_{ix}\boldsymbol{i} + \sum_{i=1}^{n} F_{iy}\boldsymbol{j} + \sum_{i=1}^{n} F_{iz}\boldsymbol{k} \tag{5.2.16}$$

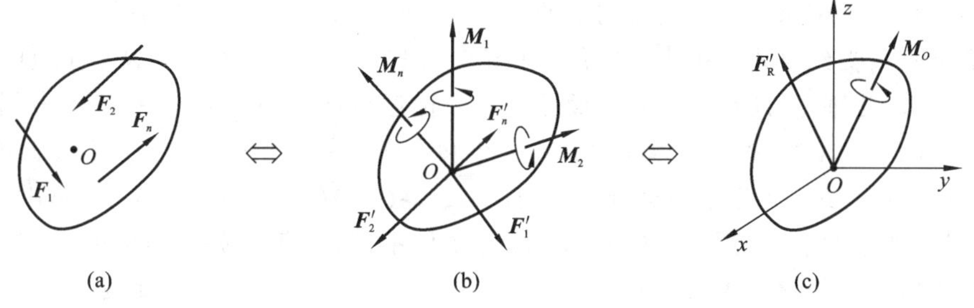

图 5.2.9

空间分布的力偶系可合成为一力偶(见图 5.2.9(c))。其力偶矩矢等于原力系中每一个力对点 O 的矩矢的矢量和，即

$$\boldsymbol{M}_O = \sum_{i=1}^{n} \boldsymbol{M}_i = \sum_{i=1}^{n} \boldsymbol{M}_O(\boldsymbol{F}_i) = \sum_{i=1}^{n} (\boldsymbol{r}_i \times \boldsymbol{F}_i) \tag{5.2.17}$$

主矩 $\boldsymbol{M}_O$ 沿 x、y、z 轴的投影，也等于力系中各力对 x、y、z 轴之矩的代数和，即

$$\boldsymbol{M}_O = \sum_{i=1}^{n} \boldsymbol{M}_O(\boldsymbol{F}_i) = \sum M_x(\boldsymbol{F}_i)\boldsymbol{i} + \sum M_y(\boldsymbol{F}_i)\boldsymbol{j} + \sum M_z(\boldsymbol{F}_i)\boldsymbol{k} \tag{5.2.18}$$

于是可得结论如下：空间一般力系向任一点 O 简化，可得一力和一力偶。这个力的大小和方向等于该力系的主矢，作用线通过简化中心 O 点；这个力偶的矩矢等于该力系对简化中心的主

矩。与平面一般力系一样，主矢与简化中心的位置无关，故主矢又称为**力系的第一不变量**。主矩一般与简化中心的位置有关。

若向不同的简化中心简化，例如向图5.2.10(c)中的O'简化，则所得的主矢的大小和方向保持不变，但主矩$\boldsymbol{M}_{O'}$会改变。由于向不同简化中心简化后所得的主矢与主矩均与原力系图5.2.10(a)等效，故$\{\boldsymbol{F}'_{\mathrm{R}},\boldsymbol{M}_O\}$与$\{\boldsymbol{F}''_{\mathrm{R}},\boldsymbol{M}_{O'}\}$等效。若由图5.2.10(b)向由图5.2.10(c)简化，所得的结果应该就是$\{\boldsymbol{F}''_{\mathrm{R}},\boldsymbol{M}_{O'}\}$。由力的平移定理易得：

$$\boldsymbol{M}_{O'}=\boldsymbol{M}_O+\boldsymbol{r}_{O'O}\times\boldsymbol{F}'_{\mathrm{R}} \tag{5.2.19}$$

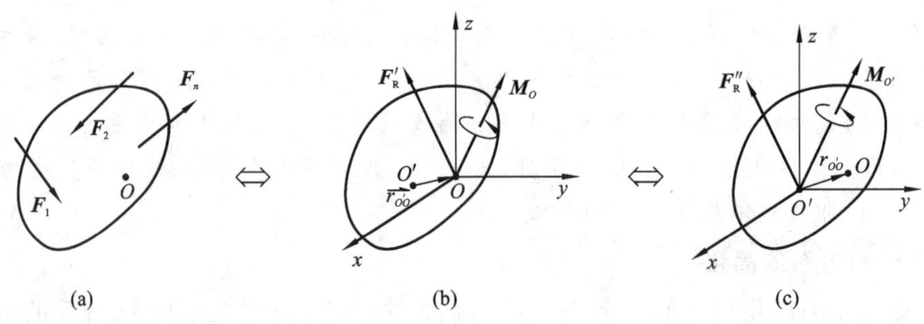

图5.2.10

即：空间力系对于第二简化中心的主矩，等于力系对于第一简化中心的主矩与作用于第一简化中心的力$\boldsymbol{F}'_{\mathrm{R}}$(等于力系的主矢)对第二简化中心的矩的矢量和。由此可知，当简化中心沿主矢的作用线变动时，主矩将保持不变。

若用$\boldsymbol{F}'_{\mathrm{R}}$对关系式(5.2.19)两边取点积，则有

$$\boldsymbol{M}_{O'}\cdot\boldsymbol{F}''_{\mathrm{R}}=\boldsymbol{M}_O\cdot\boldsymbol{F}'_{\mathrm{R}}+\boldsymbol{r}_{O'O}\times\boldsymbol{F}'_{\mathrm{R}}\cdot\boldsymbol{F}'_{\mathrm{R}}=\boldsymbol{M}_O\cdot\boldsymbol{F}'_{\mathrm{R}} \tag{5.2.20}$$

式(5.2.20)表明：主矢与主矩的点积与简化中心的位置无关，又称为**力系的第二不变量**。

力系的不变量反映了力系的固有特性，一旦力系确定，力系的两个不变量也随之确定。

现应用力系简化结果分析固定端约束的约束力(见5.2.11(a))。在外荷载作用下，刚体在固定端约束部分一般受到空间约束力系作用(见图5.2.11(b))。若选固定端A截面的形心为简化中心，根据力系简化理论，此约束力系可简化为一个通过截面形心的力$\boldsymbol{F}'_{\mathrm{R}}$和一个力偶矩矢为$\boldsymbol{M}_A$的力偶(见图5.2.11(c))。由于该力和力偶的大小和方向不能预先确定，可用过A截面形心的三个正交分力$\boldsymbol{F}_{Ax}$,$\boldsymbol{F}_{Ay}$,$\boldsymbol{F}_{Az}$和三个正交分力偶矩矢$\boldsymbol{M}_{Ax}$,$\boldsymbol{M}_{Ay}$,$\boldsymbol{M}_{Az}$表示(见图5.2.11(d))，它们的指向可任意假定。如果刚体只受平面(如Axy面)力系作用，则垂直于该平面的约束力$\boldsymbol{F}_{Az}$和绕平面内两轴的约束力偶矩矢$\boldsymbol{M}_{Ax}$,$\boldsymbol{M}_{Ay}$都应为零，固定端的约束力就只有3个，即两个分力$\boldsymbol{F}_{Ax}$、$\boldsymbol{F}_{Ay}$和约束力偶矩M_{Az}。此时，即为前面图5.2.5讨论的内容。

4. 空间力系简化的最后结果

对于空间力系，向空间内任一点O的简化结果一般也为一个力和一个力偶，可能出现以下四种情况：

(1) 若$\boldsymbol{F}'_{\mathrm{R}}=0$,$\boldsymbol{M}_O\neq0$，空间任意力系最后简化为一合力偶，合力偶矩矢等于力系对简化中心O的主矩矢。由于力偶矩矢是自由矢量，故力系对任一点的主矩与简化中心的选择无关。

(2) 若$\boldsymbol{F}'_{\mathrm{R}}\neq0$,$\boldsymbol{M}_O=0$，空间任意力系简化为通过简化中心$O$的合力，合力矢$\boldsymbol{F}'_{\mathrm{R}}$等于力系的主矢。

(3) 若$\boldsymbol{F}'_{\mathrm{R}}\neq0$,$\boldsymbol{M}_O\neq0$，力系可进一步简化。分三种情况讨论：

① $\boldsymbol{F}'_{\mathrm{R}}\perp\boldsymbol{M}_O$，如图5.2.12(a)所示。

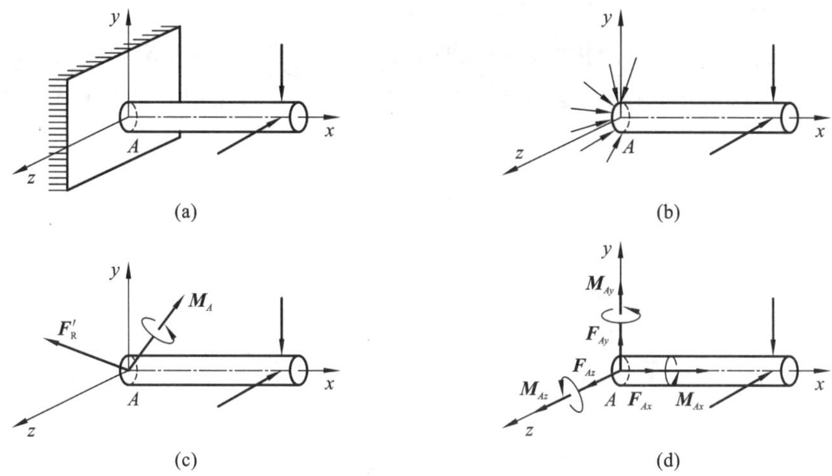

图 5.2.11

将$\boldsymbol{M}_O$表示为在$\boldsymbol{F}'_R$作用面上的力偶($\boldsymbol{F}_R$,$\boldsymbol{F}''_R$),使力偶中的力$\boldsymbol{F}_R=\boldsymbol{F}'_R=-\boldsymbol{F}''_R$,并且使$\boldsymbol{F}'_R$与其共线(见图 5.2.12(b)),则力偶臂$d=\dfrac{|\boldsymbol{M}_O|}{|\boldsymbol{F}'_R|}$。减去平衡力系($\boldsymbol{F}'_R$,$\boldsymbol{F}''_R$),力系最后简化为合力$\boldsymbol{F}_R$(见图5.2.12(c))。由此可知,在这种情况下,力系简化为不通过简化中心的合力,合力矢$\boldsymbol{F}_R=\boldsymbol{F}'_R$,合力作用线至原简化中心$O$的距离为$d=\dfrac{|\boldsymbol{M}_O|}{|\boldsymbol{F}'_R|}$。

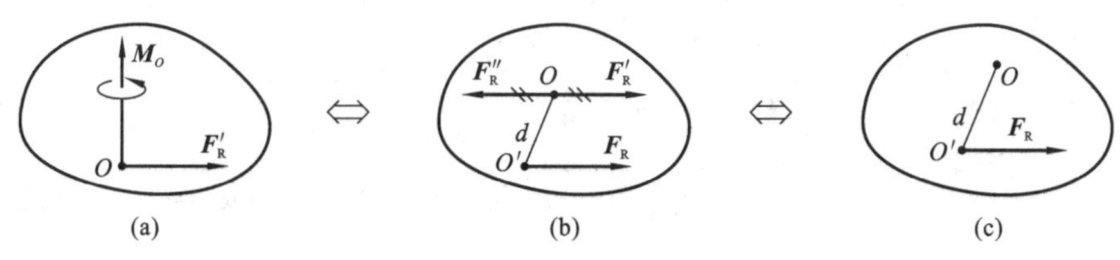

图 5.2.12

【说明】 显然,如果一空间力系最终简化为一个合力,则合力矩定理式(5.2.15)也成立,此时力对点的矩为矢量。

② $\boldsymbol{F}'_R$与$\boldsymbol{M}_O$共线,如图 5.2.13(a) 所示。

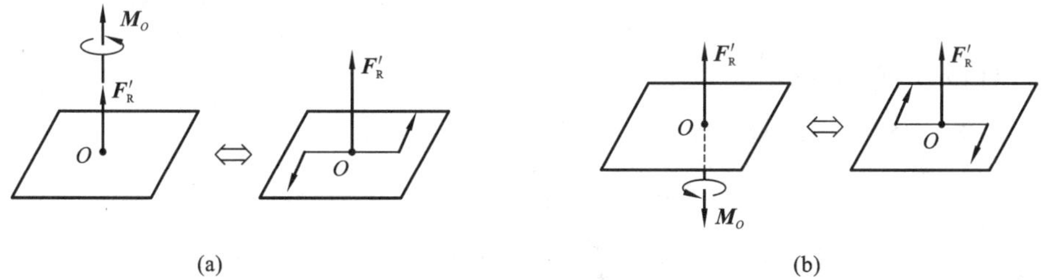

图 5.2.13

由一个力偶和一个垂直于该力偶作用面的力组成的力系称为**力螺旋**。力螺旋中力的作用线称为**力螺旋中心轴**。当力螺旋中的力矢与力偶矩矢指向相同时为**右手力螺旋**(见图 5.2.13(a)),反之为**左手力螺旋**(见图 5.2.13(b))。力螺旋无法再进一步简化,已是力系简化的最终结果。

③ $\boldsymbol{F}'_R$与$\boldsymbol{M}_O$ 斜交，如图 5.2.14 所示。

这是空间任意力系向一点简化的最一般的情况。此时，可先将主矩$\boldsymbol{M}_O$，沿主矢$\boldsymbol{F}'_R$方向和垂直于主矢$\boldsymbol{F}'_R$方向分解，力系可进一步简化为一中心轴不通过原简化中心的力螺旋。这一简化过程如图 5.2.14 所示。

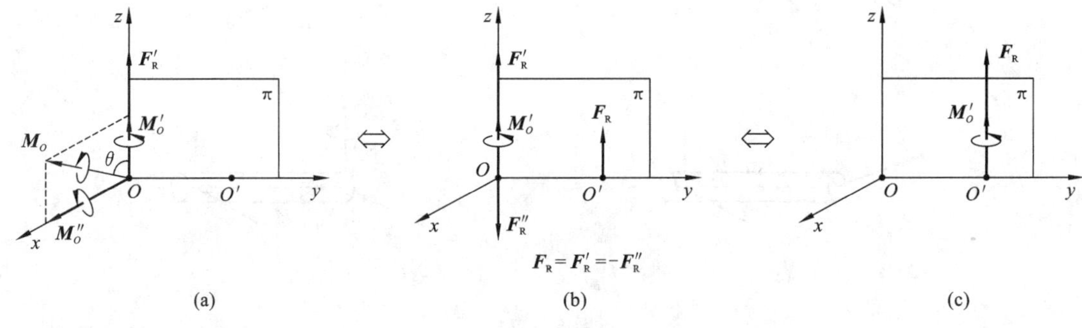

图 5.2.14

(4) 若$\boldsymbol{F}'_R = 0$，$\boldsymbol{M}_O = 0$，则空间力系平衡，这将在下一章讨论。

综上所述，空间任意力系向一点简化的最后结果有四种可能：① 一合力偶；② 一合力；③ 一力螺旋；④ 平衡力系。

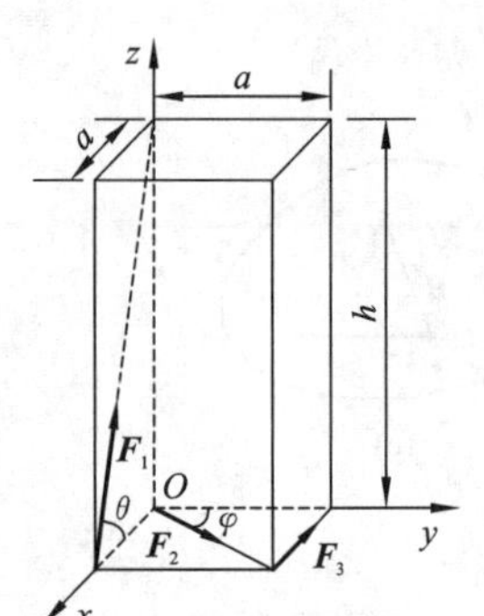

图 5.2.15

【例 5.2.3】 如图 5.2.15 所示的长方体上作用有三个力。已知 $F_1 = F_2 = F_3 = 20$ kN，$a = 0.5$ m，$h = 1.5$ m，求此力系向点 O 简化的结果。

【解】 由几何关系得

$$\cos\theta = \frac{1}{\sqrt{10}}, \quad \sin\theta = \frac{3}{\sqrt{10}}, \quad \sin\varphi = \cos\varphi = \frac{\sqrt{2}}{2}$$

(1) 求主矢$\boldsymbol{F}'_R$

主矢$\boldsymbol{F}'_R$在图示三个坐标轴上的投影为

$$F'_{Rx} = \sum F_{ix} = -F_1\cos\theta + F_2\sin\varphi - F_3 = -12.2 \text{ kN}$$

$$F'_{Ry} = \sum F_{iy} = F_2\cos\varphi = 14.1 \text{ kN}, \quad F'_{Rz} = \sum F_{iz} = F_1\sin\theta = 19 \text{ kN}$$

于是有，$\boldsymbol{F}'_R = (-12.2\boldsymbol{i} + 14.1\boldsymbol{j} + 19\boldsymbol{k})$ kN。

(2) 求对 O 点的主矩$\boldsymbol{M}_O$

主矩$\boldsymbol{M}_O$ 在三个坐标轴上的投影为

$$M_{Ox} = \sum M_x(\boldsymbol{F}) = 0$$

$$M_{Oy} = \sum M_y(\boldsymbol{F}) = -aF_1\sin\theta = -9.49 \text{ kN} \cdot \text{m}$$

$$M_{Oz} = \sum M_z(\boldsymbol{F}) = F_3 a = 10 \text{ kN} \cdot \text{m}$$

因此得：

$$\boldsymbol{M}_O = (-9.49\boldsymbol{j} + 10\boldsymbol{k}) \text{ kN} \cdot \text{m}$$

5.3 重心和形心

重心的位置对于物体的平衡、运动和稳定，都有很大关系。例如，水坝、挡土墙等建筑物，重心必须在一定的范围内，否则会引起倾覆；飞机的重心超前或偏后，不但会增加起飞与降落的困难，也会使飞机不能正常飞行；机械的转动部分，有的（如偏心轮）应使其重心离开转动轴一定的距离，以便利用由于偏心而产生的效果；有的（特别是高速转动者）却必须使其重心尽可能不偏离转动轴，以避免产生不良影响。所以，如何确定物体重心的位置，在工程中有着重要意义。现在来导出确定物体重心位置的一般公式，以及介绍相关质心和形心的概念。

5.3.1 重心的基本公式

一个物体可看作由许多微小部分所组成，每一微小部分都受到一个重力作用。建立坐标系 $Oxyz$，并取 z 轴为铅垂方向，向上为正，如图 5.3.1 所示。设其中某一微小部分 M_i 所受的重力为 $\Delta \boldsymbol{P}_i$，所有各力 $\Delta \boldsymbol{P}_i$ 的合力 $\boldsymbol{P}$ 就是整个物体所受的重力。$\Delta \boldsymbol{P}_i$ 的大小 ΔP_i 是 M_i 的重量，$\boldsymbol{P}$ 的大小 P 则是整个物体的重量。不论物体在空中取什么样的位置，合力 $\boldsymbol{P}$ 的作用线，相对于物体而言，必通过某一确定点 C，这一点就称为物体的**重心**。

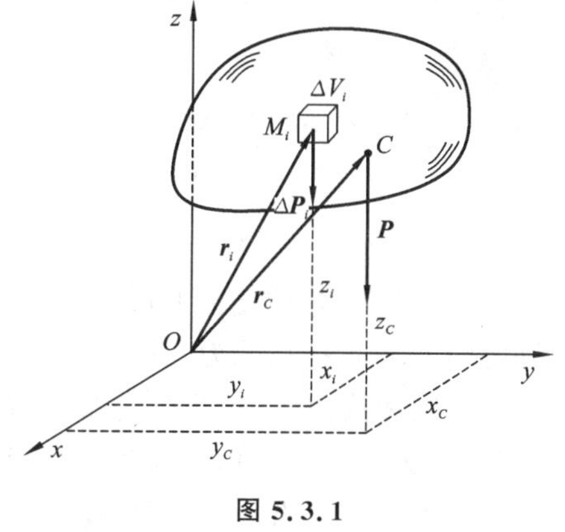

图 5.3.1

由于所有各 $\Delta \boldsymbol{P}_i$ 都指向地心附近，因此，严格来说，各 $\Delta \boldsymbol{P}_i$ 并不平行。但是，工程上的物体都较地球为小，离地心又很远，所以各 $\Delta \boldsymbol{P}_i$ 可以看作平行力而足够精确（在地球表面，相距 31 m 的两点，两重力之间的夹角不过 1″）。这样，合力 $\boldsymbol{P}$ 的大小（即整个物体的重量）为

$$P = \sum P_i \tag{5.3.1}$$

物体重心位置则可利用合力矩定理求得，令 $\boldsymbol{M}_i$ 及 C 相对于 O 点的矢径为 $\boldsymbol{r}_i$ 及 $\boldsymbol{r}_C$，由合力矩定理有：

$$\boldsymbol{r}_C \times \boldsymbol{P} = \sum \boldsymbol{r}_i \times \Delta \boldsymbol{P}_i\text{。}$$

因为 $\Delta \boldsymbol{P}_i$ 和 $\boldsymbol{P}$ 的方向是一致的，假设该方向单位矢量为 $\boldsymbol{n}$，则有

$$\boldsymbol{r}_C \times (P\boldsymbol{n}) = \sum \boldsymbol{r}_i \times (\Delta P_i \boldsymbol{n}), \quad \boldsymbol{r}_C \times (P\boldsymbol{n}) - \sum \boldsymbol{r}_i \times (\Delta P_i \boldsymbol{n}) = 0$$

故有：

$$\left(P\boldsymbol{r}_C - \sum \Delta P_i \boldsymbol{r}_i\right) \times \boldsymbol{n} = 0$$

由于 $\boldsymbol{n}$ 可以相对于坐标系的方向任意选取，故可以导出：$P\boldsymbol{r}_C = \sum \Delta P_i \boldsymbol{r}_i$。从而

$$\boldsymbol{r}_C = \frac{\sum \Delta P_i \boldsymbol{r}_i}{P} \tag{5.3.2}$$

将上式两边投影到 x、y、z 轴上，得

$$x_C = \frac{\sum \Delta P_i x_i}{P}, \quad y_C = \frac{\sum \Delta P_i y_i}{P}, \quad z_C = \frac{\sum \Delta P_i z_i}{P} \tag{5.3.3}$$

其中，x_i、y_i、z_i 及 x_C、y_C、z_C 分别是 M_i 及重心 C 的位置坐标。

若记微小部分 M_i 的质量为 Δm_i，物体的质量为 m，重力加速度为 g，则 $\Delta P_i = \Delta m_i g$，$P = mg$。由式(5.3.2)可得

$$\boldsymbol{r}_C = \frac{\sum \Delta m_i \boldsymbol{r}_i}{m} \tag{5.3.4}$$

由式(5.3.4)所确定的 C 点称为物体的**质心**。将式(5.3.3)中的重力替换为相应的质量，可得计算质心坐标的公式

$$x_C = \frac{\sum \Delta m_i x_i}{m},\quad y_C = \frac{\sum \Delta m_i y_i}{m},\quad z_C = \frac{\sum \Delta m_i z_i}{m} \tag{5.3.5}$$

对于连续体而言，上述公式(5.3.1)～(5.3.5)中求和只需改为积分即可。

5.3.2 形心的基本公式

如果物体是均质的，即质量密度 ρ 是常量，则每单位体积的重力 γ 也为常数，设 M_i 的体积为 ΔV_i，整个物体的体积为 $V = \sum \Delta V_i$，则 $\Delta m_i = \rho \Delta V_i$、$\Delta P_i = \gamma \Delta V_i$，而 $m = \sum \Delta m_i = \rho \sum \Delta V_i = \rho V$、$P = \sum \Delta P_i = \gamma \sum \Delta V_i = \gamma V$，代入式(5.3.3)或式(5.3.5)，就得到

$$x_C = \frac{\sum \Delta V_i x_i}{V},\quad y_C = \frac{\sum \Delta V_i y_i}{V},\quad z_C = \frac{\sum \Delta V_i z_i}{V} \tag{5.3.6}$$

式(5.3.6)表明，均质物体的质心和重心位置，完全决定于物体的几何形状。因此，由式(5.3.6)所确定的 C 点也往往称为几何形体的**形心**。

对于曲面或曲线，只需在式(5.3.6)中分别将 ΔV_i 改为微小面积 ΔA_i 或微小长度 ΔL_i，V 改为总面积 A 或总长度 L，即可得相应的形心坐标公式。

对于平面图形或平面曲线，如取所在的平面为 xy 面，则显然 $z_C = 0$，而 x_C 及 y_C 可由式(5.3.3)中的前两式求得。

在式(5.3.6)中，如令 ΔV_i 趋近于零而取和式的极限，则各式成为积分公式

$$x_C = \frac{\int x\mathrm{d}V}{V},\quad y_C = \frac{\int y\mathrm{d}V}{V},\quad z_C = \frac{\int z\mathrm{d}V}{V} \tag{5.3.7}$$

【说明】 (1) 凡具有对称面、对称轴或对称中心的均质物体(或几何形体)，其质心和重心(或形心)必定在对称面、对称轴或对称中心上。由此可知，平行四边形、圆环、圆面、椭圆面等的形心与它们的几何中心重合。圆柱体、圆锥体的形心都在它们的中心轴上。(2) 对称性的利用是常见的一种技巧，可以简化分析和计算，且在很多工程问题的分析中广泛使用。

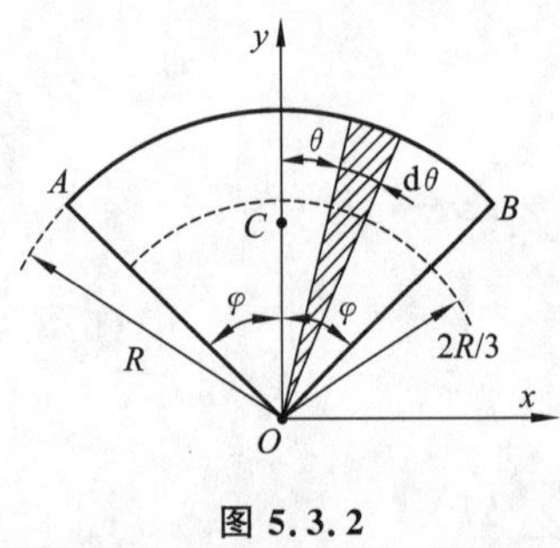

图 5.3.2

【例 5.3.1】 试求图 5.3.2 所示半径为 R，圆心角为 2φ 的扇形面积的重心。

【解】 取中心角的平分线为 y 轴。由于对称关系，重心必在这个轴上，即 $x_C = 0$，现在只需求出 y_C。把扇形面积分成无数无穷小的面积素(可看作三角形)、每个小三角形的重心都在距顶点 O 为 $\frac{2}{3}R$ 处。任一位置 θ 处的微小面积 $\mathrm{d}A = \frac{1}{2}R^2\mathrm{d}\theta$，其重心的 y 坐标为 $y = \frac{2}{3}R\cos\theta$，扇形总面积为：$A = \int \mathrm{d}A = \int_{-\varphi}^{\varphi} \frac{1}{2}R^2\mathrm{d}\theta = R^2\varphi$。

由形心坐标公式可得

$$y_C=\frac{\int y\mathrm{d}A}{A}=\frac{\int_{-\varphi}^{\varphi}\frac{2}{3}R\cos\theta\cdot\frac{1}{2}R\cdot R\mathrm{d}\theta}{R^2\varphi}=\frac{2}{3}R\frac{\sin\varphi}{\varphi}$$

如以 $\varphi=\frac{\pi}{2}$ 代入，即得半圆形的重心：$y_C=\frac{4R}{3\pi}$。

【说明】 (1) 例 5.3.1 中半圆形面积的重心(形心)的结果可直接作为公式应用在其他问题中。(2) 一些常见的简单形体的形心(重心)位置已列于附录 B 中，以供参考。

5.3.3 组合形体的形心

较复杂的形体，往往可以看作几个简单形体的组合。设已知各简单形体的体积 V_i(或面积 A_i、或长度 L_i)及其形心位置，只要用 V_i(或 A_i、或 L_i)代换以上各式中的 ΔV_i(或 ΔA_i、或 ΔL_i)，用各简单形体的形心的坐标 x_{Ci} 代替 x_i，就可求得整个形体的重心或形心的位置。如果一个复杂的形体不能分成简单形体，又不能求积分，就只能用近似方法或用实验方法来分析。某些情况下，应用负面积方法计算起来比较方便，如下例。

【例 5.3.2】 试求图 5.3.3 所示振动沉桩器中的偏心块的重心。已知：$R=100\ \mathrm{mm}$，$r=17\ \mathrm{mm}$，$b=13\ \mathrm{mm}$。

【解】 将偏心块看成是由三部分组成，即半径为 R 的半圆 A_1，半径为 $r+b$ 的半圆 A_2 和半径为 r 的小圆 A_3。A_3 是切去的部分，所以面积应取负值。今使坐标原点与圆心重合，且偏心块的对称轴为 y 轴，则有 $x_C=0$。设 y_1，y_2，y_3 分别是 A_1，A_2，A_3 重心的坐标，由例 5.3.1 的结果可知：

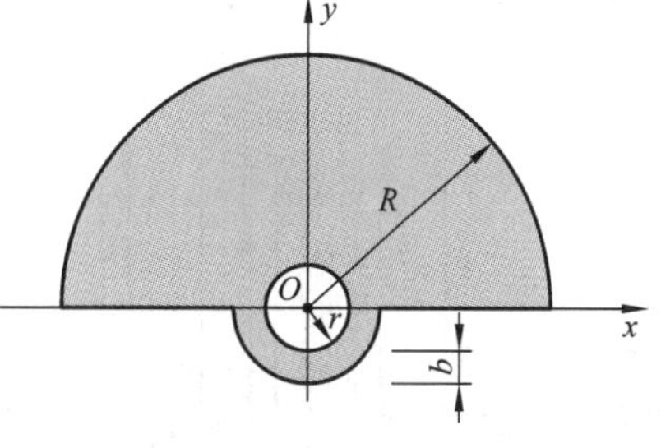

图 5.3.3

$$A_1=\frac{\pi R^2}{2},\quad y_1=\frac{4R}{3\pi},\quad A_2=\frac{\pi(r+b)^2}{2},\quad y_2=\frac{-4(r+b)}{3\pi},\quad A_3=-\pi r^2,\quad y_3=0$$

于是，偏心块重心的坐标为

$$y_C=\frac{A_1y_1+A_2y_2+A_3y_3}{A_1+A_2+A_3}=\frac{\frac{2}{3}\times R^3-\frac{2}{3}\times(r+b)^3}{\frac{\pi}{2}\times R^2+\frac{\pi}{2}\times(r+b)^2-\pi r^2}$$

$$=\frac{4}{3\pi}\cdot\frac{R^3-(r+b)^3}{R^2+(r+b)^2-2r^2}=\frac{4}{3\pi}\cdot\frac{(100^3-30^3)\ \mathrm{mm}^3}{(100^2+30^2-2\times 17^2)\ \mathrm{mm}^2}=40\ \mathrm{mm}$$

【说明】 (1) 工程中一些外形复杂或质量分布不均的物体很难用计算方法求其重心，此时可用实验方法测定重心位置。如悬挂法，称重法。(2) 物体的形心或质心是一个非常重要的力学概念，在如构件的强度、刚度及稳定性等很多方面都有重要的作用。

5.4 平行分布力系的简化

在许多工程问题里，物体所受的力，往往是分布作用于物体体积内(如重力)或物体表面上(如水压力)的，前者称为**体力**，后者称为**面力**。体力和面力都是分布力。若分布力的作用线彼此平行，则称为**平行分布力**。

对于平行分布的体力，求其合力的大小及作用线位置的方法，与求物体的重量及重心的方法相同，不再赘述。先讲几个有关的概念。

面力是分布在一定面积上的，在许多工程问题里，力可能沿着狭长面积分布(如梁上的力)，这种力可简化成为沿着一条线分布的力，称为**线分布力**或**线分布荷载**。

表示力的分布情况的图形称为荷载图。某一单位长度或单位面积上所受的力，称为分布力在该处的**集度**。如果分布力的集度处处相同，则称为**均布力**或**均布荷载**；否则，就称为**非均布力**或**非均布荷载**。若用 q 表示分布力的集度，则对于均布荷载，$q=$ 常量。而对于非均布荷载，集度定义为某一微小长度或微小面积 Δs 上所受力的大小 ΔF 与 Δs 之比，当 $\Delta s\to 0$ 时的极限。即

$$q=\lim_{\Delta s\to 0}\frac{\Delta F}{\Delta s}$$

在荷载图中，一般用某点处的高度表示分布力在该点处的集度。线分布力集度的单位是 N/m、kN/m 等，面力集度的单位是 $\mathrm{N/m^2}$、$\mathrm{kN/m^2}$ 等。

下面按线分布力和面力两种情况讨论求平行分布力合力的方法。

5.4.1 线分布力

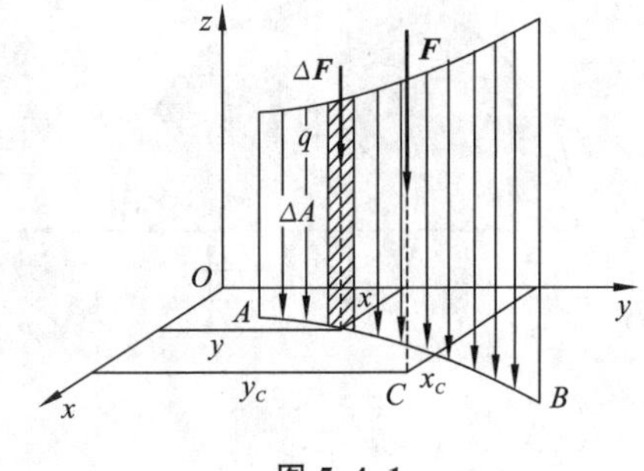

图 5.4.1

设力沿平面曲线 AB 分布(见图 5.4.1)，则荷载图成为一曲面。取直角坐标系的 z 轴平行于分布力，曲线 AB 位于 xy 平面内。令坐标为 x、y 处的荷载集度为 q，则在该处微小长度 Δs 上的力的大小为 $\Delta F=q\cdot\Delta s$，亦即等于 Δs 上荷载图的面积 ΔA。于是，线段 AB 上所受的力其合力大小等于 $F=\sum\Delta F=\sum q\Delta s=\sum\Delta A=$ 线段 AB 上荷载图的面积。

合力 $\boldsymbol{F}$ 的作用线位置可用合力矩定理求得。分别对 y 轴及 x 轴取矩，有

$$x_C F=\sum xq\Delta s=\sum x\Delta A,\quad -y_C F=-\sum yq\Delta s=-\sum y\Delta A$$

由此得

$$x_C=\frac{\sum x\Delta A}{\sum\Delta A},\quad y_C=\frac{\sum y\Delta A}{\sum\Delta A}\tag{5.4.1}$$

这就是荷载图面积的形心的 x 坐标和 y 坐标。

可见，沿平面曲线分布的平行分布力系的合力的大小等于荷载图的面积，合力通过荷载图面积的形心。如力沿直线分布，结论也一样。

【例 5.4.1】 就图 5.4.2(a)、(b) 所示两种情况，分别计算作用在梁 AB 上的分布荷载合力的大小和作用线位置。设 $AB=l$。

(1) AB 梁上的荷载均匀分布，称为均布荷载，荷载集度为 q(N/m)。

(2) AB 梁上的荷载按线性分布，左端的荷载集度为零，右端的荷载集度为 q_0(N/m)。

【解】 由线分布力简化的结论可知

(1) 均布荷载的合力大小为 $F=ql$，作用在 AB 梁的中点，如图 5.4.2(a) 所示。

(2) 荷载按三角形线性分布时，分布荷载的合力的大小为(如图 5.4.2(b) 所示)

$$F=\frac{1}{2}ql$$

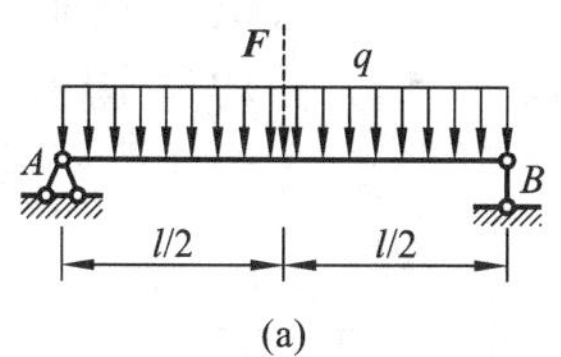

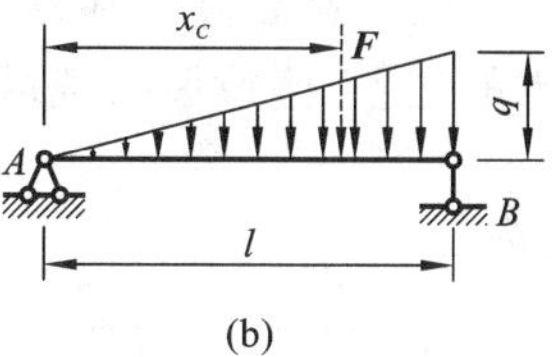

图 5.4.2

并且合力 $\boldsymbol{F}$ 通过荷载图的形心，即合力 $\boldsymbol{F}$ 的作用线离 A 端的距离为：$x_C=\dfrac{2}{3}l$。

【思考】 (1) 如果分布力系与梁的轴线 AB 不垂直，而是有一个夹角 θ，如图 5.4.3 所示，应该如何简化？(2) 对梯形分布的荷载，如图 5.4.4 所示，如何进行简化？

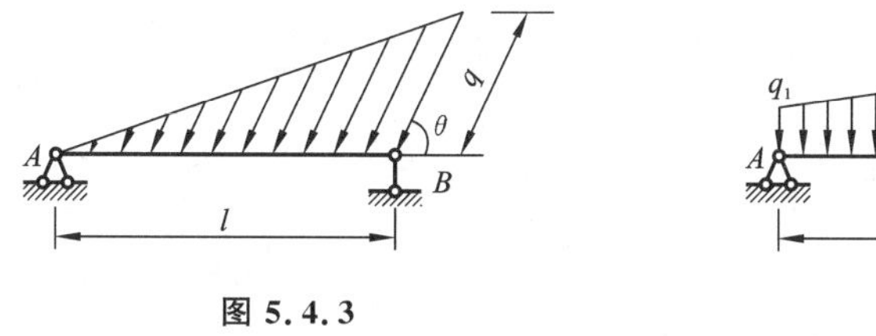

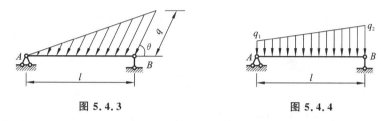

图 5.4.3　　图 5.4.4

5.4.2　面力

设图 5.4.5 为面积 A 上的荷载图，取直角坐标系的 z 轴平行于分布力，荷载作用面为 xy 面。在面积 A 内坐标为 (x,y) 处取微小面积 ΔA，若该处荷载集度为 p，则微小面积 ΔA 上所受的力的大小为 $\Delta F=p\Delta A$，亦即等于 ΔA 上荷载图的体积 ΔV。于是，面积 A 上所受的力的合力大小等于 $F=\sum\Delta F=\sum p\Delta A=\sum\Delta V=$ 面积 A 上的荷载图的体积。

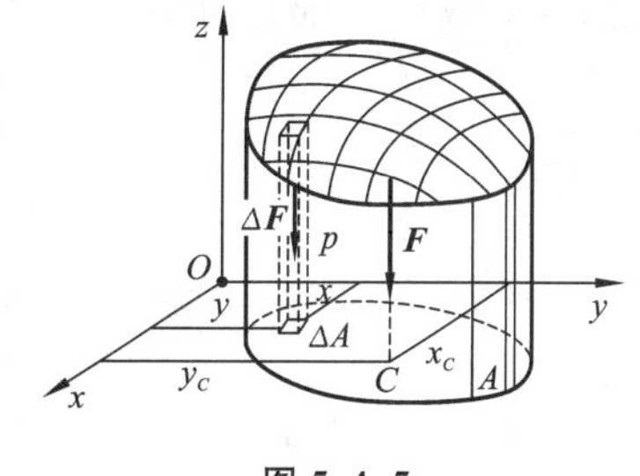

图 5.4.5

合力作用线的位置仍用合力矩定理求得，对 y 轴及 x 轴求矩，有：

$$x_CF=\sum xp\Delta A=\sum x\Delta V,\quad -y_CF=-\sum yp\Delta A=-\sum y\Delta V$$

由此得

$$x_C=\frac{\sum x\Delta V}{\sum\Delta V},\quad y_C=\frac{\sum y\Delta V}{\sum\Delta V}\tag{5.4.2}$$

与式(5.3.6)相比较，可见 x_C 及 y_C 就是荷载图体积的形心的坐标。

综上所述，平行分布面力，其合力的大小等于荷载图的体积，合力通过其荷载图体积的形心。对于平面平行力系，其合力的大小等于荷载图的面积，合力的作用线通过其荷载图面积的形心。

无论线分布力或面力，若荷载图的图形比较复杂，但可分成几个简单的图形，则可先分别求每一简单图形所代表的分布力的合力，然后再按几个集中力进行计算。除了需要计算总的合力外，一般不需合成为一个力。如果荷载图不能分作简单图形，而分布力的集度是连续变化的，则可用积分法求出合力的大小，进而利用合力矩定理求出合力的作用线位置。

【说明】 平行分布力系的合力的大小与合力作用线的结论与重力的相关结论是一致的，因为重力也是体积分布力。

【例 5.4.2】 假设一高耸建筑在飓风中所受的风荷载如图 5.4.6(a) 所示。试求风荷载合力的大小及其作用点的位置。假设风荷载沿 y 轴负向作用，在 x 轴方向均匀作用。

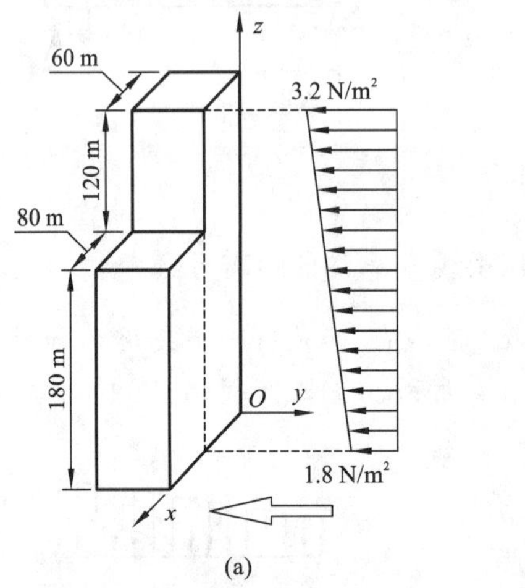

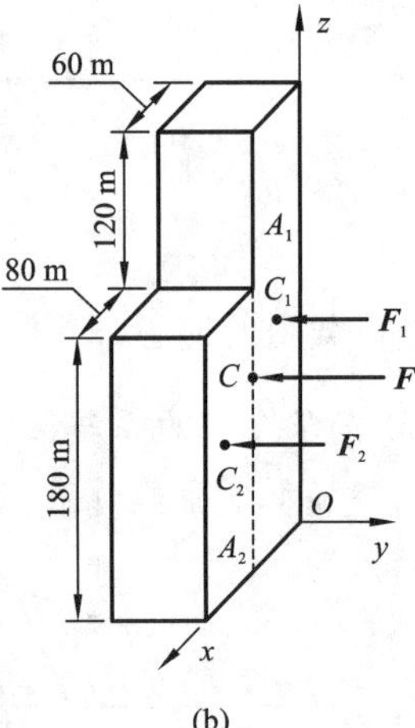

图 5.4.6

【解】 (1) 首先计算侧面 A_1 和 A_2 的合力，见图 5.4.6(b)。

由面力简化的结论可知，侧面 A_1 的合力 $\boldsymbol{F}_1$ 的大小等于侧面 A_1 上的荷载图的体积，为

$$F_1 = \frac{(3.2\ \mathrm{N/m^2} + 1.8\ \mathrm{N/m^2})}{2} \times (180\ \mathrm{m} + 120\ \mathrm{m}) \times 60\ \mathrm{m} = 45\ 000\ \mathrm{N}$$

又因风荷载在 x 轴方向均匀作用，故侧面 A_1 的合力 $\boldsymbol{F}_1$ 作用点的 x、z 坐标分别为：

$$x_{C_1} = 30\ \mathrm{m}$$

$$z_{C_1} = \frac{1}{F_1}\int_0^{300\ \mathrm{m}} 60\ \mathrm{m} \times z \times \left(1.8\ \mathrm{N/m^2} + \frac{(3.2-1.8)\ \mathrm{N/m^2}}{300\ \mathrm{m}} \times z\right)\mathrm{d}z = \frac{7\ 380\ 000\ \mathrm{N\cdot m}}{45\ 000\ \mathrm{N}} = 164\ \mathrm{m}$$

同理，可得侧面 A_2 的合力 $\boldsymbol{F}_2$ 的大小及其作用点的 x,z 坐标分别为：

$$F_2 = \left[1.8\ \mathrm{N/m^2} + 1.8\ \mathrm{N/m^2} + \frac{180}{300} \times (3.2\ \mathrm{N/m^2} - 1.8\ \mathrm{N/m^2})\right] \times \frac{180\ \mathrm{m}}{2} \times 80\ \mathrm{m} = 31\ 968\ \mathrm{N}$$

$$x_{C_2} = 60\ \mathrm{m} + 40\ \mathrm{m} = 100\ \mathrm{m}$$

$$z_{C_2} = \frac{1}{F_2}\int_0^{180\ \mathrm{m}} 80\ \mathrm{m} \times z \times \left(1.8\ \mathrm{N/m^2} + \frac{(3.2-1.8)\ \mathrm{N/m^2}}{300\ \mathrm{m}} \times z\right)\mathrm{d}z = \frac{3\ 058\ 560\ \mathrm{N\cdot m}}{31\ 968\ \mathrm{N}} = 95.68\ \mathrm{m}$$

(2) 计算整个侧面风荷载的大小和作用点坐标，见图 5.4.6(b)。

$$F = F_1 + F_2 = 45\ 000\ \mathrm{N} + 31\ 968\ \mathrm{N} = 76\ 968\ \mathrm{N}$$

合力 $\boldsymbol{F}$ 的作用点的 x、z 坐标分别为：

$$x_C = \frac{F_1 \cdot x_{C_1} + F_2 \cdot x_{C_2}}{F} = \frac{45\ 000\ \mathrm{N} \times 30\ \mathrm{m} + 31\ 968\ \mathrm{N} \times 100\ \mathrm{m}}{76\ 968\ \mathrm{N}} = 59.07\ \mathrm{m}$$

$$z_C = \frac{F_1 \times z_{C_1} + F_2 \times z_{C_2}}{F} = \frac{45\ 000\ \mathrm{N} \times 164\ \mathrm{m} + 31\ 968\ \mathrm{N} \times 95.68\ \mathrm{m}}{76\ 968\ \mathrm{N}} = 135.62\ \mathrm{m}$$

合力 $\boldsymbol{F}$ 的作用点的 y 坐标为 $y_C = 0$。即合力 $\boldsymbol{F} = -76\ 968\boldsymbol{j}$ N，并通过点(59.07 m,0,135.62 m)。

思　考　题

5-1　平面汇交力系向汇交点以外一点简化，其结果可能是一个力吗？可能是一个力偶吗？可能是一个力和一个力偶吗？

5-2　用解析法求平面汇交力系的合力时，若取不同的直角坐标轴，所求得的合力是否相同？

5-3　平面平行力系向作用面内任一点简化的结果可能是什么？

5-4　平面任意力系向某点简化，其主矢、主矩皆不为零，问下述说法是否正确：

A. 该力系可用一个力来平衡。

B. 该力系可用一个力偶来平衡。

5-5　平面任意力系向某点简化，其主矢为零，主矩不为零，问下述说法是否正确：

A. 该力系可用一个力来平衡。

B. 该力系可用一个力偶来平衡。

5-6　图中两个圆盘均处于平衡状态，问：

(1) 在图(a) 中，能否说力偶 M 与力 $\boldsymbol{F}$ 组成平衡力系？

(2) 在图(a) 中，能否说力偶 M 与力 $\boldsymbol{F}$ 等效？

(3) 在图(b) 中，能否说力$\boldsymbol{F}_1$ 由力$\boldsymbol{F}_2$ 平衡？

(4) 在图(b) 中，能否说力$\boldsymbol{F}_1$ 与力$\boldsymbol{F}_2$ 等效？

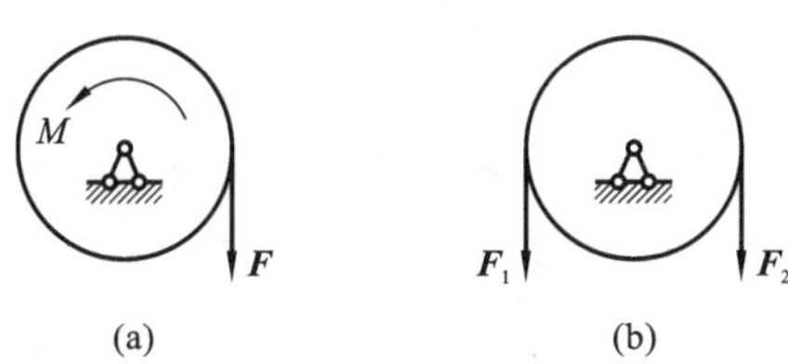

思考题 5-6 图

5-7　某平面任意力系向 A 点简化得一个力$\boldsymbol{F}'_{RA}$($F'_{RA}\neq 0$) 及一个矩为 M_A($M_A\neq 0$) 的力偶，B 为平面内另一点，问：

(1) 向 B 点简化仅得一力偶，是否可能？

(2) 向 B 点简化仅得一力，是否可能？

(3) 向 B 点简化得$\boldsymbol{F}'_{RA}=\boldsymbol{F}'_{RB}$，$M_A\neq M_B$，是否可能？

(4) 向 B 点简化得$\boldsymbol{F}'_{RA}=\boldsymbol{F}'_{RB}$，$M_A=M_B$，是否可能？

(5) 向 B 点简化得$\boldsymbol{F}'_{RA}\neq\boldsymbol{F}'_{RB}$，$M_A=M_B$，是否可能？

(6) 向 B 点简化得$\boldsymbol{F}'_{RA}\neq\boldsymbol{F}'_{RB}$，$M_A\neq M_B$，是否可能？

5-8　空间任意力系向两个不同的点简化，试问下述情况是否可能：(1)主矢相等，主矩相等；(2)主矢不相等，主矩相等；(3)主矢相等，主矩不相等；(4)主矢、主矩都不相等。力螺旋是否能化为两个力？

5-9　若某空间任意力系对不在同一直线上的三点主矩都为零，则该力系简化的最终结果可能是什么？

5-10　若某空间任意力系对某两点的主矩为零，且在某轴上的投影为零(此轴不与这两点连线垂直)，则该力系简化的最终结果可能是什么？

5-11　某空间力系向 A 点及 B 点简化，结果都为力螺旋，问：(1) 这两个力螺旋中的力与力偶是否完全相等？(2) 这两个力螺旋中的力矢与力偶矩矢都沿什么方向？

习　　题

5-1　用解析法求图示四个力的合力。已知，$\boldsymbol{F}_3$ 水平，$F_1 = 60$ kN，$F_2 = 80$ kN，$F_3 = 50$ kN，$F_4 = 100$ kN。

5-2　图示平面任意力系中 $F_1 = 40\sqrt{2}$ N，$F_2 = 80$ N，$F_3 = 40$ N，$F_4 = 110$ N，$M = 100$ N·mm。各力作用位置如图所示。求：(1) 力系向 O 点简化的结果；(2) 力系的合力的大小、方向及合力作用线方程。

5-3　已知平面力系 $F_1 = F_2 = F_3 = F_4 = F_5 = F_6 = F$，$M_1 = Fa$，$M_2 = 2Fa$，如图所示，$\overline{OA} = \overline{AB} = \overline{BC} = \overline{CO} = a$，$OABC$ 为正方形。求力系简化的最终结果。

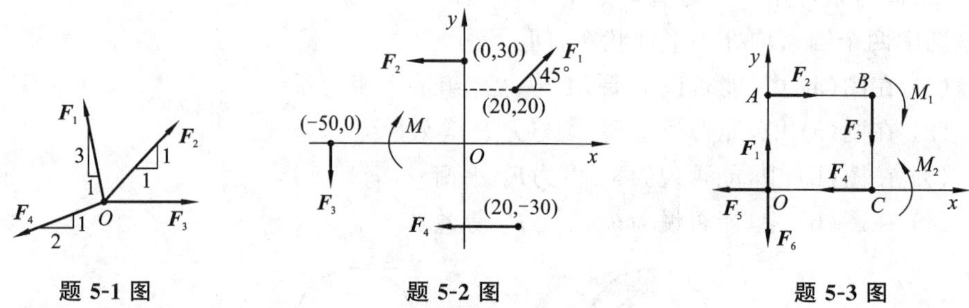

题 5-1 图　　题 5-2 图　　题 5-3 图

5-4　弯杆受载荷如图所示。求：(1) 这些载荷合力的大小和方向；(2) 合力作用点在 AB 线上的位置；(3) 合力作用点在 BC 线上的位置。

5-5　沿着直棱边作用五个力，如图所示。已知 $F_1 = F_3 = F_4 = F_5 = F$，$F_2 = \sqrt{2}F$，$\overline{OA} = \overline{OC} = a$，$\overline{OB} = 2a$。试将此力系简化。

5-6　在边长为 a 的正方体顶点 O、F、C 和 E 上分别作用有大小都等于 $\boldsymbol{F}$ 的力，方向如图所示，求此力系的最终简化结果。

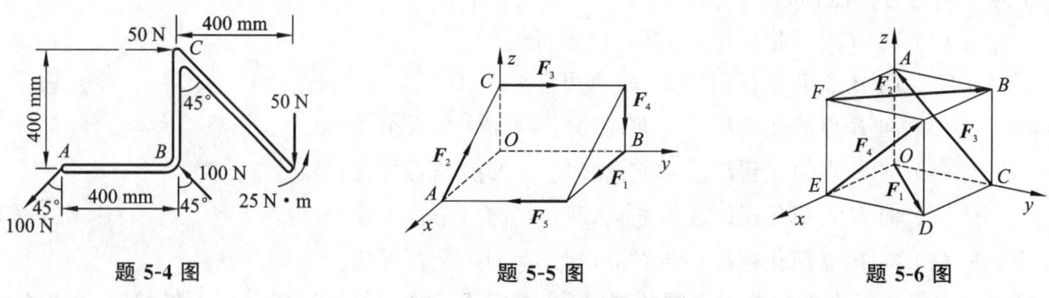

题 5-4 图　　题 5-5 图　　题 5-6 图

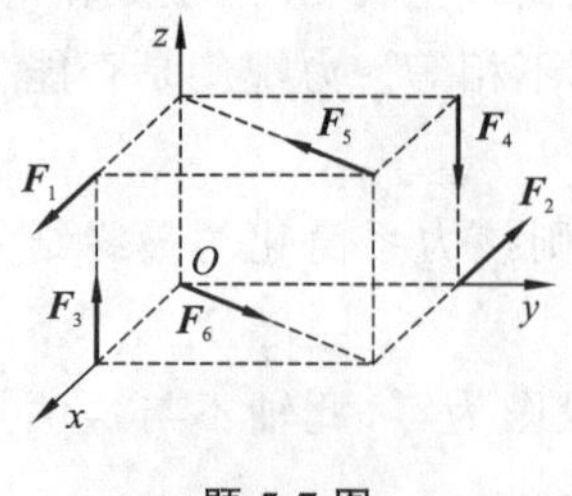

题 5-7 图

5-7　将如图所示三力偶合成，已知 $F_1 = F_3 = F_4 = F_5 = F_6 = 100$ N，正方体的边长为 $a = 1$ m。

5-8　化简力系 $\boldsymbol{F}_1(F, 2F, 3F)$、$\boldsymbol{F}_2(3F, 2F, F)$，此二力分别作用在点 $A_1(a, 0, 0)$、$A_1(0, a, 0)$。

5-9　平板 $OABD$ 上作用空间力系如图所示，问 x、y 应等于多少，才能使该力系合力作用线过板中心 C。图中长度单位为 m。

5-10　如图所示平面力系，已知 $F_1=200$ N，$F_2=100$ N，$M=300$ N·m。欲使力系的合力通过 O 点，问水平力 $\boldsymbol{F}$ 之值应为多少？图中长度单位为 m。

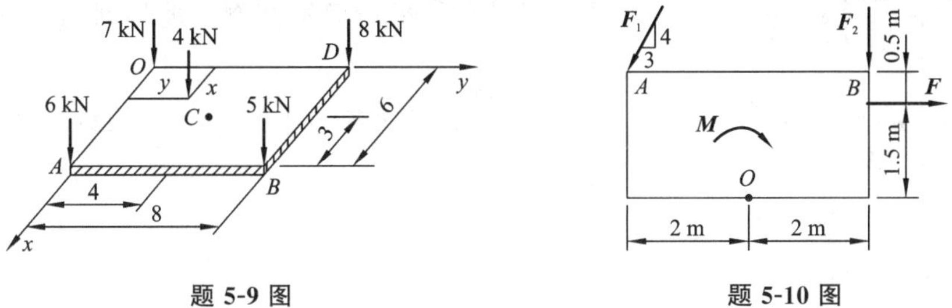

题 5-9 图　　　　题 5-10 图

5-11　求以下两种平面图形（阴影部分）的重心坐标：

（1）大圆中挖去一个小圆（图(a)）；

（2）两个半圆拼接（图(b)）。

5-12　求图示图形的重心，图中单位为 m。

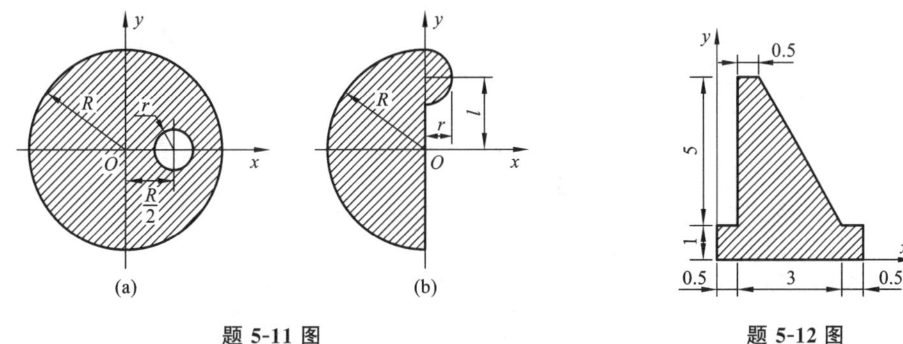

题 5-11 图　　　　题 5-12 图

5-13　求图示中所示平面图形的形心位置，图中单位为 mm。

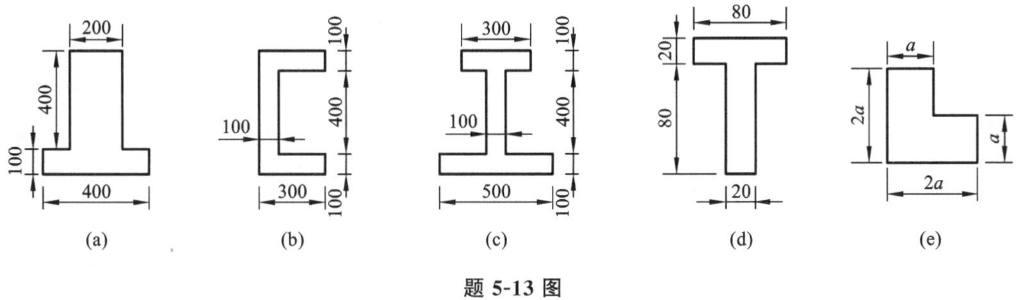

题 5-13 图

5-14　试确定图示各截面形心 C 的坐标 y_C。

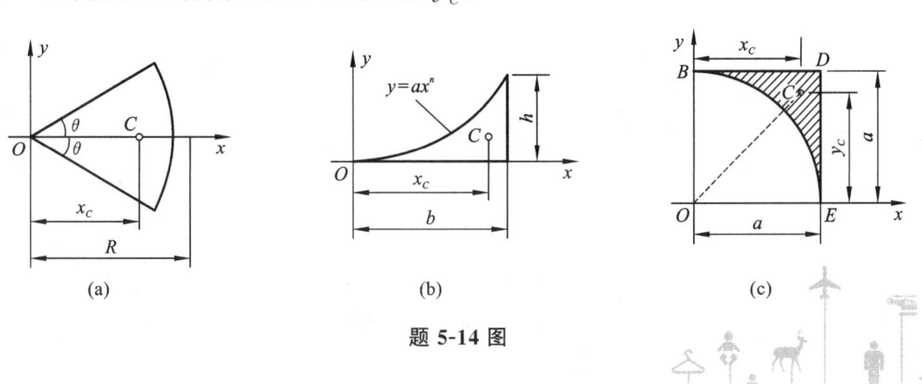

题 5-14 图

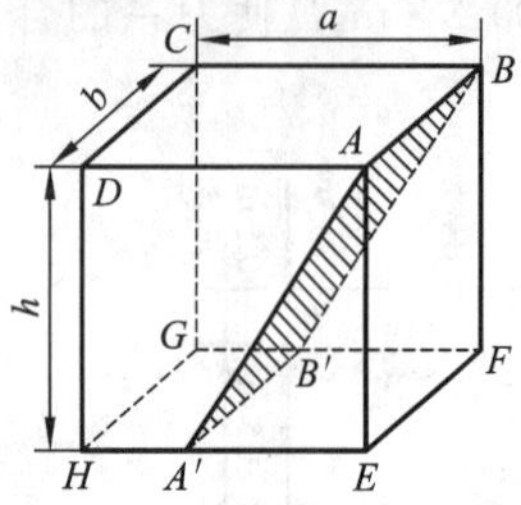

5-15　已知图示均质长方体长为 a、宽为 b、高为 h，放在水平面上。过 AB 边用一平面切削掉楔块 $ABA'B'EF$，试求能使剩余部分保持平衡而不倾倒所能切削的 $A'E(=B'F)$ 的最大长度。

题 5-15 图

5-16　求下列各图中平行分布力的合力和对于 A 点之矩。

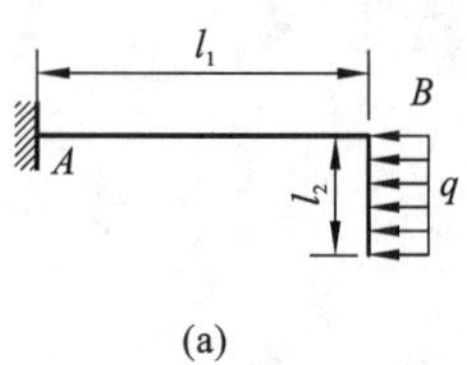

(a)

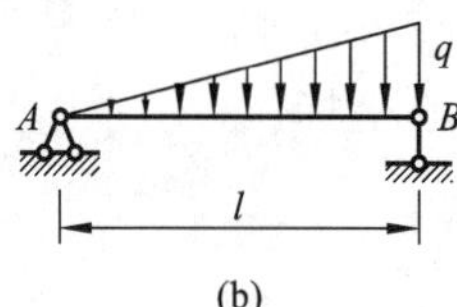

(b)

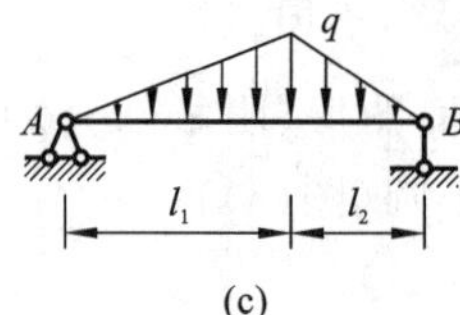

(c)

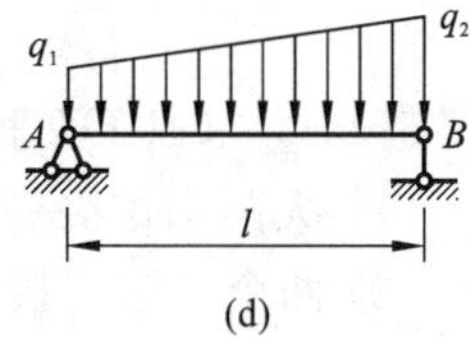

(d)

题 5-16 图

Chapter 6

第 6 章　平衡方程及其应用

6.1 汇交力系的平衡

6.1.1 平面汇交力系的平衡方程

由于平面汇交力系可用合力来代替，显然，平面汇交力系平衡的必要和充分条件是：该力系的合力等于零。如用矢量等式表示，即

$$\boldsymbol{F}_{\mathrm{R}} = \sum_{i=1}^{n} \boldsymbol{F}_i = \boldsymbol{0} \tag{6.1.1}$$

在平衡情形下，力多边形中最后一力的终点与第一力的起点重合，力系的力多边形自行封边，这就是平面汇交力系平衡的几何条件。

利用力的多边形这一几何条件，对物体的受力进行分析的方法，称为**几何法**。

由式(5.2.3)有

$$F_{\mathrm{R}} = \sqrt{\left(\sum F_{ix}\right)^2 + \left(\sum F_{iy}\right)^2} = 0$$

欲使上式成立，必须同时满足

$$\left.\begin{aligned} \sum F_{ix} &= 0 \\ \sum F_{iy} &= 0 \end{aligned}\right\} \tag{6.1.2}$$

于是，平面汇交力系平衡的必要和充分条件是：各力在两个坐标轴上投影的代数和分别等于零。式(6.1.2)称为平面汇交力系的**平衡方程**。这是两个独立的方程，可以求解两个未知量。

6.1.2 空间汇交力系的平衡方程

由于一般空间汇交力系也是合成为一个合力，因此，空间汇交力系平衡的必要和充分条件也为：该力系的合力等于零，即

$$\boldsymbol{F}_{\mathrm{R}} = \sum \boldsymbol{F}_i = \boldsymbol{0} \tag{6.1.3}$$

为使合力 $\boldsymbol{F}_{\mathrm{R}}$ 为零，必须同时满足

$$\left.\begin{aligned} \sum F_{ix} &= 0 \\ \sum F_{iy} &= 0 \\ \sum F_{iz} &= 0 \end{aligned}\right\} \tag{6.1.4}$$

于是可得结论，空间汇交力系平衡的必要和充分条件为：该力系中所有各力在三个坐标轴上的投影的代数和分别等于零。式(6.1.4)称为空间汇交力系的平衡方程。

空间中的一个质点，有三个自由度，欲使其处于静平衡状态，需要施加三个方向的约束，式(6.1.4)中的三个力的投影方程可以视为在 x、y、z 三个方向约束的反映。特别指出，式(6.1.2)为式(6.1.4)的平面情形。

利用如式(6.1.2)或式(6.1.4)通过力的投影计算物体受力的方法称为**解析法**。应用解析方法求解汇交力系平衡问题的步骤一般是：(1)选取合适的研究对象；(2)对研究对象进行受力分析；(3)建立坐标系，并计算各个力在坐标轴上的投影，列出相应的平衡方程；(4)求解方程，计算未知量。

空间汇交力系的平衡由于可以列出三个平衡方程，故可求解三个未知量。一般情况下，如果汇交力系是平面汇交力系，且力的数目比较少(最好为3个)，可以利用力的多边形(最好是三角形)进行计算，这样简单、快捷又直观；但如果力的数目比较多或是空间汇交力系，则最好用解析法求解。

【例6.1.1】 已知梁 AB 的支承和受力如图6.1.1(a)所示。求支座 A、B 的约束反力。

【解】 以梁 AB 为研究对象，作受力图如图6.1.1(b)所示。根据铰支座的性质，$\boldsymbol{F}_B$ 的方向垂直于斜面，而 $\boldsymbol{F}_A$ 的方向未定，但因梁 AB 只受三个力作用，并且 $\boldsymbol{F}$ 与 $\boldsymbol{F}_B$ 的作用线交于 C，故 $\boldsymbol{F}_A$ 必沿 AC 作用，并由几何关系知 $\boldsymbol{F}_A$ 与水平线成30°。故本题可视为平面汇交力系的平衡问题。假设 $\boldsymbol{F}_A$ 与 $\boldsymbol{F}_B$ 的指向如图6.1.1(b)所示。取 x、y 轴如图所示，由平衡方程

$$\sum F_{ix}=0: F_A\cos30^\circ - F_B\cos60^\circ - F\cos60^\circ = 0 \tag{a}$$

$$\sum F_{iy}=0: F_A\sin30^\circ + F_B\sin60^\circ - F\sin60^\circ = 0 \tag{b}$$

联立式(a)、(b)，可解得：

$$F_A=\frac{\sqrt{3}}{2}F,\ F_B=\frac{1}{2}F$$

结果为正，表明假设的 $\boldsymbol{F}_A$ 与 $\boldsymbol{F}_B$ 的指向是正确的。

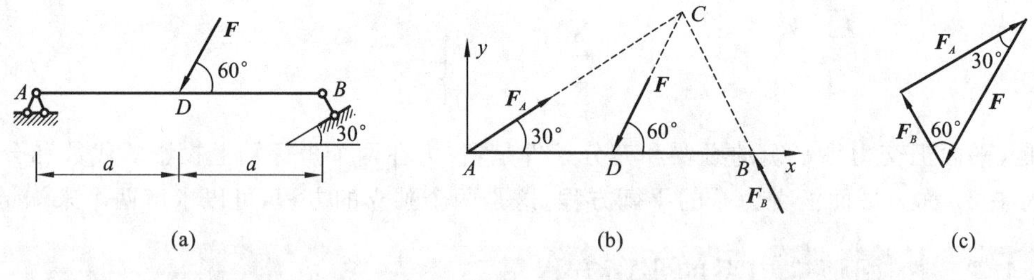

图 6.1.1

【思考】 坐标轴是否还有其他形式？怎样选取投影轴，可以避免解联立方程。

【说明】 若用几何法求解，可以 $\boldsymbol{F}$、$\boldsymbol{F}_A$ 与 $\boldsymbol{F}_B$ 为边作封闭的力的三角形如图6.1.1(c)所示，则可直接确定 $\boldsymbol{F}_A$ 与 $\boldsymbol{F}_B$ 的指向应如图6.1.1(c)所示；而它们的大小，由于力的三角形为直角三角形，直接求解该直角三角形也可得到正确答案。

【注意】 应用力的多边形完成力的计算，需要正确确定各力的指向。

【例6.1.2】 均质杆 AB 长 $2l$，置于半径为 r 的光滑半圆槽内，如图6.1.2所示。设 $2r>l>\sqrt{\frac{2}{3}}r$。求平衡时杆与水平线所成的角 θ。

【解】 记杆件与半圆槽的另一接触点为 G，显然，杆件的重心 C 应在 A、G 之间。由三力平衡汇交定理可知，杆件受到的三个力应交于 D 点，杆件的受力如图 6.1.2(b) 所示。

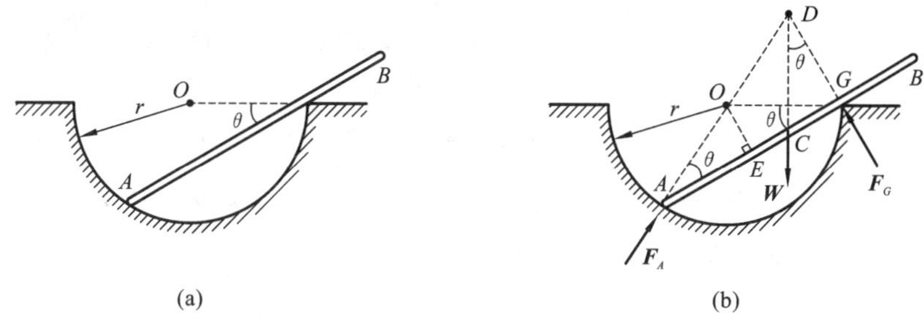

图 6.1.2

由几何关系可知

$$\overline{AD}=2r,\overline{DG}=2r\sin\theta,\quad \overline{CG}=\overline{DG}\tan\theta=2r\sin\theta\tan\theta,\quad \overline{AC}=l$$

从而有

$$\overline{AG}=\overline{AD}\cos\theta=2r\cos\theta=\overline{AC}+\overline{CG}=l+2r\sin\theta\tan\theta$$

即

$$2r\cos\theta=l+2r\sin\theta\tan\theta,\quad 4r\cos^2\theta-l\cos\theta-2r=0$$

求解关于 θ 的二次方程，并舍弃一个不合题意的解，可得

$$\cos\theta=\frac{l+\sqrt{l^2+4\times4r\times2r}}{2\times4r}=\frac{l+\sqrt{l^2+32r^2}}{8r}$$

$$\theta=\arccos\left(\frac{l+\sqrt{l^2+32r^2}}{8r}\right)$$

【说明】 本题也可以用解析法，列平衡方程求解。读者不妨试一试。

【例 6.1.3】 如图 6.1.3(a) 所示结构中，AB、AC、AD 三杆由球铰连接于 A 处；B、C、D 三处均为固定球铰支座。若在 A 处悬挂重物的重量 $\boldsymbol{W}$ 为已知，试求三杆的受力。

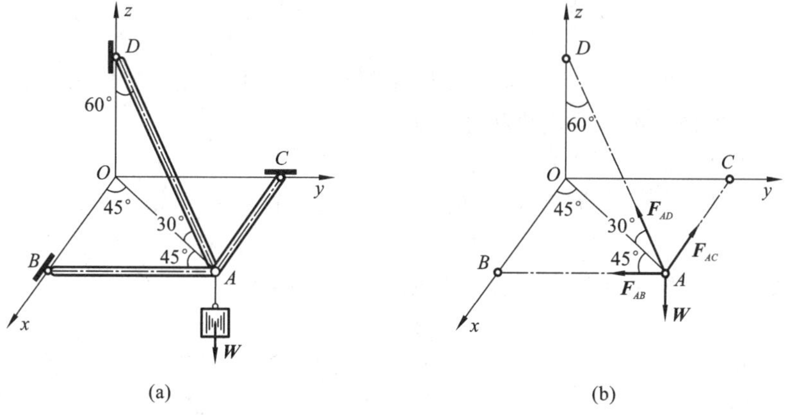

图 6.1.3

【解】 本题为空间汇交力系的平衡问题。以 A 处的球铰为研究对象。由于 AB、AC、AD 三杆都是两端铰接，杆上无其他外力作用，故都是二力杆。因此，三杆作用在 A 处球铰上的力 $\boldsymbol{F}_{AB}$、$\boldsymbol{F}_{AC}$、$\boldsymbol{F}_{AD}$ 的作用线分别沿着各杆的轴线方向，假设三者的指向都是背向 A 点的。

根据受力图中的几何关系，列出平衡方程

$$\sum F_{iz} = 0, \quad F_{AD}\sin30° - W = 0, \quad F_{AD} = 2W$$

$$\sum F_{ix} = 0, \quad -F_{AC} - F_{AD}\cos30°\sin45° = 0, \quad F_{AC} = -\frac{\sqrt{6}}{2}W$$

$$\sum F_{iy} = 0, \quad -F_{AB} - F_{AD}\cos30°\cos45° = 0, \quad F_{AB} = -\frac{\sqrt{6}}{2}W$$

【说明】 在以上分析中，计算F_{AD}在x、y方向的投影时，是利用二次投影方法，先将其投影到Oxy坐标面上，然后再分别向x、y坐标轴投影。

6.2 力偶系的平衡

6.2.1 平面力偶系的平衡方程

由合成结果可知，力偶系平衡时，其合力偶的矩等于零。因此，平面力偶系平衡的必要和充分条件是：所有各力偶矩的代数和等于零，即

$$\sum M_i = 0 \tag{6.2.1}$$

由刚体的平面运动可知，描述物体转动的量就是物体的转角，因而上述方程就是使平面物体保持不转动所施加约束的反映。

6.2.2 空间力偶系的平衡方程

由于空间力偶系可以用一个合力偶来代替，因此，空间力偶系平衡的必要和充分条件是：该力偶系的合力偶矩等于零，亦即所有力偶矩矢量和等于零，即

$$\sum_{i=1}^{n} \boldsymbol{M}_i = \boldsymbol{0} \tag{6.2.2}$$

欲使上式成立，必须同时满足

$$\sum M_{ix} = 0, \quad \sum M_{iy} = 0, \quad \sum M_{iz} = 0 \tag{6.2.3}$$

上式为空间力偶系的平衡方程。即空间力偶系平衡的必要和充分条件为：该力偶系中所有各力偶矩矢在三个坐标轴上投影的代数和分别等于零。

上述三个独立的平衡方程可求解三个未知量。

【例6.2.1】 杆件AB，轮C和绳子AC组成图6.2.1(a)所示物体系统。已知作用在杆上的力偶，其矩为M，$\overline{AC} = 2R$，R为轮C的半径，各物体的质量忽略不计，各接触处均光滑。求绳子AC的拉力和铰链A对杆件AB的约束力及地面对轮C的约束力。

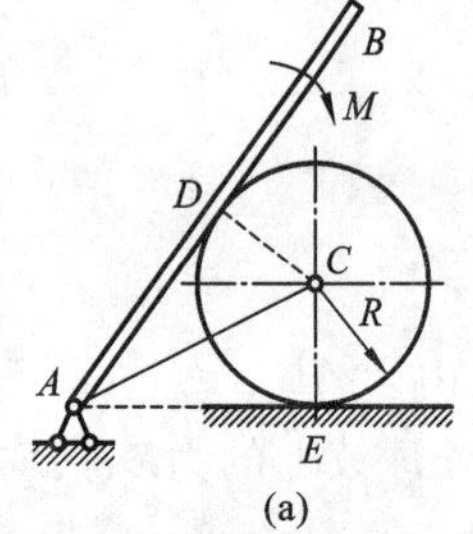

(a)

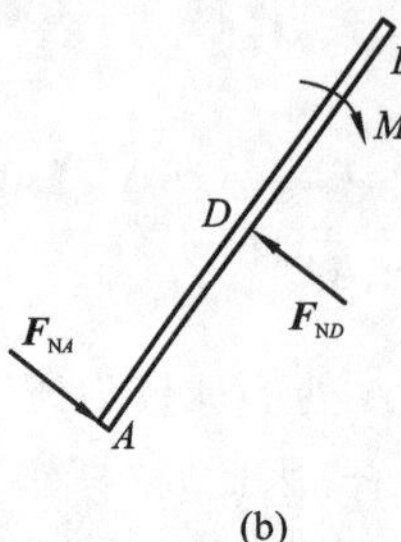

(b)

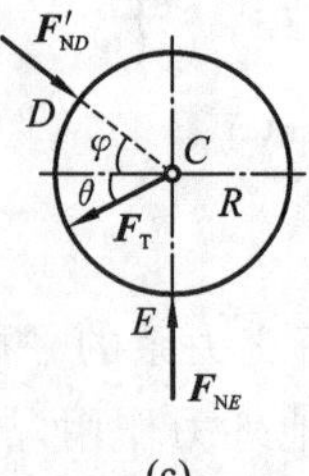

(c)

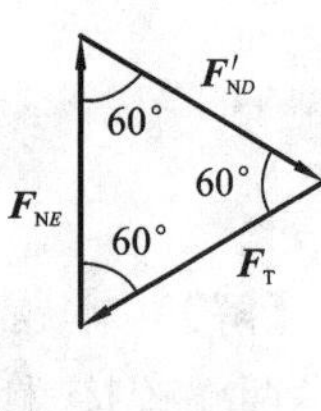

(d)

图 6.2.1

【解】 (1) 取 AB 杆为隔离体。AB 杆上有主动力偶 M 和 A,D 处的约束力作用,根据力偶只能由力偶来平衡的性质,轮 C 对杆的作用力 $\boldsymbol{F}_{ND}$ 和销钉 A 对杆的作用力 $\boldsymbol{F}_{NA}$ 必构成一力偶,即 $\boldsymbol{F}_{ND}=-\boldsymbol{F}_{NA}$,由于 $\boldsymbol{F}_{ND}$ 垂直于 AB 杆,故 $\boldsymbol{F}_{NA}$ 也垂直于 AB 杆,AB 杆受力图如图 6.2.1(b) 所示。

由几何关系,得

$$\overline{AD}=\sqrt{(2R)^2-R^2}=\sqrt{3}R$$

根据平面力偶系平衡方程:

$$\sum M=0,\quad M-F_{NA}\cdot\overline{AD}=0 \tag{1}$$

可解得

$$F_{NA}=\frac{M}{\overline{AD}}=\frac{M}{\sqrt{3}R}=\frac{\sqrt{3}M}{3R},\quad F_{ND}=F_{NA}=\frac{\sqrt{3}M}{3R}$$

(2) 取轮 C 为分离体。轮 C 上作用有$\boldsymbol{F}'_{ND}$、$\boldsymbol{F}_T$ 和 $\boldsymbol{F}_{NE}$ 三个力,此三个力组成了平面汇交力系。受力图如图 6.2.1(c) 所示。绘制力的三角形如图 6.2.1(d) 所示。分析可知力的三角形为等边三角形,故有

$$F_T=F_{ND}=F_{NE}=\frac{\sqrt{3}M}{3R}$$

【例 6.2.2】 直角弯杆 $ABCD$ 与直杆 DE 及 EC 铰接,如图 6.2.2(a) 所示,作用在杆 DE 上力偶的力偶矩 $M=40\ \text{kN}\cdot\text{m}$,不计各杆件的重量和摩擦,尺寸如图所示。求支座 A、B 处的约束力和杆 EC 所受的力。

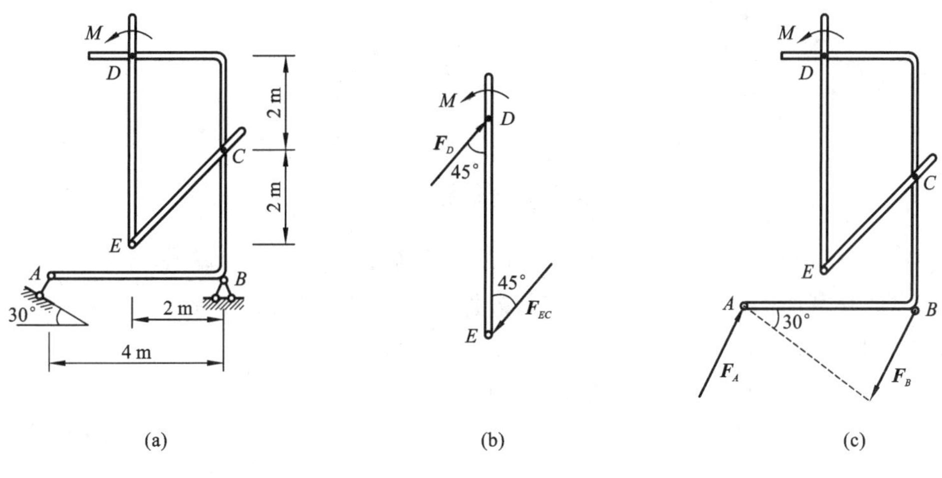

图 6.2.2

【解】 由系统结构图可知,杆 EC 为二力杆,杆 DE 上只有一个主动力偶作用,根据力偶只能由力偶平衡的性质,故 DE 杆受力如图 6.2.2(b) 所示,由力偶系平衡方程得

$$\sum M_i=0:M-F_{EC}\cdot\overline{DE}\cdot\sin45^\circ=0$$

$$F_{EC}=\frac{M}{\overline{DE}\cdot\sin45^\circ}=\frac{40\ \text{kN}\cdot\text{m}}{4\ \text{m}\cdot\sqrt{2}/2}=10\sqrt{2}\ \text{kN}=14.1\ \text{kN}\quad(EC\ \text{杆受压})$$

再以整体为研究对象,将整个物体系统视为刚体,则系统在一个主动力偶作用下保持平衡,同上可知系统的受力如图 6.2.2(c) 所示,由力偶系平衡方程得

$$\sum M = 0,\quad M - F_B \cdot \overline{AB} \cdot \cos 30^\circ = 0$$

支座 A、B 处的约束力大小为

$$F_A = F_B = \frac{M}{\overline{AB} \cdot \cos 30^\circ} = \frac{40\ \text{kN} \cdot \text{m}}{4\ \text{m} \times \sqrt{3}/2} = \frac{20}{\sqrt{3}}\text{kN} = 11.5\ \text{kN}$$

支座 A、B 处的约束反力指向如图所示。

【说明】 (1) 一个物体只有两个力和一个主动力偶作用而处于平衡,则这两个力一定形成力偶与主动力偶平衡,这是一个常用的结论。上述例 6.2.1、例 6.2.2 中都应用了这一结论。(2) 在求支座 A、B 处的约束力时将整个物体系统视为研究对象,也就是利用刚化公理,将整个物体系统视为一个刚体,应用本说明中(1) 的结论。

【例 6.2.3】 图 6.2.3(a) 所示的三角柱刚体是正方体的一半。在其中三个侧面各自作用一个力偶。已知力偶(F_1, F'_1)的矩 $M_1 = 20$ N·m;力偶(F_2, F'_2)的矩 $M_2 = 10$ N·m;力偶(F_3, F'_3)的矩 $M_3 = 30$ N·m。试求合力偶矩矢 $\boldsymbol{M}$。又问使这个刚体平衡,还需要施加一个什么力偶?

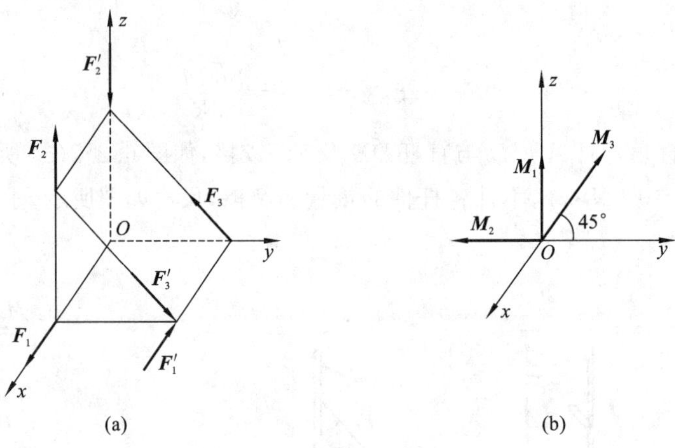

图 6.2.3

【解】 这是一个空间力偶系合成和平衡问题。根据空间力偶系合成法,先求出力偶矩矢 $\boldsymbol{M}$。根据三个力偶在空间的作用面不同,考虑到力偶矩矢是自由矢量,可将力偶矩矢画在坐标轴上(见图 6.2.3(b))。力偶矩矢 $\boldsymbol{M}$ 在三个坐标轴上的投影分别为

$$M_x = M_{1x} + M_{2x} + M_{3x} = 0$$

$$M_y = M_{1y} + M_{2y} + M_{3y} = (-10 + 30\cos 45^\circ)\ \text{N} \cdot \text{m} = 11.2\ \text{N} \cdot \text{m}$$

$$M_z = M_{1z} + M_{2z} + M_{3z} = (20 + 30\sin 45^\circ)\ \text{N} \cdot \text{m} = 41.2\ \text{N} \cdot \text{m}$$

从而求得力偶矩矢 $\boldsymbol{M}$ 的大小和方向为

$$M = \sqrt{M_x^2 + M_y^2 + M_z^2} = 42.7\ \text{N} \cdot \text{m};\quad \cos(\boldsymbol{M}, \boldsymbol{i}) = \frac{M_x}{M} = 0,\ \angle(\boldsymbol{M}, \boldsymbol{i}) = 90^\circ;$$

$$\cos(\boldsymbol{M}, \boldsymbol{j}) = \frac{M_y}{M} = 0.262,\quad \angle(\boldsymbol{M}, \boldsymbol{j}) = 74.8^\circ;$$

$$\cos(\boldsymbol{M}, \boldsymbol{k}) = \frac{M_z}{M} = 0.965,\quad \angle(\boldsymbol{M}, \boldsymbol{k}) = 15.2^\circ。$$

根据空间力偶系平衡条件,要使这个刚体平衡,需加一力偶,其力偶矩矢为 $\boldsymbol{M}_4 = -\boldsymbol{M}$。

6.3 一般力系的平衡

6.3.1 平面一般力系的平衡方程

1. 平面一般力系平衡方程的基本形式

现讨论平面任意力系的主矢和主矩都等于零的情形，这是静力学中最重要的情形，即

$$\boldsymbol{F}'_{\mathrm{R}}=\mathbf{0},\quad \boldsymbol{M}_O=\mathbf{0} \tag{6.3.1}$$

显然，主矢等于零，表明作用于简化中心 O 的汇交力系为平衡力系；主矩等于零，表明附加力偶系也是平衡力系，所以原力系必为平衡力系。因此，式(6.3.1) 为平面一般力系平衡的充分条件。

若主矢和主矩有一个不等于零，则力系应简化为合力或合力偶；若主矢与主矩都不等于零时，可进一步简化为一个合力。只有当主矢和主矩都等于零时，力系才能平衡，因此，式(6.3.1)又是平面一般力系平衡的必要条件。

于是，平面任意力系平衡的必要和充分条件是：力系的主矢和对于任一点的主矩都等于零。上述平衡条件用解析式表示，可得

$$\sum F_{ix}=0,\quad \sum F_{iy}=0,\quad \sum M_O(\boldsymbol{F}_i)=0 \tag{6.3.2}$$

由此可得结论，平面一般力系的平衡条件是：所有各力在两个任选的坐标轴上的投影的代数和分别等于零，以及各力对于任意一点的矩的代数和也等于零。式(6.3.2) 称为**平面一般力系的平衡方程**。

式(6.3.2) 有 3 个方程，只能求解 3 个未知数。

【说明】 (1) 由刚体的平面运动方程可知，作平面运动的刚体具有 3 个自由度，方程式(6.3.2)中的三个方程与平面运动方程式(3.1.1) 中的三个方程分别对应，其中两个力的投影方程可以视为在 x、y 两个方向移动约束的力的反映，力矩方程可以视为绕垂直于所在平面轴线转动约束的力矩的反映。(2) 对于空间力系的平衡方程的个数可以同样分析。

2. 平面一般力系平衡方程的其他形式

(1) 二矩式平衡方程

$$\sum M_A(\boldsymbol{F}_i)=0,\quad \sum M_B(\boldsymbol{F}_i)=0,\quad \sum F_{ix}=0 \tag{6.3.3}$$

其中 x 轴不得垂直 A、B 两点的连线。

为什么上述形式的平衡方程也能满足力系平衡的必要和充分条件呢？必要性是显然的。至于充分性，这是因为，如果力系对点 A 的主矩等于零，则这个力系不可能简化为一个力偶；但可能有两种情形：这个力系或者是简化为经过点 A 的一个力，或者平衡。如果力系对另一点 B 的主矩也同时为零，则这个力系或有一个合力沿 A、B 两点的连线，或者平衡(见图 6.3.1)。如果再加上 $\sum F_{ix}=0$，那么力系如有合力，则此合力必与 x 轴垂直。式(6.3.3) 的附加条件(x 轴不得垂直连线 AB) 完全排除了力系简化为一个合力的可能性，故所研究的力系必为平衡力系。充分性得证。

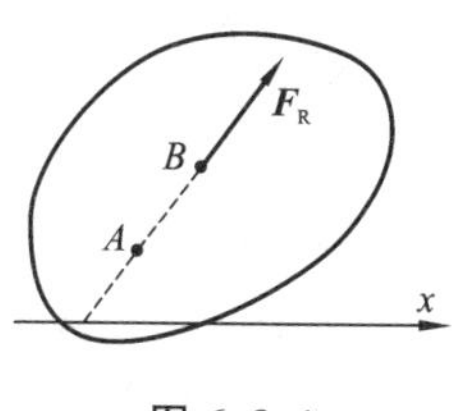

图 6.3.1

(2) 三矩式平衡方程

$$\sum M_A(\boldsymbol{F}_i)=0,\quad \sum M_B(\boldsymbol{F}_i)=0,\quad \sum M_C(\boldsymbol{F}_i)=0 \tag{6.3.4}$$

其中，A、B、C 三点不得共线。为什么必须有这个附加条件，读者可自行证明。

上述三组方程，究竟选用哪一组方程，需要根据具体条件确定。对于受平面一般力系作用的单个刚体的平衡问题，只可以写出3个独立的平衡方程，求解3个未知量。任何第4个方程只是前3个方程的线性组合，因而不是独立的。但我们可用这些不独立的方程来校核计算的结果。

3. 平面平行力系的平衡方程

平面平行力系是平面一般力系的一种特殊情形。

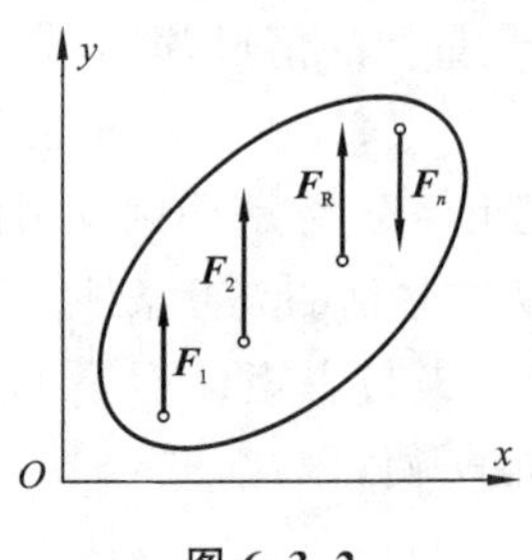

图 6.3.2

如图6.3.2所示，设物体受平面平行力系 $\boldsymbol{F}_1,\boldsymbol{F}_2,\cdots,\boldsymbol{F}_n$ 的作用。如选取 x 轴与各力垂直，则不论力系是否平衡，每一个力在 x 轴上的投影恒等于零，即 $\sum F_{ix}\equiv 0$。于是，平行力系的独立平衡方程的数目只有两个，即

$$\sum F_{iy}=0,\quad \sum M_O(\boldsymbol{F}_i)=0 \tag{6.3.5}$$

平面平行力系的平衡方程，也可以用两个力矩方程的形式，即

$$\sum M_A(\boldsymbol{F}_i)=0,\quad \sum M_B(\boldsymbol{F}_i)=0 \tag{6.3.6}$$

其中，A、B 两点之间的连线不与 y 轴平行。

【例6.3.1】 图6.3.3(a)所示的水平横梁 AB，A 端为固定铰链支座，B 端为一活动铰支座。梁的长为 $4a$，梁重 $\boldsymbol{W}$，作用在梁的中点 C。在梁的 AC 段上受均布载荷 q 作用，在梁的 BC 段上受力偶作用，力偶矩 $M=Wa$。试求 A 和 B 处的支座约束反力。

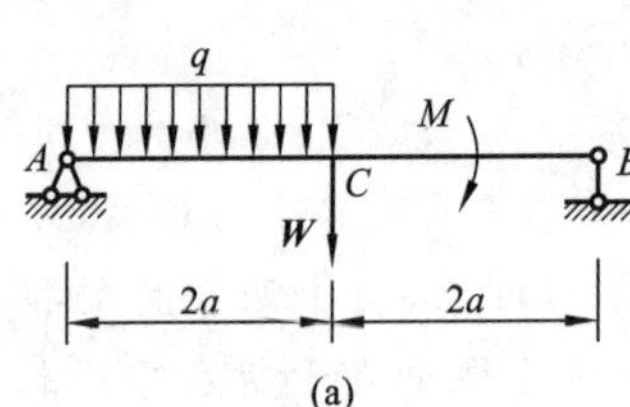

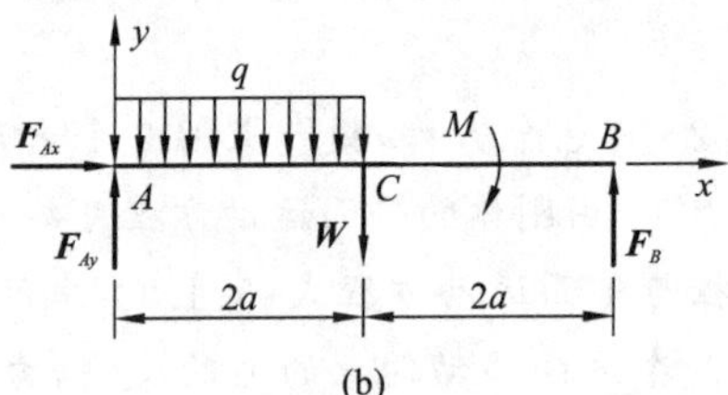

图 6.3.3

【解】 选梁 AB 为研究对象。它所受的主动力有：均布载荷 q，重力 $\boldsymbol{W}$ 和矩为 M 的力偶。它所受的约束反力有：铰链 A 处的两个分力 $\boldsymbol{F}_{Ax}$ 和 $\boldsymbol{F}_{Ay}$，活动铰支座 B 处铅垂向上的约束反力 $\boldsymbol{F}_B$，如图6.3.3(b)所示。取图示坐标系，并利用平行分布力系的简化结论，可列出平衡方程，并求出需要的未知力。

$$\sum M_A(\boldsymbol{F}_i)=0,\quad F_B\cdot 4a-M-W\cdot 2a-q\cdot 2a\cdot a=0,\quad F_B=\frac{3}{4}W+\frac{1}{2}qa(\uparrow)$$

$$\sum M_B(\boldsymbol{F}_i)=0,\quad -F_{Ay}\cdot 4a+(q\cdot 2a)\cdot 3a+W\cdot 2a-M=0,\quad F_{Ay}=\frac{W}{4}+\frac{3}{2}qa(\uparrow)$$

$$\sum F_{ix}=0,\quad F_{Ax}=0$$

将上述计算结果代入后，可得 $\sum M_C(\boldsymbol{F}_i)=0$，说明上述结果无误。

【说明】 (1) 选取适当的坐标轴和力矩中心，可以减少每个平衡方程中的未知量的数目。在平面一般力系情形下，矩心应取在多个未知力的交点上，而坐标轴应当与尽可能多的未知力相垂直。(2) 应养成习惯，利用不独立的平衡方程，对计算结果进行检验。

【例6.3.2】 如图6.3.4所示，行动式起重机不计平衡锤的重量为 $P=500$ kN，其重心在离右轨

1.5 m处。起重机的起重力为 $P_1=250$ kN，突臂伸出离右轨 10 m。跑车本身重力略去不计，欲使跑车满载和空载时起重机均不致翻倒，试求平衡锤的最小重量 P_2 及平衡锤到左轨的最大距离 x。

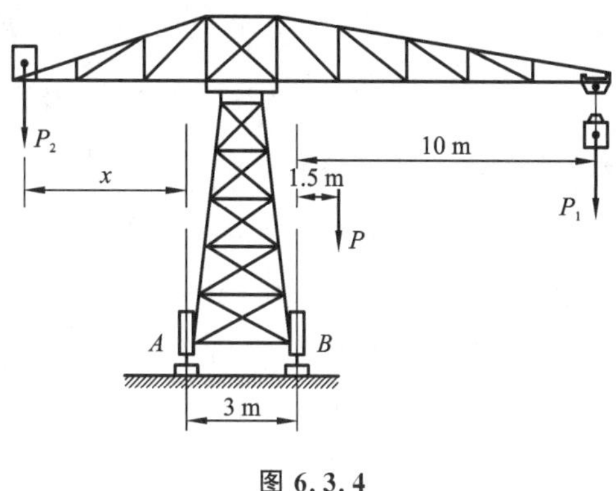

图 6.3.4

6.3.2 空间一般力系的平衡方程

空间一般力系处于平衡的必要和充分条件是：这力系的主矢和对于任一点的主矩都等于零，即：$\boldsymbol{F}'_{\mathrm{R}}=\mathbf{0}$，$\boldsymbol{M}_O=\mathbf{0}$。

根据式(5.2.16)和式(5.2.18)，可将上述条件写成空间一般力系的平衡方程

$$\left.\begin{array}{lll}\sum F_{ix}=0, & \sum F_{iy}=0, & \sum F_{iz}=0\\ \sum M_x(\boldsymbol{F}_i)=0, & \sum M_y(\boldsymbol{F}_i)=0, & \sum M_z(\boldsymbol{F}_i)=0\end{array}\right\} \tag{6.3.7}$$

空间一般力系平衡的必要和充分条件是：所有各力在三个坐标轴中每一个轴上的投影的代数和等于零，以及这些力对于每一个坐标轴的矩的代数和也等于零。

对于受空间一般力系作用下的单个刚体的平衡问题，可以写出 6 个独立的平衡方程，求解 6 个未知量。

【思考】 (1) 如果一组空间平行力系平衡，可以列出多少个独立的平衡方程？为什么？(2) 平面一般力系的平衡方程形式有一矩式、二矩式、三矩式，那么空间一般力系的平衡方程形式可否有四矩式、五矩式、六矩式？若有，还需要什么附加条件？

【例 6.3.3】 图 6.3.5 所示边长为 a 的均质长方体板 $ABCD$ 由六根直杆支承于水平位置，直杆两端各用球铰链与板和地面连接。板重为 W，在 A 处作用一水平力 $\boldsymbol{F}$，且 $F=2W$。求各杆的内力。已知板与地面的竖直距离为 b，并且 $b=\dfrac{a}{2}$。

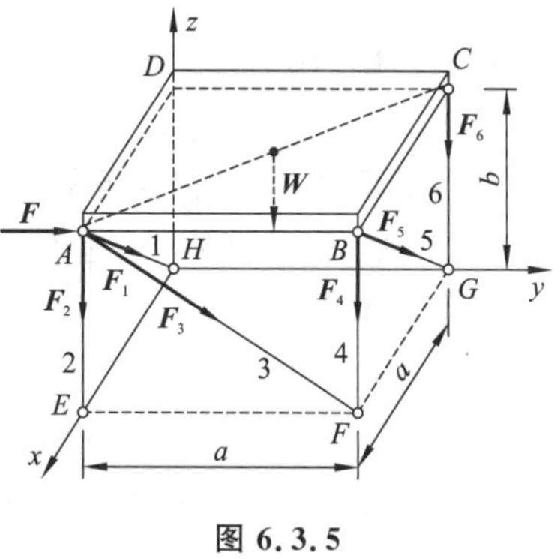

图 6.3.5

【解】 取长方体板为研究对象，各直杆均为二力杆，设它们均受拉力。板的受力如图所示，列平衡方程

$$\sum M_{AE}(\boldsymbol{F}_i)=0,\quad F_5=0 \tag{a}$$

$$\sum M_{BF}(\boldsymbol{F}_i)=0,\quad F_1=0 \tag{b}$$

$$\sum M_{AC}(\boldsymbol{F}_i)=0,\quad F_4=0 \tag{c}$$

$$\sum M_{AB}(\boldsymbol{F}_i)=0,\quad -F_6\times a-W\times\frac{a}{2}=0,\quad F_6=-\frac{1}{2}W(\text{受压}) \tag{d}$$

$$\sum M_{DH}(\boldsymbol{F}_i)=0,\quad -F_3\times\frac{2}{\sqrt{5}}\times a-F\times a=0,\quad F_3=-\sqrt{5}W(\text{受压}) \tag{e}$$

$$\sum M_{FG}(\boldsymbol{F}_i)=0,\quad -F_2\times a+F\times b-W\times\frac{a}{2}=0,\quad F_2=\frac{1}{2}W(\text{受拉}) \tag{f}$$

【说明】 (1) 此例中用 6 个力矩方程求得 6 根杆的内力。一般力矩方程比较灵活，常可使一个方程只含一个未知量。(2) 也可以采用其他形式的平衡方程求解，如用 $\sum F_x=0$ 代替式(b)，同样求得，$F_1=0$；又，可用 $\sum F_y=0$ 代替式(e)，同样求得 $F_3=-\sqrt{5}W$。读者还可以试用其他方程求解。(3) 无论怎样建立方程，独立平衡方程的数目只有 6 个。空间一般力系平衡方程的基本形式为式(6.3.7)，即三个投影方程和三个力矩方程，它们是相互独立的。其他不同形式的平衡方程还有很多组，也只有六个独立方程，由于空间情况比较复杂，本书不再讨论其独立性条件，但只要各用一个方程逐个求出各未知数，这 6 个方程一定是独立的。(4) 除了独立的平衡方程外，也可以任意建立其他的不独立方程，可以利用这些不独立的方程验证求解过程的正确性。

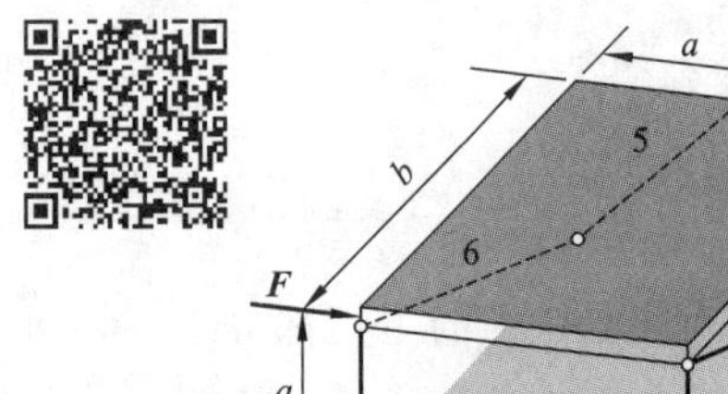

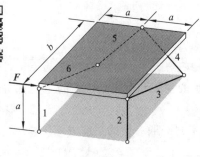

图 6.3.6

【注意】 如果一个空间力系是平衡的，则该力系在任意平面上投影所得的平面力系一定平衡，对任意一轴的矩的代数和一定为零。

【例 6.3.4】 图 6.3.6 所示均质板重为 W，由六根杆支承，并承受荷载 F 作用。试计算各杆的受力。

6.4 物体系统的平衡　静定和静不定问题

工程中，如组合构架、三铰拱等结构，都是由几个物体组成的系统。当物体系统平衡时，组成该系统的每一个物体或者若干构建组成的子系统都处于平衡状态，因此对于每一个受平面一般力系作用的物体，均可写出三个平衡方程。如物体系统由 n 个物体组成，则可建立 $3n$ 个独立方程。如系统中有的物体受平面汇交力系或平面平行力系作用时，系统的平衡方程数目相应减少。当系统中的未知量数目等于独立平衡方程的数目时，则所有未知数都能由平衡方程求出，这样的问题称为**静定问题**。在工程实践中，有时为了提高结构的刚度和坚固性，常常增加多余的约束，因而使这些结构的未知量的数目多于平衡方程的数目，未知量就不能全部由平衡方程求出，这样的问题称为**静不定问题**，或**超静定问题**。独立未知量的数目与独立平衡方程的数目之差，称为静不定(或超静定) 的**次数**。静不定(或超静定) 的次数与未知量的选取无关，只与物体系统有关。

对于静不定问题，必须考虑物体因受力作用而产生的变形，加列某些补充方程后，才能使方程的数目等于未知量的数目。静不定问题超出本教材的范围，将在后续课程中讨论。

如图 6.4.1(a)、(b) 所示，重物分别用绳子悬挂，受平面汇交力系作用，故均有两个平衡方程。在图 6.4.1(a) 中，有两个未知约束反力，故是静定问题，而在图 6.4.1(b) 中，有三个未知约束反力，因此是静不定问题。

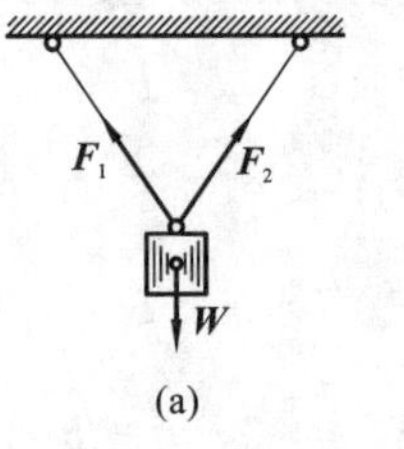

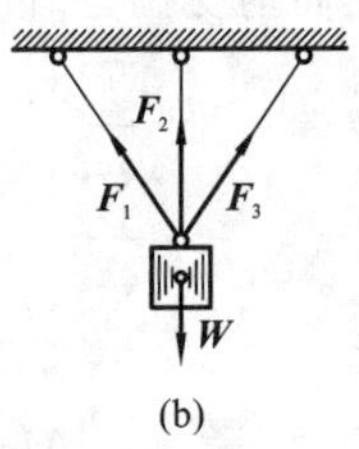

图 6.4.1

如上所述，一个物体系统常常由几个简单物体或构件通过一定形式的连接而成。连接件可以传递力或力矩，为了叙述方便，本节以下仅讨论平面结构。

以平面物体系统为例，若组成平面结构的其中两个刚体 ① 和 ② 由连接件连接，连接件可以是一个链杆、一个铰或图 6.4.2 所示的平移构件。由于链杆只在轴线方向形成约束，故只能传递轴线方向的力，所以反力的数目 $u = 1$。铰由于可以约束水平和铅垂方向的位移，故可以传递任意方向的力，或者传递水平方向的力 $\boldsymbol{F}_x$ 和铅垂方向的力 $\boldsymbol{F}_y$，但由于不考虑铰的摩擦，故不能阻止相对转动，即不传递力矩，所以反力的数目 $u = 2$。而平移构件则阻止连接件之间的相对转动和水平方向的相对位移，但不阻止其竖向位移，因为可以传递水平方向的力和力偶，故反力的数目 $u = 2$。

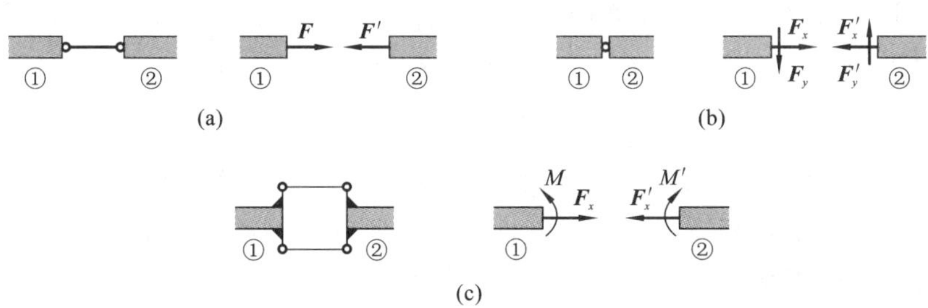

图 6.4.2

【说明】 (1) 如果两个平面物体固结在一起，即两个物体之间不能相互移动和转动，则可以将两个物体视为一个物体。(2) 对于平面构件，若将其在中间任一截面截开，由于截开两侧互为约束(不能有相对移动和转动)，故一般有两个方向的约束力和一个约束力矩(相互为作用力与反作用力)。若为空间构件，则一般有三个方向的约束力和绕三个轴的约束力矩。所以在具体计算过程中，一般不得随意将一个构件从中间截开。如果截开研究其中的一部分，则在受力分析时除了原来作用的力之外，必须添加截开位置处相互作用的力。

由于组成结构的每一个刚体可以建立 3 个独立的平衡方程，故由 n 个刚体组成的物体系统总共可以建立 $3n$ 个独立的方程，假若用 r 表示支座反力的数目，u 表示刚体之间连接件的反力数目，则由 n 个刚体组成的物体系统是静定结构的必要条件为

$$r + u = 3n \tag{6.4.1}$$

而且，如果结构整体不变形，上述条件也是充分条件。

例如，对图 6.4.3 所示物体系统，由 3 个梁和一个三角板构成，故 $n = 4$，四个铰传递的力的未知量数目 $u = 4 \times 2 = 8$。在 A 处有 2 个支座反力，B 和 C 处各有一个支座反力，所以，$r = 2 + 1 + 1 = 4$。代入式(6.4.1)可得：$8 + 4 = 3 \times 4$，即满足静定结构的必要条件，又由于体系不变，故物体系统为静定结构。

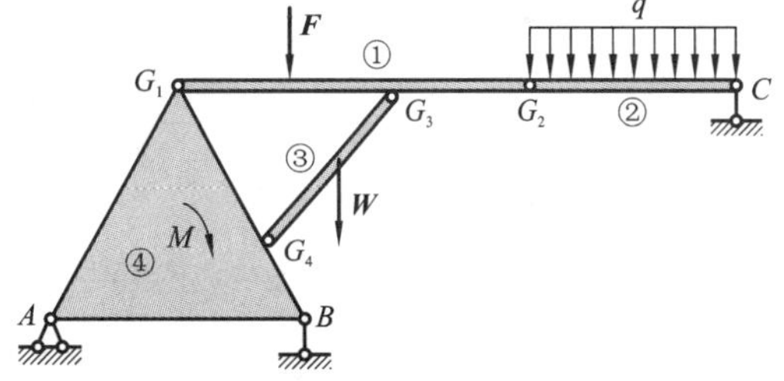

图 6.4.3

【说明】 对于空间物体系统，也可以类似分析，只是空间每一个物体有 6 个自由度，可以建立 6 个独立的平衡方程。

求解静定物体系统的平衡问题，有多种解题方法。例如，可以分别选取每个构件为研究对象，列出全部平衡方程，然后求解，但这种方法的计算量会随着构件个数增加而快速增加，同时很多

物体系统的破坏问题也并不需要求出所有构件之间的相互作用力；也可先选取整个系统为研究对象，列出平衡方程，这样的方程因不包含构件之间相互作用力，方程中未知量较少，计算出部分未知量后，再选取某些相关构件形成的子系统作为研究对象，列出另外的平衡方程，直至求出所有欲求的未知量为止；如果整个系统受到较多的约束力作用，也可以先选取约束力较少、容易计算的一个或部分构件为研究对象，再根据实际问题寻找解决问题的途径。

【说明】 (1) 在选择研究对象和建立平衡方程时，应使每一个平衡方程中的未知量个数尽可能少，最好是只含有一个未知量，以避免联立方程组求解。(2) 建立平衡方程的基本思路是投影方程中有尽量多的未知力垂直于投影轴，力矩方程中有尽量多的未知力作用线通过矩心。

【例 6.4.1】 三铰拱 ABC 上受载荷力 $\boldsymbol{F}$ 及力偶 M 作用，如图 6.4.4(a) 所示，不计拱的自重。已知 $F=10$ kN，$M=20$ kN·m，$a=1$ m。求铰 A、B 的约束反力。

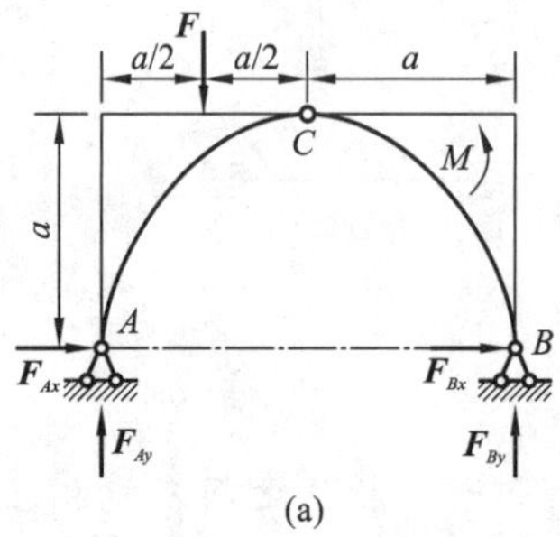

(a)

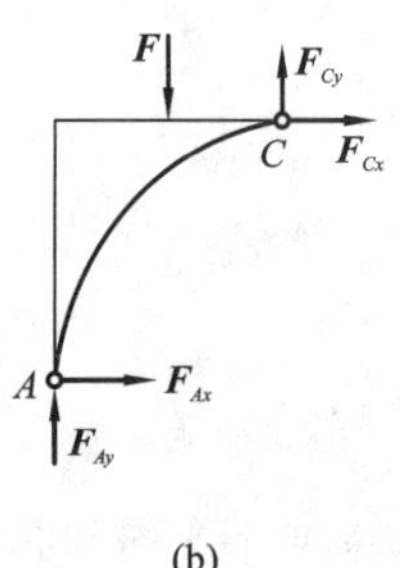

(b)

图 6.4.4

【解】 由于 $u=2,r=4,n=2$，故满足 $r+u=4+2=6=3n$。并且，系统不变，故本题是平面物体系统的静定问题。如果拆成两个刚体 AC、BC，对每一半分别列出 3 个平衡方程，可以求解铰 A、B、C 处约束反力共 6 个未知量，但需解联立方程，且多求了铰 C 的约束反力。下面的解题方法可更快捷地求出问题的解。

(1) 先考虑整体平衡，受力如图 6.4.4(a) 所示，平面力系有 3 个平衡方程，4 个未知数可部分求出。

$$\sum M_A(\boldsymbol{F})=0,\quad F_{By}\cdot 2a+M-F\cdot\frac{a}{2}=0,\quad F_{By}=-7.5\ \text{kN}(\downarrow)$$

$$\sum M_B(\boldsymbol{F})=0,\quad -F_{Ay}\cdot 2a+M+F\cdot\frac{3}{2}a=0,\quad F_{Ay}=17.5\ \text{kN}(\uparrow)$$

$$\sum F_x=0,\quad F_{Ax}+F_{Bx}=0$$

(2) 再考虑半拱 AC 的平衡，画受力图如图 6.4.4(b) 所示。

$$\sum M_C(\boldsymbol{F})=0, F_{Ax}\cdot a+F\cdot\frac{a}{2}-F_{Ay}\cdot a=0,\quad F_{Ax}=12.5\ \text{kN}(\rightarrow)$$

于是得：

$$F_{Bx}=-F_{Ax}=-12.5\ \text{kN}(\leftarrow)$$

【思考】 如果力偶 M 作用在半拱 AC 上，铰 A、B 的约束反力会改变吗？为什么？

【例 6.4.2】 图 6.4.5(a) 所示的组合梁由 AB 和 BC 在 B 处铰接而成。已知 a、q、α、$F=qa$。试求固定端 A 及活动铰支座 C 的约束反力。

【解】 与例 6.4.1 一样，可以判断图 6.4.5 所示的物体系统也是静定结构。

为求 A、C 处约束反力，可研究整体梁(如图 6.4.5(a) 所示)，共有 4 个未知量 F_{Ax}、F_{Ay}、M_A 及

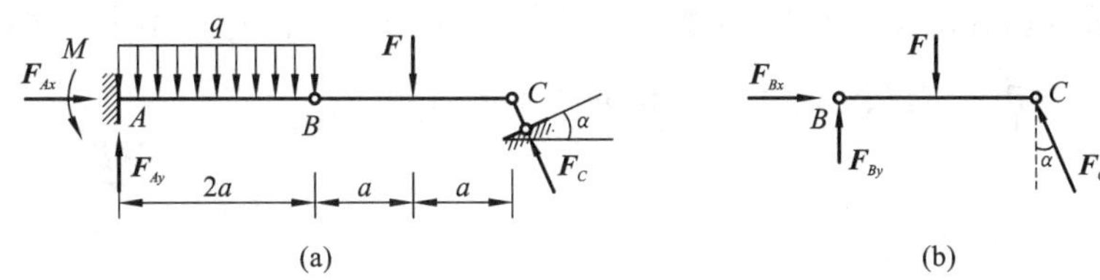

图 6.4.5

F_C，但平面力系只能列 3 个独立的平衡方程，故无法全部解出，需要进行第二步分析。从 B 处拆开，研究梁 BC（见图 6.4.5(b)），先求出 F_C。列方程可避开不需求的未知力 F_{Bx}、F_{By}。

(1) 研究梁 BC，受力如图 6.4.5(b) 所示。列平衡方程

$$\sum M_B(\boldsymbol{F}_i)=0,\quad F_C\cos\alpha\cdot 2a-Fa=0,\quad F_C=\frac{qa}{2\cos\alpha}$$

(2) 研究整体梁，受力如图 6.4.5(a) 所示。列平衡方程

$$\sum F_{ix}=0,\quad F_{Ax}-F_C\sin\alpha=0,\quad F_{Ax}=\frac{1}{2}qa\tan\alpha$$

$$\sum F_{iy}=0,\quad F_{Ay}-2qa-F+F_C\cos\alpha=0,\quad F_{Ay}=\frac{5}{2}qa$$

$$\sum M_A(\boldsymbol{F}_i)=0,\quad M_A-2qa\cdot a-F\cdot 3a+F_C\cos\alpha\cdot 4a=0,\quad M_A=3qa^2$$

【说明】 (1) 对于本例中的结构，杆件 AB 可不依赖杆件 BC 而独立承受荷载，称为**主体结构**，而杆件 BC 则必须依赖于主体结构方可承受荷载，称为**附属结构**。(2) 一般附属结构上受到的力会传递到主体结构上，但主体结构的受力不会传递到附属结构上。所以，在求解这类结构的静力学问题时，一般先分析附属结构。

【例 6.4.3】 图 6.4.6(a) 所示组合梁由 AC 和 CE 用铰链 C 相连，A 端为固定端，E 端为活动铰链支座。受力如图所示。已知：$l=8$ m，$F=5$ kN，均布载荷集度 $q=2.5$ kN/m，力偶矩的大小 $M=5$ kN·m，试求固定端 A、铰链 C 和支座 E 的反力。

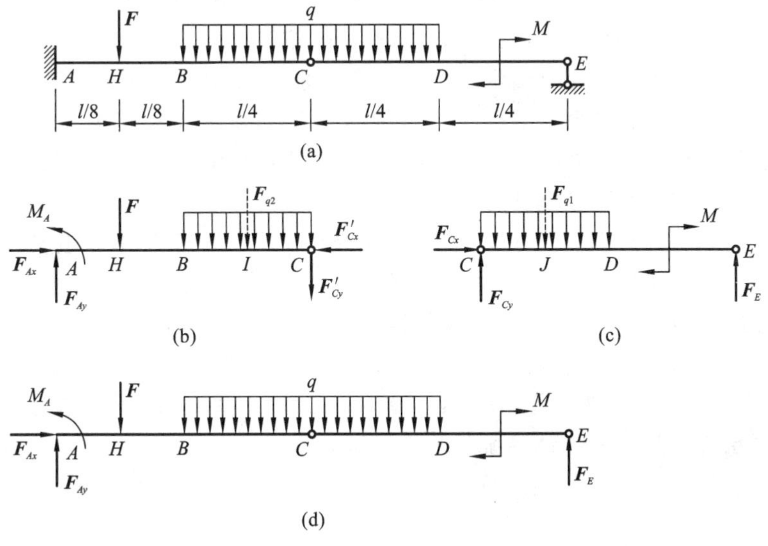

图 6.4.6

【解】 与例 6.4.1 一样，可以判断图 6.4.6 所示物体系统也是静定结构。

(1) 取 CE 段为研究对象，受力分析如图 6.4.6(b) 所示，其中 F_{q1} 是作用在 CD 段均布载荷的合力，$F_{q1}=\dfrac{1}{4}ql$，作用在 CD 段的中点 J。由两个平衡方程，有

$$\sum F_{ix}=0,\quad F_{Cx}=0 \tag{a}$$

$$\sum F_{iy}=0,\quad F_{Cy}-F_{q1}+F_E=0 \tag{b}$$

$$\sum M_C(\boldsymbol{F}_i)=0,\quad -F_{q1}\times\frac{l}{8}-M+F_E\times\frac{l}{2}=0 \tag{c}$$

代入 $F_{q1}=\dfrac{1}{4}ql$ 和已知数据，解得

$$F_{Cx}=0,\quad F_E=\left(M+\frac{ql^2}{32}\right)\div\left(\frac{l}{2}\right)=2.5\ \mathrm{kN}(\uparrow),\quad F_{Cy}=\frac{1}{4}ql-F_E=2.5\ \mathrm{kN}(\uparrow)$$

(2) 取 AC 段为研究对象，受力分析如图 6.4.6(c) 所示，其中力 $\boldsymbol{F}_{q2}$ 是作用在 BC 段均布载荷的合力，$F_{q2}=\dfrac{1}{4}ql$，作用在 BC 段的中点 I。由梁 AC 段的平衡方程

$$\sum F_{ix}=0,\quad F_{Ax}-F'_{Cx}=0 \tag{d}$$

$$\sum F_{iy}=0,\quad F_{Ay}-F'_{Cy}-F-F_{q2}=0 \tag{e}$$

$$\sum M_A(\boldsymbol{F}_i)=0,\quad M_A-F\times\frac{l}{8}-F_{q2}\times\frac{3l}{8}-F'_C\times\frac{l}{2}=0 \tag{f}$$

代入 $F_{q2}=\dfrac{1}{4}ql$，$F'_{Cy}=F_{Cy}=2.5\ \mathrm{kN}$，解得

$$F_{Ax}=F'_{Cx}=0,\quad F_{Ay}=F+\frac{1}{4}ql+F_{Cy}=12.5\ \mathrm{kN}(\uparrow)$$

$$M_A=\frac{1}{8}Fl+\frac{3}{8}F_{q2}l+\frac{1}{2}F_Cl=30\ \mathrm{kN\cdot m}(\circlearrowleft)$$

【说明】 如果取整个组合梁为研究对象，受力如图 6.4.6(d) 所示。对整体写出平衡方程 $\sum F_{iy}=0$，$\sum M_A(\boldsymbol{F}_i)=0$，显然这组方程不是独立的，可以应用它们来检验计算是否正确，也可用这组方程同式(a) ～ (c)[或式(d) ～ (f)] 联立求解。

【注意】 (1) 对于分布载荷跨物体作用时的受力分析，应该首先选择研究对象，将分布载荷据实作用在物体上，在列平衡方程时按照分布载荷的简化方法代入计算。而不应先简化分布载荷，再选取研究对象。(2) 例如例 6.4.3 的求解过程中，若首先将分布载荷简化为一作用在 C 节点的集中力，则会得出错误结果，请读者分析其原因。

【例 6.4.4】 如图 6.4.7(a) 所示构架由杆 AB、CD、EF 和滑轮、绳索等组成，H、G、E 处为铰链连接，固连在杆 EF 上的销钉 K 放在杆 CD 的光滑直槽上。已知物块 J 重 W 和水平力 F，尺寸如图所示。若不计其余构件的重量和摩擦，试求固定铰链支座 A 和 C 的反力及杆 EF 上销钉 K 的约束力。

【解】 首先考察系统是否静定，可去除绳索、滑轮和重物(它们不影响物体系统的静定性)，从而有：$u=5$，$r=4$，$n=3$，故也满足 $r+u=9=3n$，且物体系统不变，故去除绳索、滑轮和重物的物体系统和原系统均是平面物体系统的静定问题。

若以整个系统为研究对象，其受力如图 6.4.7(b) 所示，系统受平面任意力系作用，可写出 3 个平衡方程

$$\sum F_{ix}=0,\quad F+F_{Ax}+F_{Cx}=0 \tag{a}$$

$$\sum M_A(\boldsymbol{F}_i)=0,\quad 4aF_{Cy}+6aF+3aW=0 \tag{b}$$

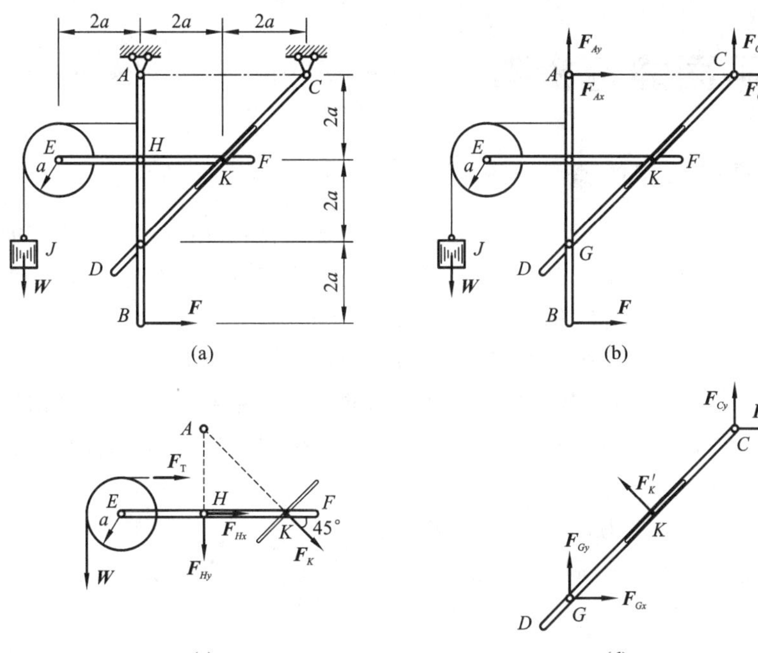

图 6.4.7

$$\sum M_C(\boldsymbol{F}_i)=0,\quad -4aF_{Ay}+6aF+7aW=0 \tag{c}$$

可得：$F_{Cy}=-\dfrac{3}{4}(W+2F)(\uparrow)$，$F_{Ay}=\dfrac{1}{4}(7W+6F)(\uparrow)$。

然后，取杆 EF 和滑轮为研究对象，其受力如图 6.4.7(c) 所示。可写出力矩平衡方程

$$\sum M_H(\boldsymbol{F}_i)=0,\quad 3aW-aF_T-2aF_K\sin45^\circ=0 \tag{d}$$

由于 $F_T=W$，故有：$F_K=\dfrac{W}{\sin45^\circ}=\sqrt{2}W(\searrow)$。

最后，取杆 CD 为研究对象，其受力如图 6.4.7(d) 所示，其中，$\boldsymbol{F}'_K=-\boldsymbol{F}_K$。可写出力矩平衡方程

$$\sum M_G(\boldsymbol{F}_i)=0,\quad -4aF_{Cx}+4aF_{Cy}+2\sqrt{2}aF'_K=0 \tag{e}$$

故有：

$$F_{Cx}=\frac{2F_{Cy}+\sqrt{2}aF_K}{2}=\frac{W-6F}{4}(\rightarrow)$$

将 F_{Cx} 值代入式(a)得

$$F_{Ax}=-F-F_{Cx}=-F-\frac{W-6F}{4}=\frac{2F-W}{4}(\rightarrow)$$

【说明】 对于复杂问题的求解，选择合适的构件组成一个子系统，并以此作为研究对象进行讨论会给问题的求解带来方便。

【例 6.4.5】 如图 6.4.8 所示结构各构件自重不计，荷载与尺寸如图所示。$M=qa^2$，求 A、D 处的约束力。

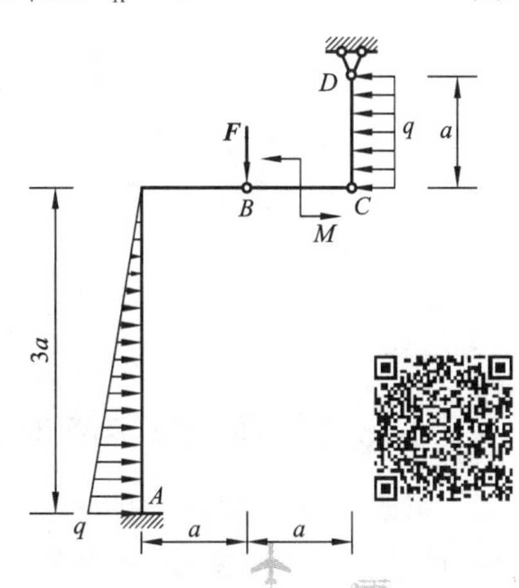

图 6.4.8

6.5 平面静定桁架

6.5.1 平面桁架的概念

在各种工程结构中，广泛使用一种特殊的物体系统，它们是由一些细长直杆彼此以端部连接(铆接、焊接或螺栓连接)而成的几何形状不变的结构。当杆件之间的连接能近似地看作是铰链约束时，这种杆系结构称为**桁架**。例如桥梁、屋架、电视塔、飞机骨架和起重机架等大型结构中都存在桁架。设计桁架时，尽量使外加载荷集中作用于杆件连接处，以保证桁架主要承受拉力或压力。直杆中心线在同一平面内且载荷也在此平面内的桁架称为**平面桁架**。按结构的静定和静不定分类，平面桁架还可以分为**平面静定桁架**和**平面静不定桁架**。空间桁架的计算方法在原则上与平面桁架类似。

为了简化平面桁架的内力计算，作以下基本假定：

(1) 各刚杆端部用光滑平面柱铰连接，铰中心在杆的中心线上，称为**节点**。

(2) 所有载荷沿桁架平面作用于节点上。

(3) 杆自重不计，每根杆都是二力杆。

实践证明，对于上述理想模型的计算结果与实际情况相差不大，可以满足工程设计的一般要求。

平面简单桁架杆件的连接按以下规则进行：先用3根杆和3个节点组成一基本三角形(见图6.5.1(a)的阴影部分)，以此为基础每增加2根杆增加1个节点，如此延伸形成的桁架整体最后用一铰链支座和一辊轴支座约束在基座上。按上述规则连接的杆件数 r 和节点数 n 满足以下关系：

$$r = 3 + 2(n - 3) = 2n - 3 \tag{6.5.1}$$

上述关系说明简单桁架是静定结构，因为每个节点上作用一组平面汇交力系，总共可列出 $2n$ 个独立的平衡方程，而 r 个杆的约束力和3个支承约束力相加，共有 $r+3$ 个未知变量，式(6.5.1)保证了方程数和未知变量数相等。

由简单桁架组合而成的桁架称为**组合桁架**。以图6.5.1(b)给出的组合桁架为例，它是由3根既同时不交于一点也不相互平行的杆 AE，BG 和 CD 将2个基本三角形 ACG 和 BDE 相连而成。从而保证了其几何形状不变形及静定性。

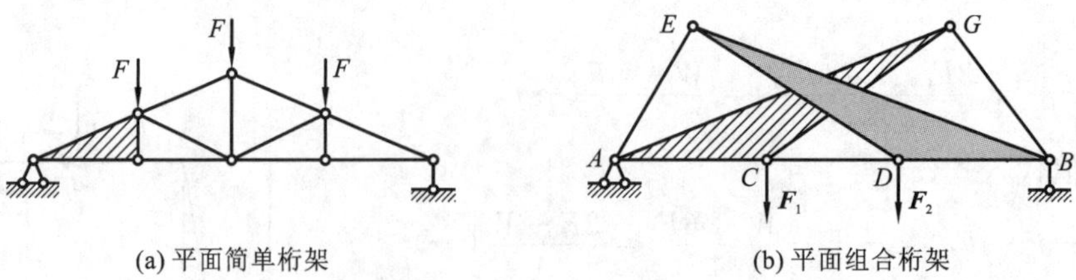

(a) 平面简单桁架　　(b) 平面组合桁架

图 6.5.1

6.5.2 平面静定桁架的内力计算方法

桁架作为一种特殊的结构体系，有其他体系所不具备的优点，如：节省材料，可以实现较大跨度，可以通风和采用自然光源等。同时，桁架作为一种特殊的物体系统，在受力分析时，既具有普遍性(物体系统的求解方法对它完全适用)，又具有特殊性。由于桁架都是一些二力直杆铰接而成，故杆件的内力就等于销钉对杆件的作用力（一般构件的内力概念在轴向拉伸与压缩中介绍）。分析计算桁架各杆件内力的方法有两种：**节点法**和**截面法**。节点法是工程计算的主要方法，其要点是以各个节点为研究对象，分别列出各个节点处的汇交力系平衡方程，依次解出各杆的约束力。对于简单桁架，为了避免方程组中出现未知变量的耦合，做到1个方程解1个未知力，应注意计算的顺序。通常先列出桁架整体的平衡方程解出支座的约束力，然后按简单桁架组成过程的逆次序，从只含2根杆的节点开始，依次列出各节点的平衡方程，解出各杆的内力。应用节点法可以解出全部杆的内力。如果只需求出个别杆的内力，一般采用截面法比较快捷。截面法与上述求内力的截面法一样，只是这里要选择一个合适的截面，将几个杆件同时截开，从而将整个桁架截开，取其中任一部分（至少包括2个节点）作为研究对象，使几个杆件的内力暴露出来，并通过平衡方程，求出被截杆件的内力。截面法适用于简单桁架，也适用于组合桁架。由于对所截部分只能列出3个平衡方程，因此使用一次截面法最多只能解出3个非共点杆件的内力。对于某些复杂的桁架，有时需要多次使用截面法或综合应用截面法和节点法才能解出所需要的杆的内力。

本小节讨论的是平面静定桁架，对于非静定桁架的内力，可以使用能量法等其他方法计算，具体请参考有关文献。

【说明】 在简化桁架结构时由于引入了一些假设，所以桁架中每一个杆件都是二力杆，从而在杆件的任一截面截开，相互作用力只有轴向作用的力（轴力）。但对于非桁架杆件一般这些假设不成立，相互作用的力要更复杂。

为了求解方便，对组成桁架的某些简单节点的杆件的受力情况可先做出判断，尽量先找出内力等于零的杆，即所谓的**零杆**。而对于每一个杆件的内力，一般先假定为拉力，然后根据计算结果来判断杆件是受拉或受压。

试判断组成图6.5.2所示各节点的杆件内力之间的关系。

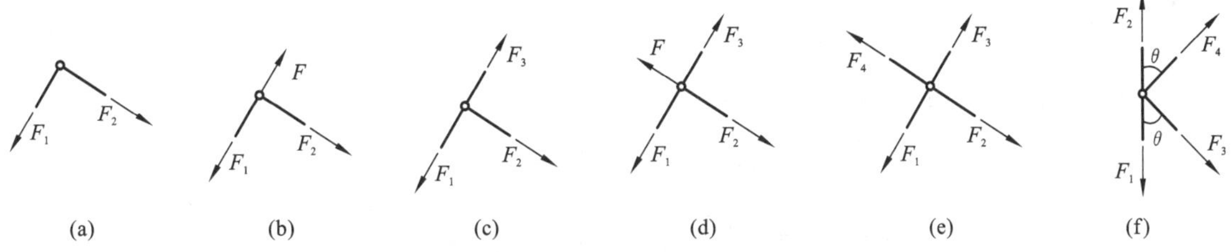

图6.5.2　桁架的常见节点类型

【说明】 桁架中的零杆只是桁架在特定荷载作用时杆件出现的特定受力状态。对于同一桁架，当荷载变化时，应该重新判定零杆。

【思考】 (1) 桁架中的零杆有没有作用？能不能去掉？为什么？(2) 请判断图6.5.3所示的桁架中有没有零杆？若有，哪些杆件是零杆？

在建立平衡方程时，常常需将杆件的轴力$\boldsymbol{F}_{\mathrm{N}}$分解为水平分力$\boldsymbol{F}_x$和$\boldsymbol{F}_y$，如图6.5.4(a)所示。在图6.5.4(b)中，杆件的长度l与其水平投影l_x和竖向投影l_y组成一个三角形。这个三角形的各边与图6.5.4(a)中力三角形的各边互相平行。所以根据三角形相似原理可得

$$\frac{F_{\mathrm{N}}}{l}=\frac{F_x}{l_x}=\frac{F_y}{l_y} \tag{6.5.2}$$

利用这个比例关系，可以方便地由一个力计算其他两个力，而不需要利用三角函数计算。

【说明】 为了方便，一般假设桁架中每一个杆件均受拉，然后根据计算的最终结果判断其是受拉或受压。

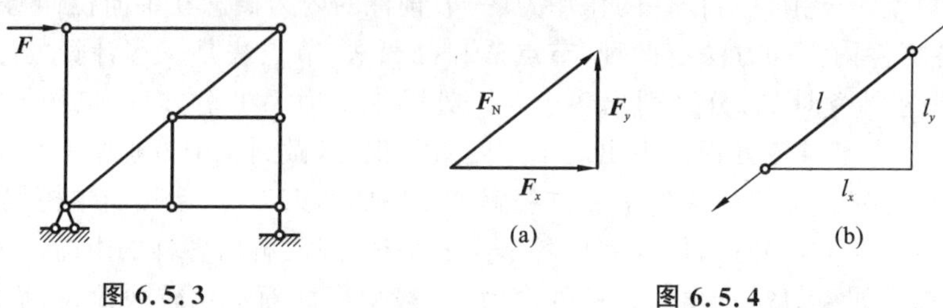

图 6.5.3　　　　图 6.5.4

【例 6.5.1】　已知桁架的荷载与尺寸如图 6.5.5(a) 所示，试求杆件 1 ～ 6 的内力。

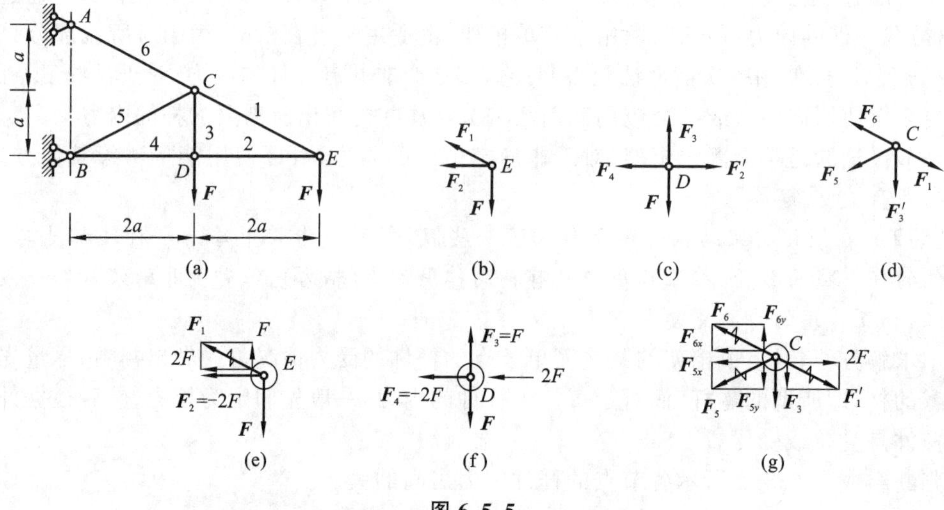

图 6.5.5

【解】　本题可以全部用节点法求解。

对于节点 E：受力分析如图 6.5.5(b) 所示。

$$\sum F_{iy}=0,\quad \frac{1}{\sqrt{5}F_1}-F=0,\quad F_1=\sqrt{5}F$$

$$\sum F_{ix}=0,\quad \frac{2}{\sqrt{5}}F_1+F_2=0,\quad F_2=-2F$$

对于节点 D：受力分析如图 6.5.5(c) 所示。

$$\sum F_{ix}=0,\quad F_4-F_2=0,\quad F_4=F_2=-2F$$

$$\sum F_{iy}=0,\quad F_3-F=0,\quad F_3=F$$

对于节点 C：受力分析如图 6.5.5(d) 所示。

$$\sum F_{ix}=0,\quad \frac{2}{\sqrt{5}}F_6+\frac{2}{\sqrt{5}}F_5-\frac{2}{\sqrt{5}}F_1=0$$

$$\sum F_{iy}=0,\quad \frac{1}{\sqrt{5}}F_6-\frac{1}{\sqrt{5}}F_5-\frac{1}{\sqrt{5}}F_1-F_3=0$$

求解可得：$F_5=-\frac{\sqrt{5}}{2}F$(受压)，$F_6=\frac{3\sqrt{5}}{2}F$(受拉)。

【说明】　例 6.5.1 也可以用式(6.5.2)计算，过程如图 6.5.5(e)、(f)、(g) 所示。计算过程中，所有未知内力的杆件均假设受拉，根据已知力求出未知力。将求出的未知力，在下一个节点中按照实际作用方向绘出，再计算出相应的其他未知力，以此类推计算出所有未知力。对于图 6.5.5(g)，将 $\boldsymbol{F}_5$ 和 $\boldsymbol{F}_6$ 分解后，利用平衡方程组求解计算；也可以在算出 A、B 处的水平约束力后分别对节点 A、B 计算。

【例 6.5.2】 求图 6.5.6(a) 所示桁架中 1、2、3 杆的内力。已知：$h=1.5a$。

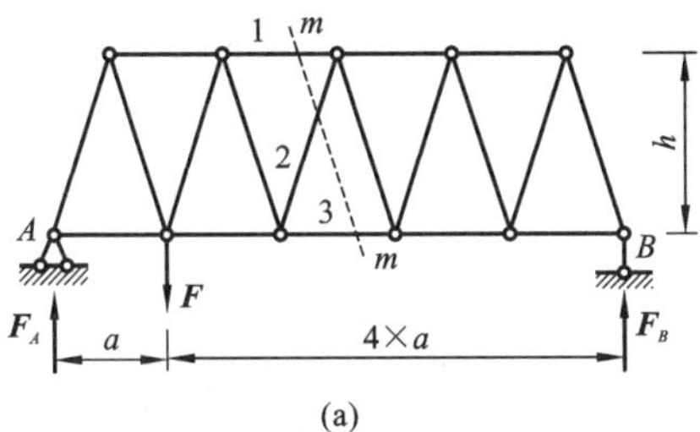

(a)

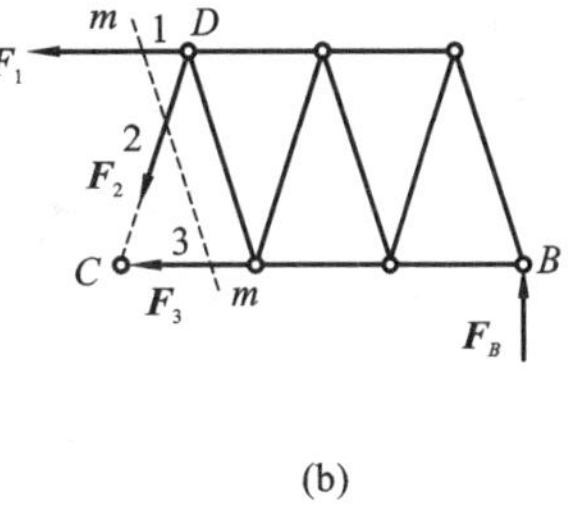

(b)

图 6.5.6

【解】 首先考虑整个桁架的平衡，求出支座反力，$F_A=\frac{4}{5}F$，$F_B=\frac{1}{5}F$。

然后用截面 $m—m$ 将桁架截成两部分，取右边部分来考察其平衡，如图 6.5.6(b) 所示。这部分桁架在反力 $\boldsymbol{F}_A$ 及内力 $\boldsymbol{F}_1$、$\boldsymbol{F}_2$、$\boldsymbol{F}_3$ 作用下保持平衡。以铅垂轴为 y 轴：

$$\Sigma F_{iy}=0,\quad F_B-\frac{h}{\sqrt{h^2+\left(\frac{a}{2}\right)^2}}F_2=0,\quad F_2=\frac{\sqrt{4h^2+a^2}}{10h}F=\frac{\sqrt{10}}{15}F(\text{受拉})$$

$$\sum M_C(\boldsymbol{F}_i)=0,\quad F_B\cdot 3a+F_1h=0,\quad F_1=-\frac{3a}{h}F_B=-\frac{3aF}{5h}=-\frac{2}{5}F\ (\text{受压})$$

$$\sum M_D(\boldsymbol{F}_i)=0,\quad F_B\cdot 2.5a-F_3h=0,\quad F_3=\frac{5a}{2h}F_B=\frac{aF}{2h}=\frac{1}{3}F(\text{受拉})$$

【例 6.5.3】 试求图 6.5.7(a) 所示的悬臂桁架中杆 DG 的内力。

【解】 对于这一特殊形式的桁架，可以不必先求反力，而可以用图 6.5.7(a) 所示截面 $n-n$ 将 DC 及 FG、FH、EH 各杆截断，取右边部分作为考察对象，如图 6.5.7(b) 所示。在这里，虽然出现 4 个未知内力，但 $\boldsymbol{F}_{GF}$、$\boldsymbol{F}_{HF}$、$\boldsymbol{F}_{HE}$ 相交于 H 点。因此，以 H 点为矩心，可直接求得 F_{GD}。于是有

$$\sum M_H(\boldsymbol{F}_i)=0,\quad F_{GD}\cdot 4\ \text{m}-F\cdot 6\ \text{m}=0$$

解得：$F_{GD}=1.5F$。

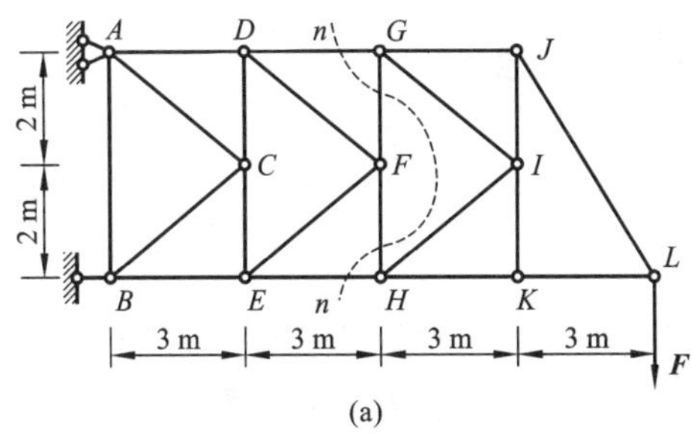

(a)

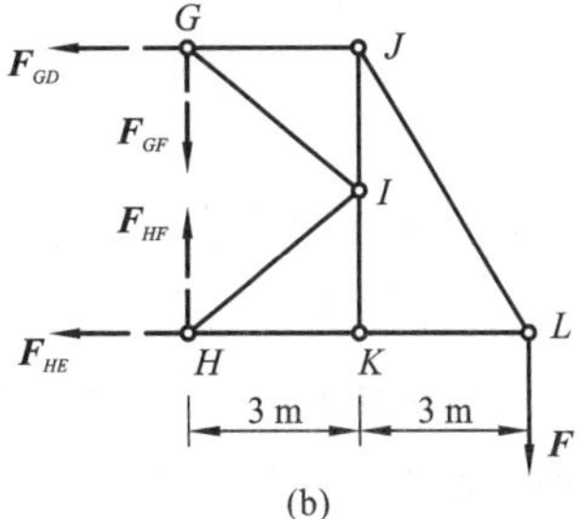

(b)

图 6.5.7

【说明】 (1) 像杆件 DG 这样，其轴力可以通过一个截面列一个平衡方程便可以求解的杆件，称为**截面单杆**。如果结构中有截面单杆存在，对系统内力的求解会有一定帮助。(2) 求解截面

单杆的内力，主要困难在于截面的选取。截面选取的基本原则是：用选取的截面截取结构后，对研究对象可以建立只包含截面单杆的内力一个未知量的方程。这个方程可以是力的投影方程，也可以是力矩方程。如果是投影方程，要求将除截面单杆内力之外的其他未知力均垂直于投影轴；如果是力矩方程，要求将除截面单杆内力之外的其他未知力的作用线均通过矩心。

【例 6.5.4】 试求图 6.5.8 所示的悬臂桁架中杆 a、b 的内力。

【例 6.5.5】 试求图 6.5.9 所示的桁架中杆 3 的内力。

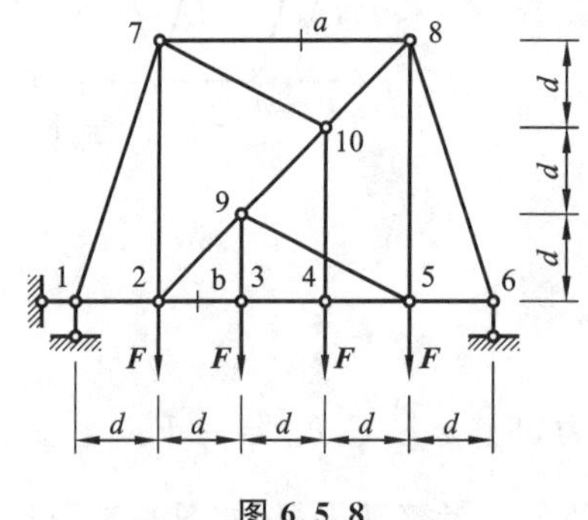

图 6.5.8

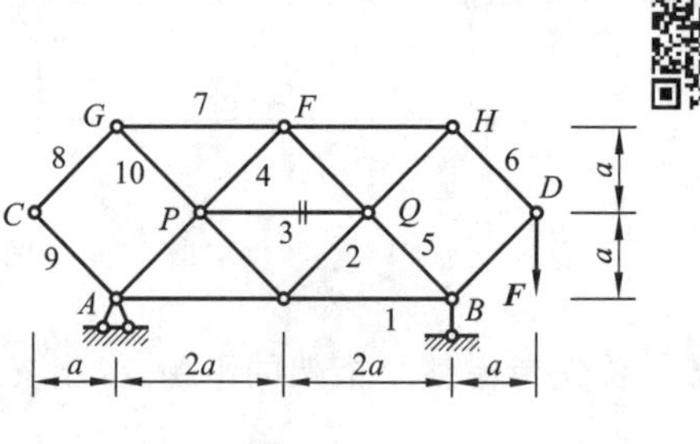

图 6.5.9

【例 6.5.6】 如图 6.5.10 所示一空间桁架，在两个节点处受到大小均为 F 的铅垂荷载作用。试求杆件 1 ～ 6 的内力。

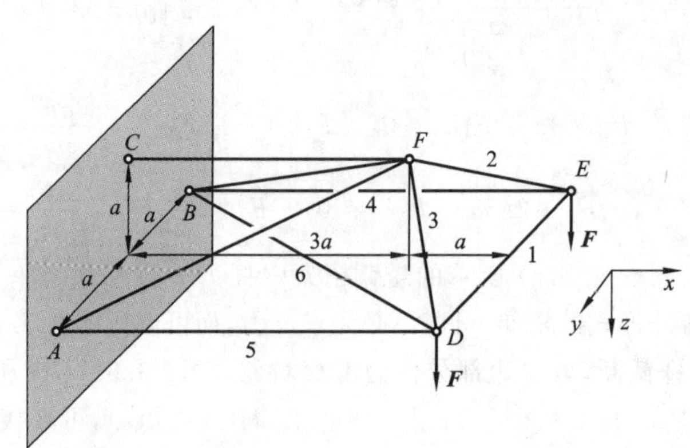

图 6.5.10

思 考 题

6-1 能否用一个投影方程 $\sum F_{ix}=0$ 及一个取矩方程 $\sum M_A(F_i)=0$，求解平面汇交力系的平衡问题？有什么限制条件？

6-2 用解析法求平面汇交力系的平衡问题时，x 与 y 两轴是否一定相互垂直？当 x 与 y 轴不相互垂直时，建立的平衡方程：$\sum F_{ix}=0$，$\sum F_{iy}=0$。能满足力系的平衡条件吗？

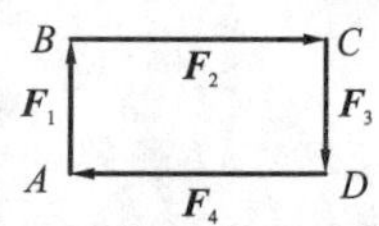

思考题 6-4 图

6-3 空间汇交力系的平衡方程是三个投影式，问：(1) 能否用两投影式、一力矩式？(2) 能否用一投影式、两力矩式？(3) 能否用三力矩式。若可以，有何限制条件？

6-4 仅在刚体 A、B、C、D 四点作用有四个力，如图所示，其力多边形封闭。问刚体是否平衡?为什么?

6-5　图示两种机构,图(a)中销钉 E 固结于杆 CD 而插在杆 AB 的滑槽中;图(b)中销钉 E 固结于杆 AB 而插在杆 CD 的滑槽中。不计构件的自重和摩擦,$\theta=45°$,如在杆 AB 上作用有矩为 M_1 的力偶,在上述两种情况下平衡时,A、C 处的约束力和杆 CD 上作用的力偶是否相等?

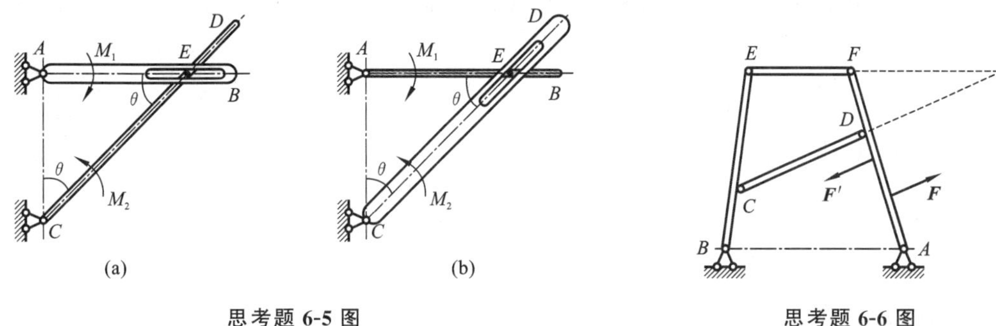

思考题 6-5 图　　　　思考题 6-6 图

6-6　如图所示结构,在杆 AF 上作用力偶($\boldsymbol{F}$,$\boldsymbol{F}'$),若不计各杆自重,支座 A 处约束力的作用线的方位如何?

6-7　平面任意力系在平面上任选的三根轴上的投影的代数和皆为零,问此力系是否一定为平衡力系?为什么?

6-8　图示某平面平衡力系作用在平面 Oxy 内,问下述哪组方程是该力系的独立平衡方程:(　　)

A. $\sum M_A(\boldsymbol{F}_i)=0,\sum M_B(\boldsymbol{F}_i)=0,\sum M_C(\boldsymbol{F}_i)=0$

B. $\sum M_A(\boldsymbol{F}_i)=0,\sum M_O(\boldsymbol{F}_i)=0,\sum F_{ix}=0$

C. $\sum M_A(\boldsymbol{F}_i)=0,\sum M_B(\boldsymbol{F}_i)=0,\sum M_O(\boldsymbol{F}_i)=0$

D. $\sum F_{ix}=0,\sum F_{iy}=0,\sum F_{i,AB}=0$

6-9　图示一平衡的平面任意力系 $\boldsymbol{F}_1,\boldsymbol{F}_2,\cdots,\boldsymbol{F}_n$ 作用在平面 Oxy 内,则在平衡方程 $\sum M_A(\boldsymbol{F}_i)=0,\sum M_B(\boldsymbol{F}_i)=0,\sum F_{iy}=0$ 中有几个独立的平衡方程。

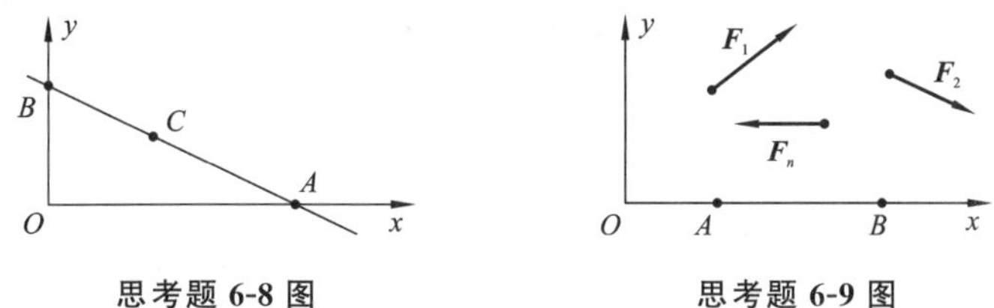

思考题 6-8 图　　　　思考题 6-9 图

6-10　分析在下述情况下,空间力系最多能有几个独立的平衡方程?

(1) 各力的作用线都与某直线垂直。

(2) 各力的作用线都与某直线相交。

(3) 各力的作用线都与某直线垂直且相交。

(4) 各力的作用线都与某一固定平面平行。

(5) 各力的作用线都在两平行平面之间。

(6) 各力的作用线都在两个固定的平行平面上。

(7) 各力的作用线都垂直于某一固定平面。

(8) 各力的作用线分别汇交于两点。

(9) 各力的作用线都平行于某一固定平面并且分别汇交于两个固定点。

(10) 各力的作用线都与某一直线相交,而且分别汇交于此直线外的两点。

(11) 各力的作用线分别通过不共线的三个点。

6-11　一平衡的空间平行力系,各力作用线与 z 轴平行,如下的方程组哪些可以作为该力系的平衡方程组:

A. $\sum F_{ix}=0,\sum F_{iy}=0,\sum M_{i,x}=0$

B. $\sum F_{ix}=0,\sum F_{iy}=0,\sum M_{i,z}=0$

C. $\sum F_{ix}=0,\sum M_{i,x}=0,\sum M_{i,y}=0$

D. $\sum M_{i,x}=0,\sum M_{i,y}=0,\sum M_{i,z}=0$

6-12　不用计算直接指出图示各桁架中的零杆。

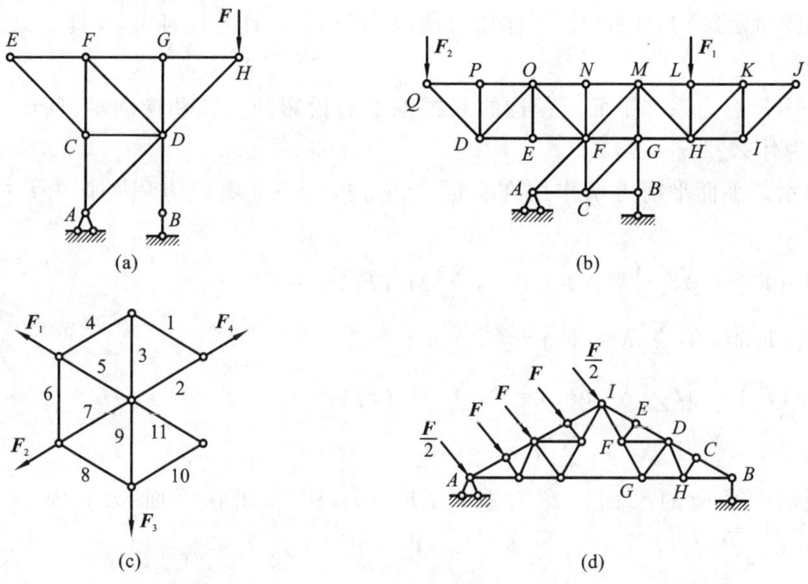

思考题 6-12 图

习　题

6-1　一均质球重 $P=1\ 000\ \text{N}$,放在两个相交的光滑斜面之间如图所示。如斜面 AB 的倾角 $\theta=45°$,而斜面 BC 的倾角 $\beta=60°$。求两斜面的约束力 $\boldsymbol{F}_{\text{N}D}$ 和 $\boldsymbol{F}_{\text{N}E}$ 的大小。

6-2　图示 AC 和 BC 两杆用铰链 C 连接,两杆的另一端分别固定铰支在墙上,在 C 点悬挂重 10 kN 的物体。已知 $\overline{AB}=\overline{AC}=2\ \text{m}$,$\overline{BC}=1\ \text{m}$。如不计杆重,求两杆的内力。

6-3　重物由软绳悬挂,如图所示。设 $\beta=65°$,试利用力三角形求下列情况的角 θ。(1) 两绳的拉力相等;(2) AC 绳的拉力最小;(3) AC 绳的拉力不超过 $\dfrac{P}{2}$;(4) BC 绳的拉力不超过 $\dfrac{P}{2}$。

6-4　均质杆 AB 长 l,置于销子 C 与铅垂面间,如图所示。不计摩擦,求平衡时杆与铅垂线间的夹角 θ。

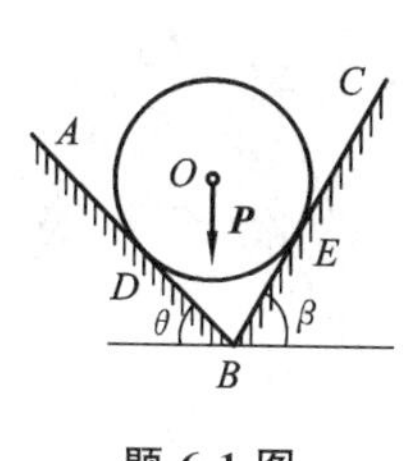

题 6-1 图

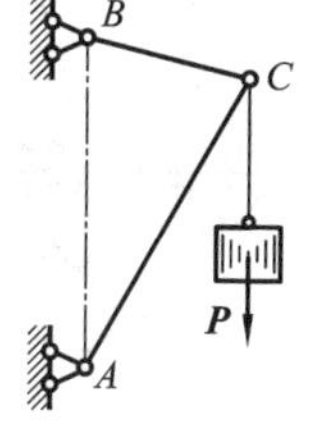

题 6-2 图

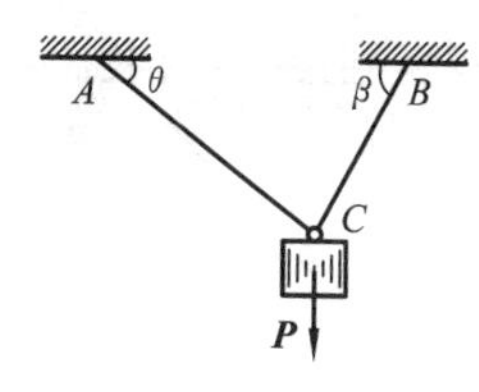

题 6-3 图

6-5　均质杆 AB 重力为 W、长为 l，两端置于相互垂直的两光滑斜面上。已知一斜面与水平面成角 θ，求平衡时杆与水平面所成的角 φ 及距离 OA。

6-6　杆 AB 重力为 W、长为 $2l$，置于水平面与斜面上，其上端系一绳子，绳子绕过滑轮 C 吊起一重物 Q，如图所示。各处摩擦均不计，求杆平衡时的 Q 值及 A、B 两处的约束力。α、β 均为已知。

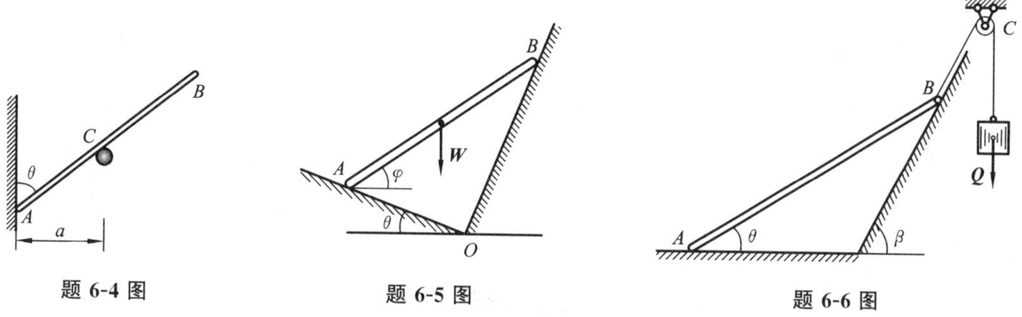

题 6-4 图　　题 6-5 图　　题 6-6 图

6-7　半径为 a 的无底薄圆筒置于光滑水平面上，筒内装有两球，球重力均为 F_P，半径为 r，如图所示。问圆筒的重量 W 为多大时圆筒不致翻倒？

6-8　重物 $P = 1\,000$ N，由杆 AO 与两根等长的水平链杆 BO 和 CO 所支承，如图所示。杆 AO 与两根链杆在 O 点用铰链相接，并与铅垂线成 45° 角，$\angle CBO = \angle BCO = 45°$。求杆的内力与链杆的张力。

6-9　重物 $P = 10$ kN，悬挂在 D 点，如图所示。如 A、B 和 C 三点用铰链固定。求支座 A、B 和 C 的约束力。

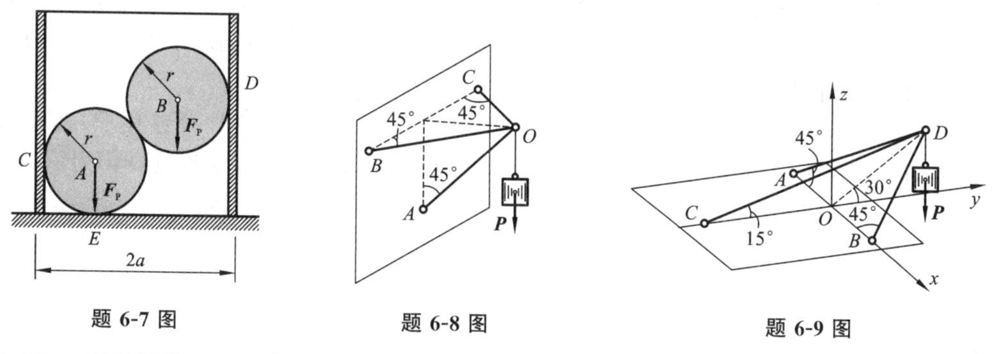

题 6-7 图　　题 6-8 图　　题 6-9 图

6-10　图示机构中 AB 杆上有一导槽，套在 CD 杆的销子 E 上，在 AB 和 CD 杆上各有一力偶作用，如图所示。已知 $M_1 = 1\,000$ N·m，不计杆重及摩擦。求机构在图示位置平衡时力偶矩 M_2 的大小。

6-11　图示结构由不计自重的杆 AB、CDF、DE 组成，A、D、E、F 处为铰链连接，C 处为光滑接触，$M = 1\,000$ N·m，$\overline{AC} = 1$ m，$\overline{CD} = \overline{DF} = \overline{DE}$。求支座 A、E、F 处的约束力。

6-12　图示结构各构件自重不计。求支座 A 和铰链 E 处的约束力。

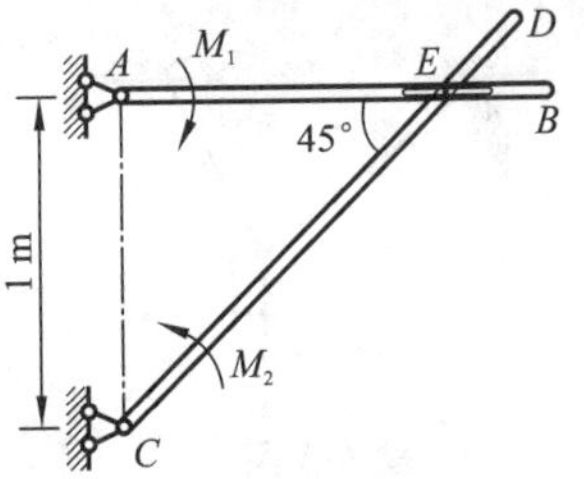

题 6-10 图

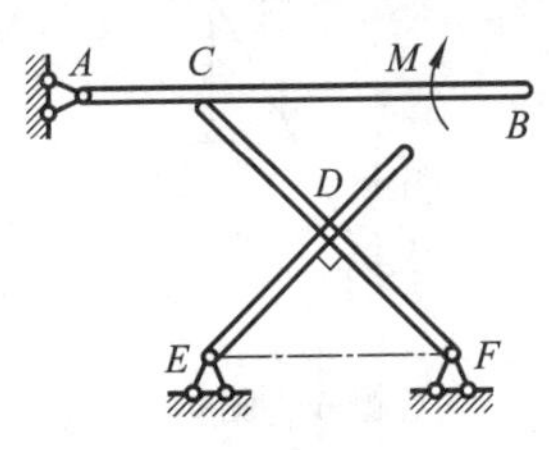

题 6-11 图

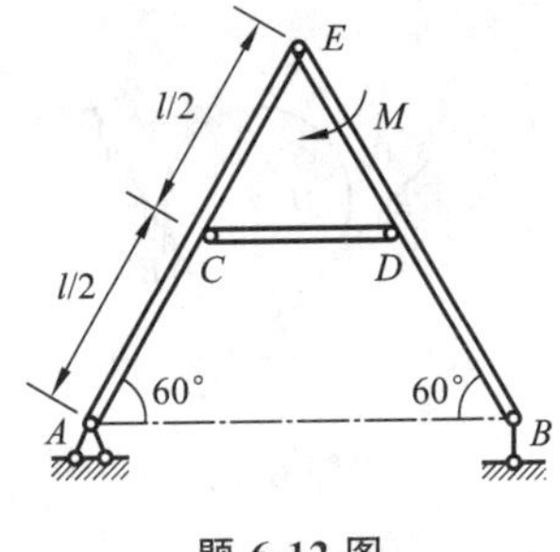

题 6-12 图

6-13　曲杆 $ABCD$ 中，杆 ABC 组成的平面为水平，BCD 组成的平面为铅垂，而且 $\angle ABC = \angle BCD = 90°$，$A$ 端用轴承支承，D 端用球铰固定。杆上作用三个力偶，其矩分别为 $M_1 = 550\boldsymbol{j}$，$M_2 = 400\boldsymbol{i}$，$M_3 = 200\boldsymbol{k}$（单位以 N・m 计）。设 $\overline{AB} = \overline{BC} = 40\ \text{cm}$，$\overline{CD} = 30\ \text{cm}$，求 A、D 处的约束反力。

6-14　轮子 A 与 B 的中心以理想铰链与一不计重量的直杆连接，置于光滑斜面间如图所示。设 A 轮重 $\boldsymbol{P}_A$，B 轮重 $\boldsymbol{P}_B$，斜面的倾斜角分别为 γ 与 β，$\gamma+\beta \neq 90°$，求平衡时连杆与水平线的夹角 θ。

6-15　静定刚架荷载及尺寸如图所示，求支座约束力和中间铰的压力。

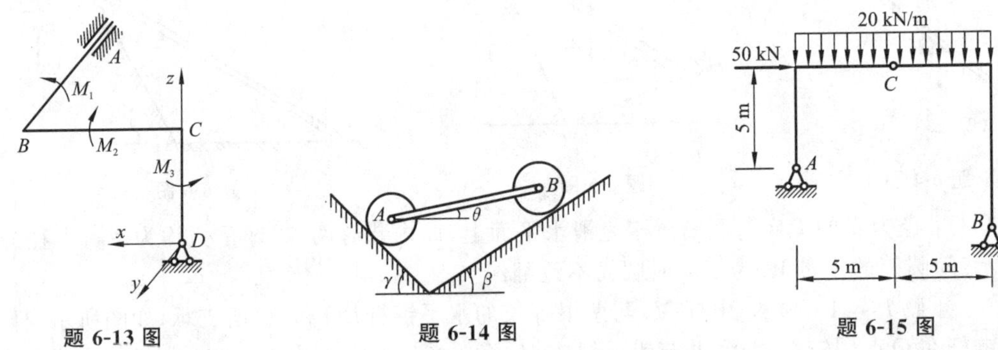

题 6-13 图　　题 6-14 图　　题 6-15 图

6-16　一均质直杆 OA 能绕其固定端 O 在铅垂平面内自由转动。一绳 OC 系于 O 点，绳的另一端挂一半径为 a 的球。设杆长是 $4a$，绳 OC 长为 a，球和杆的重量都是 W，不计杆和球在接触点处的摩擦。求平衡时杆与绳对铅垂线的倾角 θ 和 φ，以及绳的张力。

6-17　如图所示，杠杆端部受到铅垂的集中力 $\boldsymbol{F}$ 作用，对半径为 r、重为 G 的圆柱体施加力。假设杠杆的重量忽略不计，接触处均光滑。试确定圆柱体与地面之间的作用力大小。假设台阶高度 h 等于圆柱体的半径 r。

6-18　一复梁由 AB 和 BC 构件用铰链 B 连接而成，并以铰支座 A 以及连杆 EG，CH 支承如图所示。各构件质量不计，$F = 6\ \text{kN}$。求在力 $\boldsymbol{F}$ 作用下 A 点的约束力以及连杆的内力。

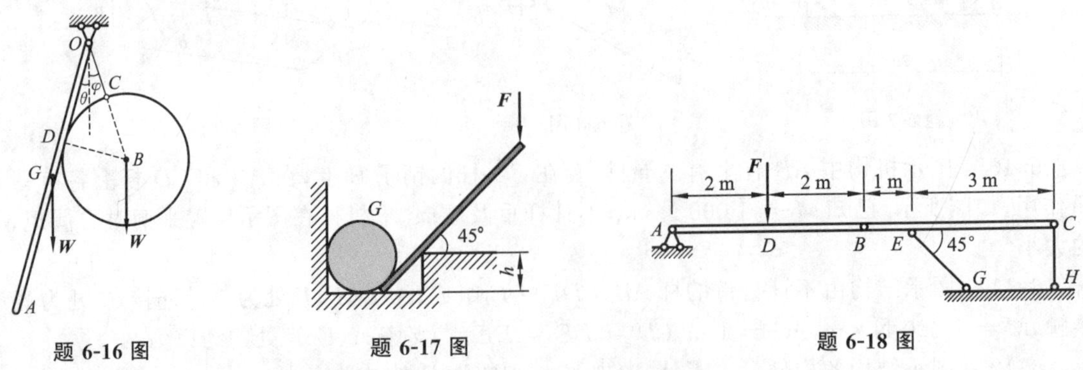

题 6-16 图　　题 6-17 图　　题 6-18 图

6-19　一复梁的支承和载荷如图所示，设 $M = Fa$。求支座 A、B、D 上的约束力。

6-20　梁的支承和载荷如图所示。$F = 2$ kN，线性分布载荷的最大值 $q = 1$ kN/m。如不计梁重，求支座 A 和 B 的约束力。

6-21　水平梁的支承和载荷如图(a)、(b)所示。已知力 $\boldsymbol{F}$，力偶的力偶矩 M 和均布载荷 q。求支座 A、B 处的约束力。

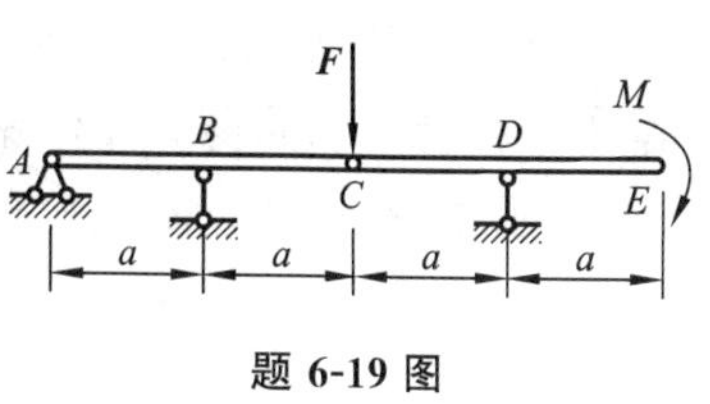

题 6-19 图

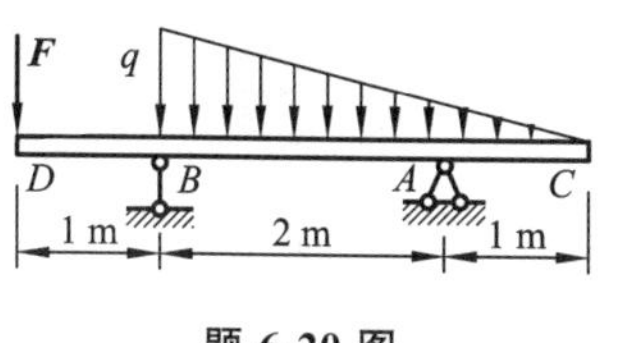

题 6-20 图

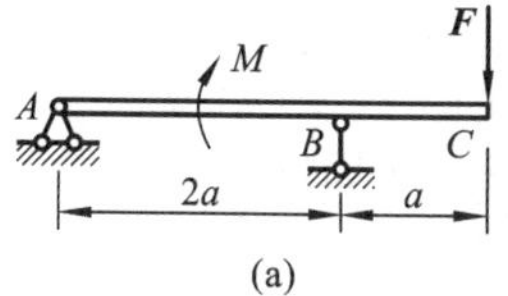

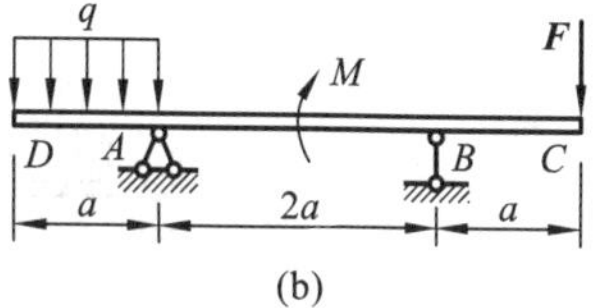

题 6-21 图

6-22　图示铅垂面内构架，各杆自重及摩擦不计。已知 $\overline{AB} = \overline{CD} = a$，$\overline{AC} = \overline{BD} = b$，在杆 CD 和 DB 的中点分别作用有铅垂主动力 $\boldsymbol{F}_1$ 和水平主动力 $\boldsymbol{F}_2$，杆 AC 上作用有主动力偶，其力偶矩为 M。试求杆 AD 两端所受到的销钉的约束力。

6-23　如图所示平面结构，AB、DC 处于水平位置。$\overline{AB} = 3l = 6$ m，$\overline{DC} = 2l = 4$ m，$F = 2$ kN，$q = 2$ kN/m，$M = Fl = 4$ kN·m。所有杆重及摩擦不计。求支座 A、C、D 的约束力。

6-24　结构如图所示，各杆自重不计，C、D 处铰接，$F = 4$ kN，$M = 6$ kN·m，$l_1 = 1.5$ m，$l_2 = 2$ m。求 A、B 处的约束力。

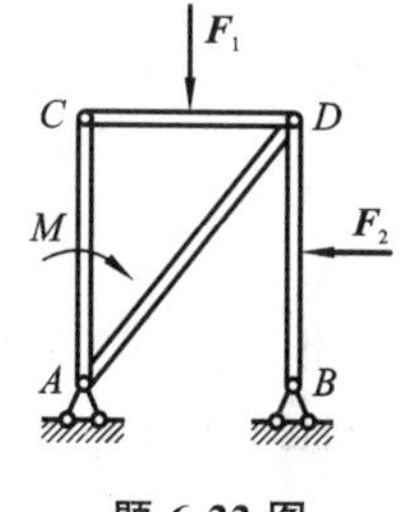

题 6-22 图

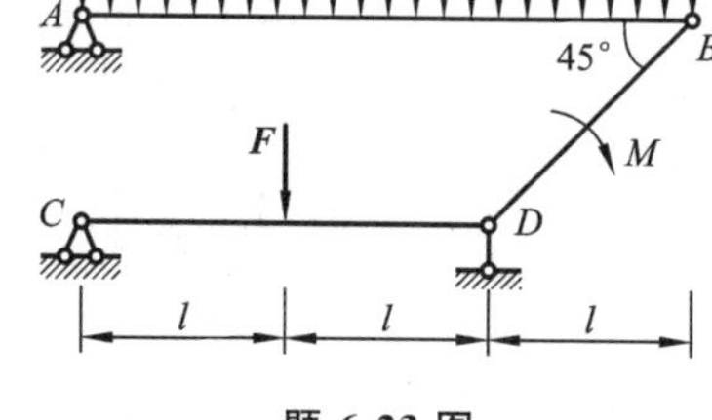

题 6-23 图

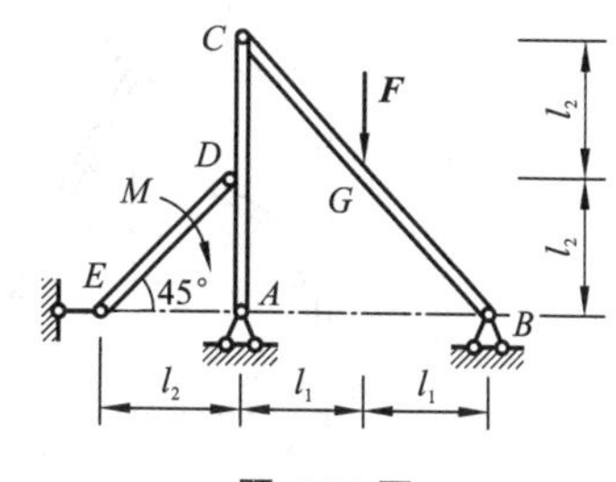

题 6-24 图

6-25　如图所示结构，由 AB、CB、BD 三根杆组成，B 处用销钉连接，$q = 4$ kN/m，力偶矩 $M = 8$ kN·m，$F = 4$ kN，$b = 2$ m。求 A 端的约束力及销钉 B 对 AB 杆的约束力。

6-26　结构如图所示，q、a 已知，各杆自重不计。求 A、B、D 处的约束力和 BC 杆的内力。

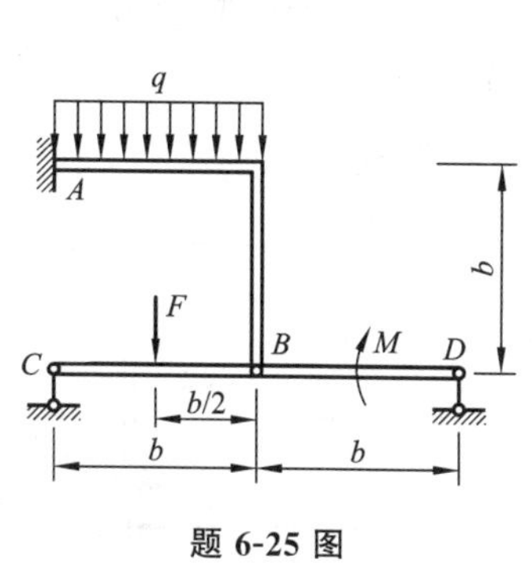

题 6-25 图

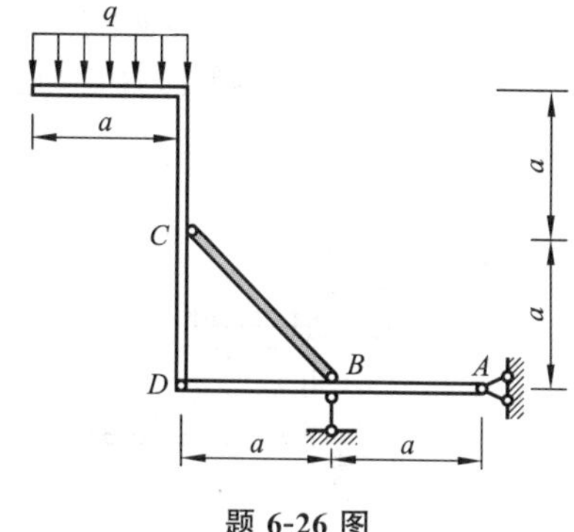

题 6-26 图

6-27　一组合结构，尺寸及荷载如图所示。$F = 10$ kN，$q = 6$ kN/m，$M = 188$ kN·m，梁及各杆重不计。求固定端 C 处的约束力。

6-28　在图示机构中，OB 线水平，当 B、D、F 在同一铅垂线上时，DE 垂直于 EF，曲柄 OA 正好在铅垂位置。已知 $\overline{OA}=100\ \text{mm}$，$\overline{BD}=\overline{BC}=\overline{DE}=100\ \text{mm}$，$\overline{EF}=100\sqrt{3}\ \text{mm}$。不计杆重和摩擦，求图示位置平衡时 M 和 F 的关系。

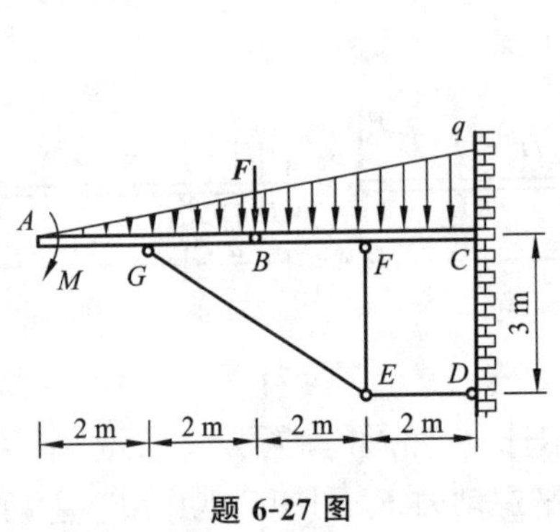

题 6-27 图

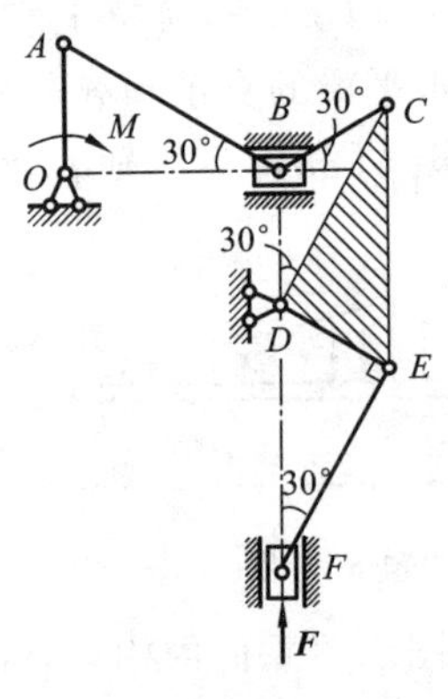

题 6-28 图

6-29　构架由 AB、AC、CD、EF 四杆铰接而成，架子上作用一铅垂向下的力 $\boldsymbol{F}$，如图所示。设 $\overline{AE}=\overline{EB}$，$\overline{AG}=\overline{GC}$，求支座 B 的约束力以及杆 EF 的内力。

6-30　如图所示刚架自重不计。已知 $q=12\ \text{kN/m}$，$M=10\sqrt{2}\ \text{kN}\cdot\text{m}$，$l=2\ \text{m}$，$C$、$D$ 为光滑铰链。试求：支座 A、B 的约束力。

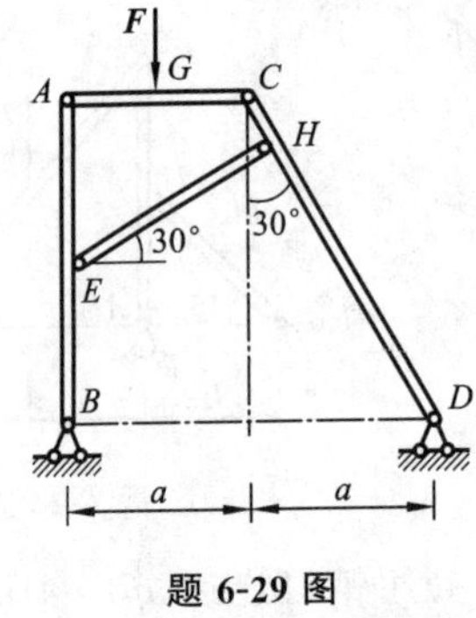

题 6-29 图

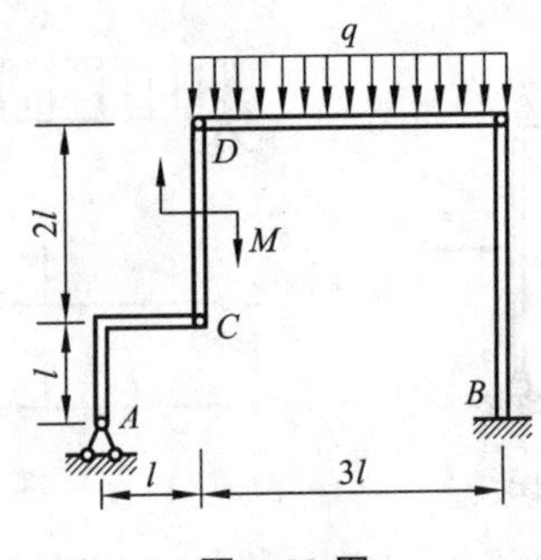

题 6-30 图

6-31　如图所示平面结构，由直角弯杆 OA、直杆 BC 和 DE 相互铰接而成，已知 q、a 和 $M=3.5qa^2$，若不计各杆自重和各接触处摩擦，试求销钉 A、D 对杆 DE 的约束力。

6-32　图示铅垂面内构架由曲柄 ABC 与直杆 CD、DE 相互铰接而成。已知 $q=12\ \text{N/m}$，$M=20\ \text{N}\cdot\text{m}$，$CD\perp DE$。如不计自重和摩擦，试求固定端 A 处的约束力。

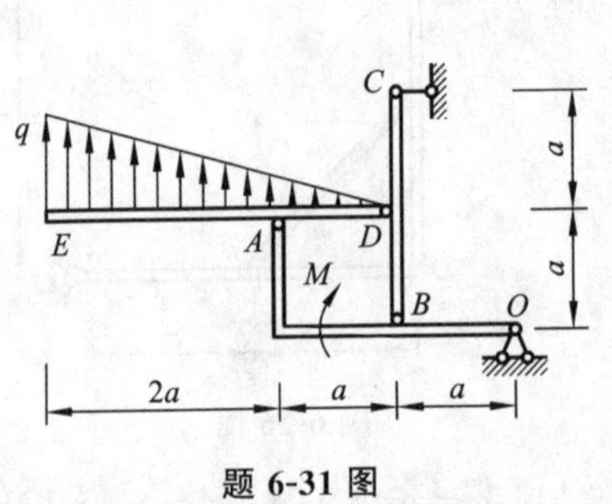

题 6-31 图

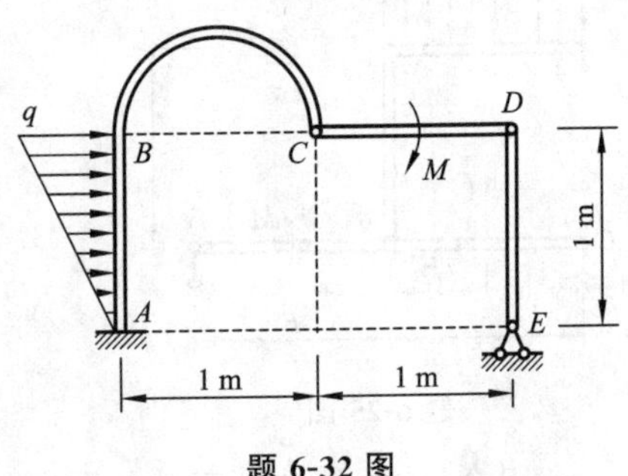

题 6-32 图

6-33　图示铅垂面内不计自重和摩擦的构架，已知几何尺寸 l 和主动力 $\boldsymbol{F}$，试求支座 A、C 处的约束力。

6-34　图示不计自重和摩擦的构架由 5 根杆 OA、BH、CG、OC、GH 组成，各杆在 C、D、E、G、H、O 处彼此铰接。已知 F、M、a，试求销钉 C、D、E、G 对杆 CG 的约束力。

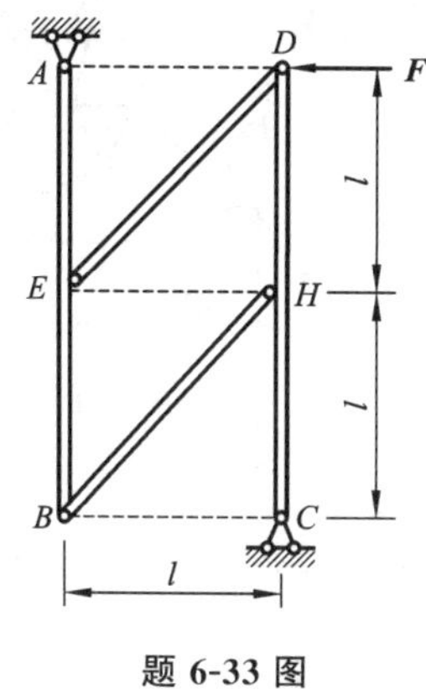

题 6-33 图

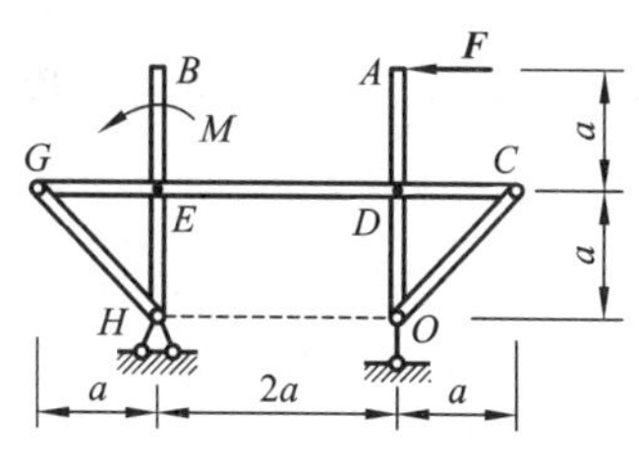

题 6-34 图

6-35　图示结构由杆 AC 与 CB 组成。已知线性分布载荷 $q_1 = 3$ kN/m，均布载荷 $q_2 = 0.5$ kN/m，$M = 2$ kN·m，尺寸如图所示。不计杆重，求固定端 A 与支座 B 的约束力和铰链 C 的内力。

6-36　在图示桁架的节点 B 上作用一水平力 $\boldsymbol{F}$，如 $\overline{AB} = \overline{BC} = \overline{CD} = \overline{AD}$。求各杆内力。

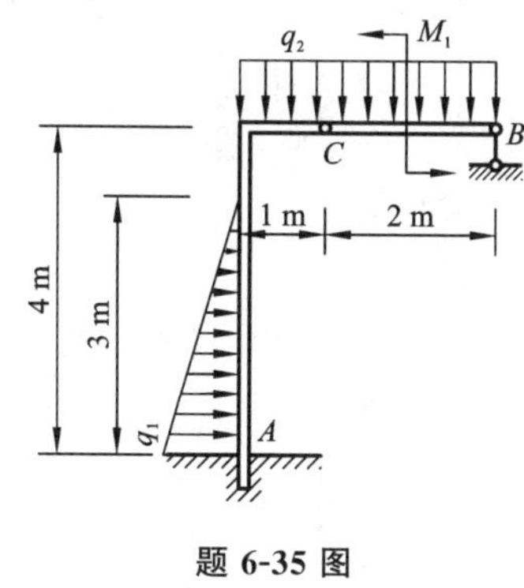

题 6-35 图

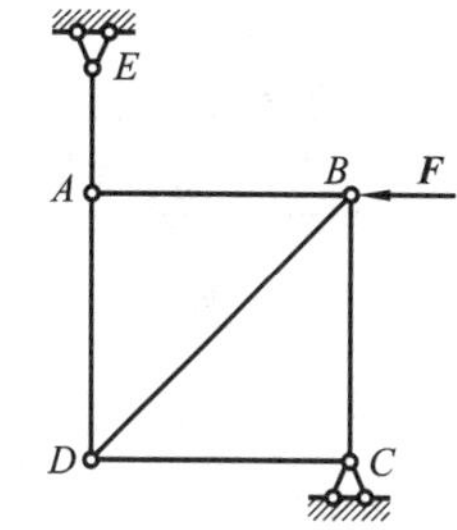

题 6-36 图

6-37　平面桁架及载荷如图所示，求各杆的内力。

6-38　求图示桁架中杆件 AB 的内力，载荷及尺寸如图所示。

6-39　求图示桁架中杆件 GJ 的内力。

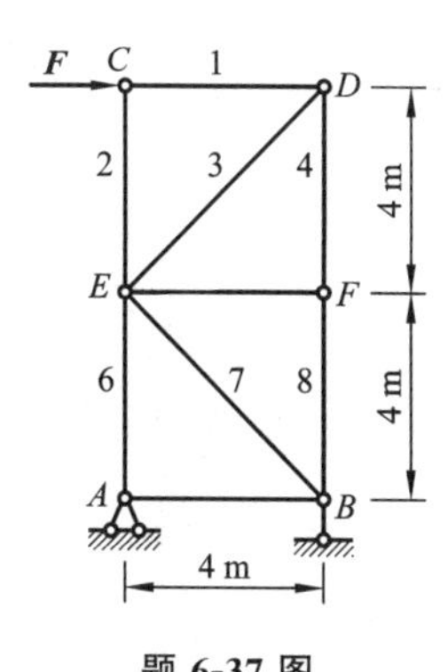

题 6-37 图

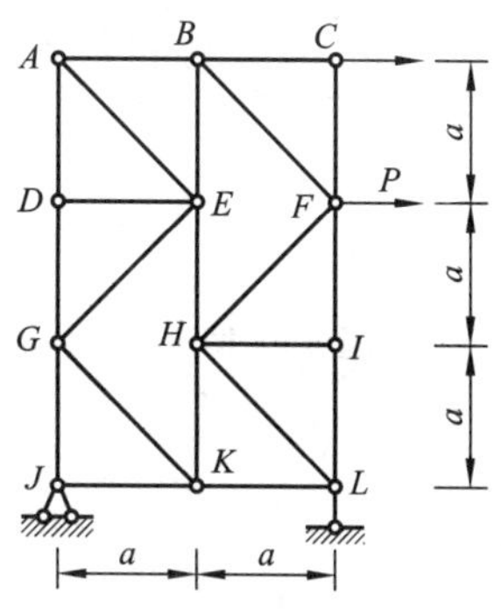

题 6-38 图

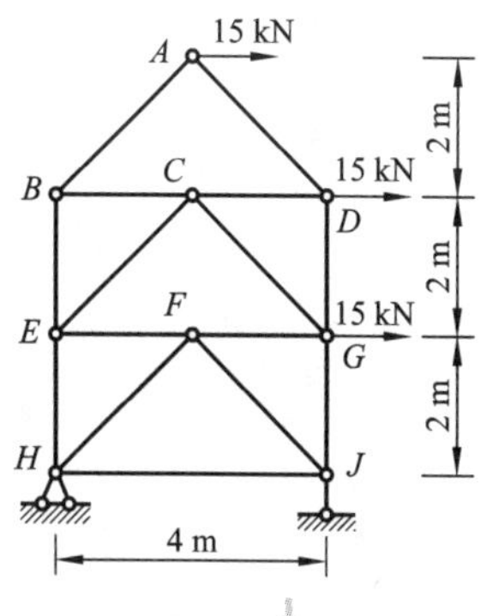

题 6-39 图

6-40　计算题 6-26 图所示桁架中杆件 1、2、3 的内力。

6-41　复杂桁架的支座和荷载如图所示，求杆件 AB 的内力。

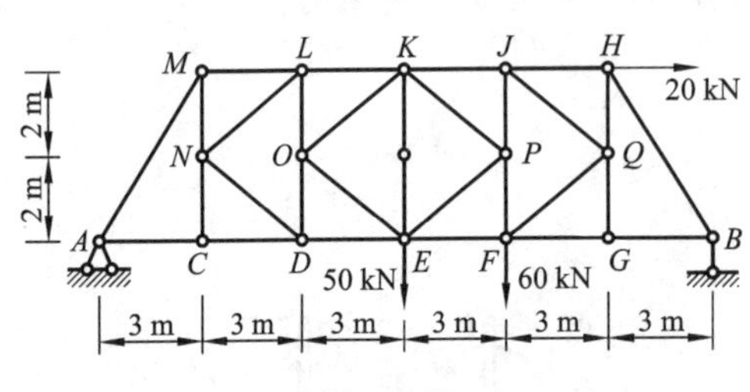

题 6-40 图

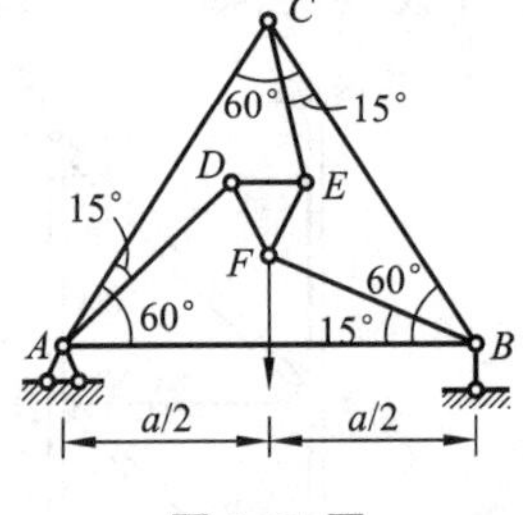

题 6-41 图

6-42　平面桁架支座和载荷如图所示，求杆 5 的内力。

6-43　图示质量可以忽略不计的直角三角形板由六根直杆支承保持水平，受到集中力 $\boldsymbol{F}$ 和 $\boldsymbol{Q}$ 的作用。试求各杆件的内力。

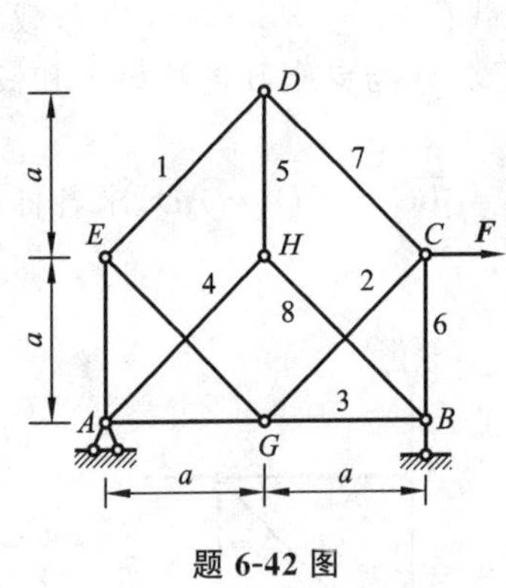

题 6-42 图

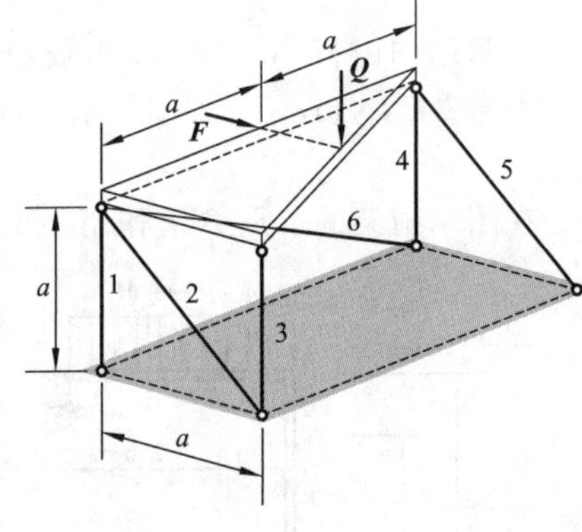

题 6-43 图

6-44　图示空间桁架受到集中荷载 $\boldsymbol{P}$ 作用，试求各杆内力。

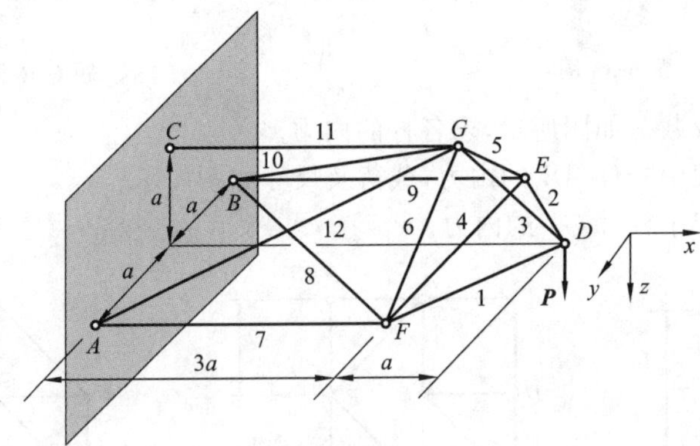

题 6-44 图

Chapter 7

第7章 摩 擦

在以前的讨论中，均假设物体间的相互接触都是光滑的，没有摩擦；但事实上，绝对光滑而没有摩擦的情形是不存在的。当摩擦对所研究的问题是次要因素时，忽略不计的假设是合理的。但是如果摩擦对所研究的问题有很大影响甚至是决定性因素时，摩擦就必须考虑。例如，重力坝依靠摩擦防止在水压力的作用下可能产生的滑动；建筑工程和桥梁工程以及码头基础中的摩擦桩依靠摩擦承受荷载；还有皮带轮和摩擦轮传动、车床上的卡盘夹固工件等，都是靠摩擦来工作的。另一方面，摩擦又会消耗能量，产生热、噪声、振动和磨损，特别是在高速运转的机械中，摩擦往往表现得更为突出。

摩擦的机理和摩擦力的性质是一个非常复杂的问题，现已开展许多研究，形成了一门新的学科 —— 摩擦学。在理论力学中，只限于根据古典摩擦理论，研究在考虑摩擦力作用时刚体及刚体系统的平衡问题，作为对质点模型和理想化光滑约束的一种重要补充，也作为力系简化与平衡问题的一个重要应用。

按照接触物体之间的相对运动情况，摩擦分为滑动摩擦和滚动摩擦。

7.1 摩擦力与摩擦角

为了与中学物理和大学物理课程中所讨论的过程有所区别（但摩擦的理论还是一致的），本章主要分析刚体在考虑摩擦时的力学行为。

例如，图 7.1.1 所示物体 A，重力为 $\boldsymbol{W}$，受主动力 $\boldsymbol{F}$ 的作用，几何尺寸如图所示。

为了讨论物体 A 的受力，对其进行受力分析。由于考虑到物体 A 的刚体尺寸，接触面的受力应为分布力系，其受力示意图如图 7.1.2 所示。（请注意：质点模型和刚体模型的区别！）

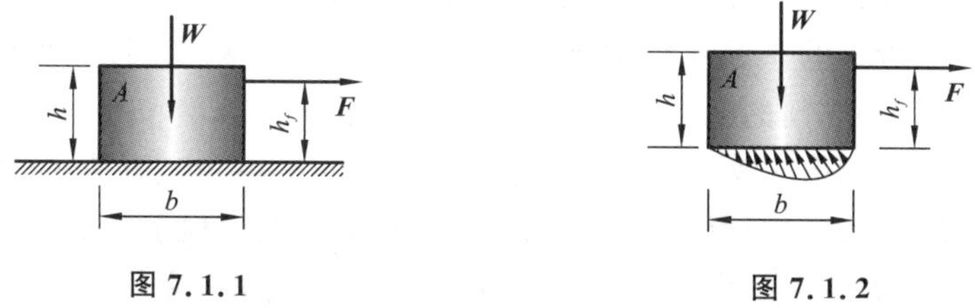

图 7.1.1　　图 7.1.2

按照第 5 章中力系的简化过程，如果将分布力系向底边中点 O 进行简化，则可得到该分布力系的主矢和主矩，如图 7.1.3 所示。进一步简化，最终可以简化为一个合力 F'_{R}。合力 F'_{R} 即为约束面对物体 A 的**全约束反力**，如图 7.1.4 所示。其中：$d=\dfrac{|M_O|}{|F'_{R}|\cdot\cos\varphi}$。

对于图 7.1.4 所示的力系，建立图示坐标系，并将全约束反力 F'_R 分解为水平方向的切向分力 $\boldsymbol{F}_x$ 和法向分力 $\boldsymbol{F}_N$，如图 7.1.5 所示，则在外力 $\boldsymbol{F}$ 比较小时，物体将保持静止，故有

$$\Sigma F_{ix}=0,\quad F-F_x=0 \tag{7.1.1}$$

$$\Sigma F_{iy}=0,\quad W-F_N=0 \tag{7.1.2}$$

$$\Sigma M_O(\boldsymbol{F}_i)=0,\quad F_N\cdot d-F\cdot h_f=0 \tag{7.1.3}$$

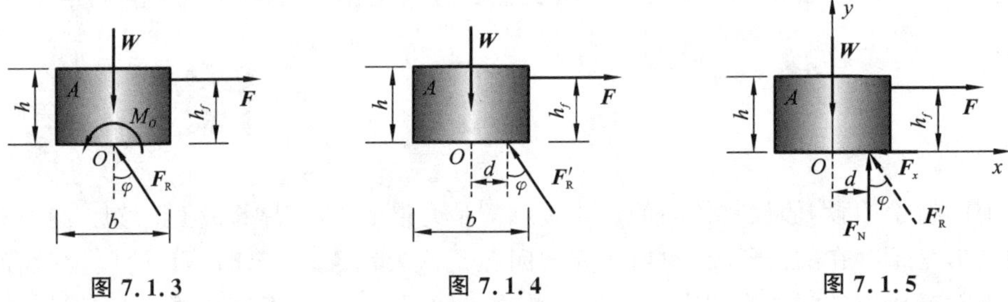

图 7.1.3　　图 7.1.4　　图 7.1.5

由方程(7.1.1) ～ (7.1.3) 可解得：

$$F_x=F \tag{7.1.4}$$

$$F_N=W \tag{7.1.5}$$

$$d=\frac{F\cdot h_f}{F_N}=\frac{F}{W}\cdot h_f \tag{7.1.6}$$

从而，还有

$$\varphi=\arctan\left(\frac{F_x}{F_N}\right)=\arctan\left(\frac{F}{W}\right) \tag{7.1.7}$$

【说明】　从以上的结果中，可以看出：当外力 $\boldsymbol{F}$ 比较小时，物体保持静止，并且全约束反力 $\boldsymbol{F}'_R$ 的水平方向分力 $\boldsymbol{F}_x$ 的大小随着外力 $\boldsymbol{F}$ 大小的增加而同数量地增加，d 也随着外力 $\boldsymbol{F}$ 大小的增加而增大，同时角度 φ 与也随着外力 $\boldsymbol{F}$ 大小的增加而增大。

像图 7.1.5所示的 $\boldsymbol{F}_x$ 这样，物体保持静止时，全约束反力在约束面切线方向上的分力称为**静滑动摩擦力**，常记为 $\boldsymbol{F}_s$。

由于摩擦力 $\boldsymbol{F}_s$ 随着外力 $\boldsymbol{F}$ 的增加而增加，但摩擦力 $\boldsymbol{F}_x$ 的大小不能一直随着外力 $\boldsymbol{F}$ 的增加而增加，而是只在一定的范围内随着外力 $\boldsymbol{F}$ 的增加而增加，所以当达到最大值(即**最大静滑动摩擦力**) $F_{s,max}$ 时，物体处于将动还未动的滑动临界状态。其中：最大静滑动摩擦力 $F_{s,max}$ 大小与法向约束反力 $\boldsymbol{F}_N$ 之间的关系有

$$F_{s,max}=f_s\cdot F_N \tag{7.1.8}$$

该规律就是我们以前所熟知的**静滑动摩擦定律**，也称**静摩擦定律**或**库仑摩擦定律**。其中 f_s 称为静摩擦因数，是无量纲的比例常数。需要注意的是，静滑动摩擦定律给出的是最大静滑动摩擦力与法向约束反力大小之间的关系，两者的方向是垂直的。

静摩擦因数 f_s 的大小需由实验测定。它与接触物体的材料和表面情况(如粗糙度、温度、湿度等)有关，而与接触面积的大小无关。静摩擦因数的数值可在工程手册中查到。

综上所述可知，静摩擦力的大小随主动力的情况而变化，但介于零与最大静滑动摩擦力 $F_{s,max}$ 之间，即

$$0\leqslant F_s\leqslant F_{s,max} \tag{7.1.9}$$

如果外力 $\boldsymbol{F}$ 大于滑动临界状态下的外力时，则由于平面提供不了使物体静止所需要的摩擦力，则物体便运动，运动时的摩擦力即为动滑动摩擦力 $\boldsymbol{F}_d$。此时，在相对速度较低时，一般有

$$F_d = f_d \cdot F_N \tag{7.1.10}$$

该规律就是所谓的**库仑动滑动摩擦定律**，也称**动摩擦定律**。其中 f_d 称为**动滑动摩擦因数**，简称**动摩擦因数**。其值主要取决于物体接触表面的材料性质与物理状态（光滑程度、温度、湿度等），与接触面积的大小无关。实验指出，动摩擦因数还与物体相对滑动的速度有关，这种关系往往是比较复杂的。但是，在一定范围内，它随速度增大而略有减小，如图 7.1.6 所示。

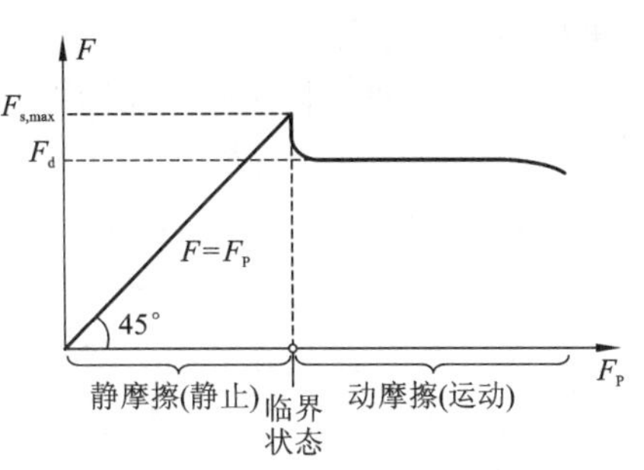

图 7.1.6

在计算中通常不考虑速度变化对 f_d 的微小影响，而将 f_d 看作常量。一般认为，动摩擦因数略小于静摩擦因数，工程中有时近似认为 $f_d \approx f_s$。以库仑摩擦定律为基础的古典摩擦理论，远远没有反映摩擦现象的复杂性。但是，这些理论形式简单，一般能够满足工程中要求，因此，至今仍然获得了普遍的应用。

前面的分析需要一个前提，就是要保证满足：$d < \dfrac{b}{2}$。如果随着外力 $\boldsymbol{F}$ 的增加，在外力 $\boldsymbol{F}$ 还没有达到滑动临界状态下的外力时，d 已经达到$\dfrac{b}{2}$ 了，即全约束反力的作用点达到物体 A 的边界点了，则这时物体不会滑动，但会绕物体 A 的边界点转动，从而也将失去平衡状态，这是另外一种临界状态，称为**翻倒临界状态**。

从式(7.1.6) 还可以看出，即使不增加外力 $\boldsymbol{F}$ 的大小，只要增加 h_f，d 的数值也可以增加，也有可能达到$\dfrac{b}{2}$，进而可以使物体运动(翻倒)。

当然还有一种特殊情况，就是外力 $\boldsymbol{F}$ 使物体 A 达到滑动临界状态的同时，物体 A 也处于翻倒临界状态，则再增大外力 $\boldsymbol{F}$ 时物体 A 将在滑动的同时，还要绕边界点(面) 转动。

通过上面的分析，我们引入了物体失去平衡状态的两种模式，即滑动和翻倒，分别与滑动临界状态和翻倒临界状态相对应，也与第 1 篇运动学中物体平面运动的平动和转动相对应。同时还需要说明，对于几何尺寸和受力一定的物体，其失去平衡状态的两种模式一般有先后顺序，可能是先滑动，也可能是先翻倒。物体的几何尺寸和受力方式的改变均可能改变两种模式的先后顺序。这在质点模型中是没有的。

当然上述分析的前提是物体与约束面接触的是平面，如果是如圆柱体或球一类的曲面，则物体的翻倒临界状态就被滚动临界状态所代替了。

由式(7.1.7) 可以看到，和 d 一样，角度 φ 也随着外力 $\boldsymbol{F}$ 的大小增加而增大。自然地，随着外力 $\boldsymbol{F}$ 增大，物体达到滑动临界状态时，全约束反力 $\boldsymbol{F}'_R$ 与公切面的法线夹角 φ 也将达到最大值 φ_m，该角度称为物体与接触面之间的**摩擦角**。利用式(7.1.8) 有：

$$\varphi_m = \arctan\left(\frac{F_{s,\max}}{F_N}\right) = \arctan f_s \tag{7.1.11}$$

即摩擦角的大小只与物体之间的静滑动摩擦因数有关。因为即使物体运动，动滑动摩擦力也不会超过最大静滑动摩擦力 $\boldsymbol{F}_{s,\max}$ 的大小，故全约束反力与法向约束反力的夹角的最大值就是摩擦角 φ_m。

显然，物体 A 保持静止并处于先滑动临界状态时，全约束反力与法向约束反力的夹角 φ 的最大值就是 φ_m。但当物体 A 保持静止并处于翻倒临界状态时，全约束反力与法向约束反力的夹角

就小于或等于 φ_m。而当物体 A 保持静止但处于非临界状态时，则全约束反力与法向约束反力的夹角将小于摩擦角。

假设：(1) 两个物体的接触面在沿任意方向的静摩擦因数均相同；(2) 主动力 $\boldsymbol{F}$ 在水平面内的方向变化不会改变两个临界状态的先后顺序，则当物体 A 处于先滑动临界状态时，改变主动力 $\boldsymbol{F}$ 在水平面内的方向，则全约束反力的作用线将绕公法线画出一个顶角为 $2\varphi_m$ 的正锥面，该锥面称为**摩擦锥**。由图 7.1.7 可以看出，对于刚体而言摩擦锥的顶点位置与外力的作用位置有关。

物体 A 保持静止并处于先滑动临界状态时，如图 7.1.8 所示物体上所有主动外力的合力 $\boldsymbol{F}'$ 将与全约束反力形成一对平衡力系，所以此时外力的合力与公法线的夹角也等于摩擦角 φ_m。当物体 A 保持静止并且临界状态为先滑动时，只要保证所有主动外力的合力与公法线的夹角小于或等于摩擦角 φ_m，则无论外力多大，全约束反力总可以与其形成平衡，而不会滑动。这种现象称为**自锁现象**。如果主动力合力 $\boldsymbol{F}'$ 的作用线位于摩擦锥以外，则无论力 $\boldsymbol{F}'$ 多小，物体都不能保持平衡。

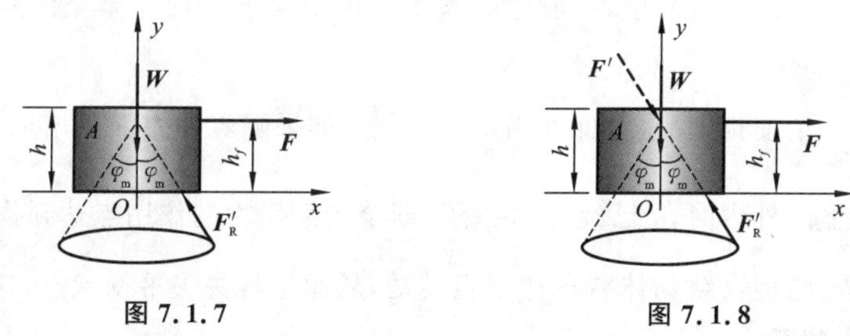

图 7.1.7　　图 7.1.8

对于一些简单的摩擦问题，有时利用摩擦角的概念求解起来可能会更直接、更形象。

7.2 考虑摩擦时物体系统的平衡

在上一节介绍了摩擦力和摩擦角的概念，知道了摩擦力有静滑动摩擦力、最大静滑动摩擦力以及动滑动摩擦力之分。但应该注意其求解方法可能不同，静滑动摩擦力由于可能没有达到滑动临界状态，故只能利用静力学平衡方程求解，此时摩擦力作为一般约束反力可以假定其指向，如果所得结果为负，则真实指向与假定指向相反；最大静滑动摩擦力由于处于滑动临界状态，可以利用静滑动摩擦定律求解，同时又因为处于平衡态，故也能利用静力学平衡方程求解，但此时最大静滑动摩擦力的指向必须与运动趋势的指向相反，不能任意假定；而对于动滑动摩擦力，由于已经运动，故只能用动滑动摩擦定律求解，动滑动摩擦力的指向自然与相对运动方向相反。

工程中常见的滑动摩擦平衡问题有两类。

1. 第一类问题

在这类问题中，已知物体的受力和摩擦因数，要求判断物体的状态是静止或是运动。

对于第一类问题，可按以下步骤进行讨论。

(1) 假设物体处于静止状态，画出物体的受力分析图，其中摩擦力 $\boldsymbol{F}_s$ 可以任意假设一个指向。

(2) 列平衡方程求出未知力：摩擦力 $\boldsymbol{F}_s$ 和法向约束反力。

(3) 判断摩擦力是否满足摩擦定律：$|F_s| \leqslant f_s F_N$。如果均满足，则物体处于平衡状态，否则，物体处于非平衡状态。

上述步骤中，为求解方便，先假定物体处于静止状态。若假定物体处于运动状态，则运动要服从的规律是动力学的规律，需要运用动力学的定理进行讨论(相对会麻烦)。

2. 第二类问题

在这类问题中，已知物体的状态是临界状态，要求确定物体的受力或摩擦因数。

对于第二类问题，可按以下步骤进行讨论。

(1) 根据题意，画出物体的受力分析图，其中摩擦力 $\boldsymbol{F}_s$ 必须与相对运动方向相反；

(2) 列平衡方程；

(3) 根据摩擦定律列补充方程；

(4) 联立方程，并求解未知量。

由上述步骤可见，考虑滑动摩擦力时，求解物体平衡问题的步骤与前几章所述的平衡问题大致相同，但有如下特点：

(1) 分析物体受力时，必须考虑接触面间切向的摩擦力，通常增加了未知力的数目；

(2) 为确定这些新增加的未知量，常需列出补充方程，即 $F \leqslant f_s F_N$，且补充方程的数目与摩擦力的数目应该相同；

(3) 由于列出的补充方程可以采用等式 $F_{s,max} = f_s F_N$ 的形式，但所求得的平衡条件往往不是一个定值，而是一个范围，这时需要再根据问题的实际得出一个合理范围。

当主动力的合力较易确定时，有时利用摩擦角的概念，采用几何法求解比较方便直观。

【注意】 (1) 如果不能判断物体没有达到滑动的临界状态，滑动摩擦力就只能利用平衡方程计算。(2) 如果已知物体处在滑动的临界状态，则滑动摩擦力既可以用平衡方程计算，又可以利用静滑动摩擦定律计算，因为这时物体也处在平衡状态。(3) 当物体已经处于滑动的状态，则滑动摩擦力只能利用动滑动摩擦定律计算，不能利用平衡方程计算。

【例 7.2.1】 物体重为 $\boldsymbol{W}$，放在倾角为 θ 的斜面上，它与斜面间的摩擦因数为 f_s，如图 7.2.1(a) 所示。当物体处于平衡时，试求水平力 $\boldsymbol{F}_1$ 的大小。

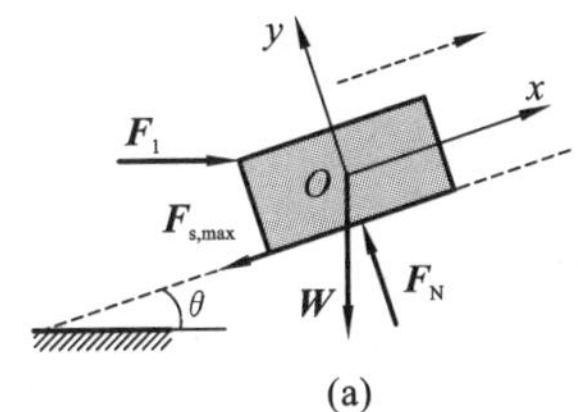

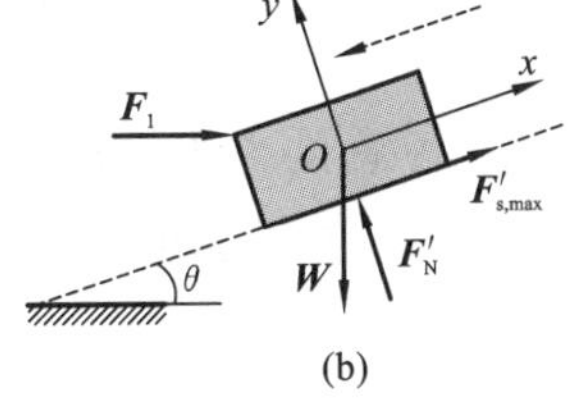

图 7.2.1

【解】 由于本题没有给出物体的几何尺寸，可以视为质点模型。显然，力 $\boldsymbol{F}_1$ 太大，物体将上滑；力 $\boldsymbol{F}_1$ 太小，物体将有下滑趋势，因此力 $\boldsymbol{F}_1$ 的数值必在一范围内，即应在最大值与最小值之间，物体才能在斜面上维持平衡。

先求力 $\boldsymbol{F}_1$ 的最大值。当力 $\boldsymbol{F}_1$ 达到此值时，物体处于将要向上滑动的临界状态。在此情形下，摩擦力 $\boldsymbol{F}_s$ 沿斜面向下，并达到最大值 $\boldsymbol{F}_{s,max}$。物体共受 4 个力作用，如图 7.2.1(a) 所示。列平衡方程

$$\sum F_{ix} = 0, \quad F_1 \cos\theta - W \sin\theta - F_{s,max} = 0$$

$$\sum F_{iy} = 0, \quad F_N - F_1 \sin\theta - W \cos\theta = 0$$

此外，补充方程

$$F_{s,max} = f_s F_N$$

将以上三式联立，可解得水平推力的最大值为

$$F_{1,\max} = W\frac{\sin\theta + f_s\cos\theta}{\cos\theta - f_s\sin\theta}$$

再求 $\boldsymbol{F}_1$ 的最小值。当力 $\boldsymbol{F}_1$ 达到此值时，物体处于将要向下滑动的临界状态。在此情形下，摩擦力 $\boldsymbol{F}_s$ 沿斜面向上，并达到另一极值，用$\boldsymbol{F}'_{s,\max}$表示此力，物体的受力如图 7.2.1(b) 所示。列平衡方程

$$\sum F_{ix} = 0,\quad F_1\cos\theta - W\sin\theta + F'_{s,\max} = 0$$

$$\sum F_{iy} = 0,\quad F'_N - F_1\sin\theta - W\cos\theta = 0$$

此外，考虑到补充方程

$$F'_{s,\max} = f_s F'_N$$

将以上三式联立，可解得水平推力的最小值为

$$F_{1,\min} = W\frac{\sin\theta - f_s\cos\theta}{\cos\theta + f_s\sin\theta}$$

综合上述水平推力的最大值、最小值可知，为使物体静止，力 $\boldsymbol{F}_1$ 的大小必须满足如下条件

$$W\frac{\sin\theta - f_s\cos\theta}{\cos\theta + f_s\sin\theta} \leqslant F_1 \leqslant W\frac{\sin\theta + f_s\cos\theta}{\cos\theta - f_s\sin\theta}$$

此题如不计摩擦($f_s = 0$)，平衡时应有 $F_1 = W\tan\theta$，其解答是唯一的。

本题也可以利用摩擦角的概念，使用全约束反力来进行求解。当物体有向上滑动趋势且达临界状态时，全约束反力 $\boldsymbol{F}_R$ 与法线夹角为摩擦角 φ_m，物体受力如图 7.2.2(a) 所示。用几何法来求解。先绘制力的三角形，如图 7.2.3(a) 所示。然后由力的三角形可得

$$F_{1,\max} = W\tan(\theta + \varphi_m)$$

同样，当物体有向下滑动趋势且达临界状态时，受力如图 7.2.2(b) 所示，绘制力的三角形，如图 7.2.3(b) 所示。由力的三角形可得

$$F_{1,\min} = W\tan(\theta - \varphi_m)$$

由此可知，使物体平衡的力 $\boldsymbol{F}_1$ 应满足

$$W\tan(\theta - \varphi_m) \leqslant F_1 \leqslant W\tan(\theta + \varphi_m)$$

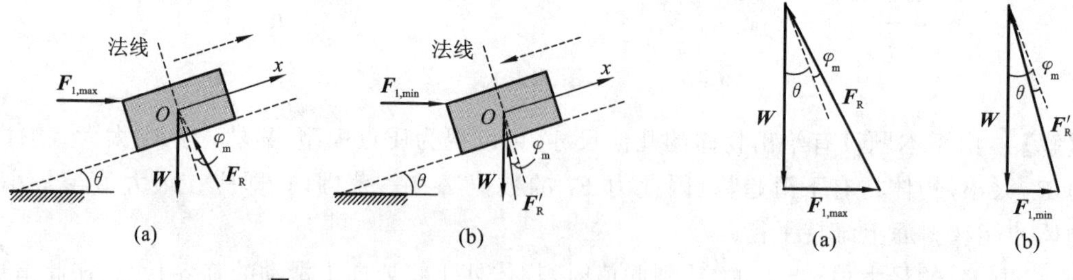

图 7.2.2

图 7.2.3

【评述】 (1) 显然，用摩擦角的概念求解与用解析法计算的结果是相同的，但过程简化很多。(2) 在例 7.2.1 中，若斜面的倾角小于摩擦角(即 $\theta < \varphi_m$) 时，水平推力 $\boldsymbol{F}_{1,\min}$ 为负值。这说明，此时物体不需要力 $\boldsymbol{F}_1$ 的支持就能静止于斜面上；而且无论重力 $\boldsymbol{W}$ 值多大，物块也不会下滑，这就是前面所谓的自锁现象。

【例 7.2.2】 如图 7.2.4(a) 所示，梯子 AB(视为均质杆) 一端靠在铅垂的墙壁上，另一端搁置在水平地面上。假设梯子与墙壁之间光滑，而与地面之间存在摩擦，静滑动摩擦因数为 f_s，梯子

重为 $\boldsymbol{W}$。

(1) 若梯子在倾角 θ 的位置保持平衡，试求 A、B 处的约束力；

(2) 若使梯子不致滑倒，试求其倾角 θ 的范围。

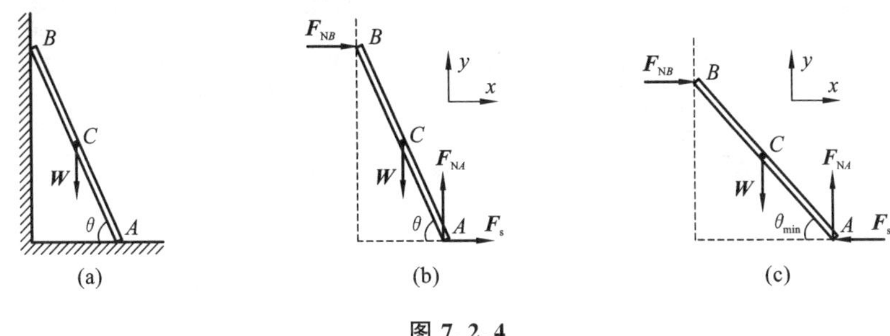

图 7.2.4

【解】 (1) 由题意知，该位置是平衡位置，但并不一定是临界平衡位置。受力图如图 7.2.4(b) 所示，其中摩擦力 $\boldsymbol{F}_s$ 作为一般约束力，其方向可以假设如图所示。列平衡方程

$$\sum M_A = 0,\quad W \cdot \frac{l}{2}\cos\theta - F_{NB} \cdot l\sin\theta = 0 \tag{a}$$

$$\sum F_{ix} = 0,\quad F_s + F_{NB} = 0 \tag{b}$$

$$\sum F_{iy} = 0,\quad F_{NB} - W = 0 \tag{c}$$

求解可得

$$F_{NB} = \frac{W\cos\theta}{2\sin\theta},\quad F_{NA} = W,\quad F_s = -\frac{W\cos\theta}{2\sin\theta}$$

其中，$F_s < 0$ 表示摩擦力的实际方向与图 7.2.4(b) 所示方向相反。

(2) 这属于平衡的临界状态。由于梯子受重力作用，重心 C 有向下运动的趋势，所以杆件 AB 有逆时针转动的趋势，从而 A 点有向右运动的趋势。

先求角度 θ 的最小值，此时梯子的受力如图 7.2.4(c) 所示，其中摩擦力的指向必须与 A 点有向右运动的趋势指向相反，即指向左。同样可以列出上述平衡方程(a)、(b)、(c)(只是方程中的角度 θ 取为 $\theta_{\min}$，并注意摩擦力 $\boldsymbol{F}_s$ 的指向) 和物理条件

$$F_s = f_s F_{NA} \tag{d}$$

可以确定保持平衡时梯子的临界倾角 $\theta_{\min}$ 为：$\theta_{\min} = \operatorname{arccot}(2f_s)$。

由常识可知，倾角 θ 越大，梯子越容易保持平衡，但也不能超过 90°，所以平衡时梯子的倾角 θ 的范围为：$\operatorname{arccot}(2f_s) \leqslant \theta < \frac{\pi}{2}$。

【说明】 梯子保持平衡的倾角 θ 的范围与梯子重量无关，这也是自锁现象。

【思考】 (1) 能否如例 7.2.1 那样利用摩擦角的概念求解？请讨论之。(2) 如果杆件 AB 与铅垂墙壁之间也存在摩擦，并已知其摩擦因数，能否求解倾角 θ 的范围？若能，如何求解？

【例 7.2.3】 均质物体 A 的宽度 $b = 1$ m，高 $h = 2$ m，重 $W = 200$ kN，放在倾角 $\theta = 20°$ 的斜面上，如图 7.2.5(a) 所示。物体与斜面的静滑动摩擦因数 $f = 0.2$。在物体的点 C 处作用一拉力 $\boldsymbol{F}$，方向如图所示。求系统保持平衡时，力 $\boldsymbol{F}$ 的取值范围。已知 $a = 1.8$ m。

【解】 假设物体处于非临界的平衡状态，如图 7.2.5(b) 所示。由于考虑到物体的几何尺寸，由上节分析假设斜面的约束反力最后简化后作用点在 D 点，并建立图示坐标系 Oxy，则由静力学的平衡方程

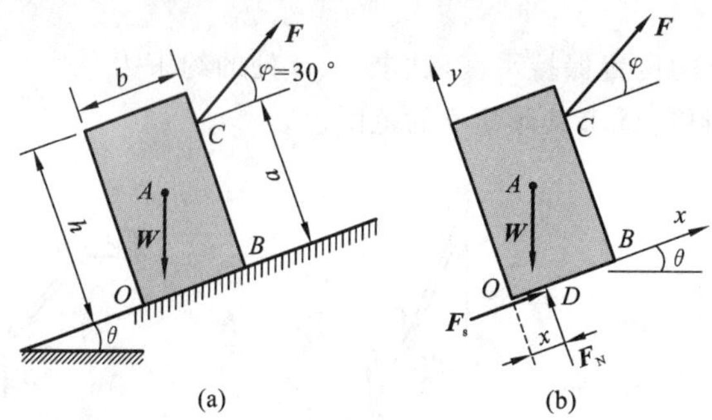

图 7.2.5

$$\sum F_{ix}=0,\quad F\cos\varphi-W\sin\theta+F_s=0 \tag{a}$$

$$\sum F_{iy}=0,\quad F\sin\varphi-W\cos\theta+F_N=0 \tag{b}$$

$$\sum M_O=0,\quad F\sin\varphi\cdot b-F\cos\varphi\cdot a-W\cos\theta\cdot\frac{b}{2}+W\sin\theta\cdot\frac{h}{2}+F_N\cdot x=0 \tag{c}$$

(1) 当物体处于向下滑动的临界状态时，摩擦力方向如图 7.2.5(b) 所示。由于

$$F_s=F_{s,\max}=fF_N \tag{d}$$

求解方程(a)、(b)、(d) 可得

$$F=F_1=\frac{\sin\theta-f\cos\theta}{\cos\varphi-f\sin\varphi}W=\frac{\sin20^\circ-0.2\cdot\cos20^\circ}{\cos30^\circ-0.2\cdot\sin30^\circ}\times200\ \text{kN}=40.2\ \text{kN}$$

(2) 当物体处于向上滑动的临界状态时，摩擦力方向与图 7.2.5(b) 所示的摩擦力方向相反。此时可如上例一样，重新列出平衡方程，也可将式(d) 中得 f 取负值，并与式(a)、(b) 一起计算。结果为

$$F=F_2=\frac{\sin\theta+f\cos\theta}{\cos\varphi+f\sin\varphi}W=\frac{\sin20^\circ+0.2\cdot\cos20^\circ}{\cos30^\circ+0.2\cdot\sin30^\circ}\times200\ \text{kN}=109.7\ \text{kN}$$

(3) 当物体处于绕 A 点翻倒的临界状态时，此时有

$$x=0 \tag{e}$$

求解方程(a)、(b)、(c)、(e) 可得

$$F=F_3=\frac{b\cos\theta-h\sin\theta}{b\sin\varphi-a\cos\varphi}\times\frac{W}{2}=\frac{1\ \text{m}\cdot\cos20^\circ-2\ \text{m}\cdot\sin20^\circ}{1\ \text{m}\cdot\sin30^\circ-1.8\ \text{m}\cdot\cos30^\circ}\times\frac{200\ \text{kN}}{2}=-24.1\ \text{kN}$$

这一结果与 $\boldsymbol{F}$ 是拉力的实际情况不符。因此，物体 A 不可能绕点 O 翻倒。

(4) 当物体处于绕 B 点翻倒的临界状态时，此时有：

$$x=b \tag{f}$$

求解方程(a)、(b)、(c)、(f) 可得

$$F=F_4=\frac{b\cos\theta+h\sin\theta}{a\cos\varphi}\times\frac{W}{2}=\frac{1\ \text{m}\cdot\cos20^\circ+2\ \text{m}\cdot\sin20^\circ}{1.8\ \text{m}\cdot\cos30^\circ}\times\frac{200\ \text{kN}}{2}=104.2\ \text{kN}$$

综合以上 F_1、F_2、F_3、F_4 四个结果，可得系统保持平衡时，拉力 $\boldsymbol{F}$ 的取值范围为

$$40.2\ \text{kN}=F_1\leqslant F\leqslant F_4=104.2\ \text{kN}$$

【例 7.2.4】 等厚均质矩形体 A 和 B，如图 7.2.6(a) 所示。A 重 20 kN，A 与铅垂墙间是光滑的，A 与 B 和 B 与水平固定面间的摩擦系数均为 f_s。试求系统平衡时 f_s 至少应为多大？B 的重量 W_2 至少应为多少？图中几何尺寸单位：mm。

【分析】 由物体 A、B 的几何位置可知，物体 A 的可能运动形式为具有逆时针转动的平面运

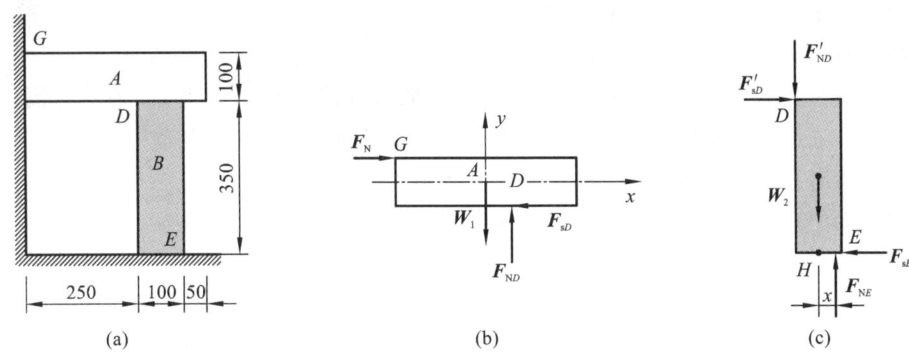

(a) (b) (c)

图 7.2.6

动，从而在临界状态下物体 A 与物体 B 的接触点为 D，与铅垂墙壁的接触点为 G。由于 G 处光滑，故只有 D 处存在摩擦。再分析物体 B，由于物体 A 的作用，在 B 处存在反作用力（此力为物体 B 运动的主动力），加之考虑物体 B 的几何尺寸及与地面的接触面，故除了 D 处的摩擦力之外，还要考虑物体 B 与地面的滑动摩擦力及可能的翻倒。

【解】 本题是考虑摩擦的两个物体组成的物体系统平衡问题。首先讨论物体 A 的受力，如图 7.2.6(b) 所示。当系统处于开始滑动的临界状态时，物体 A 与 B 之间在 D 点处接触，而与墙壁的接触点为 G 点。由平衡方程及摩擦定律得

$$\sum F_{iy} = 0, \quad F_{ND} - W_1 = 0, \quad F_{ND} = 20\ \text{kN} \tag{a}$$

$$\sum M_G = 0, \quad F_{sD} \cdot 100\ \text{mm} - F_{ND} \cdot 250\ \text{mm} + W_1 \cdot 200\ \text{mm} = 0 \tag{b}$$

$$F_{sD} = F_{sD,\ \max} = f_s \cdot F_{ND} \tag{c}$$

联立方程(a) ～ (c) 求解，并代入数据可得：$f_s = 0.5$。

取物体 B 为研究对象，物体 B 既有顺时针倾倒的趋势也有向右滑动的趋势。受力分析如图 7.2.6(c) 所示。由平衡方程可得：

$$\sum F_{ix} = 0, \quad F_{sE} - F'_{sD} = 0 \tag{d}$$

$$\sum F_{iy} = 0, \quad F_{NE} - F'_{ND} - W_2 = 0 \tag{e}$$

$$\sum M_H = 0, \quad F'_{ND} \cdot 50\ \text{mm} + F'_{NE} \cdot x - F'_{sD} \cdot 350\ \text{mm} = 0 \tag{f}$$

不妨考虑物体 B 处于开始翻倒的临界状态，此时有

$$x = 50\ \text{mm} \tag{g}$$

注意到：$F'_{sD} = F_{sD}$，$F'_{ND} = F_{ND}$，由方程(d) ～ (g)，可解得：

$$W_2 = 30\ \text{kN}, \quad F_{NE} = 50\ \text{kN}, \quad F_{sE} = 10\ \text{kN}$$

即：$W_2 = 30$ kN 是 B 物体不倾倒的重量最小值。又，B 与水平面之间的摩擦系数仍为 $f = 0.5$，故接触点 E 处的最大静摩擦力为 $F_{sE,\max} = f_s \cdot F_E = 25$ kN，因此 $F_E < F_{sE,\max}$。即当 $W_2 = 30$ kN 时，物体 B 不会滑动。

故：为保持系统在图示位置平衡，摩擦系数 f_s 至少应为 0.5，物体 B 至少应重 30 kN。

【说明】 在例 7.2.1 ～ 7.2.3 中，考虑的都是单个物体的摩擦问题，例 7.2.4 为两个物体组成的物体系统的摩擦问题。如果研究对象是多个物体组成的物体系统，并存在多处摩擦，则物体系统失去平衡的模式可能有多种，这时需要仔细分析比较才能最终确定物体系统真实的状态。

对于两个或多个物体组成的物体系统的摩擦问题，求解的方法一般有两种。

方法一(适用于摩擦点或摩擦面较少的情况):

(1) 确定所有打破物体系统平衡的模式;

(2) 对每一种模式,如果是相对滑动,令摩擦力取最大静滑动摩擦力,如果是翻倒,令法向约束反力的位置取极限位置。然后根据每一个物体的受力平衡,确定问题的解;

(3) 考察所有模式下问题的解,并确定正确答案。

方法二(适用于摩擦点或摩擦面较多的情况):

(1) 确定所有打破物体系统平衡的模式;

(2) 选取一种打破物体系统平衡的模式,令摩擦力取最大静滑动摩擦力,如果是翻倒,令法向约束反力的位置取极限位置。然后与平衡方程联立求解,确定其他摩擦点或摩擦面处的摩擦力及法向约束反力;

(3) 如果(2)中所求的摩擦力都能够满足摩擦定律,则选取的模式就是实际打破物体系统平衡的模式,从而求得的解也就是实际问题的解。如果有不能满足摩擦定律的摩擦点或摩擦面存在,则说明选取的模式不是实际打破物体系统平衡的模式,可以选择包含上述求解中得到的摩擦力与最大静滑动摩擦力差别最大处的模式进行分析。直至寻找到每一处都满足摩擦定律的模式,并确定正确答案。

显然,方法二相对于方法一有计算量少的优点。对于复杂问题的求解,可以参考文献[23]中所提供的一般程式化解法。

【例 7.2.5】 如图 7.2.7 所示物体系统,已知 BC 杆的质量为 6 kg,物体 A 的质量为 3 kg。若在 A、B、C 三处的静摩擦因数分别为 $f_A = 0.4$,$f_B = 0.6$,$f_C = 0.3$,试确定维持系统在图示位置平衡时力偶矩 M 的最大值。图中长度尺寸单位为 mm。

【分析】 本题要求力偶矩 M 的最大值 $M_{\max}$,即只要 $M > M_{\max}$,物体系统的平衡就被打破。该题为多点(处)摩擦问题,在图示临界状态中,B 点处、C 点处及物体 A 与地面接触处有滑动摩擦力,同时物体 A 还存在翻倒。由于有 2 个刚体平衡,可以列出 6 个独立的平衡方程,而未知量的个数有 8 个,所以在物体系统的临界状态下,至少有 $C_4^2 = 6$ 种可能的模式。如此多的可能模式很难确定实际应该是哪一种模式才是真实发生的,为此选择上述方法二中的方法讨论。

【解】 先分别对 BC 杆和物体 A 进行受力分析,其中 P、Q 分别为 BC 杆和物体 A 的重力,如图 7.2.7(b)、(c) 所示。图 7.2.7(b) 中摩擦力的指向由 M 确定。图 7.2.7(c) 中由于考虑到物体 A 与地面接触处的几何尺寸,法向约束力偏离中心点 E 的距离设为 x。分别列出平衡方程如下。

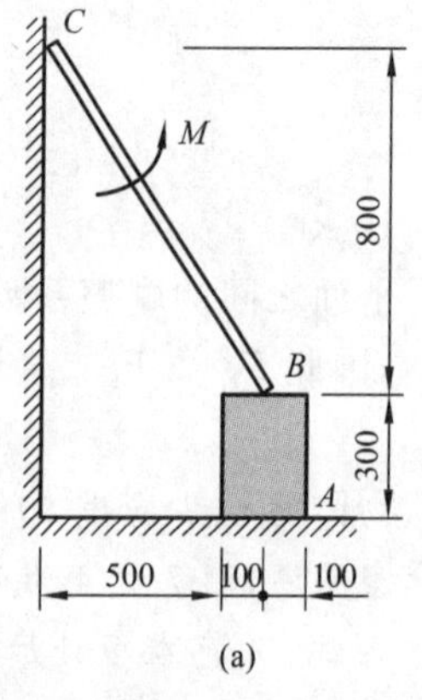

(a)

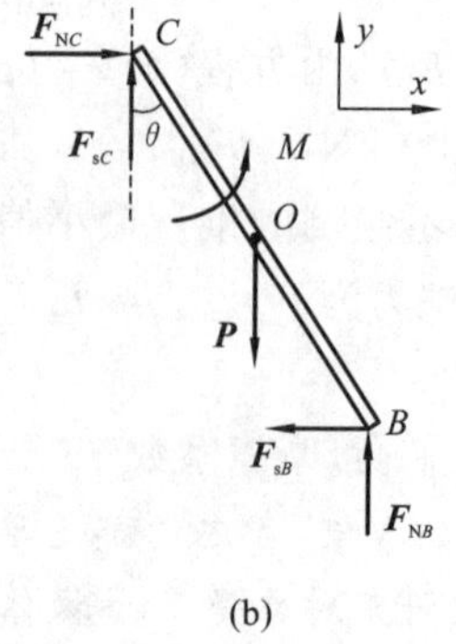

(b)

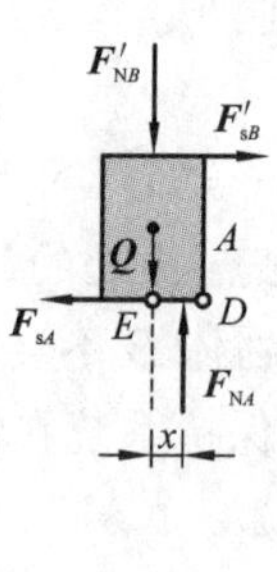

(c)

图 7.2.7

BC 杆：

$$\sum F_{ix} = 0,\quad F_{NC} - F_{sB} = 0 \tag{a}$$

$$\sum F_{iy} = 0,\quad F_{sC} + F_{NB} - P = 0 \tag{b}$$

$$\sum M_C(\boldsymbol{F}_i) = 0,\quad P \cdot \overline{OC} \cdot \sin\theta + F_{sB} \cdot \overline{BC} \cdot \cos\theta - F_{NB} \cdot \overline{BC} \cdot \sin\theta - M = 0 \tag{c}$$

物体 A：

$$\sum F_{ix} = 0,\quad F'_{sB} - F_{sA} = 0 \tag{d}$$

$$\sum F_{iy} = 0,\quad F_{NA} - F'_{NB} - Q = 0 \tag{e}$$

$$\sum M_E(\boldsymbol{F}_i) = 0,\quad F_{NA} \cdot x - F'_{sB} \cdot h_A = 0 \tag{f}$$

上述方程(a) ～ (f) 组成的方程组中，考虑到作用力与反作用力的关系后，未知量有 8 个，而独立的平衡方程只有 6 个，故需要寻找补充方程。

假设物体系统的临界状态模式是 B 处处于滑动临界状态，同时 A 物体处于翻倒趋势，则 A 与地面接触处和 C 处不处于滑动临界状态，此时有

$$x = 100(\text{mm}) \tag{g}$$

$$F_{sB} = 0.6F_{NB} \tag{h}$$

考虑到作用力与反作用力的关系，$\sin\theta = \dfrac{3}{5}$，$\cos\theta = \dfrac{4}{5}$。联立方程(a) ～ (h) 求解，可得

$$F_{sB} = F'_{sB} = F_{sA} = F_{NC} = \frac{3}{4}Q = \frac{3}{4} \times 3\ \text{kg} \times 9.8\ \text{m/s}^2 = 22.05\ \text{N}$$

$$F_{sC} = P - \frac{5}{4}Q = \left(6\ \text{kg} - \frac{5}{4} \times 3\ \text{kg}\right) \times 9.8\ \text{m/s}^2 = 22.05\ \text{N}$$

$$F_{NB} = \frac{5}{4}Q = \frac{5}{4} \times 3\ \text{kg} \times 9.8\ \text{m/s}^2 = 36.75\ \text{N}$$

$$F_{NA} = \frac{9}{4}Q = \frac{9}{4} \times 3\ \text{kg} \times 9.8\ \text{m/s}^2 = 66.15\ \text{N},\ M = 13.23\ \text{N} \cdot \text{m}$$

由此可得：

$$F_{sC} = 22.05\ \text{N} > f_C F_{NC} = 0.3 \times 22.05\ \text{N} = 6.615\ \text{N}$$

$$F_{sA} = 22.05\ \text{N} < f_A F_{NA} = 0.4 \times 66.15\ \text{N} = 26.46\ \text{N}$$

故 A 处满足摩擦定律而 C 处不满足摩擦定律，也就是说：假定的临界状态模式并非物体系统真实的临界状态模式。不妨将 C 处代替 B 处处于滑动的临界状态，形成新的物体系统的临界状态模式，即：C 处处于滑动临界状态，同时 A 物体处于翻倒趋势，而 A、B 两处不处于滑动临界状态。则不仅需要满足式(g)，还应满足

$$F_{sC} = 0.3F_{NC} \tag{i}$$

考虑到作用力与反作用力的关系，$\sin\theta = \dfrac{3}{5}$，$\cos\theta = \dfrac{4}{5}$。联立方程(a) ～ (g) 和(i) 求解，可得

$$F_{sB} = F'_{sB} = F_{sA} = F_{NC} = \frac{10}{33}(P + Q) = \frac{10}{33}(6\ \text{kg} + 3\ \text{kg}) \times 9.8\ \text{m/s}^2 = 26.73\ \text{N}$$

$$F_{sC} = \frac{1}{11}(P + Q) = \frac{1}{11}(6\ \text{kg} + 3\ \text{kg}) \times 9.8\ \text{m/s}^2 = 8.02\ \text{N}$$

$$F_{NB} = \frac{10}{11}P - \frac{1}{11}Q = \left(\frac{10}{11} \times 6\ \text{kg} - \frac{1}{11} \times 3\ \text{kg}\right) \times 9.8\ \text{m/s}^2 = 50.78\ \text{N}$$

$$F_{NA}=\frac{10}{11}(P+Q)=\frac{10}{11}\times(6\ \text{kg}+3\ \text{kg})\times9.8\ \text{m/s}^2=80.18\ \text{N},M=13.23\ \text{N}\cdot\text{m}$$

由此可得

$$F_{sB}=26.73\ \text{N}<f_BF_{NB}=0.6\times50.78\ \text{N}=30.47\ \text{N}$$

$$F_{sA}=26.73\ \text{N}<f_AF_{NA}=0.4\times80.18\ \text{N}=32.07\ \text{N}$$

故，A 与地面接触处和 B 处均满足摩擦定律，故所选的模式就是物体系统的临界状态模式，此时的力偶矩 M 的大小就是维持物体系统平衡的最大力偶矩，即力偶矩 M 的最大值 $M_{max}=6.77\ \text{N}\cdot\text{m}$。

【评注】 由该题可以看出，对于有多点(面)接触处的摩擦问题，开始时选择比较合理的打破物体系统平衡的模式很重要。选择得好，可以很快计算出结果；否则可能会计算较长时间，增大计算工作量。

【例 7.2.6】 梯子 AB 重 $W_1=100\ \text{N}$，长 $l=4\ \text{m}$，重心在 AB 中点 C，下端搁在桌子中点，上端靠在墙上。桌子重 $W_2=200\ \text{N}$，尺寸如图7.2.8 所示。A，B 两处静摩擦因数均为 $f_{s1}=0.45$，桌腿与地面间静摩擦因数 $f_{s2}=0.35$。试求重 $W_3=600\ \text{N}$ 的人在梯子能站稳的最高点 D 到 B 端的距离 d。

图 7.2.8

7.3 滚动摩阻

使物体滚动比使之滑动省力，这一现象早就为人们所认识。而我们在运动学中讨论的滚动，仅仅是从运动学考察的，并没有触及物体的受力，为此，我们考察图7.3.1所示置于水平面上的轮子的受力。设轮子重为 $\boldsymbol{W}$，半径为 r，在其中心 O 上作用有一从零缓慢增大的水平拉力 $\boldsymbol{F}_P$。下面就此问题进行分析。

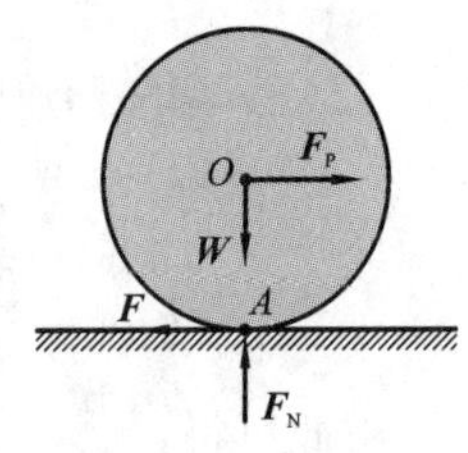

图 7.3.1

由于轮与支承面之间是非光滑的，所以在水平拉力 $\boldsymbol{F}_P$ 的作用下，在接触点 A 处，轮子不但受有法向约束力 $\boldsymbol{F}_N$，还受有切向的滑动摩擦力 $\boldsymbol{F}$。显然，图 7.3.1 所示的力系不是平衡力系，不管轮重有多大，只要施加微小的拉力 $\boldsymbol{F}_P$，轮都会在力偶($\boldsymbol{F}_P$，$\boldsymbol{F}$) 的作用下发生转动(滚动)。而事实上，当拉力 $\boldsymbol{F}_P$ 未达到一定的数值时，轮子是静止不动的。为什么会出现这样的矛盾呢?究其原因，是由于没有考虑轮子与支承面在接触处的变形。

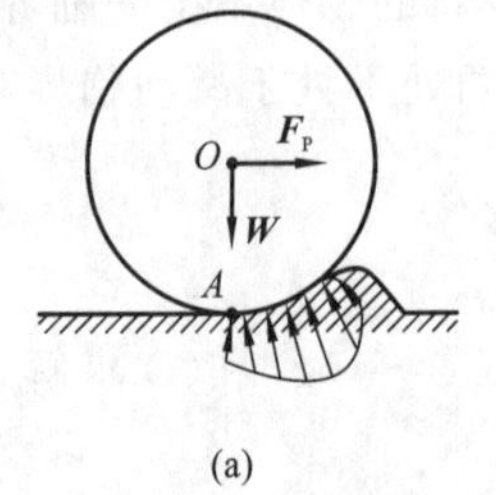

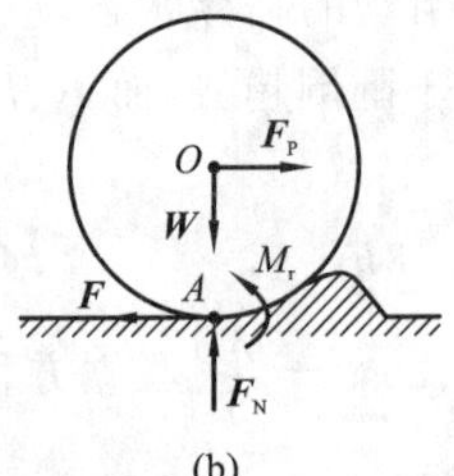

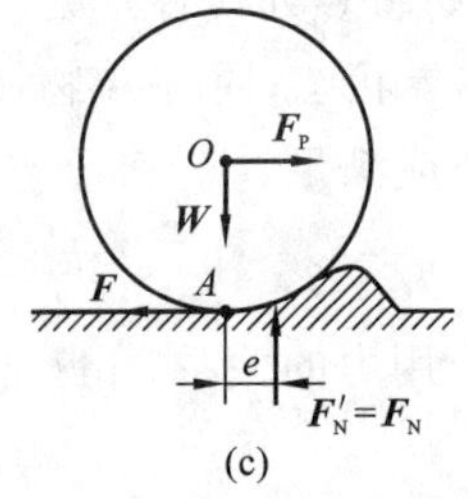

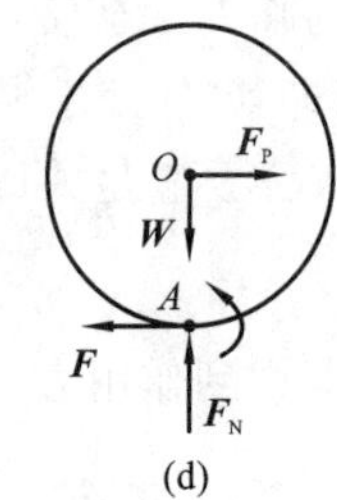

图 7.3.2

作为一种简化，仍将轮子视为刚体，而将支承面视为具有接触变形的非刚性约束。这样，轮子与支承面的接触处就不是一个点，而是一块小面积。在接触面上，轮子受到了分布的约束力作用(见图 7.3.2(a))。按照本章第一节中讨论的方法，这些力向点 A 简化可得到一个力和一个力偶，这个力可分解为法向约束力 $\boldsymbol{F}_N$ 和摩擦力 $\boldsymbol{F}$；这个力偶的转向与滚动的趋势相反，称为滚动摩阻力偶，其力偶矩记为 M_r，称为滚动摩阻力偶矩（见图 7.3.2(b)）。

当水平拉力 $\boldsymbol{F}_P$ 不大时，滚动摩阻力偶与力偶($\boldsymbol{F}_P$，$\boldsymbol{F}$) 平衡，即

$$M_r = F_P \cdot r$$

以使轮子不发生滚动。

如果将法向约束力 $\boldsymbol{F}_N$ 和滚动摩阻力偶矩 M_r 进一步简化，可得一个力$\boldsymbol{F}'_N = \boldsymbol{F}_N$，此力的作用线自点 A 朝相对滚动前进的方向偏移了距离 e（见图 7.3.2(c)），因而有

$$M_r = F'_N e = F_N e = We = F_P r$$

由此可知，滚动摩阻力偶矩 M_r 和力 $\boldsymbol{F}_N$ 移动的距离 e 都随着水平拉力 $\boldsymbol{F}_P$ 的增加而增大，但距离 e 的增大是有限度的，一般有关系式 $e \leqslant \delta$。当水平拉力 $\boldsymbol{F}_P$，增加到某个值(即 $F_N\delta$) 时，滚动摩阻力偶矩达到最大值 $M_{r,max}$（见图 7.3.2(d)），轮子处于滚动与平衡的临界状态。故滚动摩阻力偶矩 M_r 满足

$$M_r \leqslant M_{r,max} = \boldsymbol{F}_N \delta \tag{7.3.1}$$

式(7.3.1) 称为**滚动摩阻定律**，简称**滚阻定律**。其中 δ 称为**滚阻系数**，量纲为长度，常用单位是 mm。在一定的条件下，δ 的值与材料的硬度、湿度等因素有关，而与轮子的半径无关，材料越硬，接触面的变形就越小，滚阻系数也越小，因此越容易滚动。火车车轮和路轨要用硬材料制造，骑自行车时要将轮胎充气，都是减少滚动阻碍的例子。滚动摩阻系数 δ 的值可由实验测定。参考值见表 7.3.1。

表 7.3.1　几种材料的滚动摩阻系数　　mm

钢轮或铸铁轮对钢轨	钢轮对木面	轮胎对路面	木材对木材	钢板间的滚子
0.5	1.5 ～ 2.5	2 ～ 10	0.5 ～ 0.8	0.2 ～ 0.7

若外力 $\boldsymbol{F}_P$ 继续增大，轮子将发生滚动，一般情况下，刚开始的滚动为纯滚动，此时滑动摩擦力 $\boldsymbol{F}$ 还没有达到最大，但会随着外力 $\boldsymbol{F}_P$ 的增大而增大。一旦外力 $\boldsymbol{F}_P$ 达到使得滑动摩擦力 $\boldsymbol{F}$ 取得极大值时，则轮子又处于一种临界状态。在这一临界状态下，轮子在滚动的同时又处于滑动的临界状态。当外力 $\boldsymbol{F}_P$ 继续增大时，则轮子便开始既滚动又滑动的运动。

从上面的分析可知，对于图 7.3.1 所示轮子在水平外力 $\boldsymbol{F}_P$ 的作用下，当其从小到大不断增加时，轮子的运动状态发生变化如下：

静止 → 滚动的临界状态 → 纯滚动 → 滚动的同时又处于滑动临界状态 → 既滚动又滑动

为方便起见，将能产生滚动的物体（圆轮、圆盘、圆球等）通称为**滚子**。下面以图 7.3.3 所示半径为 r 的滚子为例，来说明不同状态下滚子的运动条件和受力特征。

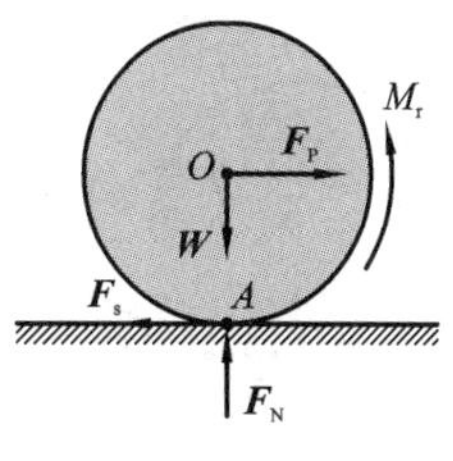

图 7.3.3

当滚子受到的水平力 F_P 较小，滚子处于非滚动、非滑动的临界状态时，滚子处于静止状态，其受力特征为

$$F_P = F_s < F_{s,max} = f_s F_N, \quad M_r = F_P \cdot r < M_{r,max}$$

当滚子处于非滑动的滚动临界状态时，滚子静止，其受力特征为

$$F_P = F_s < F_{s,max} = f_s F_N, \quad M_r = F_P \cdot r = F_N \cdot \delta = M_{r,max}$$

当滚子处于纯滚动（非滑动的滚动）状态时，滚子的运动学条件为

$$v_A = 0, \quad v_O = r\omega$$

其中，ω 为滚子转动的角速度；而受力特征为

$$F_s \leqslant F_{s,\max} = f_s F_N,\quad F_P \cdot r > M_r = M_{r,\max}$$

当滚子滚动的同时又处于滑动临界状态时，滚子的运动学条件和受力特征分别为

$$v_A = 0,\quad v_O = r\omega$$
$$F_s = F_{s,\max} = f_s F_N,\quad F_P \cdot r > M_r = M_{r,\max}$$

当滚子处于既滚动又滑动的状态时，滚子的运动学条件和受力特征分别为

$$v_A \neq 0,\quad v_O = v_A + r\omega$$
$$F_s = F_{s,\max} = f_d F_N,\quad F_P \cdot r > M_r = M_{r,\max}$$

由上述分析可知，在分析物体滚动时，一定要搞清楚物体所处的状态。物体所处的状态不同，其所受的力以及运动条件都不同。

设使该滚子滑动或滚动所需的水平力 $\boldsymbol{F}_P$ 的大小分别为 F_{P1}、F_{P2}，则发生滑动的条件是：$F_{P1} > F_{s,\max} = f_s F_N$。发生滚动的条件是：$F_{P2} r > M_{r,\max} = \delta F_N$。即：$F_{P2} > \dfrac{\delta}{r} F_N = \dfrac{\delta}{r} W$。

对于一般的路面来说，$f_s \gg \dfrac{\delta}{r}$，故 $F_{P2} \ll F_{P1}$。这表明，当水平拉力 $\boldsymbol{F}_P$ 逐渐增大时，必然先达到 F_{P2} 值。因此，滚子发生的运动首先是滚动而非滑动，即在一般正常情况下，使滚子滚动比使滚子滑动大为省力。

【说明】 (1) 以上分析表明，在滚动问题中必有滑动摩擦力的存在。事实上，滑动摩擦力正是物体滚动的原因。(2) 若滚子滚动时，其边缘各点与接触面上各点连续接触，这种现象称为纯滚动或无滑动的滚动。满足纯滚动的力学条件是 $F_s \leqslant f_s F_N$。(3) 一般的工程实际问题中，因滚动摩阻系数较小，为了简化方便常将滚动摩阻略去不计。

【例 7.3.1】 轮子重为 $\boldsymbol{W}$，半径为 r，沿倾角为 θ 的斜面匀速向上滚动，如图 7.3.4(a) 所示，轮子上施加一平行于斜面的力 $\boldsymbol{F}_P$，设轮子和斜面间的滚动摩阻系数为 δ，试求力 $\boldsymbol{F}_P$ 的大小。

【解】 轮子的受力图如图 7.3.4(b) 所示。轮子匀速向上，处于平衡，并且有

$$M_r = M_{r,\max} = \delta F_N \tag{a}$$

又由平衡方程

$$\sum F_x = 0,\quad F_P - W\sin\theta - F_s = 0 \tag{b}$$
$$\sum F_y = 0,\quad F_N - W\cos\theta = 0 \tag{c}$$
$$\sum M_A = 0,\quad W\sin\theta \cdot r - F_P \cdot r + M_{r,\max} = 0 \tag{d}$$

求解式(a)～(d) 得：$F_P = W\left(\sin\theta + \dfrac{\delta}{r}\cos\theta\right)$。

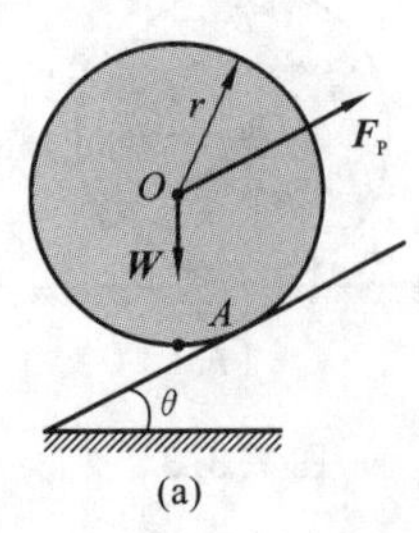

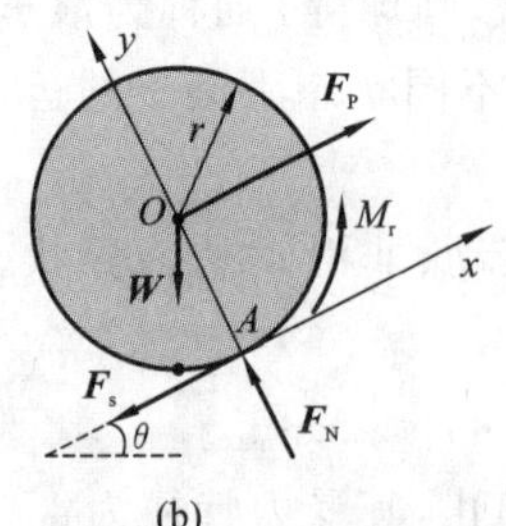

图 7.3.4

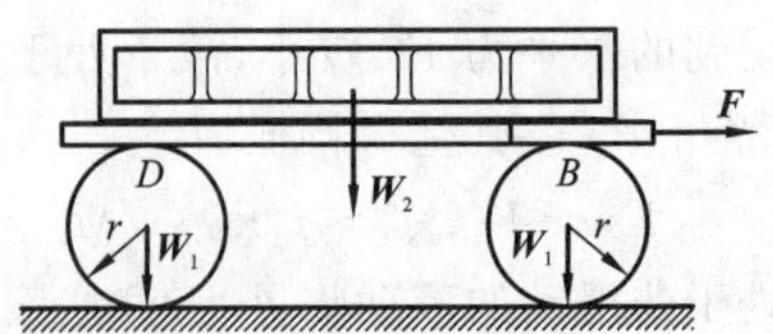

图 7.3.5

【例 7.3.2】 在半径各为 r、重为 $\boldsymbol{W}_1$ 的两个滚柱上放置一设备重为 $\boldsymbol{W}_2$，在设备底部作用一水平力 $\boldsymbol{F}$（见图 7.3.5）。如滚柱与水平地面间的滚阻系数为 δ，而滚柱与设备底面间的滚阻系数为 δ'，求能使该设备向右移动的力 $\boldsymbol{F}$ 的最小值。假定所有接触面均无相对滑动。

7.4 柔性体的摩擦

皮带、绳索等柔性体是工程和日常生活中常用的传动和连接物体。在第 4 章中曾经介绍了这些柔性体在不考虑其质量时对连接的物体构成约束,且只承受拉力的特点,本节主要介绍柔性体与接触物体之间的摩擦特性,这些知识对于工作和日常生活具有一定的指导意义。

如图 7.4.1 所示,绳索绕圆柱体形成的圆心角(即接触角) 为 θ,假设绳索与圆柱体之间的摩擦因数为 f_s,左端绳索的拉力 $\boldsymbol{F}_{T2}$ 大于右端绳索的拉力 $\boldsymbol{F}_{T1}$,并假定绳索处于即将滑动的临界状态。为了建立 $\boldsymbol{F}_{T1}$ 和 $\boldsymbol{F}_{T2}$ 大小之间的关系,现取如图 7.4.1(b) 所示一长为 $\mathrm{d}s$ 的微段为隔离体,进行受力分析,并对其进行静力学分析。由于 $F_{T2} > F_{T1}$,如果没有摩擦,绳索将向左滑动,故该微段的摩擦力 $\mathrm{d}F_s$ 向右,所以可以绘制该微段的受力情况如图 7.4.1(b) 所示。

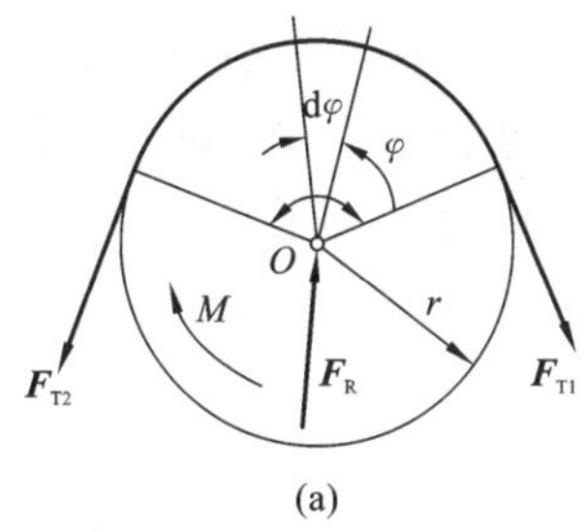

(a)

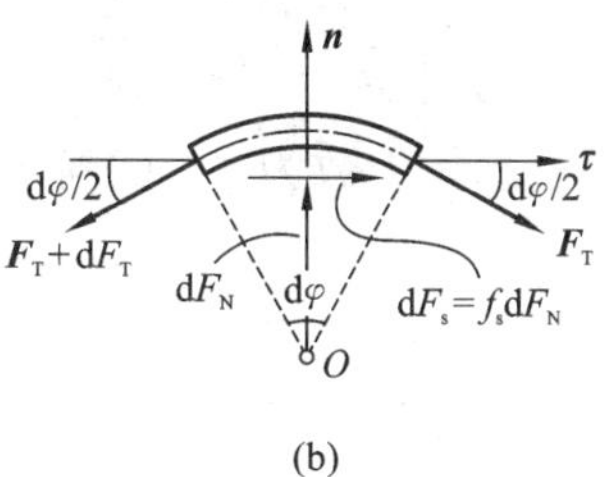

(b)

图 7.4.1

由平衡方程可得

$$\sum F_i^{\tau} = 0,\quad F_T\cos\frac{\mathrm{d}\varphi}{2} - (F_T + \mathrm{d}F_T)\cos\frac{\mathrm{d}\varphi}{2} + \mathrm{d}F_s = 0$$

$$\sum F_i^{n} = 0,\quad \mathrm{d}F_N - F_T\sin\frac{\mathrm{d}\varphi}{2} - (F_T + \mathrm{d}F_T)\sin\frac{\mathrm{d}\varphi}{2} = 0$$

由于 $\mathrm{d}\varphi$ 为微量,故有 $\cos(\mathrm{d}\varphi/2) \approx 1$ 及 $\sin(\mathrm{d}\varphi/2) \approx \mathrm{d}\varphi/2$,略去高阶微量,将上述关系式简化可得:$\mathrm{d}F_s = \mathrm{d}F_T, \mathrm{d}F_N = F_T\mathrm{d}\varphi$。

由于绳索处于滑动的临界状态,故由摩擦定律知:$\mathrm{d}F_s = f_s \cdot \mathrm{d}F_N$。从而有

$$\mathrm{d}F_s = f_s \cdot F_T\mathrm{d}\varphi, f_s\mathrm{d}\varphi = \frac{\mathrm{d}F_T}{F_T}$$

在绳索与圆柱体接触的区域积分可得

$$f_s\int_0^{\theta}\mathrm{d}\varphi = \int_{F_{T1}}^{F_{T2}}\frac{\mathrm{d}F_T}{F_T},\quad f_s\theta = \ln\frac{F_{T2}}{F_{T1}}$$

或

$$F_{T2} = F_{T1} \cdot \mathrm{e}^{f_s\theta} \tag{7.4.1}$$

式(7.4.1) 由欧拉(L. Euler,1707—1783) 或艾特尔维恩(J. A. Eytelwein,1764—1848) 给出。

若推导公式(7.4.1) 的假设:$F_{T1} > F_{T2}$,则 F_{T1} 与 F_{T2} 之间的关系为

$$F_{T1} = F_{T2} \cdot \mathrm{e}^{f_s\theta},\text{或 } F_{T2} = F_{T1} \cdot \mathrm{e}^{-f_s\theta} \tag{7.4.2}$$

【注意】 式(7.4.1)及式(7.4.2)中接触角θ以弧度表示，并且接触角θ可以大于2π，例如，若绳索绕圆柱体缠了n圈，则$\theta = 2\pi n$。

对于与非圆柱体接触时的临界状态，式(7.4.1)及式(7.4.2)也一样适用。如果皮带、绳索、传动带等已经发生滑动，则式中的静摩擦因数f_s应替换为动摩擦因数f_d。若皮带、绳索、传动带等未发生滑动，且没有达到滑动的临界状态，则式(7.4.1)及式(7.4.2)不成立，均不能使用。

对于给定的F_{T1}，如果图7.4.1(a)所示系统处于平衡状态，则

$$F_{T1} \cdot e^{-f_s\theta} \leqslant F_{T2} \leqslant F_{T1} \cdot e^{f_s\theta} \tag{7.4.3}$$

如果$F_{T2} < F_{T1} \cdot e^{-f_s\theta}$，则绳索向右滑动，而若$F_{T2} > F_{T1} \cdot e^{f_s\theta}$，则绳索向左滑动。

现举例说明F_{T1}与F_{T2}之间的关系。假若静摩擦因数$f_s = \dfrac{1}{\pi} \approx 0.3$，绳索绕圆柱体缠了$n$圈，则有：$e^{f_s \cdot 2\pi n} \approx e^{2n} \approx (7.5)^n$，$F_{T1} = \dfrac{F_{T2}}{e^{f_s\theta}} = \dfrac{F_{T2}}{(7.5)^n}$。

【说明】 由F_{T1}与F_{T2}的关系可知，绳索缠绕的圈数越多，就可以用更小的力F_{T1}平衡更大的力F_{T2}。这种效应在日常生活中会经常遇到，例如用缠绕的绳索固定小船或骡马等。

【例7.4.1】 图7.4.2所示转盘受力矩M作用，转盘缠以粗糙皮带并与杆件AC连接。若转盘与皮带之间的静摩擦因数为f_s，试确定维持转盘静平衡时力$\boldsymbol{F}$的最小值。

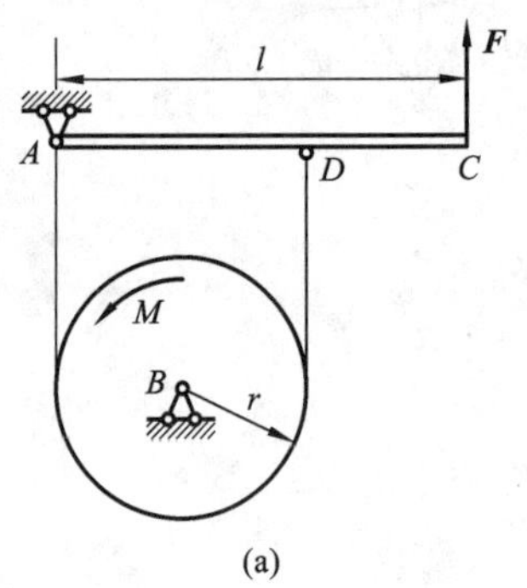

(a)

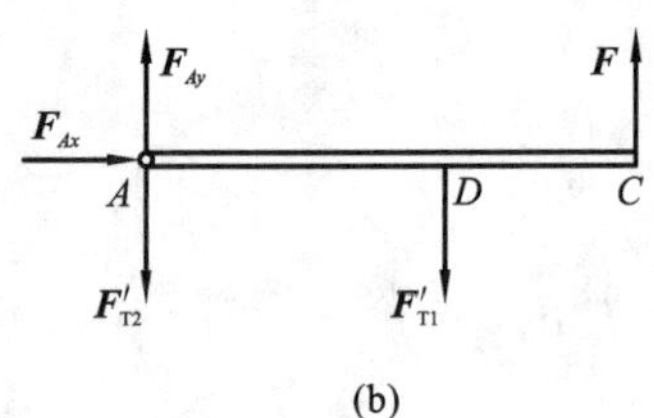

(b)

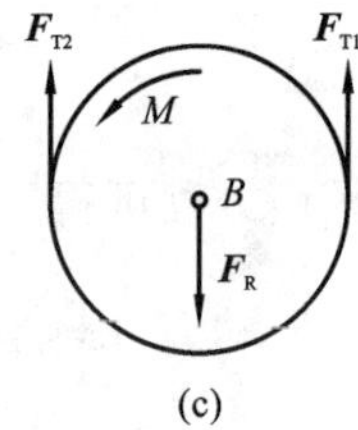

(c)

图7.4.2

【解】 分别绘制转盘和杆件AC的受力分析图，如图7.4.2(b)、(c)所示。分别对A和B取矩，列力矩的平衡方程可得：$lF - 2rF'_{T1} = 0$，$M + (F_{T1} - F_{T2})r = 0$。故有

$$F'_{T1} = F_{T1} = \frac{l}{2r}F, \quad F_{T1} = F_{T2} - \frac{M}{r}$$

由于力偶矩M的转向，显然有$F_{T2} > F_{T1}$。由式(7.4.1)，并令$\theta = \pi$，则临界状态下有：$F_{T2} = F_{T1} \cdot e^{\pi f_s}$。因此有：$F_{T1} = F_{T1} \cdot e^{\pi f_s} - \dfrac{M}{r}$。故：$F_{T1} = \dfrac{M}{r(e^{\pi f_s} - 1)}$。

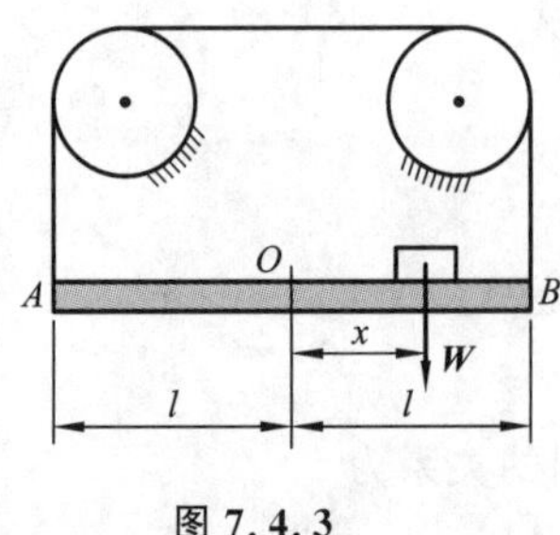

图7.4.3

从而可得所需的力$\boldsymbol{F}$的最小值为：$F_{min} = \dfrac{2r}{l}F_{T1} = \dfrac{M}{l} \cdot \dfrac{2}{e^{\pi f_s} - 1}$。

【例7.4.2】 长为$2l$，不计质量的梁AB，被跨过两固定鼓轮的绳索所支承，如图7.4.3所示。若绳与鼓轮间的静摩擦因数为f_s，不破坏梁的平衡，试问重力$\boldsymbol{W}$应距离中心多远处。

156

思　考　题

7-1　摩擦力的方向总是与物体的运动方向相反，对吗？

7-2　只要两物体接触面不光滑，并有正压力作用，则接触面处的摩擦力一定不为零，对否？

7-3　自锁现象是指所有主动力的合力指向接触面，且其作用线位于摩擦锥之内，不论合力有多大，物体总能保持平衡的一种现象，对否？

7-4　当物体处于滑动的临界平衡状态时，静摩擦力$\boldsymbol{F}_s$的大小（　　）。

A. 与物体的重量成正比

B. 与物体的重力在支承面的法线方向的大小成正比

C. 与相互接触物体之间的正压力大小成正比

D. 由力系的平衡方程来确定

7-5　物块重 5 kN，与水平面间的摩擦角 $\varphi_m = 35°$，今用与铅垂线成 60° 角的力 $\boldsymbol{F}$ 推动物块，若 $F = 5$ kN，则物块将（　　）。

A. 不动　　B. 滑动　　C. 处于临界状态　　D. 滑动与否无法确定

7-6　已知 $P = 60$ kN，$F = 20$ kN，物体与地面之间的静摩擦因数 $f_s = 0.5$，动摩擦因数 $f_d = 0.4$，则物体受到的摩擦力的大小为（　　）。

A. 25 kN　　B. 20 kN　　C. 17.3 kN　　D. 0

7-7　图示系统仅在杆 OA 与小车接触的 A 点处存在摩擦，在保持系统平衡的前提下，逐步增加拉力 $\boldsymbol{F}$，则在此过程中，A 处的法向约束力将（　　）。

A. 越来越大　　B. 越来越小　　C. 保持不变　　D. 不能确定

思考题 7-5 图

思考题 7-6 图

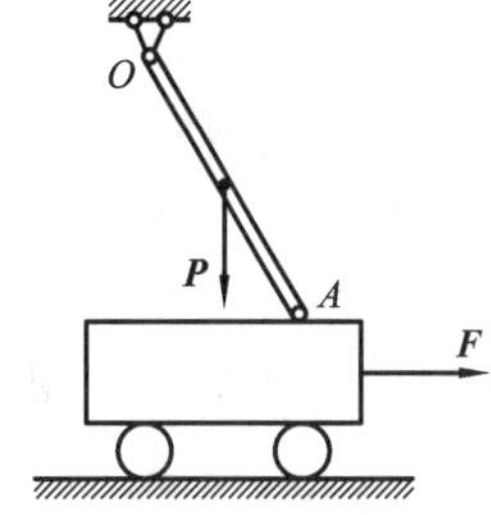

思考题 7-7 图

7-8　水平梯子长为 l，放在直角 V 形槽内，如图所示。略去梯重，梯子与两个槽面间的摩擦角均为 φ_m。如有人在梯子上走动，试分析不使梯子滑动，人的活动应限制在什么范围内？

7-9　重量分别为$\boldsymbol{P}_A$和$\boldsymbol{P}_B$的物体重叠地放置在粗糙的水平面上，水平力$\boldsymbol{F}$作用于物体A上，设A、B间的摩擦力的最大值为$\boldsymbol{F}_{A,\max}$，B与水平面间的摩擦力的最大值为$\boldsymbol{F}_{B,\max}$，若A、B能各自保持平衡，则各力之间的关系为（　　）。

A. $F > F_{A,\max} > F_{B,\max}$　　B. $F < F_{A,\max} < F_{B,\max}$

C. $F_{B,\max} < F < F_{A,\max}$　　D. $F_{A,\max} < F < F_{B,\max}$

7-10　如图所示，一物块重量为$\boldsymbol{W}$，放在倾角为θ的斜面上，斜面与物块间的摩擦角为φ_m，且$\varphi_m > \theta$。今在物块上作用一力$\boldsymbol{F}$，其大小为W，则物块能在斜面上保持平衡时力$\boldsymbol{F}$与斜面法线间的夹角β的最大值应是（　　）。

A. $\beta = \varphi_m$　　B. $\beta = \theta$

C. $\beta = \varphi_m - \theta$　　D. $\beta = \frac{1}{2}(\varphi_m - \theta)$

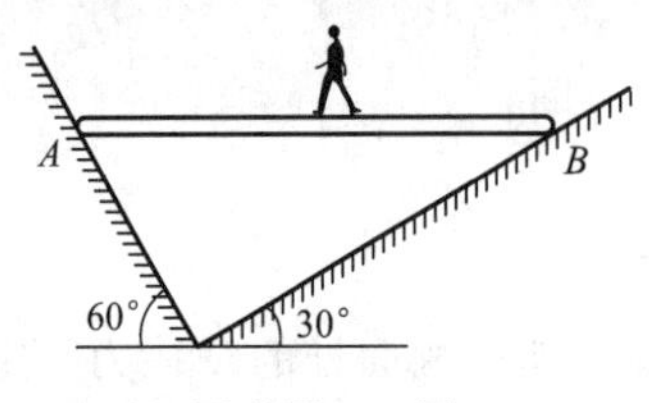

思考题 7-8 图

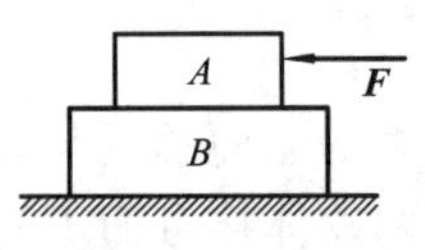

思考题 7-9 图

7-11　图示鼓轮放在墙角里，自重不计，其上由绳索悬挂一重物 $\boldsymbol{W}$。A 处(水平接触面)粗糙，B 处(铅垂接触面)光滑，系统处于平衡状态。判断下述说法是否正确。

A. 若增加 W，使之足够大，则系统的平衡将被破坏。

B. 若增大 R，使之足够大，则系统的平衡将被破坏。

C. 若增大 r，使之足够大，则系统的平衡将被破坏。

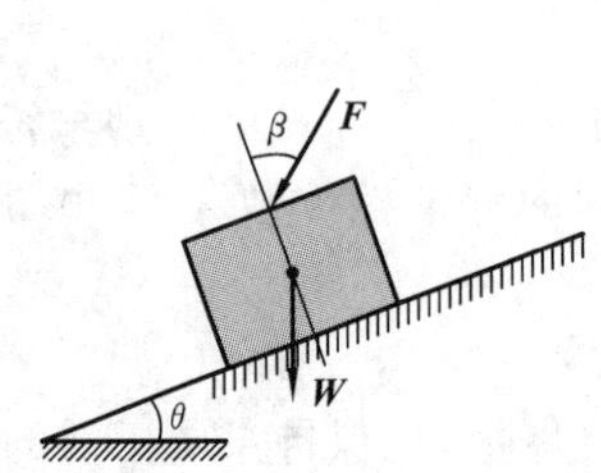

思考题 7-10 图

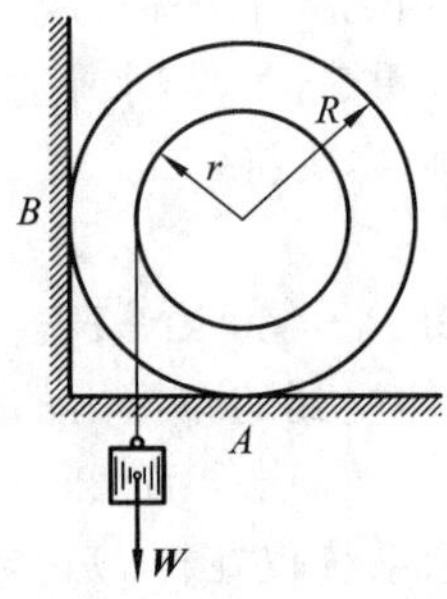

思考题 7-11 图

7-12　就思考题 7-11 图，判断下述说法是否正确。

A. 若 A 处粗糙，B 处光滑，则系统可能处于平衡。

B. 若 B 处粗糙，A 处光滑，则系统可能处于平衡。

C. 若 A、B 处皆有摩擦，则在 W、r、R、f_s 已知且系统处于平衡的情况下，不能求出 A、B 处的约束力。

D. 若 A、B 处具有相同的摩擦因数，则在 W、r、R 已知的情况下，不能求出使系统平衡的 f_s 的范围。

7-13　就思考题 7-11 图回答下列问题。

(1) 若 A、B 处具有不同的摩擦因数，则在 W、r、R 已知的情况下，能否求出使系统平衡的 $f_{s,A}$、$f_{s,B}$ 各自的范围?

(2) 当系统处于临界平衡状态时，$f_{s,A}$ 和 $f_{s,B}$ 之间存在怎样的关系?

(3) 若 $f_{s,A}$、$f_{s,B}$、R、r、W 皆为已知，且系统处于平衡，以鼓轮为研究对象，可列几个平衡方程?有几个未知量?问题是静定的还是超静定的?(分别就一般平衡及临界平衡两种情况回答。)

习　题

7-1　两重块 A 和 B 相叠放在水平面上，如图(a)所示。已知 A 块重 $P_1 = 500$ N，B 块重 $P_2 = 200$ N；A 块和 B 块间的摩擦因数为 $f_{s1} = 0.25$，B 块和水平面间的摩擦因数为 $f_{s2} = 0.20$。求拉动 B 块的最小水平力 $\boldsymbol{F}$ 的大小。若 A 块被一绳拉住，如图(b)所示，此最小水平力 $\boldsymbol{F}$ 之值应为多少?

7-2　均质杆的 A 端放在水平地板上，杆的 B 端则用绳子拉住，如图所示。设杆与地板的摩擦

因数为 f_s，杆与地面的夹角 $\theta=45°$。问当绳子和水平线的夹角 φ 等于多大时，杆开始向右滑动。

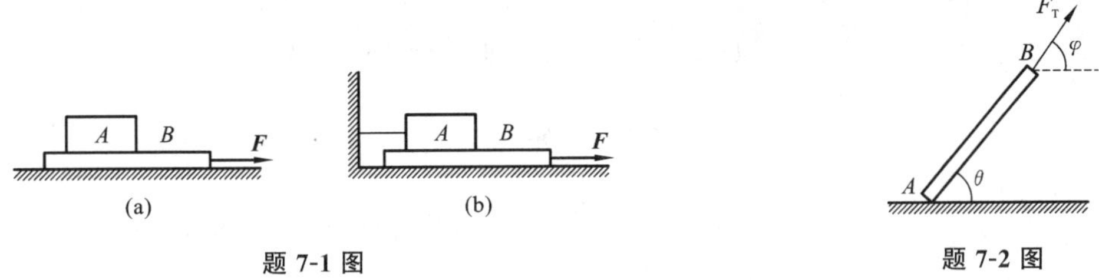

题 7-1 图　　题 7-2 图

7-3　图示半圆柱体重 $\boldsymbol{W}$，重心 C 到圆心 O 的距离为 $a=\dfrac{4R}{3\pi}$，其中 R 为圆柱体的半径。如半圆柱体与水平面的摩擦因数为 f_s，求半圆柱体刚被拉动时所偏过的角度 θ。

7-4　质量为 m、半径为 r 的均质半圆柱体置于图示粗糙的斜面上。设斜面的倾斜角度为 $\varphi=15°$，试求阻止半圆柱体下滑的最小静摩擦因数 f_s。

7-5　均质半圆柱体质量为 m，质心为 C 点。若斜面与半圆柱体之间的静摩擦因数为 0.3，试求保持半圆柱体不下滑的斜面倾角 φ 的最大值，并求此时角度 θ 的大小。

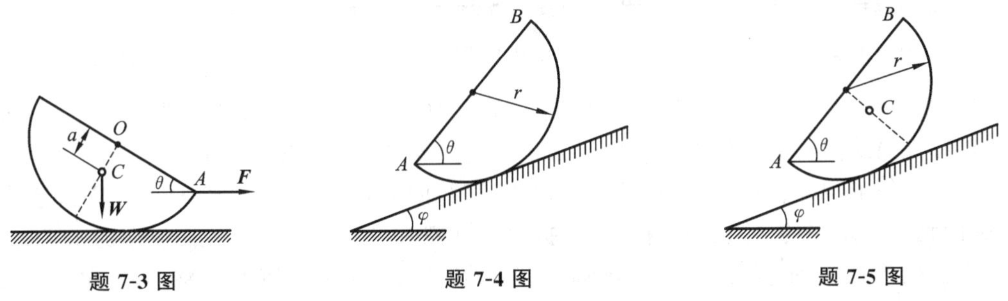

题 7-3 图　　题 7-4 图　　题 7-5 图

7-6　直径各为 d 和 D 的两个圆柱，置于同一水平的粗糙平面上，如图所示。在大圆柱上绕上绳子，作用在绳端的水平拉力为 $\boldsymbol{F}$。设所有接触点的摩擦因数均为 f_s，证明大圆柱能翻过小圆柱的条件为 $f_s\geqslant\sqrt{\dfrac{d}{D}}$。

7-7　图示一折梯放置在地面上。折梯两脚与地面的摩擦因数分别为 $f_{s,A}=0.2$、$f_{s,B}=0.6$。折梯一边 AC 的中点 D 上有一重 $W=500\ \mathrm{N}$ 的重物。如果不计折梯自重，则能否平衡？如果平衡，计算折梯两脚与地面间的摩擦力。

7-8　如图所示为一土路堤的立面图，若粒间的静摩擦因数为 0.6，路堤是保持稳定还是会坍塌？如果会坍塌，保持稳定的斜坡面倾角最大应为多少？（提示：取图示虚线部分为隔离体进行分析。）

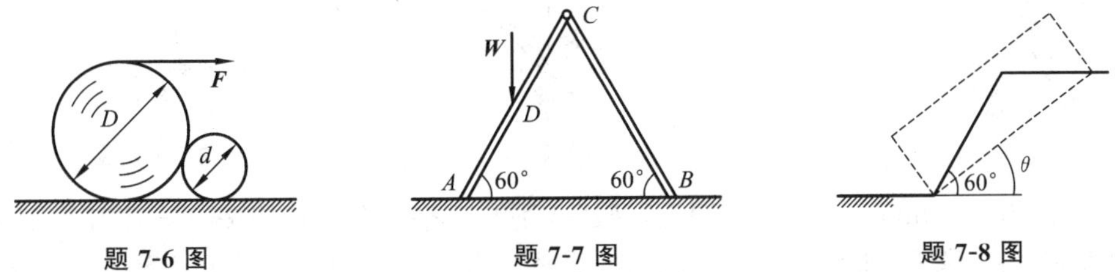

题 7-6 图　　题 7-7 图　　题 7-8 图

7-9　已知图示各接触面的摩擦因数为 0.30，楔 B 的质量略去不计。求重 $W=1\ 000\ \mathrm{N}$ 的物块 A 开始上升时所需的水平力 $\boldsymbol{F}$ 的最小值。

7-10　一不计自重的杠杆 AB 搁在一圆柱上，A 端用固定铰链固定，B 端作用一与杆垂直的力 $\boldsymbol{F}$，如图所示。

(1) 不计圆柱自重，求证当圆柱与地面及杠杆间的摩擦角大于$\frac{\theta}{2}$(即摩擦因数 f_s 大于 $\tan\frac{\theta}{2}$ 或$\frac{\sin\theta}{1+\cos\theta}$) 时，不论力 F 有多大，圆柱不会挤出，而处于“自锁”状态。

(2) 设圆柱的重量为 W，试证明圆柱处于自锁的条件为：$f_{s,C} \geqslant \frac{\sin\theta}{1+\cos\theta}$，$f_{s,D} \geqslant \frac{Fl\sin\theta}{(Fl+Wa)(1+\cos\theta)}$。$f_{s,C}$ 和 $f_{s,D}$ 分别为圆柱与杠杆以及圆柱与地面的摩擦因数。

7-11　均质杆 AB 斜放于铅垂墙与光滑的滑轮间，如图所示。已知杆与墙之间的摩擦角为 φ。求平衡时杆长的极大值和极小值。

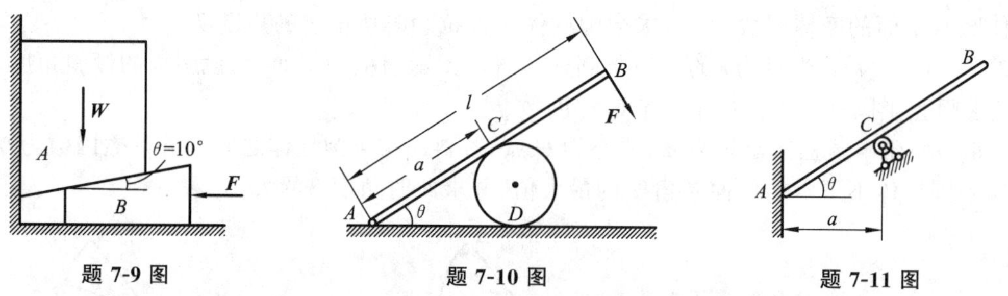

题 7-9 图　　题 7-10 图　　题 7-11 图

7-12　图示两杆在 B 处用套筒式滑块连接，在杆 AD 上作用一力偶，其力偶矩 $M_A = 40\ \text{N}\cdot\text{m}$，已知滑块和杆 AD 间的静摩擦因数 $f_s = 0.30$。求保持平衡时力偶矩 M_C 的范围。

7-13　两木板 AO 和 BO 用铰链连接在 O 点，两板间放有均质圆柱，其轴线 O_1 平行于铰链的轴线，这两轴都是水平的，并在同一铅垂面内；由于 A 点和 B 点作用两相等而反向的水平力 $\boldsymbol{F}$，使木板紧压圆柱，如图所示。已知圆柱重 $\boldsymbol{W}$，半径为 r；圆柱对木板的摩擦因数为 f_s，$\angle AOB = 2\theta$，距离 $\overline{AB} = a$。求力 $\boldsymbol{F}$ 的数值应适合何种条件，圆柱方能处于平衡。

7-14　质量不计、长度为 $l = 300$ mm 的杆件 AB 用于在铅垂方向支撑质量为 50 kg 的块体，如图所示。如果杆件上端的静摩擦因数为 0.3，而下端的静摩擦因数为 0.4，试求，当 $x = 75$ mm 时在两端的摩擦力大小。另外，若欲使得杆件不滑动，求 x 的最大值。

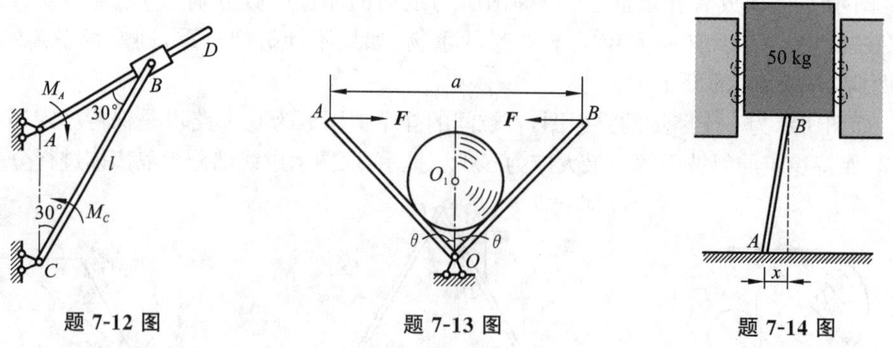

题 7-12 图　　题 7-13 图　　题 7-14 图

7-15　长为 250 mm、质量不计的杆件 AB 分别与水平面及质量为 25 kg、半径为 150 mm 的均质圆盘铰接于 A 和 B。如果圆盘与地面的静摩擦因数为 0.4，试确定使圆盘滑动时圆盘上力偶 M 的最小值。

7-16　质量为 m 的均质矩形块体置于倾斜的平面上，该平面可以通过绕轴 O 的转动而调整倾斜度。如果该块体与斜面之间的静摩擦因数为 f，试确定当角度 θ 逐渐增大时块体在什么情况下先滑动，又在什么情况下先翻倒。

7-17　顺时针转向的力偶 M 作用在如图所示的圆柱上，已知 $m_B = 3\ \text{kg}$，$m_C = 6\ \text{kg}$，$f_{s,C} = 0.4$，$f_{s,B} = 0.5$，$r = 0.2\ \text{m}$，圆柱 C 与物体 B 之间的摩擦不计，试确定使得物体运动的最小力偶矩。

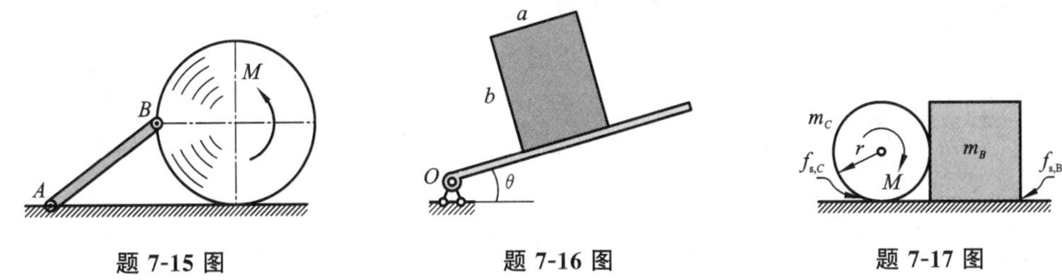

题 7-15 图　　题 7-16 图　　题 7-17 图

7-18　如图所示的矩形钢軛用来阻止受拉的两个板件的滑动。如果钢軛与板以及板与板之间的摩擦因数均为 0.3，试确定不产生滑动时 h 的最大值。

7-19　如图所示的均质杆，若在 A、B 处的摩擦因数均为 0.4，试确定使杆件维持图示位置平衡时 l/d 的范围。

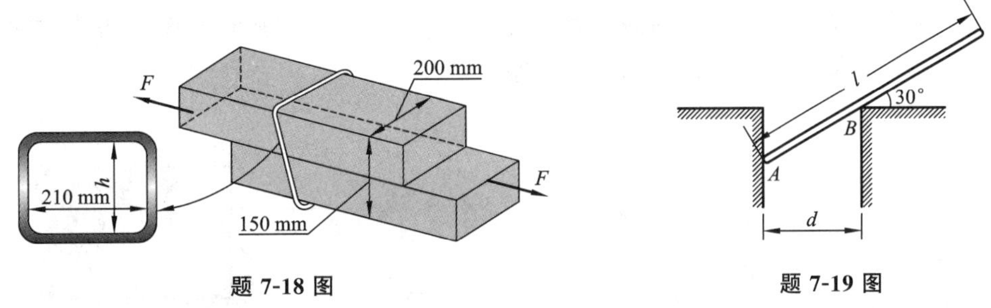

题 7-18 图　　题 7-19 图

7-20　两个同样的圆柱体静止置于一水平面上，一顶角为 φ 的等腰三棱柱体对称地置于两圆柱体之间，使其底边为水平。若各接触面之间为同等粗糙。试证：若摩擦系数 $f > \tan\dfrac{\pi-\varphi}{4}$，则系统才能保持平衡。设三棱柱体所受重力为 $\boldsymbol{Q}$，圆柱体所受重力为 $\boldsymbol{P}$。

7-21　已知重 G 的均质杆 AB 铅垂立于水平面上，在其顶端由一细绳与杆成 θ 角与地面相连，如图所示。现已知杆的 B 端与地面之间的静摩擦因数为 f，杆长 l 且离地面高度为 h 处受到水平力 F 的作用，问作用力 F 或 h 处应满足什么条件才能使杆保持平衡？

7-22　一半径为 R 的圆轮与一半径为 r 的圆轮同轴固接，总重为 $\boldsymbol{W}$。放置在水平地面上，与地面间的滚动摩擦系数为 δ。一细绳绕在半径为 r 的圆轮上，跨过光滑的滑轮与一物体 A 相连，物体 A 放置在倾角为 θ 的斜面上，与斜面间的滑动摩擦系数为 f。若已知滑轮与圆轮间的绳子和铅垂线夹角为 β。试求该系统平衡时所受重力 $\boldsymbol{Q}_A$ 的最大值。

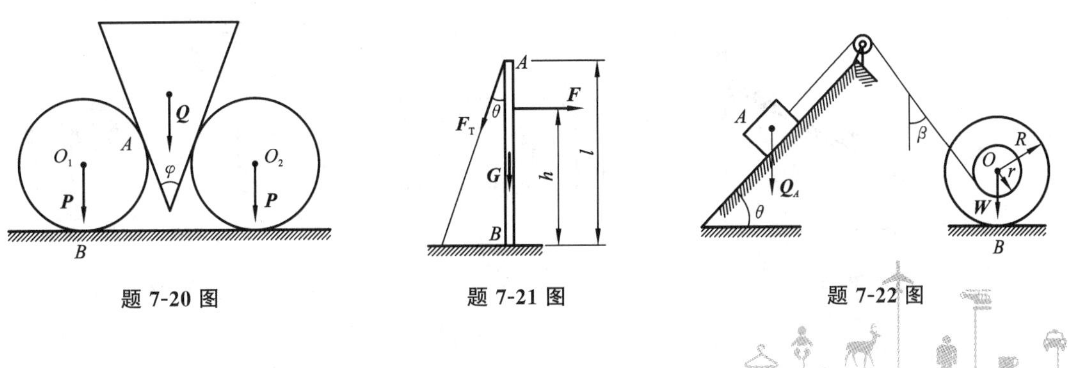

题 7-20 图　　题 7-21 图　　题 7-22 图

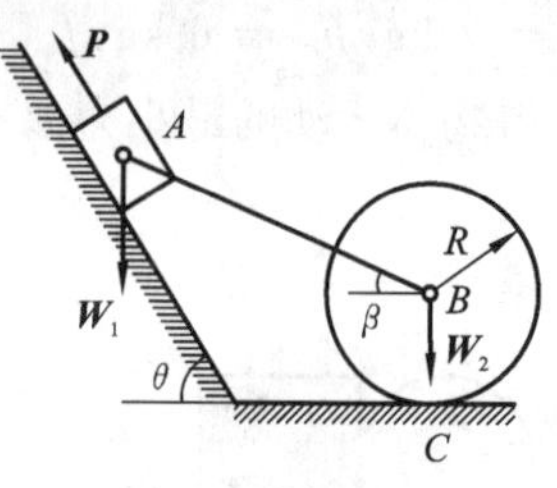

题 7-23 图

7-23　物块 A 所受重力为 $\boldsymbol{W}_1$，圆轮 B 所受重力为 $\boldsymbol{W}_2$，通过杆子铰接。物块 A 放置在倾角为 θ 的斜面上。其上作用一平行于斜面的力 $\boldsymbol{P}$，圆轮 B 放置在水平地面上。杆与水平方向夹角为 β，如图所示。若各接触面的滑动摩擦系数为 f，滚动摩擦系数为 δ。圆轮的半径为 R。试求使该系统开始运动的 $\boldsymbol{P}$ 力的最小值。

7-24　如图(a) 所示力学系统中，半径为 r_1 的大圆柱与半径为 r_2 的小圆柱同轴固定在一起，两柱的边缘分别缠有细绳与物块 A 和物块 C 相连。已知物块 A 重 $W_A = 500$ N，两圆柱的重量为 $W_B = 1\,000$ N，$r_1 = 100$ mm，$r_2 = 50$ mm，A 物体与轮之间的绳处于水平，且知 A 物体与地面之间的静摩擦因数为 $f_1 = 0.5$，B 轮与地面之间的静摩擦因数为 $f_2 = 0.2$。试求物体系统平衡时 C 物块的最大重量 $G_{\max}$。

7-25　如图所示，已知物体 A 和 B 的质量均为 $m_A = m_B = 75$ kg，物体 D 的质量为 $m_D = 30$ kg。假设物体 A 和 B 之间的静摩擦因数为 $f_{s,AB} = 0.6$，物体 A 和地面 C 之间的静摩擦因数为 $f_{s,AC} = 0.4$，绳子与支承物 E 之间的静摩擦因数为 $F_{s,E} = 0.5$，绳子质量不计。试求物体 A 和 B 之间的摩擦力以及物体的 A 和地面 C 之间的摩擦力。

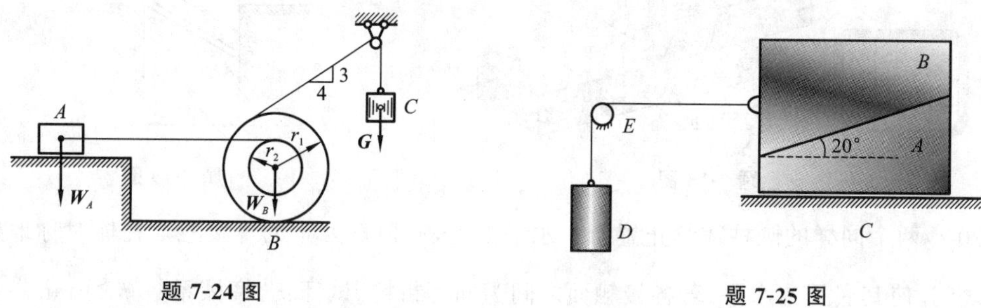

题 7-24 图　　题 7-25 图

7-26　如图所示物体系统，物块的质量为 m_0，均质杆件 AB 的质量为 m，图中物块与杆 AB 及地面之间的静摩擦因数为 $f_{s,A}$，试确定维持物块平衡的最小角度 $\theta_{\min}$。若已知静摩擦因数 $f_{s,A} = 0.5$，且当质量在分别满足(1)$m = 0.1m_0$；(2)$m = m_0$；(3)$m = 10m_0$ 时，分别计算 θ 的最小值及防止 B 处滑动时 $f_{s,B}$ 的最小值。

7-27　如图所示，工人通过在 B 端施加力 $\boldsymbol{F}$ 缓慢移动质量为 50 kg 的箱子。已知当 $a = 200$ mm 时箱子开始沿 E 边翻倒，试确定(1) 箱子与平面之间的动摩擦因数；(2) 力 $\boldsymbol{F}$ 的大小。

7-28　如图所示，一绳子 $ABCD$ 绕过两个管子。已知静摩擦因数为 0.25，试确定维持系统平衡质量 m 的最小值与最大值。

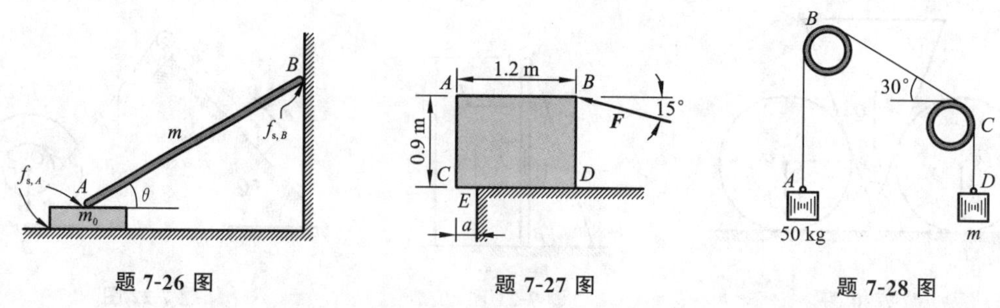

题 7-26 图　　题 7-27 图　　题 7-28 图

Chapter 8

第 8 章　分析静力学

本篇的前面部分介绍的静力学，属于矢量静力学，它以静力学原理为基础，通过研究力系的简化与等效，建立了质点、刚体以及刚体系统在力系作用下平衡的必要和充分条件，是从力的观点出发进行研究的，所得到的平衡条件(或平衡方程)也是通过力来表示的。

本章介绍的分析静力学，则是从位移和功的概念出发研究力学系统的平衡的，它给出了任何质点系(含质点、刚体以及刚体系统)平衡的必要和充分条件，即虚位移原理。它是静力学的普遍原理。虚位移原理与矢量静力学不同，它从功的观点来研究质点系的平衡，利用微积分和变分(见附录 A)的数学分析方法，不仅能给出统一的质点系平衡条件，而且能判定质点系在平衡位置的稳定性。因此，在介绍分析静力学之前要先讨论有关力的功的概念和计算。

8.1　力的功

8.1.1　常力在质点直线路程中的功

设有大小和方向都不变的常力作用于沿直线平动的物体上，直线平动的物体可视为质点 M。另设质点 M 发生位移 s，如图 8.1.1 所示。

为了度量力 $\boldsymbol{F}$ 在质点 M 的位移 $\boldsymbol{s}$ 上对质点作用的累积效应，定义力与位移 s 的点积为力 $\boldsymbol{F}$ 在该质点的位移 $\boldsymbol{s}$ 上所做的功，并用符号 W 表示。即

$$W = \boldsymbol{F} \cdot \boldsymbol{s} = Fs\cos\theta \tag{8.1}$$

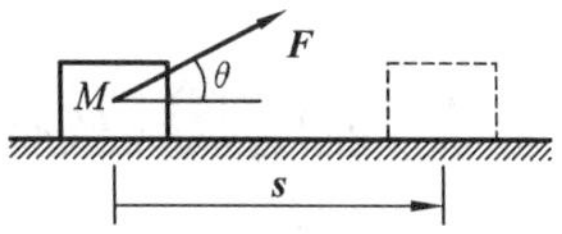

图 8.1.1

式中，θ 为 $\boldsymbol{F}$ 与 s 正向之间的夹角。当 $\theta < 90^\circ$ 时，力做正功；当 $\theta > 90^\circ$ 时，力做负功；当 $\theta = 90^\circ$ 时，力和位移方向垂直，力在此位移上不做功。

功的国际单位是焦耳，以 J 表示：$1\ \text{J} = 1\ \text{N} \cdot \text{m} = 1\ \text{kg} \cdot \text{m}^2 \cdot \text{s}^{-2}$。

8.1.2　变力在质点任意曲线路程中的功

设有大小和方向可都以改变的任意变力作用于沿曲线轨迹运动的质点 M 上，如图 8.1.2 所示。

1. 元功

设质点 M 在某瞬时有无限小位移 $\mathrm{d}\boldsymbol{r}$，相应弧坐标改变量为 $\mathrm{d}s$，则变力 $\boldsymbol{F}$ 在此无限小位移 $\mathrm{d}\boldsymbol{r}$ 上所做的功称为**元功**，以 δW 表示为

$$\delta W = \boldsymbol{F} \cdot \mathrm{d}\boldsymbol{r} \tag{8.1.2}$$

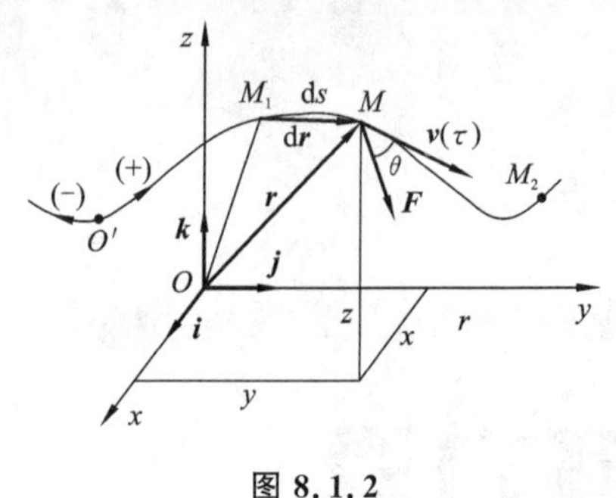

图 8.1.2

式(8.1.2)称为矢量形式的元功表达式，即变力 $\boldsymbol{F}$ 在无限小位移 $\mathrm{d}\boldsymbol{r}$ 上所做元功等于 $\boldsymbol{F}$ 与 $\mathrm{d}\boldsymbol{r}$ 的点积。

在自然法坐标系下：

$$\delta W = F\mathrm{d}s \cdot \cos\theta = F^{\mathrm{t}}\mathrm{d}s \tag{8.1.3}$$

式中，θ 为 $\boldsymbol{F}$ 与 $\boldsymbol{\tau}$ 正向之间的夹角，F^{t} 为力 $\boldsymbol{F}$ 在 $\boldsymbol{\tau}$ 正方向上的投影。式(8.1.3)为自然轴形式的元功表达式。

若取固定的直角坐标系 $Oxyz$ 作为质点运动的参考坐标系，$\boldsymbol{i}$、$\boldsymbol{j}$、$\boldsymbol{k}$ 分别为 x、y、z 轴的轴向单位矢量，如图 8.1.2 所示。则有

$$\boldsymbol{F} = F_x\boldsymbol{i} + F_y\boldsymbol{j} + F_z\boldsymbol{k}, \quad \mathrm{d}\boldsymbol{r} = \mathrm{d}x\boldsymbol{i} + \mathrm{d}y\boldsymbol{j} + \mathrm{d}z\boldsymbol{k}$$

代入式(8.1.2)中可得

$$\delta W = F_x\mathrm{d}x + F_y\mathrm{d}y + F_z\mathrm{d}z \tag{8.1.4}$$

式中 F_x、F_y、F_z 分别为力 $\boldsymbol{F}$ 在直角坐标轴 x、y、z 上的投影。式(8.1.4)为直角坐标形式的元功表达式，又称元功的解析表达式。

【注意】 元功用符号 δW 表示，而不用全微分符号 $\mathrm{d}W$ 表示，这是因为在一般情况下，元功不一定能表示成为某一位置坐标函数的全微分。

2. 变力在质点全路程上所做的功

当质点从 M_1 位置运动到 M_2 时(图 8.1.2)，力 $\boldsymbol{F}$ 所做的功 W 等于在这段路程中所有元功之和，即

$$W = \int_{M_1}^{M_2} \boldsymbol{F} \cdot \mathrm{d}\boldsymbol{r} = \int_{M_1}^{M_2} F^{\mathrm{t}}\mathrm{d}s \tag{8.1.5a}$$

或

$$W = \int_{M_1}^{M_2} (F_x\mathrm{d}x + F_y\mathrm{d}y + F_z\mathrm{d}z) \tag{8.1.5b}$$

式(8.1.5b)称为功的解析表达式。式(8.1.5)是沿轨迹的曲线积分。一般情况下，积分的值与质点运动的路径有关。

8.1.3 合力的功

若力系 $\boldsymbol{F}_1, \boldsymbol{F}_2, \cdots, \boldsymbol{F}_n$ 为同时作用在质点 M 上的 n 个力，其合力 $\boldsymbol{F}_{\mathrm{R}} = \sum \boldsymbol{F}_i$ 在质点无限小位移 $\mathrm{d}\boldsymbol{r}$ 上的元功为

$$\delta W = \boldsymbol{F}_{\mathrm{R}} \cdot \mathrm{d}\boldsymbol{r} = \left(\sum \boldsymbol{F}_i\right) \cdot \mathrm{d}\boldsymbol{r} = \sum \boldsymbol{F}_i \cdot \mathrm{d}\boldsymbol{r} = \sum \delta W_i \tag{8.1.6a}$$

合力 $\boldsymbol{F}_{\mathrm{R}}$ 在质点有限路程 $M_1 \rightarrow M_2$ 上的总功为

$$W = \int_{M_1}^{M_2} \boldsymbol{F}_{\mathrm{R}} \cdot \mathrm{d}\boldsymbol{r} = \int_{M_1}^{M_2} \sum_i \boldsymbol{F}_i \cdot \mathrm{d}\boldsymbol{r} = \sum_i \int_{M_1}^{M_2} \boldsymbol{F}_i \cdot \mathrm{d}\boldsymbol{r} = \sum_i W_i \tag{8.1.6b}$$

式(8.1.6)表明：质点上所受 n 个力的合力在质点无限小位移上所做的元功等于各分力的元功的代数和；合力在质点任一段有限路程中所做的功，等于各分力在同一段路程中所做的功的代数和。

8.1.4 功率

功率是表示力做功的快慢程度的物理量。力在单位时间内所做的功称为功率，用 P 表示。由

于力的功率随时间而变，因此要用瞬时值表示，即

$$P=\frac{\delta W}{\mathrm{d}t} \tag{8.1.7a}$$

由式(8.1.2)、(8.1.3)，则有

$$P=\frac{\delta W}{\mathrm{d}t}=Fv\cos\theta=\boldsymbol{F}\cdot\boldsymbol{v} \tag{8.1.7b}$$

8.1.5 几种常见力的功

1. 重力的功

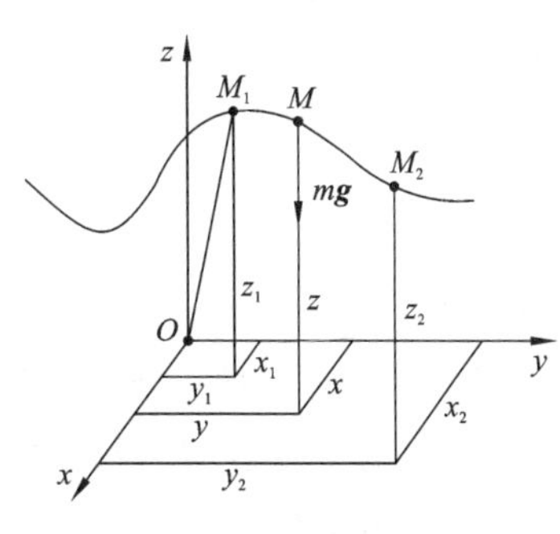

图 8.1.3

位于重力场内质量为 m 的质点沿任意曲线轨迹运动，所受重力 $m\boldsymbol{g}$ 可视为常力。建立直角坐标系 $Oxyz$ 如图 8.1.3 所示。重力 $m\boldsymbol{g}$ 在各坐标轴上的投影为

$$F_x=0\quad F_y=0,\quad F_z=-mg$$

将各投影代入元功的表达式(8.1.4) 中得重力在质点的微小位移上的元功为

$$\delta W=-mg\cdot\mathrm{d}z=\mathrm{d}(-mgz+C) \tag{8.1.8a}$$

式中，C 为积分常数。

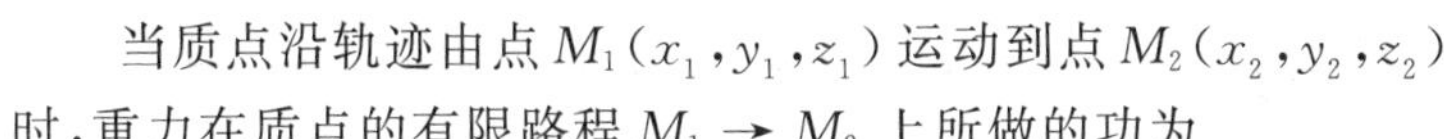

当质点沿轨迹由点 $M_1(x_1,y_1,z_1)$ 运动到点 $M_2(x_2,y_2,z_2)$ 时，重力在质点的有限路程 $M_1\rightarrow M_2$ 上所做的功为

$$W=\int_{z_1}^{z_2}\mathrm{d}(-mgz+C)=mg(z_1-z_2) \tag{8.1.8b}$$

式(8.1.8) 表明：重力在质点的任何微小位移上所做的元功为某一函数的全微分；重力在质点的有限路程上所做的功与质点所沿的路径无关，只取决于质点运动的始末两位置的高度差 (z_1-z_2)。 165

对于质点系，总重力 $m\boldsymbol{g}$ 在质点系的某一运动过程中所做的功为组成质点系的各个质点的重力 $m_i\boldsymbol{g}$ 在对应过程中所做功的代数和，即

$$W=\sum m_i g(z_{i_1}-z_{i_2})=mg(z_{C_1}-z_{C_2}) \tag{8.1.9}$$

式中，z_{i_1}、z_{i_2} 及 z_{C_1}、z_{C_2} 分别为质点 m_i 及质点系的质心 C 的始末位置的坐标。

式(8.1.9) 表明：质点系重力所做的功仅取决于质点系质心运动的始末两位置的高度差，与质点系的质心运动的轨迹无关，且与组成质点系的各个质点运动所沿的路径无关，当 $z_{C_1}>z_{C_2}$ 时，重力做正功；当 $z_{C_1}<z_{C_2}$ 时，重力做负功。

2. 弹性力的功

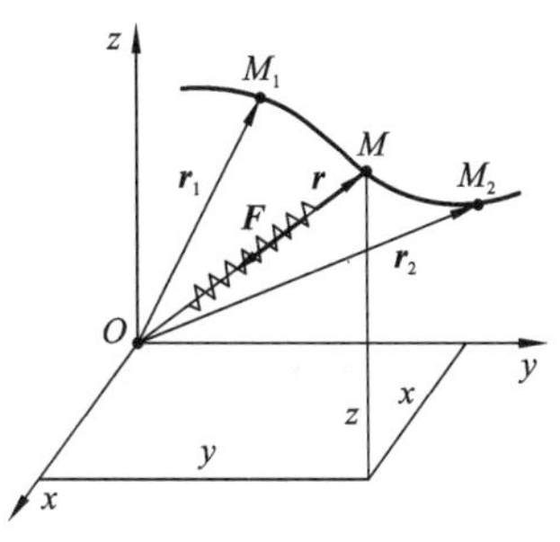

图 8.1.4

设一质点 M，系于一自然长度为 l、一端固定于固定点 O 的弹簧的另一端，沿任意曲线轨迹运动，如图 8.1.4 所示。

当质点运动时，弹簧产生变形（伸长或缩短），对质点作用有弹性力 $\boldsymbol{F}$。在任一瞬时，弹簧的位置矢量为 $\boldsymbol{r}$，长度为 r，若弹簧处于弹性状态，根据胡克定律，弹簧作用于质点上的弹性力的大小与它的变形量 $\lambda=r-l$ 成正比，即

$$\boldsymbol{F}=-k(r-l)\cdot\frac{\boldsymbol{r}}{r}$$

式中总有一个负号，这是因为当弹簧受拉（$r>l$）时，弹性力 $\boldsymbol{F}$ 与质点径向单位矢量的方向相反；反之，当弹簧受压（$r<l$）时，弹性力 $\boldsymbol{F}$ 与质点径向单位矢量的方向相同。k 为弹簧的刚度系数，它表示弹簧发生单位变形时所需的力的大小，其国际单位为 $\mathrm{N \cdot m^{-1}}$。

当质点运动时，弹性力 $\boldsymbol{F}$ 在质点的微小位移 $\mathrm{d}\boldsymbol{r}$ 上所做的元功为

$$\delta W=\boldsymbol{F}\cdot\mathrm{d}\boldsymbol{r}=-k(r-l)\cdot\frac{\boldsymbol{r}}{r}\cdot\mathrm{d}\boldsymbol{r}=-\frac{k(r-l)}{r}\cdot\mathrm{d}\left(\frac{\boldsymbol{r}\cdot\boldsymbol{r}}{2}\right)=-\frac{k(r-l)}{r}\cdot\mathrm{d}\left(\frac{r^2}{2}\right)$$

$$\delta W=\mathrm{d}\left[-\frac{1}{2}k(r-l)^2+C\right]=\mathrm{d}\left(-\frac{1}{2}k\lambda^2+C\right) \tag{8.1.10a}$$

其中 C 为积分常数。

当质点沿轨迹由 M_1 位置运动到 M_2 时，弹性力所做的功为

$$W=\int_{M_1}^{M_2}\boldsymbol{F}\cdot\mathrm{d}\boldsymbol{r}=\int_{\lambda_1}^{\lambda_2}\mathrm{d}\left(-\frac{1}{2}k\lambda^2+C\right)=\frac{1}{2}k(\lambda_1^2-\lambda_2^2) \tag{8.1.10b}$$

式中，$\lambda_1=r_1-l$，$\lambda_2=r_2-l$，分别表示质点 M 在运动的始末位置 M_1 和 M_2 时弹簧的变形量。

式(8.1.10)表明：弹性力的元功是某一函数的全微分，弹性力的功与质点运动所经过的路径无关，只与质点运动的始末位置处弹簧的变形量有关。当 $\lambda_1>\lambda_2$ 时，弹性力做正功；当 $\lambda_1<\lambda_2$ 时，弹性力做负功。

3. 力对轴之矩的功及力偶的功

设一力 $\boldsymbol{F}$ 作用在绕固定轴 z 转动的刚体上的任一点 M，M 点到转轴 z 的距离为 r。将力 $\boldsymbol{F}$ 沿自然轴方向分解，则 $\boldsymbol{F}=\boldsymbol{F}^{\mathrm{t}}\boldsymbol{\tau}+F^{\mathrm{n}}\boldsymbol{n}+F^{\mathrm{b}}\boldsymbol{b}=F^{\mathrm{t}}\boldsymbol{\tau}+F^{\mathrm{n}}\boldsymbol{n}+F^{z}\boldsymbol{k}$，如图 8.1.5 所示。

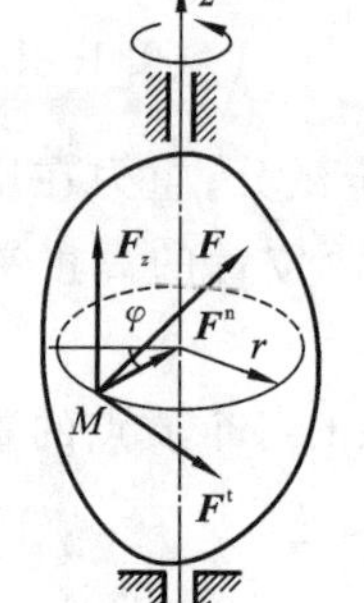

图 8.1.5

当刚体转过微小转角 $\mathrm{d}\varphi$ 时，M 点运动一微小弧长 $\mathrm{d}s=r\mathrm{d}\varphi$。采用自然坐标形式的元功表达式，有

$$\delta W=\boldsymbol{F}^{\mathrm{t}}\cdot\mathrm{d}s=F^{\mathrm{t}}r\mathrm{d}\varphi$$

注意到 $F^{\mathrm{t}}r=M_z(F)$ 是力 $\boldsymbol{F}$ 对于转轴 z 的矩。令：$M_z(F)=M_z$，则有

$$\delta W=M_z\mathrm{d}\varphi \tag{8.1.11a}$$

式(8.1.11a)表明：作用在转动刚体上的力所做元功等于该力对于转轴 z 的力矩 M_z 与刚体微小转角 $\mathrm{d}\varphi$ 的乘积。

如果一力系作用于刚体上，可由合力之矩定理得到该力系对转轴 z 的主矩，$M_z=\sum M_z(F_i)$，当刚体转过一微小转角 $\mathrm{d}\varphi$ 时，力系所做的元功仍为 $\delta W=M_z\mathrm{d}\varphi$。

当刚体由 φ_1 转到 φ_2 经过一有限转角时，力（力系）对于转轴 z 的力矩 M_z 所做的功为

$$W=\int_{\varphi_1}^{\varphi_2}M_z\mathrm{d}\varphi \tag{8.1.11b}$$

在刚体的转动过程中，若 M_z 保持为常量，则

$$W=M_z(\varphi_2-\varphi_1) \tag{8.1.11c}$$

当 M_z 与 φ 转向相同时，M_z 做正功；反之 M_z 做负功。

【说明】 如果作用在定轴转动刚体上的是一个力偶矩矢为 M 的力偶，该力偶对转轴的矩为 M_z，则力偶在刚体的转动过程中所做的功仍可用式(8.1.11)计算。

4. 质点系内力的功

所研究的质点系内各个质点之间的相互作用力是内力，内力总是成对出现的，但是由于质点

系内部各个质点之间的距离不一定保持不变，所以两质点间的内力的功之和一般不等于零。

这是因为，对于由质点系组成的物体内任意两质点 A、B，其相互作用的内力为 $\boldsymbol{F}$ 及 $\boldsymbol{F}'$，有 $\boldsymbol{F}=-\boldsymbol{F}'$。任选一固定点 O，两质点 A、B 相对于固定点 O 的位置矢径分别为 $\boldsymbol{r}_A$ 和 $\boldsymbol{r}_B$，A 点相对于 B 点的位置矢径为 $\boldsymbol{r}_{AB}$，如图 8.1.6 所示。则有 $\boldsymbol{r}_{AB}=\boldsymbol{r}_A-\boldsymbol{r}_B$。当质点 A 及 B 各发生位移 $\mathrm{d}\boldsymbol{r}_A$ 和 $\mathrm{d}\boldsymbol{r}_B$ 时，内力 $\boldsymbol{F}$ 及 $\boldsymbol{F}'$ 的元功之和为

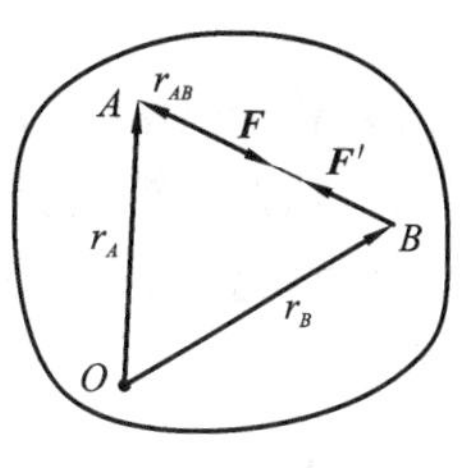

图 8.1.6

$$\sum\delta W=\boldsymbol{F}\cdot\mathrm{d}\boldsymbol{r}_A+\boldsymbol{F}'\cdot\mathrm{d}\boldsymbol{r}_B=\boldsymbol{F}\cdot\mathrm{d}\boldsymbol{r}_A-\boldsymbol{F}\cdot\mathrm{d}\boldsymbol{r}_B=\boldsymbol{F}\cdot\mathrm{d}(\boldsymbol{r}_A-\boldsymbol{r}_B)=\boldsymbol{F}\cdot\mathrm{d}\boldsymbol{r}_{AB}\tag{8.1.12}$$

式中 $\mathrm{d}\boldsymbol{r}_{AB}$ 表示矢量 $\boldsymbol{r}_{AB}$ 的改变，包括大小和方向的改变。由上式可知，当 A、B 两点的距离改变时，内力 $\boldsymbol{F}$ 及 $\boldsymbol{F}'$ 的元功之和不为零。

如果讨论的质点系为刚体，由于刚体内任意两点 A、B 间的距离保持不变，即 $\mathrm{d}\boldsymbol{r}_{AB}=0$，故刚体内各质点间相互作用的内力的功之和恒等于零。

5. 摩擦力的功

摩擦力一般阻碍物体的运动，摩擦力的方向总是与两物体接触区的相对滑动趋势方向或相对滑动方向相反，所以，一般来说，摩擦力做负功；但当摩擦力对物体起着主动力的作用时，即摩擦力方向与作用点运动方向相同时，摩擦力做正功。

设物块在固定支承面滑动，如图 8.1.7(a) 所示，其动滑动摩擦力为 $F_\mathrm{d}=f_\mathrm{d}F_\mathrm{N}$，式中，$f_\mathrm{d}$ 为动摩擦因数，$\boldsymbol{F}_\mathrm{N}$ 为法向约束力。当 F_d 不变时，物块滑行的路程为 s，摩擦力 $\boldsymbol{F}_\mathrm{d}$ 做功为

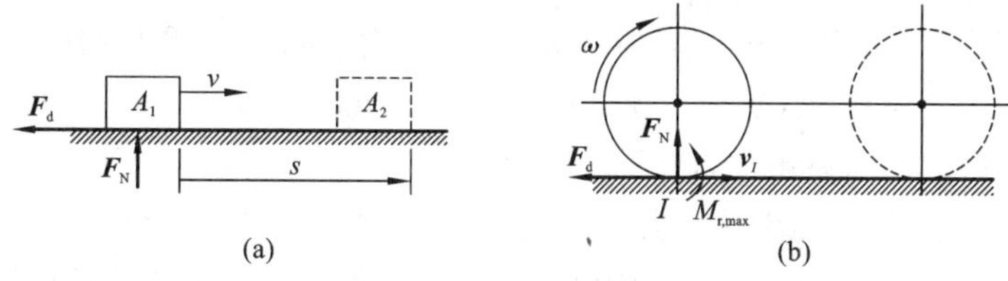

图 8.1.7

$$W=-F_\mathrm{d}s=-f_\mathrm{d}F_\mathrm{N}s\tag{8.1.13}$$

若支承面也运动，可把支承面与物块看成一个系统，而物块与支承面之间相互作用的动滑动摩擦力为一对内力，可通过式(8.1.12) 求这对内力的功。当摩擦力大小 F_d 不变，接触点相对滑行的路程为 s'，这对摩擦力所做的功为

$$W=-F_\mathrm{d}s'=-f_\mathrm{d}F_\mathrm{N}s'\tag{8.1.14}$$

但是，当物块与支承面之间无相对滑动时，它们之间的摩擦力为静滑动摩擦力。此时，不论支承面是否运动，这对静滑动摩擦力的功恒等于零。皮带传动中若带、轮之间不打滑，皮带不伸长，皮带轮之间的静滑动摩擦力的功恒等于零，否则皮带轮之间将出现动摩擦力，其所做的功应按式(8.1.14) 计算。

轮子在固定支承面上运动时，如图 8.1.7(b) 所示。若轮子又滑又滚，则滑动中轮与支承面相互的动滑动摩擦力可看成一对内力，其元功可按式(8.1.12) 计算，得

$$\delta W=-F_\mathrm{d}\mathrm{d}s=-f_\mathrm{d}F_\mathrm{N}\mathrm{d}s\tag{8.1.15}$$

式中，$\mathrm{d}s$ 为轮与支承面接触点之间的微小路程。若接触点间相对滑动速度为 v_I，则

$$\mathrm{d}s = v_I\mathrm{d}t,\quad \delta W = -F_{\mathrm{d}}\mathrm{d}s = -f_{\mathrm{d}}F_{\mathrm{N}}v_I\mathrm{d}t$$

若轮子只滚不滑则出现静滑动摩擦力，此时 $v_I = 0$，摩擦力的功率为零，因此 $\delta W = 0$，即不论支承面是否运动，轮与支承面之间的滑动摩擦力做功之和恒等于零。

【说明】 纯滚动时静滑动摩擦力所做的功为零，也可以通过将静滑动摩擦力平移至轮心计算来证明。

轮滚动时，滚动摩阻力偶也做功，设最大滚动摩阻力偶矩为 $M_{\mathrm{r,max}}$，滚过的圆心角为 $\mathrm{d}\varphi$，则其元功为

$$\delta W = -M_{\mathrm{r,max}}\mathrm{d}\varphi \tag{8.1.16}$$

不过，由于 $M_{\mathrm{r,max}}$ 一般很小，滚动摩阻力偶的功，常略去不计。

8.2 虚位移的概念与分析方法

8.2.1 虚位移的概念

在非自由质点系中，由于约束的作用，各质点的位移必须遵循约束所限定的条件，即各质点的位移必须以不破坏约束为前提。这个位移实际上并未发生，而是假想的，因此它并不需要经历时间。从这个意义上讲，这是一种虚设的位移。由此引出虚位移的定义：质点（或质点系）在给定瞬时，约束所容许的假想的任何无限小的位移，称为质点（或质点系）的**虚位移**或**可能位移**。通常记作 $\delta \boldsymbol{r}$，数学上称为**变分**，δ 为变分符号（附录 A 中有变分运算的简单介绍），它表示变量与时间历程无关的微小变更，以区别于实位移 $\mathrm{d}\boldsymbol{r}$。

例如，受固定曲面 S 约束的质点 A，在满足曲面约束的条件下，质点 M 在曲面该点的切面 T 上的任何方向上的微小位移 $\delta \boldsymbol{r}$（见图 8.2.1），即为该质点的虚位移；而任何脱离此切面的位移，必定破坏了曲面对质点的约束条件，都不是虚位移。

又如图 8.2.2 所示，杠杆 AB 受铰支座 O 约束，设杆转过一微小角 $\delta\theta$，直杆上除点 O 外，均获得了相应的位移。观察杆上点 M，经过一段弧长 $\overset{\frown}{MM'}$，到达 M' 点，因 $\delta\theta$ 是微小的，M 点的位移 $\delta \boldsymbol{r}_M$ 的大小（即弦长 $\overline{MM'}$）近似地等于弧长 $\overset{\frown}{MM'}$，并认为垂直于 OM，即

$$\delta r_M = \overline{OM}\cdot\delta\theta$$

同样，$\delta r_A = \overline{OA}\cdot\delta\theta$，$\delta r_B = \overline{OB}\cdot\delta\theta$，方向如图 8.2.2 所示。

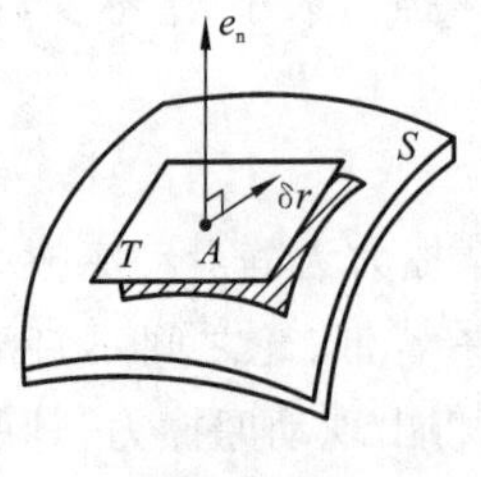

图 8.2.1

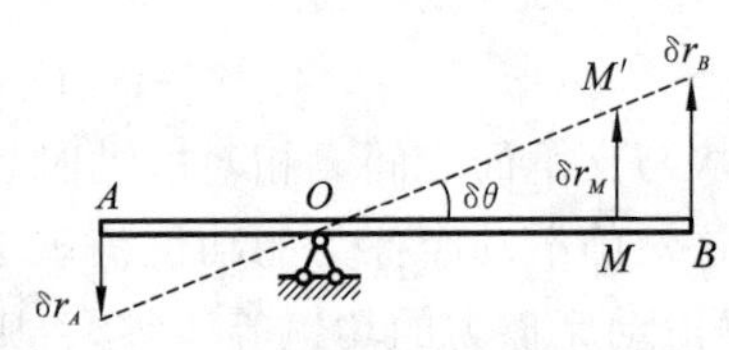

图 8.2.2

那么虚位移与实位移有何区别呢?虚位移是可能位移，它是一个纯粹的几何概念，它仅依赖于约束条件；而实位移是真实位移，不仅取决于约束条件，还与时间和作用力有关。因此存在以下差异：

如一个静止质点可以有虚位移，但肯定没有实位移；其次虚位移是微小位移，而实位移可以是微小值，也可以是有限值。

虚位移与实位移的关系为：

(1) 在完整定常系统中，微小的实位移是虚位移之一，如图 8.2.3(a) 所示。

这是因为，若将完整系统的约束方程记为：

$$f_j(x_i, y_i, z_i, t) = 0 \quad i = 1,2,\cdots,n; j = 1,2,\cdots,l; l < 3n \tag{a}$$

并假定在 t 瞬时系统中的点由 (x_i, y_i, z_i) 产生了虚位移 δx_i、δy_i、δz_i，而到达新的点 $(x_i + \delta x_i, y_i + \delta y_i, z_i + \delta z_i)$，则由虚位移的定义可知，新的位置仍要满足约束方程，即

$$f_j(x_i + \delta x_i, y_i + \delta y_i, z_i + \delta z_i, t) = 0 \tag{b}$$

将上式展开为 Taylor 级数，可得

$$\begin{aligned} & f_j(x_i + \delta x_i, y_i + \delta y_i, z_i + \delta z_i, t) \\ & = f_j(x_i + \delta x_i, y_i + \delta y_i, z_i + \delta z_i, t) + \sum_{i=1}^{n}\left(\frac{\partial f_j}{\partial x_i}\delta x_i + \frac{\partial f_j}{\partial y_i}\delta y_i + \frac{\partial f_j}{\partial z_i}\delta z_i\right) + \text{h. o. t} \end{aligned} \tag{c}$$

其中，h. o. t 表示高阶微量项。将式(a)、(b) 代入上式，略去高阶微量项，即得：

$$\sum_{i=1}^{n}\left(\frac{\partial f_j}{\partial x_i}\delta x_i + \frac{\partial f_j}{\partial y_i}\delta y_i + \frac{\partial f_j}{\partial z_i}\delta z_i\right) = 0 \quad j = 1,2,\cdots,l \tag{d}$$

式(d) 即是完整约束加在虚位移 δx_i、δy_i、δz_i 上的限制条件。

若产生的是实位移，则易得完整约束加在虚位移 $\mathrm{d}x_i$、$\mathrm{d}y_i$、$\mathrm{d}z_i$ 上的限制为

$$\sum_{i=1}^{n}\left(\frac{\partial f_j}{\partial x_i}\mathrm{d}x_i + \frac{\partial f_j}{\partial y_i}\mathrm{d}y_i + \frac{\partial f_j}{\partial z_i}\mathrm{d}z_i\right) + \frac{\partial f_j}{\partial t}\mathrm{d}t = 0 \tag{e}$$

若 f_j 中不含时间 t，则式(e) 可表示为

$$\sum_{i=1}^{n}\left(\frac{\partial f_j}{\partial x_i}\mathrm{d}x_i + \frac{\partial f_j}{\partial y_i}\mathrm{d}y_i + \frac{\partial f_j}{\partial z_i}\mathrm{d}z_i\right) = 0 \tag{f}$$

比较式(d) 和式(f) 可知：在完整定常约束下，实位移是虚位移中的一个。

(2) 在非定常系统中，微小的实位移一般不再成为虚位移之一。如图 8.2.3(b) 所示滑块 A 搁在倾角为 θ 的斜面上，斜面以速度 $\boldsymbol{v}$ 沿水平方向运动。在任意时刻 t，滑块的虚位移($\delta\boldsymbol{r}_1$，$\delta\boldsymbol{r}_2$) 均沿斜面，而在 Δt 时间内，滑块的实位移则为 $\mathrm{d}\boldsymbol{r}$，它由沿斜面的相对位移与随三棱体运动的牵连位移合成而得。也可以通过比较关系式(d) 和式(e) 得到该结论。但可以证明，当约束方程对速度是齐次时，实位移则是虚位移中的一个。理论力学中主要讨论受完整定常约束的质点系。

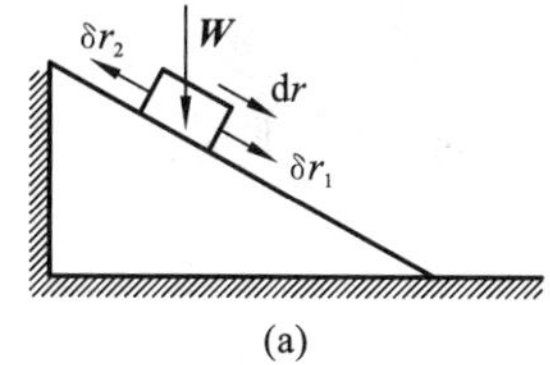

(a)

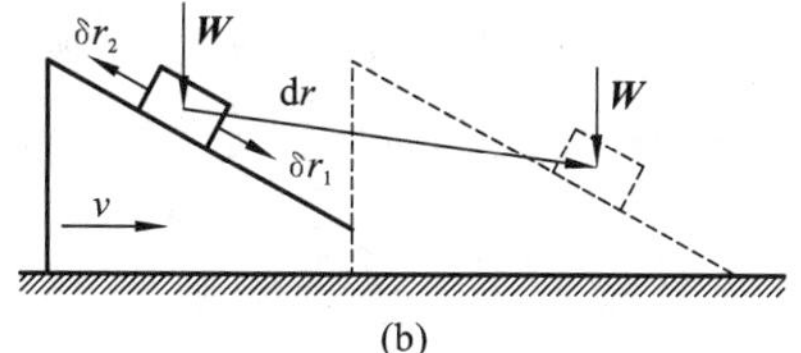

(b)

图 8.2.3

8.2.2 虚位移的分析方法

受约束的质点系，为了不破坏约束性质，质点系内各质点的虚位移必须满足一定的关系，而且独立的虚位移个数等于质点系的自由度数目。建立质点系中质点之间的虚位移关系往往是本章求解问题的关键。下面介绍分析质点系虚位移关系的两种主要方法。

1. 几何法

在完整定常约束条件下，微小的实位移是虚位移之一。因此，可以用质点间实位移的关系来

给出质点间虚位移的关系。由运动学可知，质点无限小实位移与该点的速度成正比，$\mathrm{d}r = v\mathrm{d}t$，所以可用分析速度的方法来建立质点间虚位移的关系。

类似于点的速度合成定理，在讨论动点的虚位移时，如果引入静系和动系，可以类似地定义绝对虚位移 $\delta \boldsymbol{r}_a$、相对虚位移 $\delta \boldsymbol{r}_r$ 和牵连虚位移 $\delta \boldsymbol{r}_e$，并且也有**虚位移合成定理**

$$\delta \boldsymbol{r}_a = \delta \boldsymbol{r}_e + \delta \boldsymbol{r}_r \tag{8.2.1}$$

对于作平面运动的刚体上不同点(例如 A、B 两点)的虚位移之间的关系，也可以像讨论作平面运动的刚体上不同点的速度之间的关系那样，建立同一个刚体上不同点的虚位移之间的关系

$$\delta \boldsymbol{r}_B = \delta \boldsymbol{r}_A + \delta \boldsymbol{r}_{BA} \tag{8.2.2}$$

其中，$\delta \boldsymbol{r}_{BA}$ 为 B 点相对于 A 点的虚位移，方向垂直于 AB 连线。

在式(8.2.2)的基础上，易得**虚位移投影定理**(类似于速度投影定理)，即同一刚体上的 A、B 两点的虚位移在 A、B 两点连线上的投影相等

$$[\delta \boldsymbol{r}_B]_{AB} = [\delta \boldsymbol{r}_A]_{AB} \tag{8.2.3}$$

同时，还可以建立**虚位移中心**的概念(类似于速度瞬心)，即某瞬时，作平面运动的刚体上一点的虚位移为零(该处即为虚位移中心)，而其他点的虚位移大小与到虚位移中心的距离成正比，方向垂直于该点与虚位移中心的连线方向。

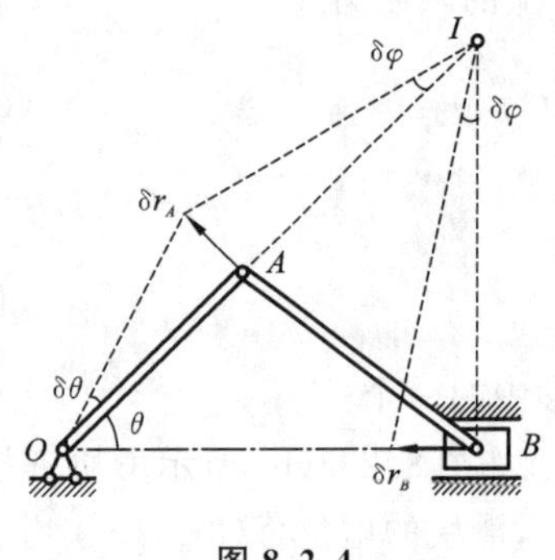

图 8.2.4

熟练利用以上有关虚位移的结论，对于快速利用虚位移原理求解静力学问题至关重要。

例如在图 8.2.4 所示机构中，当给以虚位移 $\delta\theta$ 时，直杆上各点的虚位移的分布规律都与速度的分布规律相同。于是 A、B 两点虚位移的大小关系可通过先确定虚位移中心 I(与速度瞬心相同)求得

$$\frac{\delta r_A}{\delta r_B} = \frac{\overline{IA}\cdot\delta\varphi}{\overline{IB}\cdot\delta\varphi} = \frac{\overline{IA}}{\overline{IB}}$$

2. 解析法

设由 n 个质点组成的质点系受到 s 个完整、双侧和定常的约束，具有 $k = 3n - s$ 个自由度。以 k 个广义坐标 $q_1, q_2, \cdots, q_k$ 来确定质点系的位置。

$$\boldsymbol{r}_i = \boldsymbol{r}_i(q_1, q_2, \cdots, q_k) \quad i = 1,2,\cdots,n \tag{8.2.4}$$

当质点系发生虚位移时，各广义坐标分别有微小的变更(称为广义虚位移) $\delta q_1, \delta q_2, \cdots, \delta q_k$，任一质点的虚位移 $\delta \boldsymbol{r}_i$ 可表示为 k 个独立变分 $\delta q_1, \delta q_2, \cdots, \delta q_k$ 的函数。即对式(8.2.4)求变分(虚位移)得

$$\delta \boldsymbol{r}_i = \frac{\partial \boldsymbol{r}_i}{\partial q_1}\delta q_1 + \frac{\partial \boldsymbol{r}_i}{\partial q_2}\delta q_2 + \cdots + \frac{\partial \boldsymbol{r}_i}{\partial q_k}\delta q_k = \sum_{j=1}^{k} \frac{\partial \boldsymbol{r}_i}{\partial q_j}\delta q_j \quad i = 1,2,\cdots,n \tag{8.2.5}$$

例如，一双摆(见图 8.2.5)，两质点 A、B 用两根相同长度的刚性杆连接，在铅垂面内绕轴 O 运动。此系统具有两个自由度，取广义坐标为 φ、θ，则点 A、B 的坐标可表示为广义坐标的函数。

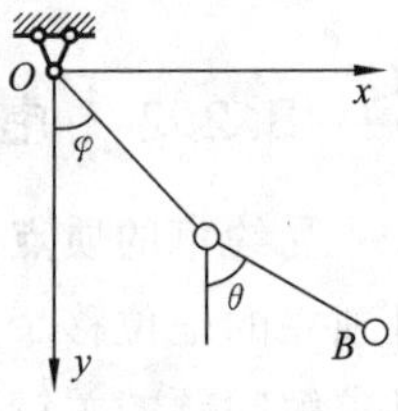

图 8.2.5

$$\begin{cases} x_A = l\sin\varphi \\ y_A = l\cos\varphi \\ x_B = l\sin\varphi + l\sin\theta \\ y_B = l\cos\varphi + l\cos\theta \end{cases} \tag{g}$$

对式(g) 求变分，即得各点的虚位移表示为独立变分 $\delta\varphi$，$\delta\theta$ 的函数为

$$\begin{cases}\delta x_A = \dfrac{\partial x_A}{\partial\varphi}\delta\varphi + \dfrac{\partial x_A}{\partial\theta}\delta\theta = l\cos\varphi\delta\varphi \\ \delta y_A = \dfrac{\partial y_A}{\partial\varphi}\delta\varphi + \dfrac{\partial y_A}{\partial\theta}\delta\theta = -l\sin\varphi\delta\varphi \\ \delta x_B = \dfrac{\partial x_B}{\partial\varphi}\delta\varphi + \dfrac{\partial x_B}{\partial\theta}\delta\theta = l\cos\varphi\delta\varphi + l\cos\theta\delta\theta \\ \delta y_B = \dfrac{\partial y_B}{\partial\varphi}\delta\varphi + \dfrac{\partial y_B}{\partial\theta}\delta\theta = -l\sin\varphi\delta\varphi - l\sin\theta\delta\theta\end{cases} \tag{h}$$

有时一点处的虚位移情况可能比较复杂，例如已知一点虚位移在两个方向的投影，如何求在第三个方向(力的方向)的投影？

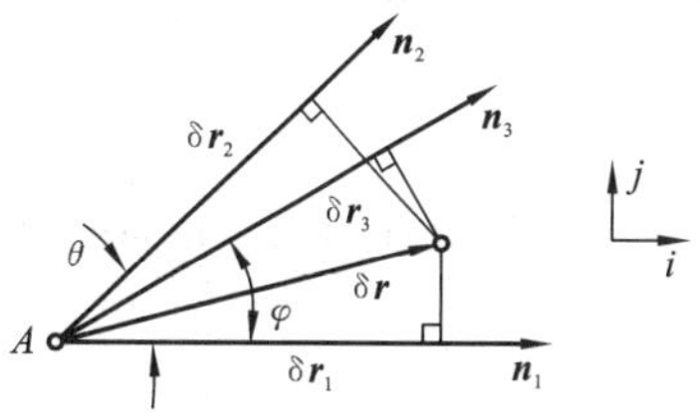

如图 8.2.6 所示，已知 A 点的虚位移在 $\boldsymbol{n}_1$、$\boldsymbol{n}_2$ 两个方向的投影分别为 δr_1 和 δr_2，则有

$$\delta\boldsymbol{r}\cdot\boldsymbol{n}_1 = \delta r_1, \quad \delta\boldsymbol{r}\cdot\boldsymbol{n}_2 = \delta r_2$$

图 8.2.6

若以 $\boldsymbol{n}_1$ 方向为 $\boldsymbol{i}$(标准单位矢量) 的方向，$\boldsymbol{n}_2$ 方向与 $\boldsymbol{n}_1$ 方向的夹角为 θ，$\boldsymbol{n}_3$ 方向与 $\boldsymbol{n}_1$ 方向的夹角为 φ。则

$$\delta\boldsymbol{r}\cdot\boldsymbol{i} = \delta r_1, \quad \delta\boldsymbol{r}\cdot(\cos\theta\boldsymbol{i} + \sin\theta\boldsymbol{j}) = \delta r_2$$

计算可得：

$$\delta\boldsymbol{r}\cdot\boldsymbol{j} = \frac{\delta r_2 - \delta r_1\cos\theta}{\sin\theta}$$

由 $\delta\boldsymbol{r}\cdot\boldsymbol{i}$ 和 $\delta\boldsymbol{r}\cdot\boldsymbol{j}$ 的表达式，可计算在第三个方向 $\boldsymbol{n}_3$ 的投影为

$$\delta r_3 = \delta\boldsymbol{r}\cdot\boldsymbol{n}_3 = \delta r\cdot(\cos\varphi\boldsymbol{i} + \sin\varphi\boldsymbol{j}) = \cos\varphi\delta r_1 + \sin\varphi\cdot\frac{\delta r_2 - \delta r_1\cos\theta}{\sin\theta}$$

即

$$\delta r_3 = \frac{\delta r_1\sin(\theta - \varphi) + \delta r_2\sin\varphi}{\sin\theta} \tag{8.2.6}$$

【推论】 (1) 当 $\theta \neq 0$，$\delta r_1 = \delta r_2 = 0$ 时，有：$\delta r_3 = 0$。

(2) 当 $\theta = 90°$ 时，有 $\delta r_3 = \delta r_1\cos\varphi + \delta r_2\sin\varphi$。这与直角坐标系旋转所得结论一致。

【说明】 (1) 在应用公式时，应注意方向及角度的含义。(2) 空间情况下的虚位移在给定方向的投影，也可照此思路计算，有兴趣的读者请参考文献[24]，不在此介绍。

8.3 虚位移原理

在讲述虚位移原理之前，先引入虚功和理想约束的概念。

8.3.1 虚功

作用于质点或质点系上的力在给定虚位移上所做的功称为虚功，记作 $\delta W = \boldsymbol{F}\cdot\delta\boldsymbol{r}$。若 $\boldsymbol{F} = F_x\boldsymbol{i} + F_y\boldsymbol{j} + F_z\boldsymbol{k}$，$\delta\boldsymbol{r} = \delta x\boldsymbol{i} + \delta y\boldsymbol{j} + \delta z\boldsymbol{k}$，则

$$\delta W = (F_x\boldsymbol{i} + F_y\boldsymbol{j} + F_z\boldsymbol{k})\cdot(\delta x\boldsymbol{i} + \delta y\boldsymbol{j} + \delta z\boldsymbol{k}) = F_x\delta x + F_y\delta y + F_z\delta z \tag{8.3.1}$$

虚功的计算与力在真实微小位移上所做元功的计算是一样的。但需指出，由于虚位移是假想的，不是真实发生的，故虚功也是假想的。

8.3.2 理想约束

约束力在相应的虚位移上所做的虚功或虚功之和等于零的约束称为**理想约束**。可表示为

$$\delta W = \sum \boldsymbol{F}_{\mathrm{N}i} \cdot \delta \boldsymbol{r}_i = 0 \tag{8.3.2}$$

若在空间直角坐标系中，将约束反力和虚位移分别表示为

$$\boldsymbol{F}_{\mathrm{N}i} = F_{\mathrm{N}ix}\boldsymbol{i} + F_{\mathrm{N}iy}\boldsymbol{j} + F_{\mathrm{N}iz}\boldsymbol{k}, \quad \delta\boldsymbol{r}_i = \delta x_i\boldsymbol{i} + \delta y_i\boldsymbol{j} + \delta z_i\boldsymbol{k}$$

则式(8.3.2)可表示为

$$\sum_{i=1}^{n}(F_{\mathrm{N}ix}\delta x_i + F_{\mathrm{N}iy}\delta y_i + F_{\mathrm{N}iz}\delta z_i) = 0 \tag{8.3.3}$$

若用广义坐标$(q_1, q_2, \cdots, q_N)$表示，由 $\boldsymbol{r}_i = \boldsymbol{r}_i(q_1, q_2, \cdots, q_N)$，两边取变分运算可得

$$\delta\boldsymbol{r}_i = \sum_{j=1}^{N}\frac{\partial \boldsymbol{r}_i}{\partial q_j}\delta q_j \tag{8.3.4}$$

将式(8.3.4)代入式(8.3.2)，可得

$$\sum \boldsymbol{F}_{\mathrm{N}i} \cdot \delta\boldsymbol{r}_i = \sum_{i=1}^{n}\boldsymbol{F}_{\mathrm{N}i} \cdot \sum_{j=1}^{N}\frac{\partial \boldsymbol{r}_i}{\partial q_j}\delta q_j = \sum_{j=1}^{N}\left(\sum_{i=1}^{n}\boldsymbol{F}_{\mathrm{N}i} \cdot \frac{\partial \boldsymbol{r}_i}{\partial q_j}\right)\delta q_j = 0$$

从而，可得理想约束的广义坐标表示为

$$\sum_{j=1}^{N}Q_j\delta q_j = 0 \tag{8.3.5}$$

其中

$$Q_j = \sum_{i=1}^{n}\boldsymbol{F}_{\mathrm{N}i} \cdot \frac{\partial \boldsymbol{r}_i}{\partial q_j} \tag{8.3.6}$$

称为**广义约束力**。

理想约束是现实生活中的约束的抽象化模型，它代表了大多数约束的力学性质。一般来说，凡是没有摩擦或摩擦力不做功的约束都属于理想约束。

(1) 光滑固定支承面和滚动铰链支座。如图 8.3.1(a)、(b) 所示，这两类约束的约束力 $\boldsymbol{F}_{\mathrm{N}}$ 总是垂直于力的作用点 A 的虚位移，因此其虚功为零。

(2) 光滑固定铰链支座和轴承。如图 8.3.2(a)、(b) 所示，这两种约束在构件和轴出现微小转角的虚位移时约束力的作用点保持不动，因此约束力的虚功之和为零。

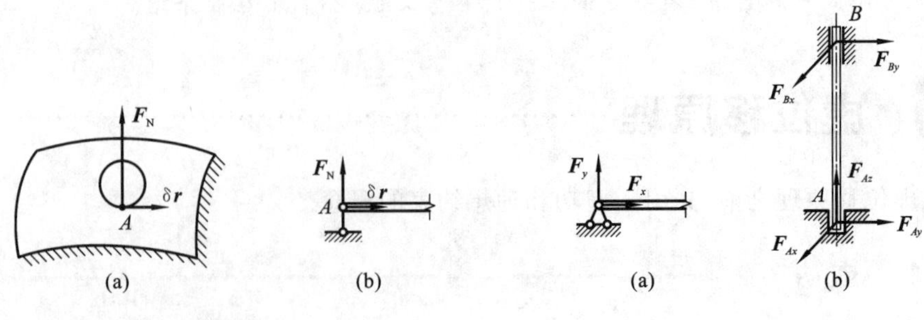

图 8.3.1　　图 8.3.2

(3) 连接物体的光滑铰链。如图 8.3.3 所示，连接杆 AB 和 AC 的光滑铰链，其约束力 $\boldsymbol{F}$ 与 $\boldsymbol{F}'$ 作用于 A 点，并且是一对作用力与反作用力，因此 $\boldsymbol{F} = -\boldsymbol{F}'$。在 A 点的虚位移 $\delta\boldsymbol{r}$ 中，这两个力的功

之和为

$$\delta W = \boldsymbol{F} \cdot \delta \boldsymbol{r} + \boldsymbol{F}' \cdot \delta \boldsymbol{r} = (\boldsymbol{F} + \boldsymbol{F}') \cdot \delta \boldsymbol{r} = 0$$

即连接物体的光滑铰链对各物体作用力的虚功之和为零。

(4) 无重刚杆。无重刚杆 AB 连接两个物体，由于刚杆重量不计，因此其约束力 $\boldsymbol{F}$ 与 $\boldsymbol{F}'$ 应是一对大小相等、方向相反且共线的平衡力（见图 8.3.4）。设 A 和 B 点的虚位移分别为 $\delta \boldsymbol{r}_A$ 和 $\delta \boldsymbol{r}_B$，则 $\boldsymbol{F}$ 与 $\boldsymbol{F}'$ 的虚功之和为

$$\delta W = \boldsymbol{F} \cdot \delta \boldsymbol{r}_A + \boldsymbol{F}' \cdot \delta \boldsymbol{r}_B = -F \delta r_A \cos\theta_A + F' \delta r_B \cos\theta_B = F \delta r_B \cos\theta_B - F \delta r_A \cos\theta_A$$

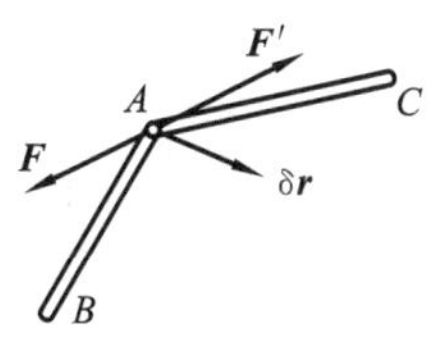

图 8.3.3

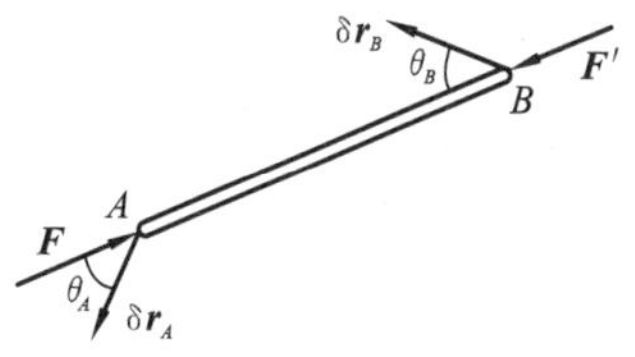

图 8.3.4

考虑到刚杆上 A 和 B 点之间的距离不变，因此这两点的微小位移在其连线上的投影相等，即为：$\delta r_A \cos\theta_A = \delta r_B \cos\theta_B$。代入上式，得：$\delta W = 0$。即：无重刚杆约束力的虚功之和为零。

(5) 连接两物体的不可伸长的柔索。穿过光滑环 C 的柔索，其 A 和 B 端分别与物体相连接（见图 8.3.5）。柔索作用于物体的约束力分别为 $\boldsymbol{F}_1$ 和 $\boldsymbol{F}_2$，A 和 B 点的虚位移分别为 $\delta \boldsymbol{r}_A$ 和 $\delta \boldsymbol{r}_B$。两个约束力的虚功之和为

$$\delta W = \boldsymbol{F}_1 \cdot \delta \boldsymbol{r}_A + \boldsymbol{F}_2 \cdot \delta \boldsymbol{r}_B = -F_1 \delta r_A \cos\theta_A + F_2 \delta r_B \cos\theta_B$$

由于 $F_1 = F_2$，则

$$\delta W = F_1 (\delta r_B \cos\theta_B - \delta r_A \cos\theta_A)$$

又：柔索不可伸长，从而有：$\delta r_A \cos\theta_A = \delta r_B \cos\theta_B$。于是可得

$$\delta W = 0$$

即：不可伸长柔索的约束力虚功之和为零。

(6) 刚体在固定面上无滑动的滚动。此时固定面作用于刚体接触点 A 上的约束力有法向约束力 $\boldsymbol{F}_N$ 和摩擦力 $\boldsymbol{F}$（见图 8.3.6）。约束力虚功之和为

$$\delta W = (\boldsymbol{F} + \boldsymbol{F}_N) \cdot \delta \boldsymbol{r}_A$$

式中，$\delta \boldsymbol{r}_A$ 为刚体上 A 点的虚位移。由于刚体在固定面上无相对滑动，所以刚体和固定面的两个接触点之间无相对速度，即刚体上的接触点 A 的速度大小 $v_A = 0$，或 $v_A = \dfrac{dr_A}{dt} = 0$。即

$$dr_A = v_A dt = 0$$

式中 dr_A 为刚体上 A 点的微小实位移的大小。现在所研究的约束是定常约束，在此条件下实位移可转化为虚位移，因此有：$\delta r_A = dr_A = 0$。于是得：$\delta W = 0$。即刚体在固定面上作无滑动的滚动时，约束力的虚功之和为零。

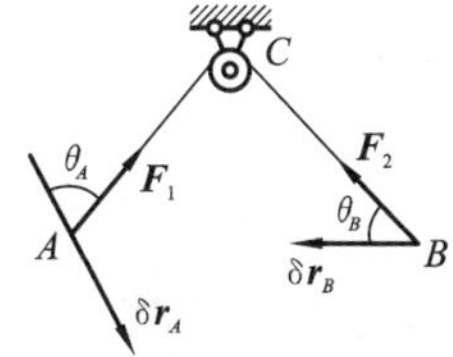

图 8.3.5

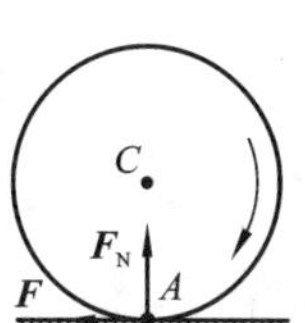

图 8.3.6

8.3.3 虚位移原理

虚位移原理(虚功原理)是约翰·伯努利(J. Bernoulli,1667—1748)在1717年提出的,可表述为:具有双侧、定常、理想约束的质点系,在某一位形能继续保持静止平衡的必要与充分条件是:所有主动力在质点系的任何虚位移中的元功之和等于零。

以 $\boldsymbol{F}_i$ 表示作用于质点系中某质点上主动力的合力,$\delta\boldsymbol{r}_i$ 表示该质点的虚位移,则虚位移原理的矢量表达式为

$$\delta W=\sum_{i=1}^{n}\boldsymbol{F}_i\cdot\delta\boldsymbol{r}_i=0 \tag{8.3.7}$$

或用解析式表示为

$$\delta W=\sum_{i=1}^{n}(F_{ix}\delta x_i+F_{iy}\delta y_i+F_{iz}\delta z_i)=0 \tag{8.3.8}$$

式中,F_{ix}、F_{iy}、F_{iz} 和 δx_i,δy_i,δz_i 分别表示主动力 $\boldsymbol{F}_i$ 和虚位移 $\delta\boldsymbol{r}_i$ 在 x、y、z 轴上的投影。

现在证明虚位移原理。先证明必要性,再证明充分性。

(1) 必要性。命题:如质点系处于平衡,则式(8.3.7)成立。

当质点系平衡时,质点系中各质点均应平衡,因而作用于第 i 个质点上的主动力合力 $\boldsymbol{F}_i$ 与约束力的合力$\boldsymbol{F}_{Ni}$ 之和必为零,即:$\boldsymbol{F}_i+\boldsymbol{F}_{Ni}=0(i=l,2,\cdots,n)$。令此质点具有任意虚位移 $\delta\boldsymbol{r}_i$,则 $\boldsymbol{F}_i$ 与$\boldsymbol{F}_{Ni}$ 在虚位移上元功之和必等于零,有

$$(\boldsymbol{F}_i+\boldsymbol{F}_{Ni})\cdot\delta\boldsymbol{r}_i=0 \quad i=1,2,\cdots,n$$

将上述 n 个等式相加,得

$$\sum_{i=1}^{n}(\boldsymbol{F}_i+\boldsymbol{F}_{Ni})\cdot\delta\boldsymbol{r}_i=\sum_{i=1}^{n}\boldsymbol{F}_i\cdot\delta\boldsymbol{r}_i+\sum_{i=1}^{n}F_{Ni}\cdot\delta\boldsymbol{r}_i=0$$

根据理想约束的条件$\sum_{i=1}^{n}\boldsymbol{F}_{Ni}\cdot\delta\boldsymbol{r}_i=0$,故得:$\sum_{i=1}^{n}\boldsymbol{F}_i\cdot\delta\boldsymbol{r}_i=0$。

(2) 充分性。命题:如式(8.3.7)成立,则质点系开始时处于静止(注意:分析静力学中的平衡概念,是指质点系内各个质点相对惯性系原来处于静止,在主动力系作用下仍然保持静止状态。否则虚功方程条件不充分)。

采用反证法。设式(8.3.7)成立,而质点系不平衡;则在质点系中至少有1个质点将离开平衡位置从静止开始作加速运动,这时该质点在主动力、约束力的合力$\boldsymbol{F}_{Ri}=\boldsymbol{F}_i+\boldsymbol{F}_{Ni}$ 作用下必有实位移 $d\boldsymbol{r}_i$,且实位移方向与合力方向一致,于是$\boldsymbol{F}_{Ri}$ 将做正功。在定常约束的情况下,实位移 $d\boldsymbol{r}_i$ 必为虚位移 $\delta\boldsymbol{r}_i$ 之一。于是有

$$\boldsymbol{F}_{Ri}\cdot\delta\boldsymbol{r}_i=(\boldsymbol{F}_i+\boldsymbol{F}_{Ni})\cdot\delta\boldsymbol{r}_i>0$$

对于每一个进入运动的质点,都可以写出这样类似的不等式,而对于平衡的质点仍可得到等式。将所有质点的表达式相加,必有

$$\sum_{i=1}^{n}(\boldsymbol{F}_i\cdot\delta\boldsymbol{r}_i+\boldsymbol{F}_{Ni}\cdot\delta\boldsymbol{r}_i)>0$$

根据理想约束条件$\sum_{i=1}^{n}\boldsymbol{F}_{Ni}\cdot\delta\boldsymbol{r}_i=0$,由上式可得:$\sum_{i=1}^{n}\boldsymbol{F}_i\cdot\delta\boldsymbol{r}_i>0$。此结果与证明中所假设的条件矛盾。所以,质点系不可能进入运动,而必定成平衡状态。

【说明】 (1) 虽然应用虚位移原理的条件是质点系应具有理想约束,但也可以用于有滑动摩擦力做功的情况,这时只要把滑动摩擦力当作主动力,在虚功方程中计入滑动摩擦力所做的虚

功即可。(2) 虚位移原理是求解平衡问题的一般原理，对任何质点系均适用。对于受理想约束的复杂系统的平衡问题，由于虚功方程中不会出现理想约束的约束力，从而避免了很多未知量的求解，使计算过程大为简化。(3) 与虚位移原理相对应，还有**虚力原理**，两者统称**虚功原理**。虚力原理一般安排在结构力学课程中，主要讨论已知荷载作用下微小变形的计算。

【例 8.3.1】 在图 8.3.7(a) 所示平面机构中，已知两杆长均为 $a+b$，物块的重力为 $\boldsymbol{W}$，弹簧的原长为 l，刚性系数为 k。试求机构平衡时 θ 应满足的条件。

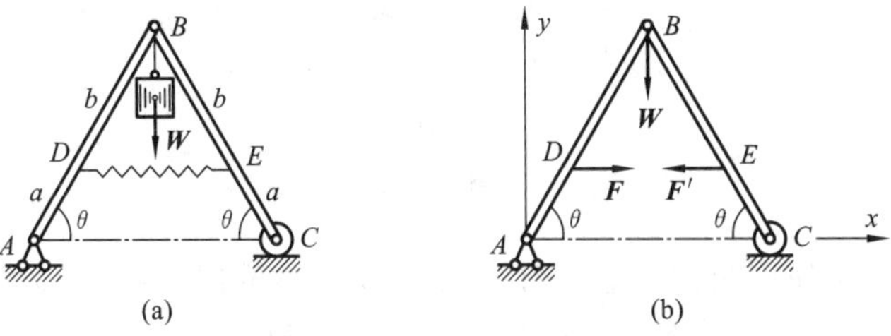

图 8.3.7

【解】 本机构的自由度为 1，取 θ 为广义坐标，建立如图 8.3.7(b) 所示的直角坐标系。

由于机构处于一般位置，故可以利用解析式求解。先作主动力的投影。主动力有重力和一对弹性力。有

$$F_{By}=-W,\quad F_{Dx}=F,\quad F_{Ex}=-F' \tag{a}$$

对应于力的投影，写出相应的坐标为

$$y_B=(a+b)\sin\theta,\quad x_D=a\cos\theta,\quad x_E=(a+2b)\cos\theta \tag{b}$$

对式(b) 进行变分，得

$$\delta y_B=(a+b)\cos\theta\delta\theta,\quad \delta x_D=-a\sin\theta\delta\theta,\quad \delta x_E=-(a+2b)\sin\theta\delta\theta \tag{c}$$

将式(a)、(c) 代入式(8.3.8)，有

$$(-W)(a+b)\cos\theta\delta\theta+F(-a\sin\theta\delta\theta)+(-F')[-(a+2b)\sin\theta\delta\theta]=0$$

注意到 $F=F'$，整理后得

$$[-W(a+b)\cos\theta+2Wb\sin\theta]\delta\theta=0$$

因 $\delta\theta\neq 0$，故有

$$-W(a+b)\cos\theta+2Fb\sin\theta=0$$

上式中，F 为弹性力，大小为 $F=k\Delta l=k(2b\cos\theta-l)$，代入得

$$\tan\theta=\frac{W(a+b)}{2kb(2b\cos\theta-l)}$$

上式是关于 θ 在静平衡状态下应满足的超越方程，由此可解出 θ 值，得到平衡位置。

【说明】 (1) 弹性力的大小认为是常量，不考虑由于虚位移的产生导致的变化量，因为由此而引起的虚功为高阶微量。(2) 利用解析法时，应将坐标系的原点置于固定不动的位置。若本例中的坐标原点置于 C 点，则可能会得出错误答案。

【思考】 如何利用几何法计算虚位移，并求解例 8.3.1 中的问题。

【例 8.3.2】 一多跨静定梁尺寸如图 8.3.8(a) 所示，已知：竖直力 F_1、F_2，力偶矩 M。试求支座 B 处的约束反力。

【解】 经分析可知，原结构为静定结构，自由度为零，不可能发生位移。为了应用虚位移原理求支座 B 的约束力，可将支座 B 去除，代之以约束力 $\boldsymbol{F}_B$(将此力看作主动力)。这样，整个结构

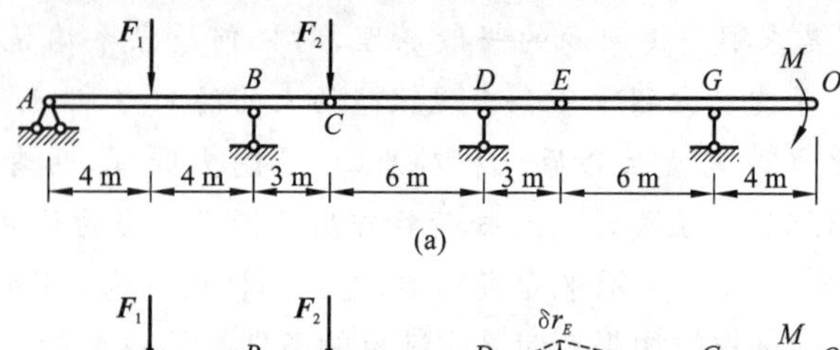

(a)

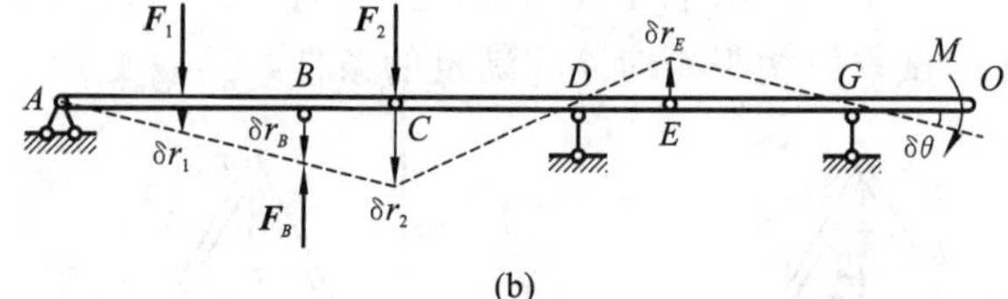

(b)

图 8.3.8

有了一个自由度，从而可使该结构产生如图 8.3.8(b) 所示的虚位移。建立虚功方程为

$$F_1\delta r_1 - F_B\delta r_B + F_2\delta r_2 + M\delta\theta = 0 \tag{a}$$

由几何关系有

$$\frac{\delta r_1}{\delta r_B}=\frac{4}{8}=\frac{1}{2},\frac{\delta r_2}{\delta r_B}=\frac{11}{8},\frac{\delta\theta}{\delta r_B}=\frac{1}{\delta r_B}\cdot\frac{\delta r_O}{4}=\frac{1}{\delta r_B}\cdot\frac{\delta r_E}{6}=\frac{1}{6\delta r_B}\cdot\frac{\delta r_2}{2}=\frac{1}{12}\times\frac{11}{8}=\frac{11}{96}$$

代入式(a) 有

$$\left(F_1 - F_B\times 2 + F_2\times\frac{11}{4} + M\times\frac{11}{48}\right)\delta r_1 = 0$$

因为 $\delta r_1 \neq 0$，所以，$F_1 - 2F_B + \frac{11}{4}F_2 + \frac{11}{48}M = 0$。得

$$F_B = \frac{1}{2}F_1 + \frac{11}{8}F_2 + \frac{11}{96}M(\uparrow)$$

【评注】 (1) 用虚位移原理求解约束力，只需逐个释放对应的约束，代之以力，使系统有一个自由度。这样虚功方程中只含一个未知力，使计算大为简化。(2) 对于有多个约束力的情况，例如固定端约束，可以逐个解除约束进行求解。

【思考】 按照上述方法，求解 A、D、G 处的约束反力。

【例 8.3.3】 刨床急回机构如图 8.3.9(a) 所示，已知：曲柄 AB 长 $r=0.5$ m，摇杆 CD 长 $l=2r$，在曲柄上作用有矩为 $M=60$ N·m的力偶。试求当 $\theta=60^\circ$、$\overline{CB}=r$ 时机构平衡所需的水平力 $\boldsymbol{F}$ 的大小。

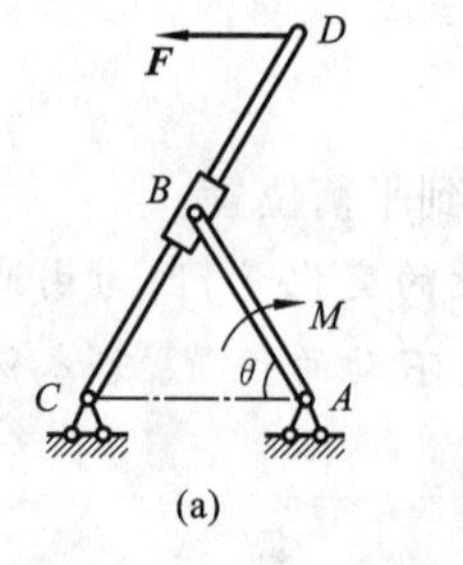

(a)

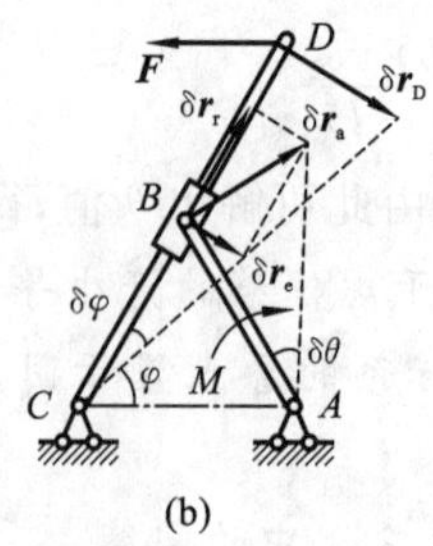

(b)

图 8.3.9

【解】 系统具有1个自由度，取 θ 为广义坐标，系统各虚位移如图 8.3.9(b) 所示。

根据 $\sum \boldsymbol{F}_i \cdot \delta\boldsymbol{r}_i = 0$，有

$$M\delta\theta - F\delta r_D\sin\varphi = 0 \tag{a}$$

若以铰节点 B 为动点，动系固结在杆 CD 上，则根据虚位移合成定理，有：$\delta\boldsymbol{r}_a = \delta\boldsymbol{r}_e + \delta\boldsymbol{r}_r$。从而可得

$$\delta r_a\cos[180^\circ - (\theta+\varphi)] = \delta r_e$$

注意到在图示位置 $\varphi=\theta=60^\circ$，又 $\delta r_A = r\delta\theta$，代入得 $\delta r_e = \frac{1}{2}r\delta\theta$，而 $\delta\varphi = \frac{\delta r_e}{r}$，$\delta r_D = l\delta\varphi = 2\delta r_e = r\delta\theta$，代入到式(a) 中，得：$M\delta\theta - Fr\delta\theta\frac{\sqrt{3}}{2}=0$。即

$$\left(M-\frac{\sqrt{3}}{2}Fr\right)\delta\theta=0$$

又 $\delta\theta\neq 0$，由此可得：

$$F=\frac{2M}{\sqrt{3}r}=\frac{2\times 60\ \text{N}\cdot\text{m}}{\sqrt{3}\times 0.5\ \text{m}}=138.56\ \text{N}$$

【思考】 能否利用解析法求解例 8.3.3 中的问题？

【评注】 对于有相对滑动虚位移的静力学问题，用虚位移的合成方法可以有效求解。

【例 8.3.4】 平面构架的尺寸及支座如图 8.3.10(a) 所示，三角形分布荷载的最大集度 $q=2\ \text{kN/m}$，$M=10\ \text{kN}\cdot\text{m}$，$F=2\ \text{kN}$，各杆自重不计。求 A 处的约束反力及杆 BD 的内力。

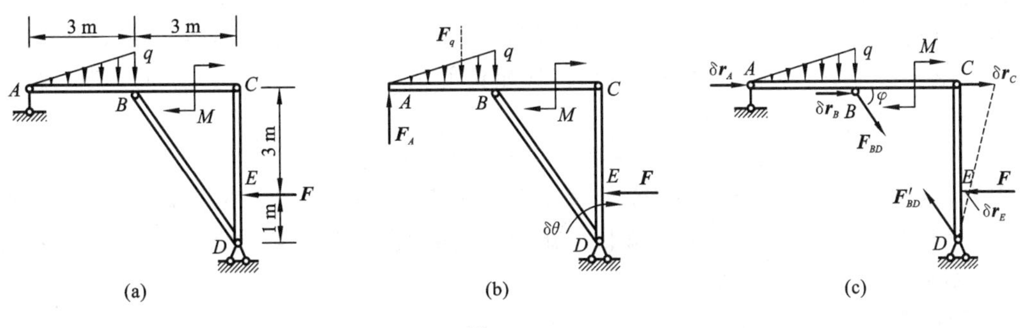

图 8.3.10

【解】 先求 A 处的约束反力。

解除 A 处的约束，代之以力 $\boldsymbol{F}_A$，如图 8.3.10(b) 所示。由图可知，杆 AC、BD、CD 三杆组成几何形状不变的机构，故整体的可能移动以 D 为轴心作定轴转动。若有图示虚位移 $\delta\theta$，则由虚位移原理及作用在定轴转动刚体上的力或力偶所做功的表达式(8.1.11a) 可得

$$F_A\cdot 6\ \text{m}\cdot\delta\theta-F_q\cdot 4\ \text{m}\cdot\delta\theta+M\cdot\delta\theta-F\cdot 1\ \text{m}\cdot\delta\theta=0$$

因 $\delta\theta\neq 0$，解之得

$$\begin{aligned}F_A&=\frac{1}{6\ \text{m}}(F_q\cdot 4\ \text{m}-M+F\cdot 1\ \text{m})\\&=\frac{1}{6\ \text{m}}\left(\frac{1}{2}\times 3\ \text{m}\times 2\ \text{kN/m}\times 4\ \text{m}-10\ \text{kN}\cdot\text{m}+2\ \text{kN}\times 1\ \text{m}\right)=0.67\ \text{kN}(\uparrow)\end{aligned}$$

再求杆 BD 的内力。

解除杆 BD，代之以力 $\boldsymbol{F}_{BD}$、$\boldsymbol{F}'_{BD}$，则 $F_{BD}=F'_{BD}$，如图 8.3.10(c) 所示。由图可知，杆 AC 作瞬时平动，杆 CD 作定轴转动，若 A 处的虚位移为 $\delta\boldsymbol{r}_A$，则 B、C 处的虚位移 $\delta\boldsymbol{r}_B$、$\delta\boldsymbol{r}_C$ 的大小均为 δr_A，由此可知，E 处的虚位移大小为：$\dfrac{\overline{ED}}{\overline{CD}}\cdot\delta r_C=\dfrac{1}{3}\delta r_A$。由虚位移原理可得

$$F_{BD}\cdot\delta r_B\cdot\cos\varphi-F\cdot\delta r_E=0$$

由此可得

$$F_{BD}=\frac{F}{\cos\varphi}\cdot\frac{\delta r_E}{\delta r_B}=\frac{F}{3/5}\cdot\frac{1}{3}=\frac{5}{9}F=1.11\ \text{kN}(\text{受拉})$$

【说明】 由例 8.3.4 可知，用虚位移原理求解平衡问题时，搞清楚物体的运动形式非常重要，这是寻找虚位移及其之间关系的基础，也是顺利求解问题的关键。

【例 8.3.5】 平面桁架的支座与荷载如图 8.3.11(a) 所示，已知 ABC 为等边三角形，E、G 分别为两腰的中点，且 $\overline{AD}=\overline{DB}=a$。试求杆 CD 的内力。

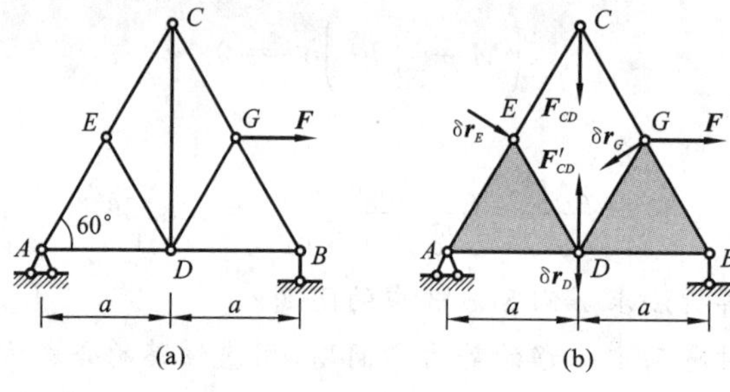

图 8.3.11

【解】 欲求杆 CD 的内力，需首先解除杆 CD，如图 8.3.11(b) 所示，易知解除杆 CD 后系统的自由度为1。由题意可知，三角形 ADE 和三角形 DBG 均为等边三角形。若 D 点的虚位移为 δr_D，则 E 点的虚位移为 $\delta r_E=\delta r_D$。由 D 点的虚位移和支座 B 的性质可知，B 为三角形 DBG 虚位移的中心，故有 $\delta r_G=\delta r_D$。由虚位移原理知

$$\boldsymbol{F}\cdot\delta\boldsymbol{r}_G+\boldsymbol{F}'_{CD}\cdot\delta\boldsymbol{r}_D+\boldsymbol{F}_{CD}\cdot\delta\boldsymbol{r}_C=0 \tag{a}$$

因为 C 点的虚位移在 CE 方向的投影等于 E 点的虚位移在 CE 方向的投影，故 C 点的虚位移在 CE 方向的投影为零。同理，C 点的虚位移在 CG 方向的投影也为零。由公式(8.2.6) 的推论(1)可知，C 点的虚位移 δr_C 必为零。

由式(a) 可得：$-F\cdot\delta r_G\cdot\cos30°-F'_{CD}\cdot\delta r_D=0$。即

$$F'_{CD}=F_{CD}=-F\cdot\cos30°=-\frac{\sqrt{3}}{2}F\text{(杆 }CD\text{ 受压)}$$

【例 8.3.6】 如图 8.3.12(a) 所示桁架承受荷载 $\boldsymbol{F}$ 作用，试用虚位移原理计算杆件 AK 的内力。

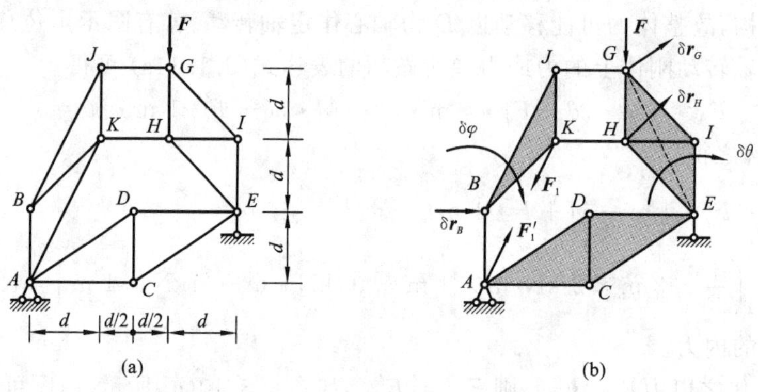

图 8.3.12

【解】 为了利用虚位移原理求解杆件 AK 的内力，将其解除并代之以两个等值反向的力 $\boldsymbol{F}_1$ 和 $\boldsymbol{F}'_1$，如图 8.3.12(b) 所示。解除杆件 AK 后，结构就成为自由度为1的机构。在该机构中，B 点的虚位移为水平方向，但 $ACED$ 部分因为约束不能移动，而 $EHGI$ 部分则可产生刚体运动。由于 E 点不动，故 $EHGI$ 部分只能绕 E 轴转动，从而可以确定 H、G 两点的虚位移的方向分别垂直于这两点与 E 点的连线。如果假定 $EHGI$ 绕 E 轴有一个虚转角 $\delta\theta$，则 H、G 两点虚位移的大小即为

$$\delta r_H=\overline{EH}\cdot\delta\theta=\sqrt{2}d\cdot\delta\theta$$

$$\delta r_G=\overline{EG}\cdot\delta\theta=\sqrt{5}d\cdot\delta\theta$$

从而由虚位移投影定理，可分别求得 K、J 两点的虚位移在水平方向投影的大小为

$$\delta r_{K,KH}=\delta r_{H,KH}=\delta r_H\cdot\cos45°=\sqrt{2}d\cdot\delta\theta\times\frac{1}{\sqrt{2}}=d\cdot\delta\theta \tag{a}$$

$$\delta r_{J,JG} = \delta r_{G,JG} = \delta r_G \cdot \frac{2}{\sqrt{5}} = \sqrt{5}d \cdot \delta\theta \cdot \frac{2}{\sqrt{5}} = 2d \cdot \delta\theta \tag{b}$$

对于三角形 BJK，已知 K、J 两点的虚位移在水平方向的投影及 B 点虚位移为水平方向，按照前面的已知结论还无法直接计算出 K 点的虚位移。

为求 K 点的虚位移，不妨假设三角形 BJK，产生一个虚转角 $\delta\boldsymbol{\varphi}$。以 B 点为基点，由虚位移合成定理可得

$$\delta \boldsymbol{r}_K = \delta \boldsymbol{r}_B + \delta \boldsymbol{r}_{KB}$$

而

$$\delta \boldsymbol{r}_{KB} = \delta\boldsymbol{\varphi} \times \boldsymbol{r}_{BK}$$

故有

$$\delta \boldsymbol{r}_K = \delta \boldsymbol{r}_B + \delta\boldsymbol{\varphi} \times \boldsymbol{r}_{BK} \tag{c}$$

同样可得到

$$\delta \boldsymbol{r}_J = \delta \boldsymbol{r}_B + \delta\boldsymbol{\varphi} \times \boldsymbol{r}_{BJ} \tag{d}$$

由于已经求出了 $\delta \boldsymbol{r}_K$ 和 $\delta \boldsymbol{r}_J$ 在水平方向的投影，利用虚位移投影定理，将式(c) 和式(d) 在水平方向投影，并利用式(a) 和式(b)，可得

$$\delta r_B + r_{BK}\delta\varphi \times \frac{1}{\sqrt{2}} = d \cdot \delta\theta$$

$$\delta r_B + r_{BJ}\delta\varphi \times \frac{2}{\sqrt{5}} = d \cdot \delta\theta$$

将 $r_{BK} = \sqrt{2}d$，$r_{BJ} = \sqrt{5}d$ 分别代入上述两个方程可得方程组

$$\begin{cases} \delta r_B + \mathrm{d}\delta\varphi = d \cdot \delta\theta \\ \delta r_B + 2\mathrm{d}\delta\varphi = 2d \cdot \delta\theta \end{cases}$$

求解可得：$\delta r_B = 0$，$\delta\varphi = \delta\theta$。从而 K 点的虚位移为

$$\delta \boldsymbol{r}_K = \delta\boldsymbol{\theta}\varphi \times \boldsymbol{r}_{BK} = -\delta\theta\boldsymbol{k} \times (d\boldsymbol{i} + d\boldsymbol{j}) = d \cdot \delta\theta(\boldsymbol{i} - \boldsymbol{j}) \tag{e}$$

其中，$\boldsymbol{i}$、$\boldsymbol{j}$、$\boldsymbol{k}$ 分别为水平向右、铅垂向上及垂直平面向外的标准单位矢量。

对图 8.3.12(b)，利用虚位移原理可得

$$\boldsymbol{F} \cdot \delta\boldsymbol{r}_G + \boldsymbol{F}_1 \cdot \delta\boldsymbol{r}_K = 0 \tag{f}$$

而

$$\boldsymbol{F} \cdot \delta\boldsymbol{r}_G = -F_{\mathrm{P}}\mathrm{d}\delta\theta, \quad \boldsymbol{F}_1 = \boldsymbol{F}_1\left(-\frac{1}{\sqrt{5}}\boldsymbol{i} - \frac{2}{\sqrt{5}}\boldsymbol{j}\right) \tag{g}$$

将式(e)、(g) 代入式(f) 可得

$$-F \cdot \mathrm{d}\delta\theta - F_1 \cdot \mathrm{d}\delta\theta \times \frac{1}{\sqrt{5}} + F_1 \cdot \mathrm{d}\delta\theta \times \frac{2}{\sqrt{5}} = 0$$

考虑到 $\delta\theta \neq 0$，则有 $F_1 = \sqrt{5}F$。即杆件 AK 的内力为$\sqrt{5}F$。

【说明】 (1) 例 8.3.6 中虚位移的计算没有一个常见的公式可套，对于这种情况下的虚位移计算，本例提供了一个基本的思路。(2) 关于例 8.3.6 的讨论，请见文献[25]和[26]。

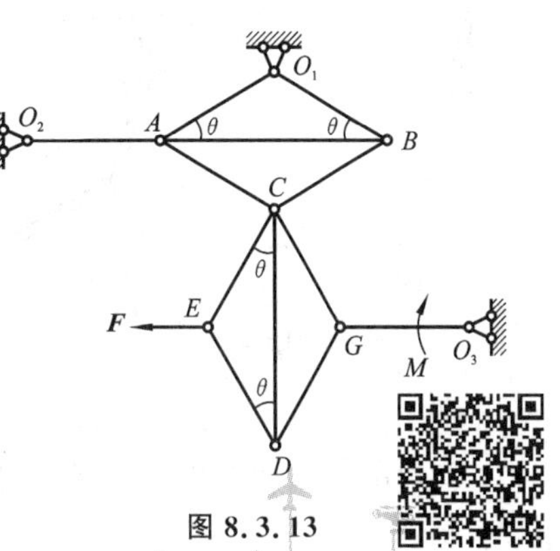

图 8.3.13

【例 8.3.7】 图 8.3.13 所示结构中各杆重量均不计。O_2B 平行于 EG，O_1D 垂直于 AB，$\theta = 30°$。除 AB、CD 杆外，

各杆长均为 l。在已知 F 与 M 的条件下，杆件系统处于平衡。求杆 AB 的内力。

8.3.4 以广义力表示的质点系平衡条件

由式(8.26)可将式(8.29)改写为

$$\delta W = \sum \boldsymbol{F}_i \cdot \delta \boldsymbol{r}_i = \sum_{i=1}^{n} \boldsymbol{F}_i \cdot \sum_{j=1}^{N} \frac{\partial \boldsymbol{r}_i}{\partial q_j} \delta q_j = \sum_{j=1}^{N} \left(\sum_{i=1}^{n} \boldsymbol{F}_i \cdot \frac{\partial \boldsymbol{r}_i}{\partial q_j} \right) \delta q_j = \sum_{j=1}^{N} Q_j \delta q_j = 0 \tag{8.3.9}$$

其中

$$Q_j = \sum_{i=1}^{n} \boldsymbol{F}_i \cdot \frac{\partial \boldsymbol{r}_i}{\partial q_j} \tag{8.3.10}$$

称为**广义力**。

【说明】 式(8.3.10)中的力 $\boldsymbol{F}_i$ 均为主动力，而式(8.3.6)中的力 $\boldsymbol{F}_{Ni}$ 均为约束反力。

因为广义坐标 $\delta q_j (j=1,2,\cdots,N)$ 相互独立，由式(8.3.9)可得

$$Q_j = 0 \quad j=1,2,\cdots,N \tag{8.3.11}$$

因此虚位移原理也可叙述为：具有双侧、定常、理想约束的质点系，在某一位形能继续保持静止平衡的必要与充分条件是：所有与广义坐标对应的广义力均等于零。这是以广义力表示的质点系平衡条件。

由式(8.3.10)可得广义力的解析表达式为

$$Q_j = \sum_{i=1}^{n} \left(F_{ix} \frac{\partial x_i}{\partial q_j} + F_{iy} \frac{\partial y_i}{\partial q_j} + F_{iz} \frac{\partial z_i}{\partial q_j} \right) \quad j=1,2,\cdots,N \tag{8.3.12}$$

质点系的广义力主要有以下两种计算方法。

1. 解析法

列写出主动力在坐标系上的投影和主动力作用点的位置坐标(为广义坐标的函数)，代入式(8.3.12)，便可求出质点系的广义力。

2. 几何法

对于有 N 个自由度的质点系，将其中的 $N-1$ 个自由度“锁住”，使质点系只有一个广义虚位移 δq_j 不等于零，这样质点系的虚功为：$\delta W_j = Q_j \delta q_j$。于是可得

$$Q_j = \frac{\delta W_j}{\delta q_j} \quad j=1,2,\cdots,N \tag{8.3.13}$$

即每次只给出一个对应于广义坐标的虚位移，就可以求出相应的广义力。

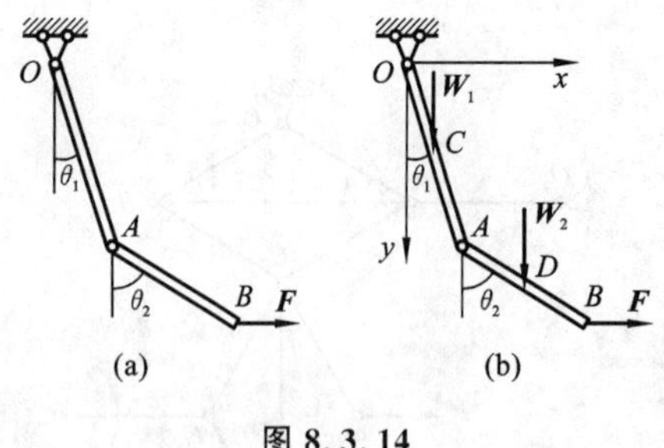

图 8.3.14

【例 8.3.8】 机构由两均质杆铰接而成(见图 8.3.14(a))。已知：杆 OA 长为 l_1，重为 $\boldsymbol{W}_1$，杆 AB 长为 l_2，重为 $\boldsymbol{W}_2$。在自由端 B 作用一水平力 $\boldsymbol{F}$。试求系统在铅垂平面内处于平衡时，杆 OA 和 AB 与铅垂线的夹角 θ_1 和 θ_2。

【解】 此质点系有两个自由度，选广义坐标为 θ_1 和 θ_2。现分别用解析法和几何法分别求解。

(1) **解析法**。建立直角坐标系如图 8.3.14(b)所示，先列出各主动力的投影

$$F_{Cy} = W_1, \quad F_{Dy} = W_2, \quad F_{Bx} = F$$

再列出与主动力相关的坐标，由图可知

$$y_C = \frac{l_1}{2}\cos\theta_1, \quad y_D = l_1\cos\theta_1 + \frac{l_2}{2}\cos\theta_2, \quad x_B = l_1\sin\theta_1 + l_2\sin\theta_2$$

其对广义坐标的偏导数分别为

$$\frac{\partial y_C}{\partial \theta_1} = -\frac{l_1}{2}\sin\theta_1, \quad \frac{\partial y_C}{\partial \theta_2} = 0,$$

$$\frac{\partial y_D}{\partial \theta_1} = -l_1\sin\theta_1, \quad \frac{\partial y_D}{\partial \theta_2} = -\frac{l_2}{2}\sin\theta_2,$$

$$\frac{\partial x_B}{\partial \theta_1} = l_1\cos\theta_1, \quad \frac{\partial x_B}{\partial \theta_2} = l_2\cos\theta_2$$

代入式(8.34)，得对应于广义坐标 θ_1 和 θ_2 的广义力，为

$$Q_{\theta_1} = -\frac{1}{2}W_1 l_1\sin\theta_1 - W_2 l_1\sin\theta_1 + Fl_1\cos\theta_1$$

$$Q_{\theta_2} = -\frac{1}{2}W_2 l_2\sin\theta_2 + Fl_2\cos\theta_2$$

根据平衡条件式(8.3.11)，所有的广义力等于零。

由 $Q_{\theta_1} = 0$，得：$\theta_1 = \arctan\left(\frac{2F}{W_1 + 2W_2}\right)$。

由 $Q_{\theta_2} = 0$，得：$\theta_2 = \arctan\left(\frac{2F}{W_2}\right)$。

(2) **几何法**。先令 $\delta\theta_2 = 0$，即锁住 θ_2，使 θ_2 不变，质点系只有 $\delta\theta_1$ 不为零时，其各点虚位移如图8.3.15(a)所示，其虚功为

$$\delta W_{\theta_1} = -W_1\sin\theta_1\delta r_C - W_2\sin\theta_1\delta r_D + F\cos\theta_1\delta r_B \quad \text{(a)}$$

因：$\delta r_B = \delta r_D = \delta r_A = 2\delta r_C = l_1\delta\theta_1$。代入式(a)，有

$$\delta W_{\theta_1} = \left(-\frac{1}{2}W_1\sin\theta_1 - W_2\sin\theta_1 + F\cos\theta_1\right)l_1\delta\theta_1$$

可得广义力：

$$Q_{\theta_1} = \frac{\delta W_{\theta_1}}{\delta\theta_1} = -\frac{1}{2}W_1 l_1\sin\theta_1 - W_2 l_1\sin\theta_1 + Fl_1\cos\theta_1$$

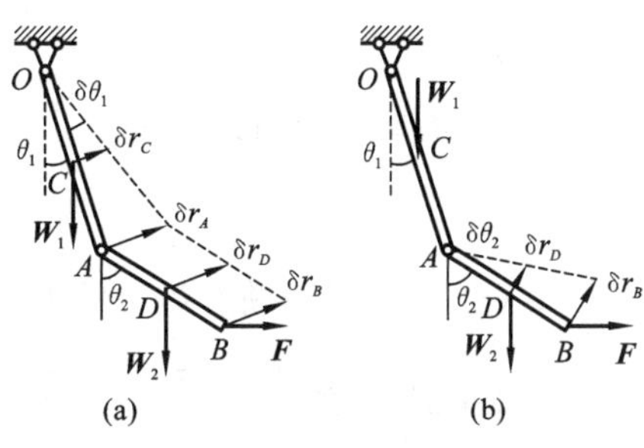

图 8.3.15

再令 $\delta\theta_1 = 0$，即锁住 θ_1，使 θ_1 不变，质点系只有 $\delta\theta_2$ 不为零时，其各点虚位移如图8.3.15(b)所示，其虚功为

$$\delta W_{\theta_2} = -W_2\sin\theta_2\delta r_D + F\cos\theta_2\delta r_B \quad \text{(b)}$$

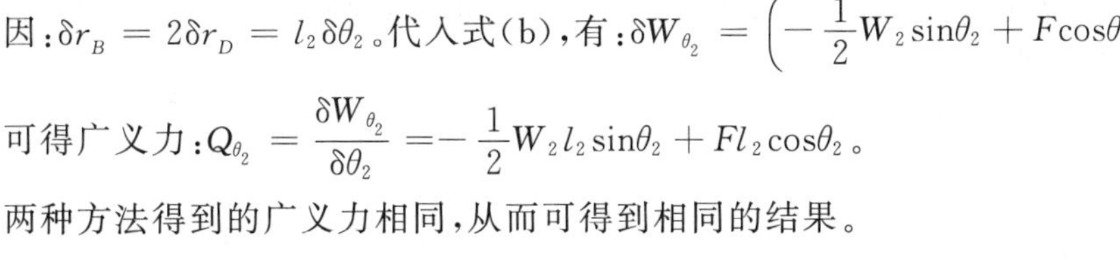

因：$\delta r_B = 2\delta r_D = l_2\delta\theta_2$。代入式(b)，有：$\delta W_{\theta_2} = \left(-\frac{1}{2}W_2\sin\theta_2 + F\cos\theta_2\right)l_2\delta\theta_2$。

可得广义力：$Q_{\theta_2} = \frac{\delta W_{\theta_2}}{\delta\theta_2} = -\frac{1}{2}W_2 l_2\sin\theta_2 + Fl_2\cos\theta_2$。

两种方法得到的广义力相同，从而可得到相同的结果。

8.4 势力场、有势力和势能

8.4.1 势力场、有势力

如果质点在空间任一位置所受到的力的大小和方向完全取决于该质点的位置，即质点所受到的力矢是位置的单值、有界且可微的函数，那么这部分空间称为**力场**。例如：地面附近空间为重

力场;远离地球的空间为万有引力场等。

力场对质点的作用力称为**场力**。

如果质点在某力场中运行时,场力所做的功与质点运动的路径无关,而只取决于质点的起始位置与终了位置,那么该力场称为**有势力场**。这些力场的场力称为**有势力**,如重力、弹性力及万有引力。有势力也称为**保守力**。因动摩擦力做的功与路径有关,故不属有势力。

作用在位于势力场中某一给定位置 $M(x,y,z)$ 的质点的有势力,在从 $M(x,y,z)$ 运动到给定参考位置 $M_0(x_0,y_0,z_0)$ 的过程中所做的功,称为质点在给定位置 M 的**势能**,用 $V(x,y,z)$ 表示,它是位置坐标的单值连续函数,称为**势能函数**。任选的位置 $M_0(x_0,y_0,z_0)$ 称为**零势能位置**。

按定义,势能函数 V 的数学表示为

$$V=\int_M^{M_0}\boldsymbol{F}\cdot\mathrm{d}\boldsymbol{r}=\int_M^{M_0}(F_x\cdot\mathrm{d}x+F_y\cdot\mathrm{d}y+F_z\cdot\mathrm{d}z) \tag{8.4.1}$$

这一积分是沿质点运动的路径曲线的积分。因有势力所做的功与质点运动路径无关,而又由高等数学可知,当这一积分与路径曲线形状无关时,被积函数可表示为某一单值连续函数的全微分,即

$$F_x\mathrm{d}x+F_y\mathrm{d}y+F_z\mathrm{d}z=-\mathrm{d}V \tag{8.4.2}$$

由于 V 是位置坐标的单值连续函数,因此势能 V 的全微分可写成如下形式

$$\mathrm{d}V=\frac{\partial V}{\partial x}\mathrm{d}x+\frac{\partial V}{\partial y}\mathrm{d}y+\frac{\partial V}{\partial z}\mathrm{d}z \tag{8.4.3}$$

如图 8.4.1 所示,设有势力 $\boldsymbol{F}$ 的作用点从点 M 移到点 M',有势力的元功可用势能的差计算

$$\mathrm{d}W=V(x,y,z)-V(x+\mathrm{d}x,y+\mathrm{d}y,z+\mathrm{d}z)=-\mathrm{d}V \tag{8.4.4}$$

考虑式(8.4.2),有:$\mathrm{d}V=-F_x\mathrm{d}x-F_y\mathrm{d}y-F_z\mathrm{d}z$。比较式(8.4.3),则有

$$F_x=-\frac{\partial V}{\partial x},\quad F_y=-\frac{\partial V}{\partial y},\quad F_z=-\frac{\partial V}{\partial z}$$

因此,有势力就可表示为

$$\boldsymbol{F}=-\left(\frac{\partial V}{\partial x}\boldsymbol{i}+\frac{\partial V}{\partial y}\boldsymbol{j}+\frac{\partial V}{\partial z}\boldsymbol{k}\right)=-\mathrm{grad}V \tag{8.4.5}$$

式(8.4.5)是判断有势力的重要数学表达式,满足条件式(8.4.5)的力为有势力。

8.4.2 势能

我们可运用式(8.4.1)计算常见力的势能。

1. 重力势能

在重力场中,选如图 8.4.2 所示坐标,则重力在 x、y 轴上的投影均为零,在 z 轴上的投影为 $-mg$,选 M_0 为零势位,则点 M 的势能为

$$V=\int_z^{z_0}-mg\,\mathrm{d}z=mg(z-z_0) \tag{8.4.6}$$

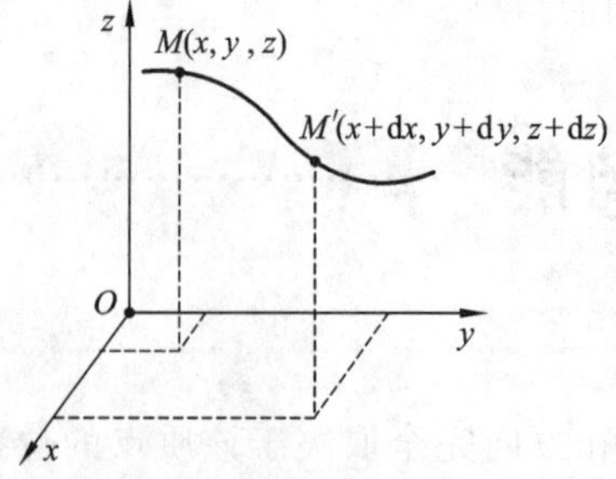

图 8.4.1

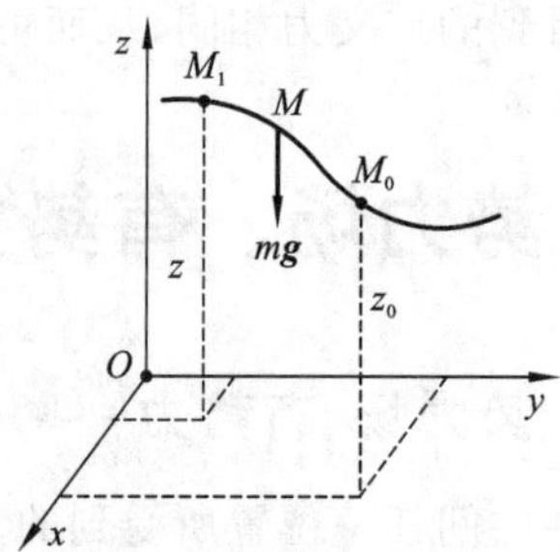

图 8.4.2

2. 弹性力势能

若选取弹簧原长处为零势位，则由式(8.4.1) 与式(8.4.4)，有

$$-\mathrm{d}V=\mathrm{d}W=-\frac{k}{2}\mathrm{d}\ (r-l)^2,\quad -\int_V^0\mathrm{d}V=\int_r^l-\frac{k}{2}\mathrm{d}\ (r-l)^2$$

故弹性力势能为

$$V=\frac{k}{2}\ (r-l)^2=\frac{k}{2}\lambda^2 \tag{8.4.7}$$

上式中 $\lambda=r-l$ 表示质点在该位置时弹簧的净伸长。

3. 万有引力势能

当质点处在万有引力场中，一般选择无穷远处为零势位，由式(8.4.1) 与式(8.4.4)，易得

$$-\mathrm{d}V=\mathrm{d}W=Gm_0m\mathrm{d}\left(\frac{1}{r}\right),\quad -\int_V^0\mathrm{d}V=\int_r^\infty Gm_0m\mathrm{d}\left(\frac{1}{r}\right)$$

故万有引力的势能为

$$V=-\frac{Gm_0m}{r} \tag{8.4.8}$$

【例 8.4.1】 图 8.4.3 所示质点系中杆 BC 重 W_1，长为 l，重物 D 重 W_2，弹簧的刚度为 k，当角 $\theta=0°$ 时，弹簧具有原长 $3l$。求质点系运动到图示位置时的总势能。

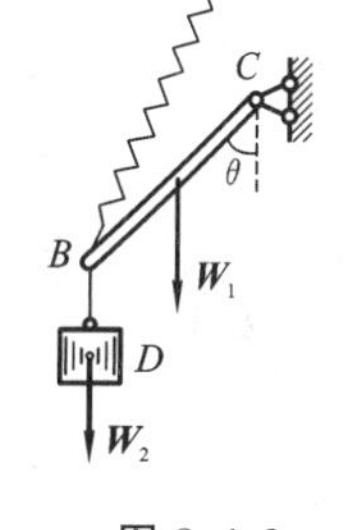

图 8.4.3

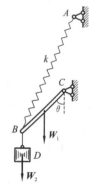

【解】 分别计算该系统在重力场和弹性力系中的势能。重力势能以杆 BC 的水平位置为零势能位，则重力势能 V_1 为

$$V_1=-W_1\frac{l}{2}\cos\theta-W_2l\cos\theta=-\left(\frac{W_1}{2}+W_2\right)l\cos\theta$$

弹性力势能：由于零势能位是任选的，在两个势力场中可以选取不同的零位置，所以选弹簧的原长处为势能的零位置。则：$V_2=\dfrac{1}{2}k\lambda^2$，其中，$\lambda=3l-AB=3l-\sqrt{(2l)^2+l^2-2\times2l\times l\cos(180°-\theta)}=3l-l\sqrt{5+4\cos\theta}$。所以，弹性力势能 V_2 为

$$V_2=\frac{1}{2}k\ (3-\sqrt{5+4\cos\theta})^2l^2$$

故系统的总势能为

$$V=V_1+V_2=-\left(\frac{W_1}{2}+W_2\right)l\cos\theta+\frac{1}{2}kl^2\ (3-\sqrt{5+4\cos\theta})^2$$

8.5 势力场中物体系统的平衡条件及平衡稳定性……

8.5.1 势力场中质点系的广义力及平衡条件

由有势力的概念可知，当主动力 $\boldsymbol{F}_i(i=1,\cdots,n)$ 均为有势力，其表达式为

$$F_{ix}=-\frac{\partial V}{\partial x_i},\quad F_{iy}=-\frac{\partial V}{\partial y_i},\quad F_{iz}=-\frac{\partial V}{\partial z_i}$$

故，主动力系在虚位移中的元功之和可表示为

$$\delta W=\sum_{i=1}^{n}\boldsymbol{F}_i\cdot\delta\boldsymbol{r}_i=\sum_{i=1}^{n}(F_{ix}\delta x_i+F_{iy}\delta y_i+F_{iz}\delta z_i)$$

$$=-\sum_{i=1}^{n}\left(\frac{\partial V}{\partial x_i}\delta x_i+\frac{\partial V}{\partial y_i}\delta y_i+\frac{\partial V}{\partial z_i}\delta z_i\right)=-\delta V$$

由虚位移原理得：$\delta V=0$，此式表明，在势力场中质点系处于平衡时，势能具有驻值。

若用广义坐标表示势能函数为：$V=V(q_1,q_2,\cdots,q_k)$，则有

$$\delta V=\frac{\partial V}{\partial q_1}\delta q_1+\frac{\partial V}{\partial q_2}\delta q_2+\cdots+\frac{\partial V}{\partial q_k}\delta q_k=\sum_{j=1}^{N}\frac{\partial V}{\partial q_j}\delta q_j$$

又：$\delta W=-\delta V$，考虑到式(8.3.5)，可得：$\sum\limits_{j=1}^{N}Q_j\delta q_j=-\sum\limits_{j=1}^{N}\frac{\partial V}{\partial q_j}\delta q_j$。故有

$$Q_j=-\frac{\partial V}{\partial q_j}\quad j=1,2,\cdots,N \tag{8.5.1}$$

由式(8.3.11)可得质点系的平衡条件为

$$\frac{\partial V}{\partial q_j}=0\quad j=1,2,\cdots,N \tag{8.5.2}$$

应用此公式求解具有理想约束的有势力系统的平衡问题时，选取合适的广义坐标，将势能表示为广义坐标的函数，然后将此函数对广义坐标求偏导数，即可得所需的平衡方程。

8.5.2 质点系在势力场中平衡的稳定性

当质点系只受有势力作用后处于平衡，则系统的机械能守恒，质点系是保守系统。若质点系在某一位置处于平衡，却可能具有不同的平衡状态。例如，三个相同的均质小球放置在图 8.5.1 所示的波形曲面与平面上，A、B、C 三点均是平衡位置，却有不同的平衡状态。小球在上凸曲面的最高点 A 处平衡时，小球被微小扰动后在重力作用下，将远离原平衡位置，这种在最高点 A 处的平衡状态称为**不稳定平衡**；小球在下凹曲面的最低点 B 处平衡时，小球被微小扰动后，小球在重力作用下总能回到原平衡位置或在原位置附近运动，这种在下凹曲面的最低点 B 处的平衡状态称为**稳定平衡**；小球在水平面上 C 处平衡时，当小球受到微小扰动后，能在任意位置继续保持平衡，这种平衡状态称为**随遇平衡**。

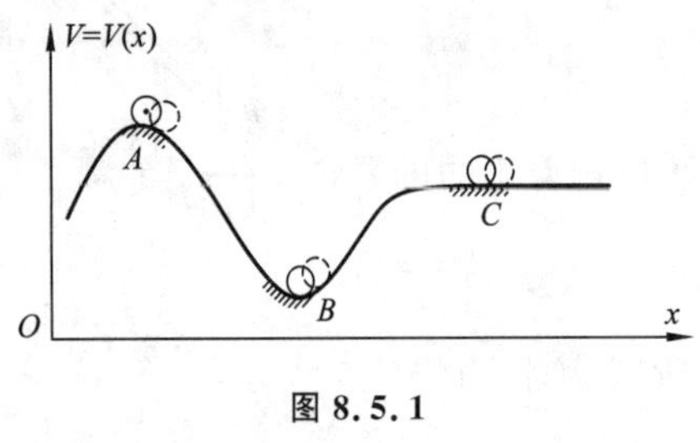

图 8.5.1

研究平衡的稳定性具有很大的实际意义。一般情况下，工程结构要求在稳定平衡的状态下工作。这样就需要判别结构平衡是否具有稳定性。

经过进一步的研究，拉格朗日 - 狄利克雷提出一个关于保守系统平衡稳定性的定理。即质点系在平衡位置的势能具有极小值，则该平衡是稳定的；若势能为非极小值，则其平衡是不稳定的。

下面仅讨论具有理想约束的单自由度保守系统的平衡稳定性。以 q 为广义坐标，系统的势能可表示为：$V=V(q)$。因为在平衡位置上势能 V 具有驻值，即：$\frac{\mathrm{d}V}{\mathrm{d}q}=0$，由此式可求出平衡位置 $q=q_0$。

若 $\left(\frac{\partial^2 V}{\partial q^2}\right)_{q=q_0}>0$，势能将具有极小值，平衡是稳定的；若 $\left(\frac{\partial^2 V}{\partial q^2}\right)_{q=q_0}<0$，则势能将具有极大值，平衡是不稳定的；若 $\left(\frac{\partial^2 V}{\partial q^2}\right)_{q=q_0}=0$，则要根据更高阶的导数来判断是否稳定。

如果在各阶导数中，第一个非零导数是偶数阶的，并且为正值，则势能为极小值，平衡是稳定的；若为负值，则势能为极大值，平衡是不稳定的。如果所有各阶导数均为零，表明 V 是常量，平衡将是随遇的。

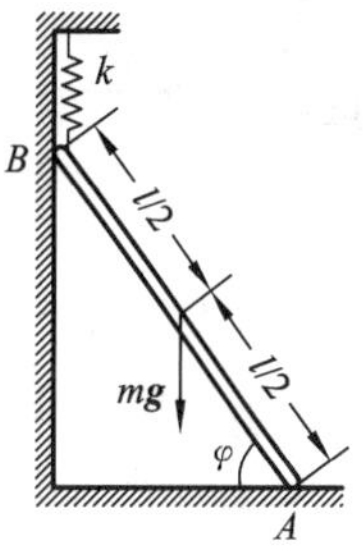

【例 8.5.1】 一长为 l、质量为 m 的均质杆，在 B 点系以刚度系数为 k 的弹簧，点 A 置于光滑的水平面上，如图 8.5.2 所示。当杆 AB 直立时，弹簧无形变。已知：$mg \leqslant 2kl$。试求杆的平衡位置(φ) 及其平衡的稳定性。

图 8.5.2

【解】 本例为一个自由度系统，取 φ 为广义坐标，以水平面为重力零势面，以弹簧原长处为弹性力的零势点，则系统的势能为

$$V = mg\,\frac{l}{2}\sin\varphi + \frac{1}{2}k\,(l - l\sin\varphi)^2 \tag{a}$$

势能 V 对广义坐标 φ 的一阶导数为

$$\frac{\mathrm{d}V}{\mathrm{d}\varphi} = \frac{l}{2}\cos\varphi\,[mg - 2kl\,(1 - \sin\varphi)\,] \tag{b}$$

令 $\frac{\mathrm{d}V}{\mathrm{d}\varphi} = 0$，即得系统的平衡位置为

$$\cos\varphi = 0 \tag{c}$$

$$mg - 2kl\,(1 - \sin\varphi) = 0 \tag{d}$$

由式(c) 得：$\varphi_1 = \frac{\pi}{2}$，$\varphi_2 = -\frac{\pi}{2}$。

由式(d) 得：$\varphi_3 = \arcsin\left(1 - \frac{mg}{2kl}\right)$。

接下来确定这三个位置的平衡稳定性。由于

$$\frac{\mathrm{d}^2V}{\mathrm{d}\varphi^2} = \frac{l}{2}\,[\,(2kl - mg\,)\sin\varphi + 2kl\cos2\varphi] \tag{e}$$

或

$$\frac{\mathrm{d}^2V}{\mathrm{d}\varphi^2} = \frac{l}{2}\,[\,(2kl - mg\,)\sin\varphi + 2kl\,(1 - 2\,\sin^2\varphi)\,] \tag{f}$$

当 $\varphi_1 = \frac{\pi}{2}$ 时，由式(e) 得

$$\left.\frac{\mathrm{d}^2V}{\mathrm{d}\varphi^2}\right|_{\varphi_1=\frac{\pi}{2}} = \frac{1}{2}\left[\,(2kl - mg\,)\sin\frac{\pi}{2} + 2kl\cos\pi\right] = -\frac{1}{2}mg < 0$$

因而在 $\varphi_1 = \frac{\pi}{2}$ 位置，杆 AB 的平衡是不稳定的。

当 $\varphi_2 = -\frac{\pi}{2}$ 时，仍由式(e) 得

$$\left.\frac{\mathrm{d}^2V}{\mathrm{d}\varphi^2}\right|_{\varphi_1=-\frac{\pi}{2}} = \frac{mgl}{2}\left(1 - \frac{4kl}{mg}\right) < 0$$

即在 $\varphi_2 = -\frac{\pi}{2}$ 位置，杆 AB 的平衡也是不稳定的；不过图示机构实际上不可能出现 φ_2 的情况。

当 $\varphi_3 = \arcsin\left(1 - \frac{mg}{2kl}\right)$ 时，由式(f) 得

$$\left.\frac{\mathrm{d}^2V}{\mathrm{d}\varphi^2}\right|_{\varphi=\varphi_3} = \frac{l}{2}\left\{\,(2kl - mg\,)\left(1 - \frac{mg}{2kl}\right) + 2kl\left[1 - 2\left(1 - \frac{mg}{2kl}\right)^2\,\right]\right\} = mgl\left(1 - \frac{mg}{4kl}\right)$$

当 $mg<4kl$ 时，$\left.\frac{\mathrm{d}^2V}{\mathrm{d}\varphi^2}\right|_{\varphi=\varphi_3}>0$，即只要 φ_3 存在，杆 AB 的平衡是必然稳定的。

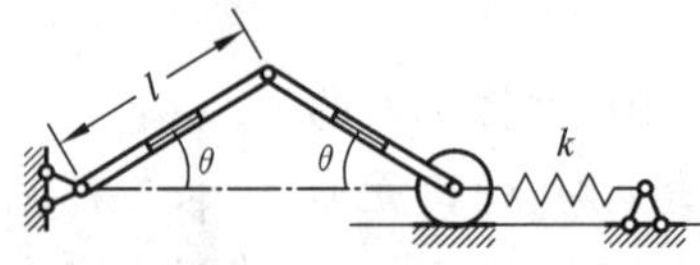

图 8.5.3

【例 8.5.2】 如图 8.5.3 所示，物体系统位于铅垂平面内，两个杆件的重量均为 W，长度均为 l。当 $\theta=90^\circ$ 时线性弹簧长度为原长，试确定系统处于平衡时，在 $0<\theta<90^\circ$ 范围内角度 θ 的数值，并判断其稳定性。圆轮的质量不计。

【注意】 在应用虚功原理的结论确定物体系统的平衡位置以及判断平衡位置的稳定性时，必须确保作用在系统上的所有力均为保守力，例如，例 8.5.1 和例 8.5.2 中的重力和弹性力。

思　考　题

8-1　计算做功公式 $W_{12}=\int_{M_1}^{M_2}(F_x\mathrm{d}x+F_y\mathrm{d}y+F_z\mathrm{d}z)$，能否理解为计算功的投影式？如果 x、y、z 轴不垂直，该式对吗？

8-2　弹簧由其自然长度拉长 10 mm 或压缩 10 mm，弹簧力做功是否相同？拉长 10 mm 再拉长 10 mm，这两个过程中位移相等，弹簧力做功是否相同？

8-3　人们开始走动或起跑时，什么力使人们的质心加速运动？什么力使人们的动能增加？产生加速度的力一定做功吗？

8-4　重物质量为 m，悬挂在刚度系数为 k 的弹簧上，如图所示。弹簧与缠绕在轮上的绳子连接，问重物匀速下降时，重力势能和弹性力势能有无改变？

8-5　如图所示，管内有一小球，管壁光滑，初始时小球静止。当管 OA 在水平面内绕轴 O 转动时，小球向管口运动。小球在水平面内，只受垂直于管壁的侧向力作用，为什么动能会增加？是什么力做了功？

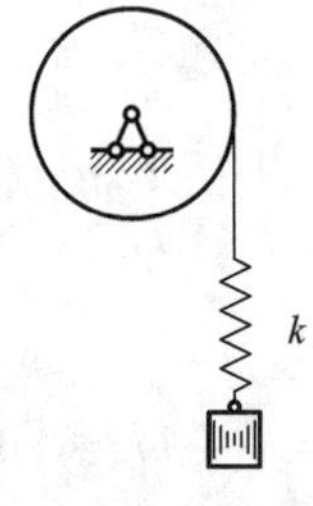

思考题 8-4 图

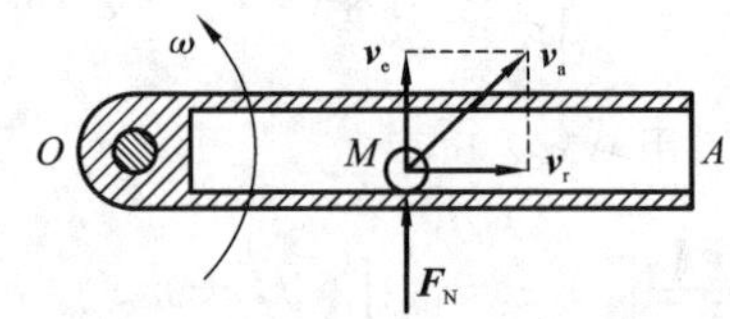

思考题 8-5 图

8-6　回答如下问题：(1) 圆盘在粗糙地面上作纯滚动，滚动摩阻是否做功？(2) 圆盘在地面上连滚带滑的前进，动滑动摩擦力是否做功？

8-7　不计摩擦，下述各说法是否正确：

A. 刚体及不可伸长的柔索，内力做功之和为零。

B. 固定的光滑面，当有物体在其上运动时，其法向约束力不做功。当光滑面运动时，不论物体在其上是否运动，其法向约束力都可能做功。

C. 固定铰支座的约束力不做功。

D. 光滑铰链连接处的内力做功之和为零。

E. 作用在刚体速度瞬心上的力不做功。

8-8　举例说明什么是虚位移？它与实位移有何不同？

8-9　如图所示平面机构，CD 连线铅垂，杆$\overline{BC}=\overline{BD}$。在图示瞬时，角 $\theta=30°$，杆 AB 水平，则该瞬时点 A 和点 C 的虚位移大小之间的关系为（　　）。并在图上画出 A、B、C 的虚位移。

A. $\delta r_A = 1.5\delta r_C$　　　　B. $\delta r_A = \sqrt{3}\delta r_C$

C. $\delta r_A = \frac{\sqrt{3}}{2}\delta r_C$　　　　D. $\delta r_A = 0.5\delta r_C$

8-10　在图示机构中，若$\overline{OA}=r$，$\overline{BD}=2l$，$\overline{CE}=l$，$\angle OAB=90°$，$\angle CED=\theta=30°$，则 A、D 点虚位移间的关系如何？

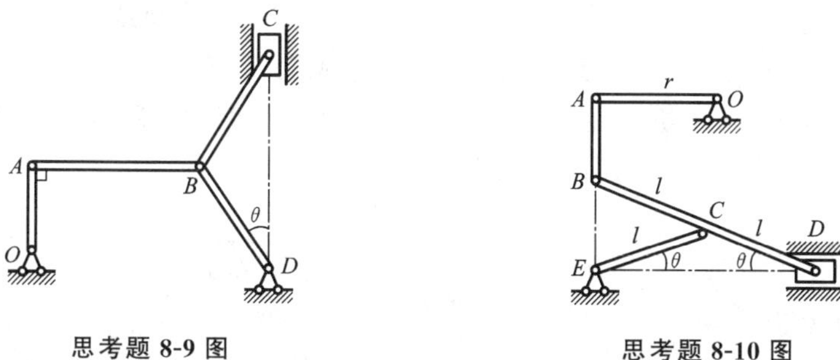

思考题 8-9 图　　　　思考题 8-10 图

8-11　任意质点系的平衡条件都是：作用于质点系的主动力在系统的任何虚位移上的虚功之和等于零，对否？

8-12　计算势能时，为什么一定要指明零势能点？

8-13　下述几个关于势力场（保守场）的定义是否一致？

A. 在力场中，力的旋度 $\text{rot}\boldsymbol{F}=0$。

B. 场力的功与路径无关，仅与起始和终点的位置有关。

C. 存在连续函数 $V(x,y,z)$，使：$F_x=\frac{\partial V}{\partial x}$，$F_y=\frac{\partial V}{\partial y}$，$F_z=\frac{\partial V}{\partial z}$。这里，$F_x$、$F_y$、$F_z$ 分别为场力在 x，y，z 轴上的投影。

D. 存在连续函数 V，满足：$\text{rotgrad}V=0$。

8-14　势函数与势能有何区别？分别写出如下各式：

(1) 势函数与势能之间的关系式。

(2) 分别用势函数和势能表达有势力在坐标轴上的投影。

(3) 有势力的功与势函数及势能的关系。

8-15　计算势能时，为什么一定要指明零势能点？

习　　题

8-1　质点在常力 $\boldsymbol{F}=3\boldsymbol{i}+4\boldsymbol{j}+5\boldsymbol{k}$ 作用下运动，其运动方程为 $x=2+t+\frac{3}{4}t^2$，$y=t^2$，$z=t+\frac{5}{4}t^2$（F 以 N 计，x、y、z 以 m 计，t 以 s 计）。试求在 $t=0$ 至 $t=2$ s 时间内力 $\boldsymbol{F}$ 所做的功。

8-2　一弹簧自然长度 $l_0=100$ mm，刚度系数 $k=0.5$ N/mm，一端固定在半径 $R=100$ mm 的圆周 O 上，另一端由图示的 B 点拉至 A 点。求弹簧力所做的功（$AC\perp BC$，OA 为直径）。

8-3　在图示曲柄压榨机构中的曲柄 OA 上作用一力偶，其矩 $M=50$ N·m，若$\overline{OA}=r=0.1$ m，$\overline{BD}=\overline{DC}=\overline{ED}=l=0.3$ m。$\angle OAB=90°$，$\theta=15°$，各杆重不计。求水平压榨力 $\boldsymbol{F}$ 的大小。

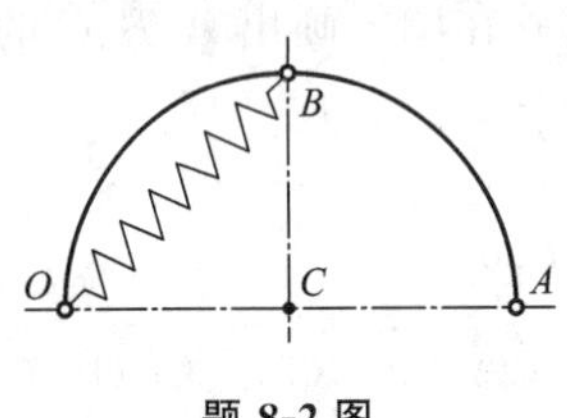

题 8-2 图

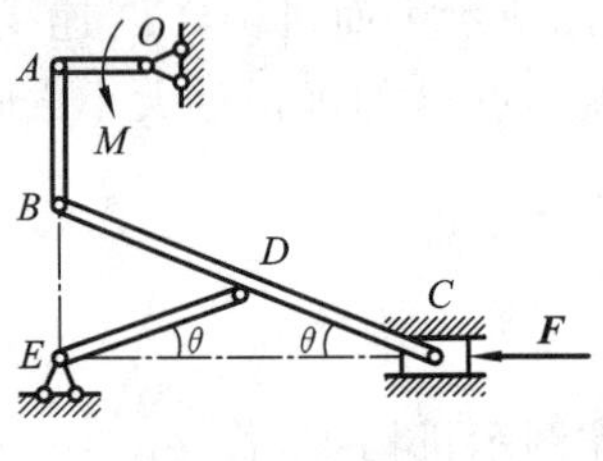

题 8-3 图

8-4　在图示机构中，曲柄 OA 上作用一力偶，其矩为 M，另在滑块 D 上作用水平力 $\boldsymbol{F}$。机构尺寸如图所示。求当机构平衡时，力 $\boldsymbol{F}$ 的大小与力偶矩 M 的关系。

8-5　图(a)、图(b) 所示机构在图示位置平衡，尺寸与角度如图所示，不计构件自重与摩擦，求平衡时矩为 M 的力偶与力 $\boldsymbol{F}$ 之间的关系。

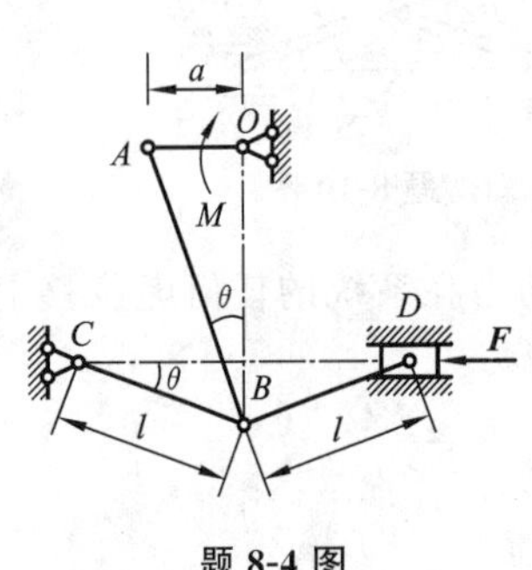

题 8-4 图

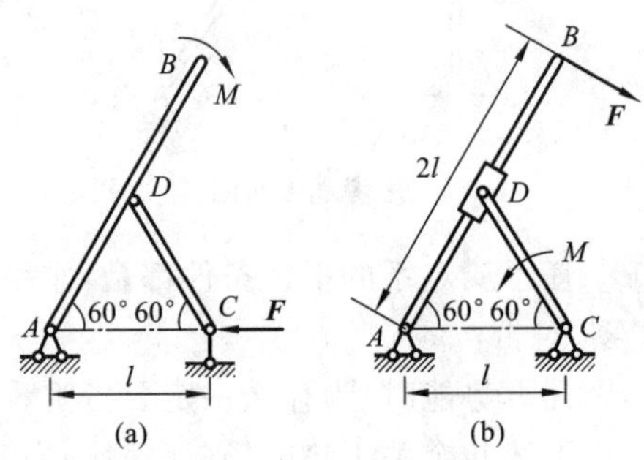

题 8-5 图

8-6　图示机构在力 $\boldsymbol{F}_1$ 与 $\boldsymbol{F}_2$ 作用下在图示位置平衡，不计各构件自重与各处摩擦，$\overline{OD}=\overline{BD}=l_1$。求 F_1/F_2 的值。

8-7　滑套 D 套在光滑直杆 AB 上，并带动 CD 杆在铅垂滑道上滑动，如图所示。已知当 $\theta=0°$ 时，弹簧等于原长，且刚度系数为 5 kN/m。若系统的自重不计，求在任意位置 θ 角平衡时，在 AB 杆上应加多大的力偶矩 M。

8-8　两等长杆 AB 与 BC 在 B 点用铰链连接，又在杆的 D 和 E 两点连一弹簧，如图所示。弹簧的刚度系数为 k，当距离 AC 等于 a 时，弹簧的拉力为零。如在 C 点作用一水平力 $\boldsymbol{F}$，杆系处于平衡。$\overline{AB}=l$，$\overline{BD}=b$，杆重及摩擦略去不计。求距离 AC 之值。

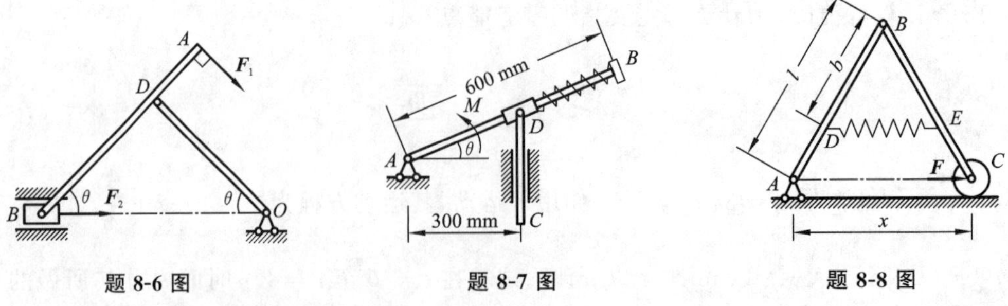

题 8-6 图　　题 8-7 图　　题 8-8 图

8-9　图示结构，各杆重不计。在 G 点作用一铅垂向上的力 $\boldsymbol{F}$，在 C、G 两点之间连接一自重不计、刚度系数为 k 的弹簧。在图示位置弹簧已有伸长量 δ_0，$\overline{AC}=\overline{CE}=\overline{CD}=\overline{CB}=\overline{DG}=\overline{GE}=l$。求支座 B 的水平约束力。

8-10　在图示机构中，曲柄 AB 和连杆 BC 为均质杆，具有相同的长度和质量 m_1，滑块 C 的质量

为 m_2，可沿倾角为 θ 的导轨 AD 滑动。设约束都是理想的。求系统在铅垂平面内的平衡位置（φ 角）。

8-11　三均质细杆以铰链相连，其 A 端和 B 端另以铰链连接在固定水平直线 AB 上，如图所示。已知各杆的重量与其长度成正比，$\overline{AC}=a$，$\overline{CD}=\overline{DB}=2a$，$\overline{AB}=3a$。设铰链为理想约束。求杆系平衡时 θ、β 和 γ 之间的关系。

8-12　长度为 $2l$ 的均质杆 AB，置于光滑半圆槽内，槽的半径为 r，如图所示。试求平衡位置 θ 角和 l、r 的关系。

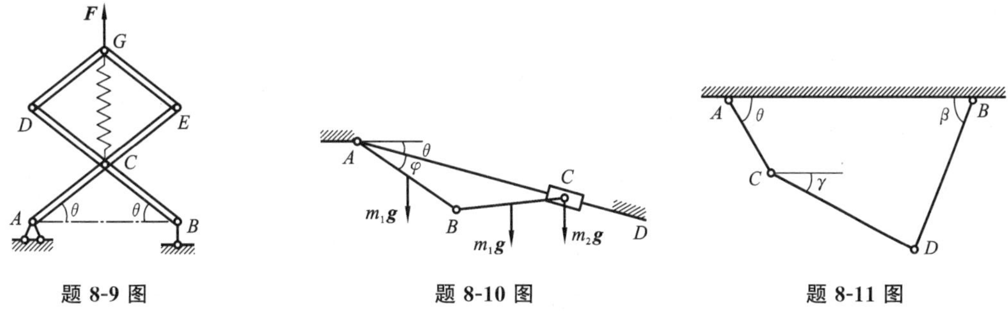

题 8-9 图　　题 8-10 图　　题 8-11 图

8-13　半径为 R 的滚子放在粗糙水平面上，连杆 AB 的两端分别与轮缘上的 A 点和滑块 B 铰接。现在滚子上施加矩为 M 的力偶，在滑块上施加力 $\boldsymbol{F}$，使系统于图示位置平衡。设力 $\boldsymbol{F}$ 为已知，忽略滚动摩阻，不计滑块和各铰链处的摩擦，不计 AB 杆与滑块 B 的质量，滚子有足够大的重量 W。求力偶矩 M 以及滚子与地面间的摩擦力$\boldsymbol{F}_s$。

8-14　用虚位移原理求图示桁架 1、2 两杆件的内力。

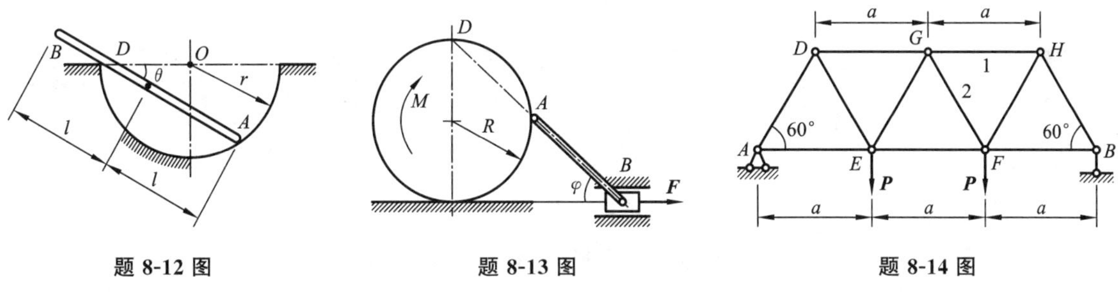

题 8-12 图　　题 8-13 图　　题 8-14 图

8-15　杆 AB、CD 由铰链 C 连接，并由铰链 A、D 固定，如图所示。在 AB 杆上作用一铅垂力 $\boldsymbol{F}$，在 CD 杆上作用一力偶 M，不计杆重。试用虚位移原理求支座 D 处的约束力。

8-16　如图所示的组合梁，其上作用有载荷 $F_1=5\ \text{kN}$，$F_2=4\ \text{kN}$，$F_3=3\ \text{kN}$，以及矩为 $M=2\ \text{kN}\cdot\text{m}$ 的力偶。摩擦及梁的质量略去不计。用虚位移原理求固定端 A 的约束力偶矩 M_A。

8-17　两相同的均质杆，长度均为 l，质量均为 m，其上各作用如图所示的矩为 M 的力偶。试用虚位移原理求在平衡状态时，杆与水平线之间的夹角 θ_1、θ_2。

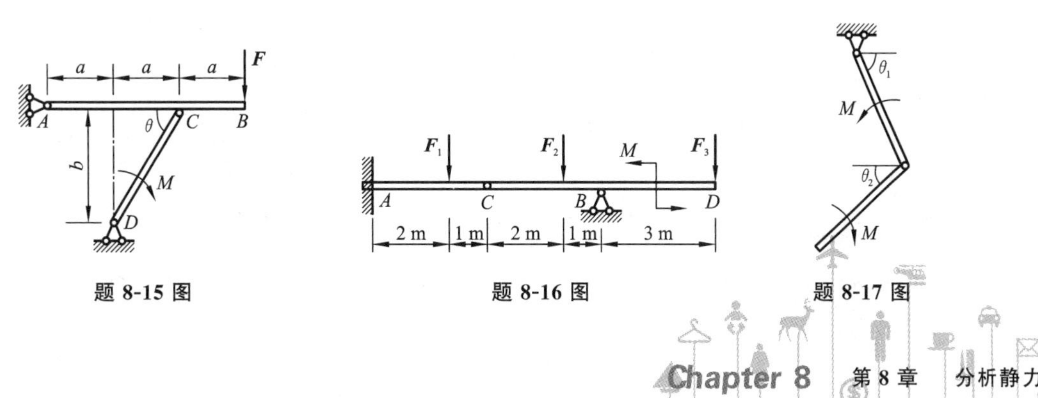

题 8-15 图　　题 8-16 图　　题 8-17 图

8-18　桁架如图所示，载荷 $\boldsymbol{F}$ 作用在节点 C 上。试用虚位移原理求各杆内力。

8-19　试用虚位移原理求图示桁架中杆件 AB 的内力，设 $\theta=30^\circ$，$F=10\ \text{kN}$。

8-20　桁架尺寸及载荷如图所示，已知 $F_1=10\ \text{kN}$，$F_2=20\ \text{kN}$，$\beta=30^\circ$，$\theta=45^\circ$，试用虚位移原理求杆件 CD、CG 的内力。

8-21　图示铅垂面内的三个均质齿轮，其上分别附着重量为 W_1、W_2、W_3 的三个质点 G_1、G_2、G_3。若 $W_1=W_3=2W$，$W_2=W$，$e=\sqrt{3}r$，不考虑转轴处摩擦。试求系统的平衡位置，并研究其稳定性。

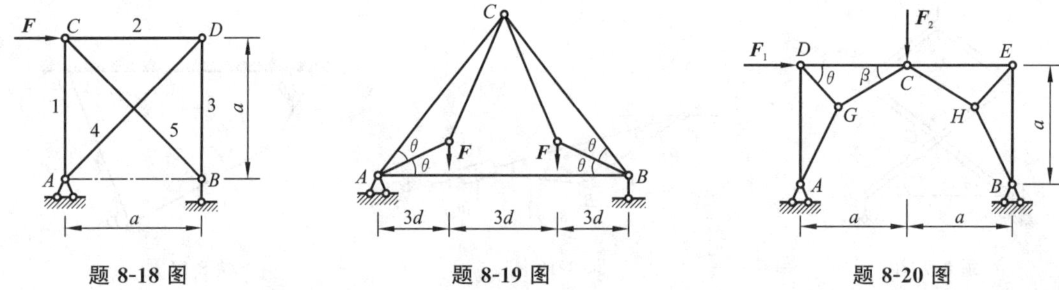

题 8-18 图　　题 8-19 图　　题 8-20 图

8-22　图示不计质量的杆件 OA 受集中力 $\boldsymbol{F}$ 作用，已知杆件在转动过程中，弹簧一直保持水平，且弹簧的刚度系数为 k，试确定系统的平衡位置及其稳定性。

8-23　图示物体系统位于铅垂平面内，两个杆件的重量均为 W，长度均为 l。当 $\theta=0$ 时弹簧长度为原长，当 $\theta=60^\circ$ 时杆件处于平衡状态。试确定弹簧的弹性常数 k，并判断该位置的稳定性。

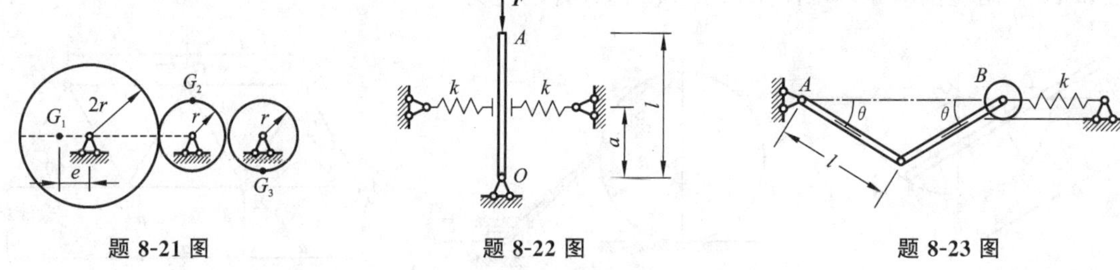

题 8-21 图　　题 8-22 图　　题 8-23 图

8-24　图示均质物体由一个半球和一个圆柱体组合而成，并置于水平面上。试证明该平衡位置只有当 $r>\sqrt{2}l$ 才是稳定的。

8-25　已知 $\theta=90^\circ$ 时弹簧为原长。试确定系统处于平衡时，在 $0<\theta<90^\circ$ 范围内角度 θ 的数值，并判断其稳定性。

8-26　图示均质杆件重量为 W，当杆件位于铅垂位置（$\theta=0$）时弹簧为原长。证明：(1) $\theta=0$ 时的位置杆件处于平衡；(2) 当 $2kl>W$ 时，$\theta=0$ 的平衡位置是稳定的。

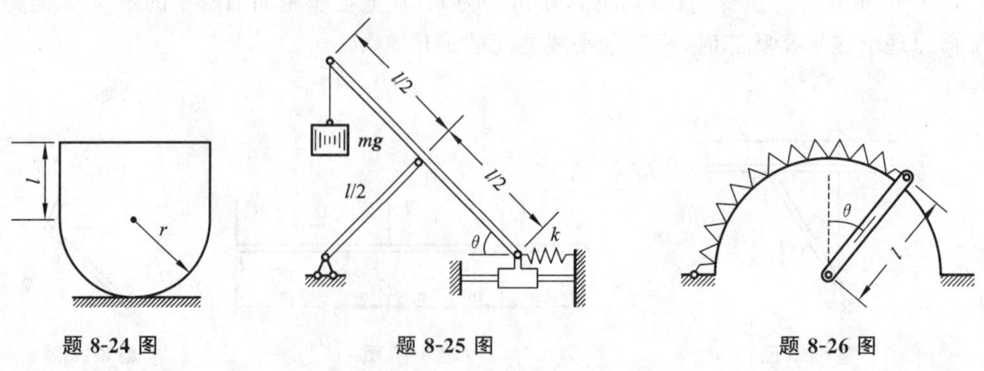

题 8-24 图　　题 8-25 图　　题 8-26 图

第3篇 动力学

Part 3 dynamics

第3篇 动力学

动力学的任务是研究作用于物体的力与物体运动之间的关系。动力学将作用在物体上的力与其运动联系起来，所以一般情况下，动力学问题一般都会涉及运动学知识。动力学的研究对象是质点、质点系、刚体、刚体系，或者质点与刚体组成的系统。

动力学研究两类基本问题：

(1) 已知物体的运动规律，求作用于物体上的力；

(2) 已知作用于物体上的力，求物体的运动规律。

牛顿是动力学研究的奠基人，他于1687年在前人的基础上发表了《自然哲学的数学原理》这一巨著，其中提出质点运动的三个定律，奠定了矢量力学的基础。

本篇首先讨论质点动力学，对动力学的两类基本问题进行求解。其次讨论达朗贝尔原理，讨论受约束作用的质点或质点系(含刚体)的动力学规律。它可以视为牛顿第二定律的演变。根据达朗贝尔原理发展的动静法是求解工程问题的一种普适且实用的方法，但是该方法是在瞬时基础上建立的解决动力学问题的方法，方程本身没有一个时间历程。

在之后的三章介绍经过演绎归纳出的动力学普遍定理：动量定理、动量矩定理和动能定理。这些定理都有微分形式和积分形式，以及据此得到的某种形式的守恒定律。对于一些较简单的问题，可以直接利用动力学普遍定理给出解答。而对于复杂动力学问题，也可以利用这些定理，建立系统的动力学方程，简称动力学建模。然后利用计算进行求解。

上述动力学内容属于矢量动力学，本篇最后介绍的分析动力学基础(含动力学普遍方程、第二类拉格朗日方程、第一类拉格朗日方程、哈密顿正则方程和哈密顿原理)属于分析动力学。分析动力学是在矢量力学基础上发展起来的。

在学习过程中，应注意系统的思想，对不同的物理量从不同的角度反映了系统的机械运动。有的物理量只有外部因素才能改变它；也有物理量内因和外因都可以改变它。动力学将力与物体的运动联系在一起，故解决动力学问题常常用到运动学的知识。

Chapter 9

第 9 章 质点动力学

9.1 牛顿运动定律

牛顿(Isaac Newton,1643—1727)关于运动规律的三定律是力学的物理基础,是整个动力学的基础。

第一定律(惯性定律) 如果质点不受力的作用,则将保持其运动状态不变,即保持静止或匀速直线运动。

第二定律(力与加速度之间关系的定律) 质点的质量与其加速度的乘积等于作用在质点上的力,即

$$m\boldsymbol{a} = \boldsymbol{F} \tag{9.1.1}$$

第三定律(作用与反作用定律) 两物体间的作用力与反作用力总是大小相等,方向相反,沿着同一直线并且分别作用在两个物体上。

第一定律为整个力学系统选定了一类特殊的参考系 —— 惯性参考系。在第一定律中所指的不受力,应该理解为质点受到一个平衡力系的作用,即合力为零。第二定律指出了不平衡力系的作用是质点运动状态发生改变的原因。式(9.1.1)给出质点的加速度,与其质量、所受力之间的定量关系。如果质点同时受到几个力的作用,则质点的加速度等于各力单独作用时所产生的加速度的矢量之和。这就是力的独立作用原理。根据力的独立作用原理,牛顿第二定律可写成

$$m\boldsymbol{a} = \sum_{i=1}^{n} \boldsymbol{F}_i \tag{9.1.2}$$

即质点的质量与加速度的乘积等于作用于质点上的各力的矢量和。

牛顿第二定律表明,质点的加速度不仅取决于作用在质点上的力,而且还与质量成反比。对于相同的力,质量大的质点加速度就小;反之,质量小的质点加速度就大。这就是说,质点的质量越大,其运动状态就越不容易改变,即力图保持其原有运动状态的能力就越大,或者说它的惯性就越大。因此,质量是质点惯性的度量。对非惯性系,牛顿第二定律不再适用。

假设质点的重量为 W,由物理学得知,它在重力场中作自由落体运动时,其加速度为重力加速度 $\boldsymbol{g}$。由牛顿第二定律得

$$mg = W, \quad g = \frac{W}{m}$$

由上式可知,如果能够测得质点的重量和重力加速度的量值,就可求得质点的质量。比较精确的实测表明,在地面上各处的重力加速度并不相同,它与当地的纬度和高度有关。不过,在一般

工程实际中,可以认为重力加速度的大小为常数,其值取在45°纬度海平面上重力加速度的大小,即:$g = 9.8\ \mathrm{m/s^2}$。

牛顿第三定律是静力学中提及的定律,它在动力学中仍然是分析两个物体之间相互作用关系的依据,在揭示质点动力学和质点系动力学之间内在联系上起着不可或缺的作用。第三定律与参考系的选取无关。

牛顿运动三定律是在观察大量的力学现象后总结出来的规律。这些规律以及由这些规律推演出来的各种原理、定理在被用来解释诸多复杂的力学现象时,又证明了它的正确性。

相对于惯性参考系静止或作匀速直线平动的参考系都是**惯性参考系**。相对于惯性参考系作加速运动或转动的参考系称为**非惯性参考系**。那么,什么样的参考系才是惯性参考系呢?实验观察结果表明,对于大部分工程实际问题,可以近似地选取与地球相固连的参考系为惯性参考系;而对于研究人造地球卫星的运行轨道,河流冲刷等问题,必须考虑地球自转影响时,可以选取以地心为原点而三个轴分别指向三颗恒星的参考系作为惯性参考系;在天文计算中,必须考虑地球自转和绕太阳公转的影响时,取太阳中心作为坐标原点,三个坐标轴分别指向三颗恒星的参考系为惯性参考系。

以后的论述中,若没有特别说明,则总是将与地球相固连的参考系作为惯性参考系,而不考虑地球自转和绕太阳公转的影响。

本书采用国际单位制,规定质量、长度和时间为基本量,它们的单位分别为千克(kg)、米(m)和秒(s)。除了这三个基本量之外的物理量均为导出量,如力、速度和加速度等,它们的单位为导出单位。如:力的单位为 $\mathrm{kg \cdot m \cdot s^{-2}}$,又称为 N(牛),即 $1\ \mathrm{N} = 1\ \mathrm{kg \cdot m \cdot s^{-2}}$。

9.2 质点的运动微分方程

牛顿第二定律(式 9.1.2)可表示为

$$m\frac{\mathrm{d}^2\boldsymbol{r}}{\mathrm{d}t^2} = \sum_{i=1}^{n}\boldsymbol{F}_i \tag{9.2.1}$$

其中,$\boldsymbol{r}$ 为质点的矢径。式(9.2.1) 称为**质点的运动微分方程**。

由运动学可知,点的加速度可以根据不同的坐标系写成各种投影形式,因此,矢量形式的方程式(9.2.1) 可以表示为直角坐标形式、自然坐标形式、极坐标形式等。

一、质点运动微分方程的直角坐标形式

设质点相对于惯性直角坐标系 $Oxyz$ 的运动方程表示为:$x = x(t)$,$y = y(t)$,$z = z(t)$。并将式(9.2.1) 两端分别向各坐标轴投影,得到

$$m\frac{\mathrm{d}^2x}{\mathrm{d}t^2} = \sum_{i=1}^{n}F_{ix},\quad m\frac{\mathrm{d}^2y}{\mathrm{d}t^2} = \sum_{i=1}^{n}F_{iy},\quad m\frac{\mathrm{d}^2z}{\mathrm{d}t^2} = \sum_{i=1}^{n}F_{iz} \tag{9.2.2}$$

或表示为

$$m\ddot{x} = \sum_{i=1}^{n}F_{ix},\quad m\ddot{y} = \sum_{i=1}^{n}F_{iy},\quad m\ddot{z} = \sum_{i=1}^{n}F_{iz} \tag{9.2.3}$$

其中 F_{ix}、F_{iy}、F_{iz} 为力 $\boldsymbol{F}_i$ 在三个坐标轴上的投影。式(9.2.2) 或式(9.2.3) 为质点运动微分方程的直角坐标形式。

二、质点运动微分方程的自然轴形式

设质点 M 的运动轨迹已知,由运动学可知,质点 M 的运动方程可用弧坐标 s 表示:$s = s(t)$,

则以任意瞬时质点所在处M为原点，建立自然坐标系$\boldsymbol{\tau}$-$\boldsymbol{n}$-$\boldsymbol{b}$，其中$\boldsymbol{\tau}$、$\boldsymbol{n}$和$\boldsymbol{b}$分别为沿运动轨迹上M点的切线、主法线和副法线方向的单位矢量。将式(9.2.1)中各项投影到自然坐标轴上，则有

$$ma^{\mathrm{t}} = F^{\mathrm{t}}, \quad ma^{\mathrm{n}} = F^{\mathrm{n}}, \quad ma^{\mathrm{b}} = F^{\mathrm{b}}$$

又由运动学可知：$a^{\mathrm{t}} = \ddot{s}$，$a^{\mathrm{n}} = \dfrac{v^2}{\rho}$，$a^{\mathrm{b}} = 0$。故有：

$$m\ddot{s} = F^{\mathrm{t}}, \quad m \cdot \frac{v^2}{\rho} = F^{\mathrm{n}}, \quad 0 = F^{\mathrm{b}} \tag{9.2.4}$$

式(9.2.4)为自然坐标系形式的质点运动微分方程。式中F^{t}、F^{n}、F^{b}分别是作用在质点M上的合力$\boldsymbol{F}$在切线轴$\boldsymbol{\tau}$、主法线轴$\boldsymbol{n}$和副法线轴$\boldsymbol{b}$上的投影。

【思考】 *若用极坐标描述质点的运动，试建立极坐标形式的质点运动微分方程。*

9.3 质点动力学的两类基本问题

应用质点运动微分方程，可以求解质点动力学的两类基本问题。

第一类基本问题 已知质点的运动规律，即已知质点的运动方程或质点在任意瞬时的速度或加速度，求作用在质点上的未知力。这一类问题可归结为数学中的微分问题。

求解该问题比较简单。若已知质点的运动方程，则只需将它对时间求两次导数即可得到质点的加速度，代入适当形式的质点运动微分方程，得到一个代数方程组，求解这个方程组即可得到所求的未知力。

第二类基本问题 已知作用在质点上的力，求质点的运动规律。这一类问题可归结为数学中的积分问题。

求解积分问题要比求解微分问题复杂得多。因为作用于质点上的力可能是时间的函数，也可能是质点的位置坐标的函数，或者是质点速度的函数，还有可能是上述三种变量的函数。为了分离变量进行积分，在求解时应根据力的性质将加速度写成相应的形式，如：

$$\ddot{x} = \frac{\mathrm{d}\dot{x}}{\mathrm{d}t}, \quad \ddot{x} = \frac{\mathrm{d}\dot{x}}{\mathrm{d}x} \cdot \frac{\mathrm{d}x}{\mathrm{d}t} = \dot{x} \cdot \frac{\mathrm{d}\dot{x}}{\mathrm{d}x}$$

求解微分方程时将会出现积分常数，这些积分常数与质点运动的初始条件有关，如质点的初始位置和初始速度等。所以，求解第二类问题时，除了要知道作用在质点上的力以外，还必须知道质点运动的初始条件，才能完全确定质点的运动。由高等数学知识可知，只有当力的函数关系比较简单时，才能求得微分方程的精确解；当力函数关系比较复杂时，求解将非常困难，有时只能求得近似解。

顺便指出，在质点动力学问题中，有一些问题是第一类和第二类基本问题的综合。下面举例说明如何运用质点运动微分方程求解质点动力学的这两类基本问题。

【例 9.3.1】 如图 9.3.1 所示质量为m的物体，在均匀重力场中由静止自由下落，受到的空气阻力大小为$F = \mu v^2$，阻力系数$\mu > 0$可由实验测定。试求物体的运动规律。

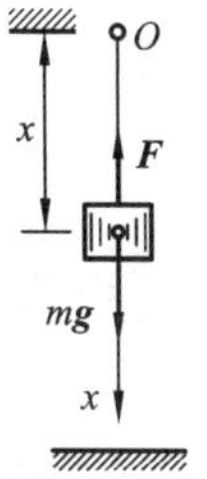

图 9.3.1

【解】 物体平动下落可视为质点，此题是已知力求运动，属于第二类问题。以物体为研究对象，取初始位置O为铅垂向下x轴的原点。物体受重力$m\boldsymbol{g}$和阻力$\boldsymbol{F}$的作用，其运动微分方程为

$$m\frac{\mathrm{d}v}{\mathrm{d}t} = mg - \mu v^2$$

在物体下落过程中速度逐渐增加,但由于重力大小为常数,阻力大小 F 是速度的二次函数,所以速度达到一定值 v_1 时,重力与阻力成平衡,物体的加速度为零,此后物体作匀速运动,则有

$$mg - \mu v_1^2 = m\frac{\mathrm{d}v}{\mathrm{d}t} = 0,\quad v_1 = \sqrt{mg/\mu} = c$$

速度 v_1 称为物体下落的**极限速度**。在求下落运动规律时,应以速度未达到极限值的某一时刻建立运动微分方程,即:$m\frac{\mathrm{d}v}{\mathrm{d}t} = mg - \mu v^2$,或$\frac{\mathrm{d}v}{\mathrm{d}t} = \frac{g}{c^2}(c^2 - v^2)$。将此式分离变量,注意到:$\frac{1}{c^2 - v^2} = \frac{1}{2c}\left(\frac{1}{c - v} + \frac{1}{c + v}\right)$,根据初始条件积分上式有

$$\int_0^v \frac{c\mathrm{d}v}{c^2 - v^2} = \int_0^t \frac{g}{c}\mathrm{d}t,\quad \frac{c+v}{c-v} = \mathrm{e}^{\frac{2g}{c}t}$$

于是解得:

$$v = c\,\frac{\mathrm{e}^{\frac{2g}{c}t} - 1}{\mathrm{e}^{\frac{2g}{c}t} + 1} = c\,\frac{\mathrm{e}^{\frac{g}{c}t} - \mathrm{e}^{-\frac{g}{c}t}}{\mathrm{e}^{\frac{g}{c}t} + \mathrm{e}^{-\frac{g}{c}t}} = c\cdot\tanh\left(\frac{g}{c}t\right)$$

对此式再积分一次,便求得物体的运动规律为:$x = \frac{c^2}{g}\ln\left[\cosh\left(\frac{g}{c}t\right)\right]$。

【说明】 (1) 在建立运动微分方程时,坐标原点的位置应固定不动。(2) 分离变量法是求解微分方程的一种常用方法,请注意理解其实质含义。

【例 9.3.2】 单自由度阻尼系统的自由振动。如图 9.3.2(a) 所示,质量为 m 的物体受线性弹簧和黏性阻尼约束,在重力场中沿铅垂方向运动。若取物体静平衡位置 O 为坐标原点,给定初始位移 x_0 和初速度 $\dot{x}_0$,试求物体的运动规律。已知弹簧的弹性系数为 k,黏性阻尼器的阻尼因数为 c。

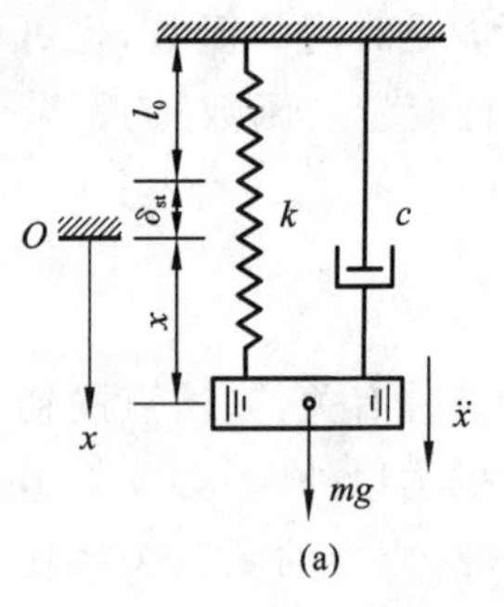

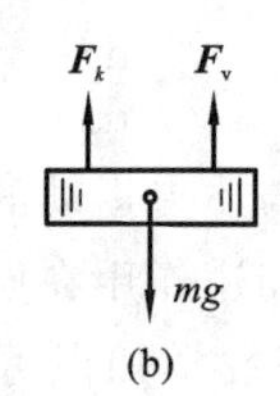

图 9.3.2

【解】 物体受力如图 9.3.2(b) 所示,黏性阻尼力 F_v 沿物体速度的相反方向,大小为 $F_v = cv$,因数 c 称为**阻力因数**。取坐标原点在静平衡位置,则质点运动微分方程为

$$m\ddot{x} = mg - c\dot{x} - k(x + \delta_{st}) \tag{a}$$

式中,δ_{st} 为静平衡时物体的位移量。考虑到:$mg = k\delta_{st}$,故质点运动微分方程可简化为

$$m\ddot{x} + c\dot{x} + kx = 0 \tag{b}$$

引入无阻尼**固有频率** ω_0 和**衰减因数** n

$$\omega_0 = \sqrt{\frac{k}{m}},\quad n = \frac{c}{2m}$$

则式(b) 可化为如下标准形式

$$\ddot{x} + 2n\dot{x} + \omega_0^2 x = 0 \tag{c}$$

式(c) 是一个二阶常系数线性齐次微分方程,由于该系统特征方程的两个特征根为

$$r_1 = -n + \sqrt{n^2 - \omega_0^2},\quad r_2 = -n - \sqrt{n^2 - \omega_0^2} \tag{d}$$

由此可见,随着 n 与 ω_0 值的不同,r_1 与 r_2 也具有不同的值,因而运动规律也就不同。下面按 $n < \omega_0$,$n > \omega_0$ 和 $n = \omega_0$ 三种情形进行讨论。

(1) $n < \omega_0$(弱阻尼) 的情形

这时特征方程有一对共轭复根

$$r_1 = -n + \mathrm{i}\sqrt{\omega_0^2 - n^2} = -n + \mathrm{i}\omega_d,\quad r_2 = -n - \mathrm{i}\sqrt{\omega_0^2 - n^2} = -n - \mathrm{i}\omega_d$$

其中，$\mathrm{i} = \sqrt{-1}$，$\omega_d = \sqrt{\omega_0^2 - n^2}$。于是，方程(c)的通解为

$$x = \mathrm{e}^{-nt}(C_1\cos\omega_d t + C_2\sin\omega_d t) \tag{e}$$

式中，C_1、C_2 为积分常数，可由运动初始条件确定。$t=0$ 时，$x = x_0$，$\dot{x} = \dot{x}_0$，从而得到：$C_1 = x_0$，$C_2 = \dfrac{nx_0 + \dot{x}_0}{\omega_d}$。式(e)亦可写成下述形式

$$x = A\mathrm{e}^{-nt}\sin(\omega_d t + \varphi) \tag{f}$$

式中

$$A = \sqrt{x_0^2 + \frac{(nx_0 + \dot{x}_0)^2}{\omega_d^2}},\quad \tan\varphi = \frac{x_0\omega_d}{nx_0 + \dot{x}_0} \tag{g}$$

式(f)描述的是如图 9.3.3 所示的衰减振动，即物块在平衡位置附近作具有振动性质的往复运动。由振动方程(f)，可得到弱阻尼振动的周期为

$$T_d = \frac{2\pi}{\omega_d} = \frac{2\pi}{\omega_0}\frac{1}{\sqrt{1-\left(\dfrac{n}{\omega_0}\right)^2}} = \frac{T}{\sqrt{1-\zeta^2}} \tag{h}$$

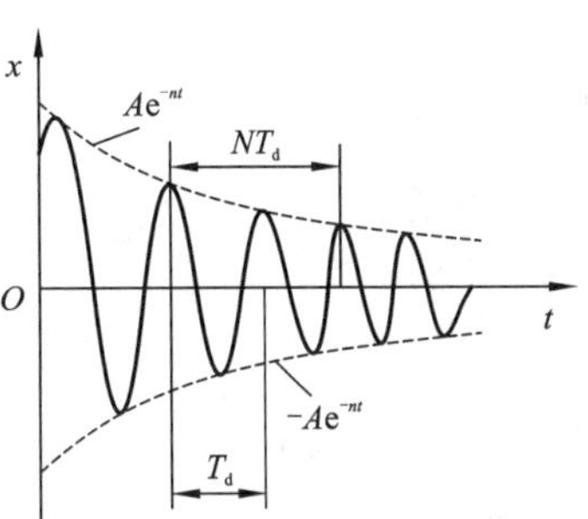

图 9.3.3

其中，$T = \dfrac{2\pi}{\omega_0}$ 为无阻尼自由振动的周期。$\zeta = \dfrac{n}{\omega_0} = \dfrac{c}{2\sqrt{mk}}$，称为**阻尼比**，它是振动系统中反映阻尼特性的重要参数，在弱阻尼情况下，$\zeta < 1$。通常 ξ 很小，阻尼对周期的影响不大。当材料的阻尼比 $\zeta \ll 1$ 时，可近似认为有阻尼自由振动的周期与无阻尼自由振动的周期相等。

阻尼振动的振幅不是常数，随时间的推延而衰减。若记**振幅减缩率**或**减幅系数**为 η，注意到：$\sin[\omega_d(t_i + T_d) + \varphi] = \sin(\omega_d t_i + \varphi)$，则有

$$\eta = \frac{A_i}{A_{i+1}} = \frac{A\mathrm{e}^{-nt_i}\sin(\omega_d t_i + \varphi)}{A\mathrm{e}^{-n(t_i+T_d)}\sin[\omega_d(t_i + T_d) + \varphi]} = \mathrm{e}^{nT_d} \tag{i}$$

注意到 η 与 t 无关，故有

$$\frac{A_1}{A_{j+1}} = \left(\frac{A_1}{A_2}\right)\cdot\left(\frac{A_2}{A_3}\right)\cdots\left(\frac{A_j}{A_{j+1}}\right) = \eta^j = \mathrm{e}^{jnT_d} \tag{j}$$

实际中常引入振幅减缩率的自然对数，称为**对数减缩率**或**对数减幅系数**，以 δ 表示

$$\delta = \ln\eta = nT_d \tag{k}$$

或由式(j)可得

$$\delta = \frac{1}{j}\ln\left(\frac{A_1}{A_{j+1}}\right) \tag{l}$$

(2) $n > \omega_0$（过阻尼）的情形

这时，特征方程的根是两个不等的实根，$r_1 = -n + \sqrt{n^2 - \omega_0^2}$，$r_2 = -n - \sqrt{n^2 - \omega_0^2}$，则

$$x = \mathrm{e}^{-nt}[C_1\mathrm{e}^{\sqrt{n^2-\omega_0^2}\,t} + C_2\mathrm{e}^{-\sqrt{n^2-\omega_0^2}\,t}] \tag{m}$$

其中 C_1、C_2 是积分常数，由运动的初始条件确定。因此，物体由初始条件激励产生的运动，随着时间的推移，将逐渐地趋于平衡位置。这种运动不仅是非周期的，而且已不再具有振动的性质了。

(3) $n=\omega_0$(临界阻尼)的情形

这时,特征方程的根是两个相等的实根:$r_1=r_2=-n$。因此,方程(c)的通解为

$$x=e^{-nt}[C_1+C_2t] \tag{n}$$

这种情形与过阻尼的情形相似,运动已无振动的性质。

值得注意的是,临界情形是从衰减振动过渡到非周期运动的临界状态。因此,这时系统的阻尼系数是表征运动规律在性质上发生变化的重要临界值。设 c_{cr} 为**临界阻尼系数**,由于 $\zeta=\frac{n}{\omega_0}=1$,则

$$c_{cr}=2nm=2\omega_0 m=2\sqrt{km} \tag{o}$$

【说明】 (1)c_{cr} 只取决于系统本身的质量与弹性常量。由于:$\frac{c}{c_{cr}}=\frac{2nm}{2\omega_0 m}=\frac{n}{\omega_0}=\zeta$,故 ξ 即阻尼系数与临界阻尼系数的比值,这就是 ξ 称为阻尼比的原因。(2) 对于单自由度系统,在建立质点的运动微分方程时,若将坐标原点选在系统的静平衡位置,可同时不计弹簧静伸长和重力作用,这样可以快速建立系统的运动微分方程。

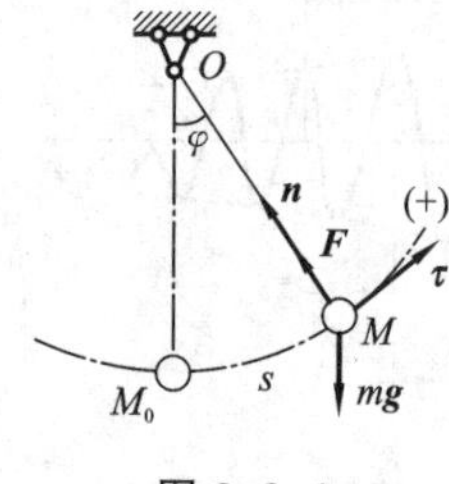

图 9.3.4

【例 9.3.3】 质量为 m 的小球 M 悬于长为 l,质量不计且无弹性的软绳一端,组成一单摆(数学摆),如图 9.3.4 所示。当绳在铅垂位置时,球因受冲击具有水平初速度 v_0。不计空气阻力,求小球的运动和绳子的拉力。

【解】 选取小球为研究对象,并进行受力分析,将小球置于运动的一般位置时,小球受有重力和绳子的拉力,如图 9.3.4 所示。因小球受绳的约束,只能在铅垂面内沿半径为 l 的圆弧运动,故选用自然坐标法研究比较方便。设小球运动开始的位置(最低点)为弧坐标原点,绳子的摆角为 φ,小球的弧坐标为 s,则有

$$s=l\varphi,\quad a^{t}=\ddot{s}=l\ddot{\varphi},\quad a^{n}=\frac{\dot{s}^2}{l}=l\dot{\varphi}^2$$

从而可建立质点动力学方程为

$$ma^{t}=\sum F_i^{t},\quad ml\ddot{\varphi}=-mg\sin\varphi \tag{a}$$

$$ma^{n}=\sum F_i^{n},\quad ml\dot{\varphi}^2=F-mg\cos\varphi \tag{b}$$

本题可利用式(a)求得小球的运动,再由式(b)求小球所受的约束力,属于第一类问题和第二类问题的综合题。由式(a)可得

$$\ddot{\varphi}+\frac{g}{l}\sin\varphi=0 \tag{c}$$

这是一个二阶常系数非线性微分方程,其解为椭圆积分,比较复杂,这里不讨论小球的运动方程,仅研究其速度的变化规律。

将 $\ddot{\varphi}=\dot{\varphi}\mathrm{d}\dot{\varphi}/\mathrm{d}\varphi$ 代入方程(c)并分离变量后,得:$\dot{\varphi}\mathrm{d}\dot{\varphi}=-\frac{g}{l}\sin\varphi\mathrm{d}\varphi$。考虑到初始条件,对该式积分可得:$\int_{\frac{v_0}{l}}^{\dot{\varphi}}\dot{\varphi}\mathrm{d}\dot{\varphi}=\int_0^{\varphi}\left(-\frac{g}{l}\sin\varphi\right)\mathrm{d}\varphi$,故有

$$\dot{\varphi}^2=\frac{v_0^2}{l^2}+2\frac{g}{l}(\cos\varphi-1) \tag{d}$$

将式(d)代入式(b),可求得绳子的拉力,即

$$F=mg\cos\varphi+ml\dot{\varphi}^2=mg(3\cos\varphi-2)+\frac{mv_0^2}{l} \tag{e}$$

可见绳的拉力仍由静约束力和附加动约束力两部分组成，且绳的拉力是摆角 φ 的函数。当 $0 \leqslant \varphi \leqslant \pi$ 时，绳子拉力随 φ 增大而减小。因为绳只能承受拉力，即 $F \geqslant 0$，所以要使小球作圆周运动，初速度 v_0 应满足一定的条件。设 $\varphi = \pi$ 时，$F = 0$，由式(e)有：$-5mg + m\dfrac{v_0^2}{l} = 0$，得：$v_0 = \sqrt{5gl}$。这就是小球作圆周运动的最小初速度。

当 $v_0 > \sqrt{5gl}$ 时，小球作圆周运动。由式(e)可求得绳子拉力的最大值和最小值：

$$\varphi = 0: F_{\max} = mg + m\frac{v_0^2}{l}$$

$$\varphi = \pi: F_{\min} = -5mg + m\frac{v_0^2}{l}$$

当 $v_0 < \sqrt{5gl}$ 时，令 $F = 0$，由式(e)求得：$\cos\varphi_A = \dfrac{2}{3} - \dfrac{v_0^2}{3gl}$。

由于绳不能承受压力，当 $\varphi > \varphi_A$ 时，小球将失去绳的约束脱离圆弧轨道，在重力作用下沿抛物线 ABC 运动。在此情形下，球的运动分两个阶段：OA 段，球是非自由质点，沿圆弧运动；ABC 段，球是自由质点，它沿抛物线运动，如图 9.3.5(a) 所示。

小球之所以能由非自由质点转变为自由质点，是因为约束小球运动的绳索是单面约束。物体受单面约束时的运动特点，在生产实际中得到了广泛的应用，例如化工、采矿等机械中常用的球磨机就是根据这一运动特点设计的。如图 9.3.5(b) 所示的球磨机转筒，当转筒带动钢球旋转到一定角度 φ_1 时，钢球脱离约束沿抛物线飞落下来，打击筒内的物料或矿石，以达到粉碎的目的。钢球恰好不脱离约束时转筒的转速称为临界转速 ω_0，运动时应使球磨机转筒的转速 $\omega < \omega_0$。为了提高粉碎效率，设计时要计算脱离角、打击速度和飞行时间，据此计算转筒合理的转速和尺寸参数。

但是，像离心浇铸机这一类机械，虽然也是单面约束，却不允许脱离约束情形的出现。此时必须有足够大的初速度 v_0，以保证质点在任何位置受到的约束力 $F > 0$，如图 9.3.5(c) 所示。这样铁水才能紧贴在筒壁上。不难求得此时 $v_0 > \sqrt{5gR}$，由此可求得转筒的临界转速 $\omega_0 > \sqrt{\dfrac{5g}{R}}$，而转筒的转速 $\omega > \omega_0$。

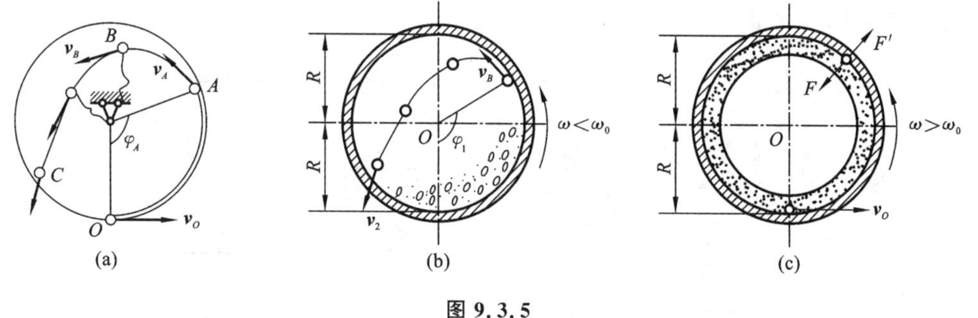

图 9.3.5

【思考】 若小球 M 放在 M_0 位置的左侧(参考图 9.3.3)建立质点运动微分方程，又将如何？

思　考　题

9-1　质点在常力作用下，一定作匀加速直线运动，对吗？

9-2　质点在空间运动，已知作用力。为求质点的运动方程需要几个初始条件？在平面内运动呢？沿给定的轨道运动呢？

9-3　竖直上抛一质量为 m 的小球 A，假设空气阻力 $\boldsymbol{F}_R$ 与速度 $\boldsymbol{v}$ 的一次方成正比，即 $F_R=-\mu v$，其中 μ 为阻力常数。选取如图所示坐标轴，则小球 A 的运动微分方程为(　　)。

A. $m\ddot{x}=-mg-\mu\dot{x}$（上升阶段），$m\ddot{x}=-mg+\mu\dot{x}$（下降阶段）

B. $m\ddot{x}=-mg-\mu\dot{x}$（上升阶段），$m\ddot{x}=mg-\mu\dot{x}$（下降阶段）

C. $m\ddot{x}=-mg-\mu\dot{x}$（上升或下降阶段）

D. $m\ddot{x}=mg+\mu\dot{x}$（上升阶段），$m\ddot{x}=mg-\mu\dot{x}$（下降阶段）

9-4　已知物体的质量为 m，弹簧的刚度为 k，原长为 l_0，静伸长为 δ_{st}，则对于以弹簧静伸长末端为坐标原点，铅垂向下的坐标轴 Ox，$x_0=\delta_{st}+x$ 为弹簧变形量，重物的运动微分方程为(　　)。

A. $m\ddot{x}=mg-kx_0$　　B. $m\ddot{x}=kx_0$

C. $m\ddot{x}=-kx$　　D. $m\ddot{x}=mg+kx_0$

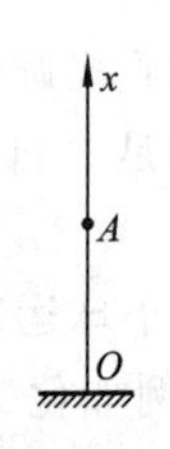

思考题 9-3 图

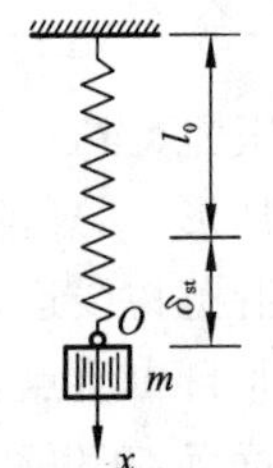

思考题 9-4 图

9-5　两个运动的质量相同的质点，初始速度大小相同，但方向不同。如果任意时刻两个质点所受外力大小、方向都完全相同，问下述各说法对吗？

A. 任意时刻两质点的速度大小相同　　B. 任意时刻两质点的加速度相同。

C. 两质点运动轨迹形状相同　　D. 两质点的切向加速度相同。

9-6　在距地面同一高度上，有两个相同的物体。在同一时刻，甲物体开始自由下落，而乙物体以较高的速度沿水平方向射出。试就下述情况回答，哪一个物体先着地？(1) 不计空气阻力；(2) 空气阻力与速度的一次方成比例；(3) 空气阻力与速度的平方成比例。

9-7　图示四个弹簧-质量系统，已知物体的质量均为 m，每一个弹簧的刚性系数均为 k。试问哪种系统的自振周期最长？

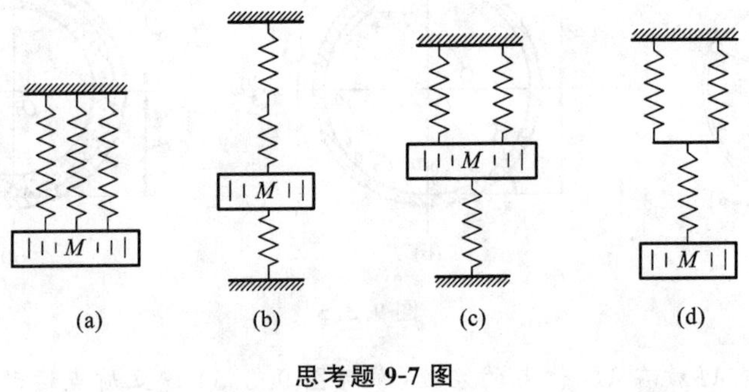

思考题 9-7 图

习　题

9-1　物块 A、B 的质量分别为 $m_1=20$ kg 和 $m_2=40$ kg，并以弹簧互相连接，如图所示。物块 A 沿铅垂线以 $y=H\cos\frac{2\pi}{T}t$ 作简谐运动，式中振幅 $H=10$ mm，周期 $T=0.25$ s。弹簧的质量

不计。求支承面 CD 所受压力的最大值和最小值。

9-2　车轮的质量为 m，沿水平路面作匀速运动，如图所示。路面上有一凹坑，其形状由方程 $y=\frac{\delta}{2}\left(1-\cos\frac{2\pi}{l}x\right)$ 确定。路面和车轮均看成刚体。车厢通过弹簧给车轮施以压力 $\boldsymbol{F}$。当车子经过凹坑时，求路面给车轮的最大和最小约束力。

9-3　为了使列车对铁轨的压力垂直于路基，在铁道弯曲部分外轨要比内轨稍微高些。如果轨道的曲率半径为 $\rho=300$ mm，内外轨道间的距离为 $b=1.6$ m，列车的速度为 $v=12$ m/s，求外轨高于内轨的高度。

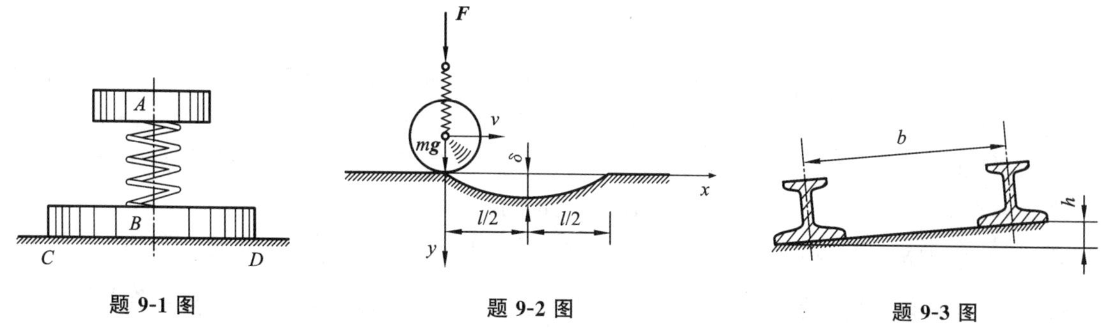

题 9-1 图　　题 9-2 图　　题 9-3 图

9-4　图示一质点无初速地从位于铅垂面内的圆的顶点 O 出发，在重力作用下沿通过 O 点的弦运动。设圆的半径为 R，摩擦不计。试证明质点走完任何一条弦所需的时间相同，并求出此时间。

9-5　小球从固定的光滑半圆柱的顶点 A 处无初速地下滑，如图所示。求小球脱离半圆柱时的位置角 φ。

9-6　套管 A 的质量为 m，因受绳子牵引沿铅垂直杆向上滑动，绳子的另一端绕过离杆距离为 l 的滑车 B 而缠在鼓轮上，如图所示。当鼓轮转动时，其边缘上各点的速度的大小为 v_0。若不计摩擦，求绳子的拉力和距离 x 之间的关系。

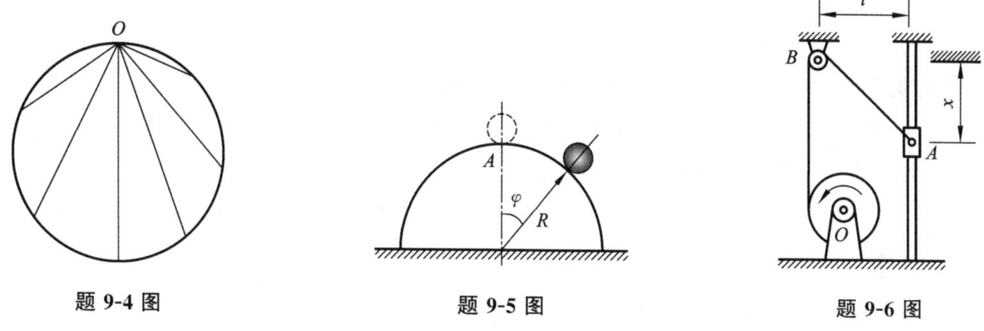

题 9-4 图　　题 9-5 图　　题 9-6 图

9-7　图示两物体质量分别为 m_1 和 m_2，用绳相互连接，此绳跨过一滑轮，滑轮的半径为 r。若在开始时，两物体的高度差为 h，而且 $m_1>m_2$，不计滑轮质量。求由静止释放后，两物体达到相同的高度时所需的时间。

9-8　半径为 R 的偏心轮绕轴 O 以匀角速度 ω 转动，推动导板沿铅垂轨道运动，如图所示。导板顶部放有一质量为 m 的物块 A，设偏心距 $\overline{OC}=e$，开始时 OC 沿水平线。求：(1) 物块 A 对导板的最大压力；(2) 使物块 A 不离开导板的最大角速度 $\omega_{\max}$。

9-9　一小车以等加速度 a 沿与水平面夹角为 θ 的斜面向上运动，在小车的平顶上放一质量

为 m 的物块，随车一同运动，如图所示。问物块与小车间的静摩擦因数 f_s 最小应为多少？

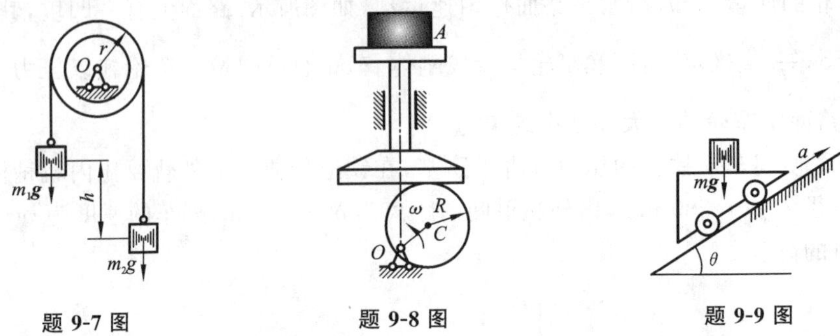

题 9-7 图　　题 9-8 图　　题 9-9 图

9-10　图示半圆形凸轮以等速 $v = 0.1$ m/s 向右运动，通过 CD 杆使重物 M 上下运动。已知凸轮半径 $R = 100$ mm，重物质量为 $m = 10$ kg，C 轮半径不计。求当 $\varphi = 45°$ 时重物 M 对杆 CD 的压力。

9-11　质量皆为 m 的 A、B 两物块以无重杆光滑铰接，置于光滑的水平及铅垂面上，如图所示。当 $\theta = 60°$ 时自由释放，求此瞬时杆 AB 所受的力。

9-12　一质点在粗糙的与水平面成 φ 角的斜面上以速度 v_0 水平抛出。以后若运动的方向与向下的最大倾斜角线成 θ 角。当摩擦系数为 f 时，证明质点的速度为：$v_0 \csc\theta \cdot \left(\tan\dfrac{\theta}{2}\right)^{f\cdot\cot\varphi}$。

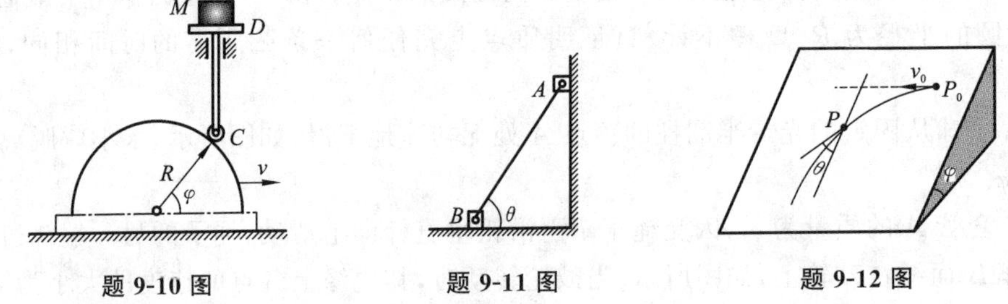

题 9-10 图　　题 9-11 图　　题 9-12 图

9-13　半径 30 cm，高 50 cm 并装有半桶液体的圆桶，绕自身铅垂轴旋转，求液体不致溢出的最大角速度 ω。

9-14　两个相同的球 A 和 B，用不可伸长的绳子系在水平杆 CD 的两端，杆 CD 长 $2a$，绳长 l。要使绳子与铅垂线的夹角为 θ，求杆 CD 绕通过其中点的铅垂轴旋转的角速度 ω。

9-15　图示滑轮机构，物体 A、B 的质量分别为 m_1 和 m_2，若不计绳子和滑轮的质量，且绳子不可伸长。试求物体从静止开始运动后的加速度。

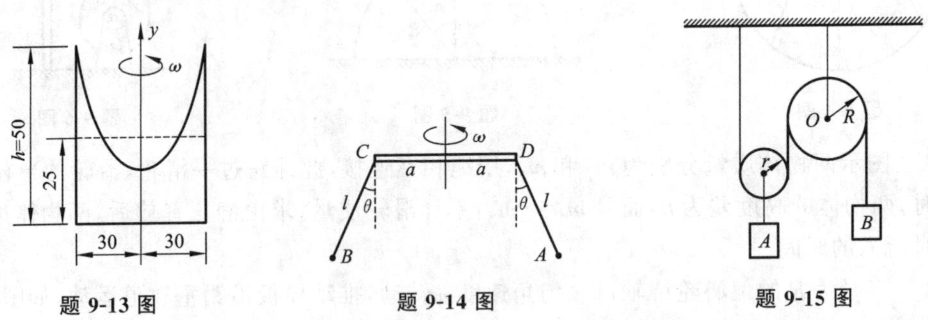

题 9-13 图　　题 9-14 图　　题 9-15 图

Chapter 10

第 10 章 达朗贝尔原理

10.1 质点和质点系的达朗贝尔原理

达朗贝尔(d'Alembert,1717—1783) 原理的主要思想是将牛顿定律推广用于受约束的质点，在引入了惯性力的基础上，用静力学中研究力系平衡问题的方法来研究动力学中不平衡的问题，故运用这一原理求解动力学问题的方法又被称为**动静法**。静力学的方法为一般工程技术人员所熟悉，比较简单，容易掌握，因此，动静法在工程技术中得到广泛的应用。利用动静法求非自由质点系的约束力比较方便。

10.1.1 惯性力、质点的达朗贝尔原理

设质量为 m 的非自由质点 M 在主动力 $\boldsymbol{F}$ 和约束力 $\boldsymbol{F}_{\mathrm{N}}$ 的作用下，沿图 10.1.1 所示的曲线运动，设其加速度为 $\boldsymbol{a}$，根据牛顿第二定律，有

$$m\boldsymbol{a} = \boldsymbol{F} + \boldsymbol{F}_{\mathrm{N}}$$

上式可改写成另一种形式

$$\boldsymbol{F} + \boldsymbol{F}_{\mathrm{N}} - m\boldsymbol{a} = 0 \tag{10.1.1}$$

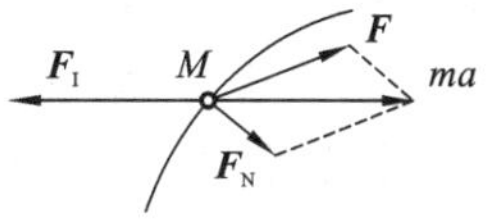

图 10.1.1

令

$$\boldsymbol{F}_{\mathrm{I}} = - m\boldsymbol{a} \tag{10.1.2}$$

并称 $\boldsymbol{F}_{\mathrm{I}}$ 为质点 M 的**惯性力**，即质点的惯性力的大小等于质点的质量与其加速度的乘积，方向与加速度的方向相反。引入质点的惯性力后，式(10.1.1) 可写成

$$\boldsymbol{F} + \boldsymbol{F}_{\mathrm{N}} + \boldsymbol{F}_{\mathrm{I}} = 0 \tag{10.1.3}$$

式(10.1.3) 形式上是汇交力系的平衡方程，但惯性力不是实际作用于质点上的力，只能当作一个虚加的力。所以上式表明：在质点运动的任一瞬时，作用于质点上的主动力、约束力和虚加的惯性力在形式上组成平衡力系，这就是质点的**达朗贝尔原理**。一般空间力系情况下，式(10.1.3) 表示的为汇交力系的平衡方程，故有三个独立的平衡方程，即

$$\left.\begin{aligned} F_x + F_{\mathrm{N}x} + F_{\mathrm{I}x} = 0 \\ F_y + F_{\mathrm{N}y} + F_{\mathrm{I}y} = 0 \\ F_z + F_{\mathrm{N}z} + F_{\mathrm{I}z} = 0 \end{aligned}\right\} \tag{10.1.4}$$

【说明】 这里引入的惯性力与质点在惯性坐标系中的绝对加速度有关。当运用达朗贝尔原理研究质点本身的动力学问题时，质点的惯性力是个虚拟力，是为了将作用在质点上的所有力写为平衡方程的形式而虚加在质点上的力(虽然达朗贝尔本人并不是这样考虑的)。

10.1.2 质点系的达朗贝尔原理

设由 n 个质点组成的质点系，其中第 i 个质点的质量为 m_i，受到的主动力为 $\boldsymbol{F}_i$，约束力为 $\boldsymbol{F}_{Ni}$，若其加速度为 $\boldsymbol{a}_i$，则惯性力为 $\boldsymbol{F}_{Ii}=-m_i\boldsymbol{a}_i$，由质点的达朗贝尔原理，有

$$\boldsymbol{F}_i+\boldsymbol{F}_{Ni}+\boldsymbol{F}_{Ii}=0\quad(i=1,2,\cdots,n)\tag{10.1.5}$$

上式表明：在质点系运动的任一瞬时，每个质点所受的主动力、约束力和虚加的惯性力在形式上组成一平衡力系，这称为**质点系的达朗贝尔原理**。对于由 n 个质点组成的空间一般质点系，共有 n 个汇交于不同点的平衡力系，把它们综合在一起就构成一个一般的空间平衡力系。由静力学可知，任意力系的平衡条件是力系的主矢和对任意点的主矩同时等于零，即

$$\begin{cases}\sum\boldsymbol{F}_i+\sum\boldsymbol{F}_{Ni}+\sum\boldsymbol{F}_{Ii}=0\\ \sum M_O(\boldsymbol{F}_i)+\sum M_O(\boldsymbol{F}_{Ni})+\sum M_O(\boldsymbol{F}_{Ii})=0\end{cases}\tag{10.1.6}$$

因为质点系的内力总是大小相等、方向相反地成对出现，质点系内力系的主矢和对任一点的主矩恒等于零，因此在用式(10.1.6)求解问题时，完全可以将 $\boldsymbol{F}_i$、$\boldsymbol{F}_{Ni}$ 处理为是质点系所受到的外主动力、外约束力，而不必考虑内力。

对于空间力系，式(10.1.6)有六个独立的平衡方程，而对于平面力系，式(10.1.6)有三个独立的平衡方程，即

$$\left.\begin{aligned}&\sum F_{ix}+\sum F_{Nix}+\sum F_{Iix}=0\\&\sum F_{iy}+\sum F_{Niy}+\sum F_{Iiy}=0\\&\sum M_O(\boldsymbol{F}_i)+\sum M_O(\boldsymbol{F}_{Ni})+\sum M_O(\boldsymbol{F}_{Ii})=0\end{aligned}\right\}\tag{10.1.7}$$

【说明】 (1) 因为惯性力是虚加的，并不是真正地作用于质点或质点系上，因此达朗贝尔原理只是提供一种求解动力学问题的方法，即通过引入惯性力，把动力学方程写成平衡方程的形式，实质仍是动力学问题。(2) 式(10.1.6)表明对于作任何运动的质点系，除真实作用的主动力和约束力外，只要在每个质点上加上它的惯性力，就可以直接应用静力学中的平衡理论来建立质点系的运动与作用于质点系的力之间的关系，从而求解动力学的问题，这就是通常所说的**动静法**。(3) 这种形式上的变换，不仅给分析问题和列写方程带来方便，而且可以视为是第 11 章的质点系动量定理和第 12 章的动量矩定理的另一种表示形式。

【例 10.1.1】 如图 10.1.2(a)所示，长为 $2l$ 的无重杆 CD，两端各固结重为 $\boldsymbol{W}$ 的小球，杆的中点与铅垂轴 AB 固结，夹角为 θ。轴 AB 以匀角速度 ω 转动，轴承 A、B 间的距离为 h。求轴承 A、B 的约束力。

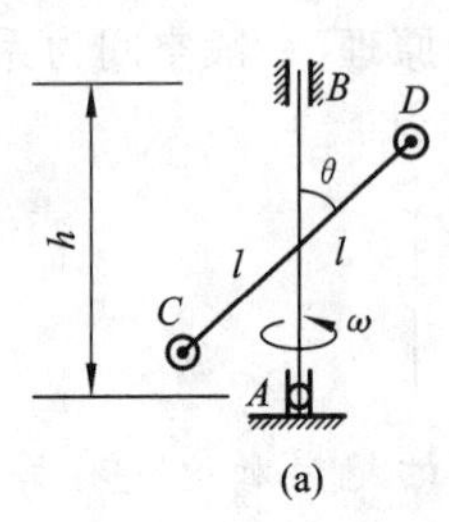

(a)

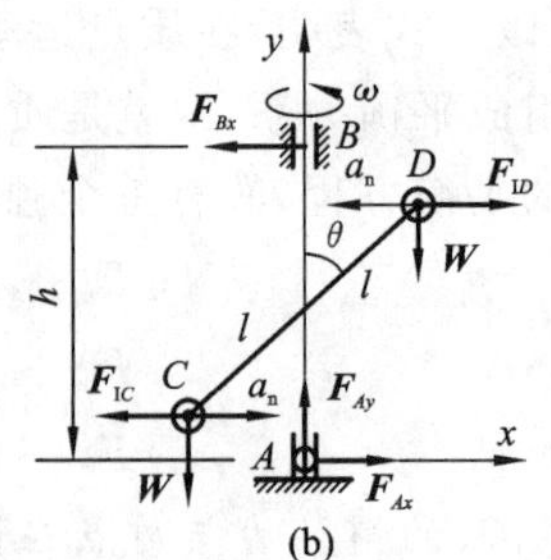

(b)

图 10.1.2

【解】 (1) 取研究对象:整体系统。

(2) 分析外力:系统受两小球的重力和轴承 A、B 的约束力,如图 10.1.2(b) 所示。

(3) 分析运动,虚加惯性力:两小球均作匀速圆周运动,其加速度均为 $a^n = l\omega^2\sin\theta$,方向如图所示。它们的惯性力大小均为

$$F_{IC} = F_{ID} = \frac{W}{g}l\omega^2\sin\theta$$

其方向与各自的加速度方向相反。

(4) 应用动静法求解

$$\sum F_{ix} = 0, \quad F_{Ax} - F_{Bx} = 0$$

$$\sum F_{iy} = 0, \quad F_{Ay} - 2W = 0$$

$$\sum M_A(\boldsymbol{F}_i) = 0, \quad F_{Bx}h - 2\left(\frac{W}{g}l\omega^2\sin\theta\right)l\cos\theta = 0$$

由此解得:$F_{Ax} = F_{Bx} = \dfrac{Wl^2\omega^2}{gh}\sin2\theta, F_{Ay} = 2W$。

10.2 转动惯量与惯性积

刚体是由无限个质点组成的不变质点系,其动力学特性与其质量大小及分布有密切的关系。在很多动力学问题的讨论中,常常需要讨论刚体的转动,而转动惯量是其中一个重要物理量。

10.2.1 刚体对轴的转动惯量和回转半径

刚体内所有各质点的质量 m_i 与该质点到转轴 z 的距离 r_i 平方的乘积之和称为刚体对转轴的**转动惯量**,用 J_z 表示,即有

$$J_z = \sum m_i r_i^2 \tag{10.2.1}$$

转动惯量是刚体转动惯性的度量,它是表征刚体动力学的一个重要物理量。由式(10.2.1)可知,转动惯量恒为正值。它的量纲为 ML^2,相应的国际单位为 $kg \cdot m^2$。

对于简单形状的刚体,若刚体的质量连续分布,整个刚体的质量为 m,则式(10.2.1) 中的求和运算就可改写成积分运算,即

$$J_z = \int_\Omega r^2 dm \tag{10.2.2}$$

式中积分号下标 Ω 表示积分范围遍及整个刚体。

对于均质刚体,设其质量密度为 ρ,整个刚体的体积为 V,则

$$J_z = \rho\int_V r^2 dV \tag{10.2.3}$$

式中积分号下标 V 表示积分范围遍及整个刚体。

【说明】 (1) 刚体对转轴的转动惯量不仅与其质量大小有关,而且还与其质量相对于转轴的分布状况有关。(2) 显然,对于一定质量的刚体,其中各质点离转轴越远,它对转轴的转动惯量就越大;反之则越小。

除了用式(10.2.1)、式(10.2.2) 和式(10.2.3) 计算刚体的转动惯量以外,工程上还常应用

下式计算刚体的转动惯量，即

$$J_z = m\rho_z^2 \tag{10.2.4}$$

式中 ρ_z 称为刚体对 z 轴的**回转半径**或**惯性半径**，它具有长度的量纲。由式(10.2.4)得

$$\rho_z = \sqrt{\frac{J_z}{m}} \tag{10.2.5}$$

若已知回转半径，则可按式(10.2.4)求出转动惯量；反之，如果已知转动惯量，则可由式(10.2.5)求出回转半径。

【注意】 回转半径不是刚体某一部分的尺寸，它只是在计算刚体的转动惯量时，假想地把刚体的全部质量集中在离转轴的距离为回转半径的某一圆柱面上(或点上)，这样在计算刚体对该轴的转动惯量时，就简化为计算这个圆柱面或点对该轴的转动惯量。

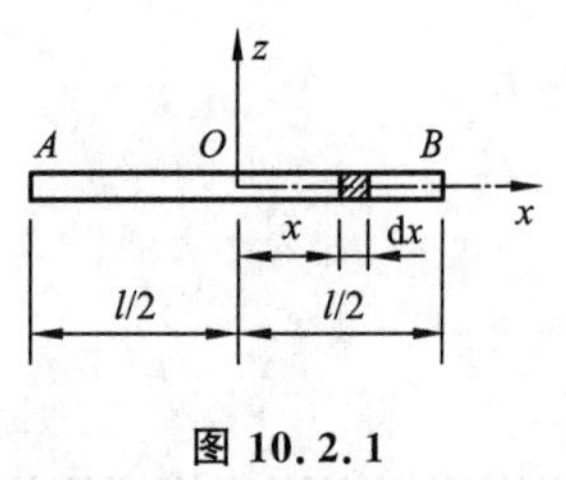

图 10.2.1

【例 10.2.1】 如图 10.2.1 所示均质等截面细直杆，长度为 l，质量为 m，试求它对通过杆质心且与杆轴线垂直的轴的转动惯量和回转半径。

【解】 以杆的质心 O 为原点建立正交坐标系如图 10.2.1 所示，x 轴沿着杆轴线方向，z 轴垂直于杆轴线。由于杆 AB 是等截面的均质细直杆，所以该杆单位长度的质量为 $\frac{m}{l}$，微段长度 $\mathrm{d}x$ 的质量 $\mathrm{d}m = \frac{m}{l}\mathrm{d}x$。根据式(10.2.2)可得

$$J_z = \int_{-\frac{l}{2}}^{\frac{l}{2}} x^2 \frac{m}{l}\mathrm{d}x = \frac{m}{l}\int_{-\frac{l}{2}}^{\frac{l}{2}} x^2 \mathrm{d}x = \frac{m}{l} \times \frac{1}{12} \times l^3 = \frac{1}{12}ml^2$$

故，均质等截面细直杆对通过杆质心且与杆轴线垂直的轴的转动惯量为 $J_z = \frac{1}{12}ml^2$。均质等截面细直杆对 z 轴的回转半径为

$$\rho_z = \sqrt{\frac{J_z}{m}} = \sqrt{\frac{1}{12}ml^2 \times \frac{1}{m}} = \frac{\sqrt{3}}{6}l$$

【例 10.2.2】 已知均质等厚薄圆板的半径为 r，质量为 m。求它对通过质心 O 且与板面垂直的 z 轴的转动惯量和回转半径。

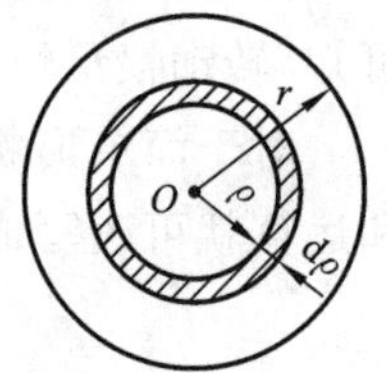

图 10.2.2

【解】 建立坐标系如图 10.2.2 所示，分别取半径为 ρ 与 $\rho+\mathrm{d}\rho$ 的两同心圆，截得一细圆环。由于圆板是均质等厚薄圆板，所以其单位面积上的质量为 $\frac{m}{\pi r^2}$，细圆环的质量为 $\mathrm{d}m = \frac{m}{\pi r^2}2\pi\rho \times \mathrm{d}\rho$。根据式(10.2.2)可得

$$J_z = \int_\Omega \rho^2 \mathrm{d}m = \int_0^r \rho^2 \frac{m}{\pi r^2}2\pi\rho\mathrm{d}\rho = \frac{2m}{r^2}\int_0^r \rho^3 \mathrm{d}\rho = \frac{2m}{r^2} \times \frac{r^4}{4} = \frac{1}{2}mr^2$$

故均质等厚薄圆板对通过质心 O 且与板面垂直的 z 轴的转动惯量为 $J_z = \frac{1}{2}mr^2$。均质等厚薄圆板对 z 轴的回转半径为

$$\rho_z = \sqrt{\frac{J_z}{m}} = \sqrt{\frac{1}{2}mr^2 \times \frac{1}{m}} = \frac{\sqrt{2}}{2}r$$

常用简单几何形体的转动惯量见附录 B。

10.2.2 平行轴定理

从转动惯量的计算公式可知，同一刚体对不同的轴的转动惯量一般是不同的。在工程手册中通常只列出了物体对于通过其质心的轴的转动惯量，但在实际问题中，物体却常常绕不通过质心的轴转动，而根据式(10.2.2)直接积分计算刚体对这些轴的转动惯量又很困难，甚至有时是不可能的。因此，需另外寻找其他简便的方法，以便求解刚体对不通过质心的轴的转动惯量。转动惯量的平行轴定理给出了刚体对通过质心的轴和与它平行的轴的转动惯量之间的关系。

如图10.2.3所示，过该刚体的质心C建立直角坐标系$Cxyz$，过另外一点O建立与之平行的直角坐标系$Ox'y'z'$，并使Oy'轴与Cy轴重合，Ox'轴与Cx轴平行，Oz'轴与Cz轴平行。设Oz'轴与Cz轴之间的距离为d，刚体的质量为m。

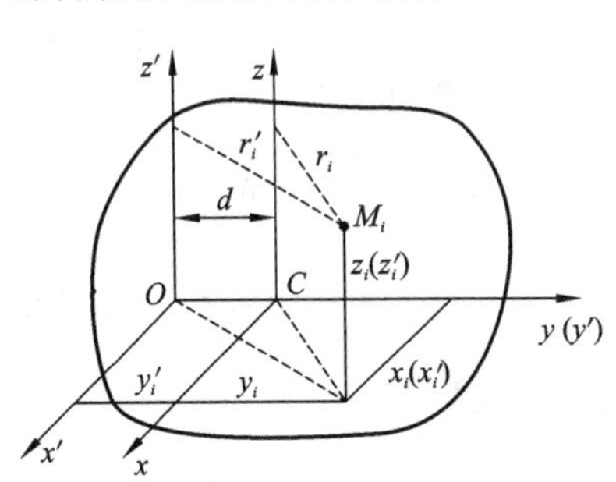

图 10.2.3

在刚体内任取一质量为m_i的质点M_i，它在两坐标系中的位置坐标分别为x_i、y_i、z_i及x'_i、y'_i、z'_i，并有$x'_i=x_i$，$y'_i=y_i+d$，$z'_i=z_i$，它至z轴和z'轴的距离分别为r_i和r'_i。刚体对于z'轴的转动惯量为

$$J'_z=\sum m_i r'^2_i=\sum m_i[x'^2_i+y'^2_i]=\sum m_i[x_i^2+(y_i+d)^2]$$

$$=\sum m_i[x_i^2+y_i^2+2y_i d+d^2]=\sum m_i(x_i^2+y_i^2)+2d\sum m_i y_i+d^2\sum m_i$$

其中，$\sum m_i(x_i^2+y_i^2)=\sum m_i r_i^2=J_z$，$\sum m_i=m$。又因$Cxyz$坐标系原点$C$为质心，故$\sum m_i y_i=my_C=0$。因此有

$$J'_z=J_z+md^2 \tag{10.2.6}$$

即，刚体对任一轴z'的转动惯量，等于该刚体对过质心且与这一轴平行的轴z的转动惯量，加上该刚体的质量与两轴间距离的平方的乘积。这就是刚体转动惯量的**平行轴定理**。

由式(10.2.6)可见，在所有相互平行的轴中，刚体对过其质心的轴的转动惯量最小。应用式(10.2.6)，我们就可以很方便地计算出刚体对不同轴的转动惯量。

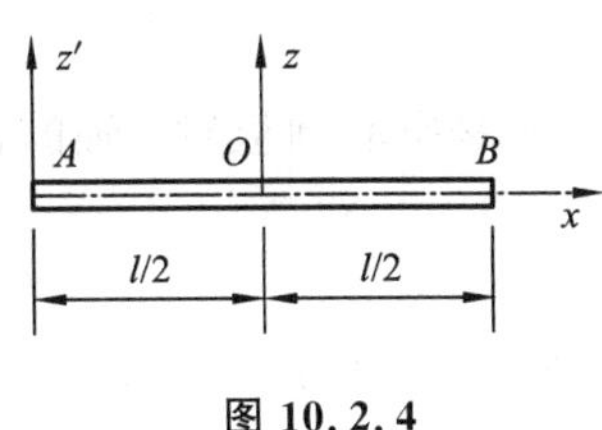

图 10.2.4

【例10.2.3】 试求例10.2.1中的均质等截面细直杆对通过杆端且与杆轴线垂直的z'轴(见图10.2.4)的转动惯量。

【解】 在例10.2.1中已求出了均质等截面细直杆对通过杆质心且与杆轴线垂直的z轴的转动惯量为

$$J_z=\frac{1}{12}ml^2$$

由式(10.2.6)可求得均质等截面细直杆对通过杆端且与杆轴线垂直的y'轴的转动惯量为

$$J'_z=J_z+md^2=\frac{1}{12}ml^2+m\left(\frac{l}{2}\right)^2=\frac{1}{3}ml^2$$

对于由多个简单形状的刚体所组成的形状较复杂的组合刚体，它对某轴的转动惯量可采用**组合法**求得，即先分别求出各简单形状刚体对该轴的转动惯量，然后再根据式(10.2.1)将它们相加即可得到组合刚体对该轴的转动惯量，这是因为积分运算为线性运算。即

$$J_z = \int_{\sum\Omega_i} r^2 \mathrm{d}m = \sum \int_{\Omega_i} r^2 \mathrm{d}m \tag{10.2.7}$$

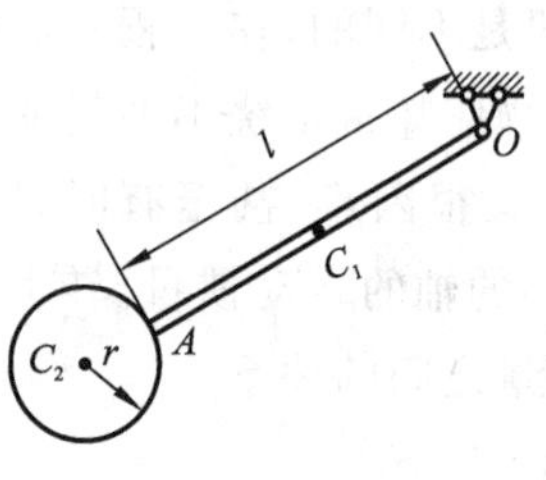

图 10.2.5

【例 10.2.4】 如图 10.2.5 所示冲击摆，可近似地视为由均质圆盘与均质等截面细直杆组成。已知圆盘质量为 m_1，半径为 r；杆质量为 m_2，长为 l，试求冲击摆对垂直于盘面的悬挂轴 O 的转动惯量 J_O。

【解】 冲击摆是由一均质杆和均质圆盘组成的组合刚体，由转动惯量的定义式(10.2.1)可知，它对悬挂轴O的转动惯量应等于均质杆和均质圆盘分别对该轴的转动惯量之和，即

$$J_O = J_{O杆} + J_{O盘}$$

由例 10.2.3 可知，均质杆 OA 对悬挂轴O 的转动惯量为：$J_{O杆} = \frac{1}{3}m_2 l^2$。由例 10.2.2 可知，均质圆盘对垂直于盘面的质心轴的转动惯量为$\frac{1}{2}m_1 r^2$。根据平行轴定理，均质圆盘对悬挂轴O的转动惯量为

$$J_{O盘} = J_{C_2} + m_1 (l+r)^2 = \frac{1}{2}m_1 r^2 + m_1 (l+r)^2$$

故冲击摆对垂直于盘面的悬挂轴 O 的转动惯量为

$$J_O = \frac{1}{3}m_2 l^2 + \frac{1}{2}m_1 r^2 + m_1 (l+r)^2$$

【注意】 若在组合体中有挖去的简单几何形体，则按式(10.2.1) 计算该部分的转动惯量时应取负值。

【例 10.2.5】 如图 10.2.6 所示为均质空心等厚圆板，质量为 m，外径为 R，内径为 r，求它对过质心 O 垂直于板面的 z 轴的转动惯量 J_z。

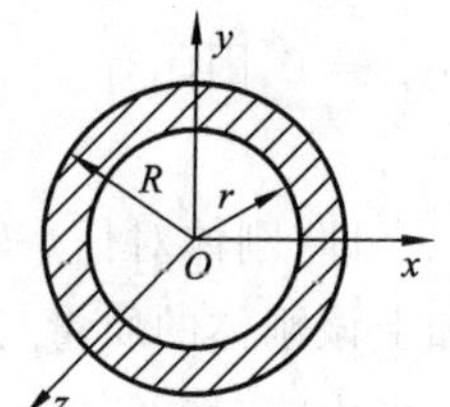

图 10.2.6

【解】 空心圆板可视为由两个实心圆板组合而成，即在一个半径为 R 的外圆板中挖掉一个半径为 r 的内圆板。内圆板的转动惯量取负值，根据式(10.2.1) 写出空心圆板对 z 轴的转动惯量的表达式

$$J_z = J_{z1} - J_{z2}$$

其中：$J_{z1} = \frac{1}{2}m_1 R^2$，$J_{z2} = \frac{1}{2}m_2 r^2$。

设单位面积的质量 $\rho_A = \frac{m}{\pi(R^2 - r^2)}$，则 $m_1 = \rho_A \pi R^2$，$m_2 = \rho_A \pi r^2$，于是空心圆板对 z 轴的转动惯量为

$$J_z = \frac{1}{2}\rho_A \pi (R^4 - r^4) = \frac{1}{2}\rho_A \pi (R^2 - r^2)(R^2 + r^2) = \frac{1}{2}m(R^2 + r^2)$$

【说明】 (1) 当 $r = 0$ 时，可得实心圆板或圆柱体对过形心垂直于平面轴的转动惯量为 $\frac{1}{2}mR^2$。(2) 当 $r = R$ 时，可得薄壁圆环或薄壁圆筒体对其轴线的转动惯量为 mR^2。

【思考】 试推导半径为 r 的实心球体对过其形心轴的转动惯量。

10.2.3 惯性积与惯性主轴

在刚体动力学中，还要用到另一物理量：刚体对通过 O 点的两个相互垂直的轴的惯性积，它们定义为

$$
\left.\begin{aligned}
J_{xy} &= J_{yx} = \sum m_i x_i y_i \\
J_{xz} &= J_{zx} = \sum m_i x_i z_i \\
J_{yz} &= J_{zy} = \sum m_i y_i z_i
\end{aligned}\right\} \qquad (10.2.8)
$$

式中，$J_{xy}=J_{yx}$，$J_{xz}=J_{zx}$，$J_{yz}=J_{zy}$ 分别称为刚体对 x、y 轴，对 z、x 轴和对 y、z 轴的**惯性积**。

由定义式(10.2.8)可知，由于刚体各质点的坐标 x_i、y_i、z_i 的值可正、可负或为零，所以惯性积可以是正数或负数，也可以为零，因此惯性积是代数量。惯性积的量纲及单位与转动惯量的量纲及单位相同。

对于质量连续分布的刚体，m_i 可取趋近于零的极限，因此，将 m_i 改为 $\mathrm{d}m$，则式(10.2.8)可改写为

$$
J_{xy}=J_{yx}=\int_m xy\,\mathrm{d}m,\quad J_{xz}=J_{zx}=\int_m xz\,\mathrm{d}m,\quad J_{yz}=J_{zy}=\int_m yz\,\mathrm{d}m \qquad (10.2.9)
$$

式中积分号下标 m 表示积分范围遍及整个刚体。

如果刚体由几个简单形体组成，可分别求出各简单形体的惯性积，再代数相加得整个刚体的惯性积。

若 $J_{xy}=J_{xz}=0$，则 x 轴称为**惯性主轴**，而刚体对惯性主轴 x 的转动惯量称为**主转动惯量**。相似地，若 $J_{xy}=J_{yz}=0$，则 y 轴是刚体在 O 点的主轴，而 J_y 是主转动惯量；若 $J_{xz}=J_{yz}=0$，则 z 轴是刚体在 O 点的主轴，而 J_z 是主转动惯量。通过刚体质心的惯性主轴称为**中心惯性主轴**。

【注意】 (1) 主轴是对某一点而言的，对于不同的点，主轴的方位一般是不同的。(2) 不论在刚体上的哪一点，总能找到三根相互垂直的主轴。

通常确定惯性主轴的计算较烦琐。但是，若刚体具有对称轴或对称面，则可按下面的简便方法直接确定主轴：若刚体具有一对称轴，则该对称轴必是轴上任意一点的主轴之一；若刚体具有一对称面，则垂直于对称面的任一轴即为该轴与对称面交点的主轴之一。因为，若以对称轴为 z 轴，过 z 轴上任意一点 O 建立 x，y 轴形成空间直角坐标系 $Oxyz$，根据对称轴的定义，在 (x_i,y_i,z_i) 处有一质点，则在 $(-x_i,-y_i,z_i)$ 处必有一相同质点与之对应。因此，在 $\sum m_i x_i z_i$ 中，必将成对出现大小相等、符号相反的项，故 $J_{xz}=\sum m_i x_i z_i=0$，同理 $J_{zy}=0$，所以 z 轴必是主轴之一；若以对称面为 xy 面，z 轴垂直于对称面，根据对称面的定义，在 (x_i,y_i,z_i) 处有一质点，则在 $(x_i,y_i,-z_i)$ 处必有一相同质点与之对应。因此，在 $\sum m_i x_i z_i$ 中，必将成对出现大小相等、符号相反的项，故 $J_{xz}=\sum m_i x_i z_i=0$，同理 $J_{zy}=0$，所以 z 轴必是主轴之一。

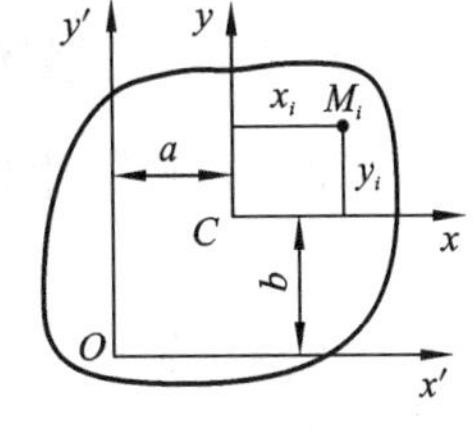

图 10.2.7

【例 10.2.6】 已知质量为 m 的刚体对于通过质心 C 的轴 x、y 的惯性积为 J_{xy}，试证明：对于过 O 点且平行于 x、y 轴的 x'、y' 轴的惯性积 $J_{x'y'}=J_{xy}+mab$（其中 a、b 是刚体质心 C 在直角坐标系 $Ox'y'$ 中的坐标）。

【解】 如图 10.2.7 所示，刚体上质量为 m_i 的质点 M_i，在坐标系 Cxy 及 $Ox'y'$ 中的坐标分别为 x_i，y_i 和 $x'_i=x_i+a$，$y'_i=y_i+b$。于是，根据式(10.2.8)有

$$J_{xy}=\sum m_i x_i y_i$$

$$J_{x'y'}=\sum m_i x'_i y'_i=\sum m_i(x_i+a)(y_i+b)=\sum m_i x_i y_i+\sum m_i ab+\sum m_i x_i b+\sum m_i y_i a$$

其中 $\sum m_i=m$。注意到坐标系 Cxy 的原点在质心 C 处，即 $x_C=y_C=0$，由质心坐标公式有

$$\sum m_i x_i = m x_C = 0, \quad \sum m_i y_i = m y_C = 0$$

故有：$J_{x'y'} = J_{xy} + mab$。这一关系称为惯性积的平行轴定理。

10.3 惯性力系的简化

应用动静法解决质点系动力学的问题时，需要在每个质点上附加相应的惯性力，直接用这些惯性力组成的惯性力系去进行求解，这对于质点较多的质点系，特别是对于刚体，往往是非常复杂和困难的。而且在利用平衡方程时，所需要的只是这些惯性力的总效应(主矢量和主矩)。因此，为便于应用动静法解决刚体动力学问题，常常需要将刚体内各质点上附加的惯性力组成的惯性力系进行简化。由于刚体可作不同的运动，例如刚体的平动、定轴转动和平面运动等，作不同运动的刚体内惯性力系的分布情况及简化结果也不相同。下面按照静力学中力系简化的理论和方法分别对上述三种运动情形的刚体的惯性力系进行简化。

10.3.1 平动刚体惯性力系的简化

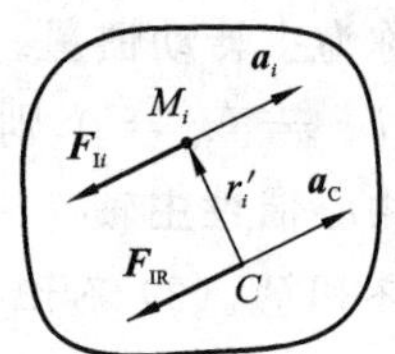

图 10.3.1

如图 10.3.1 所示一作平动的刚体。某瞬时，其质心的加速度为 $\boldsymbol{a}_C$。根据平动刚体的特点，同一瞬时，刚体内各点的加速度相同，都等于刚体质心的加速度。即：$\boldsymbol{a}_i = \boldsymbol{a}_C$。因此，刚体内各质点的惯性力组成一个同向的空间平行力系。由此得惯性力的主矢量为：

$$\boldsymbol{F}_{IR} = \sum \boldsymbol{F}_{Ii} = \sum (-m_i \boldsymbol{a}_i) = -m\boldsymbol{a}_C$$

式中，$m = \sum m_i$ 为整个刚体的质量。惯性力系对质心 C 的主矩为

$$M_{IC} = \sum M_C(\boldsymbol{F}_{Ii}) = \sum \boldsymbol{r}'_i \times \boldsymbol{F}_{Ii} = \sum \boldsymbol{r}'_i \times (-m_i \boldsymbol{a}_C) = -\left(\sum m_i \boldsymbol{r}'_i\right) \times \boldsymbol{a}_C = -m\boldsymbol{r}'_C \times \boldsymbol{a}_C = 0$$

而 $\boldsymbol{r}'_C$ 为质心相对于质心的矢径，显然为 0。这也与平衡力系的简化结论一致。

所以平动刚体的惯性力系简化为一通过质心 C 的合力，此合力 $\boldsymbol{F}_{IR}$ 的大小等于刚体的质量与其质心的加速度大小的乘积，合力的方向则与质心加速度的方向相反，即：

$$\boldsymbol{F}_{IR} = -m\boldsymbol{a}_C \tag{10.3.1}$$

【说明】 这类情况可以和重力对照理解。

10.3.2 绕定轴转动刚体的惯性力系的简化

这里只讨论刚体具有质量对称面，且转动轴垂直于该对称面的均质绕定轴转动的刚体的惯性力系的简化。

对于绕定轴运动的刚体，可先将刚体内各点的惯性力简化为刚体上在其垂直于转轴的对称平面内的一个平面力系，再向该平面与转轴的交点(称为轴心)O 简化，得到力系的主矢量和主矩。

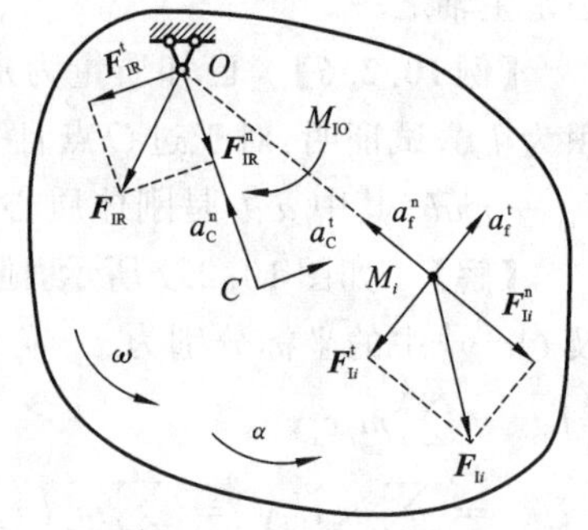

图 10.3.2

图 10.3.2 所示为一绕 Oz 轴转动的刚体的质量对称平面。刚体作变速转动，在某瞬时，刚体的角速度为 ω，角加速度为 α，刚体上任一质点 M_i 的质量为 m_i，到转轴的距离为 r_i。刚体内各质点均有切向加速度 $\boldsymbol{a}_i^t$ 和法向加速度 $\boldsymbol{a}_i^n$，质点 M_i 的加速度 $\boldsymbol{a}_i =$

$a_i^t + a_i^n$,质点 M_i 的惯性力可分解为切向惯性力F_{Ii}^t 和法向惯性力F_{Ii}^n 两部分。则质点 M_i 的惯性力

$$F_{Ii} = -m_i a_i = -m_i a_i^t - m_i a_i^n = F_{Ii}^t + F_{Ii}^n$$

将各个质点的惯性力组成的惯性力系向质量对称平面与转轴的交点 O(称为轴心) 简化。得到此惯性力系的主矢量为

$$F_{IR} = \sum F_{Ii} = \sum(-m_i a_i) = -m a_C = -m(a_C^t + a_C^n) = F_{IR}^t + F_{IR}^n$$

式中:$F_{IR}^t = -m a_C^t, F_{IR}^n = -m a_C^n$。

显然,各点的法向惯性力均通过轴心 O,它们对轴心 O 之矩均为 0,故得惯性力系对轴心 O 的主矩为

$$M_{IO} = \sum M_O(F_{Ii}) = \sum M_O(F_{Ii}^t) + \sum M_O(F_{Ii}^n) = \sum M_O(F_{Ii}^t) = -\left(\sum m_i r_i^2\right) \times \alpha = -J_O\alpha$$

因此,绕定轴转动刚体的惯性力系向轴心 O 简化得到一主矢量和一主矩,其主矢量等于刚体的质量乘以质心的加速度并冠以负号,而主矩则等于刚体对转轴的转动惯量乘以刚体的角加速度并冠以负号。即

$$F_{IR} = -m a_C, \quad M_{IO} = -J_O\alpha \tag{10.3.2}$$

或

$$F_{IR}^t = -m a_C^t, \quad F_{IR}^n = -m a_C^n, \quad M_{IO} = -J_O\alpha \tag{10.3.3}$$

式中负号表示惯性力系的主矢量与质心加速度的方向相反,主矩与刚体的角加速度的转向相反。

下面讨论几种特殊情况

(1) 当轴 O 通过刚体质心 C 时,则由 $a_C = 0$,知 $F_{IR} = 0$,于是,惯性力系向轴心 O 简化的结果为一合力偶,合力偶矩为:$M_{IC} = -J_C\alpha$。

(2) 当刚体作匀角速度转动时,则由 $\alpha = 0$,知 $M_{IO} = 0$,而$a_C = a_C^n$,则$F_{IR} = F_{IR}^n = -m a_C^n$。即此时惯性力系向 O 点简化结果为一合力F_{IR},且$F_{IR} = -m a_C^n$。

(3) 当轴 O 通过刚体质心 C,且刚体作匀角速度转动时,则由 $\alpha = 0$,$a_C = 0$ 知 $M_{IO} = 0$,$F_{IR} = 0$,即此时惯性力系向 O 点简化的主矢量和主矩均为零。

10.3.3 平面运动刚体的惯性力系的简化

这里也只讨论具有质量对称平面的刚体,并且刚体运动时此对称平面恒保持在其自身所在的平面上运动的情形。此时,刚体上各点的惯性力所组成的惯性力系可简化为在此对称平面内的平面力系。再将此平面力系作进一步简化。如图 10.3.3 所示,选取质心 C 为基点,可将刚体的平面运动分解为跟随质心平动和绕质心轴(即通过质心且垂直于该对称平面的轴) 的转动两部分。由前面关于平动刚体惯性力系的简化和绕定轴转动刚体的惯性力系的简化的讨论可知,刚体作平面运动时,可将其随质心的平动部分的惯性力简化为一通过质心的一个力 F_{IR},且 $F_{IR} = -ma$;而绕着质心轴转动部分的惯性力系简化为一个其矩为 M_{IC} 的力偶,且 $M_{IC} = -J_O\alpha$,此力偶的作用面即为刚体的质量对称平面。故知平面运动刚体的惯性力系向质心 C 简化的结果为一个力 F_{IR} 和一个矩为 M_{IC} 的力偶,且:

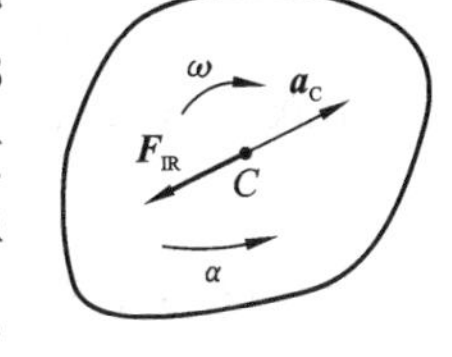

图 10.3.3

$$F_{IR} = -m a_C, \quad M_{IC} = -J_C\alpha \tag{10.3.4}$$

【例 10.3.1】 如图 10.3.4 所示,小平车运送一质量为 m,高度为 h 宽为 d 的混凝土构件,若构件与小车之间的静摩擦因数为 f_s。试求:当小平车沿平直道路前进,放置于小平车上的混凝土

构件不致向后滑动时，小平车直线运动前进的最大加速度，以及混凝土构件不致绕通过A点而垂直于图纸面的 AA 棱倾倒时，小平车直线前进的最大加速度。

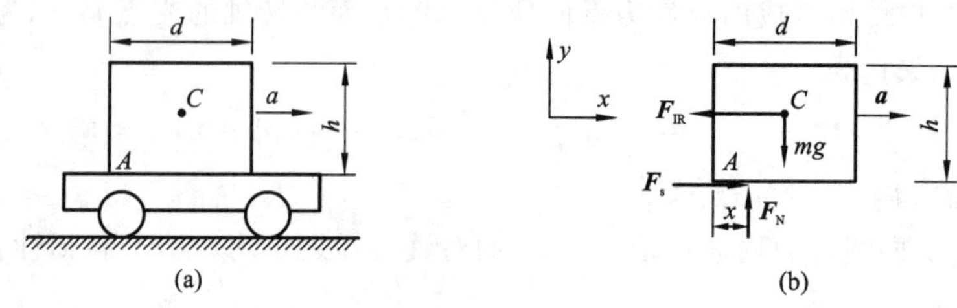

图 10.3.4

【解】 以混凝土构件作为研究对象。混凝土构件所受的力有：构件的重力 $m\boldsymbol{g}$；小平车对构件的约束力 $\boldsymbol{F}_N$，构件与小平车台面的摩擦力 $\boldsymbol{F}_s$，当小平车前进时，构件相对于小平车有向后滑动的趋势，因此构件所受摩擦力 $\boldsymbol{F}_s$ 应向前；小平车的加速度为 $\boldsymbol{a}$，构件无相对于小平车的运动，则构件作平动，附加于构件的惯性力的合力 $\boldsymbol{F}_{IR}$ 通过构件的质心 C，且：$\boldsymbol{F}_{IR}=-m\boldsymbol{a}$。假设小平车对构件的约束力为 $\boldsymbol{F}_N$，距离 AA 棱边为 x，则有混凝土构件相对于小平车保持静止的条件为

$$0 \leqslant x \leqslant d \tag{a}$$

又根据达朗贝尔原理，作用在构件上的主动力、约束力与惯性力组成平衡力系，故可以建立力系的平衡方程：

$$\sum F_{ix}=0,\quad F_s-F_{IR}=0$$

$$F_s=F_{IR}=ma \tag{b}$$

$$\sum F_{iy}=0,\quad F_N-mg=0$$

$$F_N=mg \tag{c}$$

$$\sum M_A(\boldsymbol{F}_i)=0, ma\times\frac{h}{2}+F_N\cdot x-mg\times\frac{d}{2}=0$$

$$a=\frac{2}{h}\left(g\times\frac{d}{2}-\frac{F_N}{m}\cdot x\right) \tag{d}$$

当小平车沿平直道路前进，放置于小平车上的混凝土构件不致向后滑动时，有

$$F_s \leqslant f_s F_N \tag{e}$$

由式(b)、(c)、(e)，可解得 $a\leqslant f_s g$。因此，构件不致向后滑动时小平车的最大加速度为

$$a_{1,\max}=f_s g \tag{f}$$

由式(d)，并考虑到式(a)，可得

$$a_{2,\max}=\frac{d}{h}g \tag{g}$$

比较 $a_{1,\max}$ 与 $a_{2,\max}$ 的值可知，若 $f_s<\dfrac{d}{h}$，则小平车的加速度增加到 $f_s g$ 时，构件将相对于车滑动；若 $f_s>\dfrac{d}{h}$，则当加速度增大到 $\dfrac{d}{h}g$ 时，构件将发生向后倾倒。

【思考】 (1) 计算中，没有考虑到 $x\leqslant d$ 的情况，为什么？(2) 小车制动时，为了保持混凝土构件与小平车不发生相对运动，小平车制动时的最大加速度是多少？

10.4 达朗贝尔原理的应用

达朗贝尔原理为解决动力学问题给出了一个非常通用而有效的方法。利用上节给出的惯性力系简化的结论，对于作常见运动形式的物体，直接施加惯性力和惯性主矩，利用达朗贝尔原理即可求解动力学问题，这一方法为很多工程技术人员在解决动力学问题时所采用。

【例 10.4.1】 一均质杆 AB 重 $\boldsymbol{W}$，以两根等长且平行的绳吊起如图 10.4.1(a) 所示。设杆 AB 在图示位置无初速地释放，求两绳的拉力在释放瞬时和 AB 运动到最低位置时各等于多少？

【解】 本题需要求解 AB 位于两个不同位置处的约束反力。因此，我们可以先在一般位置处求出其约束反力，然后再代入特殊位置的值即可。

以 AB 杆为研究对象。设 OA 与铅垂线成 φ 角，此时受主动力 $\boldsymbol{W}$，约束反力 $\boldsymbol{F}_1$、$\boldsymbol{F}_2$，如图 10.4.1(b) 所示。

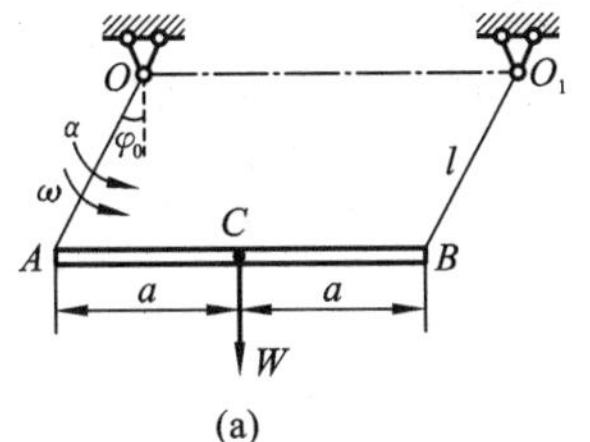

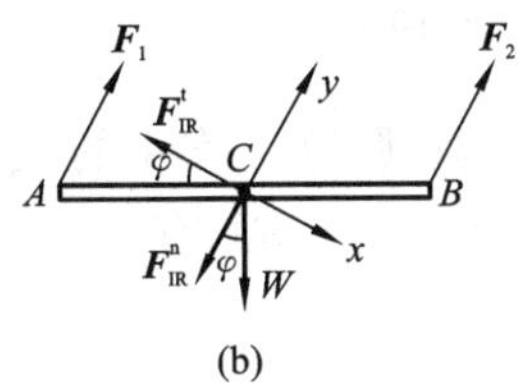

图 10.4.1

因为 AB 作平动，$\boldsymbol{a}_C=\boldsymbol{a}_A=\boldsymbol{a}_A^{\mathrm{n}}+\boldsymbol{a}_A^{\mathrm{t}}$，故惯性力为

$$F_{\mathrm{IR}}^{\mathrm{t}}=\frac{W}{g}a_A^{\mathrm{t}}=\frac{W}{g}l\alpha,\quad F_{\mathrm{IR}}^{\mathrm{n}}=\frac{W}{g}a_A^{\mathrm{n}}=\frac{W}{g}l\omega^2$$

方向如图 10.4.1(b) 所示。

建立图 10.4.1(b) 所示坐标系，由达朗贝尔原理可建立力系的平衡方程为

$$\sum F_{ix}=0,\quad W\sin\varphi-F_{\mathrm{IR}}^{\mathrm{t}}=0$$

$$\sum F_{iy}=0,\quad -F_{\mathrm{IR}}^{\mathrm{n}}-W\cos\varphi+F_1+F_2=0$$

$$\sum M_C(\boldsymbol{F}_i)=0,\quad -F_1a\cos\varphi+F_2a\cos\varphi=0$$

解上述方程组成的方程组，可得

$$F_1=F_2=\frac{1}{2}(W\cos\varphi+F_{\mathrm{IR}}^{\mathrm{n}}),\quad F_{\mathrm{IR}}^{\mathrm{t}}=W\sin\varphi$$

考虑到 $F_{\mathrm{IR}}^{\mathrm{t}}=\dfrac{W}{g}l\alpha=\dfrac{W}{g}l\dfrac{\mathrm{d}\omega}{\mathrm{d}t}$，故代入 $F_{\mathrm{IR}}^{\mathrm{t}}$ 的表达式得

$$\frac{\mathrm{d}\omega}{\mathrm{d}t}=\frac{g}{l}\sin\varphi,\quad \frac{\mathrm{d}\omega}{\mathrm{d}\varphi}\cdot\frac{\mathrm{d}\varphi}{\mathrm{d}t}=\frac{g}{l}\sin\varphi$$

考虑到 ω 和 φ 的转向，由运动学可知，$\omega=-\dfrac{\mathrm{d}\varphi}{\mathrm{d}t}$，于是有

$$\int_0^{\omega}\omega\mathrm{d}\omega=-\int_{\varphi_0}^{\varphi}\frac{g}{l}\sin\varphi\mathrm{d}\varphi,\quad \omega^2=\frac{2g}{l}(\cos\varphi-\cos\varphi_0)$$

因此，惯性力：$F_{\mathrm{IR}}^{\mathrm{n}}=\dfrac{W}{g}l\omega^2=2W(\cos\varphi-\cos\varphi_0)$。于是可得

$$F_1 = F_2 = \frac{W}{2}(3\cos\varphi - 2\cos\varphi_0)$$

当 $\varphi = \varphi_0$ 时，即初瞬时有：$F_1 = F_2 = \frac{W}{2}\cos\varphi_0$。

当 $\varphi = 0$ 时即 AB 于最低位置时有：$F_1 = F_2 = \frac{W}{2}(3 - 2\cos\varphi_0)$。

【例 10.4.2】 均质圆盘重 $\boldsymbol{W}$，在铅垂面内绕水平轴 A 转动如图 10.4.2 所示。开始运动时，直径 AB 在水平位置，初速为零。求此时盘心 O 的加速度及 A 点的约束反力。

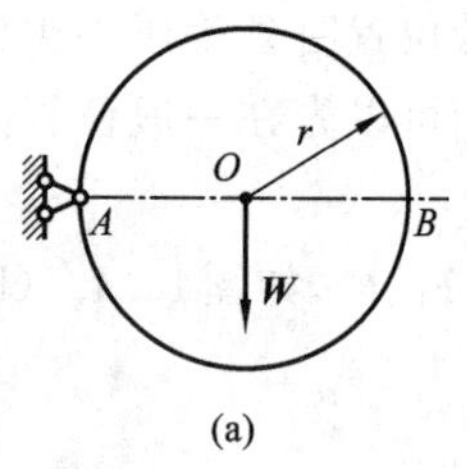

(a)

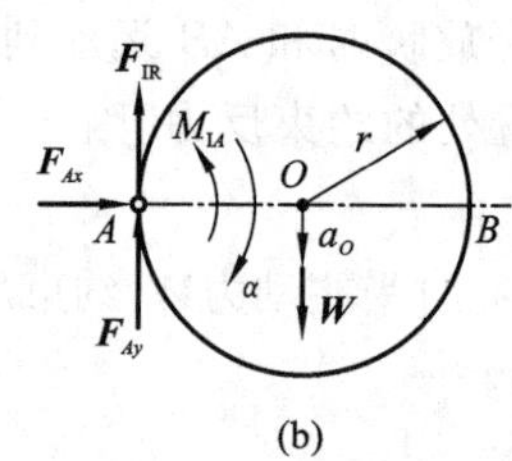

(b)

图 10.4.2

【解】 以圆盘为研究对象，它作定轴转动。转轴垂直于质量对称面，故其惯性力系可简化为作用于 A 点的惯性力 $\boldsymbol{F}_{\mathrm{IR}}$ 和一惯性主矩 M_{IA}。由于圆盘初速为零，故此时 $F_{\mathrm{IR}} = \frac{W}{g}a_O$，于是有

$$F_{\mathrm{IR}} = \frac{W}{g}r\alpha, \quad M_{\mathrm{IA}} = J_A\alpha = \frac{3W}{2g}r^2\alpha$$

根据达朗贝尔原理，圆盘上作用的主动力 $\boldsymbol{W}$、约束反力 $\boldsymbol{F}_{Ax}$、$\boldsymbol{F}_{Ay}$ 与惯性主矢 $\boldsymbol{F}_{\mathrm{IR}}$、惯性主矩 M_{IA} 构成平衡力系。以 A 为矩心，有

$$M_{\mathrm{IA}} - Wr = 0$$

于是解得：$\alpha = \frac{2g}{3r}$。故开始时盘心的加速度为：$a_O = r\alpha = \frac{2g}{3}$。

为求 A 处反力，列出力系的平衡方程

$$\sum F_{ix} = 0, \quad F_{Ax} = 0$$

$$\sum F_{iy} = 0, \quad F_{Ay} + F_{\mathrm{IR}} - W = 0$$

于是得：$F_{Ax} = 0$，$F_{Ay} = \frac{1}{3}W$。

【例 10.4.3】 均质圆柱体重 W_1，被水平绳拉着在水平面上作纯滚动。绳子跨过定滑轮 B 而系一重 W_2 的物体 A，如图 10.4.3 所示。不计绳及定滑轮重。求滚子中心的加速度及绳的张力。

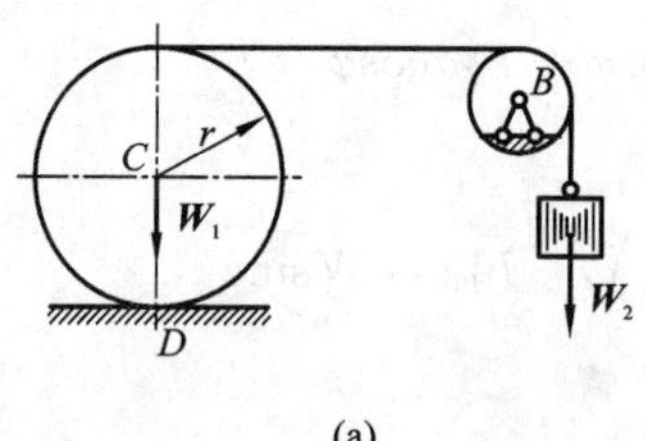

(a)

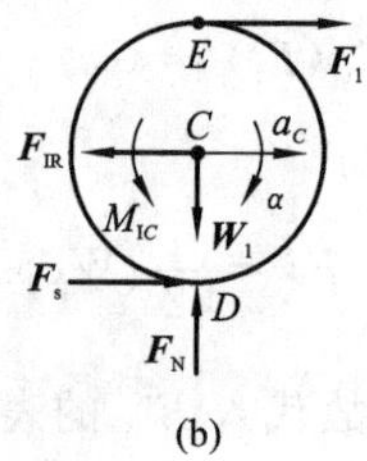

(b)

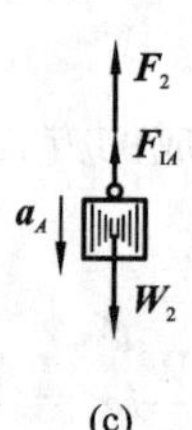

(c)

图 10.4.3

【解】 先以圆柱体为研究对象。圆柱体作平面运动，惯性力系简化为作用于质心的力及一力偶

$$F_{\mathrm{IR}} = \frac{W_1}{g}a_C, \quad M_{\mathrm{IC}} = \frac{1}{2}\frac{W_1}{g}r^2\alpha = \frac{W_1}{2g}ra_C$$

作用于圆柱体的 $\boldsymbol{F}_{\mathrm{s}}$、$\boldsymbol{F}_{\mathrm{N}}$、$\boldsymbol{F}_1$、$\boldsymbol{W}$、$\boldsymbol{F}_{\mathrm{IR}}$、$M_{\mathrm{IC}}$ 构成平衡力系。由力系的平衡方程

$$\sum M_D(\boldsymbol{F}_i)=0,\quad M_{\mathrm{IC}}+F_{\mathrm{IR}}r-F_1\cdot 2r=0,$$

$$\frac{W_1}{2g}ra_C+\frac{W_1}{g}ra_C-F_1\cdot 2r=0 \tag{a}$$

其次，以物体 A 为研究对象，$\boldsymbol{F}_2$、$\boldsymbol{F}_{\mathrm{IA}}$、$\boldsymbol{W}_2$ 三力构成平衡力系，有

$$\sum F_{iy}=0,\quad F_2+F_{\mathrm{IA}}-W_2=0$$

其中，$F_2=F_1$，$F_{\mathrm{IA}}=\dfrac{W_2}{g}a_A$。故上式可写为

$$F_1+\frac{W_2}{g}a_A-W_2=0 \tag{b}$$

为了求解 a_C 和 F_1，还需要建立一个补充方程。如图 10.4.3(b) 所示，对于圆柱体上的 E 点，若以 C 点为基点，则其加速度可表示为

$$\boldsymbol{a}_E=\boldsymbol{a}_C+\boldsymbol{a}_{EC}^{\mathrm{t}}+\boldsymbol{a}_{EC}^{\mathrm{n}} \tag{c}$$

考虑到 $\boldsymbol{a}_E$ 的水平分量即为绳子的加速度（或为物体 A 的加速度），将式(c) 两边在水平方向投影可得

$$a_{Ex}=a_A=a_C+r\alpha=2a_C \tag{d}$$

联立式(a)、(b) 和(c)，可解得：$a_C=\dfrac{4W_2g}{3W_1+8W_2}$。

将 a_C 代入式(a) 或式(b)，可得绳的张力为：$F_1=\dfrac{3W_1W_2}{3W_1+8W_2}$。

【例 10.4.4】 两均质细杆 AB 和 BD 长度均为 l，质量均为 m，用光滑圆柱铰链 B 相连接，并自由地挂在铅垂位置。A 为光滑的固定铰支座，今以已知水平力 F 加于 AB 杆的中点，求此时杆 AB 与 BD 的角加速度 α_{AB} 与 α_{BD} 及 A 处的约束反力。

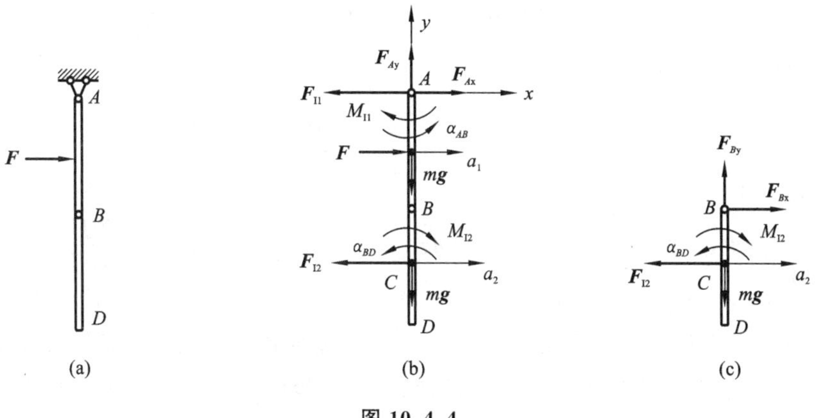

图 10.4.4

【解】 以整体为研究对象，系统所受真实外力有杆 AB、BD 的重力（其值均为 mg）、水平力 $\boldsymbol{F}$ 及 A 处约束反力 $\boldsymbol{F}_{Ax}$、$\boldsymbol{F}_{Ay}$。

以 A 为原点，建立坐标系 Axy，设 α_{AB}、α_{BD} 转向如图 10.4.4(b) 所示，杆 AB 作定轴转动。由于初始瞬时静止，故对于此瞬时 AB 杆质心的加速度为 $a_1=\dfrac{1}{2}l\alpha_{AB}$，方向水平向右。杆 BD 作平面运动。由于初始瞬时静止，故该瞬时两杆的角速度均为零，从而杆 BD 的质心的加速度应为 $a_2=l\alpha_{AB}+\dfrac{1}{2}l\alpha_{BD}$，方向为水平向右。

杆 AB 的惯性力系向 A 点简化为 $F_{I1}=ma_1=\frac{1}{2}ml\alpha_{AB}$，$M_{I1}=J_A\alpha_{AB}=\frac{1}{3}ml^2\alpha_{AB}$；杆 BD 的惯性力系向质心 C 简化为

$$F_{I2}=ma_2=ml\alpha_{AB}+\frac{1}{2}ml\alpha_{BD},\quad M_{I2}=J_C\alpha_{BD}=\frac{1}{12}ml^2\alpha_{BD}$$

根据达朗贝尔原理，对图示坐标系有平衡方程

$$\sum F_{ix}=0,\quad F+F_{Ax}-F_{I1}-F_{I2}=0$$

$$\sum F_{iy}=0,\quad F_{Ay}-2mg=0$$

$$\sum M_A(\boldsymbol{F}_i)=0,\quad F\cdot\frac{l}{2}-F_{I2}\cdot\frac{3l}{2}-M_{I1}-M_{I2}=0$$

代入各惯性力的表达式得

$$\left.\begin{aligned}&F+F_{Ax}-\frac{3}{2}ml\alpha_{AB}-\frac{1}{2}ml\alpha_{BD}=0\\&F_{Ay}-2mg=0\\&F\cdot\frac{l}{2}-\frac{11}{6}ml^2\alpha_{AB}-\frac{5}{6}ml^2\alpha_{BD}=0\end{aligned}\right\}\tag{a}$$

再以杆 BD 为研究对象，所受的重力为 $m\boldsymbol{g}$，B 点处的约束反力为 $\boldsymbol{F}_{Bx}$、$\boldsymbol{F}_{By}$，如图 10.4.4(c) 所示。向质心 C 简化为

$$F_{I2}=ml\alpha_{AB}+\frac{1}{2}ml\alpha_{BD},\quad M_{I2}=\frac{1}{12}ml^2\alpha_{BD}$$

根据达朗贝尔定理，作用在杆 BD 上的主动力、约束反力和惯性力组成平衡力系。可建立力系的平衡方程

$$\sum M_B(\boldsymbol{F}_i)=0,\quad F_{I2}\cdot\frac{l}{2}+M_{I2}=0$$

代入 F_{I2}、M_{I2} 的表达式得

$$\alpha_{AB}+\frac{2}{3}\alpha_{BD}=0\tag{b}$$

联立式(a)、式(b)解得

$$F_{Ax}=-\frac{5}{14}F,\quad F_{Ay}=2mg,\quad \alpha_{AB}=\frac{6F}{7ml},\quad \alpha_{BD}=-\frac{9F}{7ml}$$

【思考】 如果外力 $\boldsymbol{F}$ 作用在 D 点，如何求解？

【例 10.4.5】 长为 $2l=1.2$ m、质量为 $m=25$ kg 的均质杆 AB，两端各沿固定光滑槽滑动（见图 10.4.5(a)）。设在图示位置将它无初速释放，试求释放瞬时杆的角加速度和 A、B 处的约束力。滑块的质量不计。

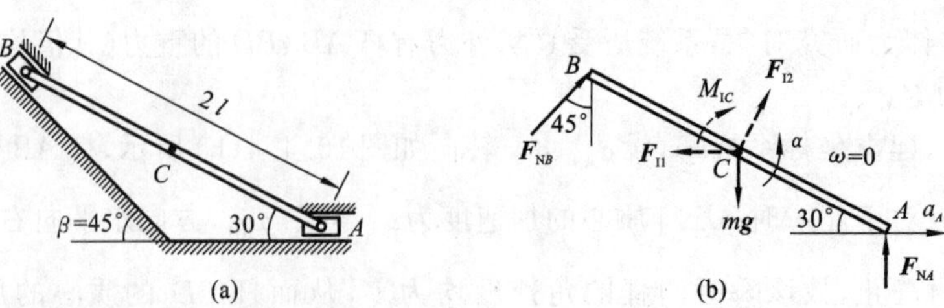

图 10.4.5

【解】 杆作平面运动，画其受力图，如图 10.4.5(b) 所示。外力有重力 mg 和 AB 处的约束力 $\boldsymbol{F}_{NA}$、$\boldsymbol{F}_{NB}$。在质心 C 处虚加惯性主矢和惯性主矩。设在初瞬时，点 A 加速度为 $\boldsymbol{a}_A$，杆的角加速度为 α，其方向和转向分别如图 10.4.5(b) 所示，又知此时杆的角速度 $\omega = 0$。对杆 AB 进行运动分析，以 A 为基点，有

$$\boldsymbol{a}_C = \boldsymbol{a}_A + \boldsymbol{a}_{CA}^{t} + \boldsymbol{a}_{CA}^{n}$$

式中，$a_{CA}^{t} = l\alpha$，$a_{CA}^{n} = 0$。故在质心 C 虚加的惯性力大小为

$$F_{I1} = ma_A, \quad F_{I2} = m \times l\alpha \tag{a}$$

对质心 C 的惯性主矩为

$$M_{IC} = J_C\alpha = \frac{1}{12}m \times (2l)^2\alpha = \frac{1}{3}ml^2\alpha \tag{b}$$

图中有 4 个未知量 F_{NA}、F_{NB}、a_A、α，但仅有 3 个力系的平衡方程，故还应考虑运动学的关系式。

在图示位置，杆的端点 A、B 的加速度及杆的角加速度如图 10.4.6 所示。以 A 为基点，有

$$\boldsymbol{a}_B = \boldsymbol{a}_A + \boldsymbol{a}_{BA}^{t} + \boldsymbol{a}_{BA}^{n} \tag{c}$$

式中，$a_{BA}^{t} = 2l\alpha$，$a_{BA}^{n} = 0$，$\boldsymbol{a}_{BA}^{t}$ 与杆垂直。将式(c) 沿垂直于 $\boldsymbol{a}_B$ 的 ξ 轴方向投影可得：$0 = a_A\cos45^\circ - 2l\alpha\cos15^\circ$，由此解得

$$a_A = 2\,\frac{\cos15^\circ}{\cos45^\circ}l\alpha = (1+\sqrt{3})l\alpha \tag{d}$$

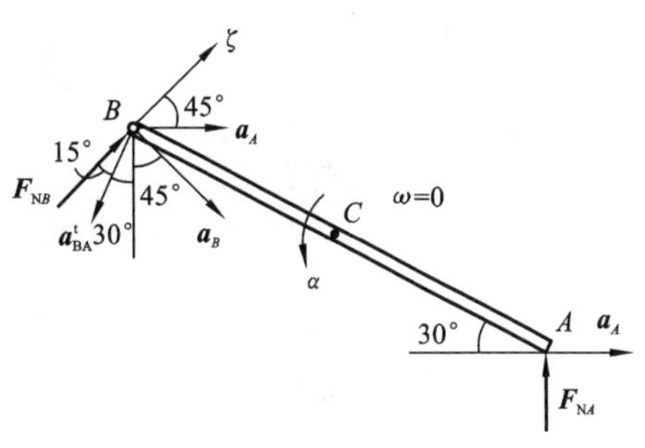

图 10.4.6

由图 10.4.5(b) 写出力系的平衡方程 $\sum F_{ix} = 0$，可得

$$F_{NB}\sin45^\circ - F_{I1} + F_{I2}\sin30^\circ = 0 \tag{e}$$

又由 $\sum M_A(\boldsymbol{F}_i) = 0$，有

$$mg \times l\cos30^\circ - F_{NB}\cos15^\circ \times 2l + F_{I1} \times l \times \sin30^\circ - F_{I2} \times l - M_{IC} = 0 \tag{f}$$

将式(a)、(b)、(d) 代入上两式，得方程组

$$\begin{cases} F_{NB}\sin45^\circ - m(1+\sqrt{3})l\alpha + m \times l\alpha\sin30^\circ = 0 \\ mg \times l\cos30^\circ - F_{NB}\cos15^\circ \times 2l + m(1+\sqrt{3})l^2\alpha\sin30^\circ - l^2m\alpha - \dfrac{1}{3}ml^2\alpha = 0 \end{cases}$$

由此解得

$$\alpha = \frac{3\sqrt{3}}{2(3\sqrt{3}+13)} \cdot \frac{g}{l} = \frac{3\sqrt{3}}{2(3\sqrt{3}+13)} \cdot \frac{9.8\ \text{m/s}^2}{0.6\ \text{m}} = 2.33\ \text{rad/s}^2$$

$$F_{NB} = \frac{3\sqrt{6}(1+2\sqrt{3})}{4(3\sqrt{3}+13)}mg = \frac{3\sqrt{6}(1+2\sqrt{3})}{4(3\sqrt{3}+13)} \times 25\ \text{kg} \times 9.8\ \text{m/s}^2 = 110.5\ \text{N}$$

α 为正值，说明图设转向是正确的。又由"平衡"方程

$$\sum F_{iy} = 0, \quad F_{NA} - mg + F_{I2}\cos30^\circ + F_{NB}\cos45^\circ = 0 \tag{g}$$

可求得

$$F_{NA} = mg - ml \cdot \frac{3\sqrt{3}}{2(3\sqrt{3}+13)} \cdot \frac{g}{l} \cdot \cos30^\circ - \frac{3\sqrt{6}(1+2\sqrt{3})}{4(3\sqrt{3}+13)}mg \cdot \cos45^\circ$$

$$= \frac{9\sqrt{3}+25}{4(3\sqrt{3}+13)}mg = \frac{9\times\sqrt{3}+25}{4\times(3\sqrt{3}+13)}\times 25\ \text{kg}\times 9.8\ \text{m/s}^2 = 136.6\ (\text{N})$$

【例 10.4.6】 图示 10.4.7(a) 机构中，杆件 OA 的质量 $m = 40$ kg，质心 C 与点 O 的距离 $l = 1$ m，对质心 C 的回转半径 $\rho_C = 0.5$ m。小车连同货物的质量 $m_1 = 200$ kg，其他构件的质量不计。滑杆 BD 的高度 $h = 1.5$ m。杆 OA 上作用一力偶，其力偶矩 $M_1 = 1\,046$ N·m，当 $\theta = 60°$ 时，系统静止。设系统各接触处均光滑，试求 $\theta = 90°$ 时小车的加速度。

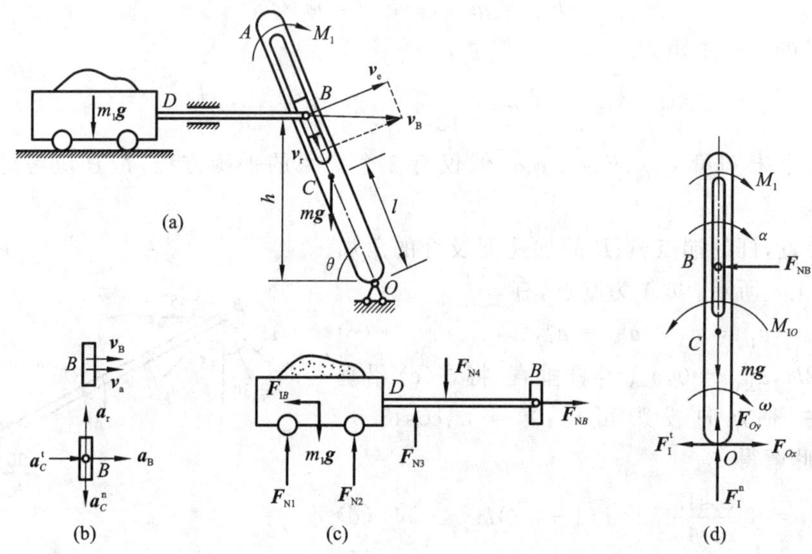

图 10.4.7

【解】 首先建立运动学关系。取滑块 B 以动点，动系固结于杆 OA，静系固结于机架，作动点 B 的速度及加速度矢量图如图 10.4.7(b) 所示，则有

$$\boldsymbol{v}_B = \boldsymbol{v}_e + \boldsymbol{v}_r$$

$$\boldsymbol{a}_B = \boldsymbol{a}_e^t + \boldsymbol{a}_e^n + \boldsymbol{a}_r + \boldsymbol{a}_C$$

由速度矢量图知，当 $\theta = 90°$ 时，$v_r = 0$，故科氏加速度 $a_C = 0$。将各加速度矢量向水平轴投影，可得

$$a_B = a_e^n$$

当 $\theta = 90°$ 时，杆 OA 的角加速度与小车的加速度有以下关系

$$\alpha = \frac{a_B}{OB} = \frac{a_B}{h} \tag{a}$$

以车及滑块为研究对象，如图 10.4.7(c) 所示。小车作平行移动，在其质心上施加惯性力 F_{IB}，则由动静法可列方程

$$\sum F_{ix} = 0,\quad F_{NB} - F_{IB} = 0$$

其中，$F_{IB} = m_1 a_B$。于是得

$$F_{NB} = F_{IB} = m_1 a_B \tag{b}$$

再以杆 OA 为研究对象，如图 10.4.7(d) 所示。在转轴 O 上施加惯性力系主矢及主矩 F_I^t、F_I^n、M_{IO}，大小分别为

$$F_I^t = ml\alpha,\quad F_I^n = ml\omega^2,\quad M_{IO} = m(\rho_C^2 + l^2)\alpha$$

由 $\sum M_O(\boldsymbol{F}_i)=0$，得

$$F_{NB}\cdot h+M_{IO}-M_1=0 \tag{c}$$

将式(a) 及式(b) 代入式(c)，得

$$[m_1h^2+m(\rho_C^2+l^2)]a_B=M_1h$$

于是

$$a_B=\frac{M_1h}{m_1h^2+m(\rho_C^2+l^2)}$$

代入已知数据可得

$$a_B=3.14\ \text{m/s}^2$$

【例 10.4.7】 均质圆盘 O 的半径 $r=0.45$ m、质量 $m_1=20$ kg，均质杆长 $l=1.2$ m、质量 $m_2=10$ kg，其连接和约束如图 10.4.8(a) 所示。若在圆盘上作用一力偶矩 $M=20$ N·m，试求在运动开始($\omega_O=0$、$\omega_{AB}=0$) 时：(1) 圆盘和杆的角加速度；(2) 轴承 A 的约束力。

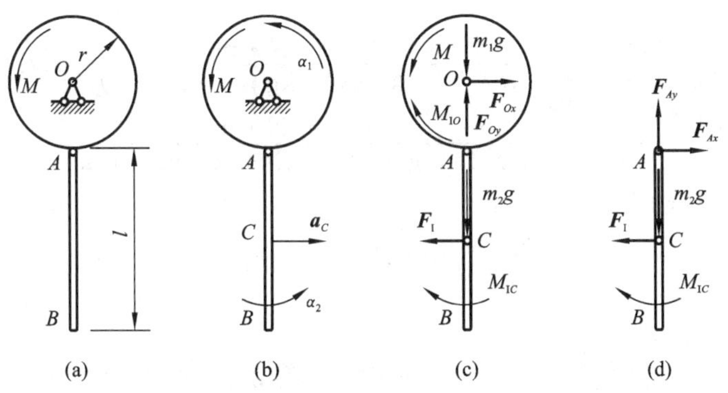

图 10.4.8

【解】 首先对系统进行运动分析。圆盘作定轴转动，杆 AB 作平面运动(相对圆盘作定轴转动)，系统的自由度 $k=2$。假设圆盘和杆 AB 在该瞬时的绝对角加速度分别为 α_1 和 α_2，对两个刚体分别进行惯性力系的简化。

以 A 点为基点分析质心 C 点，如图 10.4.8(b) 所示，则有

$$a_C=a_A+a_{CA}=\alpha_1r+\alpha_2\times\frac{l}{2}$$

圆盘绕质心转动，将惯性力系向 O 点简化，得一惯性力偶，其惯性力偶矩为

$$M_{IO}=J_O\alpha_1=\frac{1}{2}m_1r^2\alpha_1$$

将 AB 杆的惯性力系向质心 C 点简化，可得惯性主矢为

$$F_I=m_2a_C=m_2\left(\alpha_1r+\alpha_2\times\frac{l}{2}\right)$$

惯性力偶矩为

$$M_{IC}=J_C\alpha_2=\frac{1}{12}m_2l^2\alpha_2$$

以整个系统为研究对象，系统受主动力 M、$m_1\boldsymbol{g}$、$m_2\boldsymbol{g}$，约束力 $\boldsymbol{F}_{Ox}$、$\boldsymbol{F}_{Oy}$ 和惯性力系 M_{IO}、$\boldsymbol{F}_I$、M_{IC} 作用。根据达朗贝尔原理可知，它们构成平面平衡力系(见图 10.4.8(c))。在这个力系中，有未知量 F_{Ox}、F_{Oy}、α_1、α_2。考虑到本题不要求计算 F_{Ox}、F_{Oy}，则有

$$\sum M_O = 0,\quad M - M_{IO} - F_I\left(r + \frac{l}{2}\right) - M_{IC} = 0$$

即

$$M - \left(\frac{1}{2}m_1 r^2 + m_2 r^2 + m_2 r \times \frac{l}{2}\right)\alpha_1 - \left(m_2 r \times \frac{l}{2} + \frac{1}{3}m_2 l^2\right)\alpha_2 = 0 \tag{a}$$

式(a) 中有两个未知量，还需要另建一个关系式才能求解角加速度 α_1 和 α_2。

再取杆 AB 为研究对象，如图 10.4.8(d) 所示。在这个力系中有未知量 F_{Ax}、F_{Ay}、α_1、α_2。虽然也有四个未知量，但连同整个系统一起考虑，α_1、α_2 不是新出现的未知量。现对 A 点取矩，即

$$\sum M_A(\boldsymbol{F}_i) = 0,\quad -M_I - F_I \times \frac{l}{2} = 0$$

得

$$\alpha_1 r + \alpha_2 \times \frac{2}{3}l = 0 \tag{b}$$

将式(a)、(b) 联立得

$$\alpha_1 = \frac{4M}{(2m_1 + m_2)r^2} = \frac{4 \times 20\ \text{N}\cdot\text{m}}{(2 \times 20\ \text{kg} + 10\ \text{kg}) \times (0.45\ \text{m})^2} = 7.9\ \text{rad/s}^2$$

$$\alpha_2 = -\frac{6M}{(2m_1 + m_2)rl} = -\frac{6 \times 20\ \text{N}\cdot\text{m}}{(2 \times 20\ \text{kg} + 10\ \text{kg}) \times 0.45\ \text{m} \times 1.2\ \text{m}} = -4.44\ \text{rad/s}^2$$

最后，求连接点 A 处的约束力。由

$$\sum F_{ix} = 0,\quad F_{Ax} - F_I = 0$$

得

$$F_{Ax} = F_I = m_2\left(\alpha_1 r + \alpha_2 \times \frac{l}{2}\right) = 8.91\ \text{N}$$

由

$$\sum F_{iy} = 0,\quad F_{Ay} - m_2 g = 0$$

得

$$F_{Ay} = m_2 g = 98\ \text{N}$$

【思考】 如何求解例 10.4.7 中支座 O 处的约束力？

【评注】 由上述例题可见，应用达朗贝尔原理既可以求解加速度，又可以求解力，但由于该原理在系统的一个瞬态上构建，故一般无法直接求解速度问题，但可以在求出一般位置的加速度后利用积分来确定。

10.5 一般定轴转动刚体的轴承动反力

10.5.1 动反力产生的原因

在例 10.1.1 中已经看到，轴承水平方向的反力与转动角速度的平方成正比，当高速转动时，作用于轴承的反力会很大。常称这类与转动有关的反力为**动反力**。动反力往往很大，以致使机器零件破坏或引起振动。

动反力产生原因可以从两种情况看到，一种是当质心 C 不在转轴上时，可能产生动反力。例如，如图 10.5.1 所示，两质量相等的小球 m_1 和 m_2，由不计质量的连杆连接在轴 AB 的中点 D 上

$(\overline{AD}=\overline{BD})$，绕铅垂轴匀角速转动，如果连接两球的连杆的中心连线与转轴相垂直，且两小球组成的系统的质心 C 在转轴轴线上，则 $\boldsymbol{F}_{I1}=-\boldsymbol{F}_{I2}$，作用在同一条直线上，则轴承动反力：$F_{NA}=F_{NB}=0$。惯性力系自相平衡了，轴承没有受到径向压力。不产生轴承动反力。

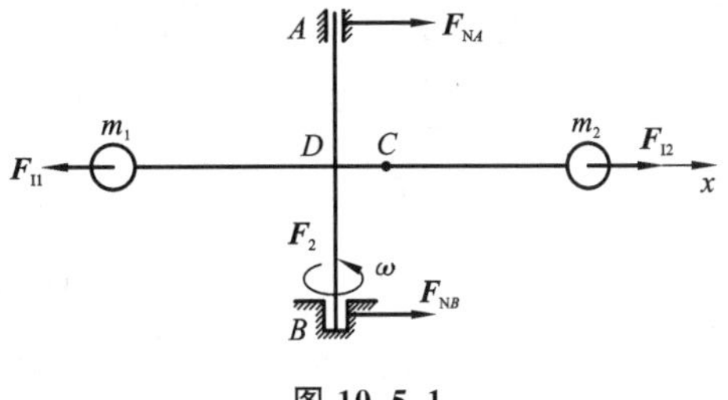

图 10.5.1

若两球的质量不相等，不妨假设 $m_1>m_2$，如图 10.5.1 所示，则两小球组成的质点系的质心 C 就不在转轴上。如果两小球到转轴的距离均为 r，则当系统匀角速转动时，两小球的惯性力分别为

$$F_{I1}=m_1r\omega^2,\quad F_{I2}=m_2r\omega^2$$

显然，由于有 $m_1>m_2$，将由于惯性力的作用而产生动反力。可以根据动静法求得轴承的动反力。如果两小球的质量均为 m，而两小球到转轴的距离不相等，分别为 r_1 和 r_2，则两小球的惯性力分别为

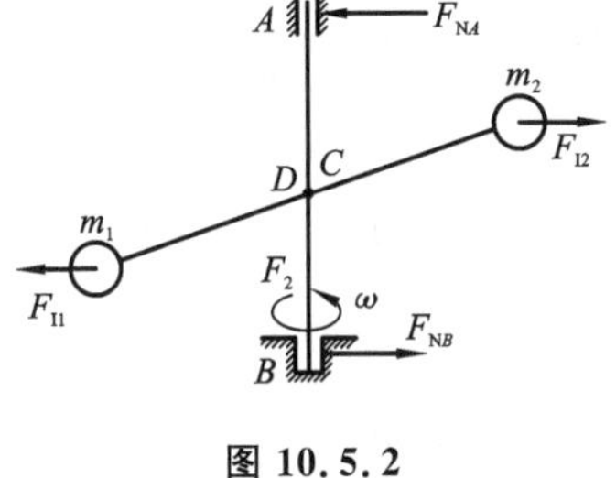

图 10.5.2

$$F_{I1}=mr_1\omega^2,\quad F_{I2}=mr_2\omega^2$$

同样由于惯性力的作用而产生轴承动反力。

另一种情况是如果两球的质心在转轴线上，但连接两球的连杆的中心线与转轴不垂直，如图 10.5.2 所示。此时两质点上的惯性力 $\boldsymbol{F}_{I1}$、$\boldsymbol{F}_{I2}$ 组成一对力偶，故轴承动反力不等于 0，也将组成一对力偶。

10.5.2 一般刚体绕定轴转动的动反力

一般刚体绕定轴转动时，如果质心不通过转轴，而是与转轴有一个偏心距 r_C，就会产生轴承动反力。设一质量为 m 的刚体在主动力 $\boldsymbol{F}_i(i=1,2,\cdots,n)$ 作用下绕 AB 轴转动，如图 10.5.3(a) 所示。

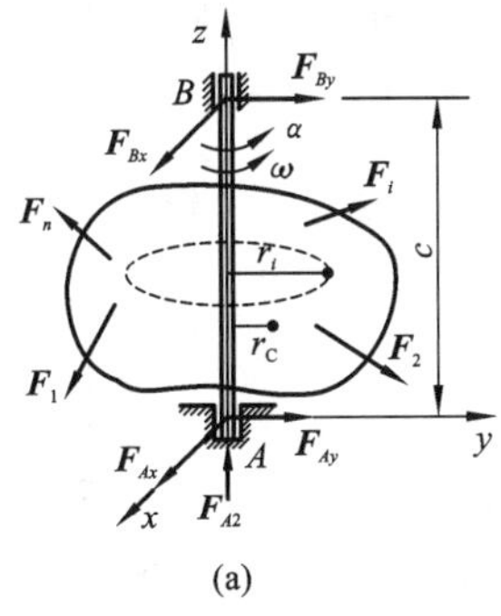

(a)

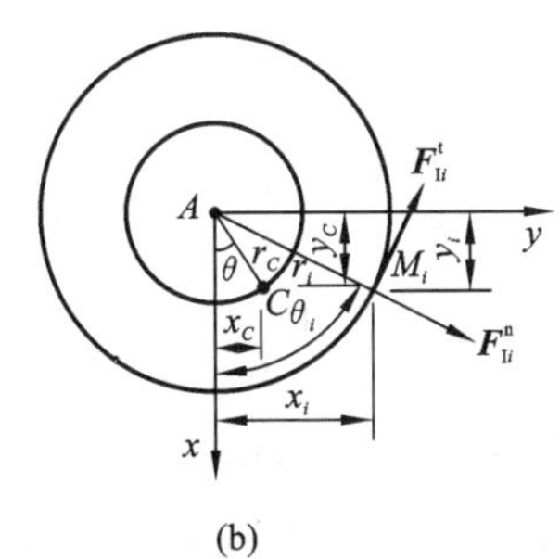

(b)

图 10.5.3

某瞬时刚体的角速度为 ω，角加速度为 α。建立图示 $Axyz$ 坐标系，设轴承 A、B 的约束力在 $Axyz$ 坐标系上的投影分别为 $\boldsymbol{F}_{Ax}$、$\boldsymbol{F}_{Ay}$、$\boldsymbol{F}_{Az}$ 和 $\boldsymbol{F}_{Bx}$、$\boldsymbol{F}_{By}$，在刚体的各个质点上附加上相应的惯性力，对于第 i 个质点，所附加的惯性力为 $\boldsymbol{F}_{Ii}=-m_i\boldsymbol{a}_i$，应用动静法建立平衡方程

$$\left.\begin{aligned}
&\sum F_{ix}=0,\quad F_{Ax}+F_{Bx}+F_{Rx}+F_{Ix}=0\\
&\sum F_{iy}=0,\quad F_{Ay}+F_{By}+F_{Ry}+F_{Iy}=0\\
&\sum F_{iz}=0,\quad F_{Bz}+F_{Rz}=0\\
&\sum M_x(\boldsymbol{F}_i)=0,\quad M_x(\boldsymbol{F}_{By})+\sum M_x(\boldsymbol{F}_i)+\sum M_x(\boldsymbol{F}_{Ii})=0\\
&\sum M_y(\boldsymbol{F}_i)=0,\quad M_y(\boldsymbol{F}_{Bx})+\sum M_y(\boldsymbol{F}_i)+\sum M_y(\boldsymbol{F}_{Ii})=0\\
&\sum M_z(\boldsymbol{F}_i)=0,\quad \sum M_z(\boldsymbol{F}_i)+\sum M_z(F_{Ii})=0
\end{aligned}\right\}\tag{10.5.1}$$

式中,F_{Rx}、F_{Ry}、F_{Rz}、$\sum M_x(\boldsymbol{F}_i)$、$\sum M_y(\boldsymbol{F}_i)$、$\sum M_z(\boldsymbol{F}_i)$ 分别为主动力系的主矢在坐标轴上的投影及各主动力对坐标轴的矩之和。F_{Ix}、F_{Iy}、$\sum M_x(\boldsymbol{F}_{Ii})$、$\sum M_y(\boldsymbol{F}_{Ii})$、$\sum M_z(\boldsymbol{F}_{Ii})$ 分别为惯性力系在相应坐标轴上的投影及对相应坐标轴的矩之和。显然,从图 10.5.3(b) 可以看出

$$\left.\begin{aligned}
F_{Ix}&=\sum F_{Iix}=\sum m_i r_i\alpha\sin\theta_i+\sum m_i r_i\omega^2\cos\theta_i=mx_C\omega^2+my_C\alpha\\
F_{Iy}&=\sum F_{Iiy}=\sum m_i r_i\omega^2\sin\theta_i-\sum m_i r_i\alpha\cos\theta_i=my_C\omega^2-mx_C\alpha\\
\sum M_x(\boldsymbol{F}_{Ii})&=-\sum m_i r_i\omega^2\sin\theta_i z_i+\sum m_i r_i\alpha\cos\theta_i z_i\\
&=\sum m_i\alpha x_i z_i-\sum m_i\omega^2 y_i z_i=J_{xz}\alpha-J_{yz}\omega^2=M_{Ix}\\
\sum M_y(\boldsymbol{F}_{Ii})&=\sum m_i r_i\omega^2\cos\theta_i z_i+\sum m_i r_i\alpha\sin\theta_i z_i\\
&=\sum m_i\alpha y_i z_i+\sum m_i\omega^2 x_i z_i=J_{yz}\alpha+J_{xz}\omega^2=M_{Iy}\\
\sum M_z(\boldsymbol{F}_{Ii})&=-\sum m_i r_i\alpha\times r_i=-J_z\alpha=M_{Iz}
\end{aligned}\right\}\tag{10.5.2}$$

式中,J_{yz} 和 J_{zx} 分别是刚体对于通过 A 点的 y、z 轴和 z、x 轴的惯性积。

将式(10.5.2)代入式(10.5.1),可得

$$\left.\begin{aligned}
F_{Ax}&=-\left[\sum F_{ix}-\frac{1}{l}\sum M_y(\boldsymbol{F}_i)\right]-\left[F_{Ix}-\frac{1}{l}M_{Iy}\right]\\
F_{Ay}&=-\left[\sum F_{iy}-\frac{1}{l}\sum M_x(\boldsymbol{F}_i)\right]+\left[F_{Iy}+\frac{1}{l}M_{Ix}\right]\\
F_{Az}&=-\sum F_{iz}\\
F_{Bx}&=-\frac{1}{l}\left[\sum M_y(\boldsymbol{F}_i)+M_{Iy}\right]\\
F_{By}&=\frac{1}{l}\left[\sum M_x(\boldsymbol{F}_i)+M_{Ix}\right]
\end{aligned}\right\}\tag{10.5.3}$$

由该式可知,轴承的约束力由两部分组成,一部分是由主动力引起的,称为**静反力**;另一部分由惯性力引起,与定轴转动刚体的角速度 ω 和角加速度 α 有关,称为**附加动反力**。

10.5.3 避免出现动反力的条件

要使轴承动反力等于 0,必须使惯性力系主矢量等于 0,惯性力系对 x 轴和 y 轴的矩也等于 0(惯性力系在 x 轴上的投影恒为零,而惯性力系对 z 轴的矩与约束反力无关),即

$$F_{Ix}=F_{Iy}=0;\quad \sum M_x(\boldsymbol{F}_{Ii})=\sum M_y(\boldsymbol{F}_{Ii})=0$$

或

$$F_{1x} = m(\omega^2 x_C + \alpha y_C) = 0, \quad F_{1y} = m(-\alpha x_C + \omega^2 y_C) = 0$$

$$\sum M_x(\boldsymbol{F}_{1i}) = J_{xz}\alpha - J_{yz}\omega^2 = 0, \quad \sum M_y(\boldsymbol{F}_{1i}) = J_{xz}\omega^2 + J_{yz}\alpha = 0$$

由于刚体转动时，一般 $\omega \neq 0, \alpha \neq 0$，因此只有 $x_C = 0, y_C = 0, J_{xz} = J_{yz} = 0$，故可得结论：刚体绕定轴转动时，避免出现轴承动反力的条件是：转轴通过刚体的质心，且刚体对转轴的惯性积等于零，即转动轴必须是刚体的中心惯性主轴。

10.5.4 静平衡与动平衡

静平衡：如果转动刚体的转轴通过刚体的质心，刚体除受重力外，没有受到其他主动力作用，刚体可以在任意位置平衡的现象称为**静平衡**。

动平衡：如果转动轴是中心惯性主轴，刚体绕定轴转动时，不出现轴承动附加反力的现象称为**动平衡**。

【例 10.5.1】 设汽轮机的叶轮轴线由于安装误差与转轴形成 $\theta = 0.15$ rad 的偏角(实际安装时，技术指标所允许的误差远小于此数值)，如图 10.5.4(a) 所示。作为初步近似，认为叶轮是均质圆盘。设叶轮质量 $m = 2\ 000$ kg，半径 $r = 500$ mm，以匀转速 $n = 3\ 000$ r/min 转动，两轴承 A 和 B 间的距离为 $l = 3.5$ m，试求轴承的附加动约束力。

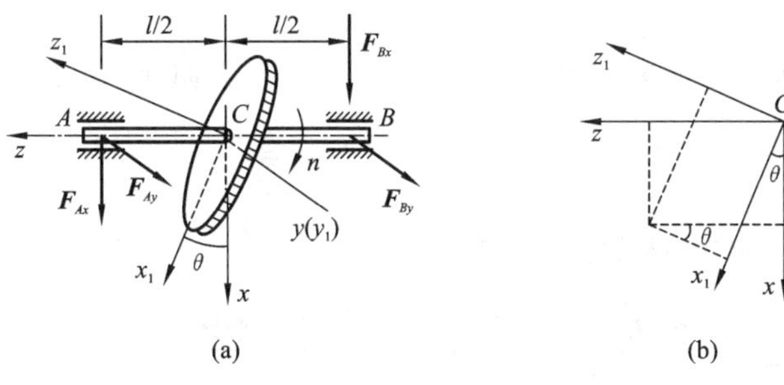

图 10.5.4

【解】 研究叶轮转子，因叶轮的质量对称平面与转轴不垂直，叶轮的惯性力应按式(10.5.2)计算。

在质心 C 建立固结于叶轮的直角坐标系 $Cxyz$，z 轴与转轴重合，y 轴沿轮的直径方向，如图 10.5.4(a) 所示。

因叶轮的质心在转轴上，故惯性力系的主矢等于零，又因为叶轮是匀速转动，由式(10.5.2)可知，惯性力系对 x 轴和 y 轴的力矩代数和分别为

$$M_{1x} = -J_{yz}\omega^2, \quad M_{1y} = J_{xz}\omega^2$$

由于 y 轴是对称轴，故知 $J_{yz} = 0$。但是由于有偏角 θ，z 轴并非惯性主轴，因此，要计算 J_{xz} 的值。

为了计算 J_{xz}，再建立固连于叶轮的直角坐标系 $Cx_1y_1z_1$，其中 z_1 轴垂直于叶轮平面，x_1、y_1 轴均在叶轮平面内，沿轮的直径方向，其中 y_1 轴与 y 轴重合。显然，此坐标系是中心惯性主轴坐标系，即

$$J_{x_1y_1} = J_{y_1z_1} = J_{x_1z_1} = 0 \tag{a}$$

叶轮为均质圆轮，叶轮对 x_1、y_1、z_1 轴的转动惯量分别为

$$J_{x_1} = J_{y_1} = \frac{mr^2}{4}, \quad J_{z_1} = \frac{mr^2}{2} \tag{b}$$

下面利用叶轮对坐标系 $Cx_1y_1z_1$ 各轴的转动惯量和惯性积，计算叶轮对 x、z 轴的惯性积 J_{xz}。

图 10.5.4(b) 表示从 y(或 y_1) 轴端点看到的情形。m_i 表示叶轮的任一质点，此点对于坐标系 $Cxyz$ 的坐标为 x_i、y_i、z_i，对于坐标系 $Cx_1y_1z_1$ 的坐标为 x_{1i}、y_{1i}、z_{1i}，显然 $y_i = y_{1i}$，根据坐标变换公式

$$\begin{cases} x_i = x_{1i}\cos\theta - z_{1i}\sin\theta \\ z_i = z_{1i}\cos\theta + x_{1i}\sin\theta \end{cases} \tag{c}$$

由此求得

$$\begin{aligned} J_{xz} &= \sum m_i x_i z_i = \sum m_i (x_{1i}\cos\theta - z_{1i}\sin\theta)\cdot(z_{1i}\cos\theta + x_{1i}\sin\theta) \\ &= \sum m_i x_{1i} z_{1i}(\cos^2\theta - \sin^2\theta) + \sum m_i (x_{1i}^2 - z_{1i}^2)\sin\theta\cos\theta \\ &= J_{x_1z_1}(\cos^2\theta - \sin^2\theta) + \sum m_i [(x_{1i}^2 + y_{1i}^2) - (z_{1i}^2 + y_{1i}^2)]\sin\theta\cos\theta \end{aligned}$$

式中，$\sum m_i (x_{1i}^2 + y_{1i}^2) = J_{z_1}$，$\sum m_i (z_{1i}^2 + y_{1i}^2) = J_{x_1}$，$J_{x_1z_1} = 0$，于是可得

$$J_{xz} = (J_{z_1} - J_{x_1})\sin\theta\cos\theta = \frac{J_{z_1} - J_{x_1}}{2}\sin 2\theta$$

当 θ 很小时，$\sin 2\theta \approx 2\theta$，并注意到式(b)，有

$$J_{xz} = \frac{mr^2}{4}\theta \tag{d}$$

若仅考虑由于惯性力所引起轴承 A 和 B 的附加动约束力，参照式(10.5.3)，可得

$$F_{Bx} = -\frac{1}{l}J_{xz}\omega^2,\quad F_{By} = 0,\quad F_{Ax} = \frac{1}{l}J_{xz}\omega^2,\quad F_{Ay} = 0$$

即：$F_{Ax} = -F_{Bx} = \dfrac{mr^2}{4l}\theta\omega^2$。代入数据，求得

$$F_{Ax} = -F_{Bx} = \frac{2\,000 \times 0.5^2}{4 \times 3.5} \times 0.015 \times \left(\frac{3\,000 \times \pi}{30}\right)^2 \text{ N} = 52.9 \times 10^3 \text{ N}$$

因为参考系 $Cxyz$ 随叶轮一起转动，故附加约束力 $\boldsymbol{F}_{Ax}$、$\boldsymbol{F}_{Bx}$ 的方向也随同转子的转动而转动。

【说明】 当转子匀速转动时，即使转子有很小的偏心距或偏角，都会对轴承产生很大的附加动压力，因为轴承处的附加动约束力的大小是与转子角速度的平方成正比，而且这些力的方向都随着转子的转动而转动，对轴承形成周期性变化的压力。所以较小的偏心距或偏角即可引起很大的周期荷载导致机器产生剧烈振动，造成轴承的严重磨损，甚至破坏机件等。因此高速转子一般制造后都应进行静平衡和动平衡的校正。

思　考　题

10-1　两根轴 z、z' 互相平行，且均不通过刚体质心，其与质心轴的距离分别为 a、b。已知刚体质量为 m，试推导出刚体对 z 及 z' 轴的转动惯量 J_z 及 J'_z 之间的关系。

10-2　在质量不变的条件下，为增大物体的转动惯量可以采取哪些办法？

10-3　什么是回转半径？它是否就是物体质心到转轴的距离或轮缘到轮心的距离？

10-4　绕定轴转动刚体，在计算对此轴的转动惯量时，下述的两种简化是否正确：

A. 将刚体质量集中在质心。

B. 将刚体质量集中于一点，此点到转轴的距离等于回转半径。

10-5　不论刚体作何种运动，其惯性力系向任一点简化的主矢都等于刚体的质量与其质心

加速度的乘积，而取相反方向，即$\boldsymbol{F}_{\mathrm{IR}}=-m\boldsymbol{a}_C$，对吗？

10-6　只要转轴通过质心，则定轴转动刚体的轴承上就一定不受附加动压力的作用，对否？

10-7　作瞬时平移的刚体，在该瞬时其惯性力系向质心简化的主矩必为零，对吗？

10-8　平面运动刚体上惯性力系如果有合力则必作用在刚体的质心上，对吗？

10-9　两根长度均为l，质量均为m的均质细杆AB、BC，在B处铰接在一起。杆AB可绕中心O转动，图示位置A、B、C三点在同一水平直线上，试问由此位置在重力作用下开始运动时，两杆的角加速度何杆大？说明理由。

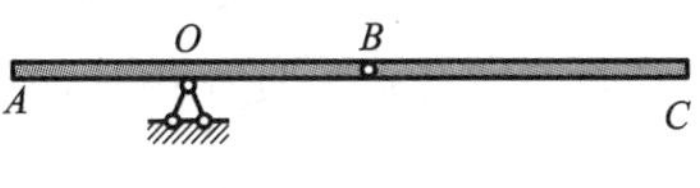

思考题 10-9 图

10-10 当刚体有与转轴垂直的对称面时，下述几种情况下惯性力系简化的结果是什么？怎样计算？

(1) 转轴通过质心，如图(a) 所示。

(2) 转轴与质心相距为e，但$\alpha=0$，如图(b) 所示。

(3) 转轴过质心，$\alpha=0$，如图(c) 所示。

(4) 转轴与质心相距为e，$\alpha\neq 0$，$\omega\neq 0$，如图(d) 所示。

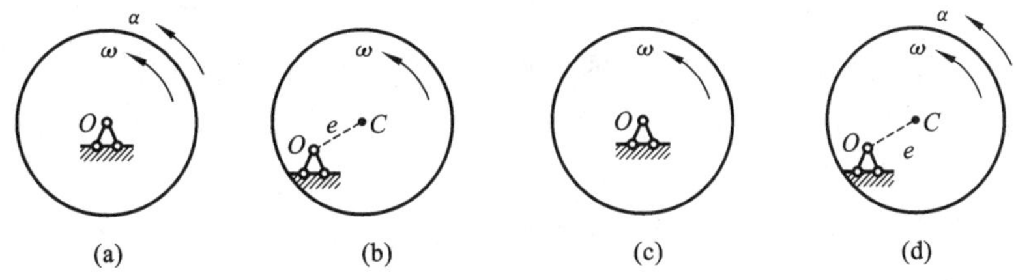

思考题 10-10 图

10-11　静平衡的刚体是否一定动平衡？动平衡的刚体是否一定静平衡？

10-12　定轴转动刚体，其质心在轴上，且$\alpha=0$，轴承是否可能有附加动约束力？

习　　题

10-1　图示均质细长杆长为l，质量为m。试求J_{z_1}和J_{z_2}。

10-2　试求图示质量为m的均质三角板对x轴的转动惯量。

10-3　试证明边长为l，质量为m的正方形薄板对其对角线的转动惯量为$\frac{1}{12}ml^2$。

10-4　求图中均质薄板对x轴的转动惯量J_x。(面积为ab的均质薄板质量为m)。

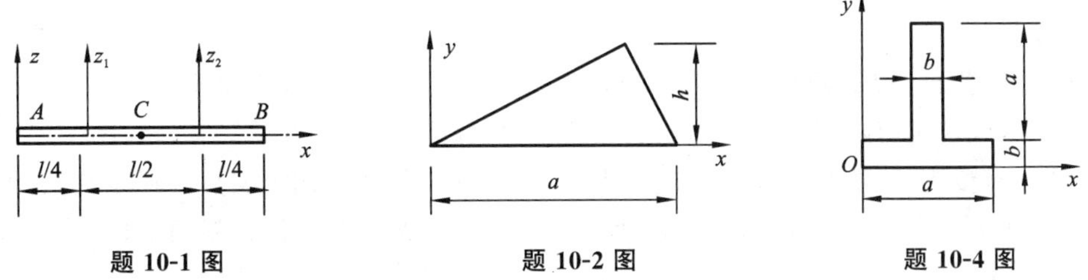

题 10-1 图　　题 10-2 图　　题 10-4 图

10-5　如图所示，质量为m的均质矩形薄板，其边长分别为a与b。求薄板对于每条边的转动惯量J_x与J_y，以及它对于与板面垂直的质心轴z'_C的转动惯量$J_{z'_C}$。

10-6　图示质量为 m、半径为 R 的均质圆板，挖去一半径为 $r=\frac{R}{2}$ 的圆孔，试求该板对 O 轴的转动惯量。

10-7　质量为 m_1 的物体 A 沿三角柱体 D 的斜面下滑，用绳子绕过滑轮 C 使质量为 m_2 的物体 B 上升，如图所示。斜面与水平面的夹角为 θ，绳子质量与摩擦不计。求下列两种情况下水平约束 E 对三角柱体的反作用力：(1) 不计滑轮 C 的质量；(2) 均质滑轮 C 的质量为 m_3，半径为 r。

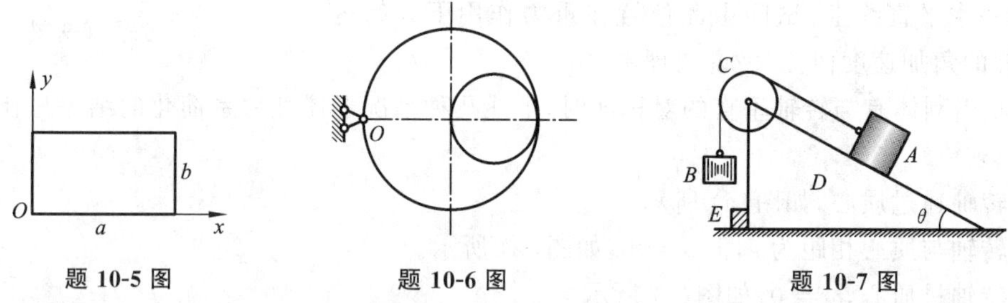

题 10-5 图　　题 10-6 图　　题 10-7 图

10-8　图示为一转速计(测量角速度的仪表)的简化图。小球 A 的质量为 m_1，固连在杆 AB 的一端；而杆 AB 长为 l，可绕轴 BC 转动，在此杆上与 B 点相距为 l_1 的一点 E 有弹簧 DE，其自然长度为 l_0，弹簧刚度系数为 k；杆对 BC 轴的偏角为 θ，弹簧在水平面内。求在以下两种情况下，稳态运动的角速度：(1) 杆 AB 的质量不计；(2) 均质杆 AB 的质量为 m_2。

10-9　正方形均质板重 400 N，由三根绳拉住，如图所示。板的边长 $b=100$ mm。求：

(1) 当 FG 绳被剪断的瞬间，AD 和 BE 两绳的张力；

(2) 当 AD 和 BE 两绳运动到铅垂位置时，两绳的张力。

10-10　长方形均质平板长 $a=200$ mm，宽 $b=150$ mm，质量为 27 kg，由两个销 A 和 B 悬挂。如果突然撤去销 B，求在撤去销子 B 的瞬时：(1) 平板的角加速度；(2) 销 A 的约束力。

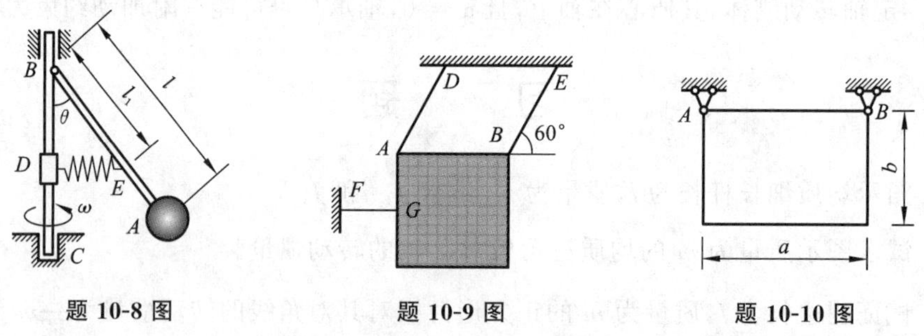

题 10-8 图　　题 10-9 图　　题 10-10 图

10-11　一电动卷扬机机构如图所示。已知启动时电动机的平均驱动力矩为 M，被提升重物的质量为 m_1，鼓轮质量为 m_2，半径为 r，对转轴的回转半经为 ρ。试求启动时重物的平均加速度和轴承处的约束力。

10-12　用各长为 l 的两绳将长为 l、质量为 m 的均质杆 AB 悬挂在水平位置，如图所示。若突然剪断绳 BO，试求刚剪断瞬时另一绳子 AO 的拉力及杆的角加速度。

10-13　质量为 m_2 的楔状物置于光滑水平面上，在该物的斜面上又放一质量为 m_1 的均质圆柱体 C，如图所示。设圆柱体与斜面之间的摩擦因数为 f_s，试求圆柱体在斜面上作纯滚动时 f_s 应满足何种条件？

10-14　在图示机构中，已知：均质杆重量为 W，$\theta=30°$，$\beta=60°$。滑块 A 的重量不计，滑槽光滑。求当绳子 OB 突然断了的瞬时滑槽的约束力及杆 AB 的角加速度。

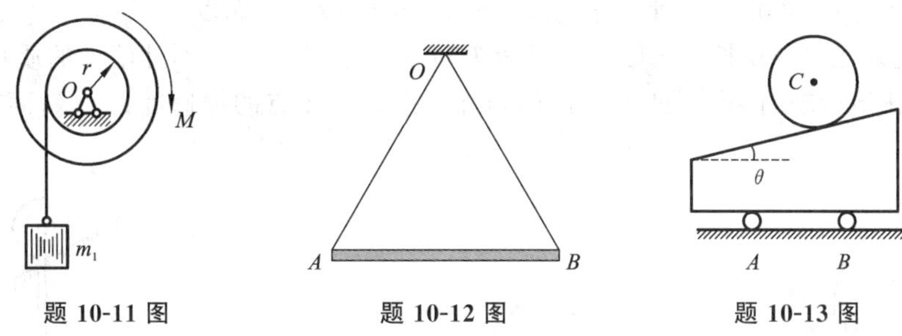

题 10-11 图　　题 10-12 图　　题 10-13 图

10-15　在图示机构中，沿斜面滚动的圆柱体与鼓轮为均质物体，圆柱体重量为 $\boldsymbol{W}_1$，鼓轮重量为 $\boldsymbol{W}_2$，其半径均为 R，且绳子不能伸缩，其质量略去不计。粗糙斜面的倾角为 θ，只计滑动摩擦，不计滚动摩擦。如在鼓轮上作用一力偶矩 M，求：(1) 鼓轮的角加速度；(2) 轴承 O 的水平约束力。

10-16　均质圆柱重 $W_1 = 200$ N，被绳拉住沿水平面滚动而不滑动，此绳跨过一自重不计的滑轮 B 并系一重物 $W_2 = 100$ N，如图所示。求滚子中心 C 的加速度 $\boldsymbol{a}_C$。若均质滑轮 B 的重量为 $W_3 = 50$ N，再求 $\boldsymbol{a}_C$。

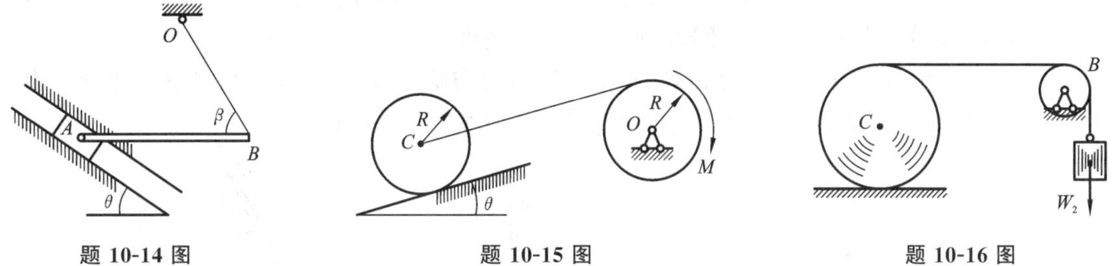

题 10-14 图　　题 10-15 图　　题 10-16 图

10-17　图示轮的质量为 2 kg，半径 $R = 150$ mm，质心 C 离几何中心 O 的距离为 $r = 50$ mm，轮对质心的回转半径 $\rho = 75$ mm。当轮滚而不滑时，它的角速度是变化的。在图示 C、O 位于同一高度时，$\omega = 12$ rad/s。求此时轮的角加速度。

10-18　如图所示，重 100 N，长 1 m 的均质杆 AB，一端 B 搁在地面上，一端 A 用软绳系住。设杆与地面的摩擦因数为 0.30，且动滑动摩擦因数与静滑动摩擦因数相等。问当将软绳剪断的瞬间，B 端滑动否？并求此瞬时杆的角加速度以及地面对杆的作用力。

10-19　均质细杆 AB 的质量为 $m = 45.4$ kg，A 端搁在光滑的水平面上，B 端用不计质量的软绳 DB 固定，如图所示。杆长 $l = 3.05$ m，绳长 $h = 1.22$ m。当绳子铅垂时，杆与水平面的倾角 $\theta = 30°$，点 A 以匀速度 $v_A = 2.44$ m/s 向左运动。求在该瞬时：

(1) 杆的角加速度；(2) 在 A 端的水平力 $\boldsymbol{F}$；(3) 绳中的拉力 $\boldsymbol{F}_T$。

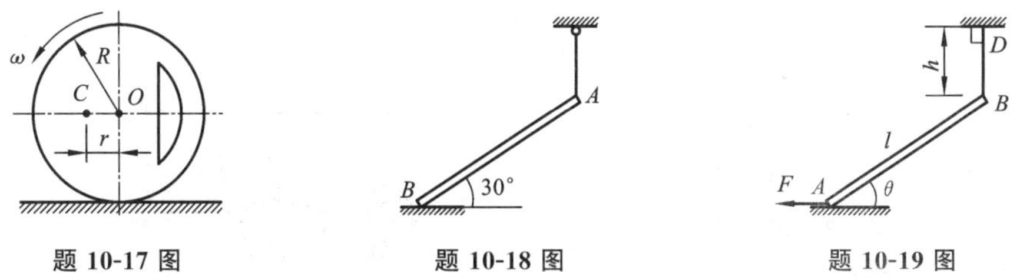

题 10-17 图　　题 10-18 图　　题 10-19 图

10-20　在轮的鼓轮上缠有绳子，用水平力 $F_T = 200$ N 拉绳子，如图所示。已知轮的质量 $m = 50$ kg，$R = 0.1$ m，$r = 0.06$ m，回转半径 $\rho = 70$ mm，轮与水平面的静摩擦因数 $f_s = 0.2$，动摩擦因数 $f_d = 0.15$。求轮心 C 的加速度和轮的角加速度。

10-21　图示水平板以等加速度 $\boldsymbol{a}$ 向右运动。另有一管子 O 放置在水平板上。若管子和平板间的静摩擦因数为$f_s = 0.4$。求管子作纯滚动时，平板的最大加速度。

10-22　均质细杆AB长$l = 1.2$ m，质量为$m = 3$ kg。$\beta = 30°$，不计滚子的质量和摩擦，在图示位置从静止开始运动时，求：(1) 杆AB的角加速度；(2)A点的加速度；(3) 斜面对A滚子的约束力。

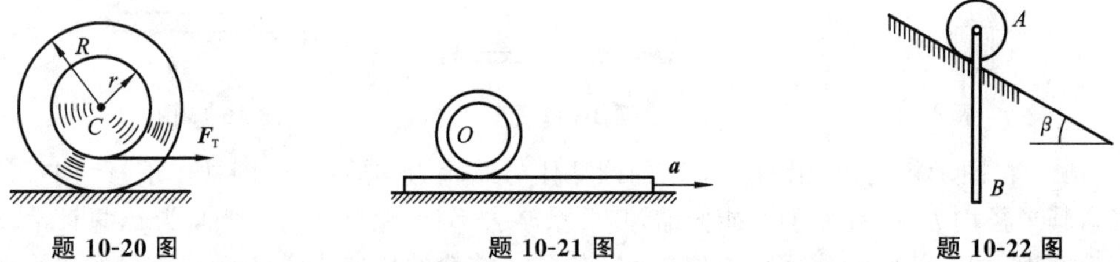

题 10-20 图　　题 10-21 图　　题 10-22 图

10-23　均质杆AB的质量为m，长为l，靠在光滑支承D上，杆与铅垂线间的夹角为φ，D点到杆的质心C间的距离$\overline{DC} = d$，如图所示。现将杆在此位置无初速释放，试求运动初瞬时杆的质心加速度，以及支承D对杆的作用力。

10-24　长l，质量为m的均质杆AB、BD用铰链B连接，并用铰链A固定，位于图示平衡位置。今在D端作用一水平力F，求此瞬时两杆的角加速度。

10-25　图中，AB、BC为长度相等、质量不等的两均质杆，已知从图示位置无初速地开始运动时，BC杆中点M的加速度与铅垂线的夹角为30°，求两杆质量之比。

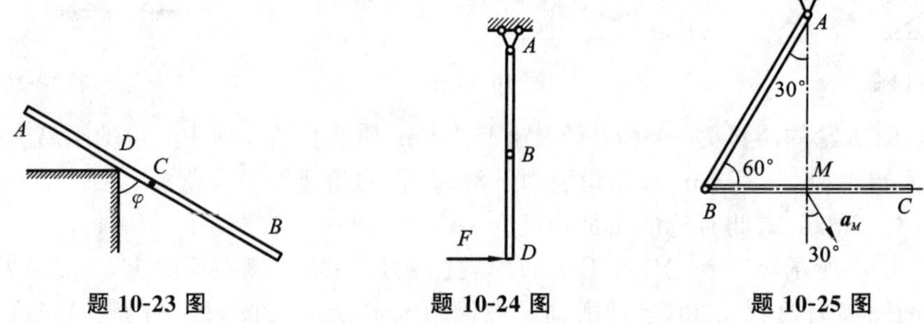

题 10-23 图　　题 10-24 图　　题 10-25 图

10-26　单摆摆长为l，摆锤重为$\boldsymbol{W}_1$，其支点固定在圆轮的轮心上。如图所示。圆轮半径为r，重为$\boldsymbol{W}_2$，放在水平面上。圆轮与水平面间有足够的摩擦力，阻止其滑动。可视圆轮为均质圆盘。试求在图示位置无初速地开始运动时，圆轮轮心的加速度a_C。

10-27　一均质薄圆板的厚度为t，装在水平轴的中部，圆盘与轴线成$90° - \theta$夹角，且偏心距$\overline{OC} = e$；圆盘重为$\boldsymbol{W}$，半径为r，如图所示。求当圆盘和轴以等角速度ω转动时轴承的动约束力。两轴承间距离$\overline{AB} = 2a$。

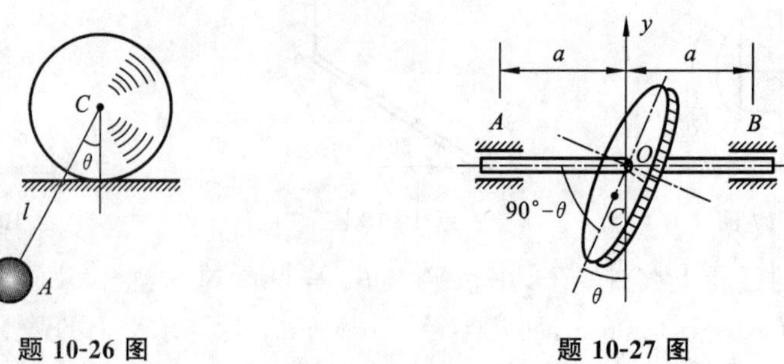

题 10-26 图　　题 10-27 图

Chapter 11

第 11 章 动量定理

11.1 动量与冲量

11.1.1 动量

1. 质点的动量

质点的动量是用来度量质点机械运动的一个物理量。质点的动量等于其质量与速度的乘积，即

$$\boldsymbol{p}=m\boldsymbol{v} \tag{11.1.1}$$

动量是矢量，动量的方向与速度方向相同。在国际单位制中，动量的单位为 kg·m/s。

2. 质点系的动量

质点系中各质点动量的矢量和称为质点系的动量主矢，简称为质点系的动量，即

$$\boldsymbol{p}=\sum m_i\boldsymbol{v}_i \tag{11.1.2}$$

由运动学关系：$\boldsymbol{v}_i=\dot{\boldsymbol{r}}_i$，所以有：$\boldsymbol{p}=\sum m_i\boldsymbol{v}_i=\sum m_i\dot{\boldsymbol{r}}_i=\dfrac{\mathrm{d}}{\mathrm{d}t}\sum m_i\boldsymbol{r}_i$。又由质心坐标公式知：$\sum m_i\boldsymbol{r}_i=M\boldsymbol{r}_C$，其中 M 为总质量。代入可得

$$\boldsymbol{p}=\frac{\mathrm{d}}{\mathrm{d}t}(M\boldsymbol{r}_C)=M\frac{\mathrm{d}\boldsymbol{r}_C}{\mathrm{d}t}=M\boldsymbol{v}_C \tag{11.1.3}$$

式(11.1.3)给出了质点系动量的简便求法。这表明，质点系的动量也可以用质点系的总质量与其质心速度的乘积表示。不论质点系内各质点的速度如何不同，只要知道质心的速度，就可以立即求出整个质点系的动量。

刚体是质点系的特殊情形，它由无限个质点所组成。用式(11.1.3)计算刚体的动量非常方便。例如车轮作平面运动，质心的速度为 $\boldsymbol{v}_C$，如图 11.1.1 所示，则车轮的动量为 $M\boldsymbol{v}_C$；又如刚体绕中心轴 O 转动，若质量对称于 O 轴分布，则质心在 O 轴上，如图 11.1.2 所示，因 $\boldsymbol{v}_C=\boldsymbol{v}_O=0$，因此该刚体的动量为：$\boldsymbol{p}=M\boldsymbol{v}_C=0$。

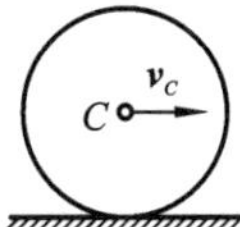

图 11.1.1

图 11.1.2

【说明】 由以上两例可见，质点系的动量是描述质点系随质心运动的一个力学量，它不能描述质点系相对于质心的运动。

如果质点系是由多个刚体组成，则该质点系的动量可写为

$$\boldsymbol{p} = \sum \boldsymbol{p}_i = \sum m_i \boldsymbol{v}_{Ci} \tag{11.1.4}$$

式中，m_i、$\boldsymbol{v}_{Ci}$ 分别为第 i 个刚体的质量和它的质心的速度。

【注意】 动量计算时的速度是绝对速度，当有相对运动时有时需要利用速度的合成定理。

11.1.2 力的冲量

力对物体作用的运动效果不仅取决力的大小和方向，而且和该力作用在物体上的时间长短有关。力与其作用时间的乘积称之为力的冲量。它表明了力对物体作用的时间积累效应。

1. 常力的冲量

常力的冲量为常力矢量与其作用时间的乘积，用 $\boldsymbol{I}$ 表示

$$\boldsymbol{I} = \boldsymbol{F} \cdot t \tag{11.1.5}$$

冲量是矢量，其方向与作用力的方向相同。在国际单位制中，冲量的单位为N·s或 kg·m/s。

2. 变力的冲量

变力在微小时间间隔 dt 内的冲量称为该力在 t 瞬时的元冲量，用 d$\boldsymbol{I}$ 表示

$$\mathrm{d}\boldsymbol{I} = \boldsymbol{F}\mathrm{d}t \tag{11.1.6}$$

任意力在有限时间内(瞬时 t_1 至瞬时 t_2) 的冲量可用一个矢量积分表示

$$\boldsymbol{I} = \int_{t_1}^{t_2} \mathrm{d}\boldsymbol{I} = \int_{t_1}^{t_2} \boldsymbol{F}\mathrm{d}t \tag{11.1.7}$$

3. 力系的冲量

作用于质点系上力系的各力冲量的矢量和称为力系的冲量，即

$$\boldsymbol{I} = \sum \boldsymbol{I}_i = \sum \int_{t_1}^{t_2} \boldsymbol{F}_i(t)\mathrm{d}t$$

交换求和与积分的顺序，得

$$\boldsymbol{I} = \int_{t_1}^{t_2} \sum \boldsymbol{F}_i(t)\mathrm{d}t = \int_{t_1}^{t_2} \boldsymbol{F}_\mathrm{R}(t)\mathrm{d}t \tag{11.1.8}$$

式中，$\boldsymbol{F}_\mathrm{R}(t) = \sum \boldsymbol{F}_i(t)$ 为力系的主矢。式(11.1.8) 表明，力系的冲量等于所有力在同一时间内的冲量的矢量和。

【说明】 质点系的全部内力总是成对出现的，所以全部内力的冲量之和总是零。对于整个质点系来说，只有作用于其上的外力才有冲量。

11.2 动量定理

11.2.1 质点的动量定理

设质量为 m 的质点 M 在力 $\boldsymbol{F}$ 的作用下运动，其速度为 $\boldsymbol{v}$，由牛顿第二定律有：$m\dfrac{\mathrm{d}\boldsymbol{v}}{\mathrm{d}t} = \boldsymbol{F}$，设质量是常量，则可写为

$$\frac{\mathrm{d}}{\mathrm{d}t}(m\boldsymbol{v})=\boldsymbol{F} \tag{11.2.1}$$

式(11.2.1)表明：质点的动量对时间的一阶导数等于作用在质点上的力，这是**质点动量定理的微分形式**，也是牛顿第二定律的原始陈述式。

将式(11.2.1)两边同时乘以 $\mathrm{d}t$，并进行积分得

$$m\boldsymbol{v}_2-m\boldsymbol{v}_1=\int_{t_1}^{t_2}\boldsymbol{F}\mathrm{d}t=\boldsymbol{I} \tag{11.2.2}$$

式(11.2.2)表明：质点在 t_1 至 t_2 时间内动量的改变量等于作用于质点的合力在同一时间内的冲量。这是**质点动量定理的积分形式**。

11.2.2 质点系的动量定理

设质点系由 n 个质点组成，取其中任一质点 M_i 来考虑，令 M_i 的质量为 m_i，速度为 v_i，把作用于各质点上的力分成外力和内力。分别用 $\boldsymbol{F}_i^{\mathrm{e}}$ 和 $\boldsymbol{F}_i^{\mathrm{i}}$ 表示(其中，上标“e”表示“外”，上标“i”表示“内”)。根据式(11.2.1)，有

$$\frac{\mathrm{d}}{\mathrm{d}t}(m_i\boldsymbol{v}_i)=\boldsymbol{F}_i^{\mathrm{e}}+\boldsymbol{F}_i^{\mathrm{i}}$$

对质点系中每一个质点都可写出这样一个方程，共有 n 个方程。把这 n 个方程相加，得

$$\sum\frac{\mathrm{d}}{\mathrm{d}t}(m_i\boldsymbol{v}_i)=\frac{\mathrm{d}}{\mathrm{d}t}\left(\sum m_i\boldsymbol{v}_i\right)=\sum\boldsymbol{F}_i^{\mathrm{e}}+\sum\boldsymbol{F}_i^{\mathrm{i}}$$

式中 $\sum m_i\boldsymbol{v}_i$ 是质点系的动量 $\boldsymbol{p}$，由于 $\sum\boldsymbol{F}_i^{\mathrm{i}}=0$。于是，上式变为

$$\frac{\mathrm{d}\boldsymbol{p}}{\mathrm{d}t}=\sum\boldsymbol{F}_i^{\mathrm{e}} \tag{11.2.3}$$

式(11.2.3)表明：质点系动量对时间的一阶导数，等于作用于该质点系上所有外力的矢量和。这就是质点系动量定理的微分形式。在具体计算时，常把上式写成投影形式。例如，投影到笛卡儿坐标轴 x、y、z 上，得

$$\frac{\mathrm{d}p_x}{\mathrm{d}t}=\sum F_{ix},\quad\frac{\mathrm{d}p_y}{\mathrm{d}t}=\sum F_{iy},\quad\frac{\mathrm{d}p_z}{\mathrm{d}t}=\sum F_{iz} \tag{11.2.4}$$

将式(11.2.3)分离变量，并在瞬时 t_1 至 t_2 这段时间内积分，得

$$\boldsymbol{p}_2-\boldsymbol{p}_1=\int_{t_1}^{t_2}\sum\boldsymbol{F}_i^{\mathrm{e}}\mathrm{d}t=\boldsymbol{I}^{\mathrm{e}} \tag{11.2.5}$$

它表明质点系在 t_1 至 t_2 时间内的动量的改变量等于作用于该质点系的所有外力在同一时间内的冲量的矢量和。这是质点系动量定理的积分形式。同样，它在笛卡儿坐标轴 x、y、z 上的投影形式为

$$p_{2x}-p_{1x}=I_x^{\mathrm{e}},\quad p_{2y}-p_{1y}=I_y^{\mathrm{e}},\quad p_{2z}-p_{1z}=I_z^{\mathrm{e}} \tag{11.2.6}$$

11.2.3 动量守恒

工程实际中常遇到的两种特殊情况，即作用于质点系上的外力的主矢为零；或该主矢在某轴(例如 x 轴)上的投影为零。这时，由式(11.2.3)、式(11.2.4)，可得

当 $\sum\boldsymbol{F}_i^{\mathrm{e}}=0$ 时，$\boldsymbol{p}=$ 常矢量；　当 $\sum F_{ix}=0$ 时，$p_x=$ 常量

即质点系动量守恒的情形，又称**动量守恒定律**。

【说明】 (1) 质点系动量定理说明，只有作用于质点系上的外力才能改变质点系的动量。(2) 作用于质点系上的内力虽不能改变整个系统的动量，却能改变质点系内各部分的动量。

(3) 例如，把炮筒和炮弹看成一个质点系。发射时，弹药爆炸产生的气体压力为内力，它使炮弹获得一个向前的动量，同时，也使炮筒获得一同样大小的向后的动量。这是常见的反座现象。在火箭或喷气式飞机的发动机中，火箭(飞机) 在其发动机向后高速喷出燃气(燃料燃烧时产生的气体) 的同时获得相应的前进的速度。

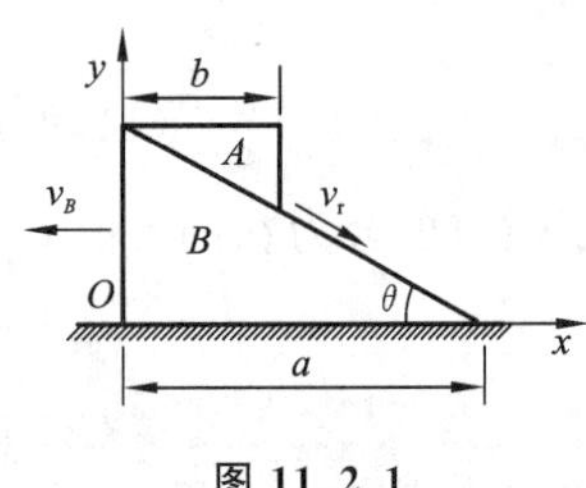

图 11.2.1

【例 11.2.1】 质量为 m_A 的小棱柱体 A 在重力作用下沿着质量为 m_B 的大棱柱 B 的斜面滑下，设两柱体间的接触是光滑的，其斜角均为 θ，如图 11.2.1 所示。若开始时，系统处于静止，不计水平地面的摩擦。试求当小棱柱体 A 沿棱柱体 B 滑至水平面时，棱柱体 B 移动的位移。

【解】 因不计摩擦，由整体受力图可知，$\sum F_{ix}=0$，所以整个系统在 x 方向的动量守恒。又因初始时系统静止，故有 $p_x=0$，即

$$p_x=m_Av_{Ax}+m_Bv_{Bx}=m_A(v_r\cos\theta-v_B)-m_Bv_B=0$$

$$v_B=\frac{m_A}{m_A+m_B}v_r\cos\theta \tag{a}$$

由式(a) 可知，v_B 与 v_r 成比例，又因为初始速度均为零，积分可得

$$\int_0^t v_B\mathrm{d}t=\int_0^t\frac{m_A}{m_A+m_B}v_r\cos\theta\mathrm{d}t=\frac{m_A}{m_A+m_B}\cos\theta\int_0^t v_r\mathrm{d}t$$

当 t 为小棱柱体 A 沿棱柱体 B 滑至水平面的时刻时，$\int_0^t v_B\mathrm{d}t$ 即为所求的棱柱体 B 移动的位移，而$\int_0^t v_r\mathrm{d}t$ 为该过程中 A 沿棱柱体 B 滑过的位移，而 $\cos\theta\int_0^t v_r\mathrm{d}t$ 则为 A 沿棱柱体 B 滑过的位移在水平方向的投影，即：$a-b$。

故当小棱柱体 A 沿棱柱体 B 滑至水平面时，大棱柱体 B 向左移动的位移为

$$\frac{m_A}{m_A+m_B}(a-b)$$

【说明】 (1) 在应用动量定理及其相关结论时，其中的速度为绝对速度，加速度为绝对加速度，不能直接使用相对速度和相对加速度。(2) 式(a) 在物体下滑过程中的任一瞬时均成立，所以可以直接积分。

【思考】 (1) 例 11.2.1 中的物体系统在铅垂方向的动量守恒吗？(2) 在小棱柱体 A 沿 B 的斜面下滑过程中的任一瞬时，如何求解棱柱体 B 的加速度和地面约束反力？

【例 11.2.2】 一单摆的支点固定在一可沿水平光滑的直线轨道平动的滑块 A 上，如图11.2.2(a) 所示，摆杆质量不计。试建立该系统的运动微分方程，并计算任意时刻轨道对滑块 A 的约束力。

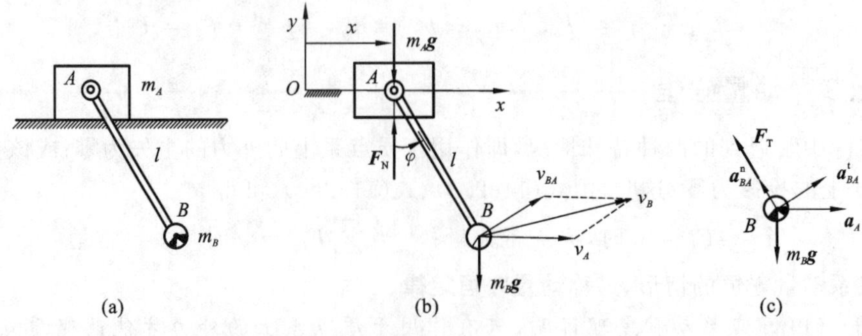

图 11.2.2

【解】 该系统有两个自由度，可选取广义坐标 x 和 φ，受力和运动分析如图 11.2.2(b) 所示，其中 x 表示滑块 A 相对于惯性坐标系 Oxy 的绝对位移，φ 表示单摆相对于以滑块 A 为原点的平动坐标系的相对转动。

首先确定运动学之间的关系。滑块 A 的速度 $v_A = \dot{x}$，摆杆 AB 作平面运动，点 B 的速度和加速度分别为

$$\boldsymbol{v}_B = \boldsymbol{v}_A + \boldsymbol{v}_{BA}, \quad \boldsymbol{a}_B = \boldsymbol{a}_A + \boldsymbol{a}_{BA}^{t} + \boldsymbol{a}_{BA}^{n}$$

由图 11.2.2(b) 可知，$v_{BA} = l\dot{\varphi}$，由图 11.2.2(c) 可知，$a_{BA}^{t} = l\ddot{\varphi}$，$a_{BA}^{n} = l\dot{\varphi}^2$。

其次，以整个物体系统为研究对象，由于轨道光滑，分别列出沿轴 x 和 y 方向动量定理的微分形式，可得

$$\frac{\mathrm{d}}{\mathrm{d}t}[m_A\dot{x} + m_B(\dot{x} + l\dot{\varphi}\cos\varphi)] = 0 \tag{a}$$

$$\frac{\mathrm{d}}{\mathrm{d}t}(m_B l\dot{\varphi}\sin\varphi) = F_{\mathrm{N}} - m_A g - m_B g \tag{b}$$

再以物体 B 为研究对象，受力及运动分析如图 11.2.2(c) 所示，沿 $\boldsymbol{a}_{BA}^{t}$ 方向建立运动微分方程，可得

$$m_B(l\ddot{\varphi} + \ddot{x}\cos\varphi) = -m_B g\sin\varphi \tag{c}$$

由式(a) 和(c) 可得系统的运动微分方程为

$$\begin{cases}(m_A + m_B)\ddot{x} + m_B l(\ddot{\varphi}\cos\varphi - \dot{\varphi}^2\sin\varphi) = 0\\ l\ddot{\varphi} + \ddot{x}\cos\varphi + g\sin\varphi = 0\end{cases}$$

由式(b) 可得轨道对滑块 A 的约束力为

$$F_{\mathrm{N}} = (m_A + m_B)g + m_B l(\ddot{\varphi}\sin\varphi + \dot{\varphi}^2\cos\varphi)$$

【说明】 由所得的结论可知，系统的运动微分方程是非线性的。

【例 11.2.3】 密度为 ρ 的流体在弯管中以流量 q_{v}(单位时间流进或流出管子的流体体积) 作定常流动，即管内流体速度的分布不随时间而改变。设截面 AB 和 CD 处的流动速度分别为 $\boldsymbol{v}_1$ 和 $\boldsymbol{v}_2$，试利用质点系的动量定理推导流体流量、速度的变化与作用力之间的关系，并计算管壁约束力。

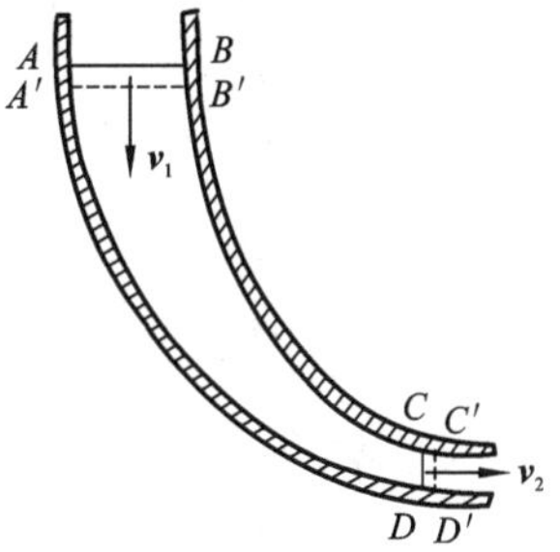

图 11.2.3

【解】 以某瞬时占据管子的 $ABCD$ 部分的流体团为研究对象。设经过 Δt 时间间隔，此流体团流动至 $A'B'C'D'$(如图 11.2.3 所示)，其动量的变化为

$$\Delta\boldsymbol{p} = \rho q_{\mathrm{v}}\Delta t(\boldsymbol{v}_2 - \boldsymbol{v}_1)$$

将上式各项除以 Δt，令 $\Delta t \to 0$，得到

$$\frac{\mathrm{d}\boldsymbol{p}}{\mathrm{d}t} = \rho q_{\mathrm{v}}(\boldsymbol{v}_2 - \boldsymbol{v}_1)$$

作用于流体的外力包括弯管内流体的重力 $\boldsymbol{W}$、进口和出口处相邻流体的压力 $\boldsymbol{F}_1$ 和 $\boldsymbol{F}_2$ 以及管壁的约束力 $\boldsymbol{F}_{\mathrm{N}}$。根据质点系的动量定理式(11.2.3)，导出

$$\rho q_{\mathrm{v}}(\boldsymbol{v}_2 - \boldsymbol{v}_1) = \boldsymbol{F} \tag{a}$$

其中 $\boldsymbol{F}$ 为作用于流体的全部外力的主矢，即

$$\rho q_{\mathrm{v}}(\boldsymbol{v}_2 - \boldsymbol{v}_1) = \boldsymbol{W} + \boldsymbol{F}_1 + \boldsymbol{F}_2 + \boldsymbol{F}_{\mathrm{N}} \tag{b}$$

从而可得管壁约束力为

$$F_N = -(W + F_1 + F_2) + \rho q_v(v_2 - v_1)$$

其中的第二项记为$F_{N,d} = \rho q_v(v_2 - v_1)$，称为流体流动引起的附加动约束力。

【注意】 (1) 式(b) 就是所谓的**欧拉定理**：在定常流动中，管道内的流体在单位时间内通过的流出动量与流入动量之差，等于作用于管道内流体上的外力（体积力和表面力）的矢量和。(2) 在流量大，或者进出口截面处的速度矢量差比较大时（如管道弯头处），需要配置支座，以提供约束力。(3) 附加动约束力$F_{N,d} = \rho q_v(v_2 - v_1)$，可以作为公式直接应用于同类问题的计算。但应注意该计算公式是以水体为研究对象推导而来的，即这里的附加动约束力是管壁作用在水体上的，若计算管道的受力则应为其反作用力，并且还要注意确定作用点的坐标。

11.3 质心运动定理

11.3.1 质心运动定理

将质点系的动量 $p = Mv_C$ 代入动量定理的表达式(11.2.3) 中，写成

$$\frac{d}{dt}(Mv_C) = \frac{d}{dt}\left(\sum m_i v_i\right) = \sum F_i^e \tag{11.3.1}$$

此式表明，质点系的质量与其质心加速度的乘积等于作用于质点系的外力的矢量和。这就是质心运动定理。

将式(11.2.3) 与牛顿第二定律相比较，可以看到，它们的形式是相似的。因此，质心运动定理描述的是质点系随同质心的平行移动。质点系的这种运动可以用其质心的运动来表示，而质心运动可以视为一个质点的运动，该质点集中了该质点系的全部质量和全部外力。因此，质心运动定理描述的是质点系随同质心的平行移动。

具体计算时，常把式(11.3.1) 投影到三个笛卡儿坐标轴上，得质心运动微分方程

$$\left.\begin{aligned} M\frac{d^2x_C}{dt^2} &= Ma_{Cx} = \sum m_i a_{C_ix} = \sum F_{ix}^e \\ M\frac{d^2y_C}{dt^2} &= Ma_{Cy} = \sum m_i a_{C_iy} = \sum F_{iy}^e \\ M\frac{d^2z_C}{dt^2} &= Ma_{Cz} = \sum m_i a_{C_iz} = \sum F_{iz}^e \end{aligned}\right\} \tag{11.3.2a}$$

式(11.3.2a) 常简写为

$$\left.\begin{aligned} Ma_{Cx} &= \sum m_i a_{ix} = \sum F_{ix}^e \\ Ma_{Cy} &= \sum m_i a_{iy} = \sum F_{iy}^e \\ Ma_{Cz} &= \sum m_i a_{iz} = \sum F_{iz}^e \end{aligned}\right\} \tag{11.3.2b}$$

11.3.2 质心运动守恒定理

下面讨论几种特殊情形：

(1) 当外力$\sum F_i^e = 0$时，由式(11.3.1) 得$a_C = 0$，$v_C =$ 常矢量。此时质心作惯性运动。

(2) 当外力$\sum F_i^e = 0$，且 $t = 0$ 时，$v_{C,0} = 0$，则

$$v_C = 0 \quad 或 \quad r_C = 常矢量 \tag{11.3.3}$$

即质心在惯性空间保持静止，称为**质心位置守恒**。

上述各种情况的结论统称为质心运动守恒定理。质心运动定理指出，质心的运动完全决定于质点系的外力，而与质点系的内力无关。例如，汽车、火车之所以能行进，是依靠主动轮与地面或铁轨接触点的向前摩擦力。否则，车轮只能在原地空转。冰冻天气，由于路面光滑，常在汽车轮子上绕防滑链，或在火车的铁轨上喷洒砂粒，这都是为了增大主动轮与地面或铁轨的摩擦力。刹车时，制动闸与轮子间的摩擦力是内力，它并不直接改变质心的运动状态，但能阻止车轮相对于车身的转动，如果没有车轮与地面或铁轨接触点的向后的摩擦力，即使闸块使轮子停止转动，车辆仍要向前滑行，不能减速。

利用质心运动定理，可以求解动力学两类基本问题。

【例 11.3.1】 电动机外壳固定在水平基础上，如图 11.3.1(a) 所示。设电动机外壳和定子的质量为 m_0，转子的质量为 m。由于制造误差，转子质心 O' 偏离转动轴，偏心距 $\overline{OO'} = e$。已知转子以匀角速度 ω 转动，试求基础对电动机的约束力主矢。

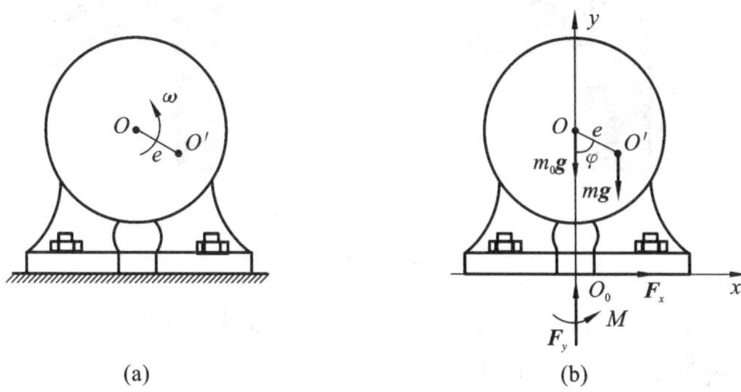

图 11.3.1

【解】 选择整个电动机为研究对象，电动机上作用的外力有外壳和定子的重力 $m_0\boldsymbol{g}$ 和转子的重力 $m\boldsymbol{g}$，基础对电动机的约束力向 O_0 点(OO_0 垂直于基础) 简化的主矢分量 $\boldsymbol{F}_x$、$\boldsymbol{F}_y$ 及主矩 M。

以 O_0 为原点，建立坐标系 O_0xy，如图 11.3.1(b) 所示。则电动机的质心 C 的坐标为

$$x_C = \frac{m}{m_0 + m} e\sin\varphi, \quad y_C = \frac{1}{m_0 + m}[m_0 y_0 + m(y_0 - e\cos\varphi)]$$

将以上两式对时间求导两次，注意到 $\dot{\varphi} = \omega$，y_0 为常数，得到

$$\ddot{x}_C = -\frac{m}{m_0 + m} e\omega^2 \sin\varphi, \quad \ddot{y}_C = \frac{m}{m_0 + m} e\omega^2 \cos\varphi \tag{a}$$

对电动机应用质心运动定理，有

$$(m_0 + m)\ddot{x}_C = F_x, \quad (m_0 + m)\ddot{y}_C = F_y - m_0 g - mg$$

将式(a) 代入上式，可得

$$F_x = -me\omega^2 \sin\varphi, \quad F_y = (m_0 + m)g + me\omega^2 \cos\varphi$$

上式中的动约束力部分 $me\omega^2\cos\varphi$ 和 $me\omega^2\sin\varphi$ 随时间周期变化，它是引起基座振动的一种干扰力。

【说明】 (1) 由上述结果可见，偏心会导致简谐动反力，所以一般情况下，电动机转子的偏心距应小到一定的范围，以减小由此导致的振动。特别是振动频率高的设备，由于附加动反力与 ω^2 成正比，即使较小的偏心距也可能产生很大的附加动反力。(2) 在某些利用振动的机械中，电

动机作为激振源，可以利用上述结论，在转子上有意安装偏心块以获取需要的激振力，这就是振动电机的工作原理。

【讨论】 (1) 如果电动机外壳没有固定，而是直接放置在水平基础上，如何求解？试讨论当角速度比较大时有关物理现象。(2) 观察土木工程机械中的蛤蟆夯，建立其力学模型，并与该题目进行比较。

【例 11.3.2】 均质曲柄 OA 质量为 m_1、长为 r，以匀角速度 ω 绕 O 转动，带动质量为 m_3 的滑槽作铅垂运动，E 为滑槽质心，$\overline{DE}=b$，滑块 A 的质量为 m_2，如图 11.3.2(a) 所示。当 $t=0$ 时，$\beta=0$。不计摩擦，试求 $\beta=30°$ 时：(1) 系统的动量；(2)O 处铅垂方向的约束力。

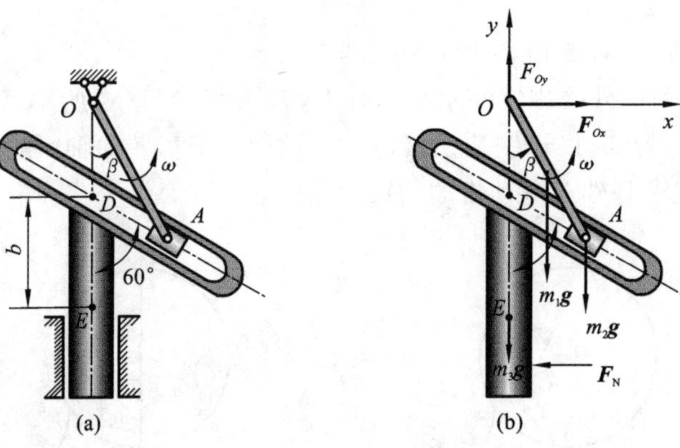

图 11.3.2

【解】 选取曲柄 OA、滑块 A 和滑槽组成的物体系统为研究对象，并建立坐标系 Oxy，如图 11.3.2(b) 所示。则系统质心的坐标分别为

$$x_C=\frac{m_1\cdot\dfrac{r}{2}\sin\omega t+m_2\cdot r\sin\omega t}{m_1+m_2+m_3}$$

$$y_C=\frac{-m_1\cdot\dfrac{r}{2}\cos\omega t-m_2\cdot r\cos\omega t-m_3(r\cos\omega t-r\sin\omega t\cdot\cot60°+b)}{m_1+m_2+m_3}$$

将 x_C、y_C 分别对 t 求导，可得 $\dot{x}_C$、$\dot{y}_C$ 分别为

$$\dot{x}_C=\frac{m_1\dfrac{1}{2}r\omega\cos\omega t+m_2r\omega\cos\omega t}{m_1+m_2+m_3}$$

$$\dot{y}_C=\frac{\dfrac{1}{2}m_1r\omega\sin\omega t+m_2r\omega\sin\omega t+m_3(r\omega\sin\omega t+r\omega\cos\omega t\cdot\cot60°)}{m_1+m_2+m_3}$$

故，当 $\beta=\omega t=30°$ 时系统的动量为

$$\begin{aligned}\boldsymbol{p}&=M\boldsymbol{v}_C=(m_1+m_2+m_3)(\dot{x}_C\boldsymbol{i}+\dot{y}_C\boldsymbol{j})\\&=\frac{\sqrt{3}}{4}r\omega(m_1+2m_2)\boldsymbol{i}+\frac{1}{4}r\omega(m_1+2m_2+4m_3)\boldsymbol{j}\end{aligned}$$

将 $\dot{y}_C$ 再对时间求导数，可得 $\ddot{y}_C$ 为

$$\ddot{y}_C=\frac{\dfrac{1}{2}m_1r\omega^2\cos\omega t+m_2r\omega^2\cos\omega t+m_3(r\omega^2\cos\omega t-r\omega^2\sin\omega t\cdot\cot60°)}{m_1+m_2+m_3}$$

由 y 方向的质心运动定理 $M\ddot{y}_C = \sum F_{iy}^{e}$，可得

$$(m_1 + m_2 + m_3)\ddot{y}_C = F_{Oy} - (m_1 + m_2 + m_3)g$$

当 $\beta = \omega t = 30°$ 时，由上式可得 F_{Oy} 为

$$F_{Oy} = (m_1 + m_2 + m_3)g + \frac{1}{12}(3m_1 + 6m_2 + 4m_3)\sqrt{3}\omega^2 r$$

【评注】 由于动量是矢量，有时用矢量关系式表达会更简明。

【思考】 能否求解支座 O 处水平方向的约束力？如何计算？

思　考　题

11-1　在理想光滑水平轨道上，单独有一车厢，车厢作匀速直线运动，一人在车厢的一端沿水平方向发射一子弹后，有四种情况发生：(1) 子弹碰到车厢另一端时落下；(2) 车厢壁较厚，子弹射入车厢壁经 $\triangle t$ 时间停在车厢壁内；(3) 子弹穿透车厢；(4) 子弹反射弹回。

在以上四种情况下，车厢的动量如何变化？子弹的动量如何变化？整个系统的动量如何变化？整个系统的质心如何变化？车厢如何运动？

11-2　质点系的动量 $\boldsymbol{p} = \sum m_i \boldsymbol{v}_i$，又 $\boldsymbol{p} = m\boldsymbol{v}_C$，那么，能否说质点系的动量作用在质心上？力需要考虑其作用点，考虑质点系的动量时，要不要考虑其作用点？

11-3　质点系所受的外力(不是指主矢) 不同，则动量的变化率必不相同，对吗？

11-4　物体一直静置于水平面上，物体的动量为零，则物体重力的冲量也为零。

11-5　只要质点系外力的冲量为零，则质点系的动量必时时相等，对吗？

11-7　质点系动量定理的微分形式为 $\mathrm{d}\boldsymbol{p} = \sum \boldsymbol{F}_i^{e}\mathrm{d}t$，式中 $\sum \boldsymbol{F}_i^{e}\mathrm{d}t$ 指的是(　　)。

A. 所有主动力的元冲量的矢量和　　B. 所有约束力的元冲量的矢量和

C. 所有外力的元冲量的矢量和　　D. 所有内力的元冲量的矢量和

11-8　质点系质心在某轴上的坐标不变，则(　　)。

A. 作用于质点系上所有外力的矢量和必恒等于零

B. 质点系质心的初速度必为零

C. 质点系各质点的初速度在此轴的分速度必为零

D. 开始时质心的初速度并不一定等于零，但质点系上所有外力在此轴上投影的代数和必恒等于零

11-9　图示半圆柱质心位于点 C，放在水平面上。将其在图示位置无初速释放后，在下述两种情况下，质心将怎样运动？(1) 圆柱与水平面间无摩擦；(2) 圆柱与水平面间有很大的摩擦因数。

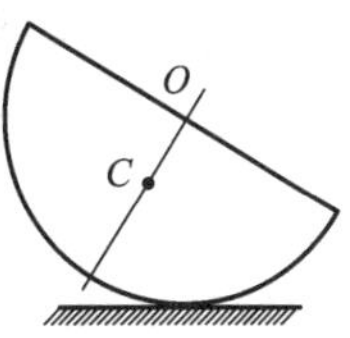

思考题 11-9 图

习　　题

11-1　力 $\boldsymbol{F}$ 作用在一沿直线轨迹运动的质点上，此力的作用线始终与轨迹重合，力的大小和指向则随时间变化，如图所示。求此力在下述时间间隔内的冲量：(1) 最初 3 秒钟；(2) 最初 4 秒钟。

11-2　图示各均质体的质量均为 m，其几何尺寸、质心速度或绕轴转动的角速度如图所示。计算各物体的动量。

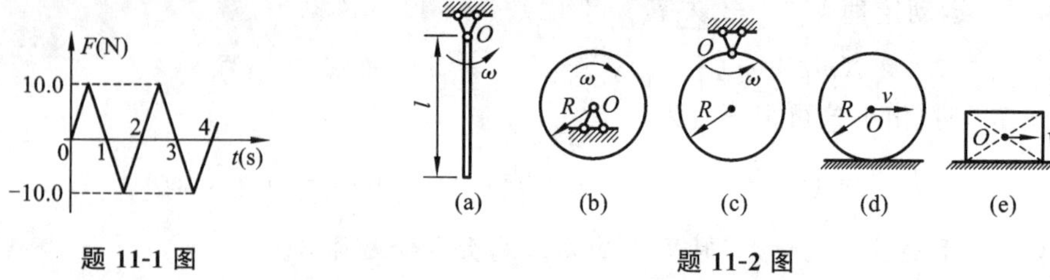

题 11-1 图　　题 11-2 图

11-3　求图示各系统的动量。(a) 带及带轮都是均质的。(b) 曲柄连杆机构中，曲柄、连杆和滑块的质量分别为 m_1、m_2、m_3，曲柄 OA 长为 r，以角速度 ω 绕 O 轴匀速转动。求 $\varphi = 0°$ 及 $90°$ 两瞬时系统的动量。(c) 均质椭圆规尺 AB 的质量为 $2m_1$，曲柄 OC 的质量为 m_1，滑块 A、B 的质量均为 m_2。$\overline{OC} = \overline{AC} = \overline{CB} = l$，规尺及曲柄为均质杆，曲柄以角速度 ω 绕 O 轴匀速转动。求 $\varphi = 30°$ 瞬时系统的动量。

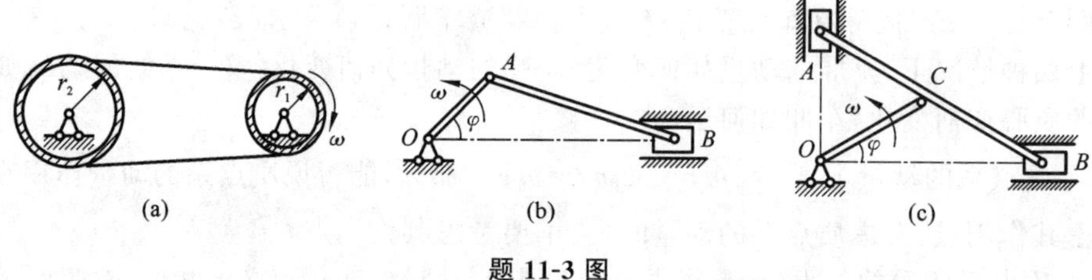

题 11-3 图

11-4　如图所示，一颗质量 $m_1 = 30$ g 的子弹，以 $v_0 = 500$ m/s 的速度射入质量 $m_A = 4.5$ kg 的物块 A 中。物块 A 与小车 BC 之间的动摩擦因数 $f_d = 0.5$。已知小车的质量 $m = 3.5$ kg，可以在光滑的水平地面上自由运动。求：(1) 车与物块的末速度；(2) 物块 A 在车上距离 B 端的最终位置。

11-5　一质量为 m 的小车以速度 $\boldsymbol{v}_0$ 沿光滑水平直线轨道运动。质量为 M 的人以相对于小车的速度 $\boldsymbol{v}_r$ 从车的后部向前部走去，求此时小车的速度。

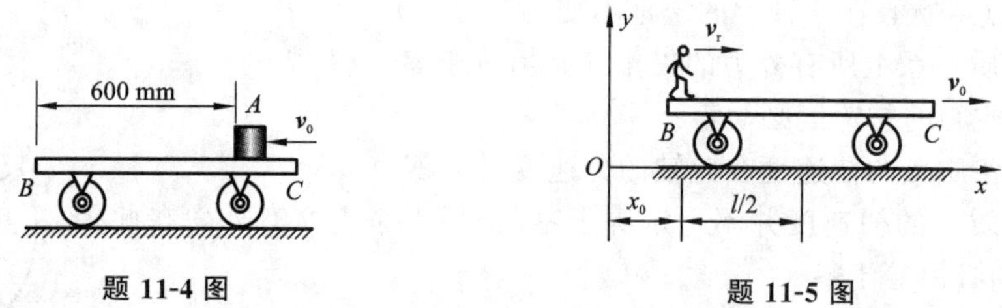

题 11-4 图　　题 11-5 图

11-6　在习题 11-5 中，若小车的长度为 l，运动开始时，人和小车均处于静止状态。人站在车尾，向车头前进，求人到达车头时小车移动的距离。

11-7　在习题 11-5 中，若在小车上有质量为 M_1 和 M_2 的甲、乙两人。运动开始时，人和小车均处于静止状态。若甲向车头移动了距离 a，乙向车尾移动了距离 b，求小车移动的距离。

11-8　在图示曲柄滑槽机构中，长为 l 的曲柄以匀角速度 ω 绕 O 轴转动，运动开始时 φ 角等于零。已知均质曲柄的质量为 m_1，滑块 A 的质量为 m_2，导杆 BD 的质量为 m_3；点 G 为其质心，且 $\overline{BG} = \dfrac{l}{2}$。求：(1) 机构质量中心的运动方程；(2) 作用在 O 轴的最大水平力。

11-9　三个物块的质量分别为 $m_1 = 20$ kg，$m_2 = 15$ kg，$m_3 = 10$ kg，由一绕过两个定滑轮 M 与 N 的绳子相连接，放在质量 $m_4 = 100$ kg 的截头锥 $ABED$ 上，如图所示。当物块 m_1 下降时，物块 m_2 在截头锥 $ABED$ 的上面向右移动，而物块 m_3 则沿斜面上升。如略去一切摩擦和绳子的质量，求当重物 m_1 下降 1 m 时，截头锥相对地面的位移。

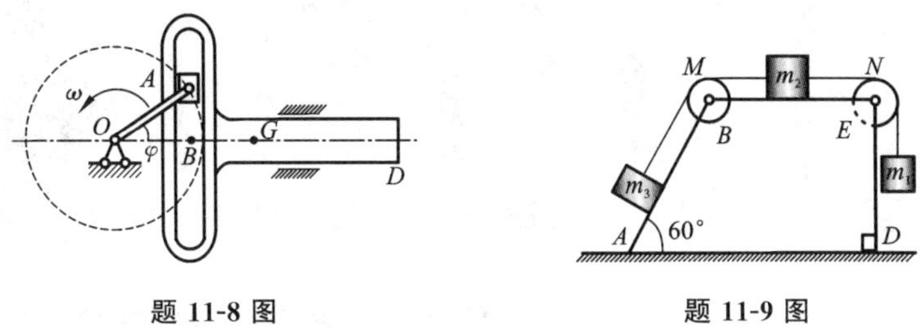

题 11-8 图　　　　题 11-9 图

11-10　均质杆 AG 与 BG 由相同材料制成，在 G 点铰接，两杆位于同一铅垂面内，如图所示。$\overline{AG}=250$ mm，$\overline{BG}=400$ mm。若 $\overline{GG_1}=240$ mm 时，系统由静止释放，求当 A，B，G 在同一直线上时，A 与 B 两端点各自移动的距离。

11-11　如图所示，浮动式起重机吊起重 $P_1=19.6$ kN 的重物 M。设起重机重 $P_2=196$ kN，杆长 $\overline{OA}=8$ m，开始时系统静止，水的阻力及杆的重量不计，起重机与铅垂线成 θ 角，求当 θ 由 60° 角转到 30° 角的位置时起重机的水平位移。

11-12　如图所示，质量为 m_1 的滑块 A，可在水平光滑槽中运动；刚度系数为 k 的弹簧，一端与滑块连接，另一端固定；另有一轻杆 AB，长为 l，端部带有质量 m_2 的小球，可绕滑块上垂直于运动平面的 A 轴旋转，转动角速度 ω 为常数。如初瞬时，$\varphi=0$，弹簧恰为自然长度。试建立滑块的运动方程。

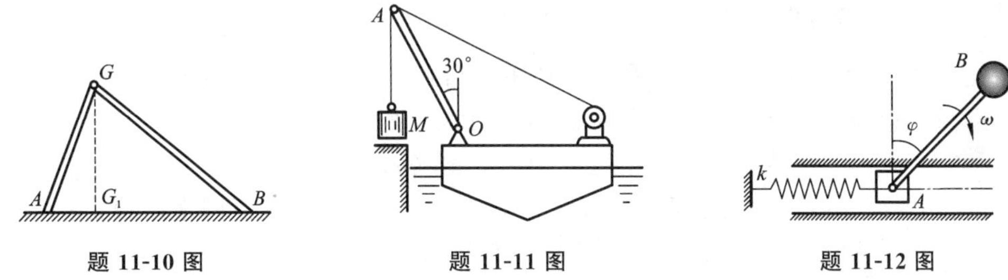

题 11-10 图　　　　题 11-11 图　　　　题 11-12 图

11-13　图示滑轮中两重物 A 和 B 的重量分别为 W_1 和 W_2。如 A 物以加速度 $\boldsymbol{a}$ 下降，不计滑轮质量，求支座 O 的约束力。

11-14　如图所示，均质杆 AB 长为 l，直立在光滑的水平面上。求它从铅垂位置无初速地倒下时，端点 A 相对图示坐标系的轨迹。

11-15　如图所示，均质杆 OA 长为 $2l$，重量为 W，绕着通过 O 端的水平轴在铅垂面内转动。当转到与水平线成 φ 角时，角速度和角加速度分别为 ω 及 α。求此时 O 端的约束力。

11-16　均质滑轮 A 重为 W，重物 B、C 分别重 W_1、W_2，其加速度为 a，重物 C 置于倾角为 θ 的固定斜面上，不计轮轴处摩擦，求滑轮对转轴的压力。

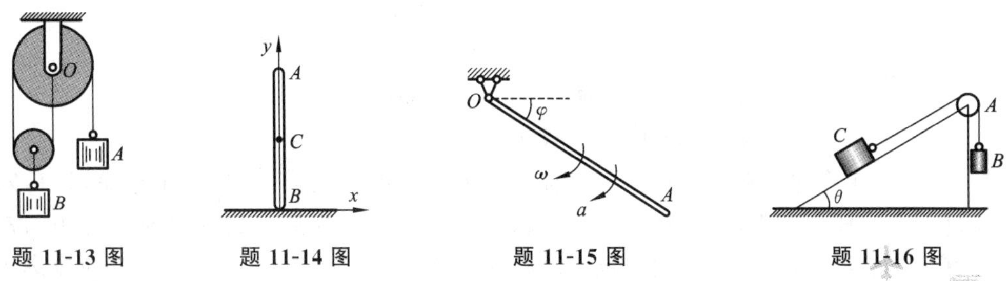

题 11-13 图　　　　题 11-14 图　　　　题 11-15 图　　　　题 11-16 图

Chapter 12

第 12 章　动量矩定理

刚体平面运动的两种基本形式是平移和定轴转动。动量和动量矩则是描述这两种运动形式的基本物理量，将两者结合起来，就能对质点系的运动有比较全面的了解。动量定理、质心运动定理从整体上说明了质点系动量的改变或质点系质心的运动与外力主矢之间的关系；动量矩定理则是说明了质点系对某轴的动量矩的改变量与外力对相同的轴的主矩的关系。

12.1 质点及质点系的动量矩

12.1.1　质点的动量矩

动量矩是矢量，称为动量矩矢。动量矩矢从矩心 O 点画出，垂直于矢径 $\boldsymbol{r}$ 与动量 $m\boldsymbol{v}$ 所形成的平面，其方向按右手螺旋规则确定，如图 12.1.1 所示。其数学表达式为

$$\boldsymbol{M}_O(m\boldsymbol{v}) = \boldsymbol{r} \times m\boldsymbol{v} \tag{12.1.1}$$

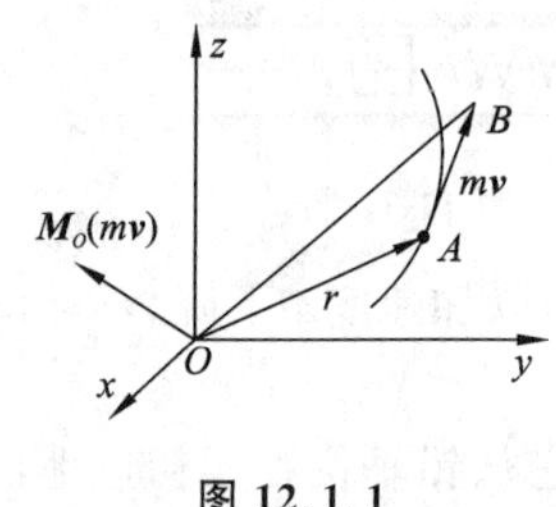

图 12.1.1

它表明质点的动量矩等于质点的动量对任意固定点 O 之矩。

它的大小可用几何法表示为

$$|\boldsymbol{M}_O(m\boldsymbol{v})| = mvr\sin(\boldsymbol{r}, m\boldsymbol{v}) = 2 \times \Delta OAB \text{ 面积}$$

在国际单位制中，动量矩的单位是 $\mathrm{kg \cdot m^2 \cdot s^{-1}}$。

【说明】　从动量矩的定义可知，动量矩与力矩的概念形式上是一致的，均为矢径与一矢量的叉积。在不涉及具体含义的前提下，有关力矩的结论，可以“迁移”到动量矩。

如果以矩心 O 为坐标原点，建立笛卡儿坐标系 $Oxyz$，根据矢量积的定义，有

$$\boldsymbol{M}_O(m\boldsymbol{v}) = \boldsymbol{r} \times m\boldsymbol{v} = \begin{vmatrix} \boldsymbol{i} & \boldsymbol{j} & \boldsymbol{k} \\ x & y & z \\ mv_x & mv_y & mv_z \end{vmatrix}$$

或

$$\begin{aligned} \boldsymbol{M}_O(m\boldsymbol{v}) &= (ymv_z - zmv_y)\boldsymbol{i} + (zmv_x - xmv_z)\boldsymbol{j} + (xmv_y - ymv_x)\boldsymbol{k} \\ &= [\boldsymbol{M}_O(m\boldsymbol{v})]_x\boldsymbol{i} + [\boldsymbol{M}_O(m\boldsymbol{v})]_y\boldsymbol{j} + [\boldsymbol{M}_O(m\boldsymbol{v})]_z\boldsymbol{k} \end{aligned}$$

在静力学中，在论述力对点之矩与力对轴之矩的关系时，曾得到这样一个结论，即力对点之矩矢在通过该点的任一轴上的投影等于力对该轴之矩。与此对应质点的动量对点之矩与对轴之矩之间也有同样的结论，即质点对固定点的动量矩矢在通过该点的任一固定轴上的投影等于质点对该固定轴的动量矩。由此可得

$$\boldsymbol{M}_O(m\boldsymbol{v}) = M_x(m\boldsymbol{v})\boldsymbol{i} + M_y(m\boldsymbol{v})\boldsymbol{j} + M_z(m\boldsymbol{v})\boldsymbol{k} \tag{12.1.2}$$

于是，质点的动量对 x、y、z 轴的动量矩为

$$\begin{cases} M_x(m\boldsymbol{v}) = ymv_z - zmv_y \\ M_y(m\boldsymbol{v}) = zmv_x - xmv_z \\ M_z(m\boldsymbol{v}) = xmv_y - ymv_x \end{cases}$$

对于平面问题，即质点始终在某平面内运动的情形，动量矩矢总是垂直于该平面，只需把它定义为代数量，并规定逆时针方向为正，顺时针方向为负。

12.1.2 质点系对固定点 O 的动量矩

设有一质点系，由 n 个质点 $M_1, M_2, \cdots, M_n$ 组成，在某瞬时，各质点的速度分别为 $\boldsymbol{v}_1, \boldsymbol{v}_2, \cdots, \boldsymbol{v}_n$，则第 i 个质点 M_i 对某固定点 O 的动量矩为：$\boldsymbol{M}_O(m_i\boldsymbol{v}_i) = \boldsymbol{r}_i \times m_i\boldsymbol{v}_i$。

质点系中所有各质点对于固定点 O 的动量矩矢之和称为该质点系对 O 点的动量矩。用 $\boldsymbol{L}_O$ 表示，即

$$\boldsymbol{L}_O = \sum \boldsymbol{M}_O(m_i\boldsymbol{v}_i) = \sum \boldsymbol{r}_i \times m_i\boldsymbol{v}_i \tag{12.1.3}$$

在坐标系 $Oxyz$ 中的投影形式为

$$\left.\begin{aligned} [\boldsymbol{L}_O]_x = L_x = \sum M_x(m_i\boldsymbol{v}_i) \\ [\boldsymbol{L}_O]_y = L_y = \sum M_y(m_i\boldsymbol{v}_i) \\ [\boldsymbol{L}_O]_z = L_z = \sum M_z(m_i\boldsymbol{v}_i) \end{aligned}\right\} \tag{12.1.4}$$

即质点系对某固定点 O 的动量矩矢在通过该点的轴上的投影等于质点系对该轴的动量矩。

12.1.3 质点系相对质心 C 的动量矩

如图 12.1.2 所示，点 O 为定点，点 C 为质心，取以质心 C 为原点，并随 C 点作平动的坐标系（质心坐标系）$Cx'y'z'$，质点系相对质心 C 的动量矩为

$$\boldsymbol{L}_C = \sum \boldsymbol{M}_C(m_i\boldsymbol{v}_i) = \sum \boldsymbol{r}'_i \times m_i\boldsymbol{v}_i \tag{12.1.5}$$

其中，$\boldsymbol{v}_i$ 为质点的绝对速度。若质心 C 的速度为 $\boldsymbol{v}_C$，质点相对质心速度为 $\boldsymbol{v}_{ri}$，由速度合成定理得

$$\boldsymbol{L}_C = \sum \boldsymbol{r}'_i \times m_i(\boldsymbol{v}_C + \boldsymbol{v}_{ri}) = \sum m_i\boldsymbol{r}'_i \times \boldsymbol{v}_C + \sum \boldsymbol{r}'_i \times m_i\boldsymbol{v}_{ri}$$

因为质心 C 是动坐标系的原点，所以 $\boldsymbol{r}'_C = 0$，故有 $\sum m_i\boldsymbol{r}'_i = m\boldsymbol{r}'_C = 0$，故有

$$\boldsymbol{L}_C = \sum \boldsymbol{r}'_i \times m_i\boldsymbol{v}_{ri} \tag{12.1.6}$$

这表明在计算质点系对于质心的动量矩时，用质点相对于惯性参考系的绝对速度或用质点相对于固结在质心上的平动坐标系的相对速度，其结果是一样的。

12.1.4 质点系对固定点 O 和质心 C 的动量矩之间的关系

由图 12.1.2 知，$\boldsymbol{r}_i = \boldsymbol{r}_C + \boldsymbol{r}'_i$，于是，式(12.1.3) 可表示为

$$\boldsymbol{L}_O = \sum(\boldsymbol{r}_C + \boldsymbol{r}'_i) \times m_i\boldsymbol{v}_i = \boldsymbol{r}_C \times \sum m_i\boldsymbol{v}_i + \sum \boldsymbol{r}'_i \times m_i\boldsymbol{v}_i$$

$$\boldsymbol{L}_O = \boldsymbol{r}_C \times m\boldsymbol{v}_C + \boldsymbol{L}_C \tag{12.1.7}$$

其中，$\boldsymbol{r}_C \times m\boldsymbol{v}_C$ 可以理解为将质点系的质量集中于质心 C 点时，质点 C 的动量 $m\boldsymbol{v}_C$ 对 O 点的矩。

式(12.1.7)表明：质点系对任意固定点的动量矩等于质点系对质心的动量矩与质点系的质量集中于质心时，质心的动量对该固定点之矩的矢量和。

【思考】 试比较式(12.1.7)与式(5.2-19)之间的相似性。

12.1.5 运动刚体的动量矩计算

1. 平动刚体的动量矩

由于平动刚体上任意一点相对于质心的速度为零，故由式(12.1.6)知：$\boldsymbol{L}_C = 0$。即平动刚体对质心的动量矩恒为零。

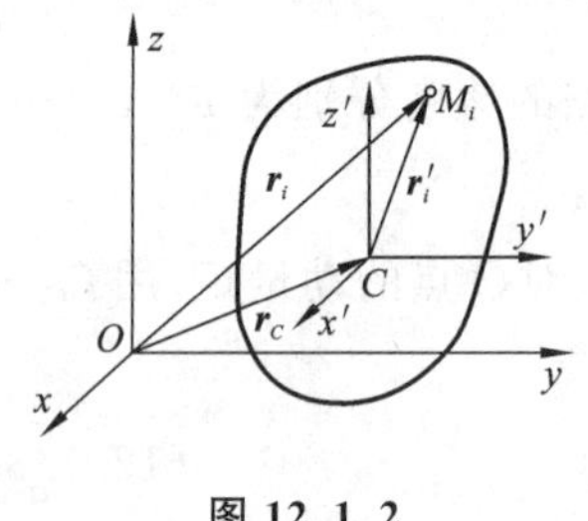

图 12.1.2

由式(12.1.7)得出平动刚体对固定点 O 的动量矩为

$$\boldsymbol{L}_O = \boldsymbol{r}_C \times m\boldsymbol{v}_C \tag{12.1.8}$$

式(12.1.8)表明：平动刚体对固定点 O 的动量矩等于视刚体为质量集中于质心的质点对 O 点的动量矩。

2. 定轴转动刚体的动量矩

设刚体绕固定轴 z 以角速度 ω 转动，刚体对 z 轴的动量矩

$$L_z = \sum M_z(m_i\boldsymbol{v}_i) = \sum r_i m_i v_i = \omega\sum m_i r_i^2 = J_z\omega \tag{12.1.9}$$

即：定轴转动刚体对于转轴的动量矩等于刚体对转轴的转动惯量与角速度的乘积。

在工程问题中，大多数转动刚体都具有对称面，且对称面垂直于转轴，此时，若将刚体简化为质量集中于对称面内的平面图形，则平面图形对过 O 点的轴(或简称为 O 轴)的动量矩为

$$L_O = J_O\omega \tag{12.1.10}$$

正负号的规定与角速度的规定相同，即逆时针方向为正，顺时针方向为负。

3. 平面运动刚体的动量矩

这里仅考虑较为简单的情形，即平面运动刚体具有质量对称面，且刚体平行于对称面的平面运动。在这种情况下，刚体上各质点的动量对质量对称面内任一定点 O 的矩均沿质量对称面的法线方向，由式(12.1.7)、(12.1.10)可得

$$L_O = M_O(m\boldsymbol{v}_C) + J_C\omega \tag{12.1.11}$$

式(12.1.11)说明：平面运动刚体对过点 O，且垂直于质量对称面的轴的动量矩等于刚体对于质心 C 轴的动量矩与刚体的质量集中于质心 C 点时，质心 C 点的动量对 O 轴之矩的代数和。

【例 12.1.1】 如图 12.1.3 所示，质量为 m 的偏心轮在水平面上作平面运动。轮轴心为 A，质心为 C，$\overline{AC} = e$；轮的半径为 r，对轴心 A 的转动惯量为 J_A，在图示瞬时，C、A、B 三点都在同一铅垂线上，A 点速度为 $\boldsymbol{v}_A$，试求：(1) 当轮子只滚不滑时，轮子在图示瞬时对平面上固定点 B 的动量矩。(2) 当轮子又滚又滑时，若轮的角速度 ω 已知，轮子在图示瞬时对平面上固定点 B 的动量矩。

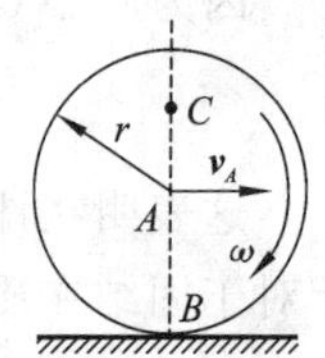

图 12.1.3

【解】 (1) 当轮子只滚不滑时，由运动学关系知 B 点为轮的瞬心。

$$v_A = r\omega,\quad v_C = (r+e)\omega = \frac{r+e}{r}\cdot v_A,\quad J_C = J_A - me^2$$

由式(12.1.11)有

$$L_B = -m(r+e)v_C - J_C\omega = -[m(r+e)^2 + J_A - me^2]\cdot\frac{v_A}{r} = -[J_A + mr(r+2e)]\cdot\frac{v_A}{r}$$

其中,负号表示顺时针方向。

(2) 轮子又滚又滑时,由平面运动速度合成定理,有

$$v_C = v_A + v_{CA} = v_A + e\omega$$

轮子对 B 点动量矩为

$$L_B = -mv_C(r+e) - J_C\omega = -m(r+e)v_A - (J_A + mre)\omega$$

其中,负号表示顺时针方向。

【例 12.1.2】 已知半径为 r 的均质轮,在半径为 R 的固定凹面上只滚不滑,轮的质量为 m_1,均质杆 OC 的质量为 m_2,杆长为 l。若在图 12.1.4 所示位置杆 OC 的角速度为 ω,试求系统在该瞬时对 O 点的动量矩。

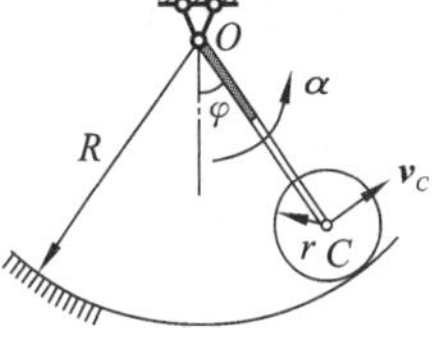

图 12.1.4 图

【解】 由于均质轮在凹面上只滚不滑,故系统的自由度为 1。由于杆 OC 作定轴转动,故杆 OC 对 O 点的动量矩为

$$L_{O,OC} = J_O\omega = \frac{1}{3}m_2 l^2\omega$$

方向按右手螺旋法则确定,为垂直纸面向外。

轮 C 作平面运动,对 O 点的动量矩为

$$L_{O,轮C} = -J_C\omega + m_1 v_C(R-r) = -\frac{1}{2}m_1 r^2 \cdot \frac{(R-r)\omega}{r} + m_1(R-r)2\omega$$

$$= \frac{1}{2}m_1(R-r)(2R-3r)\omega$$

由于轮 C 的角速度为顺时针方向,根据右手螺旋法则,轮对 O 点的动量矩的方向应为垂直纸面向里,故为负号。

从而可得整个物体系统对 O 点的动量矩为

$$L_O = L_{O,OC} + L_{O,轮C} = \frac{1}{3}m_2 l^2\omega + \frac{1}{2}m_1(R-r)(2R-3r)\omega$$

12.2 动量矩定理

12.2.1 质点的动量矩定理

设质点对定点 O 的动量矩为 $\boldsymbol{M}_O(m\boldsymbol{v})$,作用在其上的合力 $\boldsymbol{F}$ 对同一点 O 之矩为 $\boldsymbol{M}_O(\boldsymbol{F})$,将动量矩式(12.1.1) 对时间求一阶导数,得

$$\frac{\mathrm{d}}{\mathrm{d}t}\boldsymbol{M}_O(m\boldsymbol{v}) = \frac{\mathrm{d}}{\mathrm{d}t}(\boldsymbol{r}\times m\boldsymbol{v}) = \frac{\mathrm{d}\boldsymbol{r}}{\mathrm{d}t}\times m\boldsymbol{v} + \boldsymbol{r}\times\frac{\mathrm{d}}{\mathrm{d}t}(m\boldsymbol{v})$$

式中,$\frac{\mathrm{d}\boldsymbol{r}}{\mathrm{d}t}\times m\boldsymbol{v} = \boldsymbol{v}\times m\boldsymbol{v} = 0$,$\frac{\mathrm{d}}{\mathrm{d}t}(m\boldsymbol{v}) = \boldsymbol{F}$。因此,上式可写为

$$\frac{\mathrm{d}}{\mathrm{d}t}\boldsymbol{M}_O(m\boldsymbol{v}) = \boldsymbol{r}\times\boldsymbol{F} = \boldsymbol{M}_O(\boldsymbol{F}) \tag{12.2.1}$$

式(12.2.1) 表明,质点对某定点的动量矩对时间的一阶导数,等于作用在该质点上的力对同一点的力矩。这就是质点的**动量矩定理**。

12.2.2 质点系对固定点的动量矩定理

设质点系由 n 个质点组成,作用在每个质点上的力分为内力 $\boldsymbol{F}_i^{\mathrm{i}}$ 和外力 $\boldsymbol{F}_i^{\mathrm{e}}$,按质点的动量矩定

理，即式(12.2.1)，有

$$\frac{\mathrm{d}}{\mathrm{d}t}\boldsymbol{M}_O(m_i\boldsymbol{v}_i)=\boldsymbol{M}_O(\boldsymbol{F}_i^{\mathrm{i}})+\boldsymbol{M}_O(\boldsymbol{F}_i^{\mathrm{e}})\quad i=1,2,\cdots,n$$

将上述 n 个方程相加，得

$$\sum_{i=1}^{n}\frac{\mathrm{d}}{\mathrm{d}t}\boldsymbol{M}_O(m_i\boldsymbol{v}_i)=\sum_{i=1}^{n}\boldsymbol{M}_O(\boldsymbol{F}_i^{\mathrm{i}})+\sum_{i=1}^{n}\boldsymbol{M}_O(\boldsymbol{F}_i^{\mathrm{e}})$$

式中，$\sum_{i=1}^{n}\boldsymbol{M}_O(\boldsymbol{F}_i^{\mathrm{i}})=0$。于是，上式可写为：

$$\frac{\mathrm{d}}{\mathrm{d}t}\sum_{i=1}^{n}M_O(m_i\boldsymbol{v}_i)=\sum_{i=1}^{n}\boldsymbol{M}_O(\boldsymbol{F}_i^{\mathrm{e}})$$

即

$$\frac{\mathrm{d}}{\mathrm{d}t}\boldsymbol{L}_O=\boldsymbol{M}_O^{\mathrm{e}}=\sum_{i=1}^{n}\boldsymbol{r}_i\times\boldsymbol{F}_i^{\mathrm{e}}\tag{12.2.2}$$

式(12.2.2)表明质点系对于某固定点 O 的动量矩对时间的一阶导数，等于作用在质点系的所有外力对同一点的主矩。这就是质点系的动量矩定理。

应用式(12.2.2)时，常取其投影形式，即

$$\left.\begin{aligned}\frac{\mathrm{d}}{\mathrm{d}t}L_x&=M_x^{\mathrm{e}}=\sum M_x(\boldsymbol{F}_i^{\mathrm{e}})\\\frac{\mathrm{d}}{\mathrm{d}t}L_y&=M_y^{\mathrm{e}}=\sum M_y(\boldsymbol{F}_i^{\mathrm{e}})\\\frac{\mathrm{d}}{\mathrm{d}t}L_z&=M_z^{\mathrm{e}}=\sum M_z(\boldsymbol{F}_i^{\mathrm{e}})\end{aligned}\right\}\tag{12.2.3}$$

式(12.2.3)说明，质点系对某定轴的动量矩对时间的一阶导数，等于作用于质点系上的所有外力对该轴之矩的代数和。

由式(12.2.2)、式(12.2.3)可知：

(1) 只有作用于质点系上的外力才能改变系统的动量矩，内力不能改变质点系的动量矩。但是，内力可促使系统内各质点的动量矩发生变化，并保持系统的总动量矩不变。

(2) 当外力系对某定点(或某定轴)之主矩等于零时，质点系对于该点(或该轴)的动量矩保持不变，称之为动量矩守恒。

【说明】 (1) 在具体应用动量矩定理求解问题时，应使等号左侧动量对点(或轴)的矩的转向与等号右侧力对点(或轴)的矩的转向一致。(2) 某些力学现象可以用动量矩守恒定律来解释。如花样滑冰运动员和芭蕾舞演员绕通过足尖的铅垂轴 z 旋转时，因重力和地面法向反力对 z 轴的矩为零，而足尖与地面之间的摩擦力矩很小，故人体对 z 轴的动量矩近似守恒，即 $J_z\approx$ 常量。这样，当手足收拢时，人体的转动惯量 J_z 减小，角速度 ω 加快，而当手足在水平方向伸展时，J_z 增大，ω 减慢。

12.2.3 刚体定轴转动的微分方程

现在把质点系动量矩定理应用于刚体绕定轴转动的情形。

设刚体在主动力系($\boldsymbol{F}_1,\boldsymbol{F}_2,\cdots,\boldsymbol{F}_n$)作用下绕定轴 z 转动，轴承对转轴的约束力为 $\boldsymbol{F}_{Ox}$、$\boldsymbol{F}_{Oy}$、$\boldsymbol{F}_{Oz}$、$\boldsymbol{F}_{Bx}$、$\boldsymbol{F}_{By}$，如图 12.2.1 所示。已知刚体对轴 z 的转动惯量为 J_z，某瞬时角速度为 ω，则刚体对转轴 z 的动量矩为 $J_z\omega$。应用质点系对固定轴的动量矩定理式(12.2.2)，有

$$\frac{\mathrm{d}}{\mathrm{d}t}(J_z\omega) = \sum M_z(\boldsymbol{F}_i^{\mathrm{e}})$$

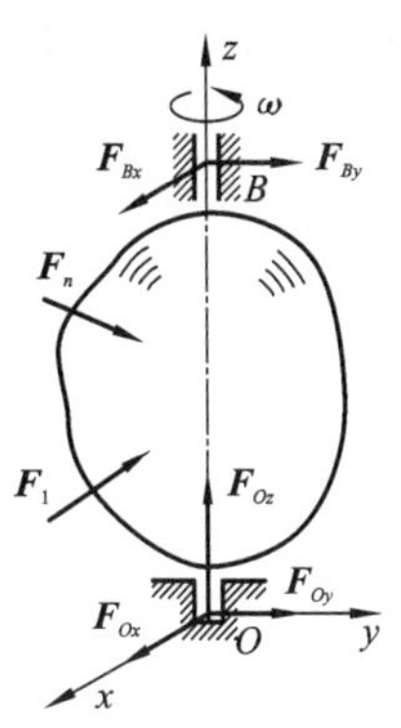

图 12.2.1

因刚体对轴 z 的转动惯量 J_z 通常是常量，设刚体的转角为 $\varphi,\omega = \dot{\varphi},\dot{\omega} = \ddot{\varphi} = \alpha$，则

$$J_z\alpha = \sum M_z(\boldsymbol{F}_i^{\mathrm{e}}) \quad 或 \quad J_z\ddot{\varphi} = \sum M_z(\boldsymbol{F}_i^{\mathrm{e}}) \qquad (12.2.4)$$

此式表明，刚体对于转轴的转动惯量与其角加速度的乘积，等于作用在刚体上的所有外力对于转轴之矩的代数和，这就是通常所说的刚体的定轴转动微分方程。

由式(12.2.4)可知：

(1) 当作用于刚体的外力对转轴的矩一定时，则刚体的转动惯量越大，转动状态的变化越小；转动惯量越小，转动状态变化越大。刚体转动惯量的大小，表现了刚体转动状态改变的难易程度。若将式(12.2.4)与质心运动定理 $m\boldsymbol{a}_C = \sum \boldsymbol{F}_i^{\mathrm{e}}$ 对比，可以看出转动惯量在刚体转动中的作用与质量在刚体平动中的作用相对应。可见转动惯量是刚体转动惯性大小的度量。

(2) 若 $\sum M_z(\boldsymbol{F}_i^{\mathrm{e}}) = 0$，刚体将作匀角速度转动；若 $\sum M_z(\boldsymbol{F}_i^{\mathrm{e}}) =$ 常量，刚体将作匀变速转动。

(3) 利用式(12.2.4)可求解刚体定轴转动的转动规律或作用于刚体的主动力，但不能求轴承对转轴的约束力。求轴承的约束力需要用质心运动定理。

12.2.4 应用举例

【例 12.2.1】 水轮机受水流冲击而以匀角速度 ω 绕通过中心 O 的铅垂轴(垂直于图 12.2.2 所示平面)转动，如图 12.2.2 所示。设总流量为 Q，水的密度为 ρ；水流入水轮机的流速为 $\boldsymbol{v}_1$，离开水轮机的流速为 $\boldsymbol{v}_2$，方向分别与轮缘切线间夹角为 θ_1 及 θ_2，$\boldsymbol{v}_1$ 和 $\boldsymbol{v}_2$ 均为绝对速度。假设水流是稳定的，求水轮机对水流的约束动力矩。

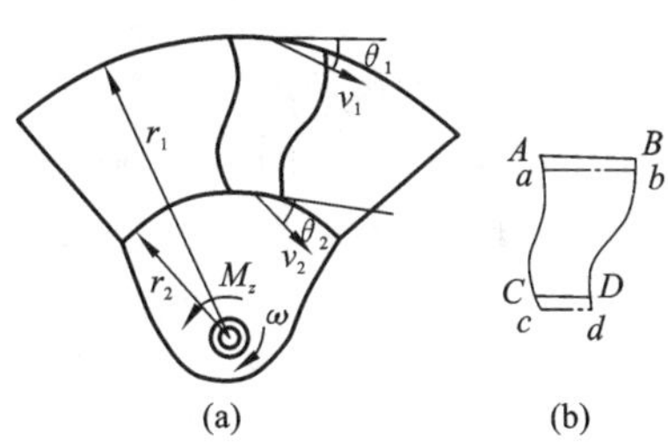

图 12.2.2

【解】 取两叶片之间的水流为研究对象，如图 12.2.2(b)所示。作用在水流上的外力有重力和叶片对水流的约束力，其中重力平行于 z 轴，所以，外力矩只有叶片对水流的约束力矩 M_z。

现计算水流的动量矩的改变量。设在 t 瞬时水流在 $ABCD$ 的位置，经过一段时间 $\mathrm{d}t$，即 $t+\mathrm{d}t$ 瞬时，水流在 $abcd$ 位置，因为水流是稳定的，设动量矩的方向以逆时针的方向为正方向。则

$$\begin{aligned}\mathrm{d}L_z &= L_{abcd} - L_{ABCD} = (L_{abDC} + L_{CDdc}) - (L_{ABba} + L_{abDC}) = L_{CDdc} - L_{ABba} \\ &= -\rho Q\mathrm{d}t \cdot v_2 r_2 \cos\theta_2 + \rho Q\mathrm{d}t \cdot v_1 r_1 \cos\theta_1\end{aligned}$$

即：

$$\mathrm{d}L_z = \rho Q\mathrm{d}t \cdot (-v_2 r_2 \cos\theta_2 + v_1 r_1 \cos\theta_1)$$

将其代入动量矩定理式(12.2.3)，可得

$$M_z = \rho Q(v_1 r_1 \cos\theta_1 - v_2 r_2 \cos\theta_2)$$

【例 12.2.2】 如图 12.2.3(a) 所示，卷扬机鼓轮为均质圆盘，重为 W_1，半径为 r，小车总重为

W_2，作用于鼓轮上的力矩为 M，轨道的倾角为 θ，绳的重量及摩擦均忽略不计，求小车上升的加速度。

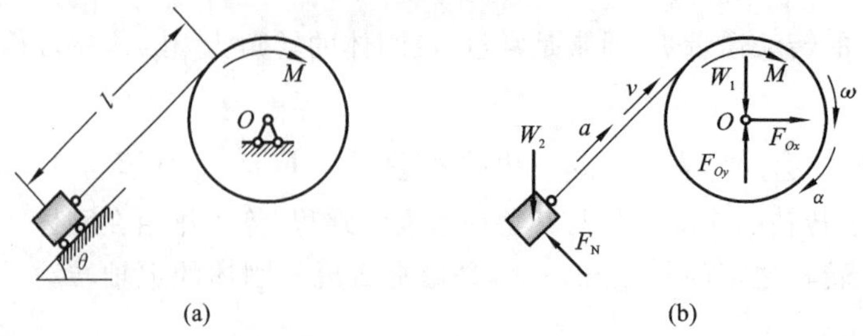

图 12.2.3

【解】 选鼓轮和小车为质点系，如图 12.2.3(b) 所示。作用于该质点系上的主动力有 $\boldsymbol{W}_1$、$\boldsymbol{W}_2$、M，约束力有 $\boldsymbol{F}_{Ox}$、$\boldsymbol{F}_{Oy}$ 及 $\boldsymbol{F}_{\rm N}$。设小车上升速度为 $\boldsymbol{v}$，则鼓轮的角速度为 ω。整个质点系对 Oz 轴的动量矩为

$$L_z = J_z\omega + \frac{W_2}{g}vr = \frac{1}{2}\frac{W_1}{g}r^2\omega + \frac{W_2}{g}vr = \frac{W_1 + 2W_2}{2g}vr$$

所有外力对 Oz 轴的矩为

$$\sum M_{zi}^{\rm e} = M - W_2 r\sin\theta - W_2 l\cos\theta + F_{\rm N} l$$

由于 $F_{\rm N} = W_2\cos\theta$，故：$\sum M_{zi}^{\rm e} = M - W_2 r\sin\theta$。由式(12.2.2)可得

$$\frac{W_1 + 2W_2}{2g}r\frac{{\rm d}v}{{\rm d}t} = M - W_2 r\sin\theta$$

所以小车上升的加速度为

$$a = \frac{{\rm d}v}{{\rm d}t} = \frac{2(M - W_2 r\sin\theta)}{(W_1 + 2W_2)r}g$$

由上式解得，只有当 $M > W_2 r\sin\theta$ 时，小车才能加速上升。

【例 12.2.3】 试建立图 12.2.4 所示液体在 U 形光滑玻璃管内的运动微分方程。

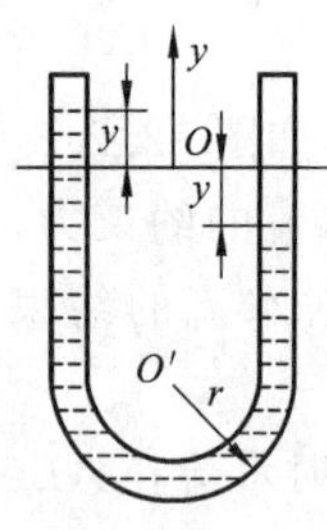

图 12.2.4

【解】 设 U 形管的对称轴为 y 轴，以其与液体的静平衡面的交点 O 为原点，实际液面偏离静平衡面的距离为 y 轴，列写全部液体对过半圆弧的圆心 O' 的定轴 $O'z$ 的动量矩定理式。若将液体分成 n 小段，每一小段对 $O'z$ 轴的动量矩都可以写成 $m_i\dot{y}_i r$，全部液体的动量矩为 $\sum_i m_i\dot{y}_i r = m\dot{y}r$，其中 m 为全部液体的质量。令 l 为液体在 U 形管中的长度，则有

$$\frac{\rm d}{{\rm d}t}(m\dot{y}r) = -\left(\frac{2y}{l}\right)mgr \tag{a}$$

整理后得到液体的运动微分方程为：$\ddot{y} + \left(\frac{2g}{l}\right)y = 0$。

【说明】 由于管壁对液体的约束力对 O' 点的矩为零，故对 $O'z$ 轴的矩亦为零，因此式(a)中不出现约束力。

【例 12.2.4】 如图 12.2.5 所示，两根质量、长度均相等的直杆 OA、BD 固连成 T 字形，可绕水平轴 O 转动。当 OA 处于水平位置时，T 形杆具有角速度 $\omega = 4$ rad/s。设杆的质量 $m = 8$ kg，杆长 $\overline{OA} = \overline{BD} = l = 0.5$ m(不考虑杆宽)，且 $\overline{AB} = \overline{AD}$。求该瞬时轴承 O 处的约束力。

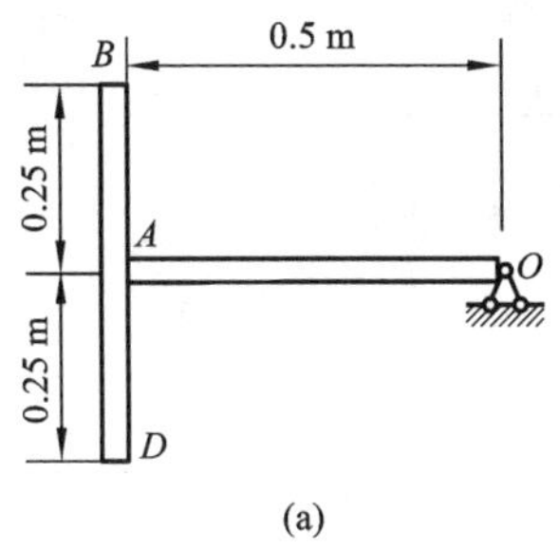

(a)

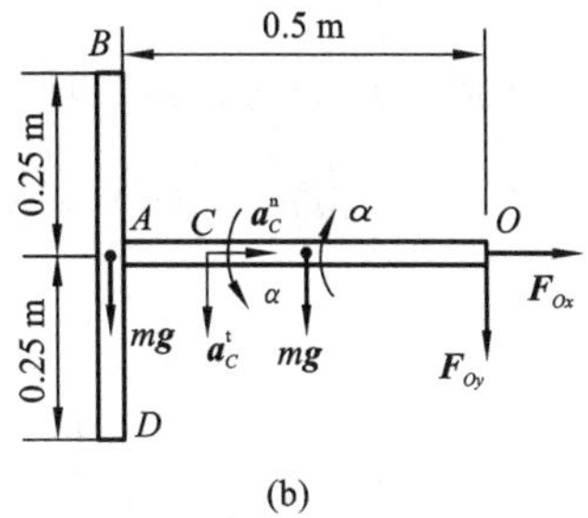

(b)

图 12.2.5

【解】 选取 T 形杆为研究对象，并分析外力，如图 12.2.5 所示。又在图示位置时，T 形杆的质心坐标为：$x_C = \dfrac{ml/2 + ml}{2m} = \dfrac{3}{4}l$，$y_C = 0$。质心加速度为：$a_C^{\rm t} = \dfrac{3}{4}l\alpha$，$a_C^{\rm n} = \dfrac{3}{4}l\omega^2$。其中 α、ω 为杆的角加速度、角速度。由定轴转动微分方程：$J_O\alpha = \sum M_O(\boldsymbol{F}_i)$，可列动力学方程为

$$\left(\frac{ml^2}{3} + \frac{ml^2}{12} + ml^2\right)\alpha = 2mg \cdot \frac{3}{4}l, \quad \alpha = \frac{18}{17}\frac{g}{l}(\circlearrowleft)$$

由质心运动定理可得轴承约束反力

$$ma_C^{\rm t} = \sum F_i^{\rm t}, \quad 2m \cdot \frac{3}{4}l\alpha = F_{Oy} + 2mg \tag{a}$$

$$ma_C^{\rm n} = \sum F_i^{\rm n}, \quad 2m \cdot \frac{3}{4}l\omega^2 = F_{Ox} \tag{b}$$

将 $\alpha = \dfrac{18}{17}\dfrac{g}{l}$ 分别代入式(a)、(b)，可得

$$F_{Ox} = \frac{3}{2}ml\omega^2 = \frac{3}{2} \times 8\ \text{kg} \times 0.5\ \text{m} \times (4\ \text{rad/s})^2 = 96\ \text{N}(\rightarrow)$$

$$F_{Oy} = -\frac{7}{17}mg = -\frac{7}{17} \times 8\ \text{kg} \times 9.8\ \text{m/s}^2 = -32.3\ \text{N}(\uparrow)$$

【说明】 刚体定轴转动微分方程和质心运动定理联合起来可求解像 T 形杆这样的定轴转动刚体(该刚体具有质量对称面，转轴垂直于该质量对称平面)的动力学两类问题。

12.3 矩心为动点的动量矩定理

12.3.1 质点系相对动点的动量矩定理

如图 12.3.1 所示的质点系，以任一动点 A 为原点，建立平动坐标系 $Ax'y'z'$，仿照式(12.1.7)可推导出质点系对固定点 O 和任一动点 A 的动量矩之间有如下的关系

$$\boldsymbol{L}_O = \boldsymbol{r}_A \times m\boldsymbol{v}_C + \boldsymbol{L}_A \tag{12.3.1}$$

其中，$\boldsymbol{r}_A$ 为定点 O 到动点 A 的矢径，$\boldsymbol{L}_A = \sum \boldsymbol{r}'_i \times m_i\boldsymbol{v}_i$ 为各质点的动量 $m_i\boldsymbol{v}_i$ 对动点 A 的动量矩矢的矢量和，简称对动点 A 的动量矩，$\boldsymbol{r}'_i$ 为动点 A 到质点 m_i 的矢径。

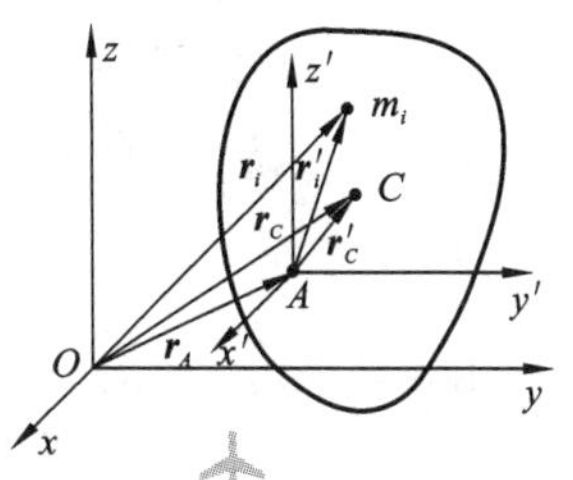

图 12.3.1

【比较】 将式(12.3.1)与式(12.1.7)、式(5.2.19)比较，有没

有相似的地方?

利用质点系相对固定点的动量矩定理,即公式(12.2.2),有

$$\frac{\mathrm{d}}{\mathrm{d}t}\boldsymbol{L}_O=\frac{\mathrm{d}}{\mathrm{d}t}(\boldsymbol{r}_A\times m\boldsymbol{v}_C+\boldsymbol{L}_A)=\boldsymbol{M}_O^{\mathrm{e}}=\sum_{i=1}^{n}\boldsymbol{r}_i\times\boldsymbol{F}_i^{\mathrm{e}}$$

$$\dot{\boldsymbol{r}}_A\times m\boldsymbol{v}_C+\boldsymbol{r}_A\times m\dot{\boldsymbol{v}}_C+\dot{\boldsymbol{L}}_A=\sum_{i=1}^{n}\boldsymbol{r}_i\times\boldsymbol{F}_i^{\mathrm{e}}$$

$$\boldsymbol{v}_A\times m\boldsymbol{v}_C+\boldsymbol{r}_A\times m\boldsymbol{a}_C+\dot{\boldsymbol{L}}_A=\sum_{i=1}^{n}(\boldsymbol{r}'_i+\boldsymbol{r}_A)\times\boldsymbol{F}_i^{\mathrm{e}}=\sum_{i=1}^{n}\boldsymbol{r}'\times\boldsymbol{F}_i^{\mathrm{e}}+\sum_{i=1}^{n}\boldsymbol{r}_A\times\boldsymbol{F}_i^{\mathrm{e}}$$

由质心运动定理知,$m\boldsymbol{a}_C=\sum\limits_{i=1}^{n}\boldsymbol{F}_i^{\mathrm{e}}$,并注意到$\sum\limits_{i=1}^{n}\boldsymbol{r}'\times\boldsymbol{F}_i^{\mathrm{e}}$即为质点系所有外力对动点$A$的矩矢的矢量和,有

$$\dot{\boldsymbol{L}}_A+\boldsymbol{v}_A\times m\boldsymbol{v}_C=\sum_{i=1}^{n}\boldsymbol{r}'_i\times\boldsymbol{F}_i^{\mathrm{e}}=\sum_{i=1}^{n}\boldsymbol{M}_A(\boldsymbol{F}_i^{\mathrm{e}})=\boldsymbol{M}_A \tag{12.3.2}$$

式(12.3.2)即为质点系在绝对运动中以任一动点A为矩心时的动量矩定理。如果点A为定点,则式(12.3.2)就是式(12.2.2)。又,如果满足下列三个条件中的任意一个(也就是使得$\boldsymbol{v}_A\times m\boldsymbol{v}_C=\boldsymbol{0}$的条件)时

(i) $\boldsymbol{v}_A/\!/\boldsymbol{v}_C$; (ii) $\boldsymbol{v}_A=\boldsymbol{0}$; (iii) $\boldsymbol{v}_C=\boldsymbol{0}$

则式(12.3.2)就变为

$$\dot{\boldsymbol{L}}_A=\boldsymbol{M}_A \tag{12.3.3}$$

若动点A为质心C,则因为$\boldsymbol{v}_A\times m\boldsymbol{v}_C=\boldsymbol{v}_C\times m\boldsymbol{v}_C=\boldsymbol{0}$,式(12.3.2)变为

$$\dot{\boldsymbol{L}}_C=\boldsymbol{M}_C \tag{12.3.4}$$

式(12.3.4)即为质点系在绝对运动中以质心C为矩心时的动量矩定理的表达式。

【说明】 比较式(12.3.2)、式(12.3.4)可知,以质心C为矩心时的动量矩定理的表达式和对固定点O的动量矩定理的表达式形式一样,而对于其他动点,需要满足一定的条件才能具备这一性质,由此可以看出质心位置的重要性。

12.3.2 质点系相对动点的相对动量矩定理

设图12.3.1中质点M_i对平动坐标系$Ax'y'z'$的相对速度为$\boldsymbol{v}_{ri}$。由速度合成定理,有$\boldsymbol{v}_i=\boldsymbol{v}_{ei}+\boldsymbol{v}_{ri}=\boldsymbol{v}_A+\boldsymbol{v}_{ri}$。质点系对点$A$的动量矩为

$$\boldsymbol{L}_A=\sum\boldsymbol{r}'_i\times m_i\boldsymbol{v}_i=\sum\boldsymbol{r}'_i\times m_i(\boldsymbol{v}_A+\boldsymbol{v}_{ri})=\sum m_i\boldsymbol{r}'_i\times\boldsymbol{v}_A+\sum\boldsymbol{r}'_i\times m_i\boldsymbol{v}_{ri}$$

$$\boldsymbol{L}_A=m\boldsymbol{r}'_C\times\boldsymbol{v}_A+\sum\boldsymbol{r}'_i\times m_i\boldsymbol{v}_{ri}=m\boldsymbol{r}'_C\times\boldsymbol{v}_A+\boldsymbol{L}_{Ar} \tag{a}$$

其中,$\boldsymbol{L}_{Ar}=\sum\boldsymbol{r}'_i\times m_i\boldsymbol{v}_{ri}$为在相对平动坐标系$Ax'y'z'$的运动中质点系各点的相对动量$m_i\boldsymbol{v}_{ri}$对动点$A$的动量矩,称之为对动点$A$的**相对动量矩**。

由于在解决实际问题时,采用相对动量矩计算有时会更简单,所以有必要建立相对动量矩与外力矩之间的关系。将式(a)代入式(12.3.2),有

$$m\dot{\boldsymbol{r}}'_C\times\boldsymbol{v}_A+m\boldsymbol{r}'_C\times\dot{\boldsymbol{v}}_A+\dot{\boldsymbol{L}}_{Ar}+\boldsymbol{v}_A\times m\boldsymbol{v}_C=\sum_{i=1}^{n}\boldsymbol{M}_A(\boldsymbol{F}_i^{\mathrm{e}}) \tag{b}$$

由于$\boldsymbol{r}'_C=\boldsymbol{r}_C-\boldsymbol{r}_A$,$\dot{\boldsymbol{r}}'_C=\dot{\boldsymbol{r}}_C-\dot{\boldsymbol{r}}_A=\boldsymbol{v}_C-\boldsymbol{v}_A$,代入式(b)并化简后可得

$$\dot{\boldsymbol{L}}_{Ar}+\boldsymbol{r}'_C\times m\boldsymbol{a}_A=\sum_{i=1}^{n}\boldsymbol{M}_A(\boldsymbol{F}_i^{\mathrm{e}})=\boldsymbol{M}_A \tag{12.3.5}$$

或者

$$\dot{\boldsymbol{L}}_{A\mathrm{r}} = \sum_{i=1}^{n} \boldsymbol{M}_A(\boldsymbol{F}_i^{\mathrm{e}}) + \boldsymbol{r}'_C \times (-m\boldsymbol{a}_A) \tag{12.3.6}$$

式(12.3.5)或式(12.3.6)为质点系在相对平动坐标系 $Ax'y'z'$ 的运动中,以任一动点 A 为矩心的相对动量矩定理的一般形式。式(12.3.6)中右边第二项为质点系全部质量集中在质心 C 处时该质点的牵连惯性力($\boldsymbol{F}_{\mathrm{e}} = -m\boldsymbol{a}_A$)对动点 A 的矩。所以,式(12.3.6)可表述为:质点系对任一动点 A 的相对动量矩对时间的一阶导数等于质点系外力及全部质量集中在质心处的质点牵连惯性力对该动点的矩之和。

由式(a)可知,若动点 A 取为质心 C 处,则由于 $\boldsymbol{r}'_C = \boldsymbol{0}$,故有

$$\boldsymbol{L}_C = \boldsymbol{L}_{C\mathrm{r}} \tag{12.3.7}$$

由式(12.3.4)可得

$$\frac{\mathrm{d}\boldsymbol{L}_{C\mathrm{r}}}{\mathrm{d}t} = \sum \boldsymbol{M}_C(\boldsymbol{F}_i^{\mathrm{e}}) = \boldsymbol{M}_C \tag{12.3.8}$$

式(12.3.8)为质点系相对质心的相对动量矩定理。方程形式与式(12.3.4)完全相同。这再次表明,质心位置的特殊性。

若对于一般的动点 A,式(12.3.6)要具备与固定点的动量矩定理类似的形式,即

$$\dot{\boldsymbol{L}}_{A\mathrm{r}} = \boldsymbol{M}_A \tag{12.3.9}$$

则需要满足 $\boldsymbol{r}'_C \times m\boldsymbol{a}_A = \boldsymbol{0}$,即满足以下三个条件中的任意一个

$$\text{(i) } \boldsymbol{r}'_C // \boldsymbol{a}_A; \quad \text{(ii) } \boldsymbol{r}'_C = \boldsymbol{0}; \quad \text{(iii) } \boldsymbol{a}_A = \boldsymbol{0}$$

在具体应用时,常使用上述各种形式的方程的投影形式进行计算。此处不再具体列出。

在刚体作平面运动的情形下,如果速度瞬心到质心的距离始终保持不变,则速度瞬心的加速度恒通过质心(请读者自行证明),例如第3章中介绍的均质圆盘纯滚动时速度瞬心的加速度就通过质心。此时以速度瞬心为矩心,动量矩定理的形式为式(12.3.3)或式(12.3.9)。

【说明】 (1)如将质点系在惯性参考系中的运动分解为跟随质心的平动与相对质心的转动两部分,则可以分别用质心运动定理和相对质心的相对动量矩定理来建立这两部分运动与外力系之间的关系。这样就能全面地说明外力系对质点系的运动效应,并能确定整个系统的运动。(2)由式(12.3.8)可知,质点系相对质心的转动只与外力系对质心的主矩有关,而与内力无关。这一性质在实践中有时很重要。例如飞机或轮船必须有舵才能转弯,当舵有偏角时,流体作用在舵上的推力对质心的力矩,使得飞机或轮船对质心的动量矩改变,从而引起转弯的角加速度。又如跳水运动员跳水时,如果要准备翻跟斗,他必须脚踏跳板以获得初始角速度。这是因为他在空中时,重力通过质心,对质心的力矩为零,质点系对质心的动量矩守恒。如无初始角速度,对质心的动量矩恒为零,他靠内力是不能翻跟斗的。如果他有了初始角速度,使四肢尽量靠近质心,以减小身体对质心的转动惯量,从而增大角速度。

12.4 刚体的平面运动微分方程

刚体作为特殊的质点系,自然服从质点系的质心运动定理。即刚体在平面运动中,通过质心运动定理把刚体质心的运动与外力的主矢联系起来,从而可以求得质心的运动;通过相对于质心的相对动量矩定理将刚体的转动与外力系的主矩联系起来,从而可以求得刚体转动的角加速度。于是可得所谓的刚体平面运动微分方程式

$$m\ddot{x}_C = \sum F_{ix}, \quad m\ddot{y}_C = \sum F_{iy}, \quad J_C\ddot{\varphi} = M_C(\boldsymbol{F}_i) = M_C \tag{12.4.1}$$

式(12.4.1)中的三个独立方程的数目刚好等于平面运动的自由度数(三个),从而可以用来求解刚体平面运动动力学的两类问题。但是在工程实际中,许多系统是由多个平面运动刚体组成的,未知量相应增加很多,除对每个刚体分别应用这三个动力学方程之外,还要根据具体的约束条件寻找运动的和力的补充方程才能求解。

【例 12.4.1】 在图 12.4.1(a)中,均质轮的圆筒上缠一绳索,并作用一水平方向的力 $F = 200$ N,轮和圆筒的总质量为 $m = 50$ kg,对其质心的回转半径为 $\rho = 70$ mm。已知轮与水平面间的静、动摩擦因数分别为 $f_s = 0.20$ 和 $f_d = 0.15$,求轮心 C 的加速度和轮的角加速度。已知:$R = 100$ mm,$r = 60$ mm。

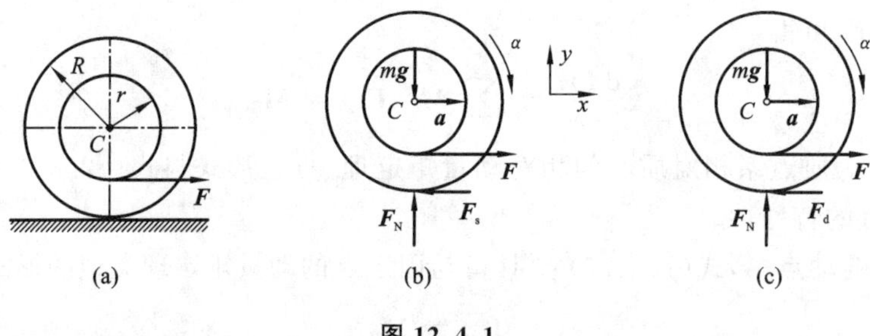

图 12.4.1

【解】 先假设轮子作纯滚动,其受力分析如图 12.4.1(b)所示。此时,摩擦力 F_s 为静滑动摩擦力,$F_s \leqslant f_s F_N$,设轮心的加速度大小为 a,角加速度为 α。由于轮子滚动而不滑动,有 $a = R\alpha$。建立圆轮的平面运动微分方程,得

$$M_{a_{Cx}} = \sum F_{ix}, \quad ma = F - F_s \tag{a}$$

$$M_{a_{Cy}} = \sum F_{iy}, \quad m \times 0 = F_N - mg \tag{b}$$

$$J_{C\alpha} = M_C, \quad m\rho^2\alpha = F_s \cdot R - F \cdot r \tag{c}$$

补充方程式为

$$a_{Cx} = a = R\alpha \tag{d}$$

联立式(a)～(d),解出

$$F_N = mg = 490 \text{ N} \tag{e}$$

$$\alpha = \frac{F(R-r)}{m(\rho^2 + R^2)} = 10.74 \text{ rad/s}^2 \tag{f}$$

$$F_s = F \cdot \frac{\rho^2 + Rr}{\rho^2 + R^2} = 146.3 \text{ N} \tag{g}$$

上述计算结果是在假设轮子只滚不滑的情形下得到的,是否合乎实际,还要用 $F_s \leqslant fF_N$ 来判断。现在,$F_{s,max} = f_s F_N = 0.2 \times 490 \text{ N} = 98$ N。由式(g)可知,计算所得的亦即保证只滚不滑所需的摩擦力 $F_s = 146.3$ N,超过了水平面能为圆轮提供的最大摩擦力 $F_{s,max} = 98$ N。所以,轮子不可能只滚不滑。

考虑轮子又滚又滑的情形:圆轮受力分析如图 12.4.1(c)所示。在有滑动的情况下,动滑动摩擦力为 $F_d = f_d F_N$,而质心加速度 a 和角加速度 α 是两个独立的未知量,列平面运动方程为

$$Ma_{Cx} = \sum F_{ix}, \quad ma = F - F_d \tag{h}$$

$$Ma_{Cy} = \sum F_{iy}, \quad m \times 0 = F_N - mg \tag{i}$$

$$J_C\alpha = M_C,\quad m\rho^2\alpha = F_dR - Fr \tag{j}$$

补充方程式为

$$F_d = f_dF_N \tag{k}$$

联立式(h)～(k),得

$$F_N = 490\ \text{N},\quad F_d = f_dF_N = 0.15\times 490\ \text{N} = 73.6\ \text{N},\quad a = 2.53\ \text{m/s}^2,\alpha = -18.95\ \text{rad/s}^2$$

负号说明 α 的转向与图 12.4.1(c) 所设相反,应为逆时针方向。

【说明】 对物体运动状态不明确的情况,可假定其处于一种已知的运动状态,来建立物体的动力学和运动学方程,并根据计算结果判断原假定的正确性。

【例 12.4.2】 均质细杆 AB 长 $2l$,质量为 m,B 端搁在光滑水平地板上,A 端靠在光滑墙壁上,A、B 均在垂直于墙壁的同一铅垂平面内,如图 12.4.2 所示。初瞬时,杆与墙壁的夹角为 θ_0,杆由静止开始运动,求:(1) 杆的角加速度、角速度及墙壁和地面的反力(表示为 θ 的函数);(2) 杆 AB 脱离墙壁时的位置以及此时地面对杆件的约束反力。

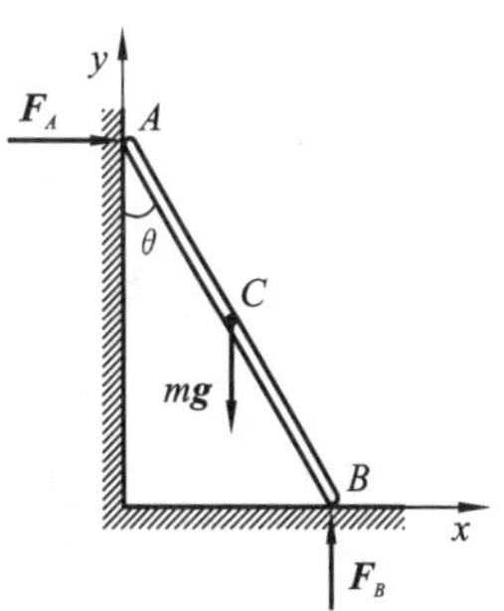

图 12.4.2

【解】 以杆为研究对象,其受力图如图所示,列平面运动微分方程

$$m\ddot{x}_C = F_A,\quad m\ddot{y}_C = F_B - mg,\quad J_C\ddot{\theta} = F_Bl\sin\theta - F_Al\cos\theta$$

现在式中有五个未知数 $\ddot{x}_C$、$\ddot{y}_C$、$\ddot{\theta}$、F_A、F_B,而只有三个方程,需要补充方程。由几何关系,列运动方程为

$$x_C = l\sin\theta,\quad y_C = l\cos\theta$$

将其对 t 求二阶导数,得质心加速度的表达式

$$\ddot{x}_C = l\ddot{\theta}\cos\theta - l\dot{\theta}^2\sin\theta,\quad \ddot{y}_C = -l\ddot{\theta}\sin\theta - l\dot{\theta}^2\cos\theta$$

联立求解上面的五个方程,将 $J_C = \dfrac{1}{3}ml^2$ 代入可得:$\ddot{\theta} = \dfrac{3g}{4l}\sin\theta$。从而有

$$F_A = \frac{3}{4}mg\sin\theta\cos\theta - ml\dot{\theta}^2\sin\theta,\quad F_B = mg - \frac{3}{4}mg\sin^2\theta - ml\dot{\theta}^2\cos\theta$$

再求杆的角速度 $\dot{\theta}$,利用 $\ddot{\theta} = \dfrac{\mathrm{d}\dot{\theta}}{\mathrm{d}t} = \dfrac{\mathrm{d}\dot{\theta}}{\mathrm{d}\theta}\dfrac{\mathrm{d}\theta}{\mathrm{d}t} = \dot{\theta}\dfrac{\mathrm{d}\dot{\theta}}{\mathrm{d}\theta}$,则由:$\ddot{\theta} = \dfrac{3g}{4l}\sin\theta$ 可得

$$\dot{\theta}\frac{\mathrm{d}\dot{\theta}}{\mathrm{d}\theta} = \frac{3g}{4l}\sin\theta,\quad \dot{\theta}\mathrm{d}\dot{\theta} = \frac{3g}{4l}\sin\theta\cdot\mathrm{d}\theta$$

进行积分,并代入初始条件,$\theta = \theta_0$,$\dot{\theta}_0 = 0$,可得

$$\dot{\theta}^2 = \frac{3g}{2l}(\cos\theta_0 - \cos\theta),\quad \dot{\theta} = \sqrt{\frac{3g}{2l}(\cos\theta_0 - \cos\theta)}$$

代入 F_A、F_B 的表达式,有

$$F_A = \frac{3mg}{4}\sin\theta(3\cos\theta - 2\cos\theta_0),\quad F_B = \frac{mg}{4}(1 + 7\cos^2\theta - 6\cos\theta_0\cos\theta)$$

利用 $F_A = 0$ 的条件,可以求出 A 端脱离墙壁时的角度 θ,即

$$\theta_1 = \arccos\left(\frac{2}{3}\cos\theta_0\right),\quad \theta_2 = 0\quad(\text{不合题意,舍去})$$

【评注】 从 A 端脱离墙壁时的角度 θ 的表达式可以看出一个很有意思的现象,即:杆件脱离墙壁的位置只与杆件的初始角度 θ_0 有关。将 θ_0 与 θ 的关系绘制成图 12.4.3 可知,当 $\theta_0 = 0°$ 时,A 端脱离墙壁时的角度 $\theta = 48.19°$,并且随着角度 θ_0 的增加,A 端脱离墙壁时的角度 θ 也增加。

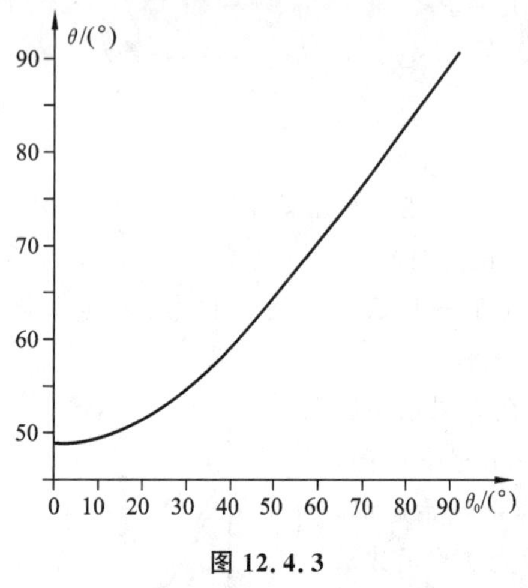

图 12.4.3

【思考】 (1) 杆件脱离墙壁的原因是什么？(2) 杆件脱离墙壁后又如何运动？(3) 能否求出在杆件的 A 端接触地面前 A 端的速度和该瞬时杆件的角速度？(4) 若杆件与墙壁及地面之间有摩擦，且摩擦因数均为常数，杆件会脱离墙壁吗？在什么情况下才会脱离？(5) 杆件在脱离之前的速度瞬心在哪里？在这个过程中速度瞬心到质心的距离是否不变？可否利用对速度瞬心的动量矩定理求解？请尝试。

【例 12.4.3】 图 12.4.4 所示的均质滚子，其质量为 $m = 10$ kg，外径 $R = 0.4$ m，鼓轮的半径 $r = 0.2$ m，对中心轴 O 的回转半径 $\rho = 0.26$ m。鼓轮外缘缠绕一质量不计的软绳，绳的另一端作用一拉力 $\boldsymbol{F}$，且 $F = 40$ N，该力与水平线的夹角 $\varphi = 30°$。

(1) 求滚子作纯滚动时其质心 O 的加速度及作用于滚子的静滑动摩擦力。

(2) 若滚子与水平面之间的静滑动摩擦因数为 $f_s = 0.25$，动滑动摩擦因数为 $f_d = 0.2$，求质心 O 的加速度。

(3) 若滚子的质心 C 偏离其中心 O 的距离 $e = 0.04$ m，假设回转半径不变，且 $f_s = 0.3$，开始时，OC 静止于水平位置，求该瞬时 O 点的加速度。

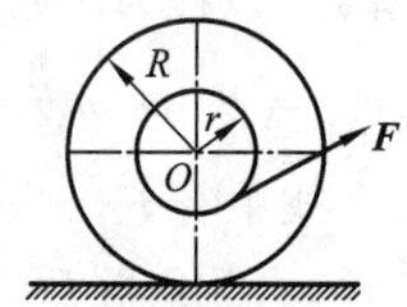

图 12.4.4

【例 12.4.4】 均质滑轮的质量为 m_1，半径为 r，可在固定水平面上无滑动地滚动。均质杆 AB 的质量为 m_2，长度为 l，其 A 端与轮心用光滑铰链连接，如图 12.4.5 所示。试建立系统的运动微分方程。

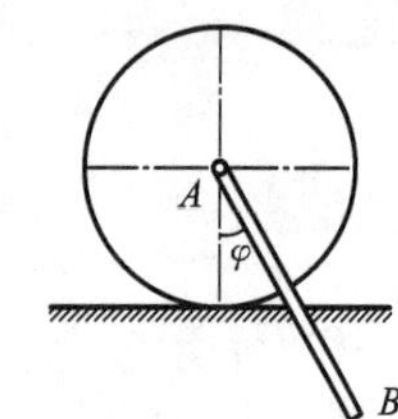

图 12.4.5

【说明】 本节所讨论的刚体平面运动微分方程将作平面运动刚体的运动量和刚体的受力联系起来。事实上，也把静力学和运动学联系起来。在静力学的力系简化中，若确定了简化中心，则可以将一个平面力系简化为一个主矢和一个主矩；而在运动学中，对于作平面运动的刚体，可以将刚体上任意一点作为基点，将刚体的运动视为随基点的平动和绕基点的转动。如果将静力学中的简化中心和运动学中的基点都取为质心，则刚体平面运动微分方程中力的投影式就将随质心的平动与简化到质心的主矢联系起来；而平面运动微分方程中有关力矩的式子就将绕质心的转动与简化到质心的主矩联系起来，这也再次说明质心对于刚体的重要性。

12.5 碰撞问题

碰撞是工程中常见的现象，也是物体运动的一种特殊形式。其特点是在极短的时间间隔内（例如百分之一秒甚至千分之一秒），物体的速度发生急剧的改变；加速度很大，因而出现了巨大的碰撞力。有时候人们需要利用这种碰撞力，例如锻锤、冲床、打桩机等就是利用碰撞力工作的；而有时则需要减小这种碰撞力，例如飞机着陆、航天器对接等，就应避免或减轻碰撞造成的危害。

12.5.1 碰撞问题的分类与恢复因数

两个物体碰撞时，一般有变形阶段和恢复阶段。按其相处的位置分类，若碰撞力的作用线通过两物体的质心，称为**对心碰撞**，否则称为**偏心碰撞**，如图 12.5.1(a)、(b) 所示。图中，A—A 表示两物体在接触处的共切面，$B—B$ 为其在接触处的公法线，若碰撞时各自质心的速度均沿着公法线方向，称为**正碰撞**，否则称为**斜碰撞**。按此分类还有**对心正碰撞**、**偏心正碰撞**等。

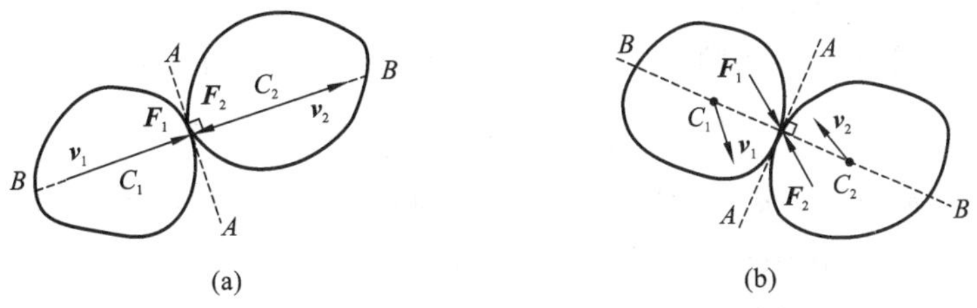

图 12.5.1

两个物体碰撞时，按其接触处有无摩擦，可分为**光滑碰撞**和**非光滑碰撞**。

两个物体碰撞时，按其碰撞后的变形恢复程度，可分为**完全弹性碰撞**、**弹性碰撞**与**塑性碰撞**。

为方便研究碰撞过程的动力学问题，通常对碰撞问题作以下两点简化：(1) 碰撞过程中，碰撞力极大，非碰撞力(如重力、弹性力等) 相比碰撞力极小，因而非碰撞力均忽略不计。但约束力、摩擦力的情况不同，它们随着主动力的加大而加大，因此在碰撞情况下也是碰撞力，不能忽略。(2) 碰撞过程的时间极短，物体来不及运动，位移极小，因而可以忽略。亦即认为碰撞前后物体的位置不变。但碰撞力的功是巨大的，碰撞力与微小位移的乘积，是有限量，因此不能忽略。

实验表明，对于给定的两个物体，碰撞前后，两物体的碰点沿接触面法线方向的相对速度之比值近似为一常数，记作 e，即

$$e=-\frac{u_1^{\mathrm{n}}-u_2^{\mathrm{n}}}{v_1^{\mathrm{n}}-v_2^{\mathrm{n}}}=\frac{|\boldsymbol{u}_{\mathrm{r}}^{\mathrm{n}}|}{|\boldsymbol{v}_{\mathrm{r}}^{\mathrm{n}}|} \tag{12.5.1}$$

比值 e 称为**恢复因数**。式中 v_1^{n}、v_2^{n} 是碰撞开始时，两物体的碰点速度在过接触点的公法线方向上的投影，u_1^{n}、u_2^{n} 是碰撞结束时，两物体的碰点速度在过接触点的公法线方向上的投影，$\boldsymbol{v}_{\mathrm{r}}^{\mathrm{n}}$、$\boldsymbol{u}_{\mathrm{r}}^{\mathrm{n}}$ 分别为两物体在碰撞前和碰撞后接触点在公法线方向上的相对速度。分式前的负号是使 e 取正值。恢复因数 e 是研究碰撞问题的主要物理参数。

恢复的程度主要取决于相撞物体的材料性质。恢复因数 e 是大于等于 0 和小于等于 1 的数，即 $0\leqslant e\leqslant 1$。$e=0$，表示物体的全部变形均为塑性变形，只有变形阶段，而无恢复阶段，即碰撞结束时，碰撞物体的接触点黏合在一起，具有相同的速度；$e=1$，表示不存在塑性变形，全部变形均为弹性变形，在变形阶段所产生的变形可在恢复阶段内完全恢复；$0<e<1$，表示变形不能完全恢复，保留了部分塑性变形。

12.5.2 研究碰撞运动的动力学普遍定理

在碰撞过程中，因为碰撞力的变化很大，时间很短，故难以确定准确的碰撞力，从而也不便应用动量定理和动量矩定理的微分形式。故动量定理和动量矩定理的积分形式就成为研究碰撞问题的基本理论。

1. 碰撞的动量定理 —— 冲量定理

设质量为 m 的质点，碰撞前后的速度分别为 $\boldsymbol{v}$ 和 $\boldsymbol{u}$，由质点动量定理的积分形式，有

$$m\boldsymbol{u}-m\boldsymbol{v}=\int_0^{\tau}\boldsymbol{F}\mathrm{d}t=\boldsymbol{I} \tag{12.5.2}$$

式中，$\boldsymbol{I}$ 为作用于质点的碰撞冲量。说明巨大的碰撞力在极短暂的时间里对物体的冲量是有限值，若不考虑碰撞力 $\boldsymbol{F}$ 在极短时间内的急剧变化，测出碰撞进行的时间 τ，就可算出平均碰撞力

$\boldsymbol{F}^*$,即

$$\boldsymbol{F}^* = \frac{\boldsymbol{I}}{\tau} \tag{12.5.3}$$

对于质点系,由式(12.5.2)则有:$\sum m_i \boldsymbol{u}_i - \sum m_i \boldsymbol{v}_i = \sum \boldsymbol{I}_i^e$,或

$$m\boldsymbol{u}_C - m\boldsymbol{v}_C = \sum \boldsymbol{I}_i^e \tag{12.5.4}$$

式中,$\boldsymbol{I}_i^e$ 表示外碰撞冲量,$\boldsymbol{v}_C$、$\boldsymbol{u}_C$ 分别表示质点系质心碰撞前后的速度。式(12.5.4)表明碰撞时质点系动量的改变量等于作用在质点系上所有外碰撞冲量的矢量和。

2. 碰撞的动量矩定理——冲量矩定理

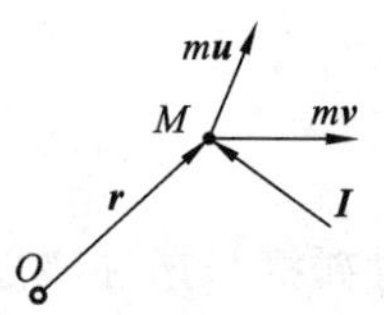

图 12.5.2

任选定矩心 O,设质点相对矩心 O 的矢径为 $\boldsymbol{r}$,如图 12.5.2 所示。将矢径 $\boldsymbol{r}$ 左叉乘式(12.5.2)的两边,有

$$\boldsymbol{r} \times m\boldsymbol{u} - \boldsymbol{r} \times m\boldsymbol{v} = \boldsymbol{r} \times \boldsymbol{I} \tag{12.5.5}$$

式(12.5.5)表明,在碰撞过程中质点对于任意点 O 的动量矩的改变量,等于此质点所受的碰撞冲量对同一点的矩。这称为质点的**冲量矩定理**。

对于质点系,任选定矩心 O,设质点 i 相对矩心 O 的矢径为 $\boldsymbol{r}_i$。将矢径 $\boldsymbol{r}_i$ 左叉乘式(12.5.2)的两边,有

$$\boldsymbol{r}_i \times m_i \boldsymbol{u}_i - \boldsymbol{r}_i \times m_i \boldsymbol{v}_i = \boldsymbol{r}_i \times \boldsymbol{I}_i \tag{12.5.6}$$

对于质点系,由于内碰撞冲量对任意点的矩之和等于零,由式(12.5.6)可得

$$\sum \boldsymbol{r}_i \times m_i \boldsymbol{u}_i - \sum \boldsymbol{r}_i \times m_i \boldsymbol{v}_i = \sum \boldsymbol{r}_i \times \boldsymbol{I}_i^e = \sum \boldsymbol{M}_O(\boldsymbol{I}_i^e) \tag{12.5.7}$$

式中,$\boldsymbol{I}_i$ 和 $\boldsymbol{I}_i^e$ 分别表示质点 i 所受到的总碰撞冲量和外碰撞冲量,$\sum \boldsymbol{M}_O(\boldsymbol{I}_i^e)$ 表示外碰撞冲量对点 O 的主矩。此式表明,在碰撞过程中质点系对于任意定点的动量矩的改变量,等于作用在质点系上的外碰撞冲量对同一点的主矩。式(12.5.7)也可写为

$$\boldsymbol{L}_{O2} - \boldsymbol{L}_{O1} = \sum \boldsymbol{M}_O(\boldsymbol{I}_i^e) \tag{12.5.8}$$

式中,$\boldsymbol{L}_{O1}$、$\boldsymbol{L}_{O2}$ 分别表示碰撞前后质点系对 O 点的动量矩。

为方便应用,式(12.5.4)、式(12.5.5)、式(12.5.7)和式(12.5.8)均可写成在直角坐标轴上的投影形式。

3. 刚体平面运动的碰撞方程

质点系相对于质心的动量矩定理与对于固定点的动量矩定理具有相同的形式。与此推证相似,可以得到用于碰撞过程的质点系相对于质心的动量矩定理

$$\boldsymbol{L}_{C2} - \boldsymbol{L}_{C1} = \sum \boldsymbol{M}_C(\boldsymbol{I}_i^e) \tag{12.5.9}$$

式中,$\boldsymbol{L}_{C1}$、$\boldsymbol{L}_{C2}$ 为碰撞前后质点系相对于质心 C 的动量矩,右端项为外碰撞冲量对质心之矩的矢量和(对质心的主矩)。

对于平行于其质量对称面运动的平面运动刚体,相对于质心的动量矩在其平行平面内可视为代数量,且有

$$L_C = J_C \omega \tag{12.5.10}$$

由此,式(12.5.9)可写为

$$J_C(\omega_2 - \omega_1) = \sum M_C(\boldsymbol{I}_i^e) \tag{12.5.11}$$

式中 ω_1、ω_2 分别为平面运动刚体碰撞前后的角速度。上式中不计普通力的冲量矩。

式(12.5.4)与式(12.5.11)结合起来，可用来分析平面运动刚体的碰撞问题，称为**刚体平面运动的碰撞方程**。

【例 12.5.1】 设两球质量分别为 m_1 和 m_2，两球碰撞前的速度分别为 $\boldsymbol{v}_1$、$\boldsymbol{v}_2$。发生对心正碰撞(见图 12.5.3(a))。已知恢复因数为 e。试求碰撞后各自质心的速度。

【解】 按照碰撞的两个阶段，两球从开始接触到最大变形状态，在这个阶段内，两球从不同速度 $\boldsymbol{v}_1$ 和 $\boldsymbol{v}_2$ 变到具有共同速度 $\boldsymbol{u}$(见图 12.5.3(b))，然后两球开始恢复变形，从具有共同速度 $\boldsymbol{u}$ 变到不同速度 $\boldsymbol{u}_1$ 和 $\boldsymbol{u}_2$，直至分离，这时 $u_2 > u_1$(见图 12.5.3(c))。

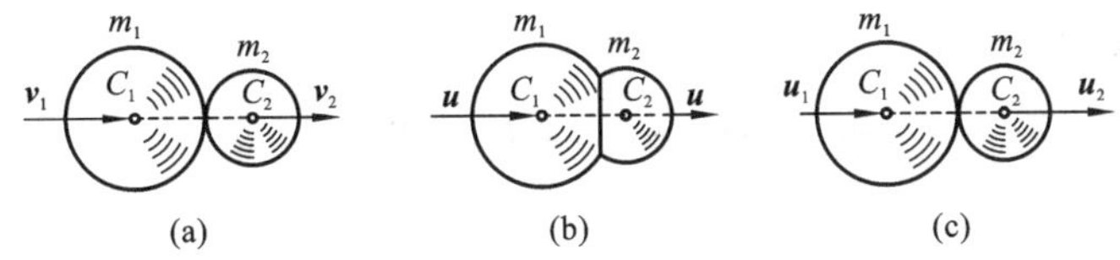

图 12.5.3

研究两球组成的质点系，碰撞力为内力，非碰撞力不必考虑，故碰撞前后质点系动量守恒，写成在 x 轴上的投影形式，有

$$m_1 v_1 + m_2 v_2 = m_1 u_1 + m_2 u_2 \tag{a}$$

或

$$m_1 u_1 - m_1 v_1 = -(m_2 u_2 - m_2 v_2) \tag{b}$$

设两球的恢复因数为 e，由式(12.5.1)知

$$e = -\frac{u_1 - u_2}{v_1 - v_2} \tag{c}$$

若已知碰撞前两球的速率 v_1 和 v_2，利用式(a)和(c)可求出碰撞后两球的速度，即

$$\left.\begin{aligned} u_1 &= v_1 - (1+e)\frac{m_2}{m_1+m_2}(v_1 - v_2) \\ u_2 &= v_2 + (1+e)\frac{m_1}{m_1+m_2}(v_1 - v_2) \end{aligned}\right\} \tag{d}$$

【说明】 由式(d)可知，碰撞冲量与 e 有关，如是完全弹性的，$e=1$，则当 $m_1 = m_2$ 时，$u_1 = v_2$，$u_2 = v_1$，即碰撞后两物体速度互换。如是塑性碰撞，$e=0$，则 $u_1 = u_2$，即碰撞后两物体速度相同。

【例 12.5.2】 一均质圆柱体，质量为 m，半径为 r，其质心以匀速 $\boldsymbol{v}_C$ 沿水平面作纯滚动，突然与一高度为 $h(h < r)$ 的平台障碍碰撞，如图 12.5.4 所示。设碰撞是塑性的，求圆柱体碰撞后质心的速度、柱体的角速度和碰撞冲量。

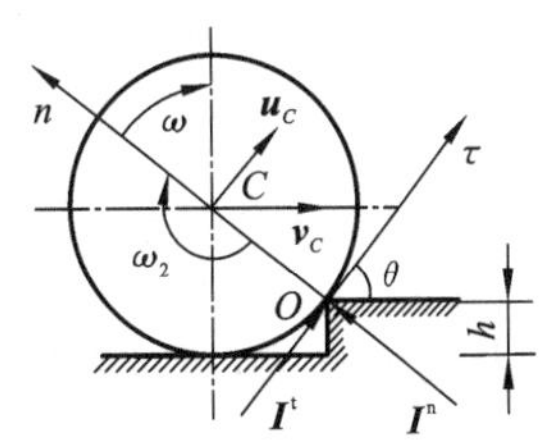

图 12.5.4

【解】 (1) 研究柱体，这也是一个突加约束的问题。

(2) 分析碰撞过程的受力情况，设圆柱体与平台凸缘碰撞冲量为 $\boldsymbol{I}$，因碰撞接触并非光滑的，故有法向和切向分量 $\boldsymbol{I}^n$ 和 $\boldsymbol{I}^t$，如图 12.5.4 所示。

(3) 分析碰撞前后的运动：碰撞前柱体作平面运动，由纯滚动条件，可求得柱体的角速度 $\omega = v_C / r$。碰撞后瞬时，柱体上 O' 轴线(垂直于图面)与平台凸缘上 O 轴线不分离，柱体突然变成绕固定轴的转动，设其角速度为 ω_2，这时，质心的速度 $u_C = r\omega_2$，方向如图所示。

(4) 在碰撞过程中,柱体对 O 轴的动量矩守恒,有

$$L_{O1}=L_{O2}: mv_C(r-h)+\frac{mr^2}{2}\omega=J_O\omega_2$$

式中,$\omega=\dfrac{v_C}{r}$,$J_O=\dfrac{mr^2}{2}+mr^2=\dfrac{3mr^2}{2}$。可得:$\omega_2=\dfrac{3r-2h}{3r^2}v_C$。

碰撞后质心速度为:

$$u_C=r\omega_2=\frac{3r-2h}{3r}v_C$$

由冲量定理求碰撞冲量:

$$mu_C^{\rm t}-mv_C^{\rm t}=\sum I_i^{\rm t},\quad mu_C-mv_C\cos\theta=I^{\rm t},\quad I^{\rm t}=m(u_C-v_C\cos\theta)=\frac{h}{3r}\cdot mv_C$$

$$mu_C^{\rm n}-mv_C^{\rm n}=\sum I_i^{\rm n},\quad 0-m(-v_C\sin\theta)=I^{\rm n},\quad I^{\rm n}=mv_C\sin\theta$$

式中,$\sin\theta=\dfrac{\sqrt{r^2-(r-h)^2}}{r}=\dfrac{\sqrt{h(2r-h)}}{r}$。

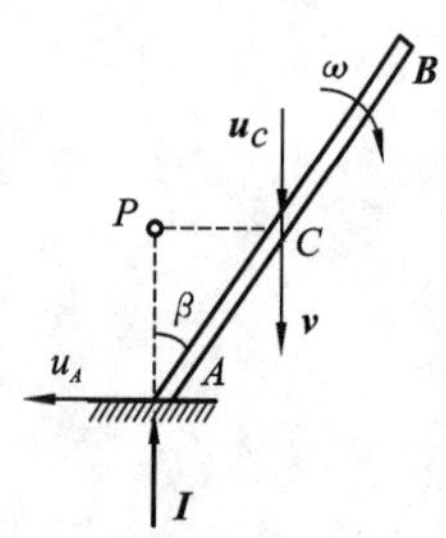

图 12.5.5

【例 12.5.3】 铅垂平动的均质细杆质量为 m,长为 l,与铅垂线成 β 角,当杆下端 A 碰到光滑水平面时,杆具有铅垂向下速度 $\boldsymbol{v}$。假定接触点的碰撞是完全塑性的,求碰撞结束时杆的角速度 ω 和 A 点的碰撞冲量 $\boldsymbol{I}$。

【解】 研究 AB 杆,因水平面是光滑的,AB 杆受到的碰撞冲量沿铅垂方向,如图 12.5.5 所示。

AB 杆在碰撞前作平动,速度为 $\boldsymbol{v}$,在碰撞过程中及碰撞后均作平面运动。设碰撞后质心的速度为 $\boldsymbol{u}_C$,角速度为 ω。

因为 AB 杆在碰撞过程中水平动量守恒,又 $v_{Cx}=0$,可知碰撞后的质心速度 $\boldsymbol{u}_C$ 沿铅垂方向,设其指向向下。又因碰撞是完全塑性的,即 $u_{Ay}=0$,
256
可知 $\boldsymbol{u}_A$ 沿水平方向,于是可得

$$u_C=\frac{l}{2}\omega\sin\beta \tag{a}$$

由碰撞的冲量定理和对质心的冲量矩定理,有

$$mu_{Cy}-mv_{Cy}=\sum I_{iy},\quad m(-u_C)-m(-v)=I \tag{b}$$

$$L_{C2}-L_{C1}=\sum M_C(\boldsymbol{I}_i^{\rm e}),\quad \frac{ml^2}{12}\omega-0=I\,\frac{l}{2}\sin\beta \tag{c}$$

以上三式(a)、(b)、(c) 联合求解,得

$$\omega=\frac{6v\sin\beta}{(1+3\sin^2\beta)l},\quad I=\frac{mv}{1+3\sin^2\beta}$$

在上述求解中,若对碰撞点 A 应用冲量矩定理,比较简便。

$$L_{A2}-L_{A1}=\sum M_A,\quad mu_C\,\frac{l}{2}\sin\beta+\frac{ml^2}{12}\omega-mv\,\frac{l}{2}\sin\beta=0$$

将式(a) 代入上式,解得:

$$\omega=\frac{6\sin\beta}{1+3\sin^2\beta}\cdot\frac{v}{l}$$

然后由式(a) 和式(b) 求碰撞冲量 $\boldsymbol{I}$。

【例 12.5.4】 质量均为 m、长为 l 的均质杆 OA 和 AB,以铰链 A 连接,并用铰链 O 支持,如

图 12.5.6 所示。今在 AB 杆的中点 C 作用一水平冲量 $\boldsymbol{I}$，求两杆的角速度以及 C 点的速度。

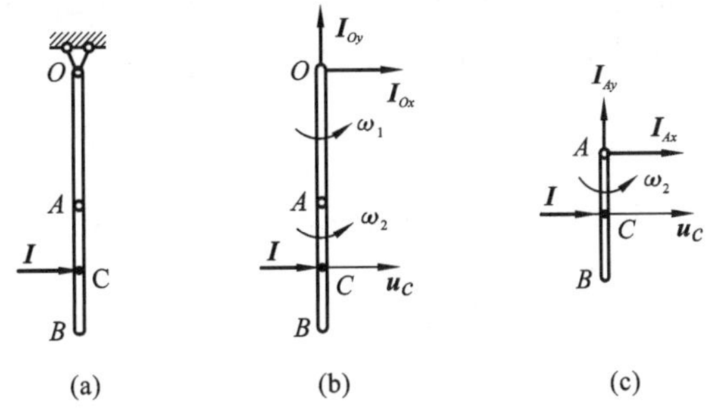

图 12.5.6

【解】 (1) 研究由 OA 和 AB 杆组成的质点系。由于约束限制，OA 杆只能作定轴转动，AB 杆作平面运动，该系统有两个自由度，设 OA、AB 杆的角速度分别为 ω_1 和 ω_2，转向如图 12.5.6(b) 所示，则

$$u_C = u_A + \frac{l}{2}\omega_2 = l\omega_1 + \frac{l}{2}\omega_2 \tag{a}$$

由质点系对 O 点的冲量矩定理，有

$$L_{O2} - L_{O1} = \sum M_O(\boldsymbol{I}_i^e),\quad \frac{ml^2}{3}\omega_1 + mu_C\frac{3l}{2} + \frac{ml^2}{12}\omega_2 - 0 = I\cdot\frac{3l}{2} \tag{b}$$

(2) 研究 AB 杆，铰链 A 处有碰撞冲量，如图 12.5.6(c) 所示，对 A 点应用冲量矩定理，有

$$L_{A2} - L_{A1} = \sum M_A(\boldsymbol{I}_i^e),\quad mu_C\frac{l}{2} + \frac{ml^2}{12}\omega_2 - 0 = I\cdot\frac{l}{2} \tag{c}$$

将(a)、(b)、(c) 三式联合求解，得

$$\omega_1 = \frac{3}{7}\cdot\frac{I}{ml},\quad \omega_2 = \frac{6}{7}\cdot\frac{I}{ml},\quad u_C = \frac{6}{7}\cdot\frac{I}{m}$$

12.5.3 撞击中心

设绕定轴转动的刚体受到外碰撞冲量 $\boldsymbol{I}$ 的作用，如图 12.5.7 所示。根据对轴 z 的冲量矩定理，有：$L_{z2} - L_{z1} = M_z(\boldsymbol{I}_i^e)$。

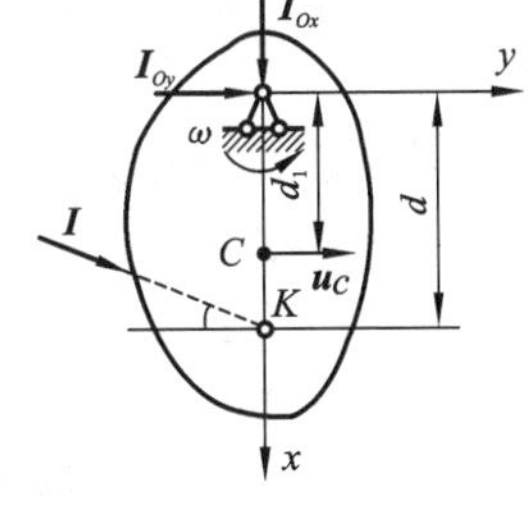

图 12.5.7

设刚体对转轴的转动惯量为 J_z，刚体在碰撞前后的角速度分别为 ω_1 和 ω_2，则有：

$$J_z(\omega_2 - \omega_1) = M_z(\boldsymbol{I}_i^e)$$

$$\omega_2 - \omega_1 = \frac{M_z(\boldsymbol{I}_i^e)}{J_z} \tag{12.5.12}$$

式(12.5.12) 表明，在碰撞时，转动刚体角速度的变化，等于作用于刚体的外碰撞冲量对转轴的主矩除以刚体对该轴的转动惯量。

当绕定轴转动的刚体受到外碰撞冲量 $\boldsymbol{I}$ 的作用时，一方面刚体转动的角速度要发生突然变化，另一方面，在轴承 O 处要引起相应的约束碰撞力。在工作实际中，轴承处的碰撞力常常是有害的，应该设法消除。下面先求轴承处的约束碰撞冲量，然后再研究在什么情形下，碰撞不致引起轴承处的冲击。

设刚体具有质量对称平面且转轴垂直于此平面，外碰撞冲量 $\boldsymbol{I}$ 作用在对称面内，如图 12.5.7 所示。

建立图示坐标系，应用冲量定理，有

$$mu_{Cx}-mv_{Cx}=I\sin\theta+I_{Ox};\quad mu_{Cy}-mv_{Cy}=I\cos\theta+I_{Oy}$$

式中，$v_{Cx}=u_{Cx}=0$，$v_{Cy}=d_1\omega_1$，$u_{Cy}=d_1\omega_2$，于是可求得轴承 O 的约束碰撞冲量为

$$I_{Ox}=-I\sin\theta \tag{a}$$

$$I_{Oy}=-I\cos\theta+md_1(\omega_2-\omega_1) \tag{b}$$

由此可见，当转动刚体受到外碰撞冲量 $\boldsymbol{I}$ 作用时，在轴承处定会引起碰撞冲量 $\boldsymbol{I}_O$，要消除该碰撞冲量，由式(a)、(b) 可知，必须满足以下两个条件：

$$I_{Ox}=-I\sin\theta=0,\quad \theta=0 \tag{c}$$

$$I_{Oy}=-I\cos\theta+md_1(\omega_2-\omega_1)=0 \tag{d}$$

由式(12.5.12)，有

$$\omega_2-\omega_1=\frac{Id\cos\theta}{J_z} \tag{e}$$

将式(e) 代入式(d)，有

$$d=\frac{J_z}{md_1} \tag{12.5.13}$$

以上两个关于 d 和 θ 的条件表明，若作用在刚体上的外碰撞冲量与转轴 O 到质心 C 的连线(即 x 轴) 垂直，且与轴的距离 d 满足式(12.5.13) 时，则在轴承 O 处不会引起冲击。此时，外碰撞冲量 $\boldsymbol{I}$ 与 x 轴的交点 K 称为**撞击中心**。

【说明】 工程中的材料撞击试验机就是利用碰撞工作的。根据上述结论，设计材料撞击试验机的摆锤时，必须把撞击试件的刃口设在摆的撞击中心，这样可以避免轴承受碰撞力。

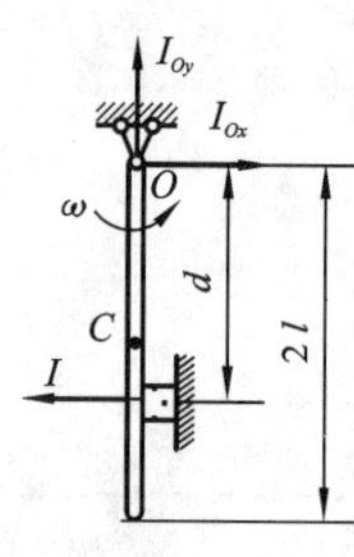

图 12.5.8

【例 12.5.5】 均质杆质量为 m，长为 $2l$，可绕水平轴 O 转动，如图 12.5.8 所示。杆由水平位置无初速地落下，到铅垂位置时与一物块相撞，设恢复因数为 e。求：(1) 轴承的碰撞冲量；(2) 撞击中心的位置。

【解】 (1) 研究杆，设杆由水平位置下落至铅垂位置与物块碰撞前的角速度为 ω，由动能定理，有

$$\frac{1}{2}J_O\omega_1^2-0=mgl,\quad \omega_1=\sqrt{\frac{2mgl}{J_O}}=\sqrt{\frac{3g}{2l}}$$

(2) 与物块相碰，设杆碰后的角速度为 ω_2，杆碰撞点在碰撞前后的法向速度为 $v_1^n=d\omega_1$，$u_1^n=d\omega_2$，物块碰撞前后的速度均为零，即 $v_2^n=u_2^n=0$，由恢复因数式(12.5.1)，有

$$e=-\frac{u_1^n-u_2^n}{v_1^n-v_2^n}=-\frac{d\omega_2}{d\omega_1}=-\frac{\omega_2}{\omega_1},\quad \omega_2=-e\omega_1$$

式中负号表示 ω_2 的转向与 ω_1 相反。

利用冲量定理和冲量矩定理求碰撞冲量。

$$L_{O2}-L_{O1}=\sum M_O(\boldsymbol{I}_i^e),\quad J_O(\omega_2-\omega_1)=-Id,\quad I=\frac{1+e}{d}J_O\omega_1$$

$$mu_{Cx}-mv_{Cx}=\sum I_{ix},\quad ml\omega_2-ml\omega_1=-I+I_{Ox},$$

$$I_{Ox}=I-ml\omega_1(1+e)=\left(\frac{J_O}{d}-ml\right)(1+e)\omega_1$$

$$mu_{Cy}-mv_{Cy}=\sum I_{iy},I_{Oy}=0。$$

(3) 求撞击中心 K 的位置。令 $I_{Ox}=0$，得：$d=\dfrac{J_O}{ml}=\dfrac{4}{3}l$。

思　考　题

12-1　图(a)中,均质杆的质量为 m,杆长为 l,质心 C 的速度为$\boldsymbol{v}_C$,则对 O 点的动量矩为 $L_O = mv_C \cdot \frac{l}{2}$,对吗?

图(b)中,作纯滚动的均质圆盘的质量为 m,半径为 R,质心 C 的速度为$\boldsymbol{v}_C$,则对地面上 O 点的动量矩为 $L_O = mv_C \cdot R$,对吗?

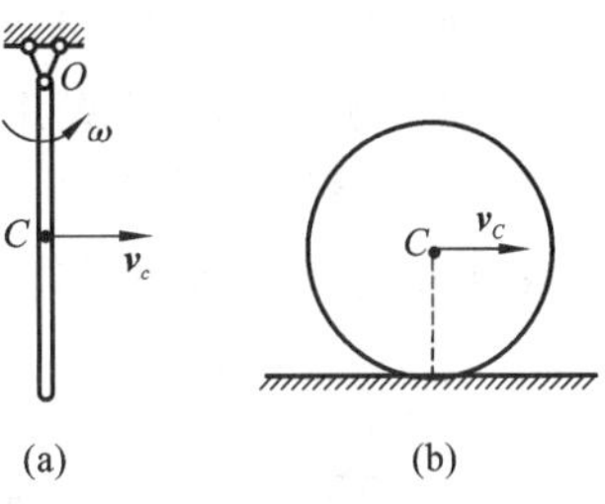

思考题 12-1 图

12-2　在推导动量矩定理和使用动量矩定理时,为什么要强调对固定点或固定轴?对任意动点(或动轴),能否使用常用的动量矩定理的形式?

12-3　对物体系使用动量矩定理,是对整体使用动量矩定理方便还是分别对每一个物体使用动量矩定理方便?而使用刚体绕定轴转动微分方程呢?

12-4　非均质圆盘沿固定水平面作纯滚动,在应用动量矩定理时,则(　　)。

A. 可对圆心 O 用动量矩定理　　B. 可对质心 C 用动量矩定理

C. 可对速度瞬心 I 用动量矩定理　　D. 对 I 点或 C 点用动量矩定理均可

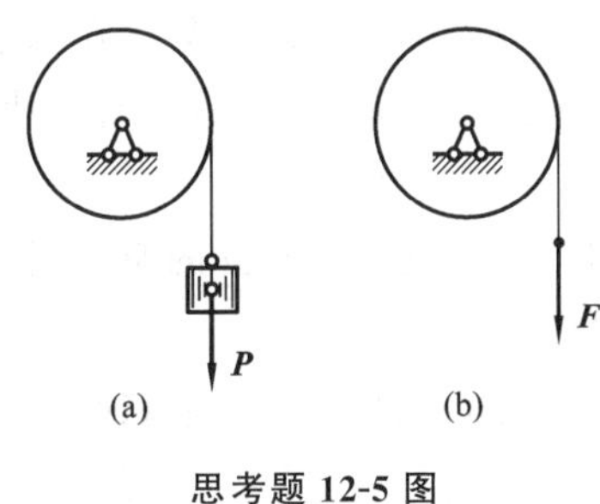

思考题 12-5 图

12-5　图示两个完全相同均质轮,图(a)中绳的一端挂一重物,重量等于 P,图(b)中绳的一端受拉力 $\boldsymbol{F}$,且 $F = P$,问两轮的角加速度是否相同?绳中的拉力是否相同?为什么?

12-6　若作用力恒通过某一固定点,这样的力常称为有心力。试证明开普勒(J. Kepler,1571—1630)第二定律:从太阳到行星的矢径在单位时间内扫过的面积为一常数。

12-7　在求解刚体平面运动动力学问题时,能否用相对于速度瞬心的动量矩定理代替相对于质心的动量矩定理?

12-8　研究碰撞问题时,为什么要引入恢复因数的概念?其物理意义是什么?

12-9　如果绕定轴转动的刚体的质心刚好在转轴上,能否找到撞击中心?

习　　题

12-1　已知均质圆盘质量为 m,半径为 R,当它作图示四种运动时,对固定点 O_1 的动量矩分别为多大?图中$\overline{O_1C} = l$。

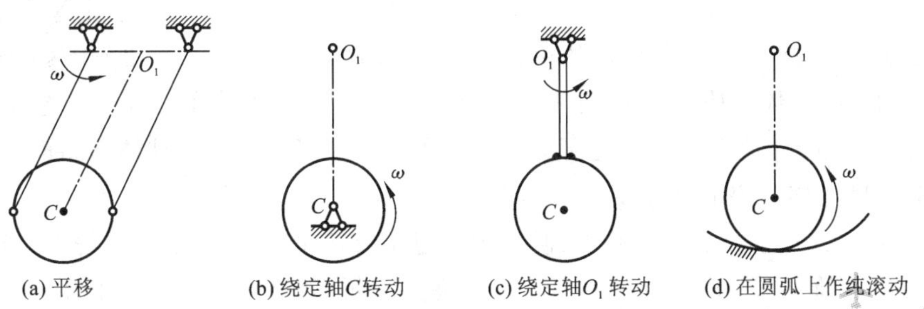

题 12-1 图

12-2　两重物 A 和 B，其质量为 m_1 和 m_2，各系在两条绳上，此两绳又分别围绕在半径为 r_1 和 r_2 的鼓轮上，如图所示。鼓轮和绳的质量及轴的摩擦均略去不计。求鼓轮的角加速度。

12-3　有两不同物体，一为均质细杆，其质量为 m，长为 l；另一为质量 m 的小球，固结于长为 l 的轻杆的杆端（杆重忽略不计）。两者均铰接于固定水平面上（如图所示），并在同一微小倾斜位置释放。问哪一个先到达水平位置？为什么？

12-4　在图示两系统中，杆 OA 在 O 端铰接，在 B 点由于铅垂弹簧的作用而使杆 OA 处于水平位置。弹簧刚度系数为 k，图中 a，l 已知。图(a)中的杆 OA 质量不计，小球 A 的质量为 m；图(b)中的杆 OA 为均质细杆，其质量为 m。如杆在铅垂面内作微小摆动，试建立上述两系统的运动微分方程。

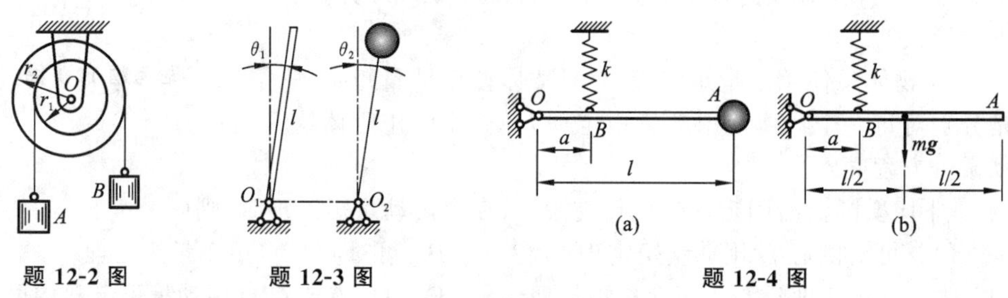

题 12-2 图　　题 12-3 图　　题 12-4 图

12-5　图示均质滚子的质量为 m，半径为 R，对其质心 C 轴的回转半径为 ρ。滚子静止在水平面上，且受一水平拉力 $\boldsymbol{F}$ 作用。设拉力 $\boldsymbol{F}$ 的作用线的高度为 h，滚子只滚不滑，滚动摩阻忽略不计。求静滑动摩擦力 $\boldsymbol{F}_s$，并分析 $\boldsymbol{F}_s$ 的大小和方向与高度 h 的关系。

12-6　均质圆柱的半径为 r，质量为 m，今将该圆柱放在图示位置。设在 A 和 B 处的摩擦因数为 f。若给圆柱以初角速度 ω_0，导出到圆柱停止所需时间的表达式。

12-7　图示质量为 m 的均质圆柱体，在其中部绕以质量不计的细绳。圆柱体的轴心 C 由静止开始降落了 h 高度，求此瞬时轴心的速度和绳子的张力。

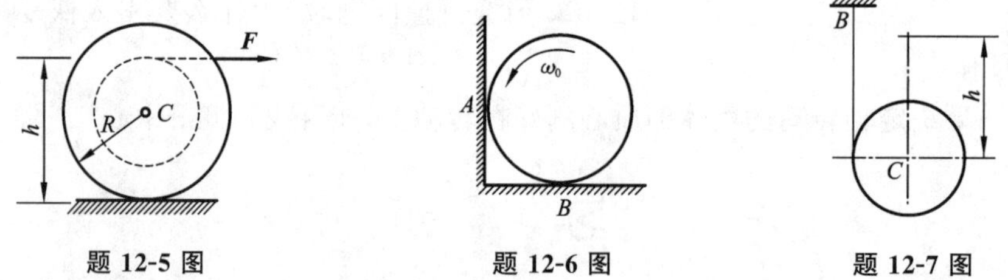

题 12-5 图　　题 12-6 图　　题 12-7 图

12-8　偏心圆轮质量 $m = 30$ kg，半径 $r = 250$ mm，偏心距 $e = \overline{OC} = 80$ mm，对于质心 C 的回转半径 $\rho = 200$ mm。当圆轮沿与水平面成 15° 的斜面只滚动而不滑动时，计算当 OC 与斜面平行（如图所示）瞬时，接触点 D 的法向约束力。若在此瞬时，圆轮具有 $\omega = 2$ rad/s 的角速度。

12-9　均质圆柱体的质量为 m，半径为 r，放在倾角为 60° 的斜面上，一细绳缠绕在圆柱体上，其一端固定于 A 点，此绳和 A 相连部分与斜面平行，如图所示。如圆柱体与斜面间的摩擦因数为 $f = 1/3$，求圆柱体质心的加速度。

12-10　物块 A 的质量为 m_A，系在绳上，绳绕过不计质量的定滑轮 D，并绕在鼓轮 B 上，如图所示。由于 A 物下降，带动了轮 C，使它沿水平轨道滚动而不滑动。设鼓轮半径为 r，轮 C 的半径为 R，两者固连在一起，总质量为 m，其对中心轴 O 的回转半径为 ρ。求重物 A 的加速度。

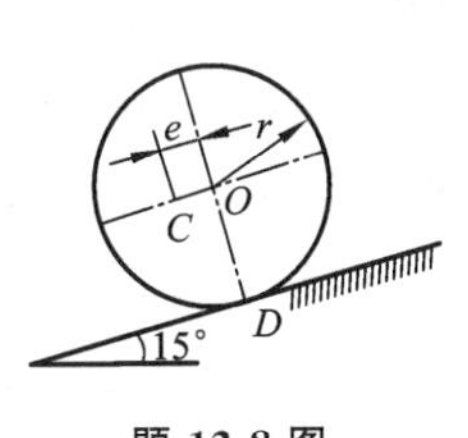

题 12-8 图

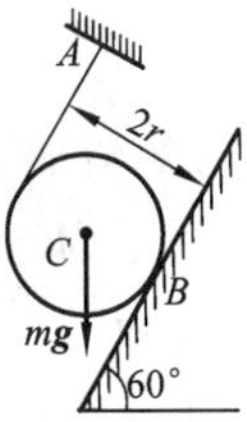

题 12-9 图

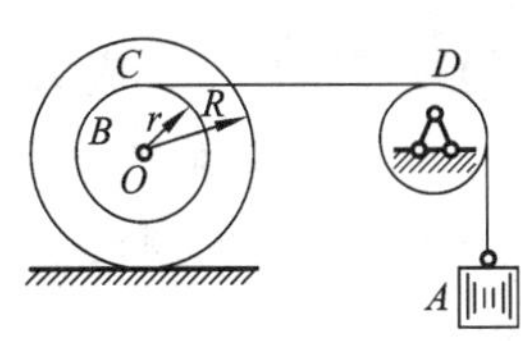

题 12-10 图

12-11　均质圆柱 A 和飞轮 B 的质量均为 m，外半径均为 r，中间用直杆以铰链连接，如图所示。令它们沿斜面无滑动地滚下。假若斜面与水平面的夹角为 θ，飞轮 B 可视为质量集中于外缘的薄圆环，杆 AB 的质量可以忽略。求杆 AB 的加速度 $\boldsymbol{a}$ 及其内力。

12-12　板重 W_1，受水平力 $\boldsymbol{F}$ 的作用，沿水平面运动，板与平面间的动摩擦因数为 f_d；在板上放一重 W_2 的实心圆柱，如图所示，此圆柱对板只滚不滑。求板的加速度。

12-13　如图所示，重 100 N，长 1 m 的均质杆 AB，B 端搁在地面上，A 端用软绳系住。设杆与地面的摩擦因数为 0.30，且动滑动摩擦因数与静滑动摩擦因数相等。问将软绳剪断的瞬间，B 端滑动否？并求此瞬时杆的角加速度以及地面对杆的作用力。

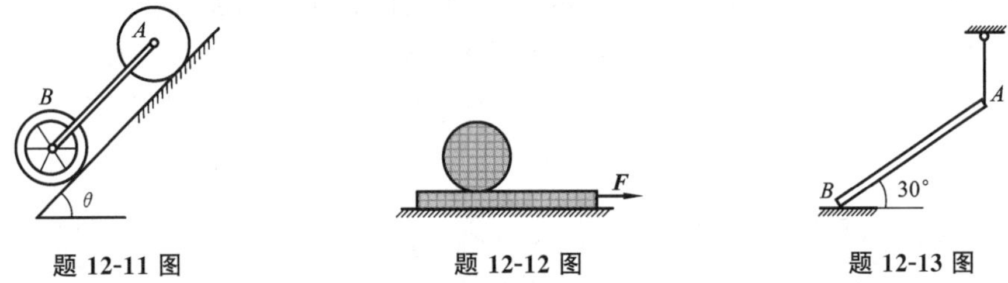

题 12-11 图　　题 12-12 图　　题 12-13 图

12-14　两根长 l、质量为 m 的均质杆 AB 和 BD 用铰链 B 连接，并用铰链 A 固定，位于图示平衡位置。今在 D 端作用一水平力 $\boldsymbol{F}$，求此瞬时两杆的角加速度。

12-15　均质杆 AB 长为 l，重 W，一端与可在倾角 $\theta = 30°$ 的斜槽中滑动的滑块铰接，而另一端用细绳相系。在图示位置，AB 杆水平且处于静止状态，夹角 $\beta = 60°$，假设不计滑块质量及各处摩擦，试求当突然剪断细绳瞬时滑槽的约束力，以及杆 AB 的角加速度。

12-16　均质圆柱体 A 和 B 的质量均为 m，半径均为 r，一绳缠在绕固定轴 O 转动的圆柱 A 上，绳的另一端绕在圆柱 B 上，直线绳段铅垂，如图所示。摩擦不计。求：(1) 圆柱体 B 下落时质心的加速度；(2) 若在圆柱体 A 上作用一逆时针转向，矩为 M 的力偶，试问在什么条件下圆柱体 B 的质心加速度将向上。

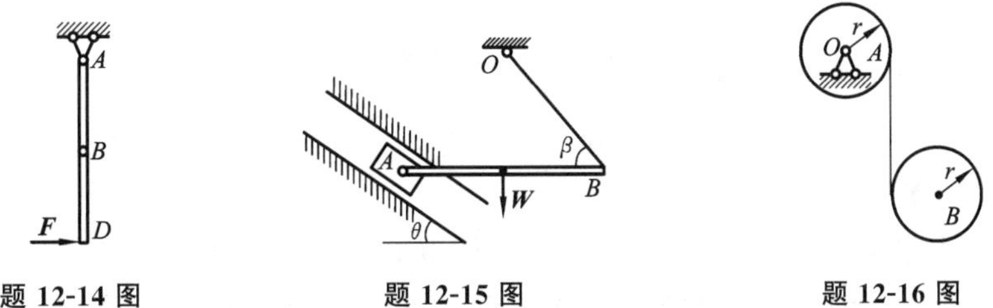

题 12-14 图　　题 12-15 图　　题 12-16 图

12-17　图示半径为 r 的均质圆轮，在半径为 R 的圆弧上只滚不滑。已知初瞬时 $\varphi = \varphi_0$（φ_0 为一微小角度），而 $\dot{\varphi}_0 = 0$。试求圆轮的运动方程以及摩擦力的大小。

12-18　如图所示，质量为 20 kg、半径为 25 cm 的均质半圆球放置在水平面上。在其边缘上

作用大小为 $F=130\ \text{N}$ 的铅垂力。已知$\overline{OC}=\dfrac{3}{8}r$,$J_C=\dfrac{83}{320}mr^2$,问如果在作用的瞬时不发生滑动,接触处的摩擦因数至少应为多大?并求此时的角加速度。

12-19　一面粗糙而另一面光滑的平板,质量为 M,将光滑面放在光滑水平桌上,在板上放一质量为 m 半径为 R 的圆柱,如图所示。圆柱与板的滑动摩擦因数为 f,若板沿其长度方向突然有一速度 $\boldsymbol{v}$(向右),求此圆柱经过多少时间开始在平板上作纯滚动?

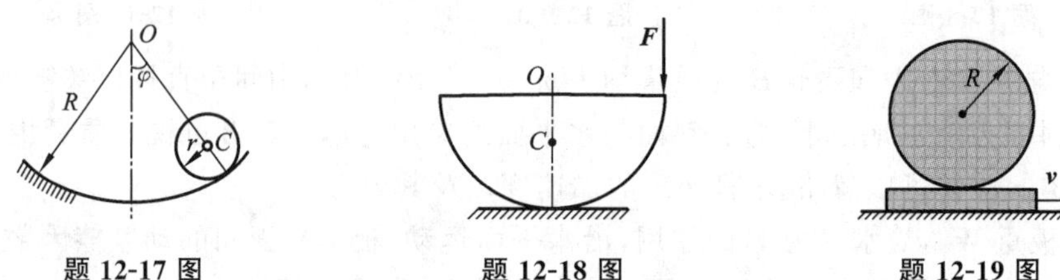

题 12-17 图　　题 12-18 图　　题 12-19 图

12-20　半径为 R,质量为 m 的均质圆柱,在重力作用下沿斜面 AB 向下运动,如图所示。圆柱与斜面间的滑动摩擦因数为 f_d,试求:(1) 圆柱所受的摩擦力;(2) 圆柱作纯滚动的条件。

12-21　如图所示,卷扬机的 B、C 轮半径分别为 R、r,对水平转动轴的转动惯量分别为 J_1、J_2,物体 A 重为 G。设在轮 C 上作用一常力矩 M,试求物体 A 上升的加速度。

12-22　如图所示的均质圆盘,质量 $m=50\ \text{kg}$,半径 $r=25\ \text{cm}$,置于支座 A、B 上,$\varphi=30°$。假设摩擦力可使 A 处不滑动,试求:(1) 移去支座 B 的瞬时,圆盘的角加速度;(2) 该瞬时 A 处的约束力。

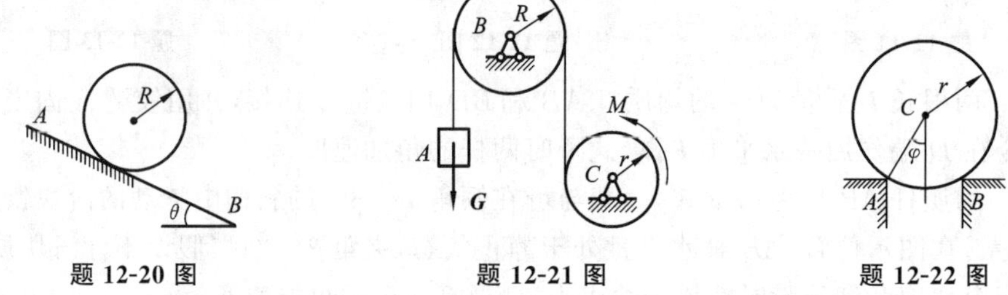

题 12-20 图　　题 12-21 图　　题 12-22 图

12-23　如图所示,均质细长杆 OA 的质量为 m,可绕 O 轴在铅垂面内转动。在 A 端铰接一个边长 $h=\dfrac{1}{3}l$、质量也为 m 的正方形板。该板可绕其中心点 A 在铅垂面内转动。开始时将方形板托住,使杆 OA 处于水平位置,然后突然放开,则系统将自静止开始运动,不计轴承摩擦。试求在放开的瞬时:(1) 方形板的角加速度;(2) 轴承 O 处的约束力。

12-24　如图所示,均质杆 AB 长为 $l=0.98\ \text{m}$,质量 $m=\dfrac{\sqrt{3}}{3}\ \text{kg}$,在图示位置无初速开始运动。斜面倾角 $\theta=30°$,若不计斜面摩擦和滑块 A 的质量,试求此时:(1) 杆 AB 的角加速度;(2) 点 A 的加速度;(3) 斜面的约束力。

12-25　图示机构位于铅垂平面内,曲柄 OA 长为 0.4 m,角速度 $\omega=4.5\ \text{rad/s}$(常数)。均质杆 AB 长为 1 m,质量为 10 kg。在 A、B 端分别用铰链与曲柄、滚子 B 连接。若滚子 B 的质量不计,试求在图示瞬时位置时,地面对滚子的约束力。

12-26　球 1 速度 $v_1=6\ \text{m/s}$,方向与静止球 2 相切,如图所示。两球半径相同、质量相等,不计摩擦。碰撞的恢复因数 $k=0.6$。求碰撞后两球的速度。

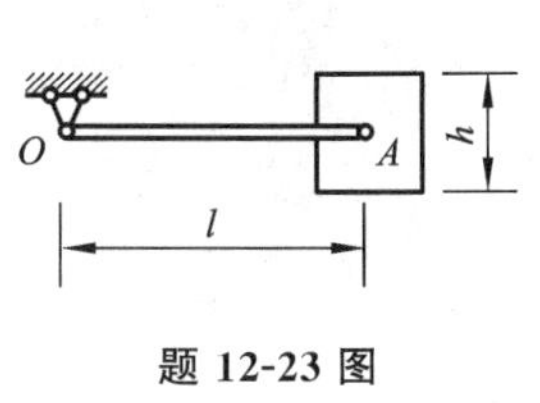

题 12-23 图

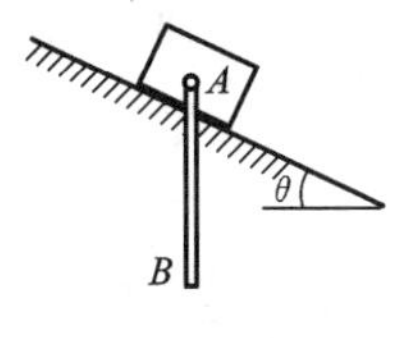

题 12-24 图

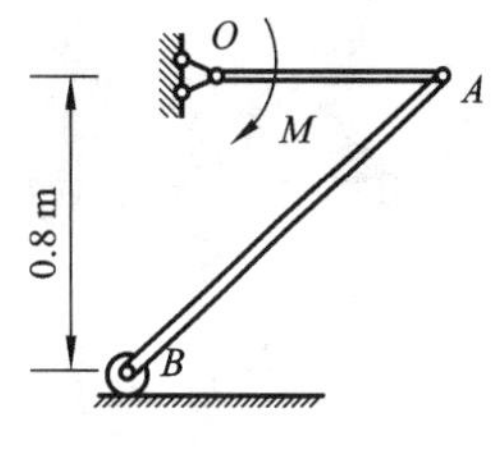

题 12-25 图

12-27　如图所示质量为m、长为l的均质杆AB，水平地自由下落一段距离h后，与支座D碰撞$\left(\overline{BD}=\dfrac{l}{4}\right)$。假定碰撞是塑性的，求碰撞后的角速度$\omega$和碰撞冲量$\boldsymbol{I}$。

12-28　质量为m_1的物块A置于光滑水平面上，它与质量为m_2、长为l的均质杆AB相铰接。系统初始静止，AB铅垂，$m_1=2m_2$。今有一冲量为$\boldsymbol{I}$的水平碰撞力作用于杆的B端，求碰撞结束时，物块A的速度。

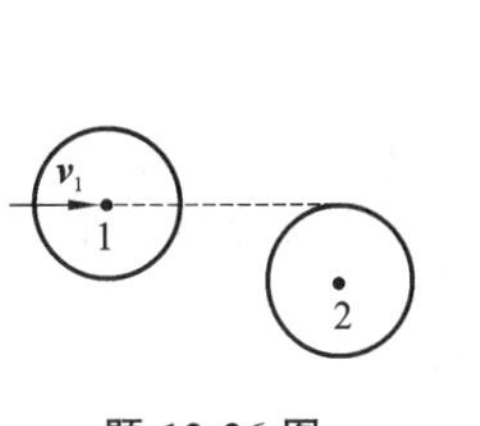

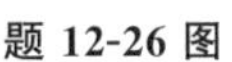
题 12-26 图

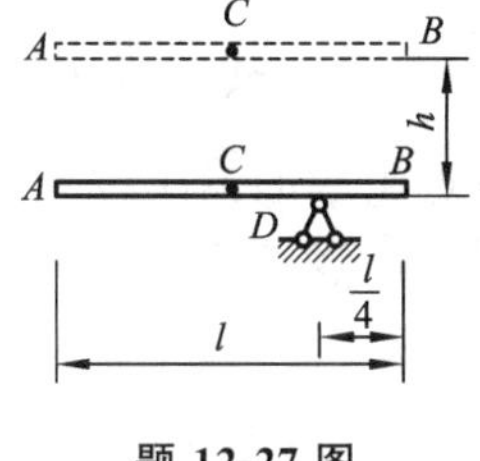

题 12-27 图

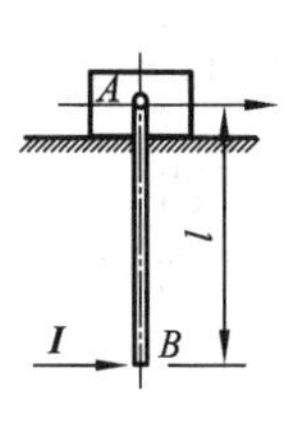

题 12-28 图

12-29　图示质量$m=2$ kg的均质圆盘无初速地从高度$h=1$ m自由下落，碰到一个固定尖角O上，若圆盘半径$r=20$ cm，距离$a=8$ cm，设碰撞时的恢复因数$k=0.8$，假设接触时没有滑动。求碰撞后圆盘的角速度和质心的速度。

12-30　图示三根长均为l的均质杆AB、BC、CD铰接成正方形的三个边并置于水平面上。D铰固定，在A点作用一沿DA方向的冲量$\boldsymbol{I}$。求碰撞后两杆的角速度。

12-31　处在铅垂平面内的均质杆AB，长度为l，质量为m，今以铅垂向下的平行移动速度$\boldsymbol{u}$与光滑地面发生碰撞，此时杆与铅垂线的夹角为$\theta\left(0<\theta<\dfrac{\pi}{2}\right)$，如图所示。假设是完全非弹性的碰撞，求以下力学量：(1) 碰撞结束瞬时杆的角速度大小；(2) 在碰撞过程中杆所受到的冲量的大小；(3) 碰撞结束后杆的一端B点的运动轨迹；(4) 当杆整体与地面即将接触瞬时的角速度大小；(5) 当杆整体与地面即将接触瞬时地面的约束反力大小。

12-32　杆OA和AB长均为l，质量均为m，在铅垂位置处于静止。现有一水平碰撞冲量$\boldsymbol{I}$，为使O处不产生瞬时反力，b应为多少？碰撞结束时AB杆瞬心E的位置d应为多少？

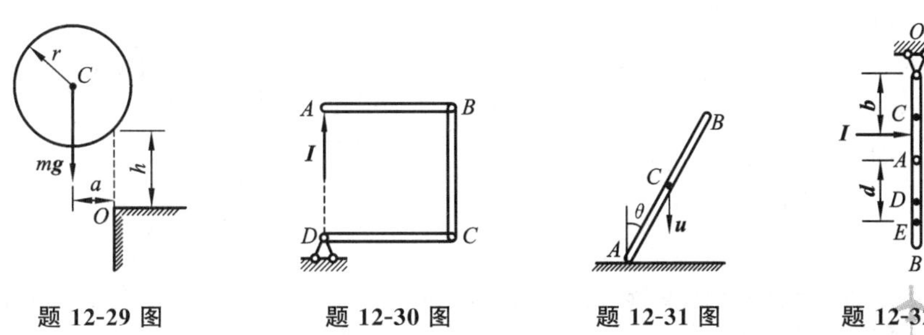

题 12-29 图　　题 12-30 图　　题 12-31 图　　题 12-32 图

Chapter 13

第 13 章　动能定理

13.1 动能

13.1.1　质点系的动能

质点系是指有限个或无限个质点组成的系统，亦包括刚体或刚体系，有时称为系统。

质点系的动能为组成质点系的各质点动能的算术和。某质点系由 n 个质点组成，其动能即为

$$T = \sum_{i=1}^{n} \frac{1}{2} m_i v_i^2$$

或简写为

$$T = \sum \frac{1}{2} m_i v_i^2 \tag{13.1.1}$$

13.1.2　平移刚体的动能

刚体平移时，在同一瞬时，刚体内各点的速度相同，设为 $\boldsymbol{v}$，则平移刚体的动能为

$$T = \sum \frac{1}{2} m_i v_i^2 = \frac{1}{2} v^2 \sum m_i$$

即

$$T = \frac{1}{2} M v^2 \tag{13.1.2}$$

其中，$M = \sum m_i$ 为刚体的总质量。这表明，平移刚体的动能等于其质量与平移速度平方的乘积之半。

13.1.3　定轴转动刚体的动能

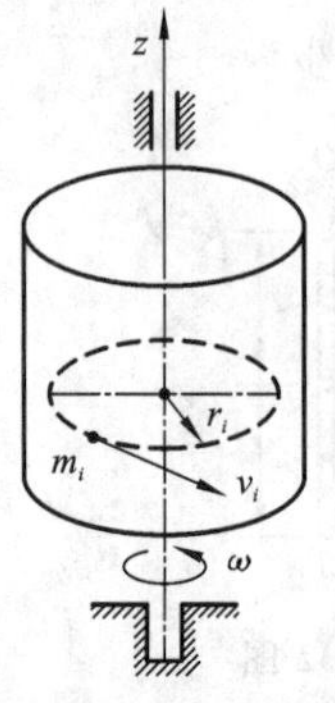

图 13.1.1

设刚体绕定轴 z 转动的角速度为 ω，任一点 m_i 的速度 $v_i = r_i \omega$，由图 13.1.1 可看出，其动能

$$T = \sum \frac{1}{2} m_i v_i^2 = \sum \frac{1}{2} m_i (r_i \omega)^2 = \frac{1}{2} \omega^2 \sum m_i r_i^2$$

即

$$T = \frac{1}{2} J_z \omega^2 \tag{13.1.3}$$

定轴转动刚体的动能，等于刚体对转轴的转动惯量与角速度平方的乘积之半。

13.1.4 平面运动刚体的动能

刚体作平面运动时，可视为绕瞬时轴通过速度瞬心 I 并与运动平面垂直的轴的转动，如图 13.1.2 所示。其动能表达式可写为

$$T = \frac{1}{2}J_I\omega^2 \tag{13.1.4}$$

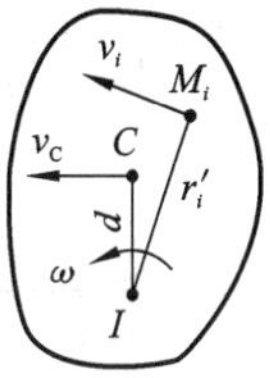

其中，J_I 是刚体对于瞬时轴的转动惯量，ω 是刚体的角速度。取通过刚体的质心 C 并与瞬时轴平行的转轴，若记刚体对于此轴的转动惯量为 J_C，设此两平行轴间的距离 $\overline{IC} = d$，根据转动惯量的平行轴定理有

$$J_I = J_C + md^2$$

图 13.1.2

代入式(13.1.4) 则得：

$$T = \frac{1}{2}J_I\omega^2 = \frac{1}{2}(J_C + md^2)\omega^2 = \frac{1}{2}J_C\omega^2 + \frac{1}{2}md^2\omega^2$$

又 $d\omega = v_C$ 是质心 C 的速度的大小，因此

$$T = \frac{1}{2}mv_C^2 + \frac{1}{2}J_C\omega^2 \tag{13.1.5}$$

式(13.1.5) 表明：平面运动刚体的动能等于随刚体质心平动的动能与绕通过质心的转轴转动的动能之和。

13.1.5 柯尼希定理

当质点系的运动比较复杂时，可以用柯尼希定理计算质点系的动能。

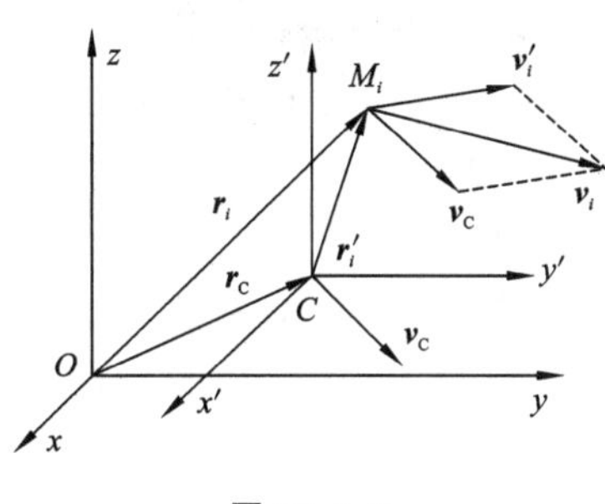

图 13.1.3

以质点系的质心 C 为原点，建立随质心 C 平动的平动坐标系 $Cx'y'z'$(参看图 13.1.3)，设质点系内任一质点的绝对速度为 $\boldsymbol{v}_i$，相对于平动坐标系 $Cx'y'z'$ 的速度为$\boldsymbol{v}'_i$，由速度合成定理，有

$$\boldsymbol{v}_i = \boldsymbol{v}_C + \boldsymbol{v}'_i$$

质点系的动能为

$$T = \sum \frac{1}{2}m_iv_i^2 = \frac{1}{2}\sum m_i(\boldsymbol{v}_C + \boldsymbol{v}'_i)\cdot(\boldsymbol{v}_C + \boldsymbol{v}'_i)$$

$$= \frac{1}{2}\sum m_i(v_C^2 + v'^2_i + 2v_Cv'_i)$$

$$= \frac{1}{2}\left(\sum m_i\right)v_C^2 + \sum \frac{1}{2}m_iv'^2_i + \boldsymbol{v}_C\cdot\sum m_i\boldsymbol{v}'_i$$

此式中右边第一项等于 $mv_C^2/2$，它表示质点系随同质心一起平动的动能；第二项表示质点系相对于质心平动坐标系运动的动能，以 T' 表示之；第三项中的 $\sum m_i\boldsymbol{v}'_i$ 表示质点系相对于质心平动坐标系的相对运动的动量，它恒等于零。这是因为质心是平动坐标系的原点，$v'_C = 0$，故 $\sum m_i\boldsymbol{v}'_i = m_i\boldsymbol{v}'_C = 0$。因此，质点系的动能最后可表示为：

$$T = \frac{1}{2}mv_C^2 + T' \tag{13.1.6}$$

即：质点系的动能等于随同质心平动的动能与相对于质心平动坐标系运动的动能之和，这称为**柯尼希定理**。显然，平面运动刚体的动能表达式(13.1.5) 是式(13.1.6) 的特殊情形。

【说明】 (1) 计算刚体的动能，首先应正确判断其运动形式，不同的运动形式使用不同的计算公式；其次应正确计算相关速度项。(2) 能否利用动能定理正确求得问题的解，常常取决于能否正确计算系统的动能。

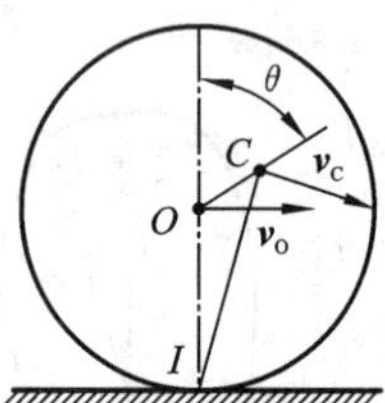

图 13.1.4

【例 13.1.1】 质量为 m、半径为 R 的非均质车轮，以匀速 v_O（轮心 O 的速度）沿地面作纯滚动，如图 13.1.4 所示，设质心 C 离轮心 O 的距离为 d，车轮对轮心轴的回转半径为 ρ_O，试求 OC 与铅垂线夹角为 θ 角时，车轮的动能。

【解】 (1) 先计算车轮的角速度 ω、车轮质心速度 v_C 和车轮对质心轴的转动惯量 J_C。

$$\omega = \frac{v_O}{R}, \quad v_C = \overline{CI}\omega, \quad J_C = J_O - md^2 = m(\rho_O^2 - d^2)$$

(2) 车轮作平面运动，由式(13.1.5) 计算其动能

$$T = \frac{1}{2}mv_C^2 + \frac{1}{2}J_C\omega^2 = \frac{1}{2}m \cdot \overline{CI}^2\omega^2 + \frac{1}{2}m(\rho_O^2 - d^2)\omega^2$$

由图知$\overline{CI}^2 = R^2 + d^2 + 2Rd\cos\theta$，代入上式，得

$$T = \frac{m}{2}(R^2 + d^2 + 2Rd\cos\theta + \rho_O^2 - d^2)\omega^2 = \frac{mv_O^2}{2R^2}(R^2 + \rho_O^2 + 2Rd\cos\theta)$$

【例 13.1.2】 图 13.1.5 所示机构中，均质杆 AB 长 l，质量为 m，圆柱 A 的质量为 M，半径为 r，可沿水平面作纯滚动。在运动过程中 $\theta = \theta(t)$。试写出当 $\theta = 30°$ 瞬时系统的动能。

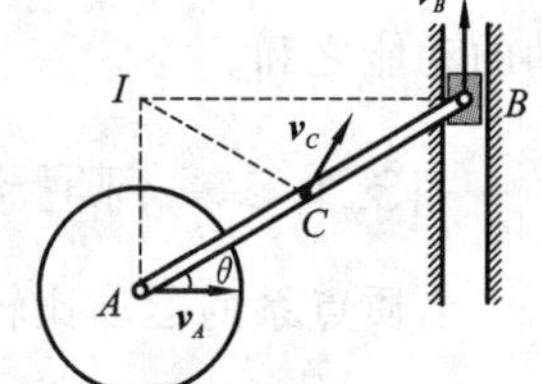

图 13.1.5

【解】 经运动分析可知，杆 AB 作平面运动，点 I 为其速度瞬心，$v_A = \frac{1}{2}l\dot{\theta}$，$v_C = \frac{1}{2}l\dot{\theta}$，所以杆 AB 的动能为

$$T_{AB} = \frac{1}{2}mv_C^2 + \frac{1}{2}J_C\dot{\theta}^2 = \frac{1}{2}m\left(\frac{1}{2}l\dot{\theta}\right)^2 + \frac{1}{2}\frac{ml^2}{12}\dot{\theta}^2 = \frac{1}{6}ml^2\dot{\theta}^2$$

圆柱 A 作平面运动，其动能为

$$T_A = \frac{1}{2}Mv_A^2 + \frac{1}{2}J_A\omega_A^2 = \frac{1}{2}M\left(\frac{1}{2}l\dot{\theta}\right)^2 + \frac{1}{2}\left(\frac{1}{2}Mr^2\right)\left(\frac{v_A}{r}\right)^2 = \frac{3}{16}Ml^2\dot{\theta}^2$$

故系统总的动能为

$$T = T_{AB} + T_A = \frac{1}{6}ml^2\dot{\theta}^2 + \frac{3}{16}Ml^2\dot{\theta}^2 = \frac{1}{48}(8m + 9M)l^2\dot{\theta}^2$$

13.2 动能定理

13.2.1 质点的动能定理

设有质量为 m 的质点 M 在合力 $\boldsymbol{F}$ 的作用下沿曲线运动，如图 13.2.1 所示。根据牛顿第二定律有：$m\boldsymbol{a} = \boldsymbol{F}$。

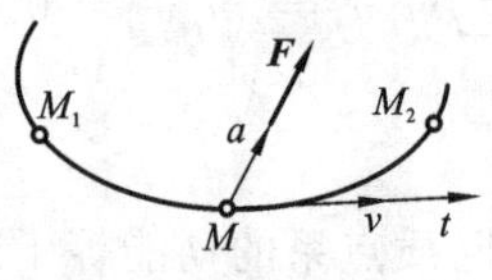

图 13.2.1

将该式投影在切线方向，得：$ma^t = F^t$ 或 $m\frac{dv}{dt} = F^t$。

由 $ds = vdt$，将上式右端乘以 ds，左端乘以 vdt 后，则得 $mvdv = F^t ds$，于是有

$$\mathrm{d}\left(\frac{1}{2}mv^2\right)=\delta W \qquad (13.2.1)$$

式中，$\frac{1}{2}mv^2$ 是质点的动能，它是一个恒正的标量。式(13.2.1)是质点动能定理的微分形式：质点动能的微分等于作用在质点上的力(或力系)的元功。

若质点在 M_1 位置时的速度为 $\boldsymbol{v}_1$，运动到 M_2 位置时的速度为 $\boldsymbol{v}_2$，将式(13.2.1)沿路径 M_1M_2 积分，$\int_{v_1}^{v_2}\mathrm{d}\left(\frac{1}{2}mv^2\right)=\int_{M_1M_2}\delta W$，得

$$\frac{1}{2}mv_2^2-\frac{1}{2}mv_1^2=W_{12} \qquad (13.2.2)$$

式(13.2.2)即为质点动能定理的积分形式：在某一运动过程的始末，质点动能的变化等于作用在质点上的力(或力系)在该过程中做的功。

13.2.2 质点系的动能定理

设质点系由 n 个质点组成，其中某一质点 m_i 受到的力，包含有外力和质点系内质点之间相互作用的内力；从另一角度看，质点受的力包含主动力和约束力。而内力可能做功，也可能不做功(或所做功之和为零)，若将全部约束力在相应的微小实位移上的元功之和等于零的约束称为**无功约束**(有别于与虚位移对应的理想约束，因为存在微小实位移可能不是虚位移的情况。说明：其他教材常称为理想约束)，则无功约束的全部约束力的元功之和等于零，所以在质点系的动能定理中，将力按主动力和约束力分类比较方便。对某质点 m_i 写出式(13.2.1)，有

$$\mathrm{d}\left(\frac{1}{2}m_iv_i^2\right)=\delta W_{Fi}+\delta W_{Ni} \quad i=1,2,\cdots,n$$

其中，δW_{Fi} 和 δW_{Ni} 分别表示作用在质点 m_i 上的主动力和约束力的元功。将上述 n 个方程相加，即：

$$\sum\mathrm{d}\left(\frac{1}{2}m_iv_i^2\right)=\sum_{i=1}^{n}\delta W_{F_i}+\sum_{i=1}^{n}\delta W_{N_i}$$

或

$$\mathrm{d}\left(\sum\frac{1}{2}m_iv_i^2\right)=\sum\delta W_{F_i}+\sum\delta W_{N_i}$$

注意到对于无功约束有 $\sum\delta W_N=0$，代入上式，并将 $\sum\delta W_{F_i}$ 简写为 $\sum\delta W_F$，得到

$$\mathrm{d}T=\sum\delta W_F \qquad (13.2.3)$$

式(13.2.3)即为质点系动能定理的**微分形式**。即：在无功约束的条件下，质点系动能的微分等于作用在质点系的主动力的元功之和。

对式(13.2.3)积分，得

$$T_2-T_1=\sum W_F \qquad (13.2.4)$$

式(13.2.4)即为动能定理的**积分形式**。即：在无功约束的条件下，某一运动过程的始末，质点系动能的变化等于作用在质点系上所有主动力在该过程所做功的代数和。

【说明】 (1)对于非无功约束的情况，应将摩擦力等非无功约束的约束反力作为主动力计算其所做的功。(2)对于无功约束的详细讨论，可参考文献[27]。

【例 13.2.1】 图 13.2.2 所示系统中，均质圆盘 A 和 B 的质量均为 m，半径均为 r，重物 C 的

质量为m_C，圆盘A在倾角为θ的固定斜面上作纯滚动，求重物C的加速度$\boldsymbol{a}_C$。绳子质量不计，绳子与圆盘B之间无滑动。

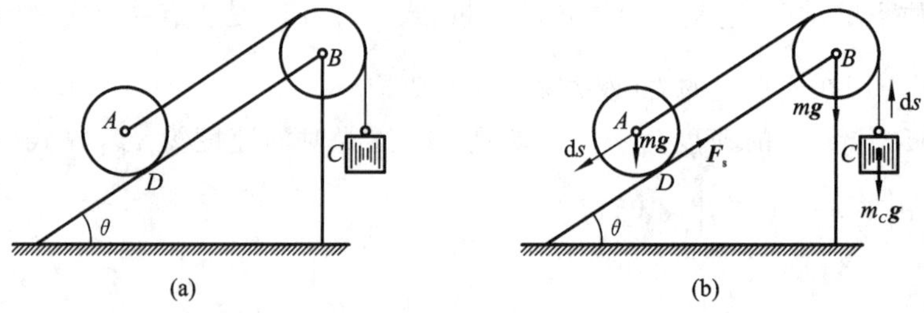

图 13.2.2

【解】 解法一 求加速度宜用动能定理的微分形式

$$\mathrm{d}T = \sum \delta W_F \tag{a}$$

先写出系统在运动过程中任意位置的动能表达式

$$T = \frac{1}{2}mv_A^2 + \frac{1}{2}J_A\omega_A^2 + \frac{1}{2}J_B\omega_B^2 + \frac{1}{2}m_Cv_C^2 \tag{b}$$

圆盘A作纯滚动，故D为圆盘A的瞬心，所以：

$$\omega_A = \frac{v_A}{r} = \frac{v_C}{r}$$

又

$$\omega_B = \frac{v_C}{r},\quad J_A = \frac{1}{2}mr^2,\quad J_B = \frac{1}{2}mr^2$$

代入式(b)，得

$$T = \frac{m_C + 2m}{2}v_C^2 \tag{c}$$

$$\mathrm{d}T = (m_C + 2m)v_C\mathrm{d}v_C \tag{d}$$

主动力的元功之和为

$$\sum \delta W_F = (mg\sin\theta - m_Cg)\mathrm{d}s \tag{e}$$

因纯滚动，滑动摩擦力$\boldsymbol{F}_s$不做功，将式(d)及式(e)代入式(a)，两边再除以$\mathrm{d}t$，且知$\frac{\mathrm{d}s}{\mathrm{d}t} = v_C$，得

$$(m_C + 2m)v_C\frac{\mathrm{d}v_C}{\mathrm{d}t} = (m\sin\theta - m_C)gv_C,\quad a_C = \frac{\mathrm{d}v_C}{\mathrm{d}t} = \frac{m\sin\theta - m_C}{m_C + 2m}g。$$

解法二 此题亦可用动能定理的积分形式，求出任意瞬时的速度表达式，再对时间求一阶导数，得到加速度。

由该系统在任意位置的动能表达式(c)所示，设系统的初始动能为T_0，它是一个定值，设从初始位置至任意位置，圆轮质心C移动一定距离，由式(13.2.4)，得

$$(m_C + 2m)v_C^2 - T_0 = (mg\sin\theta - m_Cg)s \tag{f}$$

这里v_C和s均为变量，将式(f)两边对时间求一阶导数，得

$$2v_C\cdot\frac{m_C + 2m}{2}\cdot\frac{\mathrm{d}v_C}{\mathrm{d}t} - 0 = (mg\sin\theta - m_Cg)\cdot\frac{\mathrm{d}s}{\mathrm{d}t}$$

同样得到：

$$a_C = \frac{m\sin\theta - m_C}{m_C + 2m}g$$

【说明】 在解法二中，必须选取可以变化的任意位置作为第二个位置，才能将得到的结果对时间求导求出加速度，否则只能得到确定位置的速度。

【思考】 (1) 可否利用平面运动微分方程求解？(2) 可否利用达朗贝尔原理求解？

【例 13.2.2】 图 13.2.3(a) 所示系统中，物块 A 重 W_1，均质圆轮 B 重 W_2，半径为 R，可沿水平面作纯滚动，弹簧刚度系数为 k，初位置 $y = 0$ 时，弹簧为原长，系统由静止开始运动，定滑轮 D 的质量不计，绳不可伸长。试建立物块 A 的运动微分方程。

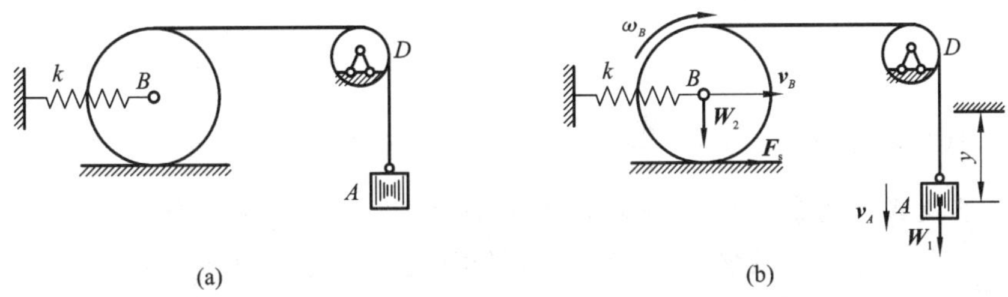

图 13.2.3

【解】 为建立物块 A 的运动微分方程，宜对整个系统应用动能定理。以物块 A 的位移为变量，当 A 从初始位置下降任意距离 y 时，记其速度为 $\boldsymbol{v}_A$，此系统的动能为

$$T = \frac{1}{2}\frac{W_1}{g}v_A^2 + \frac{1}{2}\frac{W_2}{g}v_B^2 + \frac{1}{2}J_B\omega_B^2 \tag{a}$$

为建立物体 A 的运动微分方程，需找出 v_B、ω_B 与 v_A 的关系。由运动学可知：

$$v_B = \frac{1}{2}v_A, \quad \omega_B = \frac{v_A}{2R}$$

又 $J_B = \dfrac{W_2R^2}{2g}$，代入式(a)，得：$T = \dfrac{8W_1 + 3W_2}{16g}v_A^2$。

由题意可知，此系统的初动能：$T_0 = 0$。

初始位置时，弹簧为原长，$\lambda_0 = 0$，当 A 下降 y 时，弹簧伸长 $\lambda = \dfrac{y}{2}$，故有

$$\sum W_F = W_1 y + \frac{1}{2}k\left[0 - \left(\frac{y}{2}\right)^2\right]$$

由积分形式的动能定理，可得：

$$\frac{8W_1 + 3W_2}{16g}v_A^2 - 0 = W_1 y - \frac{1}{8}ky^2 \tag{b}$$

对时间求一阶导数，并注意到 $v_A = \dfrac{\mathrm{d}y}{\mathrm{d}t}$，得

$$\frac{\mathrm{d}^2 y}{\mathrm{d}t^2} + \frac{2kg}{8W_1 + 3W_2}\left(y - \frac{4W_1}{k}\right) = 0 \tag{c}$$

式(c) 即为物块 A 的运动微分方程。

若用微分形式的动能定理求解此题，则要注意到

$$\sum \delta W_F = W_1 \cdot \mathrm{d}y - k \cdot \frac{y}{2} \cdot \mathrm{d}\left(\frac{y}{2}\right) = \left(W_1 - \frac{k}{4}y\right)\mathrm{d}y \tag{d}$$

则有

$$\mathrm{d}\left(\frac{8W_1+3W_2}{16g}v_A^2\right)=\left(W_1-\frac{1}{4}ky\right)\mathrm{d}y$$

此式两边除以 $\mathrm{d}t$，同样得到物块 A 的微分方程(c)。若对式(c)作变量变换，令：$y=y_1+C$，并将其代入式(b)，可得

$$\frac{\mathrm{d}^2y_1}{\mathrm{d}t^2}+\frac{2kg}{8W_1+3W_2}\left(y_1+C-\frac{4W_1}{k}\right)=0$$

为消去常数项，令 $C=\frac{4W_1}{k}$，即使用变量变换：$y=y_1+\frac{4W_1}{k}$，得到以 y_1 为变量的标准形式的微分方程为

$$\frac{\mathrm{d}^2y_1}{\mathrm{d}t^2}+\frac{2kg}{8W_1+3W_2}y_1=0 \tag{e}$$

【说明】 这里的变换 $y=y_1+\frac{4W_1}{k}$，即将坐标原点放在重物静平衡的位置。此时所得到的微分方程为二阶齐次线性微分方程，不含非齐次项。这与例 9.3.2 是一致的。

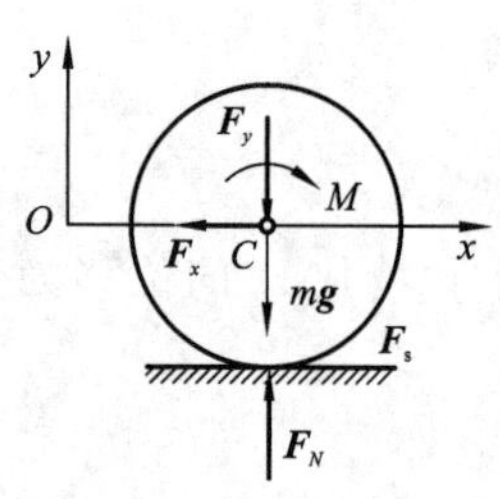

图 13.2.4

【例 13.2.3】 牵引车的主动轮质量为 m，半径为 R，对质心 C 的回转半径为 ρ_C，设牵引车对车轮的作用力可简化为作用在质心的两力 $\boldsymbol{F}_x$、$\boldsymbol{F}_y$ 和驱动力偶矩 M，轮与轨道间的静滑动摩擦系数为 f_s，试求车轮在不滑动条件下：(1) 轮心的加速度；(2) 驱动力偶矩 M 的最大值。

【解】 (1) 取研究对象：车轮。

分析受力：如图 13.2.4 所示，车轮在沿水平轨道作纯滚动时，做功的力只有驱动力偶矩 M 和阻力 $\boldsymbol{F}_s$。

分析运动：车轮作纯滚动，设轮心速度为 $\dot{x}_C$，则轮的角速度 $\omega=\dot{x}_C/R$，转角 $\varphi=x_C/R$，是具有一个自由度的问题。

列动力学方程求解。设轮子初瞬时为状态 1，轮子运动到任一瞬时为状态 2，则动能

$$T_2=\frac{m}{2}\dot{x}_C^2+\frac{1}{2}m\rho_C^2\left(\frac{\dot{x}_C}{R}\right)^2=\frac{m}{2}\left(1+\frac{\rho_C^2}{R^2}\right)\dot{x}_C^2$$

而力的功：

$$\sum W_{iF}=-F_xx_C+M\varphi=\left(\frac{M}{R}-F_x\right)x_C$$

由动能定理的积分形式

$$T_2-T_1=\sum W_{Fi},\quad \frac{m}{2}\left(1+\frac{\rho_C^2}{R^2}\right)\dot{x}_C^2-T_1=\left(\frac{M}{R}-F_x\right)x_C$$

将上式两边对时间 t 求一阶导数，并注意到初瞬时的动能 T_1 为一确定的值，其导数值为 0，得

$$\frac{m}{2}\left(1+\frac{\rho_C^2}{R^2}\right)\cdot 2\dot{x}_C\ddot{x}_C=\left(\frac{M}{R}-F_x\right)\dot{x}_C,\quad \ddot{x}_C=\frac{(M-F_xR)R}{m(\rho_C^2+R^2)}。$$

(2) 要使轮子不滑动的条件是摩擦力 $F_s\leqslant f_sF_N$，为此需要用质心运动定理求摩擦力 F_s 和正压力 F_N。

$$m\ddot{x}_C=\sum F_{ix},m\ddot{x}_C=F_s-F_x,\quad F_s=F_x+m\ddot{x}_C=F_x+\frac{(M-F_xR)R}{\rho_C^2+R^2}$$

$$m\ddot{y}_C=\sum F_{iy},\quad 0=F_N-F_y-mg,\quad F_N=F_y+mg$$

因为 $F_s\leqslant f_sF_N$，故有：

$$F_x+\frac{(M-F_xR)R}{\rho_C^2+R^2}\leqslant f_s(F_y+mg)$$

可解得

$$M\leqslant f_s(mg+F_y)\left(\frac{\rho_C^2}{R}+R\right)-F_x\frac{\rho_C^2}{R}=M_{max}$$

若驱动力偶矩 $M'>M_{max}$ 时，车轮就要打滑，若 $M=F_xR$ 时，$\ddot{x}_C=0$，牵引车作匀速运动。可见启动车或要使车加速运动时，必须使

$$F_xR<M\leqslant f_s(mg+F_y)\left(\frac{\rho_C^2}{R}+R\right)-F_x\frac{\rho_C^2}{R}$$

【思考】 如果考虑主动轮的滚动摩阻，且滚动摩阻系数为 δ，试重新计算例 13.2.3。

【例 13.2.4】 如图 13.2.5(a) 所示，均质杆 AB 长为 l，质量为 m_1，上端 B 靠在光滑墙上，下端铰接于均质轮轮心 A，轮 A 质量为 m_2，半径为 R，在粗糙的水平面上作纯滚动。当杆 AB 与水平面的夹角 $\theta=45°$ 时，该系统由静止开始运动，试求开始运动的瞬时轮心 A 的加速度。

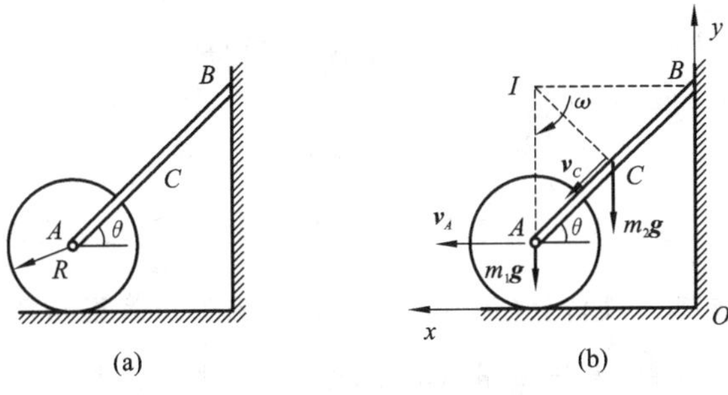

图 13.2.5

【解】 以整个系统为研究对象，可以判断系统的自由度为 1，选取杆 AB 与水平面的夹角 θ 为广义坐标。杆件和轮均作平面运动，如图 13.2.5(b) 所示。由于题目求的是系统开始运动瞬时轮心 A 的加速度，故宜用动能定理的微分形式：$\mathrm{d}T=\delta W$。为此，需要计算物体系统在一般位置系统的动能。

$$T=\frac{1}{2}m_1v_C^2+\frac{1}{2}J_C\omega_{AB}^2+\frac{1}{2}m_2v_A^2+\frac{1}{2}J_A\omega_A^2 \tag{a}$$

由速度分析可知

$$v_C=\frac{l}{2}\omega_{AB},\quad v_A=l\sin\theta\omega_{AB}$$

从而有

$$v_C=\frac{l}{2}\omega_{AB},\quad \omega_{AB}=\frac{v_A}{l\sin\theta}$$

将 v_C 和 ω_{AB} 代入式(a) 可得系统的动能为

$$T=\frac{1}{2}\left(\frac{m_1}{3\sin^2\theta}+\frac{3m_2}{2}\right)v_A^2 \tag{b}$$

由于系统约束均为无功约束，作用在物体系统上的主动力的元功为

$$\mathrm{d}W=-m_1g\mathrm{d}y_C \tag{c}$$

代入动能定理的微分形式，可得

$$\mathrm{d}\left[\left(\frac{m_1}{6\sin^2\theta}+\frac{3m_2}{4}\right)v_A^2\right]=-m_1g\mathrm{d}y_C$$

上式两边同时除以 $\mathrm{d}t$，展开可得

$$\left(\frac{m_1}{3\sin^2\theta}+\frac{3m_2}{2}\right)v_A\cdot\frac{\mathrm{d}v_A}{\mathrm{d}t}+v_A^2\frac{\mathrm{d}}{\mathrm{d}t}\left(\frac{m_1}{6\sin^2\theta}+\frac{3m_2}{4}\right)=-m_1g\frac{\mathrm{d}y_C}{\mathrm{d}t}\tag{d}$$

考虑到

$$\frac{\mathrm{d}y_C}{\mathrm{d}t}=\frac{\mathrm{d}}{\mathrm{d}t}\left(R+\frac{l}{2}\sin\theta\right)=\frac{l}{2}\cos\theta\,\dot{\theta}$$

$$\frac{\mathrm{d}x_A}{\mathrm{d}t}=\frac{\mathrm{d}}{\mathrm{d}t}(l\cos\theta)=-l\sin\theta\,\dot{\theta}=v_A$$

故有

$$\frac{\mathrm{d}y_C}{\mathrm{d}t}=-\frac{l}{2}\cos\theta\cdot\frac{v_A}{l\sin\theta}=-\frac{v_A\cos\theta}{2\sin\theta}$$

将上式代入式(d)，并消去 v_A，可得

$$\left(\frac{m_1}{3\sin^2\theta}+\frac{3m_2}{2}\right)\frac{\mathrm{d}v_A}{\mathrm{d}t}+v_A\cdot\frac{\mathrm{d}}{\mathrm{d}t}\left(\frac{m_1}{6\sin^2\theta}+\frac{3m_2}{4}\right)=m_1g\cdot\frac{\cos\theta}{2\sin\theta}\tag{e}$$

在开始运动的瞬时，则有 $\theta=45^\circ$，$v_A=0$，代入式(e)，可得

$$\frac{\mathrm{d}v_A}{\mathrm{d}t}=a_A=\frac{3m_1}{4m_1+9m_2}g$$

【注意】 (1) $\frac{\mathrm{d}y_C}{\mathrm{d}t}$ 的表达式也可以将 C 点的速度分解求得。(2) 应用微分形式的动能定理时，动能的表达式一定是系统在一般位置(例如本例题的 θ 的任一位置)，即用变量来表示动能，否则在确定位置处的动能为一常数，无法应用。(3) 注意虽然 $\dot{\theta}$ 也表示杆件 AB 转动的角速度，但本例题中 $\dot{\theta}=-\omega_{AB}$。

【思考】 (1) 试求系统开始运动的瞬时轮 A 受到的地面约束力。(2) 当系统运动到 $\theta=30^\circ$ 时轮心 A 的加速度。(3) 还可以用什么方法求解以上问题？

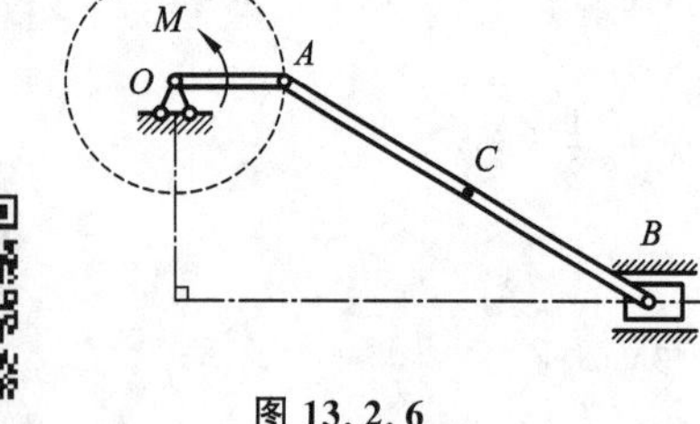

图 13.2.6

【例 13.2.5】 曲柄链杆机构如图 13.2.6 所示，曲柄 OA 的质量为 m_1，连杆 AB 的质量为 m_2，滑块 B 的质量为 m_3。已知 $\overline{AB}=l$，$\overline{OO_1}=a$。机构处于水平面内曲柄受大小为 M(为常数) 的力偶作用，各处摩擦不计。假定开始时曲柄 OA 与滑道平行，角速度为零。曲柄 OA 和连杆 AB 均视为均质杆。试求：(1) 曲柄转完第一圈的瞬时滑块 B 的速度。(2) 如果机构处于铅垂平面内，其他条件不变，计算的滑块 B 的速度会有什么变化？

【评注】 (1) 从以上各例题可以看出，对于动力学的两类问题，即已知运动求力和已知力求运动，动能定理主要适用于后者。在一般情况下，主动力是已知的，约束力是未知的。在动能定理方程中，一般不含约束力，所以，动能定理最适用于动力学的第二类基本问题：已知主动力求运动，即求速度、加速度或建立运动微分方程。(2) 一般来说，求速度宜用动能定理的积分形式，求加速度或建立运动微分方程宜用其微分形式，或先用积分形式再求导。(3) 由于动能是正标量，与速度方向无关；各种运动刚体的动能都能用简单的公式计算出来，即便是复杂的系统，也可以顺利地计算其总动能；加之未知的约束力一般不做功，所有这些都给动力学问题的求解带来很大的方便。所以，动能定理在求解动力学问题中占有特别重要的地位。(4) 动能定理无论积分形式，还是微分形式，只建立了一个方程，因此一般情况下利用动能定理只能求解一个未知数，所以独

立用来求解问题时一般只能适用于单自由度系统。(5) 对于多自由度系统，可以利用与其他定理联合求解的方法进行讨论，具体参见本章动力学普遍定理的综合应用一节。(6) 对于多自由度系统是完整的定常系统，且系统动能的表达式中不含广义坐标，可以单独利用动能定理的微分形式对多自由度系统进行动力学建模，具体过程见文献[30]的讨论。

13.3 机械能守恒定律　功率方程

13.3.1 机械能守恒定律

若有一质点在势力场中运动，令其在任意两位置的动能分别为 T_1 和 T_2，势能分别为 V_1 和 V_2。根据质点系动能定理的微分形式，有 $\mathrm{d}W = \mathrm{d}T$。又由 $\mathrm{d}W = -\mathrm{d}V$，所以：$\mathrm{d}T + \mathrm{d}V = 0$。即：$\mathrm{d}(T+V) = 0$，或

$$T + V = 常量 \tag{13.3.1}$$

或表示为

$$T_1 + V_1 = T_2 + V_2 \tag{13.3.2}$$

式(13.3.1) 或式(13.3.2) 即为**机械能守恒定律**。可表述为：在势力场中质点系的动能与势能之和为常量。

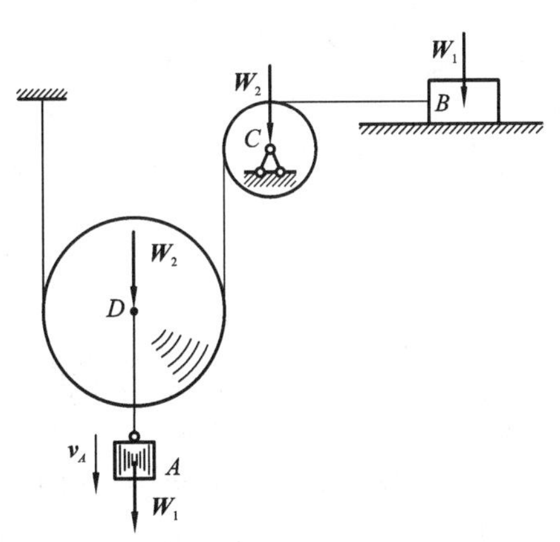

图 13.3.1

【例 13.3.1】 如图 13.3.1 所示，已知 A 和 B 的重量均为 W_1，滑轮 C 和 D 的重量均为 W_2，且均为均质圆盘。设开始时，重物 A 有向下的速度 $\boldsymbol{v}_0$。不考虑各处摩擦，绳索不可伸长，且重量不计。求重物 A 下落多大距离时，其速度增加一倍(初始位置设为 1，速度增加一倍时的位置设为 2)。

【解】 由于不考虑摩擦，故系统的机械能守恒。设初始动能为

$$\begin{aligned}
T_1 &= \frac{1}{2}m_A v_A^2 + \frac{1}{2}m_B v_B^2 + \frac{1}{2}J_C\omega_C^2 + \frac{1}{2}m_D v_D^2 + \frac{1}{2}J_D\omega_D^2 \\
&= \frac{1}{2}\frac{W_1}{g}v_0^2 + \frac{1}{2}\frac{W_1}{g}(2v_0)^2 + \frac{1}{2}\frac{W_2}{2g}r^2\left(\frac{2v_0}{r}\right)^2 + \frac{1}{2}\frac{W_2}{g}v_0^2 + \frac{1}{2}\frac{W_2}{2g}r^2\left(\frac{v_0}{r}\right)^2 \\
&= \frac{v_0^2}{4g}(10W_1 + 7W_2)
\end{aligned}$$

在位置 2 时，速度 v_A 增加一倍，所以动能为

$$T_2 = \frac{(2v_0)^2}{4g}(10W_1 + 7W_2) = \frac{v_0^2}{g}(10W_1 + 7W_2)$$

假设取系统的零势能面为通过物体 A 的初始形心位置平面，则系统初始位置 1 和位置 2 的势能分别为

$$\begin{aligned}
V_1 &= l_{AD}\cdot W_2 + y_C\cdot W_2 + y_B\cdot W_1 \\
V_2 &= (l_{AD} - h)\cdot W_2 - hW_1 + y_C\cdot W_2 + y_B\cdot W_1
\end{aligned}$$

其中，h 为重物 A 在位置 2 处相对于初始位置下落的距离。

代入式(13.3.2) 可得

$$\frac{v_0^2}{4g}(10W_1+7W_2)+l_{AD}\cdot W_2+y_C\cdot W_2+y_B\cdot W_1$$

$$=\frac{v_0^2}{g}(10W_1+7W_2)+(l_{AD}-h)\cdot W_2-hW_1+y_C\cdot W_2+y_B\cdot W_1$$

对上式移项、化简可得

$$\frac{v_0^2}{g}(10W_1+7W_2)-\frac{v_0^2}{4g}(10W_1+7W_2)=(W_1+W_2)h$$

解之得：

$$h=\frac{3v_0^2(10W_1+7W_2)}{4g(W_1+W_2)}$$

【思考】 (1) 若重物 B 与水平面间的动摩擦因数为 f_d，如何求解例 13.3.1?(2) 动滑动摩擦力不是有势力，所以机械能并不守恒，但可以考虑应用动能定理求解。

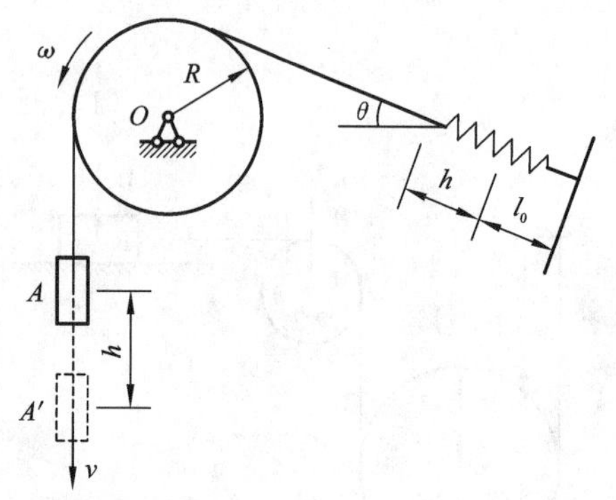

图 13.3.2

【例 13.3.2】 如图 13.3.2 所示，物块 A 质量为 m_1，定滑轮 O 质量为 m_2，用不计质量的细绳跨过滑轮与弹簧相连，绳与滑轮间无相对滑动。弹簧质量不计，原长为 l_0，弹簧刚度系数为 k。滑轮半径为 R，可以视为均质圆盘，不计轴承摩擦，当系统处于静平衡时，若给物块 A 以向下的速度 $\boldsymbol{v}_0$，试求：(1) 物块 A 下降距离为 h 时的速度；(2) 系统的运动微分方程；(3) 试求系统微振动的固有频率。

【解】 以整个系统为研究对象。轮 O 受到无功约束，在系统运动过程中，只有重力和弹簧的弹性力做功，重力和弹性力都是保守力，故系统机械能守恒。

(1) 求物块 A 下降距离为 h 时的速度。

选弹簧处于原长时的末端为弹性力势能的零位置；选各物体处于静平衡时，各自质心所在水平面位置为各物体的重力势能零位置。而取静平衡时为第一位置，物块 A 下降距离 h 时系统所在位置为第二位置。

第一位置时，弹簧的变形量为 $\lambda_1=m_1g/k$，物块 A 的速度为 v_0，滑轮 O 的角速度为 $\omega_0=\dfrac{v_0}{R}$。则系统的动能和势能分别为

$$T_1=\frac{1}{2}m_Av_0^2+\frac{1}{2}J_O\cdot\omega_0^2=\frac{1}{2}m_1v_0^2+\frac{1}{2}\left(\frac{1}{2}m_2R^2\right)\cdot\left(\frac{v_0}{R}\right)^2=\frac{1}{4}(2m_1+m_2)v_0^2$$

$$V_1=\frac{1}{2}k\lambda_1^2$$

第二位置时，弹簧的变形量为 $\lambda_2=\lambda_1+h$。设物块 A 速度大小为 v，滑轮 O 的角速度为 $\omega=\dfrac{v}{R}$。系统的动能和势能分别为

$$T_2=\frac{1}{2}m_Av^2+\frac{1}{2}\left(\frac{1}{2}m_2R^2\right)\cdot\omega^2=\frac{1}{4}(2m_1+m_2)v^2$$

$$V_2=\frac{1}{2}k\lambda_2^2-m_Agh=\frac{1}{2}k(\lambda_1+h)^2-m_1gh$$

根据机械能守恒定律 $T_1+V_1=T_2+V_2$，得

$$\frac{1}{4}(2m_1+m_2)v_0^2+\frac{1}{2}k\lambda_1^2=\frac{1}{4}(2m_1+m_2)v^2+\frac{1}{2}k(\lambda_1+h)^2-m_1gh \tag{a}$$

求解式(a) 可得，物块 A 下降 h 时的速度为：

$$v=\sqrt{v_0^2-\frac{2kh^2}{2m_1+m_2}}$$

(2) 建立系统的运动微分方程。

将式(a) 两边对时间求导数可得

$$\frac{1}{2}(2m_1+m_2)v\frac{\mathrm{d}v}{\mathrm{d}t}+k(\lambda_1+h)\frac{\mathrm{d}h}{\mathrm{d}t}-m_1g\frac{\mathrm{d}h}{\mathrm{d}t}=0$$

考虑到

$$k\lambda_1=m_1g,\quad \frac{\mathrm{d}h}{\mathrm{d}t}=v,\quad \frac{\mathrm{d}v}{\mathrm{d}t}=\frac{\mathrm{d}^2h}{\mathrm{d}t^2}$$

两边消去 v，简化可得系统的运动微分方程为

$$\frac{\mathrm{d}^2h}{\mathrm{d}t^2}+\frac{2k}{2m_1+m_2}h=0 \tag{b}$$

(3) 求故有频率。

由式(b) 可知，系统微振动为简谐振动。所以，固有频率为

$$\omega_{\mathrm{n}}=\sqrt{\frac{2k}{2m_1+m_2}}$$

【说明】 (1) 如果以系统的静平衡位置为坐标原点建立系统的振动微分方程，则系统的振动微分方程与重力和静伸长无关，或者说在建立系统方程时可以不用考虑重力和静伸长。(2) 如果不是以系统的静平衡位置为坐标原点建立振动微分方程，则系统的振动微分方程与重力和静伸长有关，但可以通过坐标变换转换为式(b) 的形式，如例 13.2.2。

【思考】 请尝试用其他形式的方程求解该例题，并与上述方法进行比较。

【例 13.3.3】 如图 13.3.3 所示，试用机械能守恒定律求解例 13.2.4。

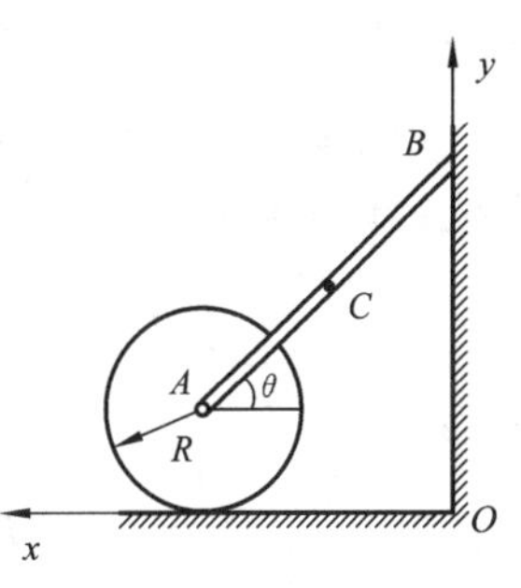

图 13.3.3

13.3.2 功率方程

在第 8 章介绍了功率的概念，它表示力或力偶在单位时间内所做的功，是用来衡量机器性能的一项重要指标，用 P 表示功率，计算公式为

$$P=Fv\cos\theta=F^{\mathrm{t}}v \quad 或 \quad P=M\omega \tag{13.3.3}$$

任何机器都要依靠不断地输入功，才能维持它的正常运行。例如，用电动机拖动机器运行时，设输入功为 $\delta W_{入}$，机器为完成其工作所需消耗的功为 $\delta W_{有用}$，还有为克服机械摩擦阻尼等而消耗的无用功 $\delta W_{无用}$。由动能定理

$$\mathrm{d}T=\delta W_{入}-\delta W_{有用}-\delta W_{无用}$$

上式等号两边除以 $\mathrm{d}t$，即得

$$\frac{\mathrm{d}T}{\mathrm{d}t}=P_{入}-P_{有用}-P_{无用} \tag{13.3.4}$$

式(13.3.4) 就是**功率方程**，它表明机器的输入、消耗的功率与动能变化率之间的关系。当机

器在启动过程中，要求$\frac{dT}{dt}>0$，即$P_{入}>P_{有用}+P_{无用}$；机器正常运行时，$\frac{dT}{dt}=0$，即$P_{入}=P_{有用}+P_{无用}$；当机器在停机过程中，停止输入功，即$P_{入}<0$，机器停止工作，$P_{有用}=0$，只有无用功的消耗，即$\frac{dT}{dt}=-P_{无用}$，$\frac{dT}{dt}<0$，直至机器停止。

机器在稳定运转时的有用输出功率与输入功率之比称为**机械效率**，用η表示，即

$$\eta=\frac{P_{有用}}{P_{入}}\times 100\% \tag{13.3.5}$$

机器的机械效率η表明机器对输入功率的有效利用程度，它是评定机器质量优劣的一个重要指标。

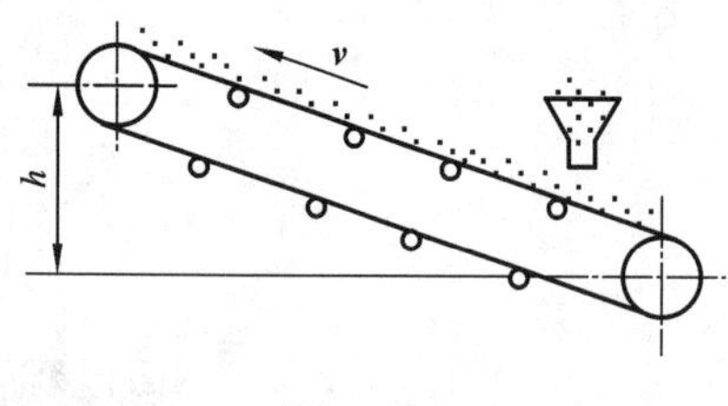

图 13.3.4

【例 13.3.4】 带式输送机如图 13.3.4 所示。传送带的速度为$v=1$ m/s，输送量$q=2\ 000$ kg/min，输送高度为$h=5$ m。传送带传动的机械效率为$\eta_1=0.6$，减速箱的机械效率为$\eta_2=0.4$，求输送机所需的电动机的功率。

【解】 取整段传送带上被运输的物料为研究的质点系。由于速度v为常量，故可研究dt秒内动能的变化与功之间的关系。

在dt秒内有质量为$q\mathrm{d}t/60$的物料被提升到高度$h=5$ m处，同时又有同样的材料从静止状态变为以速度$v=1$ m/s运动，动能的变化量为：$\mathrm{d}T=\frac{1}{2}\left(\frac{q}{60}\mathrm{d}t\right)v^2$。

设输送机所需电动机的功率为P，这是输送机的输入功率，其有用功率为：$P_1=\eta_1\cdot\eta_2 P$。由动能定理可得：

$$\frac{1}{2}\left(\frac{q}{60}\mathrm{d}t\right)v^2=\eta_1\cdot\eta_2 P\mathrm{d}t-\left(\frac{q}{60}\mathrm{d}t\right)gh$$

消去dt后，得

$$P=\frac{1}{\eta_1\eta_2}\frac{q}{60}\left(\frac{v^2}{2}+gh\right)=6\ 875\ \mathrm{W}=6.875\ \mathrm{kW}$$

13.4 动力学普遍定理的综合应用

本节作为第 11 至 13 章的总结，说明如何应用动力学普遍定理求解动力学的两类问题。

普遍定理包括质点系的动量定理、动量矩定理和动能定理，而其中每一个定理只建立了力与运动的某一方面物理量之间的关系。一般情况下，对于质点系的动力学两类问题，往往需要两个或两个以上的定理联合求解；又因为这三个定理都是反映了物体的运动与力之间的关系，具有一定的共性，所以有时一个问题有几种解法，这样，解题时运算是否简便与定理的选择有一定关系。但因为工程中的问题十分复杂，选用定理有很大的灵活性，很难总结出一个不变的模式应用于各题，仅提供几条大致的途径，供读者学习时参考。

(1) 对于单自由度系统的动力学两类问题，如果主动力系是已知的，约束力不做功，可应用动能定理(保守系统也可用机械能守恒定律) 先求出系统的运动，然后再利用动量定理和动量矩定理求约束力，这样求解可以避免解联立方程，使运算简便。

(2) 质点系的动量定理和动量矩定理共同反映了质点系的外力系的主矢和主矩的运动效应，所以质点系的动量和动量矩定理联合起来，可求解质点系动力学的两类问题。但这两个定理

的方程中要出现未知的约束力，对于一个较复杂的系统，往往要选几次研究对象，分别建立各个研究对象的动力学方程后联合求解。求解时一般通过消元法，先求出运动，再求约束力。这样不管是单自由度系统还是多自由度系统，可以将系统按运动形式分为几个研究对象，建立各个研究对象的动力学方程，联合起来求解。因此可以说这是一种基本的方法，对于求解初瞬时系统的运动与力，比较方便。

这种方法的缺点除了前面提到的要解联立方程外，求解速度（角速度）问题时，一般还需要积分。

(3) 要注意判断动量（质心）守恒及动量矩守恒的情况，这类问题往往用其他定理不易求解。对于一些特殊的系统，如流体的动压力问题，要用其相应的方程求解。

(4) 有时也可以将达朗贝尔原理与动力学的三大定理联合应用，选择合适的方法求解。例如，可以应用动能定理求解速度或加速度，这样可以不考虑太多无功约束的作用，对于要求解的相关约束力，则可以应用达朗贝尔原理（动静法）求解，相对还会更简便。

(5) 不管选用哪种方法，哪个定理，都要对所选取的研究对象进行受力分析和运动分析，建立需要的运动学关系。

下面通过例题，说明普遍定理的联合应用。

【例 13.4.1】 均质圆盘 A 和 B 的质量均为 m，半径均为 r，如图 13.4.1(a) 所示，重物 C 的质量为 m_C，圆盘 A 在倾角为 θ 的固定斜面上作纯滚动，求重物 C 的加速度和轴承 B 的约束力。

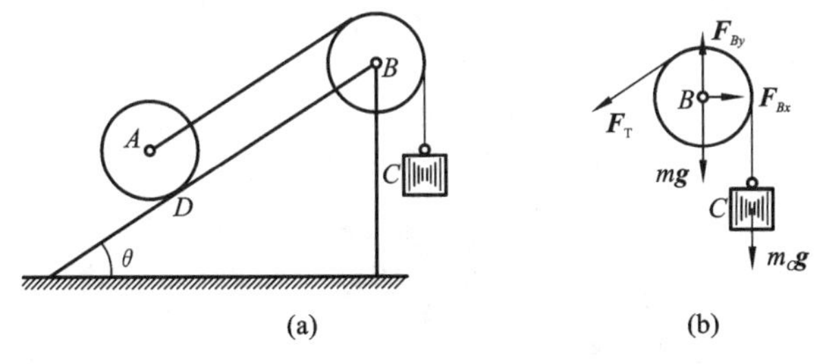

图 13.4.1

【解】 圆盘 A 沿斜面作纯滚动时，整体系统属于单自由度系统，且做功的力只有 A、C 物体的重力，故可用动能定理求出系统的运动后，再考虑用动量定理和动量矩定理求轴承 B 的约束力，由于重物 C（或 A 点）的加速度已在例 13.2.1 中求出，只需求轴承 B 的约束反力。

研究由圆盘 B 和重物 C 组成的质点系，其受力如图 13.4.1(b) 所示。

用质点系对固定轴 B 的动量矩定理求绳子拉力 $\boldsymbol{F}_{\mathrm{T}}$。

由于 $\dot{L}_B = \sum M_B(\boldsymbol{F}_i)$，而

$$L_B = \frac{1}{2}mr^2\omega_B + m_C rv = \left(\frac{1}{2}m + m_C\right)rv$$

$$\left(\frac{1}{2}m + m_C\right)r\frac{\mathrm{d}v}{\mathrm{d}t} = (m_C g - F_{\mathrm{T}})r,\quad F_{\mathrm{T}} = m_C g - \left(\frac{1}{2}m + m_C\right)a$$

再用质点系动量定理求轴承 B 的约束力。

$$\sum m_i\ddot{x}_i = \sum F_{ix},\quad m\cdot 0 + m_C\cdot 0 = F_{Bx} - F_{\mathrm{T}}\cos\theta$$

$$F_{Bx} = F_{\mathrm{T}}\cos\theta = m_C g\cos\theta - \left(\frac{1}{2}m + m_C\right)a\cos\theta$$

$$\sum m_i\ddot{y}_i = \sum F_{iy},m\cdot 0 + m_C\cdot(-a) = F_{By} - (m + m_C)g - F_{\mathrm{T}}\sin\theta$$

$$F_{By} = [m + m_C(1+\sin\theta)]g - \left[\frac{1}{2}m + m_C(1+\sin\theta)\right]a$$

将例 13.2.1 的加速度结果代入 F_{Bx}、F_{By} 的表达式，即可得到用已知量表示的轴承约束力。

【说明】 本题也可分别研究 A、B、C，列各个研究对象的微分方程，联立求解。请读者尝试，并将两种求解方法进行比较。

【思考】 若倾角为 θ 的斜面不是固定的，而是置于光滑水平面上，如何计算例 13.4.1?

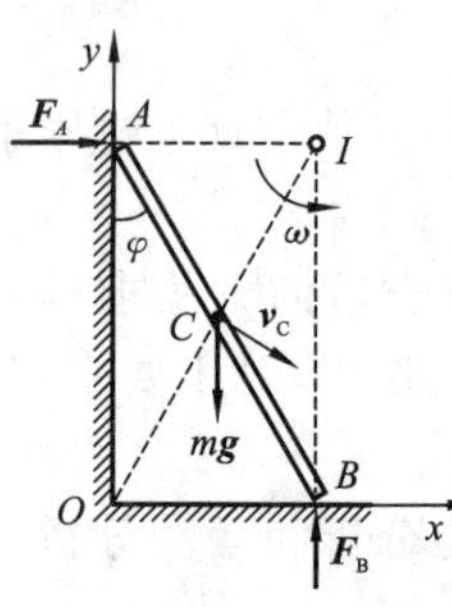

图 13.4.2

【例 13.4.2】 均质细杆 AB 的质量为 m，长度为 $2l$，两端分别沿光滑的铅垂墙壁和光滑水平地面滑动，如图 13.4.2 所示。假设初瞬时杆与墙成夹角 φ_0，由静止沿铅垂墙下滑，求杆下滑时的角速度 $\dot{\varphi}$、角加速度 $\ddot{\varphi}$ 和约束力 $\boldsymbol{F}_A$、$\boldsymbol{F}_B$ 以及杆开始脱离墙壁时它与墙壁所成的角度 φ_1。

【解】 本题曾在上一章作为例题利用平面运动微分方程进行过讨论。这里用机械能守恒定律求其运动，然后再用质心运动定理求约束力 $\boldsymbol{F}_A$、$\boldsymbol{F}_B$ 及脱离墙壁的夹角 φ_1。

(1) 研究 AB 杆。设 AB 杆质心速度为 v_C，$v_C = l\dot{\varphi}$。在任一位置 φ 角时，AB 杆的动能为

$$T = \frac{1}{2}mv_C^2 + \frac{1}{2}\frac{m\,(2l)^2}{12}\dot{\varphi}^2 = \frac{2}{3}ml^2\dot{\varphi}^2$$

选水平轴 x 为势能零位，由机械能守恒定律，研究 φ_0 和 φ 两个位置

$$T_1 + V_1 = T_2 + V_2,\quad 0 + mgl\cos\varphi_0 = \frac{2}{3}ml^2\dot{\varphi}^2 + mgl\cos\varphi$$

$$\dot{\varphi}^2 = \frac{3g}{2l}(\cos\varphi_0 - \cos\varphi) \tag{a}$$

或

$$\dot{\varphi} = \sqrt{3g(\cos\varphi_0 - \cos\varphi)/(2l)}$$

将式(a) 对时间 t 求一阶导数，得

$$\ddot{\varphi} = \frac{3g}{4l}\sin\varphi \tag{b}$$

(2) 用质心运动定理求约束力 $\boldsymbol{F}_A$、$\boldsymbol{F}_B$。

在图示坐标系中，质心 C 的运动方程为

$$x_C = l\sin\varphi,\quad y_C = l\cos\varphi$$

质心的加速度为：

$$\ddot{x}_C = l(\ddot{\varphi}\cos\varphi - \dot{\varphi}^2\sin\varphi),\quad \ddot{y}_C = -l(\ddot{\varphi}\sin\varphi + \dot{\varphi}^2\cos\varphi)$$

$$m\ddot{x}_C = \sum F_{ix},\quad ml(\ddot{\varphi}\cos\varphi - \dot{\varphi}^2\sin\varphi) = F_A \tag{c}$$

$$m\ddot{y}_C = \sum F_{iy},\quad -ml(\ddot{\varphi}\sin\varphi + \dot{\varphi}^2\cos\varphi) = F_B - mg,$$

$$F_B = mg - ml(\ddot{\varphi}\sin\varphi + \dot{\varphi}^2\cos\varphi) \tag{d}$$

将式(a)、(b) 分别代入式(c)、(d)，得

$$F_A = \frac{9}{4}mg\sin\varphi\left(\cos\varphi - \frac{2}{3}\cos\varphi_0\right)$$

$$F_B = \frac{1}{4}mg + \frac{9}{4}mg\cos\varphi\left(\cos\varphi - \frac{2}{3}\cos\varphi_0\right)$$

(3) 求杆脱离墙壁时的夹角 φ_1。

当杆脱离墙时，$F_A = 0$，有

$$\cos\varphi_1 - \frac{2}{3}\cos\varphi_0 = 0, \quad \varphi_1 = \arccos\left(\frac{2}{3}\cos\varphi_0\right)$$

【思考】 (1) 试利用达朗贝尔原理计算例 13.4.2。(2) 试分析杆件 AB 脱离墙壁的原因。

【例 13.4.3】 质量为 m、长为 l 的均质杆平放在水平桌上，其质心 C 至桌边缘的距离为 d，如图 13.4.3(a) 所示。该杆从水平位置静止释放，开始围绕桌子边缘转动。若杆与桌边缘之间的静摩擦系数为 f_s，试求开始滑动时杆与水平面的夹角。

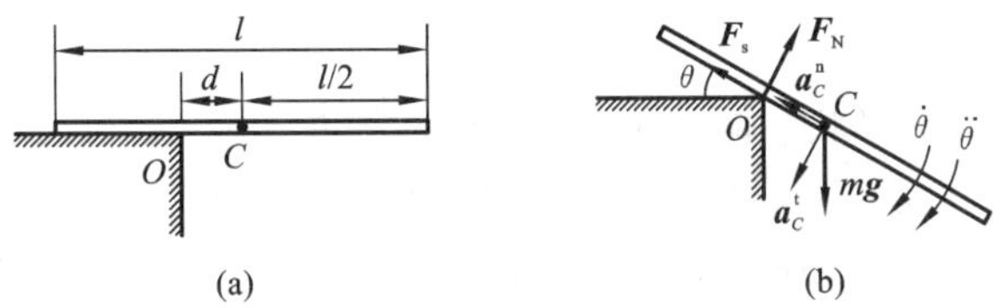

图 13.4.3

【分析】 本题要确定杆处于绕 O 转动和滑动临界状态时的位置，关键在于求出保证杆在转动状态时的摩擦力 $\boldsymbol{F}_s$ 的值应小于最大静摩擦力 $F_{s,\max}$，即 $F_s \leqslant F_{s,\max} = f_s \cdot F_N$。为此，须先求出质心 C 的加速度及杆的角加速度 $\ddot{\theta}$，然后利用质心运动定理求解。而角加速度 $\ddot{\theta}$ 可以通过动能定理求出角速度后求导得到。

【解】 应用动能定理，在杆从水平位置静止释放到开始滑动的过程中，杆绕桌边缘棱角 O 作定轴转动，由动能定理知

$$\frac{1}{2}J_O \cdot \dot{\theta}^2 - \frac{1}{2}J_O \cdot \dot{\theta}_0^2 = mgd\sin\theta$$

$$\frac{1}{2}\left(\frac{1}{12}ml^2 + md^2\right)\dot{\theta}^2 - 0 = mgd\sin\theta$$

$$\dot{\theta}^2 = \frac{24d}{l^2 + 12d^2}g\sin\theta \tag{a}$$

对式(a) 两边对时间求导，可得角加速度

$$\ddot{\theta} = \frac{12d}{l^2 + 12d^2}g\cos\theta \tag{b}$$

故，质心 C 的切向和法向加速度 a_C^t、a_C^n 分别为

$$a_C^t = d\,\ddot{\theta} = \frac{12d^2}{l^2 + 12d^2}g\cos\theta, \quad a_C^n = d\,\dot{\theta}^2 = \frac{24d^2}{l^2 + 12d^2}g\sin\theta \tag{c,d}$$

由质心运动定理，可列出求 F_s、F_N 的方程，即

$$ma_C^t = mg\cos\theta - F_N, \quad ma_C^n = F_s - mg\sin\theta \tag{e,f}$$

由式(a)、(d)、(f) 得

$$F_s = ma_C^n + mg\sin\theta = \left(\frac{24d^2}{l^2 + 12d^2} + 1\right)mg\sin\theta \tag{g}$$

这就是为保证杆绕 O 点作定轴转动，桌面对杆件应提供的摩擦力的大小。

由式(b)、(c)、(e) 解得

$$F_N = mg\cos\theta - ma_C^t = \frac{l^2}{l^2 + 12d^2}mg\cos\theta \tag{h}$$

桌面能提供给杆的最大静滑动摩擦力为

$$F_{s,\max} = f_s \cdot F_N = \frac{l^2}{l^2 + 12d^2}f_s mg\cos\theta \tag{i}$$

故当 $F_s = F_{s,\max}$，即为杆处于开始滑动的临界状态，由式(g)、(i) 得到

$$\left(\frac{24d^2}{l^2+12d^2}+1\right)mg\sin\theta=\frac{l^2}{l^2+12d^2}f_s mg\cos\theta$$

化简上式后，得：

$$\tan\theta=\frac{f_s l^2}{l^2+36d^2}$$

即：

$$\theta=\arctan\frac{f_s l^2}{l^2+36d^2}$$

这就是杆处于开始滑动的临界状态时，杆与水平面的夹角。

【说明】 由本题的结论可知，杆件开始滑动的位置与摩擦系数和杆件的初始位置有关。若令 $\eta=d/l$，则易得：$f_s=(1+36\eta^2)\tan\theta$。若已知参数 η 和杆件开始滑动的位置，则由此结果即可求得杆件与桌面之间的摩擦系数，这可以作为测试物体之间摩擦系数的一个应用。

【思考】 请列出杆件开始滑动后的运动方程，并讨论杆件脱离桌面应满足的条件。

【例 13.4.4】 长为 $2l$ 的均质细杆最初直立在水平面上，稍受扰动后，在重力作用下该杆在铅垂平面内绕 O 点回转而下，如图 13.4.4 所示。若杆与平面间的静摩擦因数 $f_s=0.205$，试求：(1) 杆开始在地面上滑动时的角度 θ_0；(2) $\theta\geqslant\theta_0$ 时，O 点将沿哪个方向滑动。

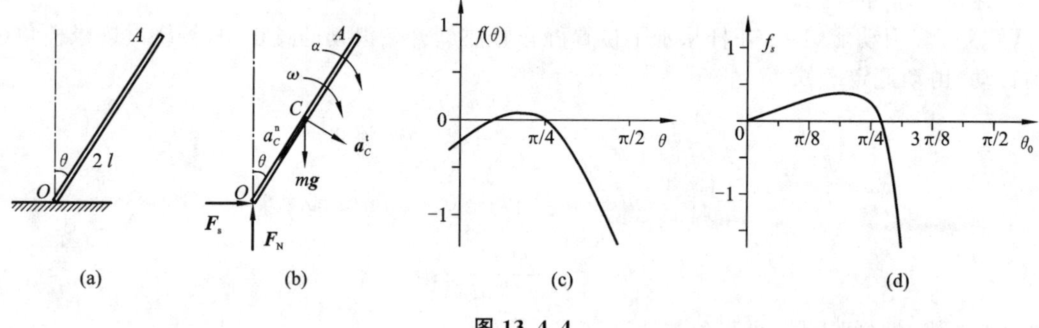

图 13.4.4

【解】 (1) 假设杆件与平面间的静摩擦因数为 f_s。杆件自直立在水平面至 θ_0 开始滑动的过程中，杆件在绕 O 点作定轴转动。利用定轴转动的微分方程可得

$$J_O\alpha=M_O(F)=mgl\sin\theta \tag{a}$$

而 $\alpha=\ddot{\theta}$，$J_O=\dfrac{4}{3}ml^2$，化简式(a)可得

$$\ddot{\theta}=\frac{3g}{4l}\sin\theta$$

由于

$$\ddot{\theta}=\frac{\mathrm{d}\dot{\theta}}{\mathrm{d}\theta}\cdot\frac{\mathrm{d}\theta}{\mathrm{d}t}=\dot{\theta}\frac{\mathrm{d}\dot{\theta}}{\mathrm{d}\theta}$$

故有

$$\mathrm{d}\left(\frac{1}{2}\dot{\theta}^2\right)=\frac{3g}{4l}\sin\theta\mathrm{d}\theta$$

在 $[0,\theta]$ $(\theta\leqslant\theta_0)$ 区间积分之，可得

$$\frac{1}{2}\dot{\theta}^2=\int_0^\theta\frac{3g}{4l}\sin\theta\mathrm{d}\theta=\frac{3g}{4l}(1-\cos\theta)$$

$$\dot{\theta}^2 = \omega^2 = \frac{3g}{2l}(1-\cos\theta)$$

从而质心 C 的切向和法向加速度分别为

$$a_C^t = l\ddot{\theta} = \frac{3g}{4}\sin\theta, \quad a_C^n = l\omega^2 = \frac{3g}{2}(1-\cos\theta)$$

$$a_{Cx} = a_C^t\cos\theta - a_C^n\sin\theta = \frac{9g}{4}\sin\theta\cos\theta - \frac{3g}{2}\sin\theta$$

$$a_{Cy} = -a_C^t\sin\theta - a_C^n\cos\theta = -\frac{3g}{4}\sin^2\theta - \frac{3g}{2}(1-\cos\theta)\cos\theta$$

利用质心运动定理可得

$$F_s = mg\left(\frac{9}{4}\sin\theta\cos\theta - \frac{3}{2}\sin\theta\right) \tag{b}$$

$$F_N = mg\left[1 - \frac{3}{4}\sin^2\theta - \frac{3}{2}(1-\cos\theta)\cos\theta\right] = \frac{9}{4}mg\left(\cos\theta - \frac{1}{3}\right)^2 \tag{c}$$

依题意，当 $\theta = \theta_0$ 时，有 $F_s = f_s F_N$。杆开始滑动时，转角 θ 应满足

$$mg\left(\frac{9}{4}\sin\theta\cos\theta - \frac{3}{2}\sin\theta\right) = f_s \times \frac{9}{4}mg\left(\cos\theta - \frac{1}{3}\right)^2 \tag{d}$$

为了求解上述等式，令函数 $h(\theta) = f(\theta)mg = 0$，其中

$$f(\theta) = \frac{9}{4}\sin\theta\cos\theta - \frac{3}{2}\sin\theta - f_s \times \frac{9}{4}\left(\cos\theta - \frac{1}{3}\right)^2 \tag{e}$$

显然，式(d) 与方程 $f(\theta) = 0$ 同解。对应于 $f_s = 0.205$ 时函数 $f(\theta)$ 与 $\theta(0 < \theta < 90°)$ 之间的关系曲线如图 13.4.4(c) 所示。

由图 13.4.4(c) 可知，式(e) 在 $0 < \theta < 90°$ 的区间内有两个解，$\theta_1 = 15.9°$，$\theta_2 = 45°$。这说明，对应于摩擦因数 $f_s = 0.205$，杆件在位置 θ_1 达到滑动的临界状态，之后杆件就开始滑动，自然不会在位置 $\theta_2 = 45°$ 时才开始滑动。即，杆开始在地面上滑动时的角度为 $\theta_0 = \theta_1 = 15.9°$。

(2) 当 $\theta_0 = 15.9°$ 时，由式(b) 可求得摩擦力

$$F_s = mg\left(\frac{9}{4}\sin 45°\cos 45° - \frac{3}{2}\sin 45°\right) = 0.182mg > 0$$

说明杆件开始滑动后，杆件的 O 点向左滑动。

【评注】 (1) 图 13.4.4(c) 所示的 $f(\theta)$ 与 θ 的关系曲线只有在杆件没有在水平面上滑动(或绕 A 点转动)时才成立。(2) 若记静摩擦因数为 f_s，杆开始滑动时的转角为 θ_0，则由式(d) 易得 f_s 与 θ_0 之间的关系为

$$f_s = \frac{\sin\theta_0\cos\theta_0 - \frac{2}{3}\sin\theta_0}{\left(\cos\theta_0 - \frac{1}{3}\right)^2}$$

绘制成曲线如图 13.4.4(d) 所示。函数曲线在 $\left[\frac{\pi}{8}, \frac{\pi}{4}\right]$ 之间，存在一个极值点。经分析可以求得极值点对应的角度为 $\arctan\left(\frac{2}{9}\sqrt{10}\right) = 35.1°$，该角度对应的摩擦因数为 0.371。而对应于摩擦因数取值为零时的非零角度为 $\arccos\left(\frac{2}{3}\right) = 48.2°$。所以，对于取正值的摩擦因数，角度位于 $[0, 48.2°]$ 之间，并且在小于极值 0.371 的摩擦因数，总有不同的两个角度位置与一个摩擦因数对应，而只有两者中的较小角度才是杆件滑动时的角度。(3) 当地面光滑时，可知杆件一开始就开始滑动。(4) 该例说明含摩擦的动力学问题，本质上是非线性问题，存在多解现象。具体可参考

文献[29]的讨论。

【思考】 当杆件滑动后，试建立杆件的运动微分方程，并讨论其运动。

【例 13.4.5】 机构如图 13.4.5(a)所示。已知：物块 A 质量为 m_1，定滑轮 O 半径为 r，质量为 m_2、回转半径为 ρ。滚轮 C 半径为 r_2，质量为 m_3，对质心 C 的回转半径为 ρ_C，半径为 r_1 的轴颈沿水平面作纯滚动。定滑轮与滚轮之间的绳子水平，绳子与定滑轮之间无滑动。试求：(1) 物块 A 的加速度；(2) 水平段绳子的张力；(3) D 的约束力。其中，(2)、(3) 可表示成物块 A 的加速度的函数。

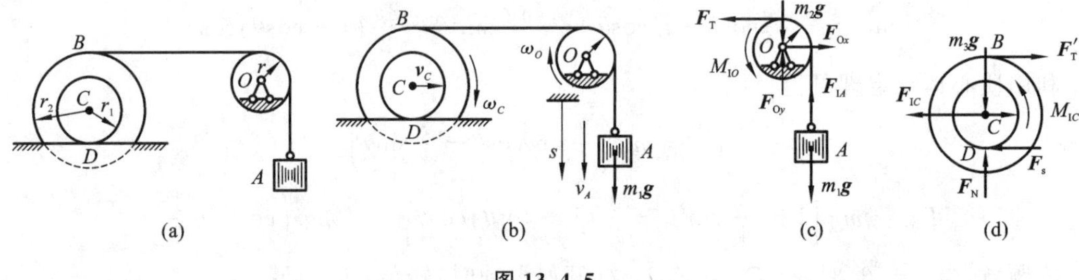

图 13.4.5

【分析】

【解】 (1) 显然，系统具有一个自由度，选物块下降高度 s 为广义坐标。则先由动能定理建立系统的运动与主动力之间的关系(见图 13.4.5(b))，有

$$T_2 = \frac{1}{2}m_1 v_A^2 + \frac{1}{2}(m_2\rho^2)\omega_O^2 + \frac{1}{2}m_3 v_C^2 + \frac{1}{2}(m_3\rho_C^2)\omega_C^2$$

式中

$$\omega_O = \frac{v_A}{r},\quad v_C = \frac{r_1}{r_1 + r_2}v_A,\quad \omega_C = \frac{v_C}{r_1} = \frac{v_A}{r_1 + r_2}$$

代入上式得

$$T_2 = \frac{1}{2}\left[m_1 + m_2\frac{\rho^2}{r^2} + m_3\frac{r_1^2 + \rho_C^2}{(r_1 + r_2)^2}\right]v_A^2$$

$$T_1 = \text{常量}$$

$$\sum W_i = m_1 g s$$

由动能定理 $T_2 - T_1 = \sum W_i$，并两边对时间 t 求导得

$$a_A = \frac{m_1}{m_1 + m_2\dfrac{\rho^2}{r^2} + m_3\dfrac{r_1^2 + \rho_C^2}{(r_1 + r_2)^2}}g \tag{a}$$

(2) 以定滑轮 O 与物块 A 的组合为研究对象(见图 13.4.5(c))，物块 A 和滚轮 C 分别加上惯性力系后与主动力、约束力形成平衡力系。则有

$$\sum M_O = 0,\quad F_T r + M_{IC} + (F_{IA} - m_1 g)r = 0 \tag{b}$$

式中

$$M_{IO} = J_O\alpha_O = m_2\rho^2\frac{a_A}{r},\quad F_{IA} = m_1 a_A$$

代入式(b)可得

$$F_T = m_1(g - a_A) + m_2\frac{\rho^2}{r^2}a_A = m_1 g - \left(m_1 + m_2\frac{\rho^2}{r^2}\right)a_A \tag{c}$$

(3) 以滚轮 C 为研究对象(见图 13.4.5(d))，加上惯性力系后，与主动力、约束力形成平衡力

系。则有

$$\sum M_B = 0, \quad -F_s(r_1 + r_2) - F_{IC}r_2 + M_{IC} = 0 \tag{d}$$

式中

$$F_{IC} = m_3 a_C = m_3 \frac{r_1}{r_1 + r_2} a_A, \quad M_{IC} = J_C \alpha_C = m_3 \rho_C^2 \frac{a_A}{r_1 + r_2}$$

代入式(c) 可得

$$F_s = \frac{\rho_C^2 - r_1 \cdot r_2}{(r_1 + r_2)^2} \cdot m_3 a_A \tag{e}$$

又由 $\sum F_{iy} = 0, F_N - m_3 g = 0$。可得

$$F_N = m_3 g \tag{f}$$

【评述】 求物块 A 的加速度,可以使用动能定理的微分形式或积分形式求导。也可使用对固定点 O 的动量矩定理。如果考虑到本例中还要计算水平段绳子的张力及 D 处的约束力,直接使用达朗贝尔原理方法更简单(用达朗贝尔原理也可以求绳子的张力及 D 处的约束力)。当然,如果考虑到滚轮作平面运动,可以用平面运动微分方程来求解,定滑轮作定轴转动,可采用定轴转动的转动微分方程来求解。

【例 13.4.6】 均质杆 AB 长为 l、质量为 m_1,质量为 m_2 的物块 B 受常力 $\boldsymbol{F}$ 作用,系统位于铅垂平面内,由 $\theta_0 = 30°$ 位置无初速开始运动。不计物块 A 的质量(见图 13.4.6(a))。试求杆 AB 运动到铅垂位置时:(1) 物块 B 的速度;(2) 滑道对系统的约束力。

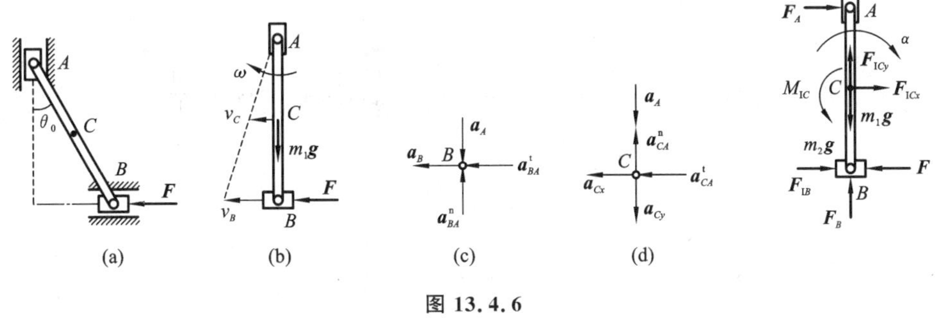

图 13.4.6

【解】 本题为单自由度问题,可先由动能定理来确定物块 B 的速度。

由题意知 $T_1 = 0$,当杆 AB 运动到铅垂位置时,运动速度分析如图 13.4.6(b) 所示,A 点为速度瞬心。则

$$T_2 = \frac{1}{2} J_A \omega^2 + \frac{1}{2} m_2 v_B^2$$

式中,$\omega = \frac{v_B}{l}, J_A = \frac{1}{3} m_1 l^2$。代入 T_2 的表达式得

$$T_2 = \frac{1}{2}\left(\frac{1}{3} m_1 + m_2\right) v_B^2$$

由于系统具有理想约束,在系统由 1 位置运动到 2 位置的过程中,主动力的功为

$$\sum W_i = Fl\sin\theta_0 - m_1 g \times \frac{l}{2}(1 - \cos\theta_0) = \frac{1}{2}Fl - \frac{1}{2}\left(1 - \frac{\sqrt{3}}{2}\right) m_1 gl$$

代入动能定理的积分形式:$T_2 - T_1 = \sum W_i$,可得

$$v_B^2 = \frac{Fl - \left(1 - \frac{\sqrt{3}}{2}\right)m_1 gl}{\frac{1}{3}m_1 + m_2} = \frac{3}{2} \cdot \frac{m_1 l}{m_1 + 3m_2} \cdot \left[2F - (2 - \sqrt{3})m_1 g\right] \tag{a}$$

为计算滑道对系统的约束力,需对系统的运动和受力进行分析。设系统处于铅垂位置,以 A 为基点,物块 B 与杆 AB 铰接的铰接点 B、杆中心 C 的加速度分析图分别如图 13.4.6(c)、(d) 所示,杆 AB 的角加速度设为顺时针转向。对于点 B,则有

$$\boldsymbol{a}_B = \boldsymbol{a}_A + \boldsymbol{a}_{BA}^{t} + \boldsymbol{a}_{BA}^{n} \tag{b}$$

将式(b) 分别在$\boldsymbol{a}_{BA}^{n}$ 和$\boldsymbol{a}_B$ 方向投影可得

$$a_A = a_{BA}^{n} = \frac{v_B^2}{l},\quad a_B = a_{BA}^{t} = l\alpha \tag{c}$$

对于 C 点,则有

$$\boldsymbol{a}_C = \boldsymbol{a}_A + \boldsymbol{a}_{CA}^{t} + \boldsymbol{a}_{CA}^{n} \tag{d}$$

将式(d) 投影,可得

$$a_{Cx} = \frac{l}{2}\alpha,\quad a_{Cy} = a_A - a_{CA}^{n} = \frac{v_B^2}{l} - \frac{l}{2} \cdot \omega^2 = \frac{v_B^2}{l} - \frac{l}{2} \cdot \left(\frac{v_B}{l}\right)^2 = \frac{v_B^2}{2l} \tag{e}$$

以铅垂位置处的物体系统为研究对象,进行受力分析,并施加惯性力,如图 13.4.6(e) 所示。在 v_B^2 已知的前提下,未知量共计有 α、F_A 和 F_B 三个,故可以求解。建立力系的平衡方程,有

$$\sum M_A(\boldsymbol{F}_i) = 0,\quad -Fl + F_{IB}l + F_{ICx} \times \frac{l}{2} + M_{IC} = 0$$

式中,

$$F_{IB} = m_2 a_B = m_2 l\alpha,\quad F_{ICx} = m_1 a_{Cx} = \frac{1}{2}m_1 l\alpha,\quad M_{IC} = \frac{1}{12}m_1 l^2\alpha。$$

代入得

$$\alpha = \frac{3F}{(m_1 + 3m_2)l} \tag{f}$$

$$\sum M_B(\boldsymbol{F}_i) = 0,\quad -F_A l - F_{ICx} \times \frac{l}{2} + M_{IC} = 0$$

得

$$F_A = \frac{m_1}{2(m_1 + 3m_2)}F$$

由

$$\sum F_{iy} = 0,\quad F_B + F_{ICy} - (m_1 + m_2)g = 0$$

式中:

$$F_{ICy} = m_1 a_{Cy} = \frac{m_1 v_B^2}{2l} = \frac{3m_1^2}{4(m_1 + 3m_2)} \cdot \left[2F - (2 - \sqrt{3})m_1 g\right]$$

代入得

$$F_B = (m_1 + m_2)g - \frac{3}{4} \times \frac{2F - (2 - \sqrt{3})m_1 g}{m_1 + 3m_2}m_1$$

【说明】 (1) 本例也可以用动能定理与平面运动微分方程联立求解,现用动能定理与动静法求解,在列写方程时更方便。(2) 必须指出,求解角加速度的方法不是唯一的,若将杆设置于任意角 θ 位置,利用动能定理对时间 t 求导数,也可求出角加速度。

思　考　题

13-1　质点系的动能是否一定大于其中任一质点的动能？

13-2　在求解物体系统的动力学问题时，动量定理、动量矩定理、动能定理中，哪个定理取整个系统为研究对象的机会多一些？

13-3　判断下述各说法是否正确。

A. 质点系的动能是质点系内各质点动能的算术和。

B. 忽略机械能与其他能量之间的转换，则只要有力对其做功，物体的动能就会增加。

C. 平面运动刚体的动能可由其质量及质心速度完全确定。

D. 内力不能改变质点系的动能。

13-4　三棱柱 B 沿三棱柱 A 的斜面运动，三棱柱 A 沿光滑水平面向右运动。已知 A 的质量为 m_1，B 的质量为 m_2；某瞬时 A 的速度为 $\boldsymbol{v}_1$，B 沿斜面的速度为 $\boldsymbol{v}_2$。则该瞬时三棱柱 B 的动能为(　　)。

A. $\dfrac{1}{2}m_2 v_2^2$　　B. $\dfrac{1}{2}m_2\ (v_1 - v_2)^2$

C. $\dfrac{1}{2}m_2(v_1^2 - v_2^2)$　　D. $\dfrac{1}{2}m_2\,[(v_1 - v_2\cos\theta)^2 + v_2^2\ \sin^2\theta]$

13-5　均质圆盘从静止开始自位置 A 沿固定斜面按照如下两种方式运动到位置 B。(1) 只滚不滑；(2) 无摩擦滑动。如图所示，则在此两种情况下达到位置 B 时盘心 C 的速度大小之间的关系为(　　)。

A. $v_a > v_b$　　B. $v_a < v_b$

C. $v_a = v_b$　　D. 不能确定

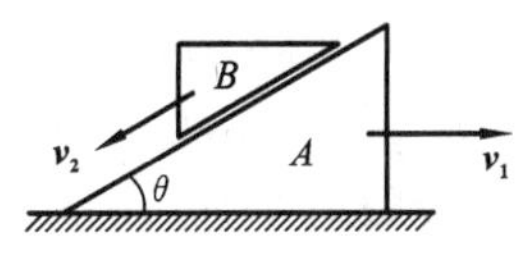

思考题 13-4 图

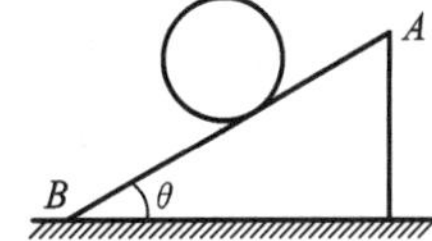

思考题 13-5 图

13-6　图示两均质杆 $\overline{AC} = \overline{BC}$，在 C 点光滑铰接，处于铅垂平面内，A、B 两端置于光滑水平面上，C 点高为 h，如图所示。该系统初始静止，设 C 点落到水平面时的速度大小为 v，不用计算，试判断下述各说法的正误。

A. v 与 h 成正比。

B. v 与 h 的平方成正比。

C. v 与 h 的平方根成正比。

13-7　图示两均质圆轮，其质量、半径均完全相同。轮 A 绕其几何中心旋转，轮 B 的转轴偏离几何中心。

(1) 若两轮以相同的角速度转动，问它们的动能是否相同？

(2) 若在两轮上施加力偶矩相同的力偶，不计重力，问它们的角加速度是否相同？

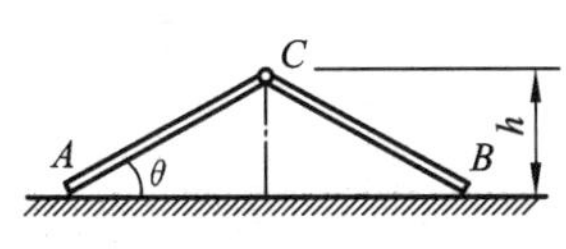

思考题 13-6 图

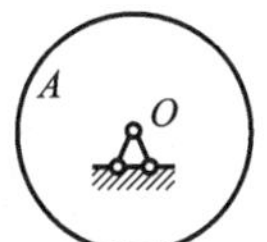

思考题 13-7 图

13-8　跳高运动员在跳起后，具有动能和势能，问：(1) 这些能量是由于地面对人脚的作用力做功而产生的吗？(2) 是什么力使跳高运动员的质心向上运动的？

13-9　在下述哪些系统中机械能守恒？(　　)

A. 其约束皆为理想约束的系统　　B. 只有有势力做功的系统

C. 内力不做功的系统　　D. 机械能不能转化为其他能量的系统

习　　题

13-1　图示坦克履带的质量为 m_1，两轮的总质量为 m_2。车轮可视作均质圆盘，半径均为 r，两轮轴的间距为 l。设坦克前进速度为 $\boldsymbol{v}$。计算此系统的动能。

13-2　图示的均质杆及液体，分别以角速度 ω 绕铅垂轴 z 匀速转动，求它们的动能。

(1) 杆长 l，质量 m，杆与 z 轴的夹角为 θ；

(2) 圆柱形容器的底面半径为 r，液体密度为 ρ。旋转时，液体形成一稳定的旋转抛物面，该抛面的有关参量 h，H 为已知。

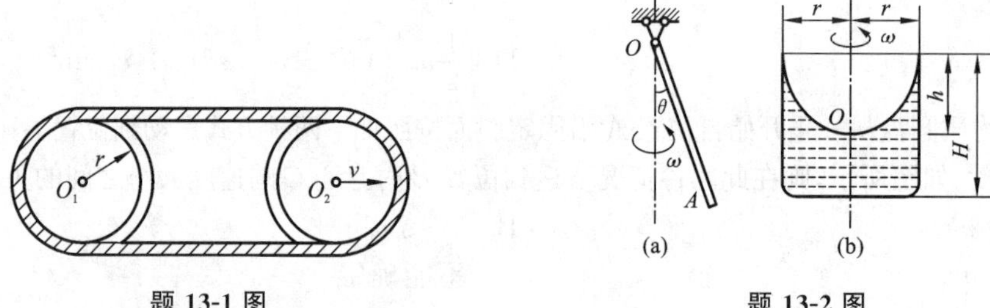

题 13-1 图　　题 13-2 图

13-3　在图示滑轮组中悬挂两个物块，其中 A 的质量 $m_A = 30$ kg，B 的质量 $m_B = 10$ kg。定滑轮 O_1 的半径 $r_1 = 0.1$ m，质量 $m_1 = 3$ kg；动滑轮 O_2 的半径 $r_2 = 0.1$ m，质量 $m_2 = 4$ kg。设两滑轮均视为均质圆盘，绳重和摩擦都略去不计。求重物 A 由静止下降距离 $h = 0.5$ m 时的速度。

13-4　链条长 l，重 W，放在光滑的桌面上，其一段下垂，下垂的长度为 h，如图所示。开始时，链条初速为零。如不计摩擦，求链条离开桌面时的速度。

13-5　一链条静置于固定的光滑圆柱上，圆柱轴为水平，链条长为圆柱周长的一半，如图所示。若受轻微扰动后运动，试证明当链条滑过长为 $r\theta$ 的一段时，其速度为

$$v = \sqrt{\frac{r}{\pi}\left[\theta^2 + 2(1 - \cos\theta)\right]}$$

式中 r 为圆柱半径。

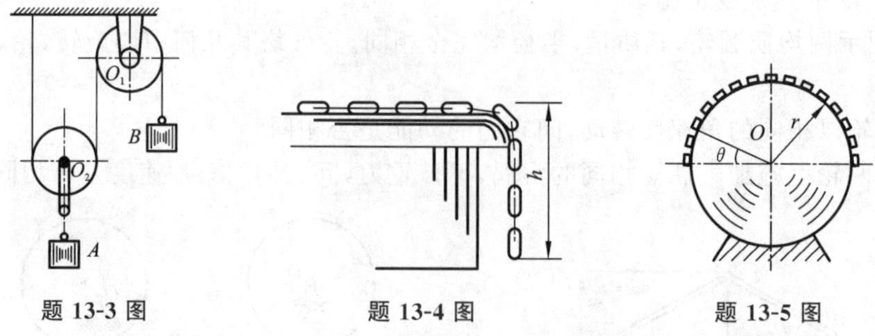

题 13-3 图　　题 13-4 图　　题 13-5 图

13-6　长为 l，重 W 的均质杆 AB，放在以 O 为中心、以 r 为半径的固定光滑半圆槽内，如图所示，且 $l = \sqrt{2}r$。设初瞬时 $\varphi = \varphi_0$，并由静止释放。求 AB 杆的角速度与 φ 角的关系。

13-7　图示半径为 r 的圆柱体沿水平面滚动而无滑动，其质心位于 C 点。$\overline{OC}=e$，圆柱体对通过 C 点且垂直于纸面的轴的回转半径为 ρ。以角度 φ 的函数表示圆柱的角速度。开始时，圆柱静止，$\varphi=\varphi_0$。

13-8　均质半圆柱体由图示位置静止释放，在水平面上滚动而无滑动。试求此半圆柱体在通过平衡位置(即 $\theta=0$) 时的角速度。

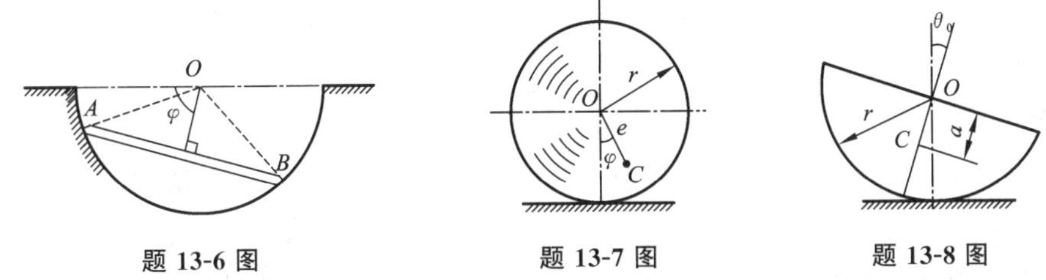

题 13-6 图　　题 13-7 图　　题 13-8 图

13-9　在图示曲柄连杆机构中，曲柄与连杆均看作均质杆，质量各为 m_1，m_2，长度均为 r。初始时，曲柄 OA 静止地处于水平向右的位置，OA 上作用一不变的转动力矩 M。求曲柄转过一周时的角速度。

13-10　在图示平面机构的铰接 A 处，作用一铅垂向下的力 $F=60$ N，它使位于铅垂面内两杆 OA、AB 张开，而圆柱 B 沿水平面向右作纯滚动。此两均质杆的长度均为 1 m，质量均为 2 kg。圆柱的半径为 250 mm，质量为 4 kg，在两杆的中点 D，E 处用一刚度系数 $k=50$ N/m 的弹簧连接，弹簧的自然长度为 1 m，若系统在图示位置时静止，此时 $\theta=60°$。试求系统运动到 $\theta=0°$ 时，杆 AB 的角速度(O 点与圆柱轴心 B 位于同一高度)。

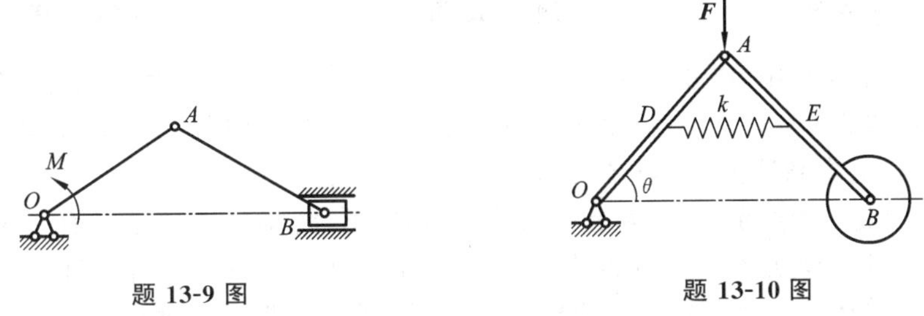

题 13-9 图　　题 13-10 图

13-11　质量 $m=0.5$ kg 的物块 B 沿光滑水平滑道滑动，如图所示。已知 $d=0.4$ m，弹簧 AB、BC 的刚度系数分别为 $k_1=500$ N/m，$k_2=300$ N/m，其自然长度均为 $l_0=0.35$ m，各处摩擦不计。假设物块被向右拉至 $s=0.3$ m 的 B_1 位置，然后静止释放。求当 $s=0$ 时，该物块的速度。

13-12　在图示系统中，物块 M 和滑轮 A、B 的重量均为 W，滑轮可视为均质圆盘，弹簧的刚度系数为 k，不计轴承摩擦，绳子与轮之间无滑动。当物块 M 离开地面的距离为 h 时，系统平衡。若给物块 M 以向下的初速度 $\boldsymbol{v}_0$，使其刚好达到地面，试求物块 M 的初速度 $\boldsymbol{v}_0$ 的大小。

13-13　图示(a)、(b) 两种支承情况的均质正方形板，边长为 a，质量为 m，初始时均处于静止状态。受干扰后均按顺时针方向倒下，不计摩擦。试求当 OA 边处于水平位置时，两板的角速度。

13-14　如图所示，均质圆轮的质量为 m_1，半径为 r；一质量为 m_2 的小铁块固结在离圆心为 e 的 A 处。A 位于轮心 O 的正上方，经扰动圆轮由静止开始滚动。试求当 A 运动至最低位置时圆轮滚动的角速度。

13-15　图示系统自静止状态释放，在 2 s 内物块 B 沿光滑斜面向上移动的距离为 $s_B=1$ m。已知物块 B 的质量 $m_B=5$ kg，均质定滑轮 E 的质量 $m_E=1$ kg，半径 $r=0.2$ m，软绳、动滑轮 C、D 及杆 AD、CE 的质量均忽略不计，绳与滑轮之间无相对滑动。试求物体 A 的质量。

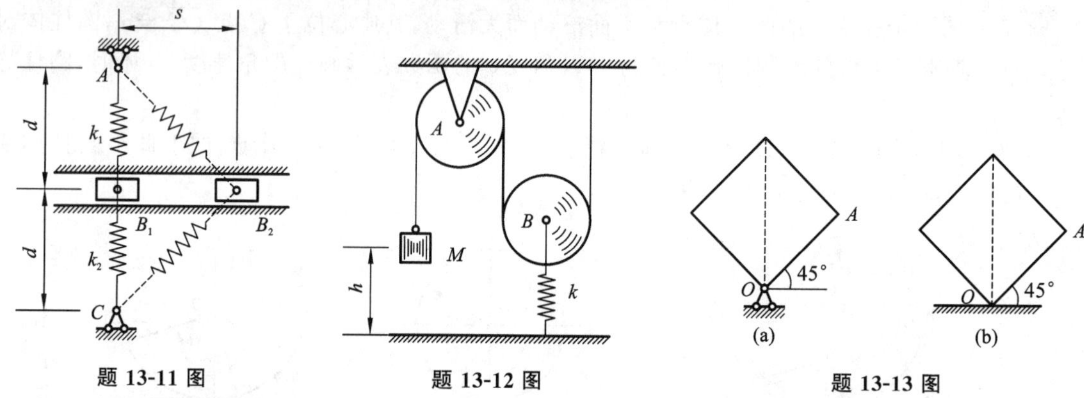

题 13-11 图　　题 13-12 图　　题 13-13 图

13-16　图示两根铰接的均质杆在 OA 位于水平位置处静止释放。曲柄 OA 的质量 2 倍于杆 AB，忽略全部摩擦和小辊轴 B 的质量。当 OA 到达铅垂位置时，求 B 端的速度。

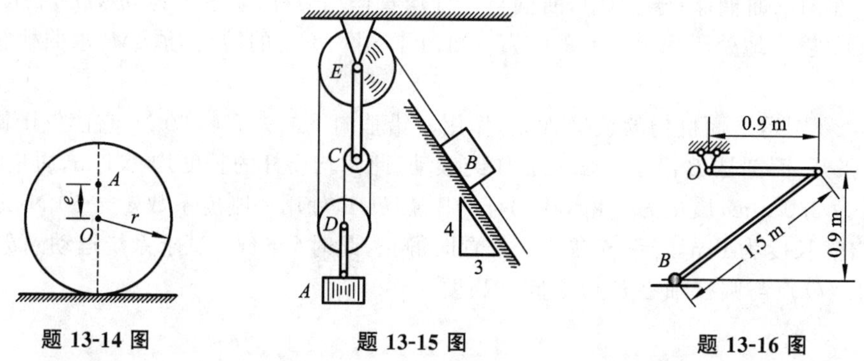

题 13-14 图　　题 13-15 图　　题 13-16 图

13-17　在图示系统中，塔轮 B 的质量为 $m_B = 4.5$ kg，对其中心轴的回转半径 $\rho = 0.2$ m，物块 A，C 的质量均为 $m = 9$ kg。物块 C 和水平面之间的摩擦因数 $f = 0.3$，塔轮的半径 $r = 0.15$ m，$R = 0.3$ m。求系统由静止释放 2 s 后，物块 A 的速度。

13-18　卷扬机如图所示。鼓轮在常值转矩 M 作用下，将均质圆柱沿斜面上拉。已知鼓轮半径为 R_1，重 W_1，质量均匀地分布在轮缘上；圆柱的半径为 R_2，重 W_2，可沿倾角为 θ 的斜面作纯滚动。系统从静止开始运动。不计绳重，求圆柱中心 C 经过路程 s 时的加速度。

题 13-17 图　　题 13-18 图

13-19　均质杆 AB，BC 的质量分别为 4.5 kg 和 1.5 kg。若该系统从图示位置静止释放，求 BC 杆通过铅垂位置时的角速度。

13-20　两均质细杆的长度均为 b，质量均为 m。在 B 端用铰链连接，并可在铅垂平面内运动。今在 AB 杆上作用一不变力偶矩 M，并从图示位置静止释放。求当 A 碰到支座 O 时，A 端之速度。

13-21　图示系统从静止开始释放，此时弹簧的初始伸长量为 100 mm。设弹簧的刚度系数 $k = 0.4$ N/mm，滑轮重 120 N，对中心轴的回转半径为 450 mm，轮半径为 500 mm，物块重为 200 N。求滑轮下降 25 mm 以后，滑轮中心的速度和加速度。

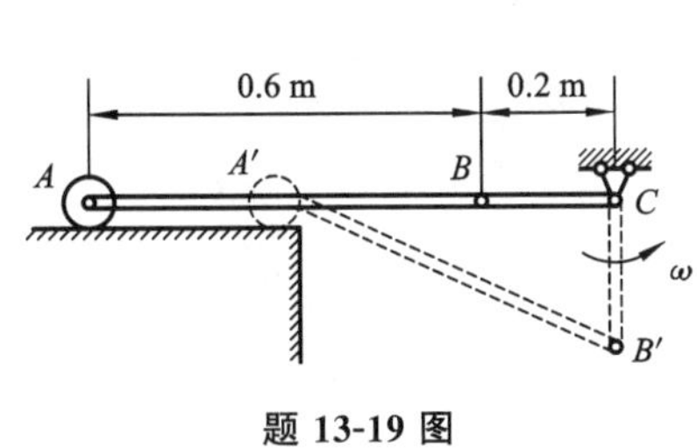

题 13-19 图

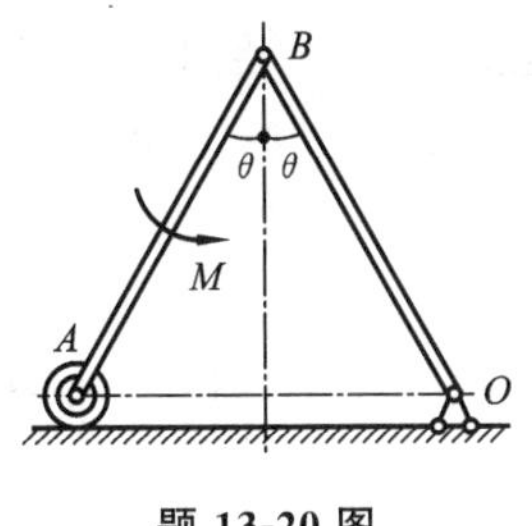

题 13-20 图

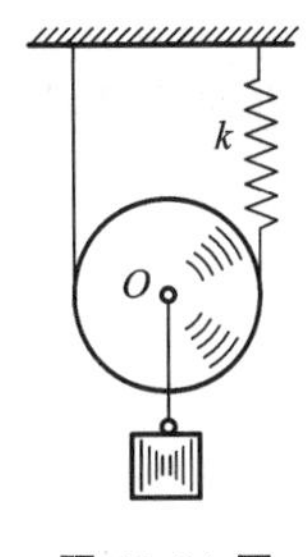

题 13-21 图

13-22　均质圆盘质量为 m、半径为 r，可绕通过边缘 O 点且垂直于盘面的水平轴转动。设圆盘从最高位置无初速地开始绕轴 O 转动。求当圆盘中心 C 和轴 O 的连线经过水平位置的瞬时，轴承 O 的总约束力的大小。

13-23　图示三棱柱体 ABC 的质量为 m_1，放在光滑的水平面上；另一质量为 m，半径为 r 的均质圆柱体沿 AB 斜面向下作纯滚动。如斜面倾角为 θ，求三棱柱体的加速度。

13-24　图示机构中，均质圆盘 A 和鼓轮 B 的质量分别为 m_1 和 m_2，半径均为 R，斜面的倾角为 θ。圆盘沿斜面作纯滚动，不计滚动摩阻，并略去软绳的质量。如在鼓轮上作用一矩为 M 的不变的力偶，求：(1) 鼓轮的角加速度；(2) 轴承 O 的水平约束力。

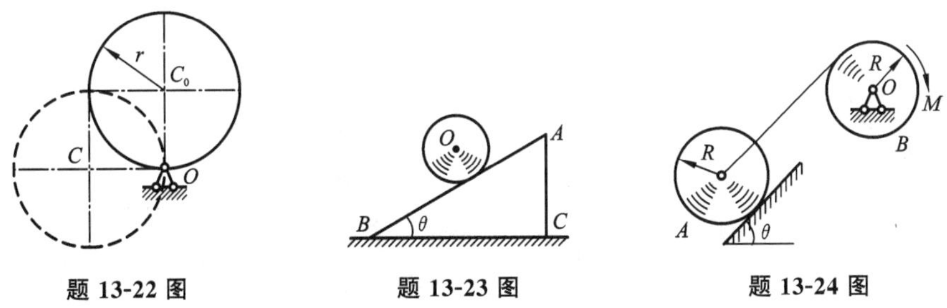

题 13-22 图　　题 13-23 图　　题 13-24 图

13-25　一均质杆 AB 长 l，其下端抵在阶梯地面保持在铅垂位置，如图中的虚线所示。今若由此开始释放，试求杆的 A 端开始离开阶梯时的 θ 角。

13-26　将长为 l 的均质细杆的一段平放在水平桌面上，使其质量中心 C 与桌缘的距离为 a，如图所示。若当杆与水平面之夹角超过 θ_0 时，即开始相对桌缘滑动，试求摩擦因数 f。

13-27　图示均质圆柱体的质量为 m，半径为 r，放在倾角为 30° 的斜面上。圆柱体与斜面间的动滑动摩擦因数为 f。求：(1) 平行于斜面的力 $\boldsymbol{F}$ 应作用在何处，此圆柱体才能沿斜面向上滑而不转动；(2) 在此条件下，斜面对圆柱体的约束力为多大？

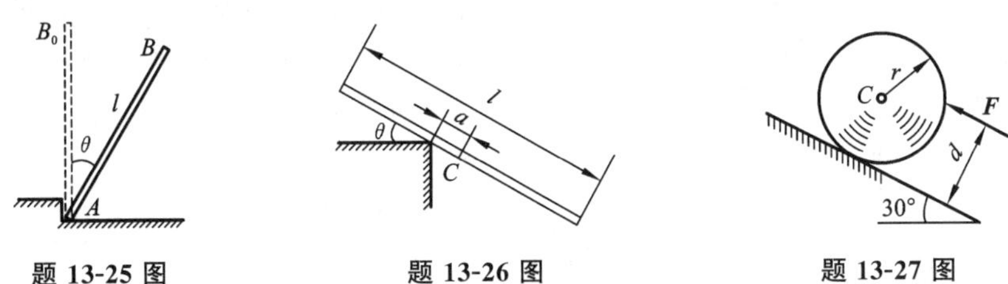

题 13-25 图　　题 13-26 图　　题 13-27 图

13-28　质量为 m，半径为 R 的半圆柱体在图示位置静止释放。为使半圆柱只滚动不滑动，求：(1) 半圆柱体与水平面间的摩擦因数的最小值；(2) 半圆柱的初始角加速度和摩擦力。

13-29　质量均为 m，长度均为 l 的两均质杆相互铰接，初始瞬时 OA 杆处于铅垂位置，两杆夹角为 45°，如图所示。试求由静止释放的瞬时，两杆的角加速度。

13-30　质量为 m、长为 $2l$ 的均质细杆，其 A 端与光滑水平面接触。杆初始静止，且与铅垂线夹角为β,如图所示。无初速释放后,在重力作用下在铅垂平面内自由倒下。试求当杆运动到与铅垂线夹角为θ时,杆的角速度、角加速度及受到的水平面的约束力。

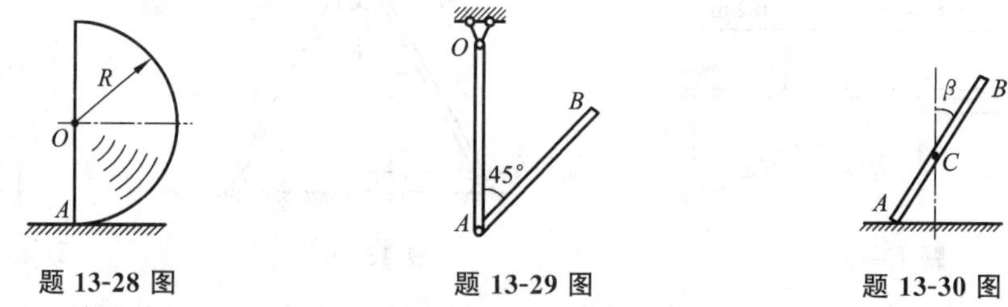

题 13-28 图　　题 13-29 图　　题 13-30 图

13-31　图示均质塔轮的质量$m = 5$ kg,外径$R = 600$ mm,内径$r = 300$ mm,对其中心轴的回转半径$\rho = 400$ mm。今在塔轮的内缘绕一软绳,绳的另一端通过滑轮B悬挂一质量$m_A = 80$ kg的物体A,滑轮B和软绳的质量及滚动摩阻忽略不计。试求下列两种情况下,绳子的张力和摩擦力。(1) 水平面足够粗糙,轮子沿水平面只滚不滑;(2) 水平面与塔轮之间的静滑动摩擦因数分别为$f_s = 0.2$、$f_d = 0.18$。

13-32　如图所示,质量为m_1半径为R的圆盘铰接在质量为m_2的滑块上,且$m_1 = m_2 = m$。滑块可在光滑地面上滑动,圆盘靠在光滑墙壁上。初始时,$\theta_0 = 0$,系统静止。滑块受到微小扰动后向右滑动。试求圆盘脱离墙壁时的θ以及此时地面的支承力。

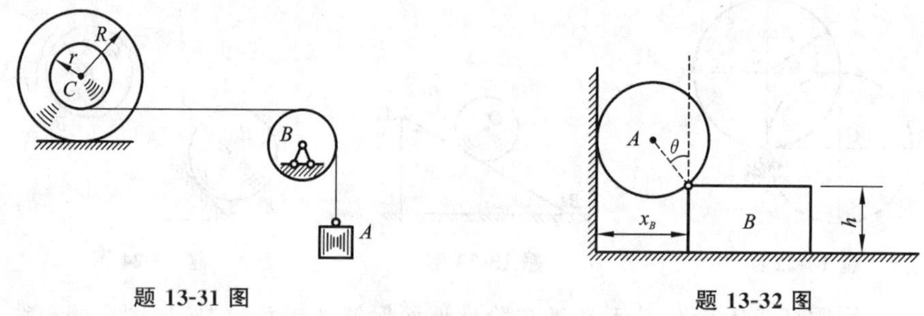

题 13-31 图　　题 13-32 图

13-33　重为$W_1 = 150$ N均质轮与重为$W_2 = 60$ N、长为$l = 24$ cm的均质杆AB在B处铰接。在图示位置($\varphi = 30°$)无初速释放,试求系统通过最低位置时轮心的速度及在初瞬时支座A的约束力。

13-34　如图所示,质量为m_1的直杆AB可以自由地在固定铅垂套管中移动,杆的下端置于质量为m_2、倾角为θ的光滑楔块C上,而楔块放在光滑的水平面上。由于杆的压力,楔块沿水平方向移动,因而杆AB下降,试求两物体运动的加速度。

13-35　如图所示,一不可伸长的绳子跨过滑轮D,绳子的一端系于均质轮A的圆心C处,另一端绕在均质圆柱体B上。轮A重为W_1,半径为R;圆柱B重为W_2,半径为r,斜面倾角为θ,不计滑轮D的质量。试求:(1) 为使轮A沿斜面向下滚动而不滑动,轮A与斜面之间的摩擦因数应为何值?(2)W_1、W_2应满足什么关系,轮A才会沿斜面滚下?

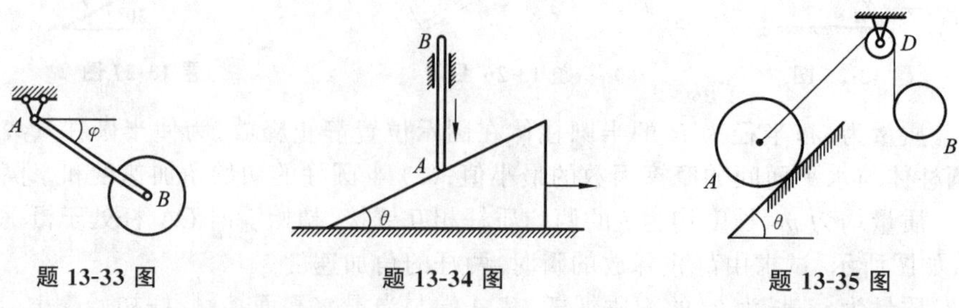

题 13-33 图　　题 13-34 图　　题 13-35 图

Chapter 14

第 14 章　分析动力学基础

在本章之前，由牛顿定律 $m\boldsymbol{a}=\boldsymbol{F}$ 建立起来的动力学体系中，除动能定理外，在求解问题过程中，都不可避免地出现大量的未知约束力，而动能定理本身难以求解一般多自由度系统的问题。因此对多约束、多自由度系统的动力学问题，拉格朗日(J-L. Lagrange 1736—1813) 应用达朗贝尔原理，并将虚位移原理推广到动力学，从而建立了著名的“拉格朗日方程”，开创了分析动力学的新体系，继而哈密顿等人又开创了哈密顿力学，从而将古典力学推进到一个新高度。

在本章讲述的分析动力学基础中，主要以完整系统为对象，介绍动力学普遍方程、拉格朗日方程、哈密顿原理等基础知识。

14.1 动力学普遍方程

应用达朗贝尔原理，可将动力学问题从形式上转化为静力学平衡问题，而虚位移原理是解决静为学平衡问题的普遍原理。因此，将达朗贝尔原理与虚位移原理相结合，就可以得出求解动力学问题普遍适用的方程 —— 动力学普遍方程。

根据达朗贝尔原理，在质点系运动的任意瞬时，在每个质点上都假想地加上相应的惯性力 $\boldsymbol{F}_{\mathrm{I}i}=-m_i\boldsymbol{a}_i$，则作用于质点系的所有主动力、约束力与惯性力构成一平衡力系。

给质点系一虚位移，由于约束是理想的，故所有约束力在任意虚位移中的元功之和为零。于是得到

$$\sum_{i=1}^{n}(\boldsymbol{F}_i+\boldsymbol{F}_{\mathrm{I}i})\cdot\delta\boldsymbol{r}_i=0\quad 或\quad \sum_{i=1}^{n}(\boldsymbol{F}_i-m_i\boldsymbol{a}_i)\cdot\delta\boldsymbol{r}_i=0 \tag{14.1.1}$$

也可写成解析形式，为

$$\sum_{i=1}^{n}[(F_{ix}-m_i\ddot{x}_i)\cdot\delta x_i+(F_{iy}-m_i\ddot{y}_i)\cdot\delta y_i+(F_{iz}-m_i\ddot{z}_i)\cdot\delta z_i]=0 \tag{14.1.2}$$

式(14.1.1)或式(14.1.2)即为**动力学普遍方程**，也称作**达朗贝尔 - 拉格朗日原理**。此方程表明：任一瞬时，作用在受理想约束的质点系上的主动力与惯性力，在质点系任意虚位移中的元功之和为零。

由于达朗贝尔原理给出的主动力、约束力和惯性力的平衡关系是对每一瞬时的，质点系的虚位移也是对给定瞬时的，因此只需考虑约束的瞬时性质，即把时间看成是不变的。因此，动力学普遍方程对定常和非定常约束都是适用的，是动力学中普遍而统一的方程。涉及非定常约束时，可将非定常约束在此瞬时“冻结”起来，和定常约束一样来应用虚位移原理。

【例 14.1.1】　一摆长按规律 $l=l_0-vt\,(v=\mathrm{const})$ 而变化的单摆(见图 14.1.1(a))，其质

量为 m，试用动力学普遍方程建立此摆的运动微分方程。

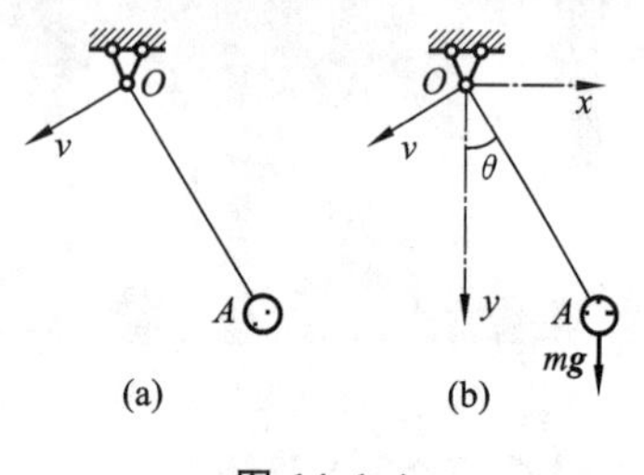

图 14.1.1

【解】 (1) 运动分析。

由于摆长的变化规律已知，摆锤 A 的位置可由广义坐标 θ 确定，即系统是一个受非定常约束的单自由度系统。取直角坐标系如图 14.1.1(b) 所示，摆锤 A 的加速度由解析法表示如下：

$$x=(l_0-vt)\sin\theta,\quad y=(l_0-vt)\cos\theta$$

$$\dot{x}=(l_0-vt)\dot{\theta}\cos\theta-v\sin\theta,\quad \dot{y}=-(l_0-vt)\dot{\theta}\sin\theta-v\cos\theta$$

$$\begin{cases}\ddot{x}=(l_0-vt)(\ddot{\theta}\cos\theta-\dot{\theta}^2\sin\theta)-2v\dot{\theta}\cos\theta\\ \ddot{y}=-(l_0-vt)(\ddot{\theta}\sin\theta+\dot{\theta}^2\cos\theta)+2v\dot{\theta}\sin\theta\end{cases}\tag{a}$$

(2) 虚位移分析。

摆锤 A 的虚位移也可用解析法计算，这时将 t 视为常量(时间冻结)，即

$$\left.\begin{aligned}\delta x&=(l_0-vt)\cos\theta\delta\theta\\ \delta y&=(l_0-vt)\sin\theta\delta\theta\end{aligned}\right\}\tag{b}$$

(3) 应用动力学普遍方程。

运用动力学普遍方程式(14.1.2)，有

$$(0-m\ddot{x})\delta x+(mg-m\ddot{y})\delta y=0\tag{c}$$

将式(a)、(b) 代入式(c) 化简后可得

$$-m(l_0-vt)^2\ddot{\theta}\delta\theta+2m(l_0-vt)v\dot{\theta}\delta\theta-mg(l_0-vt)\sin\theta\delta\theta=0$$

由于 $\delta\theta\neq 0$，易得变摆长单摆的运动微分方程为

$$\ddot{\theta}-\frac{2v}{l_0-vt}\dot{\theta}+\frac{g}{l_0-vt}\sin\theta=0$$

【例 14.1.2】 质量为 m_A、半径为 r 的均质圆柱，放在粗糙的水平面上作纯滚动(见图 14.1.2(a))，一摆长为 l、摆锤的质量为 m_B 的单摆，铰接在圆柱的质心上。试用动力学普遍方程建立此质点系的运动微分方程。

【解】 (1) 运动分析。

显然系统是具有两个自由度的完整系统，选取 x、φ 为广义坐标。圆柱的角加速度、圆柱质心的加速度以及摆锤的各项加速度，均可通过广义速度 $\dot{x}$、$\dot{\varphi}$ 和广义加速度 $\ddot{x}$、$\ddot{\varphi}$ 来表示(见图 14.1.2(b))，其中

$$a_A=\ddot{x},\quad \alpha=\frac{\ddot{x}}{r},\quad a_{BA}^{\mathrm{n}}=l\dot{\varphi}^2,\quad a_{BA}^{\mathrm{t}}=l\ddot{\varphi}\tag{a}$$

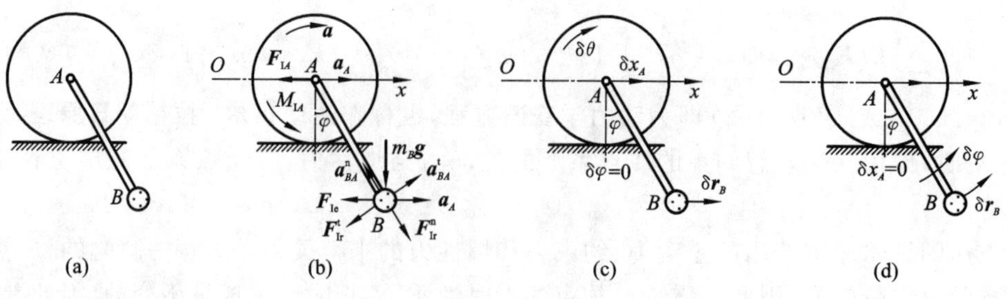

图 14.1.2

(2) 受力分析。

圆柱惯性力系的简化结果、摆锤的各项惯性力以及圆柱和摆锤的重力如图 14.1.2(b) 所示，

其中

$$\left.\begin{aligned}&M_{IA}=J_A\alpha=\frac{1}{2}m_Ar^2\alpha,\quad F_{IA}=m_Aa_A,\\&F_{Ie}=m_Ba_A,\quad F_{Ir}^{n}=m_Ba_{BA}^{n},\quad F_{Ir}^{t}=m_Ba_{BA}^{t}\end{aligned}\right\}\tag{b}$$

(3) 虚位移分析。

先令 φ 保持不变，而给 x 有一变分 δx_A，可得质点的虚位移如图 14.1.2(c) 所示，其中 $\delta\theta=\delta x_A/r$，$\delta r_B=\delta x_A$；再令 x 保持不变，而给 φ 有一变分 $\delta\varphi$，可得质点系的虚位移如图 14.1.2(d) 所示，式中 $\delta r_B=r\delta\varphi$。

这两个虚位移是彼此独立的，由动力学普遍方程可建立两个运动微分方程。

(4) 应用动力学普遍方程。

分别对虚位移 δx_A 和 $\delta\varphi$ 应用动力学普遍方程式有

$$\left.\begin{aligned}&-M_{IA}\delta\theta-F_{IA}\delta x_A-F_{Ie}\delta r_B-F_{Ir}^{t}\cos\varphi\cdot\delta r_B+F_{Ir}^{n}\sin\varphi\cdot\delta r_B=0\\&-(F_{Ie}l\cos\varphi)\delta\varphi-(F_{Ir}^{t}l)\delta\varphi-(m_Bgl\sin\varphi)\delta\varphi=0\end{aligned}\right\}\tag{c}$$

将式(a)、(b) 代入式(c) 化简后为两自由度系统的运动微分方程组

$$\begin{cases}-\left(\dfrac{3}{2}m_A+m_B\right)\ddot{x}-m_Bl\ddot{\varphi}\cos\varphi+m_Bl\dot{\varphi}^2\sin\varphi=0\\ \ddot{x}\cos\varphi+l\ddot{\varphi}+g\sin\varphi=0\end{cases}$$

14.2 第二类拉格朗日方程

动力学普遍方程虽然是动力学普遍而统一的方程，但由于该方程采用直角坐标系描述，质点的坐标并不完全独立，所以各质点虚位移不独立，使得求解的过程不够简便。如采用广义坐标，则可以得到与自由度数相同的独立的运动微分方程。这种用广义坐标表示的动力学普遍方程称为**拉格朗日第二类方程**，简称为**拉格朗日方程**。

设一由 n 个质点组成的具有完整、理想约束的质点系，有 k 个自由度，以 k 个广义坐标 q_1，q_2，…，q_k 确定质点系的位置，则质点系中任一质点 m_i 的矢径为广义坐标与时间的矢量函数，即

$$\boldsymbol{r}_i=\boldsymbol{r}_i(q_1,q_2,\cdots,q_k;t)\quad i=1,2,\cdots,n\tag{a}$$

质点 m_i 的虚位移为

$$\delta\boldsymbol{r}_i=\sum_{j=1}^{k}\frac{\partial\boldsymbol{r}_i}{\partial q_j}\delta q_j\quad i=1,2,\cdots,n$$

将上式代入动力学普遍方程式(14.1.1)，可得

$$\sum_{i=1}^{n}(\boldsymbol{F}_i-m_i\boldsymbol{a}_i)\cdot\sum_{j=1}^{k}\frac{\partial\boldsymbol{r}_i}{\partial q_j}\delta q_j=0$$

即：

$$\sum_{j=1}^{k}\left(\sum_{i=1}^{n}\boldsymbol{F}_i\cdot\frac{\partial\boldsymbol{r}_i}{\partial q_j}-\sum_{i=1}^{n}m_i\boldsymbol{a}_i\cdot\frac{\partial\boldsymbol{r}_i}{\partial q_j}\right)\delta q_j=0$$

又可简写为：

$$\sum_{j=1}^{k}(Q_j+Q_{Ij})\delta q_j=0\tag{b}$$

其中，$Q_j=\sum\limits_{i=1}^{n}\boldsymbol{F}_i\cdot\dfrac{\partial\boldsymbol{r}_i}{\partial q_j}$ 为**广义力**，相应地，将 Q_{Ij} 称为**广义惯性力**，即

$$Q_{\mathrm{I}j}=-\sum_{i=1}^{n}m_i\boldsymbol{a}_i\cdot\frac{\partial\boldsymbol{r}_i}{\partial q_j}=\sum_{i=1}^{n}\boldsymbol{F}_{\mathrm{I}i}\cdot\frac{\partial\boldsymbol{r}_i}{\partial q_j}\tag{c}$$

由于 $\delta q_1,\delta q_2,\cdots,\delta q_k$ 是彼此独立的，要使它们取任意值时方程(b) 都能满足，必须有

$$Q_j+Q_{\mathrm{I}j}=0\quad j=1,2,\cdots,k\tag{d}$$

广义惯性力 $Q_{\mathrm{I}j}$ 可由质点系的动能来表示。有

$$Q_{\mathrm{I}j}=-\sum_{i=1}^{n}m_i\boldsymbol{a}_i\cdot\frac{\partial\boldsymbol{r}_i}{\partial q_j}=-\sum_{i=1}^{n}m_i\frac{\mathrm{d}\boldsymbol{v}_i}{\mathrm{d}t}\cdot\frac{\partial\boldsymbol{r}_i}{\partial q_j}=-\frac{\mathrm{d}}{\mathrm{d}t}\left(\sum_{i=1}^{n}m_i\boldsymbol{v}_i\cdot\frac{\partial\boldsymbol{r}_i}{\partial q_j}\right)+\sum_{i=1}^{n}m_i\boldsymbol{v}_i\cdot\frac{\mathrm{d}}{\mathrm{d}t}\left(\frac{\partial\boldsymbol{r}_i}{\partial q_j}\right)\tag{e}$$

为了简化式(e)，需要导出$\dfrac{\partial\boldsymbol{r}_i}{\partial q_j}$，$\dfrac{\mathrm{d}}{\mathrm{d}t}\left(\dfrac{\partial\boldsymbol{r}_i}{\partial q_j}\right)$与速度$\boldsymbol{v}_i$ 的两个关系式。式(a) 对时间 t 求导得

$$\boldsymbol{v}_i=\frac{\mathrm{d}\boldsymbol{r}_i}{\mathrm{d}t}=\sum_{j=1}^{k}\frac{\partial\boldsymbol{r}_i}{\partial q_j}\dot{q}_j+\frac{\partial\boldsymbol{r}_i}{\partial t}\tag{f}$$

其中，$\dot{q}_j=\dfrac{\mathrm{d}q_j}{\mathrm{d}t}$ 为广义速度。将式(f) 对 $\dot{q}_j$ 求偏导数得

$$\frac{\partial\boldsymbol{v}_i}{\partial\dot{q}_j}=\frac{\partial\boldsymbol{r}_i}{\partial q_j}\tag{g}$$

式(g) 为第一个关系式。再将式(f) 对任一广义坐标 q_l 求偏导数，有

$$\frac{\partial\boldsymbol{v}_i}{\partial q_l}=\sum_{j=1}^{k}\frac{\partial^2\boldsymbol{r}_i}{\partial q_l\partial q_j}\dot{q}_j+\frac{\partial^2\boldsymbol{r}_i}{\partial t\partial q_l}\tag{h}$$

另一方面，直接由矢径 $\boldsymbol{r}_i$ 对某个广义坐标 q_l 求偏导数后，再对时间 t 求导，得

$$\frac{\mathrm{d}}{\mathrm{d}t}\left(\frac{\partial\boldsymbol{r}_i}{\partial q_l}\right)=\sum_{j=1}^{k}\frac{\partial}{\partial q_j}\left(\frac{\partial\boldsymbol{r}_i}{\partial q_l}\right)\dot{q}_j+\frac{\partial}{\partial t}\left(\frac{\partial\boldsymbol{r}_i}{\partial q_l}\right)\tag{i}$$

比较式(h)、(i)，可得

$$\frac{\partial\boldsymbol{v}_i}{\partial q_j}=\frac{\mathrm{d}}{\mathrm{d}t}\left(\frac{\partial\boldsymbol{r}_i}{\partial q_j}\right)\tag{j}$$

式(j) 为第二个关系式。将式(g)、(j) 代入式(e)，得

$$Q_{\mathrm{I}j}=-\frac{\mathrm{d}}{\mathrm{d}t}\left(\sum_{i=1}^{n}m_i\boldsymbol{v}_i\cdot\frac{\partial\boldsymbol{v}_i}{\partial\dot{q}_j}\right)+\sum_{i=1}^{n}m_i\boldsymbol{v}_i\cdot\frac{\partial\boldsymbol{v}_i}{\partial q_j}=-\frac{\mathrm{d}}{\mathrm{d}t}\left[\frac{\partial}{\partial\dot{q}_j}\sum_{i=1}^{n}\left(\frac{1}{2}m_iv_i^2\right)\right]+\frac{\partial}{\partial q_j}\sum_{i=1}^{n}\left(\frac{1}{2}m_iv_i^2\right)$$

注意到$\sum\limits_{i=1}^{n}\left(\dfrac{1}{2}m_iv_i^2\right)$是质点系的动能 T，便得到 $Q_{\mathrm{I}j}$ 用动能 T 表示的关系式

$$Q_{\mathrm{I}j}=-\frac{\mathrm{d}}{\mathrm{d}t}\left(\frac{\partial T}{\partial\dot{q}_j}\right)+\frac{\partial T}{\partial q_j}\tag{k}$$

将式(k) 代入式(d)，得

$$\frac{\mathrm{d}}{\mathrm{d}t}\left(\frac{\partial T}{\partial\dot{q}_j}\right)-\frac{\partial T}{\partial q_j}=Q_j\quad j=1,2,\cdots,k\tag{14.2.1}$$

这是一组用广义坐标表示的二阶微分方程，也就是第二类拉格朗日方程。因为第二类拉格朗日方程采用动能和广义力来表示，所以，应用它可简便地得到与系统的自由度相同的、相互独立的运动微分方程。

如果系统中的主动力均为有势力，则广义力可表达为：$Q_j=-\dfrac{\partial V}{\partial q_j}$，$(j=1,2,\cdots,k)$。这时式(14.2.1) 可写成：

$$\frac{\mathrm{d}}{\mathrm{d}t}\left(\frac{\partial T}{\partial\dot{q}_j}\right)-\frac{\partial T}{\partial q_j}=-\frac{\partial V}{\partial q_j}$$

注意到势能函数 V 中不包含广义速度 $\dot{q}_j$，即 $\frac{\partial V}{\partial \dot{q}_j}=0$，于是有

$$\frac{\mathrm{d}}{\mathrm{d}t}\left(\frac{\partial (T-V)}{\partial \dot{q}_j}\right)-\frac{\partial (T-V)}{\partial q_j}=0 \quad j=1,2,\cdots,k$$

或

$$\frac{\mathrm{d}}{\mathrm{d}t}\left(\frac{\partial L}{\partial \dot{q}_j}\right)-\frac{\partial L}{\partial q_j}=0 \quad j=1,2,\cdots,k \tag{14.2.2}$$

式中

$$L=T-V \tag{14.2.3}$$

称为**拉格朗日函数**，又称为**动势**。

如果质点系所受的力除有势力外还有非有势力，将有势力部分的广义力由势能 V 来表示，而非有势力部分的广义力由 Q'_j 来表示。则拉格朗日第二类方程方程可写为

$$\frac{\mathrm{d}}{\mathrm{d}t}\left(\frac{\partial T}{\partial \dot{q}_j}\right)-\frac{\partial T}{\partial q_j}=-\frac{\partial V}{\partial q_j}+Q'_j \quad j=1,2,\cdots,k \tag{14.2.4}$$

或

$$\frac{\mathrm{d}}{\mathrm{d}t}\left(\frac{\partial T}{\partial \dot{q}_j}\right)-\frac{\partial T}{\partial q_j}=-\frac{\partial V}{\partial q_j}+Q'_j \quad j=1,2,\cdots,k \tag{14.2.5}$$

拉格朗日方程是解决具有完整约束的质点系动力学问题的普遍方程，对离散质点系统和多自由度的刚体系统尤为适用。

【例 14.2.1】 半径为 r、质量为 m 的半圆柱体在粗糙水平面上作无滑动的滚动（见图 14.2.1），试求其在平衡位置附近微幅摆动的微分方程及固有振动频率。

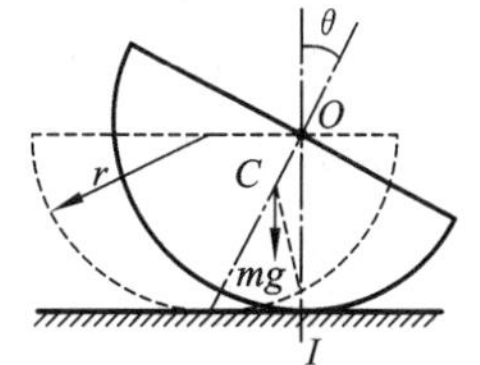

图 14.2.1

【解】 显然半圆柱体受到的约束是完整的理想约束，因而可用第二类拉格朗日方程求解。

(1) 判定自由度和选取广义坐标。

半圆柱体作纯滚动，自由度数为 1，取广义坐标为 θ。

(2) 列写质点系的动能 T（表示为广义速度的函数）。

取点 C 为半圆柱体的质心，可知 $\overline{OC}=\frac{4r}{3\pi}$，半圆柱体对速度瞬心 I 的转动惯量为

$$J_I=J_O-m\overline{OC}^2+m\overline{CI}^2=\frac{1}{2}mr^2-m\overline{OC}^2+m(\overline{OC}^2+r^2-2\overline{OC}r\cos\theta)$$

$$=\frac{3}{2}mr^2-\frac{8}{3\pi}mr^2\cos\theta=\left(\frac{3}{2}-\frac{8\cos\theta}{3\pi}\right)mr^2$$

半圆柱体的动能为：

$$T=\frac{1}{2}J_I\dot{\theta}^2=\frac{1}{2}\left(\frac{3}{2}-\frac{8\cos\theta}{3\pi}\right)mr^2\dot{\theta}^2$$

(3) 列写出广义力 Q_j。由于主动力是重力，即为有势力，利用势能函数来列写，取通过点 O 的水平面为重力势能的零势面，则半圆柱体的重力势能为：

$$V=-mg\overline{OC}\cos\theta=-\frac{4r}{3\pi}mg\cos\theta$$

则广义力为：

$$Q_\theta=-\frac{\partial V}{\partial \theta}=-\frac{4r}{3\pi}mg\sin\theta$$

(4) 将动能和广义力代入拉格朗日第二类方程：

$$\frac{\partial T}{\partial \dot{\theta}}=\left(\frac{3}{2}-\frac{8\cos\theta}{3\pi}\right)mr^2\dot{\theta},\frac{\partial T}{\partial\theta}=\left(\frac{4\sin\theta}{3\pi}\right)mr^2\dot{\theta}^2$$

$$\frac{\mathrm{d}}{\mathrm{d}t}\left(\frac{\partial T}{\partial \dot{\theta}}\right)=\left(\frac{3}{2}-\frac{8\cos\theta}{3\pi}\right)mr^2\ddot{\theta}+\frac{8\sin\theta}{3\pi}mr^2\dot{\theta}^2$$

由

$$\frac{\mathrm{d}}{\mathrm{d}t}\left(\frac{\partial T}{\partial \dot{\theta}}\right)-\frac{\partial T}{\partial\theta}=Q_\theta$$

可得系统的运动微分方程为

$$\left(\frac{3}{2}-\frac{8\cos\theta}{3\pi}\right)\ddot{\theta}+\frac{4\sin\theta}{3\pi}\dot{\theta}^2+\frac{4g\sin\theta}{3\pi r}=0$$

对于微幅摆动，θ 和 $\dot{\theta}$ 都很小，取 $\sin\theta\approx\theta,\cos\theta\approx 1$，并略去高阶微量项，则得出圆柱体作微幅摆动的微分方程为

$$\left(\frac{3}{2}-\frac{8}{3\pi}\right)\ddot{\theta}+\frac{4g}{3\pi r}\theta=0,\ddot{\theta}+\frac{8g}{(9\pi-16)r}\theta=0$$

故固有振动频率为

$$\omega_{\mathrm{n}}=\sqrt{\frac{8g}{(9\pi-16)r}}$$

【例 14.2.2】 一单摆接连杆 AB 挂在刚性系数为 k 的铅垂弹簧上，如图 14.2.2(a) 所示，摆长 BD 为 l，摆锤 D 的质量为 m。杆 AB 与摆 BD 的质量均不计。试用拉格朗日方程建立此摆的运动微分方程。

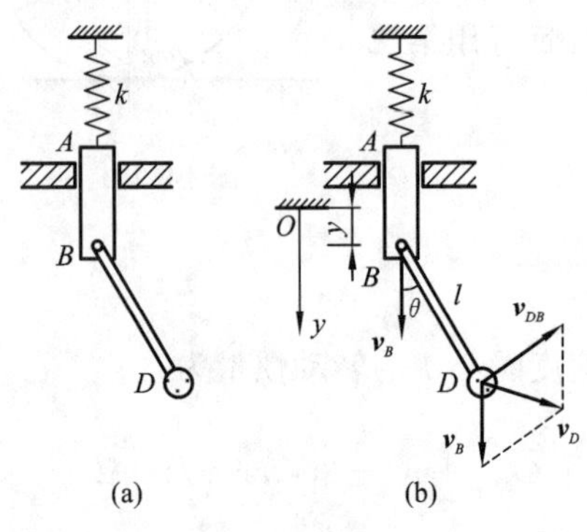

图 14.2.2

【解】 (1) 判定自由度和选取广义坐标。

整个系统受有定常、完整的理想约束，有两个自由度，取杆 AB 的竖直移动距离 y（以点 B 的静平衡位置为坐标原点 O，轴 y 铅垂向下为正）和杆 BD 的转角 θ 为广义坐标（见图 14.2.2(b)）。

(2) 列写质点系的动能 T（表示为广义速度的函数）。

摆锤 D 的动能为

$$T=\frac{1}{2}mv_D^2=\frac{1}{2}m(\dot{y}^2+l^2\dot{\theta}^2-2l\dot{\theta}\dot{y}\sin\theta)$$

(3) 列写出广义力 Q_j。

因系统中的主动力均为有势力，所以用势能来列写广义力。

取弹簧原长处为弹性势能的零位置及坐标原点 O 为重力势能的零位置，则系统的势能为

$$V=\frac{1}{2}k\left(y+\frac{mg}{k}\right)^2-mg(l\cos\theta+y)=\frac{1}{2}ky^2-mgl\cos\theta+\frac{(mg)^2}{2k}$$

因此，对应于广义坐标 y 和 θ 的广义力分别为

$$Q_y=-\frac{\partial V}{\partial y}=-ky,\quad Q_\theta=-\frac{\partial V}{\partial\theta}=-mgl\sin\theta$$

(4) 将动能和广义力代入拉格朗日第二类方程。

因：

$$\frac{\partial T}{\partial \dot{y}}=m(\dot{y}-l\dot{\theta}\sin\theta),\quad \frac{\mathrm{d}}{\mathrm{d}t}\left(\frac{\partial T}{\partial \dot{y}}\right)=m(\ddot{y}-l\ddot{\theta}\sin\theta-l\dot{\theta}^2\cos\theta),\quad \frac{\partial T}{\partial y}=0$$

可得

$$m\ddot{y}-ml\ddot{\theta}\sin\theta-ml\dot{\theta}^2\cos\theta+ky=0 \tag{a}$$

因：

$$\frac{\partial T}{\partial \dot{\theta}}=m(l^2\dot{\theta}-l\dot{y}\sin\theta),\quad \frac{\mathrm{d}}{\mathrm{d}t}\left(\frac{\partial T}{\partial \dot{\theta}}\right)=m(l^2\ddot{\theta}-l\ddot{y}\sin\theta-l\dot{y}\dot{\theta}\cos\theta),\quad \frac{\partial T}{\partial \theta}=-ml\dot{y}\dot{\theta}\cos\theta$$

故有

$$l\ddot{\theta}-\ddot{y}\sin\theta+g\sin\theta=0 \tag{b}$$

由式(a)、(b)组成的方程组即为此摆服从的运动微分方程。

【例 14.2.3】 如图 14.2.3 所示，均质圆轮的质量为 $m_1=4$ kg，半径为 r，在固定水平面上作纯滚动。从轮心 A 系一水平软绳并绕过定滑轮，在绳的另一端系一动滑轮，在动滑轮两侧用另一软绳悬挂重物 B 和 C，其质量分别为 $m_2=2$ kg 和 $m_3=1$ kg。假设绳与滑轮表面没有相对滑动，不计滑轮和绳子的质量，试求轮心 A 和重物 B、C 的加速度。

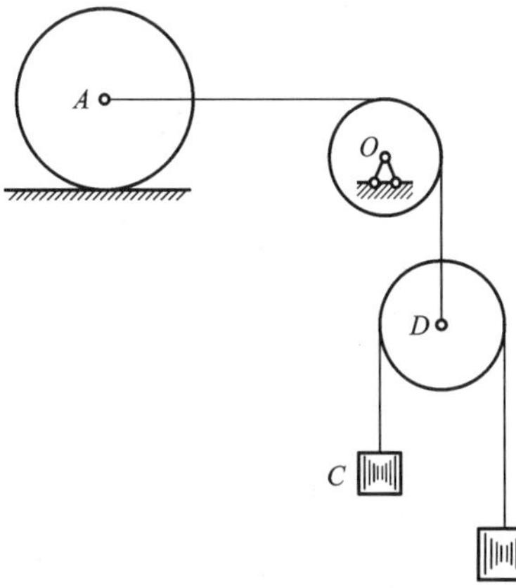

图 14.2.3

从上面的例子中可以看出，为了利用第二类拉格朗日方程正确列出一个系统的动力学方程，应注意以下几个基本步骤。

(1) 分析系统的约束条件及主动力的性质，对系统的类型(完整或非完整系统、定常或非定常系统、保守或非保守系统)作出正确判断。

(2) 确定系统的自由度并选取广义坐标。

(3) 用选定的广义坐标对系统做运动学分析，并写出用广义坐标表示的动能函数及势能函数，求出对应于广义坐标的广义力。

(4) 代入相应的拉格朗日方程，并简化结果。

【思考】 (1) 在拉格朗日方程中，理想约束的约束反力自动消除，不出现在方程中，这正是拉格朗日方程的一大优点。但在某些情况下，往往不仅要求系统的运动规律，也要求出约束反力，是否还能利用拉格朗日方程求解约束反力？如何求解？试以例 14.2.1 为例求解平面对半圆柱体的摩擦力。(2) 若拉格朗日函数 L 中不显含某个广义坐标(如 q_j)或者不显含时间 t，通过积分会得到什么结论？结论有什么物理意义？

【评述】 (1) 第二类拉格朗日方程建立了一种不含约束力的动力学方程，它减少了动力学方程的个数，给动力学系统的建模带来了方便。(2) 若将 $(q_1,q_2,\cdots,q_k)$ 形成的空间称为位形空间，则位形空间中的每一个点都对应着系统的一个位置或形状；而将广义速度和广义坐标 $(q_1,q_2,\cdots,q_k,\dot{q}_1,\dot{q}_2,\cdots,\dot{q}_k)$ 所形成的空间称为状态空间，也称相空间，则利用拉格朗日方程，就可以在相空间中研究系统的动力学行为。相空间中的每一个点(称为相点)都对应着系统的一个状态。(3) 第二类拉格朗日方程，只涉及广义坐标和广义速度，这就使得我们能够方便地观察系统在相空间中的动力学行为。所以有人说分析力学中的动力学实际上就是相空间中的几何学。

14.3 第一类拉格朗日方程

上一节介绍的第二类拉格朗日方程，虽然能够非常方便地解决很多力学问题，但它只能运用于完整系统。如果一个力学系统包含运动约束，即包含有速度的约束方程，当它们不能先行积分时，这个力学系统为非完整系统。对于这种非完整系统，第二类拉格朗日方程不适用。因此，拉格朗日在导出第二类方程的同时还得出以直角坐标表示的第一类拉格朗日方程，该类方程可用于处理非完整系统。过去由于该方程数较多不便应用，近年来随着计算机技术的发展，第一类拉格朗日方程也得到广泛应用，故在此作一简单介绍。

由于完整系统是非完整系统的特殊情况，所以本节建立的方程也适用于完整系统。

设某一由 n 个质点组成的质点系，第 i 质点的直角坐标用 x_{3i-2}，x_{3i-1}，x_{3i} 表示。该质点系有 l 个完整约束

$$f_s(x_1, x_2, \cdots, x_{3n}, t) = 0 \quad s = 1,2,\cdots,l \tag{14.3.1}$$

和 m 个运动约束

$$a_{r,1}\dot{x}_1 + a_{r,2}\dot{x}_2 + \cdots + a_{r,3n}\dot{x}_{3n} + a_r = 0 \quad r = 1,2,\cdots,m \tag{14.3.2}$$

将各 x_i 坐标给予变分，则由上述两式得变分条件

$$\sum_{\beta=1}^{3n} \frac{\partial f_s}{\partial x_\beta}\delta x_\beta = 0 \quad s = 1,2,\cdots,l \tag{14.3.3}$$

和

$$\sum_{\beta=1}^{3n} a_{r\beta}\delta x_\beta = 0 \quad r = 1,2,\cdots,m \tag{14.3.4}$$

将上两式分别用拉格朗日乘子 λ_s 和 μ_r 相乘后，结合动力学普遍方程

$$\sum_{\beta=1}^{3n} (F_\beta - m_\beta \ddot{x}_\beta)\delta x_\beta = 0 \tag{14.3.5}$$

成为如下拉格朗日第一类方程

$$\sum_{\beta=1}^{3n}\left(F_\beta - m_\beta \ddot{x}_\beta + \sum_{s=1}^{l}\lambda_s \frac{\partial f_s}{\partial x_\beta} + \sum_{r=1}^{m}\mu_r a_{r\beta}\right)\delta x_\beta = 0 \tag{14.3.6}$$

由于虚位移 δx_β 不能同时为零，由上式可得 $3n$ 个方程

$$F_\beta - m_\beta \ddot{x}_\beta + \sum_{s=1}^{l}\lambda_s \frac{\partial f_s}{\partial x_\beta} + \sum_{r=1}^{m}\mu_r a_{r\beta} = 0 \quad \beta = 1,2,\cdots,3n \tag{14.3.7}$$

将式(14.3.1)、式(14.3.2)和式(14.3.7)结合，共得$(3n+l+m)$个方程，正好可解得 $3n$ 个质点坐标和$(l+m)$个拉格朗日乘子 $\lambda_s(s=1,2,\cdots,l)$ 和 $\mu_r(r=1,2,\cdots,m)$。

现在说明 λ 和 μ 可以用来决定与它有关的约束反作用力。假若某质点系只受到一个非定常几何约束式(14.3.1)作用，其余约束不存在，那么在公式(14.3.7)中只剩下一个约束式如下

$$F_\beta - m_\beta \ddot{x}_\beta + \lambda_s \frac{\partial f_s}{\partial x_\beta} = 0 \quad \beta = 1,2,\cdots,3n$$

另一方面，如果由式(14.3.1)这个约束所引起的约束反作用力为 $\boldsymbol{F}_{N\beta}$，则由牛顿第二定律有

$$F_\beta - m_\beta \ddot{x}_\beta + F_{N\beta} = 0 \quad \beta = 1,2,\cdots,3n$$

比较上面两式，得：

$$F_{N\beta} = \lambda_s \frac{\partial f_s}{\partial x_\beta}$$

应用同样方法，可以导出运动约束式(14.3.2)所引起的约束反作用力$F'_{N\beta}=\mu_r a_{r\beta}$。

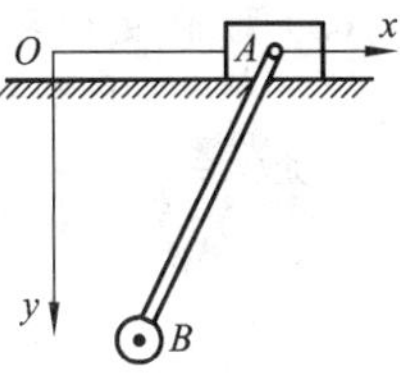

图 14.3.1

【例题 14.3.1】 在图14.3.1所示系统中，质量为m_1的物块A可在光滑水平面上滑动，小球B的质量为m_2，两物体用长为l的无重刚杆AB连接，试用拉格朗日第一类方程建立此系统的动力学方程。

【解】 取整个系统为研究对象，建立坐标系如图14.3.1所示，设物块A的坐标为x_1和y_1，小球B的坐标为x_2和y_2，则系统的约束方程为

$$f_1=y_1=0,\quad f_2=(x_1-x_2)^2+(y_1-y_2)^2-l^2=0 \tag{a}$$

从而有

$$\frac{\partial f_1}{\partial x_1}=0,\quad \frac{\partial f_1}{\partial y_1}=1,\quad \frac{\partial f_1}{\partial x_2}=0,\quad \frac{\partial f_1}{\partial y_2}=0 \tag{b}$$

$$\frac{\partial f_2}{\partial x_1}=2(x_1-x_2),\quad \frac{\partial f_2}{\partial y_1}=2(y_1-y_2),\quad \frac{\partial f_2}{\partial x_2}=-2(x_1-x_2),\quad \frac{\partial f_2}{\partial y_2}=-2(y_1-y_2) \tag{c}$$

作用在物块和小球上的主动力分别为

$$F_{1x}=0,\quad F_{1y}=m_1 g,\quad F_{2x}=0,\quad F_{2y}=m_2 g \tag{d}$$

将式(b)、(c)、(d)代入方程式(14.3.7)，整理得

$$\left.\begin{aligned}&m_1\ddot{x}_1+2\lambda_2(x_1-x_2)=0\\&m_1\ddot{y}_1+\lambda_1+2\lambda_2(y_1-y_2)-m_1 g=0\\&m_2\ddot{x}_2-2\lambda_2(x_1-x_2)=0\\&m_2\ddot{y}_2-2\lambda_2(y_1-y_2)-m_2 g=0\end{aligned}\right\} \tag{e}$$

将式(a)两边对时间求二阶导数，得

$$\left.\begin{aligned}&\ddot{y}_1=0\\&(x_1-x_2)(\ddot{x}_1-\ddot{x}_2)+(\dot{x}_1-\dot{x}_2)^2+(y_1-y_2)(\ddot{y}_1-\ddot{y}_2)+(\dot{y}_1-\dot{y}_2)^2=0\end{aligned}\right\} \tag{f}$$

消去式(e)中的λ_1和λ_2，并与式(f)联立，得到系统的动力学方程为

$$\left.\begin{aligned}&m_1\ddot{x}_1+m_2\ddot{x}_2=0\\&\frac{y_1-y_2}{x_1-x_2}m_1\ddot{x}_1+m_2\ddot{y}_2-m_2 g=0\\&\ddot{y}_1=0\\&(\ddot{x}_1-\ddot{x}_2)+(\dot{x}_1-\dot{x}_2)^2+(\ddot{y}_1-\ddot{y}_2)+(\dot{y}_1-\dot{y}_2)^2=0\end{aligned}\right\} \tag{g}$$

其中：

$$\left.\begin{aligned}&\lambda_1=-m_1 g-m_2 g+m_1\ddot{y}_1+m_2\ddot{y}_2\\&\lambda_2=-\frac{m_2\ddot{x}_2}{2(x_1-x_2)}\end{aligned}\right\} \tag{h}$$

与矢量力学的动力学方程比较，可知λ_1是光滑接触面的约束力，而$-2\lambda_2 l$是刚性杆AB的内力。

【评述】 (1) 在动力学建模中，第二类拉格朗日方程与第一类拉格朗日方程各有优缺点。例如，第二类拉格朗日方程以广义坐标描述系统的特性，从而可以得到最少量的动力学方程，在理论上可以完美描述完整动力学的特性，但这些方程往往是强非线性、强耦合的方程，并且其复杂程度与广义坐标的选取有关，加之动能的计算随着系统复杂程度的增加而增加，所以比较适于自由度较少的系统建模。而第一类拉格朗日方程以直角坐标描述系统，建立的方程数目多，还包含一定数量的约束方程，但是这种方法不仅可以描述非完整的动力学系统，而且物理概念明确，随

着计算机运算速度的快速增长，相对而言人工干预少，更适于应用计算机对复杂动力学系统的建模。(2) 目前复杂动力学系统建模的仿真软件很多采用了第一类拉格朗日方程。

14.4 哈密顿正则方程

在前几节中，用广义坐标描述了系统在位形空间的位形，同时给出了建立完整系统的动力学微分方程的一些方法。但是我们所建立的拉格朗日微分方程组，一般来说都是非线性的，除了数值解以外，很难得到其解析形式的解。在动力学微分方程的积分理论上有重要进展的是哈密顿(W. R. Hamilton，1805—1865) 和雅克比(C. G. J. Jacobi，1804—1851) 的工作，即哈密顿正则方程。下面具体介绍哈密顿正则方程。

14.4.1 完整保守系统的正则方程

对于完整保守系统目前我们也可称之为拉格朗日系统，该系统存在拉格朗日函数，即 $L = L(q,\dot{q},t)$，因此，我们可以将拉格朗日函数中的变量 $q,\dot{q}$ 的全体称为拉格朗日变量。这里我们定义广义动量 p，并将 q,p 的全体称为**哈密顿变量**。由哈密顿变量所构成的函数自然是**哈密顿函数**，即 $H = H(q,p,t)$。用哈密顿函数及哈密顿变量所表达的动力学微分方程即是哈密顿**正则方程**。

对于完整保守系统的拉格朗日方程为

$$\frac{\mathrm{d}}{\mathrm{d}t}\left(\frac{\partial L}{\partial \dot{q}_j}\right)-\frac{\partial L}{\partial q_j}=0 \quad j=1,2,\cdots,n \tag{14.4.1}$$

定义广义动量为

$$p_j=\frac{\partial L}{\partial \dot{q}_j}=\frac{\partial T}{\partial \dot{q}_j} \quad j=1,2,\cdots,n \tag{14.4.2}$$

则系统动能可表示为

$$T=\frac{1}{2}\sum_{j=1}^{n}\sum_{k=1}^{n}A_{jk}\dot{q}_j\dot{q}_k+\sum_{j=1}^{n}B_j\dot{q}_j+C \quad j=1,2,\cdots,n \tag{14.4.3}$$

则

$$p_j=\sum_{k=1}^{n}A_{jk}\dot{q}_k+B_j \quad j=1,2,\cdots,n \tag{14.4.4}$$

由于 $\det|A_{jk}|\neq 0$，则有

$$\dot{q}_i=\sum_{j=1}^{n}b_{ij}p_j+b_i \quad i=1,2,\cdots,n \tag{14.4.5}$$

即：广义速度和广义动量之间存在线性变换的关系。

将式(14.4.2) 进行变换有

$$\sum_{j=1}^{n}p_j\mathrm{d}\dot{q}_j=\sum_{j=1}^{n}\frac{\partial L}{\partial \dot{q}_j}\mathrm{d}\dot{q}_j \tag{14.4.6}$$

对该式左端进行变换

$$\sum_{j=1}^{n}p_j\mathrm{d}\dot{q}_j=\mathrm{d}\Big(\sum_{j=1}^{n}p_j\dot{q}_j\Big)-\sum_{j=1}^{n}\dot{q}_j\mathrm{d}p_j \tag{14.4.7}$$

由 $L=L(q,\dot{q},t)$，有

$$\mathrm{d}L=\sum_{j=1}^{n}\frac{\partial L}{\partial q_j}\mathrm{d}q_j+\sum_{j=1}^{n}\frac{\partial L}{\partial \dot{q}_j}\mathrm{d}\dot{q}_j+\frac{\partial L}{\partial t}\mathrm{d}t \tag{14.4.8}$$

$$\sum_{j=1}^{n}\frac{\partial L}{\partial \dot{q}_j}\mathrm{d}\dot{q}_j = \mathrm{d}L - \sum_{j=1}^{n}\frac{\partial L}{\partial q_j}\mathrm{d}q_j - \frac{\partial L}{\partial t}\mathrm{d}t \tag{14.4.9}$$

故

$$\mathrm{d}\Big(\sum_{j=1}^{n}p_j\dot{q}_j\Big) - \sum_{j=1}^{n}\dot{q}_j\mathrm{d}p_j = \mathrm{d}L - \sum_{j=1}^{n}\frac{\partial L}{\partial q_j}\mathrm{d}q_j - \frac{\partial L}{\partial t}\mathrm{d}t \tag{14.4.10}$$

即

$$\mathrm{d}\Big(\sum_{j=1}^{n}p_j\dot{q}_j - L\Big) = \sum_{j=1}^{n}\dot{q}_j\mathrm{d}p_j - \sum_{j=1}^{n}\frac{\partial L}{\partial q_j}\mathrm{d}q_j - \frac{\partial L}{\partial t}\mathrm{d}t \tag{14.4.11}$$

定义

$$H = \sum_{j=1}^{n}p_j\dot{q}_j - L \tag{14.4.12}$$

为**哈密顿函数**，将(14.4.5) 代入式(14.4.12)，则有

$$H = H(q,p,t) \tag{14.4.13}$$

对该式取微分有

$$\mathrm{d}H = \sum_{j=1}^{n}\frac{\partial H}{\partial q_j}\mathrm{d}q_j + \sum_{j=1}^{n}\frac{\partial H}{\partial p_j}\mathrm{d}p_j + \frac{\partial H}{\partial t}\mathrm{d}t \tag{14.4.14}$$

比较式(14.4.11) 与式(14.4.14) 便有

$$\dot{q}_j = \frac{\partial H}{\partial p_j}\quad j = 1,2,\cdots,n \tag{14.4.15}$$

$$\dot{p}_j = -\frac{\partial H}{\partial q_j}\quad j = 1,2,\cdots,n \tag{14.4.16}$$

式(14.4.15)、式(14.4.16) 称为**哈密顿正则方程**，或简称为**正则方程**，为 $2n$ 个一阶常微分方程组，求解这组方程，便可以得到系统的运动规律。

【说明】 可以证明：定常系统的哈密顿函数就是系统的机械能 $T+V$。

另外还有两个关系式

$$\frac{\partial L}{\partial t} = -\frac{\partial H}{\partial t} \tag{14.4.17}$$

$$\frac{\partial L}{\partial q_j} = -\frac{\partial H}{\partial q_j} \tag{14.4.18}$$

在正则方程中，由于用广义坐标、广义动量来代替广义坐标、广义速度作为独立变量，前者具有动力学意义，而后者只有运动学意义，故前者物理意义更为广泛，应用也方便。

但是也应注意到，建立哈密顿正则方程时，一般需要先建立拉格朗日函数，然后按 $p_j = \frac{\partial L}{\partial \dot{q}_j}(j = 1,2,\cdots,n)$ 求出 $\dot{q}_j = \dot{q}_j(q,p,t)(j = 1,2,\cdots,n)$，再代入哈密顿函数，即

$$H = \sum_{j=1}^{n}p_j\dot{q}_j - L = H(q,p,t)$$

由此看出，用哈密顿正则方程建立动力学方程比用拉格朗日方程建立动力学方程反而麻烦。但是正则方程结构简单、对称，而且为动力学的变换理论创造了有利条件，并为 $2n$ 个一阶方程，所以其更具有一定的意义。

14.4.2 一般系统的正则方程

对于一般的非保守系统，其拉格朗日方程为

$$\frac{\mathrm{d}}{\mathrm{d}t}\left(\frac{\partial L}{\partial \dot{q}_j}\right)-\frac{\partial L}{\partial q_j}=Q'_j \quad j=1,2,\cdots,n \tag{14.4.19}$$

将式(14.4.19)变换一下形式有

$$\frac{\partial L}{\partial q_j}=\dot{p}_j-Q'_j \tag{14.4.20}$$

将式(14.4.20)代入式(14.4.11)，有

$$\mathrm{d}H=\sum_{j=1}^{n}\dot{q}_j\,\mathrm{d}p_j-\sum_{j=1}^{n}(\dot{p}_j-Q'_j)\,\mathrm{d}q_j-\frac{\partial L}{\partial t}\mathrm{d}t \tag{14.4.21}$$

再与式(14.4.14)比较得

$$\dot{q}_j=\frac{\partial H}{\partial p_j} \quad j=1,2,\cdots,n \tag{14.4.22}$$

$$\dot{p}_j=-\frac{\partial H}{\partial q_j}+Q'_j \quad j=1,2,\cdots,n \tag{14.4.23}$$

这就是一般系统的正则方程，与式(14.4.15)、式(14.4.16)比较只是增加一项非有势力的广义力。

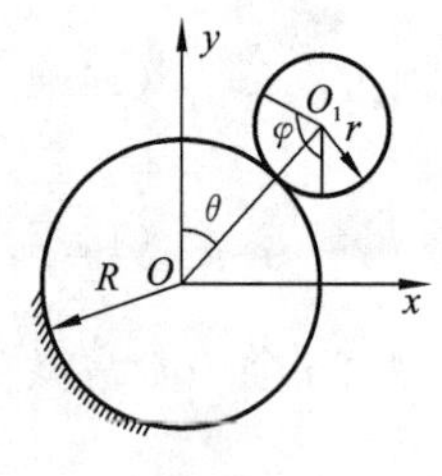

图 14.4.1

【例 14.4.1】 质量为 m，半径为 r 的均质小球，在其重力作用下，在一半径为 R 的固定圆形轨道上作纯滚动，如图 14.4.1 所示。试用正则方程求球心的切向加速度。

【解】 仅在重力作用下运动，故为保守系统。又因为小球作纯滚动，故为一个自由度，选 θ 为广义坐标。因此，球自身转角 φ 为：$\varphi=\dfrac{R+r}{r}\theta$，故有 $\dot{\varphi}=\dfrac{R+r}{r}\dot{\theta}$。

系统的动能为

$$T=\frac{m}{2}(R+r)^2\dot{\theta}^2+\frac{1}{2}\times\frac{2}{5}mr^2\dot{\varphi}^2=\frac{m}{2}\cdot\frac{7}{5}(R+r)^2\dot{\theta}^2=\frac{7}{10}m(R+r)^2\dot{\theta}^2 \tag{a}$$

取 $\theta=0$ 时，球质心 O_1 位置为零势能位置，则系统的势能为

$$V=-(R+r)(1-\cos\theta)mg \tag{b}$$

拉格朗日函数为

$$L=T-V=\frac{7}{10}m(R+r)^2\dot{\theta}^2+(R+r)(1-\cos\theta)mg \tag{c}$$

广义动量为

$$p=p_\theta=\frac{\partial L}{\partial\dot{\theta}}=\frac{7}{5}m(R+r)^2\dot{\theta} \tag{d}$$

故有

$$\dot{\theta}=\frac{5p}{7m(R+r)^2} \tag{e}$$

哈密顿函数为

$$H=T+V=\frac{5p^2}{14m(R+r)^2}-(R+r)(1-\cos\theta)mg \tag{f}$$

代入正则方程，有

$$\dot{p} = -\frac{\partial H}{\partial \theta} = mg(R+r)\sin\theta \tag{g}$$

将式(d)代入式(g)，得到 θ 的二阶微分方程为

$$\ddot{\theta} = \frac{5g}{7(R+r)}\sin\theta$$

所以球心的切向加速度为：

$$a^{\tau} = (R+r)\ddot{\theta} = \frac{5}{7}g\sin\theta$$

14.5 哈密顿原理

哈密顿原理也叫“哈密顿最小作用量原理”，是哈密顿于1834年建立的。哈密顿原理在数学上是求某个泛函的极值(驻定值)问题，或称为变分问题。有关变分的概念及运算规则，请见本教材附录A。

哈密顿原理是一种积分形式的变分原理。设一个系统具有完整、理想约束，在主动力的作用下，自 t_1 到 t_2 时刻，系统的真实运动轨迹为 ACB(见图14.5.1)，真实运动的轨迹称为**正路**，除了这正路之外，还可能有许多与正路非常接近的、为约束所容许的可能轨迹，如曲线 $AC'B$ 或 $AC''B$ 等，这些可能运动的可能轨迹，也称为**旁路**。除 t_1 与 t_2 瞬时外，都存在旁路与正路的差异，即

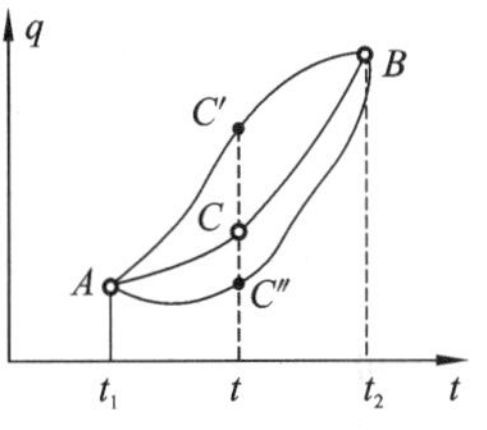

图 14.5.1

$$\delta q_j = \varepsilon_j \eta_j(t) \quad j = 1,2,\cdots,k$$

$$(\delta q_j)_{t=t_1} = 0, (\delta q_j)_{t=t_2} = 0$$

哈密顿原理给我们提供了一条区别真实运动和可能运动的准则，从而得到真实运动所必须遵循的规律。

哈密顿原理是一个很重要的原理，它可以从其他原理导出，又可从它导出动力学定律。下面就从动力学普遍方程来推导哈密顿原理。

由动力学普遍方程可知：

$$\sum_{i=1}^{n} (\boldsymbol{F}_i - m_i \boldsymbol{a}_i) \cdot \delta \boldsymbol{r}_i = 0$$

因为 $\sum_{r=1}^{n} \boldsymbol{F}_i \cdot \delta \boldsymbol{r}_i = \delta W$，将惯性力部分也写成虚功形式，即：$\delta W_1 = \sum_{i=1}^{n} m_i \boldsymbol{a}_i \cdot \delta \boldsymbol{r}_i$。于是有

$$\delta W = \delta W_1 \tag{a}$$

将 δW_1 变换为：

$$\delta W_1 = \frac{\mathrm{d}}{\mathrm{d}t}\Big(\sum_{i=1}^{n} m_i \boldsymbol{v}_i \cdot \delta \boldsymbol{r}_i\Big) - \sum_{i=1}^{n} m_i \boldsymbol{v}_i \cdot \frac{\mathrm{d}}{\mathrm{d}t}\delta \boldsymbol{r}_i$$

根据变分运算与微分运算的可互换性，上式进一步改写为

$$\delta W_1 = \frac{\mathrm{d}}{\mathrm{d}t}\Big(\sum_{i=1}^{n} m_i \boldsymbol{v}_i \cdot \delta \boldsymbol{r}_i\Big) - \delta\Big(\sum_{i=1}^{n} \frac{1}{2} m_i \boldsymbol{v}_i \cdot \boldsymbol{v}_i\Big) = \frac{\mathrm{d}}{\mathrm{d}t}\Big(\sum_{i=1}^{n} m_i \boldsymbol{v}_i \cdot \delta \boldsymbol{r}_i\Big) - \delta T$$

式中 $T = \sum_{i=1}^{n} \frac{1}{2} m_i v_i^2$ 为系统的动能。将以上关系式代入式(a)有

$$\delta T+\delta W=\frac{\mathrm{d}}{\mathrm{d}t}\Big(\sum_{i=1}^{n}m_i\boldsymbol{v}_i\cdot\delta\boldsymbol{r}_i\Big) \tag{b}$$

为了在(t_2-t_1)时段内区分真实运动和可能运动，将式(b)两边同时乘以$\mathrm{d}t$，并从t_1积分到t_2，得

$$\int_{t_1}^{t_2}(\delta T+\delta W)\mathrm{d}t=\int_{t_1}^{t_2}\frac{\mathrm{d}}{\mathrm{d}t}\Big(\sum_{i=1}^{n}m_i\boldsymbol{v}_i\cdot\delta\boldsymbol{r}_i\Big)\mathrm{d}t=\sum_{i=1}^{n}m_i\boldsymbol{v}_i\cdot\delta\boldsymbol{r}_i\Big|_{t_1}^{t_2}$$

根据原假设，真实运动与可能运动在t_1与t_2瞬时具有相同的位置A与B(参见图14.5.1)，即$\sum\limits_{i=1}^{n}m_i\boldsymbol{v}_i\cdot\delta\boldsymbol{r}_i\Big|_{t_1}^{t_2}=0$，于是得

$$\int_{t_1}^{t_2}(\delta T+\delta W)\mathrm{d}t=0 \tag{14.5.1}$$

这就是真实运动区别于可能运动的准则。这个关系式是哈密顿原理在一般情况下的表达形式。

当系统上的主动力为有势力时，这时主动力的元功之和为

$$\begin{aligned}\delta W&=\sum_{i=1}^{n}\boldsymbol{F}_i\cdot\delta\boldsymbol{r}_i=\sum_{i=1}^{n}(F_{ix}\cdot\delta x_i+F_{iy}\cdot\delta y_i+F_{iz}\cdot\delta z_i)\\&=-\sum_{i=1}^{n}\Big(\frac{\partial V}{\partial x_i}\cdot\delta x_i+\frac{\partial V}{\partial y_i}\cdot\delta y_i+\frac{\partial V}{\partial z_i}\cdot\delta z_i\Big)=-\delta V\end{aligned}$$

再引入拉格朗日函数$L=T-V$，于是式(14.5.1)可写成：$\int_{t_1}^{t_2}\delta L\mathrm{d}t=0$。根据变分运算与积分运算的可互换性，该式又可写成

$$\delta\int_{t_1}^{t_2}L\mathrm{d}t=0 \tag{14.5.2}$$

令

$$S=\int_{t_1}^{t_2}L\mathrm{d}t \tag{14.5.3}$$

S称为**哈密顿作用量**。于是式(14.5.2)成为

$$\delta S=0 \tag{14.5.4}$$

式(14.5.4)就是哈密顿原理的数学表达式。哈密顿原理可叙述为：具有理想和完整约束的质点系在有势力作用下，它的真实运动与具有相同起止位置的可能运动相比，对于真实运动哈密顿作用量有驻值，即对正路哈密顿作用量的变分等于零。

【评述】 (1)对于具有k个自由度的力学系统，其拉格朗日微分方程必有k个，但用哈密顿原理来表述则只要一个变分方程$\delta S=0$即可，这表明哈密顿原理把力学原理归结为更一般、更简洁、更统一、更完美的形式。(2)哈密顿作用量与坐标选择无关(广义坐标变换不变性)。因此，更具有普遍性，且在多方面得到应用。(3)它不仅适用于有限个自由度系统，还可以用于无限自由度连续介质(如弹性体、流体等)力学，甚至非力学系统。(4)哈密顿原理是力学的基本原理，应用它可以很简便地导出拉格朗日方程和哈密顿正则方程等，这反映了它对于客观事物之间的内在联系揭示得更为深刻。

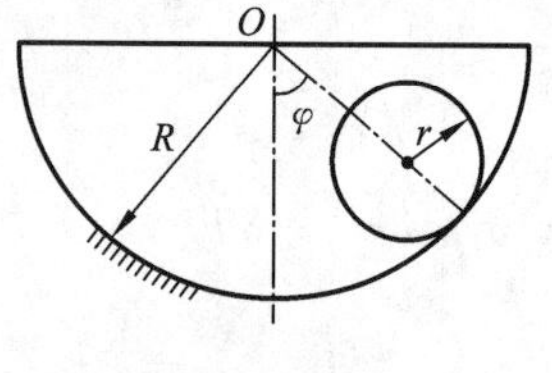

图 14.5.2

【例14.5.1】 均质圆柱体，半径为r，质量为m，在半径为R的圆柱形槽内作纯滚动，如图14.5.2所示。试用哈密顿原理建立圆柱体的运动微分方程。

【解】 系统具有一个自由度，取广义坐标为φ，则圆柱体的动

能为

$$T=\frac{3}{4}m\,(R-r)^2\dot{\varphi}^2$$

若以点 O 所在的水平面为零势能位置，则势能为：$V=-mg(R-r)\cos\varphi$。

从而，拉格朗日函数为

$$L=\frac{3}{4}m\,(R-r)^2\dot{\varphi}^2+mg(R-r)\cos\varphi$$

应用哈密顿原理：$\int_{t_0}^{t_1}\delta L\mathrm{d}t=0$ 有

$$\int_{t_0}^{t_1}\left[\frac{3}{2}m\,(R-r)^2\dot{\varphi}\delta\dot{\varphi}-mg(R-r)\sin\varphi\delta\varphi\right]\mathrm{d}t=0 \tag{a}$$

将式(a) 中的第一项进行分部积分，得

$$\begin{aligned}&\int_{t_0}^{t_1}\frac{3}{2}m\,(R-r)^2\dot{\varphi}\delta\dot{\varphi}\mathrm{d}t=\\&\frac{3}{2}m\,(R-r)^2\dot{\varphi}\delta\varphi\Big|_{t_0}^{t_1}-\int_{t_0}^{t_1}\frac{3}{2}m\,(R-r)^2\ddot{\varphi}\delta\varphi\mathrm{d}t=-\int_{t_0}^{t_1}\frac{3}{2}m\,(R-r)^2\ddot{\varphi}\delta\varphi\mathrm{d}t\end{aligned} \tag{b}$$

将式(b) 代入式(a)，整理得

$$\int_{t_0}^{t_1}\left[\frac{3}{2}m\,(R-r)^2\ddot{\varphi}+mg(R-r)\sin\varphi\right]\delta\varphi\mathrm{d}t=0 \tag{c}$$

因 $\delta\varphi\neq 0$，由式(c) 得运动微分方程为

$$\frac{3}{2}(R-r)\ddot{\varphi}+g\sin\varphi=0 \tag{d}$$

在微小振动时，$\sin\varphi\approx\varphi$，由式(d) 有：$\ddot{\varphi}+\dfrac{2g}{3(R-r)}\varphi=0$。

【例 14.5.2】 一张紧的钢弦如图 14.5.3(a) 所示。设在振动过程中钢弦的张力 $\boldsymbol{F}$ 的数值保持不变，单位长度钢弦的质量为 m。试用哈密顿原理建立钢弦的横向振动微分方程。

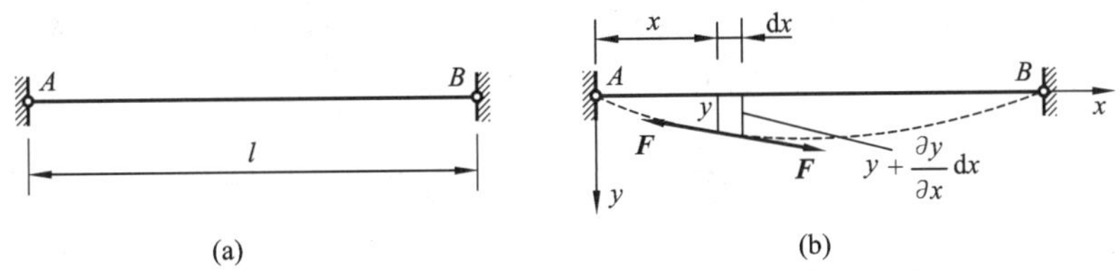

图 14.5.3

【解】 (1) 判定系统的自由度和选取广义坐标。

这是一个连续系统，具有无限多个自由度。取坐标系 Axy 如图 14.5.3(b) 所示。设钢弦振动时，在 x 处从平衡位置起算的位移为 $y(x,t)$，并以此为广义坐标。

(2) 列写系统的拉格朗日函数。

从钢弦上取长度为 $\mathrm{d}x$ 的微元，其动能为：$\mathrm{d}T=\dfrac{1}{2}(m\mathrm{d}x)\left(\dfrac{\partial y}{\partial t}\right)^2$。变形能为：

$$\mathrm{d}V=F\left[\sqrt{(\mathrm{d}x)^2+\left(\frac{\partial y}{\partial x}\mathrm{d}x\right)^2}-\mathrm{d}x\right]\approx F\left[\mathrm{d}x+\frac{1}{2}\left(\frac{\partial y}{\partial x}\right)^2\mathrm{d}x-\mathrm{d}x\right]=\frac{1}{2}F\left(\frac{\partial y}{\partial x}\right)^2\mathrm{d}x$$

故整个钢弦的动能和变形能分别为：

$$T=\int_0^l \frac{1}{2}m\left(\frac{\partial y}{\partial t}\right)^2 \mathrm{d}x,\quad V=\int_0^l \frac{1}{2}F\left(\frac{\partial y}{\partial x}\right)^2 \mathrm{d}x。$$

于是,钢弦的拉格朗日函数为

$$L=T-V=\int_0^l \frac{1}{2}\left[m\left(\frac{\partial y}{\partial t}\right)^2-F\left(\frac{\partial y}{\partial x}\right)^2\right]\mathrm{d}x \tag{a}$$

(3) 运用哈密顿原理:$\delta\int_{t_1}^{t_2}L\mathrm{d}t=0$,即

$$\int_{t_1}^{t_2}\int_0^l\left[m\left(\frac{\partial y}{\partial t}\cdot\delta\frac{\partial y}{\partial t}\right)-F\left(\frac{\partial y}{\partial x}\cdot\delta\frac{\partial y}{\partial x}\right)\right]\mathrm{d}x\mathrm{d}t=0 \tag{b}$$

式(b)的第一项对时间 t 作分部积分,并考虑到在 t_1 和 t_2 时,$\delta y=0$,则

$$\begin{aligned}\int_{t_1}^{t_2}m\left(\frac{\partial y}{\partial t}\cdot\delta\frac{\partial y}{\partial t}\right)\mathrm{d}t&=\int_{t_1}^{t_2}m\frac{\partial y}{\partial t}\cdot\frac{\partial}{\partial t}(\delta y)\mathrm{d}t\\&=\left[m\frac{\partial y}{\partial t}\delta y\right]_{t_1}^{t_2}-\int_{t_1}^{t_2}m\frac{\partial^2 y}{\partial t^2}\delta y\mathrm{d}t=-\int_{t_1}^{t_2}m\frac{\partial^2 y}{\partial t^2}\delta y\mathrm{d}t\end{aligned} \tag{c}$$

式(b)的第二项对坐标 x 作分部积分,并考虑到 A 端和 B 端都是固定不动的,即在 $x=0$ 和 $x=l$ 处 $\delta y=0$,则

$$\begin{aligned}\int_0^l F\left(\frac{\partial y}{\partial x}\cdot\delta\frac{\partial y}{\partial x}\right)\mathrm{d}x&=\int_0^l F\frac{\partial y}{\partial x}\cdot\frac{\partial}{\partial x}(\delta y)\mathrm{d}x\\&=\left[F\frac{\partial y}{\partial x}\delta y\right]_0^{l}-\int_0^l F\frac{\partial^2 y}{\partial x^2}\delta y\mathrm{d}x=-\int_0^l F\frac{\partial^2 y}{\partial x^2}\delta y\mathrm{d}x\end{aligned} \tag{d}$$

将式(c)和式(d)代入式(b),可得

$$\int_{t_1}^{t_2}\int_0^l\left(F\frac{\partial^2 y}{\partial x^2}-m\frac{\partial^2 y}{\partial t^2}\right)\delta y\mathrm{d}x\mathrm{d}t=0 \tag{e}$$

因为 $\delta y=\varepsilon\eta(x,t)$ 和积分区间 t_1 到 t_2 都是任意的,所以式(e)成立时必有

$$m\frac{\partial^2 y}{\partial t^2}=F\frac{\partial^2 y}{\partial x^2} \tag{f}$$

式(f)就是钢弦的横向振动微分方程,也称为**波动方程**。

【思考】 (1)试用哈密顿原理推导完整系统的第二类拉格朗日方程。(2)试用哈密顿原理推导哈密顿正则方程。

思 考 题

14-1 动力学普遍方程中,包含内力的虚功吗?

14-2 为什么动力学普遍方程中要考虑惯性力的虚功,而第二类拉格朗日方程中计算虚功时只计算主动力的虚功?

14-3 能否利用拉格朗日方程推导出刚体的平面运动微分方程?如何推导?

14-4 一个动力学问题的拉格朗日函数是唯一的吗?

14-5 试比较第一类拉格朗日方程与第二类拉格朗日方程建立动力学方程的异同。

14-6 试比较第二类拉格朗日方程与哈密顿原理建立动力学方程的异同。

习 题

14-1 如图所示楔块的质量为 m_1,其上有一水平力 $\boldsymbol{F}$ 作用,使质量为 m_2 的铅垂杆 BC 运动。

已知角 $\theta = 45°$，不计摩擦，试用动力学普遍方程求杆 BC 的加速度。

14-2　如图所示物系由定滑轮 O_1，动滑轮 O_2 以及三个用不可伸长的绳挂起的重物 A、B 和 C 所组成。各重物的质量分别为 m_1、m_2 和 m_3，且 $m_1 < m_2 + m_3$，滑轮的质量不计；各重物的初速均为零。求质量 m_1、m_2 和 m_3 应具有何种关系，重物 A 方能下降；并求维持重物 A 的绳子的张力。

14-3　如图所示，绕在圆柱体 A 上的细绳，跨过质量为 m、半径为 R 的均质滑轮 O，与质量为 m_B 的重物相连。已知圆柱体的质量为 m_A，半径为 r，对于轴心 C 的回转半径为 ρ。如细绳与滑轮之间无滑动，开始时系统静止。试确定质量 m_A、m_B 和回转半径 ρ 在满足什么条件时，物体 B 才会向上运动。

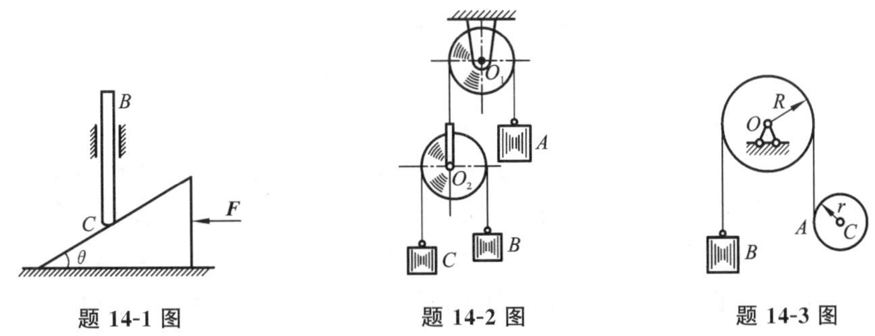

题 14-1 图　　题 14-2 图　　题 14-3 图

14-4　质量为 m_1 的水平台用长为 l 的绳子悬挂起来，如图所示。小球的质量为 m_2，半径为 r，沿水平台无滑动地滚动。试以 θ 和 x 为广义坐标列出此系统的运动微分方程。

14-5　两均质实心圆盘的半径均为 r，质量均为 m，两轴 O_1 和 O_2 用弹簧相连，如图所示。弹簧刚度系数为 k，其自然长度为 l_0。如运动自静止状态开始，此时弹簧的变形等于 δ_{st}。设斜面与水平成 θ 角，圆盘沿斜面只滚不滑。试列出系统的运动微分方程。

14-6　均质细杆 AB 长为 l，质量为 m，其 A 端与刚度系数为 k 的弹簧相连，可沿铅垂方向振动，同时杆 AB 还可以绕 A 点在铅垂面内摆动，如图所示。滑块 A 质量忽略不计。试用拉格朗日方程导出杆的运动微分方程。

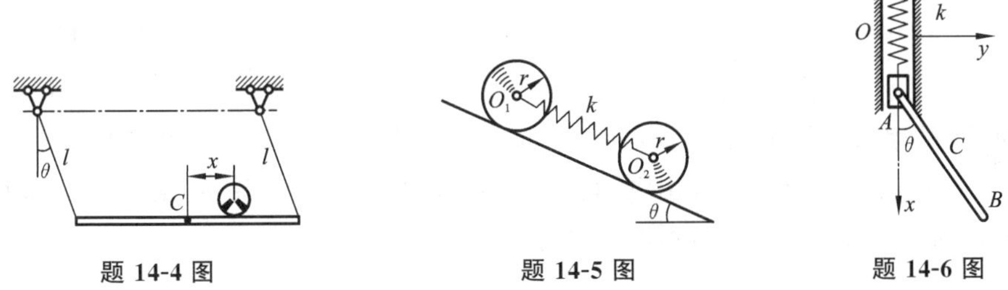

题 14-4 图　　题 14-5 图　　题 14-6 图

14-7　定滑轮 Ⅰ 的半径为 r_1，质量为 m_1；滑轮上跨有绳子，绳的两端分别缠在轮 Ⅱ 和轮 Ⅲ 上，这两轮的半径分别是 r_2 和 r_3，质量分别是 m_2 和 m_3，且 $m_2 > m_3$，如图所示。设绳的垂下部分都是铅垂的，又绳与各轮间都没有相对滑动，绳的质量和轴承的摩擦不计，各轮都可以看成均质圆盘。试求滑轮 Ⅰ 的角加速度，以及轮 Ⅱ、Ⅲ 质心的加速度。

14-8　半径为 r，质量为 m_1 的圆柱体 A，可在物块 B 的半圆形槽内作纯滚动，如图所示。物块 B 的质量为 m_2，可在光滑的水平面上运动，两根水平放置的弹簧的刚度系数均为 k，在物块的平衡位置，两弹簧都不受力。试列写系统的运动微分方程及其初积分。

14-9　如图所示，两根长为 l、质量为 m 的均质杆，用弹性系数为 k 的弹簧在中点相连。设弹簧原长为a，系统在铅垂面内摆动。试列出其运动微分方程。若$t=0$时，$\theta_1=\theta_0$，$\theta_2=0$，$\dot{\theta}_1=\dot{\theta}_2=0$，求在微振动条件下杆的运动方程$\theta_1=\theta_1(t)$，$\theta_2=\theta_2(t)$。

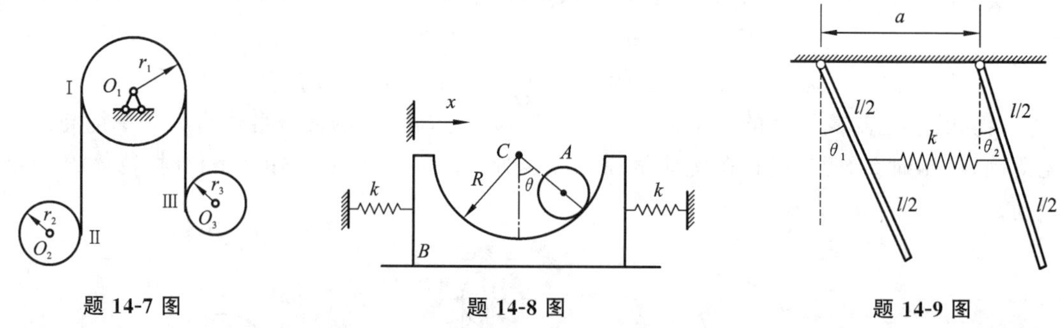

题 14-7 图　　题 14-8 图　　题 14-9 图

14-10　质量为m的均质圆柱体在三角块斜边上作纯滚动，如图所示。如果三角块的质量也为m，置于光滑水平面上，其上有刚度系数为k的弹簧平行于斜面系在圆柱体轴心O上。设$\theta=30°$，取三角板向右的位移x_1和弹簧的伸长量x_2作为广义坐标，试建立系统的运动微分方程。

14-11　均质杆AB长为l，质量为M，弹簧的刚度为k，小球的质量为m，杆、弹簧和小球连成图示系统，且在光滑水平面内运动，设杆以匀角速度ω绕垂直于图面的固定轴A转动，试用拉格朗日方程求此系统的运动微分方程。

14-12　如图所示，半径为r的均质半圆柱体在重力作用下作微振动。试用哈密顿正则方程求其微振动故有频率。已知质心C到O点的距离为$e=\dfrac{4r}{3\pi}$。

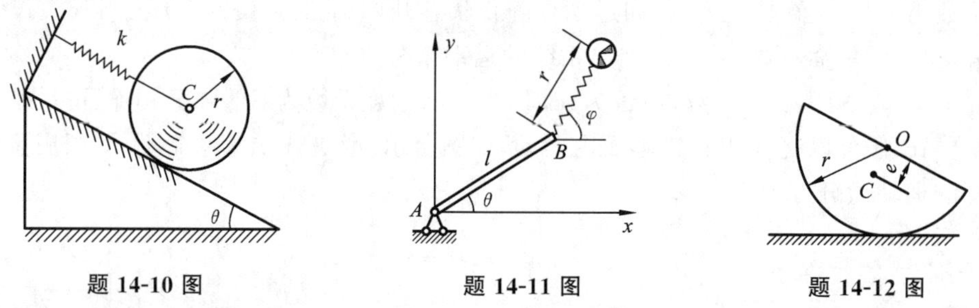

题 14-10 图　　题 14-11 图　　题 14-12 图

14-13　如图所示，质量为m，半径为r的均质小圆柱，在半径为R的固定大圆柱面上的顶端无初速地滚下。试用哈密顿正则方程求小圆柱的运动方程及任一瞬时的角速度。

14-14　试用哈密顿原理推导出图示的非线性弹性系统自由振动微分方程。假设材料的应力与应变关系为：$\sigma=E(\varepsilon-\beta\varepsilon^3)$，不考虑摩擦。

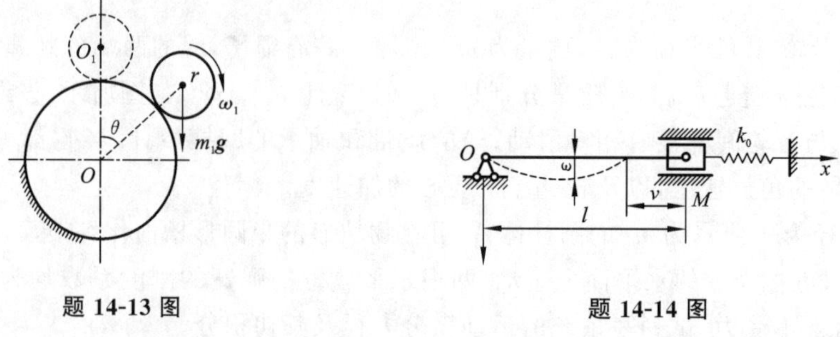

题 14-13 图　　题 14-14 图

二　维　码

（理论力学模拟试题）

（理论力学模拟试题答案）

（习题参考答案）

（附录）

参考文献

[1] 李俊峰,理论力学[M].北京：清华大学出版社,2004.
[2] 贾启芬,刘习军.理论力学(中学时)[M].北京:机械工业出版社,2002.
[3] 梅凤翔,尚玫.理论力学(Ⅰ,Ⅱ)[M].北京：高等教育出版社,2012.
[4] 同济大学航空航天与力学学院基础力学教学研究部.理论力学[M].上海:同济大学出版社,2005.
[5] 哈尔滨工业大学理论力学教研室.理论力学(1,2)[M].7版.北京:高等教育出版社,2009.
[6] 刘延柱,杨海兴.理论力学[M].3版.北京：高等教育出版社,2009.
[7] 王月梅,曹咏弘.理论力学[M].2版.北京:机械工业出版社,2010.
[8] 谢传峰,王琪.理论力学[M].北京:高等教育出版社,2009.
[9] 肖明葵.理论力学[M].北京：机械工业出版社,2007.
[10] 支西哲.理论力学[M].北京：高等教育出版社,2010.
[11] 武清玺,徐鉴.理论力学[M].3版.北京：高等教育出版社,2016
[12] 贾书惠,李万琼.理论力学[M].北京：高等教育出版社,2002.
[13] 冯奇,周松鹤.理论力学(教程篇)[M].北京:机械工业出版社,2003.
[14] 范钦珊,陈建平.理论力学[M].2版.北京：高等教育出版社,2010.
[15] 刘巧伶,等.理论力学[M].3版.北京：科学出版社,2005.
[16] 周又和.理论力学[M].北京：高等教育出版社,2015.
[17] 郭应征,周志红.理论力学[M].2版.北京：清华大学出版社,2014.
[18] 苏振超.理论力学[M].大连:大连理工大学出版社,2014.
[19] 邱秉权.分析力学[M].北京:中国铁道出版社,1998.
[20] 韩广才,等.分析力学[M].哈尔滨:哈尔滨工程大学出版社,2003.
[21] 王铎,程靳.理论力学解题指导及习题集[M].3版.北京：高等教育出版社,2005.
[22] 苏振超,薛艳霞.论理论力学中摩擦力和摩擦角概念的引入[J].力学与实践,2012,34(1):96-99.
[23] 苏振超,薛艳霞,王怀磊.理论力学多面摩擦问题的程式化解法[J].力学与实践,2014,36(1):87-90.
[24] 薛艳霞,苏振超.虚位移投影的一种计算方法[J].力学与实践,2015,37(1):129-132.
[25] 薛艳霞,苏振超.平面桁架杆件内力的虚位移原理求解[J].力学与实践,39(6):627-628.
[26] 薛艳霞,苏振超.一个结构静力学问题的虚位移原理求解及其扩展[J].嘉应学院学报,2018(5).
[27] 王怀磊,苏振超.再论实位移与虚位移—从"无功约束"概念谈起[J].力学与实践,2015,37(1):129-132.
[28] 苏振超,薛艳霞.一种适用于土建专业的理论力学知识结构体系[J].福建建筑,2016(11):114-116.
[29] 苏振超,薛艳霞.一道考虑摩擦的动力学习题的求解与分析[J].力学与实践,2018,40(1):86-89.
[30] 薛艳霞,苏振超,王怀磊. Application of Principle of Work and Energy in Its Differential Form to MDOF Systems. Periodica Polytechnica Mechanical Engineering. 2015,59 (2).
[31] R. C. Hibbeler, Engineering Mechanics STATICS. Prentice Hall, twelfth edition 2009. Hibbeler, R. C. Engineering Mechanics: Statics, 12th Ed. New Jersey: Pearson Prentice Hall. 2010.
[32] J. L. Meriam, L. G. Kraige, Engineering Mechanics, 5th Edition. Wiley, 2001.
[33] Dietmar Gross, Werner Hauger, Jörg Schröder, et al. Engineering Mechanics 1,3. Springer, 2009.
[34] Anthony Bedford, Wallace Fowler. Engineering Mechanics STATICS Fifth Edition. Pearson Education, Inc. New Jersey: Pearson Prentice Hall.